JN170428

LA VILLE RADIEUSE

LE CORBUSIER

LA VILLE RADIEUSE

この絵を何か象徴的なものと捉えないでほしい。ただこれは1930年、我々の設計事務所で“輝ける都市”が形になりつつあるときに描かれた大判の絵画である。ここで都市計画と絵画という二つのまったく異なる創作物に共通項を見出すことができよう。人が物質と精神とをもって何かを創作するとき、作品は客観と主観という相対する二極のあいだに生み出されるということである。

COLLECTION DE L'ÉQUIPEMENT DE LA CIVILISATION MACHINISTE

この作品は
行政当局に献じる。
1933年5月、パリ

LE CORBUSIER

LA VILLE RADIEUSE

輝ける都市——機械文明のための都市計画の教義の諸要素／ル・コルビュジエ

白石哲雄 監訳

パリ
ジュネーヴ
リオデジャネイロ
サンパウロ
モンテビデオ
ブエノスアイレス
アルジェ
モスクワ
アントワープ
バルセロナ
ストックホルム
ヌムール

ÉDITIONS DE L'ARCHITECTURE D'AUJOURD'HUI
5, RUE BARTHOLDI, 5
BOULOGNE (SEINE)

河出書房新社

都市計画は政治に起因するものではない。
都市計画は、さまざまな偶発的事象の中心に打ち立てられる、
論理的かつ叙情的なモニュメントである。
偶発的事象とはその場にあるもの、すなわち地域、人種、文化、
地形、気候といったものである。
またここには、手段としての現代技術も含まれてくるだろう。
これは全世界共通である。
これら偶発的事象は、「人間」という実体との関連においてのみ、
人間に関してのみ、われわれに関してのみ、扱われるべきである。
われら、すなわち、
生物学
心理学。

TABLE

第1部：前提

第2部：現代の技術

第3部：新たな時代

第4部：「輝ける都市」

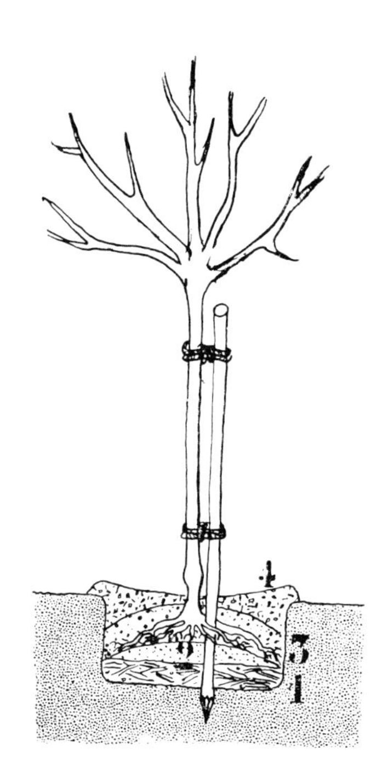

木を上手く植えるために　1. 良土と基肥
2. 上質な土による被覆
3. 大変上質な腐葉土
4. 下層土と肥料

第5部：プレリュード

第6部：諸計画

第7部：農村部の再編成

第8部：結論

1. JE SUIS ATTIRÉ...

私は魅せられる……

1934年1月1日

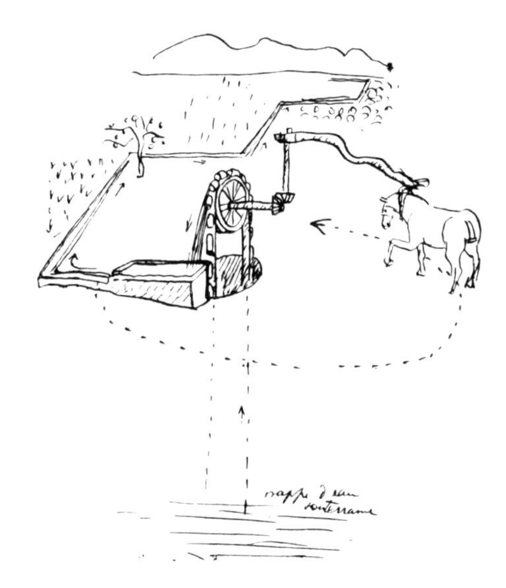

「Noria」、スペインの
千年来の灌漑技法。

私はありとあらゆる自然の組織体に魅せられている。私はサロンに入り浸る人間ではない。そこで私を見かけることがなくなってもう数年になろう。私は気付いたのだ。都市から逃れ出てみれば、そこには常に組織体を創り上げげんとする人々がいることに。私は野生の人々を探す。粗暴さを見いだすためではない。彼らの内には英知が潜んでいるのだ。アメリカあるいはヨーロッパ、農民あるいは漁師。そこでは人々が食べるために働き、苦役を少しでも軽減させようと知恵をめぐらせている。彼らはまた、仕事や家族、コミュニティといった社会生活をいともたやすく構築している。建築家、都市計画家である私は、**人間**、もしくは**人々の生活**の中に、自分の職業を学びに行くのだ。

都市はどうだ？　だが、それは既に二次的副産物である。都市から生み出される産物は、素晴らしく洗練され、水晶のようだ。まさに文化の果実である。しかし、その屑や汚れを見たまえ。おびただしい数の困難、不幸、愚行！　幼稚で、否定的で、破壊的な行為が無意識に行なわれているのだ！　われわれはサロンで何を学ぶというのだろう？　本日の相場か？　ゴシップか？　そして何をすると？　不確実な事柄についての不毛なやり取りだ。

私はすべてが人間と自然の対話の中に組織される場所へ行く。生きるために働き、青空の下で季節を感じ、海の音を耳にしながら仕事の成果に悦びを見いだすような場所へ行く。

私は原始的な道具が、1日の中で、あるいは季節や年間を通して、あるいは世代を超えて使いつづけられてきた、そんな道具のある場所へ行く。

発明という現象、物質の法則、日々の進歩の連鎖、合理的な、すなわちバランスのよい成長、そうしたすべてが調和の中で繰り広げられ、法規や規制といったものに停滞させられることのない場所である。

私が話しているのは、今生きている人間と現代の環境である。先史時代の話ではない。もちろん原始的な道具は今も存在している。車輪、ナイフ、斧、鋸といったものである。いつの時代にも変わらぬこれらの道具は、機械化されてもいなければ、精密な機械仕掛けでもない。

同時に現代のわれわれは毎日新聞を読み、ラジオを聞き、司祭はものものしくミサを執り行なう。だがそれがどうだというのだ！　むしろこれらの素晴らしく発達した手段を前に、われわれはかつてないほどに無防備である。われわれは己の判断、情感、嗜好を通して自らを表現する。己がどんな人間であるかわかりやすく表明しているというわけだ。しかし私は必ずしも、無防備な人間の良い面だけが見えているわけではない。むしろ、退行の可能性や臆病さ、人としての弱さをはっきりと感じている。そこで私は、われわれの純粋なる精神から純粋なる思考へと、出発点から到着点へと至るためには途方もない隔たりがあることに気付くのである。両者がひとつに重なるのは長い道のりを経た後になるだろう。だが少なくとも、自然の組織体の中に、私の出発点がある。それはゲージ、計測の道具である。

私は建築家そして都市計画家としての仕事を、われわれとは切り離すことのできない、人間という単位をもとに考える。そして空間におけるこの根本的な二項——人間と自然——の真の関係性をその規模のままに保持しようとするものである。

●

2. PRÉLIMINAIRES
前置き

この本は非の打ちどころのない展開をみせることもなければ、長きにわたって存在し、その解釈が定まっているような物事について語った書物でもない。

ここに記されたのは現代の生活から響く槌の音、すなわち都市計画という新しい現象の急速で荒々しい成長である。蓄積された不安の爆発、危機の到来。行き詰まり。健全で勇敢で楽観的な希望。新しい文明への信念。世界は古くなく、むしろ若くて軽やかであるという確信。現代という意識の覚醒。行動に移す喜び、大規模な計画の始動。深遠なる人間的価値が回復されるという確信。本質的な喜びに到達する可能性。

現代社会は擦り切れたぼろを脱ぎ捨て、今まさに然るべき枠組みを再構築しようとしている。それこそが輝ける都市なのである。

ここでは真の原則、真の行動指針といった確実な事柄が明らかにされていく。それらはおそらく辛辣で、一貫性がなく、現実味もないように見えるかもしれない。というのもひとつの学説の諸要素を示したものだからである。指針となるべく明確に打ち立てられたこれらの短い語は変革を思わせる言葉ではないが、長きにわたり変革を受容してきた状況に対する解答である。例を挙げよう。

計画、すなわち独裁者。

通りの死。

単純な速さと複合的な速さの分類。

機械文明が要求する**余暇**、現代の脅威となりうるやもしれぬ余暇を受け入れるための措置。

都市や国の土地利用。

公共サービスの延長線上にある住居。

緑の都市。

鉄道の文明を凌駕する道路の文明。

田園地帯の整備。

輝ける都市。

輝ける田園地帯。

金銭の凋落。

本質的な喜び、すなわち、心理的・生理的欲求の充足、共同体への参加と個人の自由。

人体の再認識。

1933年4月

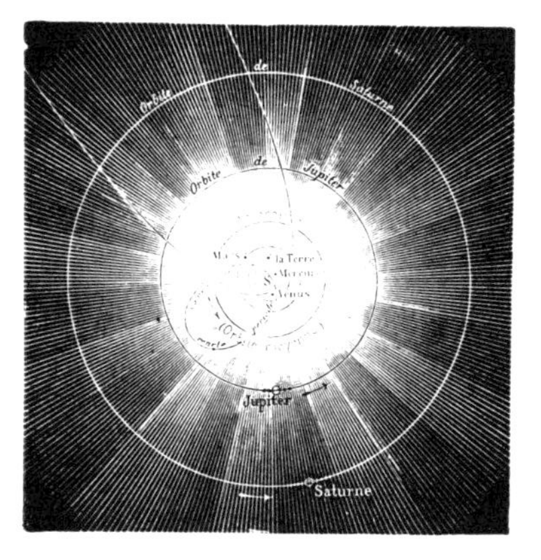

太陽系の仕組み

驚異的で見事な芽吹き

●

3. VACANCES 1932
1932年のバカンス

都市のあらゆる人々から遠く離れ、あらゆる要素が世界の法則に拠って泰然自若と展開する自然の真っ只中でバカンスを過ごすという幸せを味わったのち、列車、車両、駅、駅員といった、街への帰還を徐々に実感させる諸要素を目にすることもなく、自動車で、**都市に**、パリへとひといきに

調和

到着したとき、その衝撃は激しく、不安をかき立てられるほどである。

自然の中、生命が季節——誕生、成熟、死、そして春、夏、秋、冬——に従い、毎年生まれ、解体され、埋葬されているとき、われわれ、宇宙の**頭脳**たるわれわれは、腐りかけた（少なくとも60%は）通りや家々で生きることに甘んじている。生命の木から切り離されて久しい諸制度に振り回され、死臭の中に浸っている。われわれの歩み、行為、思考は過去の遺物に支配され——工場だけは例外だろう——、われわれの家事用具は想像もできないほどグロテスクである。

規範を見出そう。自然に学ぶということ。

あきらめ、放棄は罪である。

汚れないものの上にわれわれの歩みを進めること、整然とした光景の上にわれわれの眼差しを据えること。**健全に**生きること。

ただわれらが仕立屋、靴屋、洗濯屋だけは、われわれが宇宙の頭脳でありつづけるための助けとなろう。

1932年8月

●

4. LE PLAN: DICTATEUR

計画、すなわち独裁者

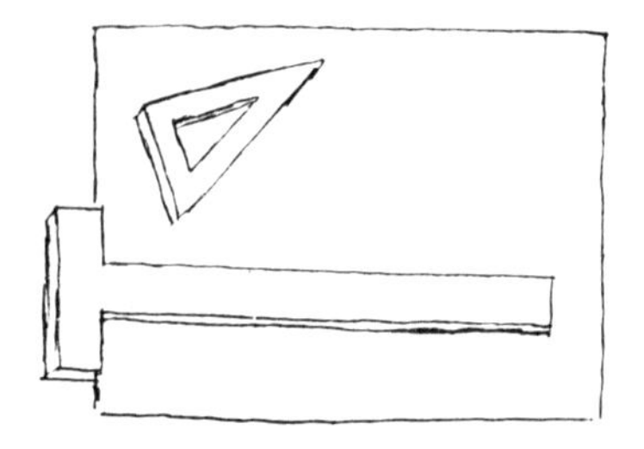

専門家としての見地から、私は革新的な結論に達する。

私は建築・都市計画家として着想し計画を立て、良い評価も受けている。もし人がそれぞれ素晴らしい計画を立て、また権威当局がそうした労力を公益のために結集させられるなら、**確固たる**「5か年計画」ができあがるだろう。しかし**実現不可能**である！　現代の社会契約のせいで実現不可能なのだ！　それで？

それで？　ジレンマだ。現代の社会契約は計画を足踏みさせ、実現を妨げ、人々を救うための必要不可欠かつ危急の提案を退ける。**生命**としての人間こそが、然るべき計画へとわれわれを導くのだ。生命に従おう。計画によって目指すものは明確となり、行動が必要とされている。さあ制度を整えよう。

革新的な行為だろうか？　いや革新的ではなく、破壊的だと捉える向きもあるだろう。

そんなことはまったくない。これ以上ないほど建設的である。

ただ単に、激烈な活動期にあった社会がその後に付き物の眠りから覚め、新しい朝が明けるのだ。歴史の中で幾度も繰り返されてきたように。

何が起こるか事細かな推移を知りたい？　それは無理だ！

でも太陽が昇るということ、そして、新たな24時間がもたらされることはわかっている。

それが20年あるいは100年分ある。

つまり、やってみる価値はあるということだ。

●

5. LIBERTÉ INDIVIDUELLE

個人の自由

「私は現代のあらゆる都市計画の隅石として、個人の自由への侵すべからざる尊重を置く」。(『モスクワへの回答』)1930年6月8日

1930年に上記の銘句を書いたとき、私はソヴィエト連邦のあり方をただひとつしか知らなかった。**それは指導者のためのものである**(私は3度赴いた)。ルビノフはさまざまな評議会を押さえつけており、私自身は建築家評議会、モスクワの評議会、労働評議会と闘っていた(私はそう捉えていた)。私には**指導者**と**服従者**が見えていた。そして服従者には指導者になる権利があると思っていた。西洋が自由の迷宮を経た今、私が大統領になる**権利**を持っているように。ゆえに私は思っていた。ソヴィエトではパリと同様、人間が根本的に必要とする、**任意の**孤独を実現しなければならないと。扉を閉めれば、私は自己宇宙の中を自由にうろつき回れるのだ。

このような言葉、このような思考、このような行為、それらがモスクワでは排斥される。私はそうと知らなかった。知っていたならば、ただちに、そして私の知らぬ間に挑戦的だと理解されたこの銘句を、儀礼的な配慮から口にすることはなかっただろう。

それは驚くべき、

桁外れな、

常軌を逸した、挑戦的態度だった。

これぞ私のやらかした愚行だ！

しかし、私の銘句には何の価値もないのだろうか？　それはソヴィエトにおける独断的な体制の核心を突いている。もし間違えたのなら、私には前言を取り消す用意はできている。

どこに間違いがあるのか？

私は熟考し、推量する。私特有の性質なのだろうか？　私にはどうしても孤独が必要なときがある。のみならず、単独行動を必要とする。自らの思考の上にひとりで立ち上がり、呼吸し、他人と議論はせず、行動し、主張するのだ。先に議論する必要はまるでない。ただし**後で**、私が思考し、予測し、表明し、主張したその後で、議論は必要になるだろう。潮が満ちるときに！

もし私が間違っているのなら、自分を叩き直してもよい！

写真：ブラッサイ

扉を閉めれば……

●

6. PROPRIÉTÉ STÉRILE

無益な所有

1932年8月

自然現象のすべてが、回転や展開や循環といった途切れることのない動き、あるいは規則性と調和にあるのに対し、現代社会では、根気強くも数世紀の時間をかけ確立されてきた無益な所有によって、これらの活動が封じ込まれている。

私はいつも、自分の知らない事柄について話したり判断することに、大いなる恐怖を覚える。経済や政治について議論すべきだとかつて考えたことはなかった。今日、己の職業的義務感により、私は現代社会の障害たる無益な所有に対峙する。

ジャン＝ジャック・ルソー(『社会契約』)は、個人所有の原則を認めていたが、それに伴う利益と義務の二重の働きを直観的に明示していた。つまり土地は、**人間が耕すもしくは手を加えられるもの**というわけだ。

ところで今日、人は土地を所有するが、それを耕す約束など一切しない。それどころか、法的権利のうちもっとも異論の余地のないのが、それを耕さなくてもよいという権利である。

こうして土地が国の所有物**ではなくなった**結果、個人の自由や創造への情熱、公民としての信念

7. OBJETS DE CONSOMMATION STÉRILE OBJETS DE CONSOMMATION FÉCONDE

不毛な消費、実りある消費

不毛なもの

や集団的行動が機能するような計画は実現不可能となってしまった。そうした計画を構想し、見積もり、明示することならできる。しかし実現できようか？　狂気の沙汰だ！　そう、狂人と見なされ、頭のおかしい奴と決めつけられ、気違いであると非難されるのだ！

誰が間違っているのか？　計画か法律の規定か？　実施内容か個人的怠慢か？　生か死か？　行動か無為か？　絶頂か凋落か、力か衰退か？

●

プリモ・デ・リベーラは、スペインをひと巡りするように（ピレネー山脈東部から、バルセロナ、バレンシア、アリカンテ、ムルシア、アルメリア、マラガ、ジブラルタル、カディス、セビーリャ、マドリッド、サン＝セバスチャンを経て、ピレネー山脈西部まで）**周回国道**を建設せよとの**命令を下した**。それは、幅約9mの高速道路（アウトストラーダ）で、バンクのついたカーブを備え、艶のあるマカダム式舗装、もしくは、斑岩の敷石による細かなモザイク舗装を施され、白く塗装された縁石で縁取られていた。この国には自動車の通れるような道路がなく、あるのは道路の断片や未舗装道ばかりだった。スペインは、私の知る限りもっとも美しく、往々にして驚嘆すべき、現代における革新であり逸品であるところの、切れ目のない道路を得た。それは、数百年もしくは数千年の文化をもつ地方を突っ切っている。すべてを変造させてしまった都市部や鉄道駅とは異なり、この道路を介して、人はスペインの魂の核心に触れる。道路はまだ誰の邪魔にもなっていない。

1930年（その前年に私はスペインを一周した）、私はこの道路について何も理解していなかった。これ見よがしの道路、外国人観光客用の道路？　それは完成していなかったのだ。今日、そこには人が集まり、走破され、使用されている。それはスペインのもの、素晴らしい道具である。

行く末？

私はつねに、明白な行動がもたらす結果を見極めんとする、飽くなき好奇心を持っている。

小さな街の宿屋で昼食をとる。

私は実にもったいぶった質問をするだろう。

スペイン政府には、矛盾した報告を受けて、その重大さを理解している人間がいるのか？　それに応えるのに充分な力を、そして充分な荒々しさあるいは説得力を持った人間がいるのか？　断固たる提案をし、政令を施行させられるのか？　さらには生命的観点からの主張——現代のものでも、共和主義のものでも、社会主義のものでも、共産主義のものでもなく、純粋に単純に**人間の**主張——を起草し公布できるのか？

問題は以下の通りである。

当局は、スペインの小さな街や村における、電気照明器具（シャンデリアやフロアスタンド）の氾濫に与えられた役割をどう考えているのか？　それら照明器具は、色付きのガラス素地と打ち出し技法によって成形された真鍮で作られており、国民の物欲を呼び覚ますような現代風の外観をした店々に執拗なまでに並べられている。一見職人の手仕事風であるが、実際には工場で大量生産されており、ここスペインにおいては、文明の毒薬、毒ヘビ、セイレン、ヴァンパイア、サソリ——人々を堕落させ、悪影響を与えるもの——なのである。スペインのような文明に対して、**道路**の伸長は禁じられるべきだったのだ。

電気、進歩！　よろしい、でもどうやって？

あなたは容認できるだろうか？　この進歩が、崇高なる平穏の中で生きるという幸福を享受し、内的生活を持って生きる、今日の世界では希少となった民の生活に入り込み、破壊していくことを（地中海沿岸、バルセロナ、タラゴン、バレンシア、アリカンテ、ムルシア、アルメリア、マラガ）。私はこの象徴的な氾濫が気掛かりである。未開の地において、隣国が得た経験を踏まえることなく不毛な生産を続けさせ、頭を麻痺させるような見せかけの豪奢が引き起こす、痛ましい出来事を繰り返させておいてよいものだろうか。

スペインは自国の道路を、高速道路をつくった。実りある冬（眠りにつくことで機械化の嵐をやり過ごすことができた）の後に来た民衆の春。明らかに意味をもった行動である。道路は、政府のぼんやりとした目に、機械化の生み出すゴミの移動手段とでも映っているのだろうか？　良心の奥底に触れる問題であり、回答によってはスペインを機械化の泥沼に導くかもしれず、あるいは逆に、明白な見解、判断、**行動指針**に至りうる。

（批評『Plans』8号、1931年9月）

●

自由！

1919年、パリ、大いなる新宗教、すなわち**ビジネス**の始まり！　それは金を稼ぐこと、たくさんの金を稼ぐために手筈を整えること、起業すること、あちこち飛び回ること、テーラー・システムを導入すること。適材適所、等々……

私の秘書との会話である。

——ねえ、きみは定時、つまり8時半にここに来られないのかね？

彼女は困ったように、

——私、郊外に住んでいるんです。ですから、駅には人混み、そして列車を一台逃したらもう……

——ああ、きみが郊外に住んでいるとは知らなかった……

彼女は思い切ったように再び口を開き、

——聞いてください。あなたには想像できませんよ。朝の、昼間の、夕方の列車の中の、地獄のような混雑を。そして、行儀の悪い若い男たち。私たちは地下鉄に乗っているみたいに詰め込まれて、そんなろくでもない連中に耐えなくてはならないんです！

7時45分のいつもの列車に乗るには、25分以上も歩かねばなりません。ぬかるみになっている道もあるし、雨が降ったり、特に風の吹く日は、それは大変なんです。暗い夜や冬はもっと大変です。

朝は5時に起きます。翌日のためにストッキングや下着を洗い、服にアイロンをかけ、朝食をとります……

——洗濯を夕方、6時半より後にはできないのかね。

彼女曰く、

——6時半ですって！　言わせてください。ここで私は、午後5時半には手紙の用意を終え、扉からあなたの様子をうかがいます。あなたは訪問者とお話し中です。6時になってもまだそんな調子。6時25分にあなたは私を呼び、10分か15分かけて手紙にサインをします。あなたはこう考えるでしょうね。「彼女はもう帰ることができる」と。いいえ、手紙を送らねばならないんです！　私は急いで郵便局に駆けつけます。7時の列車に乗ろうだなんて考えても無駄です。駅まで走ります。ホームは人でごった返し、車両は満員です。私は次の7時半や7時45分の列車を待ちます。

自宅に帰り着くのは、8時半過ぎ、9時になることだってあります。そして夕食をとります。

何をしろと？　私は疲れ切っていらいらしています。朝の5時からずっと起きているんですもの、何かを始めようなんて気は起きませんわ。

実りあるもの

8. LIBERTÉ ÉGALITÉ FRATERNITÉ

自由、平等、博愛

苦悩に満ちた彼女の日常生活に、私は並々ならぬ興味を抱き始めた。
――少なくとも、日曜日の郊外は快適なのだろう？
彼女曰く、
――日曜日！　なんて恐ろしい！　退屈なだけです！　だって私、誰にも会わないんですよ、誰にも、誰ひとりとして。私は誰とも付き合いがないんですもの……
――ああ、それは言い過ぎじゃないかね。そんなふうにこの世でたったひとりぼっちだなんてことはないよ。きみみたいにかわいらしかったらなおのこと。
彼女曰く、
――私が毎日パリに通い始めて 10 年になります。母さんは歳で、希望もなく、時おりふさぎ込みます。私たちはぎりぎりまで切り詰め、倹約に倹約を重ねて生活せざるをえません。母さんはあちらこちらで買い物のあいだに出くわす人たちと顔見知りなくらいです。私たちには、別の郊外に親戚がいくらかいます。日曜日の満員列車に乗ってそこに行けと？　そんな気力はありません。それに、誰に会って何をしろと？　そこにいるのは、同じような切り詰めた生活に閉じ込められている人々です。散歩？　ええ、でも郊外なんて面白くありません。郊外は田舎ではないんです。
　私は同年代の人たちと近づきになりたいんです。若者？　でも、どこで、いつ、そんな人たちと出会えるでしょう？　いったいあなたはどうやって私が若い人たちと知り合ったらいいというんですの？　どんな機会に？　列車の中で？　そんなことをすればどんな結末が待ち受けるかあなたはご存じないのでしょう……　私の青春は列車の中で過ぎました。10 年！　17 歳のときから！　私の青春時代と人生における脅威は列車の中にありました。しばしばふさぎの虫が現れ、そのふさぎの虫が私たちをアヴァンチュールに駆り立てるんです。でもそこには、危険と辛酸と最悪のことしか残されていません。私はいつも自分自身にこう言い聞かせています。いつか起こるだろう……解決策が現れるだろう、奇跡だとか、出会いだとかいうものが。人は小さな勇気を奮い起こすのですわ！
　人生はそんなに面白いものではありません。**ああ、私がどんなに憂鬱かわかっていただけたら！**
私はこれを聞いて呆然とするばかりだった。私はこんなふうに思い描いていたのだ。パリの小鳥たちの心のうちでは、すべてが活き活きとして、優雅で、上機嫌なのだと。だって彼女たちは小粋ななりで風を切り、安物をうまく見繕って素敵なお洒落をしているのだから。
郊外住人の受難。いや、それはもっと別のことなのだ。すなわち、広大な都市圏の雑踏の中の、すさまじい孤独。
ああ、自由！

＊　＊　＊

平等！
1922 年、私は現代的な都市で生きるという夢を見始めた。そして今でもその夢を追っているわけである。
当時私は 300 万人が住まうような現代都市を考え、徹底的な研究を行なったのだった。新しいスケールを創造し、空や木々が人間一人ひとりにとって欠くことのできない喜びであることを示した。**都市の中にいながら**、目が覚めれば、部屋の中には太陽、窓には青空、目の前に広がる緑の波。
それはパリの「**ヴォワザン」計画**となり、1925 年の装飾美術（アール・デコ）博覧会では、エスプリ・ヌーヴォー館において内容をつまびらかに展示し、衆人の意見を仰ぐこととなった。
私は新たな方向性を自らのうちで温めていた。人間に欠かせない本質的な喜びを満たした上で、活動的な、運動や思索も可能にするような新たな日常生活の形態を考え抜いた。私は都市の人々を観察した。ヴォージュ広場から証券取引所まで広がる、悲劇的に愚かしく、悲惨にも吹き溜まりと化している地区、そのパリでもっとも劣悪な地区を幾度も歩き回った。糸のように細い歩道には、住居が数珠つなぎに連なっている。**それでも、**人はそこで笑い、うまくやっていく。**それでも、**人はそこで虚勢を張り、笑い飛ばす。**それでも、**人はそこに暮らしていく！　それは都市における共同生活の、都市の精神の奇跡である。

私は**無階級都市のモデル**をつくり上げたのだ。そこで人々は自分の仕事に精を出し、今や余暇をも楽しむことができる。

パリ市の主任建築家は、厳しい口調で異を唱えた。「あなたはパリの美観を、パリの**歴史**を、そして、われわれの父祖が残した神聖なる遺構を破壊したいのだ。あなたは陰気な方ですな。物事を悲観的に見て、駄目になるだろうと思い込んでいる。そしてこう思っているのだろう。新しい生活が始まる、昔とは違う生活が、とね。私は非常にうまくいっていると思っているよ。いくつかの通りは拡張されているし……」

その主任建築家は、運転手付きの美しいセダン式公用車で務めを果たしていた。そして彼は、パリの道路交通はまったくもって正常である、という確信を抱いていた。「通りに車が溢れるだろうというなら、それは結構、車を減らせばよい！」

この同じとき、レアンドル・ヴァイヤ氏もまた、パリの美観（彼が決して足を向けることのない街区）を破壊したがっているとして私を非難した。彼は『ル・タン』紙で都市計画に関するコラムを担当していたのだ。曰く、「そこには、17 世紀や 18 世紀のもっとも美しい館の数々が存在している。実に見事な、そして、錬鉄に彩られた……」

レアンドル・ヴァイヤ氏は、パリの西のほう、幅の広い大通り沿いに住んでいるのである。

その 1 年前には、また別のパリ市主任建築家が、私の破壊思想に書面と口頭で闘いを仕掛けてきた。「いいですか、あなたは忘れている。**パリはローマのもの**だったということを。そして、それを考慮しなければならないということを！」

100 万人の人々が、古きパリの希望のないあばら屋に居住している。また別の 100 万人が、やはり希望なき郊外で厳しい生活を送っている。パリのクリュニー館の庭では、ローマ時代から遺された煉瓦の壁が、崩れかかり、蔦で覆い尽くされている……

すべてはうまくいっている。責務を任された人々は目を光らせている。

平等！

＊　＊　＊

博愛！

アルジェを新たに、そして大きく変える都市整備計画に着手しようとしている銀行家がいる。彼はアルジェの運命そのものを握っているわけだが、私の友人にこう言ったという。

「あなたは、私がル・コルビュジエ氏と会談することを、そして、都市の将来に関する彼の考えや計画に耳を傾けることを望んでいるのですね？　私はル・コルビュジエ氏がどんな人かとてもよく知っています。彼の働きを評価してもいます。しかし、彼に会うことはできません。会ってしまえば、彼の見解を認めさせられ、説き伏せられかねないですから。私は説き伏せられてしまうわけにはいかないのです……」

これは、アルジェにおけるもっとも重要な地区の全体的な再建計画である。嘆かわしく、宿命的で悲劇的な間違いが犯されようとしている。アルジェで、私は民衆を前に自らの考えを説いた。着手されようとしているものに対して疑いの種を蒔き、不幸な構想を見直すよう懇願した。アルジェの未来がかかっているのだ。アルジェには前途がある。アルジェは北アフリカの中心地になるだろう。そして北アフリカは、西欧諸国の経済において大きな潜在力を秘めている。

アルジェという都市は急激な成長に対応できず行き詰っていた。それを一挙に打開する構想を、私は示した。『輝ける都市』である。この魅惑的な地勢——空、海、アトラス山脈、そしてカビリー山地——において、**一人ひとりに、**近い将来この現代的都市の人口となるであろう 50 万の住人一人ひとり

花々……皆のための!!!

あばら屋

あばら屋

あばら屋

上の写真は、パリ市が行なった巨大事業、
すなわちナポレオン3世による城壁跡の
30kmに及ぶ都市開発の結果である。
　素晴らしい地所
　資本
　顧客
　……
　金がのさばった。
何も、何ひとつとして
公益のためにつくられはしなかった。
建築上のいかなる進歩も
都市計画上のいかなる進歩もありはしな
かった。
衰亡へと突き進む
誰ひとり声を上げることもない!

コート・ダジュールの豪華なホテル
夜食、そしてタンゴ
「ビジネス」が行なわれている！

に対して、心を癒す喜ばしい情景を、住居の窓をいっぱいに埋め尽くす空と海と山々を用意した。**一人ひとりに**。これがこの計画のもたらすものである。

私は「本質的な喜び」を与えたのだ。

しかし事は既に決まり、金は割り当てられている。金の分配からやり直さねばならないだろう。しかし不確実な融資取引に興じるより、この計画が並外れた高評価を得れば、銀行の金庫を満たすようになるかもしれない。

おお、軽薄さよ！　劇的な性急さよ！

金だけが扱われている。数字対数字、ビジネス対ビジネス。**問題の対象**は？　アルジェの**都市計画**は？　最後の最後になって扱われることだろう。銀行から指示を受けた技術者の手によって……

住人の本質的な喜びはどうなる？　もうそんな場合ではない。もはや時間がないのだ。金の動きを邪魔してはならない！

博愛！

●

9. ÉTAT DE CONSCIENCE MODERNE

現代における良心

死者の山車
正義が行われるのは、あの世においてなのである。

1　トパーズ※の凋落。

1933年6月18日、救世軍によりフランス全土で催された「キンポウゲ」の日は、大衆に向けて発せられるこうした直接的な訴えの中でも、最大級の成功だと言えよう。

外交官と国際的な専門家たちが、失敗に終わった会議（ロンドン経済会議）に疲れ果てているあいだ、世界は革新の一撃を待ち、本質的な喜びを切望している。これをまず定義づけねばならない。金の文明は崩壊寸前だ。人間の良心に訴えよう。単純な言葉がわれわれの心の行動指針となり、あらゆる障害を越える道筋となり、調和のとれた明快な解決へと真っ直ぐに導くであろう。この傾きつつある世界で怖がり、恐れ、筏にしがみついていた人々は、行動を起こし、協力し、計画し、建造し、創造の喜びを知るだろう。

建造者が必要だ。生活に関する簡潔で強力な学説が必要だ。

そしてわれわれは腹をくくり、広大な整地にとりかかる決意をしなければならない。

救世軍は、金を頭上に掲げるのではなく足下に置き、必要なときのみに使った。そうすることで、真の幸福を生み出してきた。この人々は、高潔な活動に打ち込む機会を求め、またその活動を通して魂のもっとも貴く豊かな部分に触れ、そして人々の心を引きつけるようになった。彼らは尊敬され、愛され始めた。彼らは、個人的行為、個人的介入、参加することへの扉を開いたのだ。彼らは人生が過ぎゆくのを眺めてはいない。真の宝、すなわちわかり合うことを求めてその一歩を踏み出したのだ。不公平きわまる富の誇示には目もくれず、多様で時に莫大な宝、情愛や行動や献身の可能性を求めて果敢に走り回る。つまりこういうことだ。救世軍は非常に価値のある古い硬貨を見つけたのだ。精神的価値である。この硬貨は**人を養う**。しかし金では決して手に入らない。

トパーズは衰滅に向かっている。狡猾な精神はまさに崩壊せんとしており、汚い金をすくい捕る網の目は、ゆっくりと人々の良心を締め付けていったのである。われわれをこうした状況に陥らせたのは金という価値基準であり、それに伴う上下の序列であり、われわれはそれを根付くがままにさせてしまったのだ。戦後、瞬く間に悪は隆盛を極めた。腐敗、汚職、背任。そして「委託」。委託とは恥ずべき狡猾な手口にほかならない。金、すなわち心付けと賄賂。

泥にまみれたのは悪党どもだけではなかった。金はきらめいていた。後を追いかけねばならないと弱

※　マルセル・パニョルによる戯曲。実直な教師であったトパーズが汚職の世界に触れ、次第に自らの手を染めていく。汚職や公金横領の象徴。

者は思ったのだ。これまで己の家庭生活という領域の範囲内で生きてきた貧しい人々、質素な人々は、金属のやかましい響きに衝撃を受けた。映画は毎晩、真珠の首飾りやシャンパン、胸元の大きく開いたドレス、欲望やおよそ非現実的な金銭的成功といったものを、羊飼いの少女たちの愚にもつかぬ恋愛牧歌に混ぜ込んでいた。金に反論の余地のない正当性を与え、シンデレラの成功をよくある話にしようとしていた。クロイソスのように金持ちで魅力的な貴公子たちは、しがないタイピストを娶ることだけを望んでいるというのである。社会階級の上から下まで、良心や心の矛先は金銭的豊かさに向けられ、機械化と征服の世紀における雄々しい行為は潤沢な富にのみ捧げられた。偽善的なことに、美徳や内的生活の宝といったものまでが、金の詰まった袋という明白な見返りを求めていたのだ。

涙が出るほど愚かしく、くだらなく、馬鹿馬鹿しい！

そればかりか、これまで神に委ねてきた良識や本能的な正義感までくずかごに捨てられてしまった。そしてわれわれは皆、己の行為が現金で支払われるのを待つようになってしまったのだ。良識は失われていた。

金は真っ先に消え失せた。

それまではここかしこにあったのに。どこに行ってしまったのだろう？　そこでこう叫ぶしかなかった。「私は金持ちだ！　私は金持ちになりつつあるのだ！」そして、それを証明しなければならなかった。

自然な情動に相反する、非人間的な贅沢が祭り上げられた。人々は羨望と欲望、渇望に身を任せた。

あるひとつの花が真の喜びをもたらす。地平線まで続く空は絶えずわれわれの心を励ます。しかしわれわれはそれらを眺めることを止めてしまった。身体の健康を維持し、肉体を改善することは、われわれに安心感や自信を与える。しかしそういった活動は、金を手にするまで先延ばしとなった。学ぶことはわれわれに驚くべき地平を見せてくれる。一度扉が開かれれば、精神は知識の庭園、平原、海原に向かって突き進んでいく。それは無限の富である。増えつづけ、誰もがただで手に入れることのできる富。しかし知識は馬鹿にされ投げ捨てられ、トパーズが幅を利かせた結果、無知を恥じない風潮となった。連帯はわれわれの特権のひとつである。貰うよりも与えるほうがいい。喜びは与えることにある。片手を差し出してわずかなものを受け取り、もう片方の手を差し出してより多くのものを与える――こうしてわれわれの生活は良い方向へと進んでいき、一人ひとりの心に喜びの種が植え付けられていく。しかし連帯への扉は閉じられ、「神聖なる利己主義」が生み出された。精神的なスポーツ、戦闘、争い、競争、試合、共同作業といっても各人が勝手に振るまい、熱中し、熱狂し、犠牲を払う。すべてはただただ勝ち誇るためでしかない！　偉業を達成せんとする、なんとも素晴らしい人間の能力ではないか。しかしこれが英雄的行為に昇華することもある。それには詐欺や残虐行為、すなわち略奪や戦争ではなく、計画や建設の方向に舵を切り、人々の美を求める心をかき立てればよいのだ。唯一、スポーツだけはすでに美しいものとなりえている。最初の成功と言えよう。重要な一歩である。

本質的な喜びとは何かをここまで記してきた。それらはわれわれ手の届くところにある。われわれは皆、人間的本質の汲めども尽きぬ泉を心の内に蓄えているのだ。本質的な喜びは、古い世界とその金を駆逐する。

先導者が現れ、道を示してくれるだろう。

熱狂の道を。

1933年6月

（スタヴィスキー事件※発覚の6か月前に。）

※　1934年1月に発覚した、フランス政財界の一大収賄事件。

Ce n'est pas noble d'être pauvre, mais c'est une noblesse que de savoir se détacher des choses.
J. Krishnamurti
23 octobre 1930

貧しいことが崇高なわけではないが、
足るを知ることは崇高である。
（クリシュナムルティ
1930年10月23日）

（1930年10月）
コストが大西洋を横断した。

第1部：前提　了

太陽

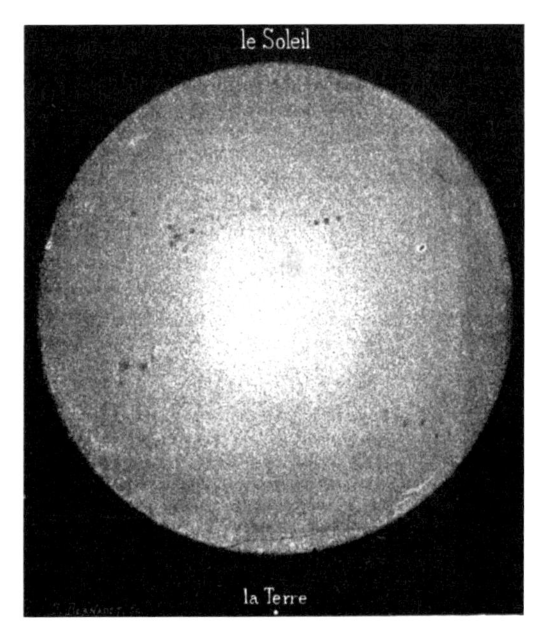

地球

われわれの法則

第2部　現代の技術

1. 現代の技術
2. 集結：1928年、ラ・サラ城における会議
3. 古い慣習の打破
4. 適正な呼吸
5. 空気、音、光
6. 住居の効果的な高さ
7. 人工地盤
8. 空爆

1. LES TECHNIQUES MODERNES

現代の技術

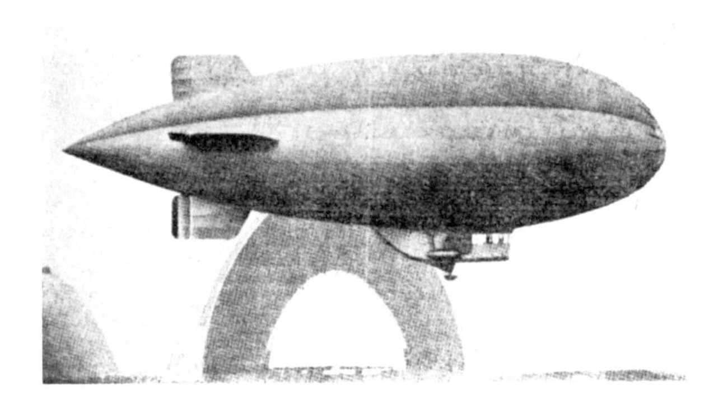

1933 年 6 月

現代の技術は手中にある。労働の世紀の見事な成果、機械化へと足を踏み出した時代の収穫である。

それは精神的到達点だとか、知性の出した結論だとか、文明の開化だとかいうものではまったくない。それは、さまざまな道具、機械設備である。それは世界に秩序を与えることを可能にする手段である。

ここでは、問題をわれわれの関心事である都市計画に集約させよう。新技術の価値を、家屋、住居に関係する価値を浮き彫りにしてみよう。

住居が形を変え、根本原理を変化させるまでには長い時間がかかる。住居が変わったとすれば、それは新たな慣習が支配的になったということだ。新しい慣習は、世界に大きな変化がもたらされたときにしか現れない。そして住宅は、最後の最後になって、現状を維持しようとする住人の受動的な意思に反してやっと変化する。大多数の人の考えでは、現状維持とは安全を意味するものだからだ。

人間はいまだかつて、自らの発見によってもたらされたものをあえて活用しなかったことはない。発明は変化を促進する。人はより良いものが可能なはずだと思うものだ。しかし習慣に変化をもたらすこのより良いものは、秩序を乱すものである。それは渾沌や無秩序を招き、分裂を引き起こす。ともに存在し、かつ常に対立している二つの様態、すなわち能動的な生と受動的な生とが、真っ向から衝突させられる。

19 世紀や 20 世紀におけるように発明が次々と現れ、積み重ねられ、互いに影響を与え合うようになれば、この混乱は表層的なものにはとどまらない。深く、攪乱的で、暴力的なものとなる。それはまさしく革命である。

諸々の発明の結果、父祖伝来の決まりごとは瓦解した。すべてが打ち砕かれ、踏み潰された。社会生活は変わり、個人の生活は脅かされている。革命的状況にあっては、革命的解決法が必要だ。そして革命を起こすには、教理が必要だ。

教理が依拠するのは現前する事実の他にありえない。その事実とは、一方が機械化による革命、他方が人間意識の反抗である。

•

2. UN RALLIEMENT: LE CONGRÈS DE LA SARRAZ

集結:ラ·サラ城における会議

ジュネーヴの国際連盟本部建設をめぐる「事件」は、1927 年春、この国際コンペの審査団による評決に端を発し、諸計画案が 6 月に公開されたことで知れ渡ることとなった(計画案の展示は 14kmにおよんだ)。さらに 1927 年 12 月に複数の建築家が不正に任命されると、この事件は世論の関心を呼び、建築界に大きな衝撃を与えた。その決定次第で、新しい時代が切り開かれるのか、あるいはその道が塞がれてしまうのか、方向性が左右されてしまう可能性があった。この事件はものを考える人びとに警鐘を鳴らした(というのも国際連盟は「近代派」と「守旧派」とのあいだの論争——事実としては戦争——において「守旧派」を選んだのだから)。美学的観点についてのみ議論が行なわれたのではない。今後の**運命**を左右する問題が賭けられていたのだ。**時代精神の表出たる**建築は、責務を担う者たちに決断を迫ろうとしていた。この問題が提起されたのはジュネーヴだけではない。世界中、いたるところで、普遍的に提起されていた。

こうした緊張状態から、火花が弾けた。自然発生的に、適切な場所、望まれたときに、スイスのラ・サラ城で集会が開かれたのだ。基本理念を明文化し、戦線を敷かねばならなかった。こうして**「近代建築国際会議」**が生まれた。

1928年に始まったこの会議は、今も続けられている。一歩ずつ、この会議は任務を遂行している。そして今や建築界の活発な力が集結する中心になっている。いずれ近いうちに、当局を問い質し、警告を発することができるだろう。

この会議は、現代における建築像を一段ずつ構築している。

初めて42人の代表が集ったこの大会綱領を、ここに再録しておくことは無駄ではなかろう※。

※　私はこの綱領を5月に作成した。その目的は、どうしても避けられない各個人の美学観という暗礁のあいだに議論が嵌り込んでしまうことのないように、議論がたどるべきだと思えた方向を、われわれの招待者に示すことにあった。

近代建築国際予備会議
於　ラ・サラ城
ヴォー州（スイス）
1928年6月26、27、28日

会議のうち、ここではのちに「輝ける都市」に私を導いた出来事のみに言及する。

この第一回大会が目的とするのは、建築を学術的袋小路から引き出し、真の社会・経済的環境に位置づける総則的綱領を作成することである。発起人は、この会議において研究や議論の範囲を明確にし、それらが個別のテーマに関する建築会議で使われることを想定している。本会議の務めは、これらのプログラム全体を作成することである。

世論の大部分は近代建築に賛同した。あらゆる国で、もはや時流に乗った一時的な態度によるものではない意志表明がなされた。近代建築は存在する。機械化の進展が社会を大きく変化させ、われわれはあらゆる領域において新たな安定状態を創出せねばならなくなったのだ。

しかしながら、大多数の建築の専門家や、都市や国家の建設を任されているリーダーたちは、真の問題には立ち入らぬままであり、今や効力のない教えにしがみつき、彼らが果たすべき任務と真っ向から対立しさえするような、思考や判断の因習にとらわれている。この現象の原因はあきらかである。そして大きな混乱が起きている。

ところで今日において、建築の問題は社会が安定するための基盤となっている。昔ながらの習慣によって目を眩まされたままでいるのは危険だ。現代建築が獲得したものを周知させることが必要不可欠なのだ。

国際的な世論の高まりに応えようとしたわれわれ発起人は、第一線で活躍する重要人物たちのご高配に助けられ、ド・マンドロ夫人がこころよく場所を提供してくださったラ・サラ城（スイス、ヴォー州）に、相当数の建築家を世界各国から招集した。彼らはすでにそれぞれの実現作品により、建築の未来に理解があることを明らかにしている。

ラ・サラ城における会議の目的は、建築、実業、社会・経済といった各分野における方向性を決定付けるべく開催されるであろう、近い将来の会合における問題を、3日間のうちに明確化しようというものである。

あらゆる国から専門家を一堂に集めたことにより、現代の科学技術によってもたらされた労働の分担、合理化、自治体における規制、教育、さらには国家の役割といった新しい諸条件を正当に検

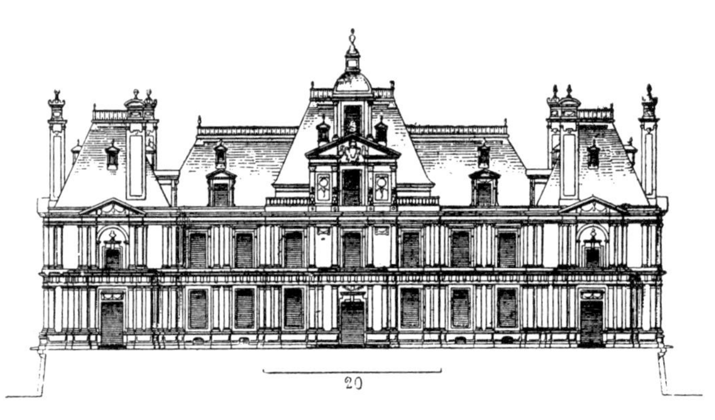

……われわれは伝統的な建築手法を
放棄せざるをえない

技師モパンによる／飛行機格納庫

……われわれには新しい建築手法が与えられる

討することができよう。

その意味で、以下の六つの問題群は有益な議論を可能にすると思われる。

本会議により、建築に導入すべき改革と革新に関わる総則的綱領の表明を目指すものである。

＊　＊　＊

（議事日程に記載された六つの問題をここで簡単に分析するのは、議論を既定の方向に沿って進めるためであり、また数多くの提案やあらゆる有益な修正案を引きだすためである。）

問題1
現代の技術が建築にもたらしたもの

1º　過去にも変革のときがあったように、今日、構造上の新たな仕組み（鉄またはコンクリート）は住宅に大きな自由度と、新たな要素をもたらす。

2º　この新しい事象により、

a）われわれは伝統的な建築方法を放棄せざるをえない。

b）われわれには新しい建築手法が与えられる。

3º　その新しい建築手法は、

a）工業化（規格化による）、

b）平面や立面の革新、

c）現代における衛生、に適している。

d）また、建築と構造の基礎、新たな美学の基礎となり、

e）新たな都市計画を効果的に展開させる。

4º　この新しい建築システムは、住居の問題に合理的な解決をもたらし、あらゆる建造物に対し一様にその効果を波及させ、過去の多様な伝統的建築に劣らぬ豊かな建築的表現を可能とする。

5º　現代の技術から生まれた新しい構造システムにより、建築的な単位を生み出すことも可能である。

6º　現代の構造物はどれも、独立した骨組（鉄骨かコンクリート）をもち、各要素は規格化（工業化）され、建物の内部計画からも独立し、内部平面には完全な自由度をもたらし、施工は整然と段階的に進められる。

7º　構造体としての壁はもはや存在しなくなる。外壁と間仕切りしか残らない。

8º　この間仕切りは、住宅の重量にほとんど干渉しないほど最大限の軽さを目指すべきである。

9º　構造としての重さが必要ないからには、非常に軽い充填材を探すべきである。

10º　もし骨組（強度、硬度、はめ込み、連続性）が音を通すものであれば、音の響かない（防音の）充填材を使い、音の伝達に関する諸規則を適用しなければならない。高額な費用をかけずとも、鉄骨・コンクリート造の建物において、ほぼ完全な防音を実現できる（プレイエルホールのスタジオを参照）。

11º　傾斜した屋根は、もはや必須ではない。通常、鉄骨とコンクリートでできた屋根は平らになる。屋根の上に積まれた上部構造は余計であり（費用）、有効でもなく（屋根裏部屋）、年間維持費も高くつく。陸屋根の厳格な理論では（寒冷気候において）家屋の内部に雨水排水管を通すことが要求される（陸屋根の建築的帰結）。陸屋根を膨張から保護するために、屋上に庭園を整備することも求められ

る。陸屋根、あるいは屋上庭園は、住居に新しい重要な要素（衛生、日光、新鮮な空気、快適さ）をもたらす。屋上庭園が都市全体に広がれば、建設によって失われた地表が取り戻される。

12º　陸屋根は通行可能な土地を都市計画家に提供し、そこは散歩道（空中の道）、カフェ、店舗（衛生と交通の整理）に利用できる。

13º　陸屋根は都市上層部に完璧な解決法（美学的）を与える。

14º　静的構造（鉄骨かコンクリート）の原理により、ピロティの上に家屋を建てることが可能になる。すなわち、家屋は地面から離れることになる。杭は家屋の中でもっとも安価な構成要素なのだから（いくつかの国では、1階の床下に60cmの隙間をあけるよう定めている）、隙間を60cmではなく2m半、ないし3、4mまで拡張することで家屋が地表に占める土地面積のほとんどすべてを取り戻し、遊び場、ガレージ、庭の拡張などに用いたほうが合理的である。

こうして入口は風雨から守られることになる。階上の屋内へと向かう階段室、あるいはガレージは、ピロティの一部分を仕切ることで得られる。地下室は（それが家屋の建築面積を占めるいかなる理由もないのだから）、階段の下に掘られることになるだろう。

15º　ピロティによって、都市には上下二重の道路という意義深い解決策がもたらされる。下部の、直接地面の上を通る方は大型車両用であり、上部（鉄筋コンクリート製の高架道路）は速くて軽量な車両（自動車）用である。道路の配管は、上部道路の下に取り付けられ、自由に調整可能である。

16º　都市計画の要求（植栽の割合と通りから家屋を遠ざけることの有用性）から、廊下のような街路が廃止され（そもそも建物をより高くするときに現れる傾向である）、凸凹型の道が採用されることになる。これにより、古い建築方法に結び付いた二つの様式が消える。屋根組みの規格と外壁の規格である。屋根組みの規格は、陸屋根を用いることで消える。また張り出し窓も廃止される。コンクリート建物の奥行は無制限であり、傾斜した屋根組みによって課されるさまざまな制限に従わなくてよいからだ。

17º　凸凹型の区画によって建設を行なうと（コンクリートや鉄骨の骨組と陸屋根により実現される）、住戸単位の中庭を造ることはできなくなる。代わりに通風口を許容し、また、たとえば建物単位の中庭の一辺の長さは最低50mと定めることになるだろう（これは凸凹型の原理にもなる）。

問題2
規格化

1º　小さな金物や、人工石、煉瓦などにはすでに規格が存在している。だが、建築に携わる職人たち（石工、大工、錠前屋、屋根職人、など）は、現場ごとに「採寸して」作業している。

2º　住宅の建築は昔と変わらず屋外で行なわれ、季節と天候に左右される。建設業は他の業態に比べて労働体制が生産的ではない（冬には仕事がない）。

3º　できる限り業者の数を削減し、可能であれば主要業者を一つに絞ることが必要だ。それは組み立て業者だ。このことが意味するのは、建設が工業化されたということ、建築物のほとんどの部品が工場で作られ、組み立てのために現地に運ばれるということである。こうしてプレファブ住宅という結果が得られる。

4º　原則として、ある型の住宅を（規格化によって）工場で大量生産するのは間違っているように思われる。それでは建築を卵のうちに駄目にしてしまうことになる。

住居の一室、すなわち柱とスラブによる静的なシステムの一完全体を、規格化によって工場生産

トリノにあるフィアットの工場の自動車用傾斜路

するべきである。その寸法は、内部の利便的かつ多様な配置に応えられるよう決定される。

5º　住宅において特に機械的な要素は窓である。今日に至るまで、窓はあまり思うように配置できず、扱いにくい木製建具でしかなかった。しかし鉄筋コンクリートと鉄骨により、外壁面に切れ目のない長い窓を設置できるようになった。引き戸式にもなり、窓が受ける応力は、長さに沿って均等に分散される鉛直の自荷重のみである。この開口部をきちんと塞ぐには、ガラス板一枚で充分だろう。だがガラスは非常に値が張る。ところがガラス製造業者に言わせると、高級素材であるガラスも、多少質を落として同一寸法で大量生産することができれば、ありふれた素材になるそうだ。

6º　建築家は、（完全に）規格化された大量生産品の窓を使って設計できるか？

7º　ドアの規格化。それを構成する木材、金具、紙、藁など。

戸枠が金属の場合、ドアのまわりの部分は柔らかな素材でなければならない（はめ込んだ後に調整するため）。標準となるサイズを決めること。幅55cm、75cm。両開きの場合、2 × 55 ＝ 110cm または 2 × 75 ＝ 150cm。高さは、たとえば 2m5cm。

8º　1室の大きさをもとに、階段（5m）の外寸を規格化すると便利であろう。

9º　窓とドアの規格化にあたり、現行では 2m60cm 以上と規定されている一室の天井高（賃貸集合住宅）に関する法規に改定を加えるべきである。2m10cm まで許可し、居間においてはこれを 2 倍にすることを条件とする。すなわち 2.10 × 2 ＝ 4.20 ＋床 0.30 ＝ 4.50(m)。

10º　窓、部屋、階段や他のすべての要素を規格化できるよう、都市計画において、原則として碁盤目状の区画整理をすみやかに行なわなければならない。そうすることで作業も標準化され安定する。

11º　家具は大きな変革を被ることになる。現在、数えきれないほどある家具は役に立たず、そのうえ場所をとるため、建築家は大きすぎる部屋を設計するはめになっている。家具は（椅子とテーブルを除いて）、整理棚にまとめられる。整理棚とは人が使うものを収める場所であり、あらゆる整理棚は共通の単位、規格化された寸法を持つことが可能だ。これらの規格を決定すること。規格化された整理棚は、室内の間仕切りにもなりうる。開閉可能な整理棚の規格化を研究すること（鋼材、木材、厚紙、セメント、など）。整理棚内部のしつらえは自由であり、さまざまな要求に応え、ごく基礎的なものからきわめて豪華なものまで幅広く変化できるようにする。

12º　建築金物については再考せねばならない。それらは未発達で、壊れやすく、工夫に欠ける。車両（地下鉄、寝台車、など）の建造は、建築金物に関するわれわれの問題に参考になるだろう。

問題3
一般経済

1º　ある経済現象が容赦なく現実化する。新たな業者（電気屋、設置業、鉄鋼建設業、鉄筋コンクリート組立業、など）が誕生し、その一方でいくつかの業者（屋根屋、ブリキ業、木工業、石切り業、など）が消えていく。建設業の工業化はもはや抗うことのできない経済趨勢である（理想＝工場で住宅を造り、現地で組み立てること）。この傾向により有益な目標が達せられる。すなわち、プレファブ住宅である。

2º　建設業の工業化（組立用の部材を工場で製造すること）により家屋の構成要素すべての寸法を見直すことになる。こうした部材は大量生産が可能で、基準の寸法にもとづき 2 倍、3 倍、あるいは 2 分の 1、3 分の 1 の大きさにすることで多様な組み合わせができ、それこそが住宅建築の領分そのものになる（もしくはなるだろう）。

3º　この傾向によりあらたな建築業者が誕生する。組み立て業者である。石工、ブリキ工、屋根屋、大工などに替わるのは、組立工となるだろう。

こうした情勢についての意見を明確にしておかねばならない。そうすることで既存の産業とこれから創造すべき産業が一体となって共通の目的に向かうようになる。

4º 建築業者（建築家、施工業者、実業家）についての見解を明確にし、また効果的に活動できるよう、中心的国際組織を創設するのが有益であろう。建築上の発案を集め、広めるために、雑誌を発行する。ここで「建築上の発案」という言葉が意味するのは、共通の寸法（規格）の制定、機械あるいは建設に関する新案、住宅の構成要素、住宅の内部あるいは外部構成の解決法などである。

5º このような機構では、各国語の他に、統一的で普遍的な技術言語が用いられなければならないだろう。

そのためには、国際連盟を通して手続きを進め、世界中の国で普遍的技術言語を教えることを義務化しなければならないだろう。その言語により、今後、各国間の接触が可能になり、容易になるはずだ。さらにそのことで、世界の安定化にはかりしれない貢献ができるだろう。

6º「国際建築発案事務局」は、さまざまな地域の、専門的設備を備えた実験研究所と連動しなければならない。そうすれば、科学的厳密さをもって建築上の発案の管理・調整が進められる。物理学は建築と能動的な関わりをもつ一分野となる。国家からの助成金は、限られた住宅建設に充てるよりも、こうした研究所がゆとりをもって活動できる資金に充てるのがよいだろう。

問題4
都市計画

1º 都市計画はいつの時代も常に、科学技術によって得られるもっとも有効な手段を拠り所にしてきた。

2º 今日、機械化がもたらした社会面・経済面での深甚な変化に対応する都市計画を実現する手段として、われわれには鉄骨と鉄筋コンクリートが与えられている。

3º しかし然るべき分析をし方向性を与えるようないかなる中心組織も存在していない。混乱が蔓延し、渾沌が支配し、いたるところに危機がある。事態は切迫している。各国、各地域において、新たな立場を付与できるだけの、能力と責任のある人物によって指揮された、安定した組織の創設が目指されなければならない。

というのも改革は、あらゆる都市へ、あらゆる地方へ、そして海を超えて、共時的に伝播するからだ。

4º 新しい計画は前代未聞のスケールを持つ。相次ぐ売却と相続により、これまでになかったほど国土が細分化されている。この際限なき細分化は勝手な自由裁量の結果である。いびつな無数の土地は都市計画のあらゆる活動の妨げとなる。

したがって都市や地方の土地の整理統合に関する準備的法案を制定することが必要となる。

5º この作業は公益事業にともなう地価の上昇と直接的に関係する。したがって、土地の最低価格を設定し、また公益事業である以上、高値の付いた土地の所有者と、主導権を握って公益事業費を負担する組織とのあいだの、増収益の配分について規定するような法令が必要である（資本利益の回収に関する法令）。

6º 新しい手段（鋼鉄とコンクリート）を用いる以上、それらを最大限に活用するために、国や地方自治体の条例によって建物に課された規制を全体的に見直すべきである。

1934年2月6日、パリ／美化の覚醒

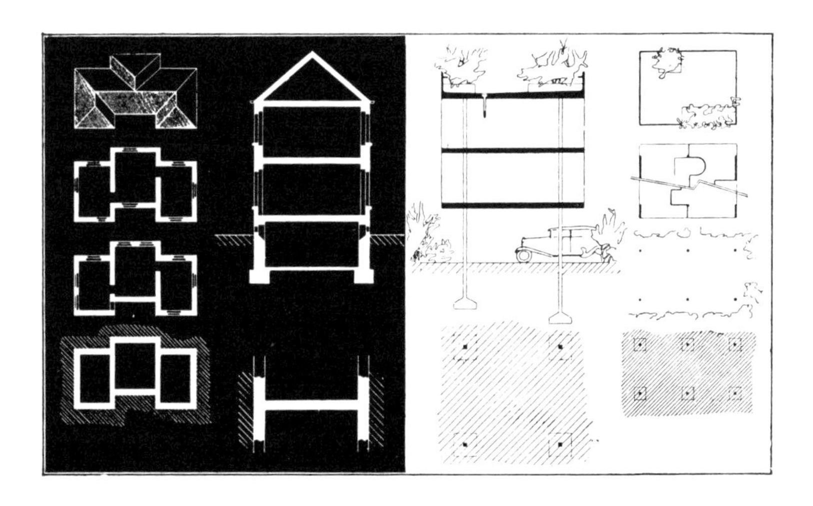

建築革命が遂行される……

1934年12月20日
（フレシネの言葉）
『私は壁が地面に接触しているような建物を構想しない。あらゆる中高層建築は、2本のキノコ型の杭と片持ち梁状の板の上に建つ……そしてこれは望みのままに高くできる』

なによりもまず、建物の高さ制限が問題となる。

7º　しかし同時に、これらの区画の交通路となる土地面積と緑地化される土地面積（衛生）が問題となる。したがって、交通、緑地、住居の各面積の割合をパーセンテージで決定すればよい。そして別の計算表によって、都市を1ヘクタールあたりの人口密度に応じた区画に分ける。こうして、交通用と植栽用に広大な面積を残すためには、都市の中心部の人口密度を非常に高くしなければならないという原理が認められることになるだろう。これにより都市中心部の高層建築に関する各条項が決められていく。

8º　都市の外縁を買い戻して緑地化し、そこを郊外との分離帯として、都市に自由な開発を許すような方策はすでに存在している。

9º　建設の工業化という緊急課題を考慮し、都市計画においては、建物が建つ区画と交通の要所を、原則として碁盤目状に整備することになるだろう。

10º　国全体の経済、技術的手段、交通需要、公共衛生を鑑み、都市計画においては屋上庭園を必須とし、また必要に応じてピロティの上に道を通すことになるだろう。

11º　あらゆる状況において、都市計画ではスポーツ（健康、神経組織の回復、など）が尊重されるべきであり、住宅のすぐそばでも運動ができるようにする。

12º　常に日和見主義で、スケールの小さい措置をとろうとする所管の役所に蔓延するためらいを前に、この都市計画では、いわゆる「外科治療的」原理に従って図面が引かれるだろう（既存の道路や街区、境界線を越えて引かれる新しい図面）。これはいわゆる「内科治療的」原理（図面は既存の道や街道を拡大するためにしか引かれない）に対比的である。

問題5
小学校における住居についての教育

1º　建築家の務めはうまく定義されていないし、住居に関する諸問題は明確に提示されていない。顧客の要求はさまざまであるが、しばしば住居を条件づけるものとは関係なく、顧客は総じて自らの願望をうまく言い表すことができない。このため、建築は住居の規範的条件を充分に満たせないでいる。こうした効率の悪さによって、国は純損益として莫大な出費をすることになる。しかも、伝統的に住宅は高価とされてきたため、多くの人々が清潔な住居をもてないでいる。

2º　小学校での教育を通し、いくつかの基本的な真実を教えることで、住居に関する知識の土台を形成することができるだろう。たとえば、住居の全体的構成、さまざまな構成要素の関係と照応、家具の機能と役割、また、清潔さとその倫理的重要性、日光の効能、弱光や暗がりの弊害、物理的要素（音響、熱、遮断、電気、など）、機械の概念（機械の手入れと機能）、等々。

3º　このような教育によって住宅について健全で合理的な観念を持った世代が形成されるであろう。こうした世代（建築家にとって未来の顧客）はまた、住宅に関する問題を提起することさえできるようになるだろう。

問題6
国家と建築の関係

1º　「建設がうまくいっているときは……すべてがうまくいく」。この言葉には、建築が経済発展の鍵であることがよく表れている。

2º　今日、建築は、機械化する前の時代のしきたりにとどまっている。手法は古く、建築産業はまったく組織化されていない。このため収益と支出の両面において莫大な損失が生まれている。建築の使命は、ほとんどの国において、アカデミー［学術的権威］によって定められている。

3º　これらアカデミーは、その定義からしても役割からしても、過去の保管所である。アカデミーは、過去に用いられた実践的・美学的手法に基づいて建築のドグマを定めた。アカデミーはそもそもの始まりから建築家の役割を汚している。視点が誤っているから、その結果も誤りとなる。

4º　したがって国家は、国の繁栄を確かなものとするために、アカデミーの支配から建築教育を奪い取らなければならない。いかなるものもその場にとどまらず、すべてが進化し、進歩は止まらないということを、過去はわれわれに教えている。

5º　国家は今後、アカデミーに信頼を寄せるのをやめ、建築教育を見直すべきである、しかも、もっとも生産的でもっとも進んだ機関を扱うのと同じ関心度をもって、国家はこの問題に心を砕くべきである。

6º　国家がアカデミーに従属することにより、大多数の国家による建築計画は、他の評判の良くない建築計画にも増して、無益と無能の刻印を押されてしまうのである。

7º　あまりに高いところからもたらされる規範は、国全体にとって有害である。結果として、それは国民の生き生きとした力を押し潰し、寄生的な、あるいは老いさらばえた力を認めさせることになる。

8º　もし国家が現行の態度を180度転換すれば、建築の真の再生が起こるだろう。

9º　精神的観点からもその効果は重大であろう。というのも、建築は見られるものであり、国の外見を創り、市民の性格を形成するからだ。市民の飛躍は活力ある建築から生じうる。

＊　＊　＊

以下に示すのは、ブリュッセルの世界美術館の創設者にして館長、また、「国際協会」の主宰でもあるポール・オトレが、ラ・サラ城会議の綱領に対して寄せたコメントだ。

親愛なる友へ、

あなたの近代建築会議に対し祝辞を贈ります。今パンフレットを読み終えたところです。深く、簡潔で、明快であり、社会と世界の動きに大きく結びついています。

数か所、いくつかの命題を補完したり「構築」したりしたいとも思います。というのも、ある運動、ある組織、ある行動、いくつかの命題を基礎づける事実や考えの複合体全体を、別々の論点において、関連付け、分類し、定式化することは方法として有効だからです。

（問題6について）ここは次のような題にしたほうが良いと思います。「社会、公権力、建築の関係」。社会とは、公的なものとそうでないものを含めた全体です。現在の大きな問題の一つは、一個人とも「権力」とも異なる、自由な社会組織の役割を明確にし、定義づけることです。

また（6の6）についてですが、建築を議論としてではなく、原理として、より明確に書かれるべきではないでしょうか。すなわち、

『現代の構造物はどれも、独立した骨組（鉄骨かコンクリート）をもち、各要素は規格化（工業化）され、建物の内部計画からも独立し、内部平面には完全な自由度をもたらし、施工は整然と段階的に

……建築教育をアカデミーから奪い取ること。

進められる』。
今、われわれには二つのことが必要です。
1º 空間全体の合理的な配置。2º 目に見えるすべての感覚的調和。何がこの二重の機能を引き受けるのか。
建築です。なぜなら、建築はすでにおのずから「Town Planning」を行なう段階にまで達し、上記2点の務めを果たすと主張しているのですから。しかし、要求は存在するのに、いかなるものも完全にはそれを満たせないのです。
地球上では空間に限界が設けられ、それをむやみに使うことはできません。空間は単に地理的なものではなく、空間のあらゆる場所は多様な動きをしています。空間は、物理的、生物学的、人間的なさまざまな特徴をもった何らかのものによって占められていたり、占められていなかったりしているからです。空間の節約（間接的な能動的要素であり、受動的でも中庸的でもない）は、したがって、量的にも質的にももっとも重要なことがらです。
建築は今日二つの側面を持っています。内部に関わるもの（住宅、仕事場、家具や簞笥まで含めた室内）と外部に関わるもの（道路、都市）です。両者に通じる、しかも建築自体は縛らないような原則を明確にしなければなりません。すなわち、空間の組織構成です。
空間に秩序を与えながら、建築は、それが何であれ、目に入るもの全体に関わるという高度な任務を担っています。
これら二つの役割を担うことのできる者をざっと考えてみてください。そんな者はいないでしょう。力の利用や物質の変形といった技術を専門とする技術者たちではないし、色彩、描線、形態を扱う芸術家たちでもない。芸術が目的としているのは特殊な、個人的なものであって、全体的で複合的なものではありません。ですから芸術は建築に従属するのです。
〈エコノミー〉という語は、狭義では〈経済〉と同義語ですが、広義では〈組織〉と同義になります。いつ、どこにあっても、この2番目の意味を明確に示す必要があります。
実際に働く労働者の団体や技術に関する知識人の集まりを組織することには充分な理由がありますが、もろもろの目的（あるいは仕事、あるいは機能）もまた組織しなければなりません。
どんな目的、そしてどんな仕事でしょうか？

A. 建築は、保護されるべきすべてのもの、すなわち人間、事物、行為に対し屋根を提供できなければ、その使命を果たしているとは言えません。この意味で建築は、共同体やさまざまな集合体に対して有益でなければなりません。

あなたが『顧客は総じて自らの願望をうまく言い表すことができない』と嘆くのはもっともです。しかしこの言い方は不完全です（問題5）。社会において「屋根」を提供することに心を砕き、その責任を持つのは誰でしょうか。個々人であり、各種団体であり、公権力です。しかし、大きく有能な権威的存在が社会全体にわたる計画を作成し、明確に示し、さらにそれを要請し推奨すべきです。その権威こそ建築です。
まず、個人と世帯による最小限の屋根を明確にすること。以下の度合いに応じた最小限のもの。a) まず、20世紀の人々の文化的度合いと合理的で正当な欲求の度合い、b) また、最先端科学技術の可能性の度合い、c) 三つ目として、経済的可能性（消費力、潜在的消費力）の度合い。

B. ついで、最小限の都市を規定すること（問題4）。偶然から生まれた人口密集地は、都市の中心部という、意識的・理性的なものへと姿を変えることになります。建築は都市計画において最小限なすべきことを制定しておかなければなりません。建築用の土地面積・容積と空地の比率や、個人、団体、公的機関のために用いられる土地面積・容積の比率を決めるということです。必要な機能や建築物、道路を列挙し、最小限を決めるのです。数値化可能なすべてを、総合的観点と効率性から定式化し、誰にでも理解でき、管理できるようにし、責任者にとっての規範や尺度になるようにすること。それは個別の進歩と全体的進歩がそこに向かっていく地点、進歩それ自体と連関して修正されることになる指数です。建築は（全世界的に組織化され、比較用のデータや情勢や潜在的可能性を把握しているのですから）、定期的にこの定式を見直すことになります。建築はこの分野における「進歩の番人」なのです。

あなたのおっしゃることは素晴らしい。賛辞を贈ります。

粘り強く自説を述べてください。知的活動を真に組織立てることができれば、人々を問題の核心に導けることでしょう。パリの研究所（知的協同組合）がこれまでやってきたことは表面的なことです。

おのおのの科学は独自の国際団体を持つべきであり、あなたもはっきりおっしゃっているように、その団体が自らの科学を組織しなければなりません。

しかし科学的探究とは別に、社会にとっての利益、そして働く人々の利益――保護、権利、組合――を区別しなければなりません。

この三つはこれまで混同されてきました。それぞれを区別し、それぞれに異なった機構を与え、そのうえで一つの組織の中で協働させなければなりません。

ところで、科学の組織はあらゆる面において完全でなければなりません。前提となるべきものは、「研究と発明」、総合と管理、情報整理（記録、保管）、発信（出版、実演）、教育活動、共通の手法（統一化）、等々。これらすべては「国際協会」がなしてきたこと、あるいはなすべきことであり、そうしたすべては、いくつもの中心機関の中心であるムンダネウムと関連します。

素晴らしい主張の数々です。このアイデアを通じ、さらに幅広く考えを伝えていきましょう。大人たちも組織的な先導を必要としています。万人向けの教育と学術的素材について解説したものをお送りします。百科図鑑に「建築」の章を設ける必要があります。

筆に任せてこれらの所見を書かせてもらいました。あなたの論題はとても面白いものです。あなたはこれから礎を築こうとしているのですから、壮大な何かのために土台を置くことをためらわないでください。あなたの最初の計画がすでにどんなに壮大なものであろうとも。

『建築は社会の安定の土台である』とあなたは言っています。

そのとおりですが、さらに付け加えましょう。

20世紀はまったく新しい文明を築くことを定められています。効率性から効率性へ、合理性から合理性へ、そのようにして20世紀は完全な効率性と合理性に到達すべきです。今存在するものの安定化を図るよりも、求められているものを築き上げなければなりません。戦後、建築が再建の基盤とされたのは、間違った偏狭な考えからであったのですが、建築は知的・社会的構築の基盤なのであり、われわれの時代はそれこそを熱望すべきです。

「心をこめて」

ポール・オトレ

責任の重大さ：自治都市

このプログラムには行動計画も加えられた。考えが明瞭であるとき、それを図表によって表すことが可能となる。

ラ・サラ城で、われわれはゼロから出発しようとしており、各国の参加者のあいだには熱意や闘争心、不安が渦巻いていた。車や電車の都合でこの会合に早く着きすぎた代表者たちには、次のように言い聞かせた。「われわれは段階をひとつずつ順に越えていくことになる。われわれの要望から複数の活動的な機関が生まれるだろう。行動計画を作ることになる」。開会式には戦闘計画を表す図が掲げられた。

以下に示すのは、「近代建築国際会議」の宣言であり、これによりこの会議は一般の人々にも知られるものとなった。

宣言　「各国の近代建築家団体を代表する下記署名の建築家たちは、建築の根本諸概念と同時に、社会に対する自らの職業的責務について統一的見解をここに表明する。

下記署名の建築家たちがとりわけ強調するのは、『建設する』ということが人間の基本的な活動のひとつであるという事実であり、この活動は人間生活の向上と発展に緊密に結びついている。したがって建築家の務めは、自らの時代の方向と一致して進んでいくことにある。彼らの作品はその時代を表すものでなければならない。したがって建築家は、仕事の手法として、過去の社会に根づいた原理を用いることを頑に拒む。反対に、建築家は、現在の生活における精神的・物質的要求を満たすような、建築の新しい概念を求める。機械化によって社会構造にもたらされた深甚な変化を自覚している建築家は、社会秩序と社会生活の変化が、必然的に建築的現象にも相応の変化をもたらすことを認識している。建築家たちの会合の正確な目的は、対峙する要素間の調和を実現することである。そしてこのことは、建築をその真の次元、つまり経済的・社会的次元に置きなおし、過去の手法に固執するアカデミーの不毛な専横から建築を取り戻すことで達成される。

この信念に突き動かされた建築家たちは、国際的次元で精神的・物質的に自らの切望を実現するため、互いに協力し支え合うことを表明する」。

ラ・サラ城

1928年6月28日

現代社会の病を治療しようとするのか？　それは骨の折れる作業、役に立たない仕事だ。古い時代の一つの文明が凋落し、老化し、黄昏を迎え、終わろうとしているのだ。

機械化された新しい文明を整備しなければならない。

現行の行政規制の**修正**について論議しようとするのか？　問題となりうるのは、新体制の規制についてのみである。現代の科学技術はこれまでとは異なる事象への扉を開いた。それらは**ひとつの**全体的な生命論理にしたがって互いに連携し合う新しい事象である。

現行の規制とは何か？　一昔前にもっとも進んだ技術を基盤にした社会の法体系である。それは石による技術であり、1倍速（歩行者と馬）の様式である。これらはルイ14世治下の時代に獲得されたものだ。そしてその速度は、何千年も前からわれわれが手にしているものである。

機械が到来した。

機械はわれわれを隷属状態においたが、われわれを自由へと導くべきなのである。機械は、現在の圧制者の立場から、本来の立場、すなわち仕える立場へと戻るべきである。われわれの計画にどれほどの広がりがもたらされることだろう！　さっそく取り掛かればよい。機械の時代の規範となる枠組みを構築しようと決断するだけでよい。

決断！

しかしこうした決断は、技術者が計画を立てたとき初めて可能になる。計画とは、どこに向かうことができるかを示し、なそうとしていることを述べ、**行動を開始できる**ということを証明するものである。

●

近代建築国際会議
第2回　フランクフルト・アム・マイン
1929年9月
「最小限住宅」の問題に関わる根本要素の分析
ル・コルビュジエとP・ジャンヌレによる報告

居住は優れて生物学的な現象である。

しかし、それが前提とする入れ物、部屋、空間は、静止状態に属する固形物の覆いによって制限されている。

生物学的事象と静的事象。これらは異なる二つの領域である。これらは互いに独立して機能している。これらの問題について、一方の側あるいはもう一方の側から解決しようとして、思考はさまざまに飛躍する。

＊　＊　＊

従来の技術には未発達で不充分な面が多く、そのために手順を巡って業者間に混乱が起きたり、

3. RENVERSEMENT D'USAGES SÉCULAIRES

古い習慣の打破

5か月間、ピロティの下で生活が展開される。昼食、夕食、料理、調理、そしてレセプション

これは2m×6mの板で作られ、ピロティに持ち上げられた小屋である。夏をここで過ごす。「最小限住宅」の慎ましいが雄弁な証人である。

私の友人たちはここで快適な生活を手に入れた。機能は明確にされ、建築上の回答が出されている。

この小屋が教えてくれるのは、「内部」の「外部」への拡張である。この方法は部屋の節約になり、空間は増大する。根本要素たる、太陽、空、緑の共有である。

ここにあるのは小屋だが、ひとつの証明でもある。建築と都市計画を結ぶ断ち難い繋がりの証明なのである。

最小限住宅

生物学的事象
静的事象

互いに無関係な側面が無理矢理結び付けられ、その硬い結び付きが障害にしかなっていない、といった状況にあった。建築の手法はそこから生み出され、学校とアカデミーによって体系化された。こうした異種混交的な作業手順は費用がかさみ、素材も労力も無駄になる。これでは現在の厳しい経済情勢に応えることはもはやできず、「最小限の家」は実現不可能だ。この無駄遣いは、提起されている課題が従来の技術では解決できないがゆえの代償である。このことはどの国においてもあてはまる。こうした行き詰まりは住宅危機を招くことになった。有用な住宅の設計ができ、規格化、工業化、テイラーシステム化された、明瞭で新たな手法を見出して、適用しなければならない。

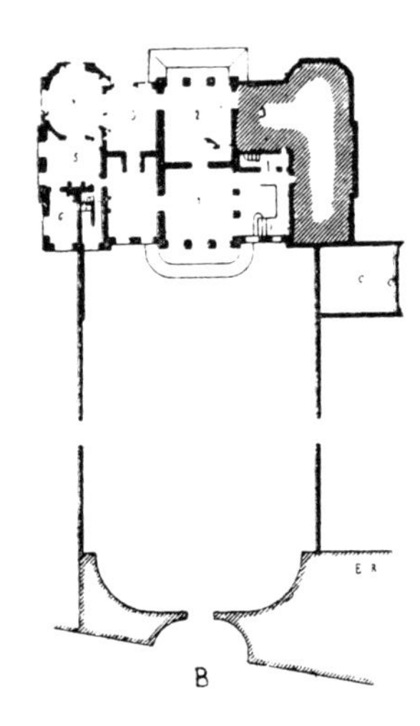

現代の問題を前にして、伝統的手法の典型的な欠陥は……

しかし伝統的手法における欠陥のためだけに、われわれは新たな解決策を模索しなければならない、というわけではない。建築史を紐解けば（われわれにとっては過去だが、しばしば他の気候のもとでは現在のことでもある）、学校教育の力で広められているものよりも柔軟で、且つ、深く豊かな建築性を備えた住宅の建設手法が存在している（湖上住宅、ゴシック様式の木造家屋、スイスの山小屋〔ブロックハウス〕、ロシアのイズバ、インドシナの藁小屋、日本の茶室、等々）。

有用な住宅の設計ができ、規格化、工業化、テイラーシステム化された、明瞭で新たな手法を見出して、適用しなければならない。

住宅に関する二つの独立した事象——**内部配置**と**建設**——、あるいは二つの異なる働き——**動線計画**と**構造システム**——を区別することなく、これら**二つの側面が混交され互いに依存している**現行の方式を維持していくのであれば、われわれの状況は何一つ変わらないだろう。そうなると、

a)　産業は「**最小限住宅**」を我が物にできず、経済全体にその驚異的な資金を注入することができなくなるだろう。

b)　建築は現在の経済に適応した住宅設計をすることができず、社会は、変革の真っただ中にありながら、「最小限住宅」を享受することができなくなるだろう。

われわれは「住宅危機」という言葉からその数的な問題だけでなく、質的な問題も扱おうとしている。現代人は巣穴を奪われ、ただ凍えるしかない動物なのだ。

正しい動線こそが現代建築の鍵となる

家の活用は各機能の規則的な連続からなる。各機能の規則的な連続は動線をなす。正確で、無駄がなく、素早い動線は、現代建築の鍵となる。住居の各機能はさまざまな空間を要求するが、それらの最小限の容量はほぼ正確に定めることができる。それぞれの機能に対し、規格化され、（人間の尺度で）必要にして充分の、**最小限容量**が必要だ。これらの機能のつながりは、幾何学ではなく生物学の論理にしたがって確立される。線上にこれらの諸機能を図式化することも可能だ。そうすれば、必要な各面積とそれらの隣接関係が読み取れるだろう。そしてそれらが、比較的自由に作られたはずの伝統的住居の形態や面積とほとんど共通点を持たないということがわかるだろう。

規格化とは、産業がある対象を自らのものとするための方法であり、品質を保ちつつ安価にその対象を大量生産するための方法である。住宅内部の諸機能は、**床**という水平面の上でなされるという、異論の余地のない特色を持っている。また家は光の流入を必要とし、日光は外壁面からしか（原則として）取り込まれない。**外壁とは光の供給源なのである**。家屋内部の機能に必要な一連の「内容物」を区切る間仕切りは、構造体とは直接関係がない。それらは独立していようがいなかろうが、膜なのである。光を供給する外壁は、今やその定義からして床を支え

ることはできない。床は、外壁からは独立して、柱によって支えられる。

こうして、「**床**」と「**採光 - 外壁面**」の分類がなされ、問題がはっきりと提示される。自由な天井面に覆われた、自由な床面を建築家の手にゆだねること。建築家はこの自由な空間に、要望に応じて、合理的な動線によって互いに結ばれた部屋（あるいは容れ物）をしつらえることになる。太陽光は、採光の役割を担う外壁面から供給されることになる。光は外壁面のどの部分からも取り込むことができ、開口は縦長でも横長でもかまわない。家屋の奥行きは**1層あたりの開口部の高さ**によって決定されることになるだろう。床面はコンクリートスラブか梁、あるいはフラット・ヴォールトで形成され、それらは地面から直接立ち上がる柱によって支えられる。また、橋梁式に金属材で吊り下げることもできる。この場合、柱の数を減らすことができ、建築ではまだ一般的ではない静的構造に道を開くことになるだろう。そしてこれらの柱は、構造的に必要な箇所のみに配置される。「自由な天井」（「自由な平面」を実現するためのもの）の原則により、剝き出しの横木も消え去ることになる。

床は外壁から独立して支えられる

工業化への展望を開くため、柱と梁の間隔は規格化されることになる。建物内部における柱の存在は（建築面積のおよそ 0.5 ないし 0.25%――従来の 100 分の 3）、建築家が住宅の設計（大きさ、部屋の形、動線、家具の配置）をする際にまったく邪魔にならないだろう。

現代の素材である鉄骨と鉄筋コンクリートは、住宅の支えとなる機能――静的機能――、すなわち軀体を正確に形づくる。

われわれは、住宅が独立した骨組のうえに建設されるべきと考える。それにより自由な平面と自由な立面が得られる。

石積みの壁はもはや存在する権利がない。

独立した骨組、
自由な平面、
自由な立面

1926 年、オーギュスト・ペレは、パリの労働組合センターにおける講演の中で、**鉄筋コンクリート**について次のように表明した。「小さな住宅に鉄筋コンクリートを用いるのはまったく馬鹿げています。費用がかかりすぎます。鉄筋コンクリートを用いて経済的に建設することができるのは大きな建造物だけです」。有名な建築家によるこの言葉が示すのは、人の意見は大きく違える場合があるということだ。

われわれは別の見解を選ぶ。それは現時点のではなく、近い未来の状況に即した見解である。上に示したように、理想的な解決策は**骨組**にあり、それは**自由な平面と自由な立面**をもたらす。われわれは断言する。鉄骨と鉄筋コンクリートはこの要求を満たすことができる、と。コンクリートと鉄骨は大規模な建設に、**鉄骨は組立式**の量産住宅にむいている。工場は、鉄とコンクリートを加工するためのあらゆる設備と技術を備えている。質のよい専門的な職人は数多く、作業場、工場、製作所は仕事を待っている。自由な平面と自由な立面は、合理的な設備をもつ住宅を創り出す。合理的な設備（生物学的機能に対する答え）によって居住面積が著しく節約され、そこから、空間の節約、建設費用の節約へとつながる。合理的な「設備」は工場で大量生産され、建設費にさらなる節約を生む。しかし、大部分の家具に取って代わり、これまで知られていなかった便利さをもたらすこの合理的な設備は、自由な骨組と自由な平面をの上でしか実現しない。したがって自由な平面と立面を採用し、独立した骨組を創り出さねばならない。

しかしこの手法により費用が一層かさむことになるとすれば、**まだ産業が組織化されていないがゆえの逆説的な事態にほかならない**。赤字の時期を耐え、乗り越えなければならないだろう。そして、産業の組織化と住宅設備の開発の両輪により、建築史において完全に新しい地点へと短期間で到達し、同時に、**最小限住宅**の解答を得られるだろう。

しかしながら、この準備的な状態にあっても、われわれはすでに意義深い結果を手にしてい

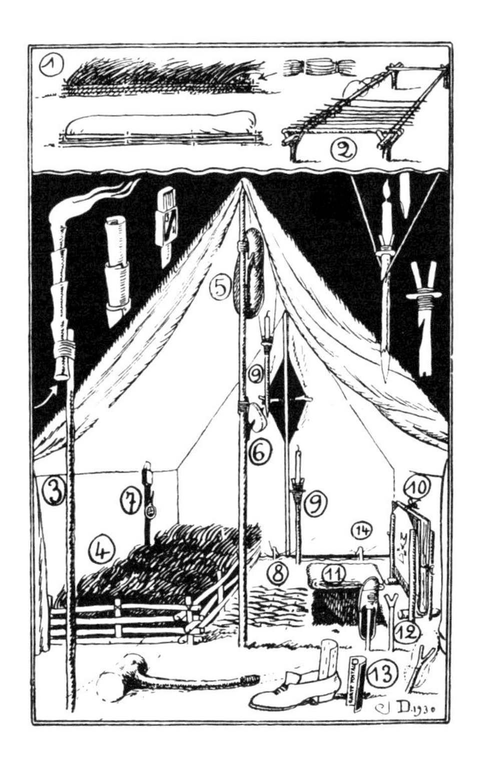

野営……
安価、
必需、
機能。
いったいどこに「スタイル」はあるのか?

る。というのも、われわれは労働大臣ルシュール氏の要請を受け、高価な素材を用いて入念な仕上げを要する、完全工場生産による住宅をいくつか設計したのだ。これは住宅を、粘土、石、モルタルから引き離したといってよいだろう。われわれは住宅を工場へ、実業家のところへ、テイラーシステムの台の上へ移動させたのだ。従来とはまったく異なる、格段に住みやすい住宅である。入居者６人──父、母、子４人──を想定した **100 戸**を計画したところ、1 戸あたり 38500 フランスフランという試算になった。

100 戸を計画した場合の 1 戸あたり 38500 フランという価格は、さらに下げることが可能である。それはちょうど限定注文の自動車に対して、大量生産の自動車の価格が低くなるのと同じ理屈である。われわれは事実、**組立式**の家屋を考案し、自動車や列車の製造業者のように活動している。

左は、現在、産業と建設のあいだに同調性が欠けていることを示す、アメリカにおける比率のグラフである。ヴァルター・グロピウスの提供によるものだ。

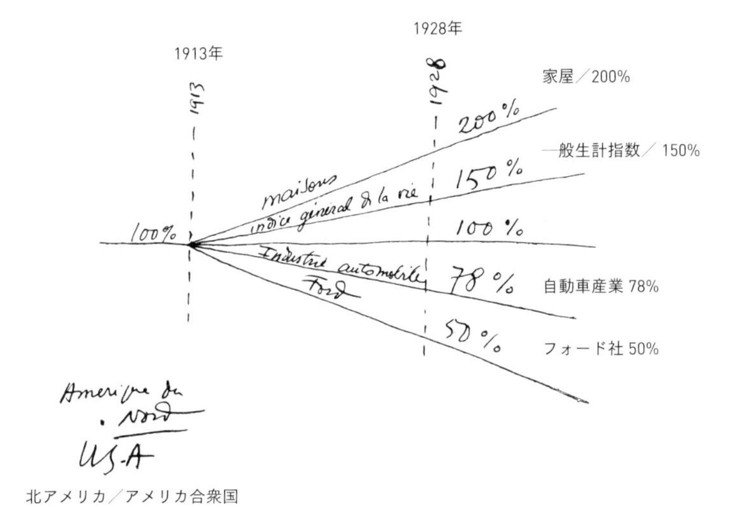

＊　＊　＊

規格化された住宅タイプ（1、2、4 種類、あるいは 10 種類でも）を大量生産し、国中に広めるという、現代建築のたどる道は間違っているのかもしれない。数多くの建築家の存在理由がなくなってしまうかもしれない。昨年のラ・サラ城における会議で、この点について同志のオストが次のように叫んだ。「規格化、工業化によって建築家の仕事が消えるのなら、私はそれに従うしかないだろう。この不可避の出来事にわれわれは反発する権利すらないだろう」。親愛なるオスト、心配しないでほしい。建築家の仕事はなくならない。むしろそれは数え切れないほど枝分かれして、増幅し、分散され、拡散していくだろう。実際、建築はその領野をうまく拡大したのだといえる。

われわれは以下のように信ずる。「**最小限住居**」（現代において欠かすことのできない社会的な道具）においては、建築家は屋内のしつらえを中心に取り扱う。規格化された静的枠組みの中に、問題（容量）、家事の重要性、住人の質（生活の仕方）、日照、風、地勢（都市計画）などに応じて、建築家は生物学的なまとまりを生み出すのだ。さまざまな相反する要素に従来とは異なる視点を与えわれわれが到達したこの工業的手法は、いかなる土地の条件にも適合でき、いかなる気候のもとでも利用可能となる。

設備の寸法タイプの規格標準化

骨組は規格化され、また住宅の構成要素や設備品（階段、ドア、窓あるいは窓ガラス、室内の整理棚、等々）も、人間のスケールに従って作られた、ヴァリエーションが可能なモデルに規格化されるだろう。これまで、衛生器具や台所用具、暖房機器などに限られていた住宅器具の産業は、はるかに拡大するだろう。われわれが行なっているような会議の役割は、われわれ一人ひとりの努力によって、規格化された設備のさまざまな寸法を、国際的取り決めとして規範化しようとすることである。この規範化の試みは（写真業界の中で起こったものに似ている）、部屋の大きさや採光面積、開口部などに関する現行の規制を疑問視する、質問状 I および II と緊密に結びついている。

実をいうと、われわれが今そこに向かって決定的な一歩を踏み出そうとしている工業は、「**呼吸する、聞く、見る**」、あるいは「**空気、音、光**」、あるいは「換気、温度調整、音響、発光」など、といった単純明快なモットーのもと（しかしなんと革命的な力を秘めているだろう）、住宅機能の見直しを進めるためにわれわれの研究を待ち望んでいるわけである。

だがわれわれが日々進めている研究においては、全体的に科学的正確さが不足している。明白な

真実を得るためには、物理学と化学の分野に踏み込まなければならないだろう。

住宅機能の見直し

われわれがなぜ伝統的な慣習と訣別しようとするのかおわかりいただけただろうか。アカデミーに触れられることのない未開の人々や自然の中に生きる人々の生活に、われわれはより多くのヒントを見出すだろう。しかしまた、科学や最新の製造産業との連携を強めなければならない。

ただわれわれは、左翼的立場の同業者らのあいだで熱狂的に流行している言説※に反して、現代建築の先行きについて安心感を持っている。最小限住宅の問題の解決に身をささげる者は、常に（たとえ自分たちの意図ではないにせよ）、木や鉄やセメントやさまざまなものを組み合わせて「神々をつくる」のである。

「**最小限住宅**」のために建築が沈んでしまうことなどない。

※　ここで念頭に置いているのは「新即物主義（ノイエ・ザッハリヒカイト）」の暴力的な論説である。ライン川の東において彼らは**建築芸術の放逐**を主張し、建築の唯一の存在理由として徹底的な「機能主義」を掲げている。）

＊　＊　＊

終わりに、現代建築の夜明け（まだその光は弱いのだが！）を告げる新しいシステムが、初期段階にある今の状況について、もう一言述べておこう。

ある機能を手放し別の機能に移行するとき……新たな調和を生み出さない限り

ある機能を手放し別の機能に移行しようとするとき、たとえば泳ぐのをやめて歩こうとしたら、歩くのをやめて空を飛ぼうとしたら、それまで確立されていた筋肉間の調和は崩れ、辛抱強く巧みに新たな調和を生みださない限り、われわれは倒れてしまう。すべての関係性は刷新されるが、一貫性をもたせる、あるいは原理を統一することで、快適さや良好な機能、すなわち高い効率性がもたらされる。

統一性は、あらゆる進化が目指すものである。すべては流動的であり、日々変わりゆくが、統一性をもつことによってはじめて調和が得られ、効率性がもたらされる。

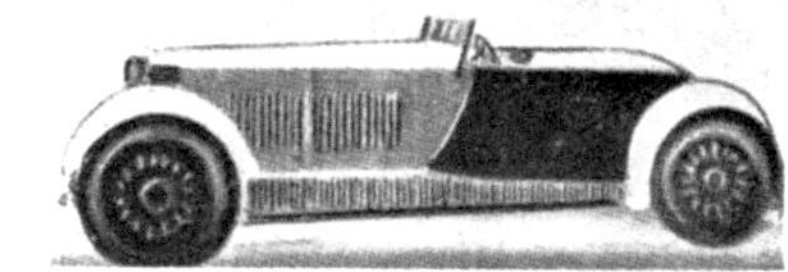

われわれは先に、自由な骨組の必要性を説き、それが自由な平面と自由な立面をもたらすことを述べた。この技術的概念をもって、最小限住宅から賃貸住宅、オフィスビル、摩天楼、宮殿（この語が不快に聞こえなければ）に至るまで、建築のあらゆる問題を取り扱うことができる。

命題は単純明快だ。人間は風雨や寒暖や他人の詮索から守られた水平な場所が必要である。これだけだ！

水平な平面が必要ならば、傾斜した屋根は邪魔になるので今後は作らない。反対に、（膨張作用を防ぐために）屋根の上に庭園を築くことが可能となれば、住宅設計の全体構造に大きな修正がもたらされるだろう。

地面に構造壁を築くという制約がもはやなくなり、建築面積の0.5%分の柱しか必要でなくなり、さらに住宅の最下層の床を地面より高く持ち上げることによって衛生を保たなければならないのであれば、われわれはこうした状況を鑑み、「**ピロティ**」［杭］を採用する。

ピロティ

ピロティは何に役立つのか。住居を清潔に保つと同時に、しばしば壊れたり腐ったりしやすく、衝撃や地面から離しておかなければならない、断熱材を用いることができるようになる。

だがとりわけ、ピロティは地上の交通システムを根本的に変えることができるのだ。これは摩天

1934年、アメリカ、ピロティ上の道路が出現する

どこまでも続く路面電車、
地下鉄、
バスの先に田園都市。
資本主義社会によって
組織された奴隷制。

楼やオフィス、最小限住宅や街路、どれにでも当てはまる。**人はもはや住宅の「前」や「背後」ではなく、その「下」にいることになる。**

われわれは自動車の流れを、いわば河川の岸辺を整備するように扱うべきである。自動車を駐車させる必要があるが、そのために河床をいっぱいにしてしまうべきではない。われわれは車を通りに放置して流れる交通を麻痺させてはいけないし、また建物から出る際に流れる場所を邪魔してしまってはいけない。

モスクワの**労働評議会ソヴイエト**の議長は、われわれによるツェントロソユーズの建設計画案を許諾する際、次のように述べた。「われわれはピロティのうえにツェントロソユーズを建設する。なぜなら、われわれはいつの日か大モスクワの都市化を実現し、交通問題を解決したいからである」。

近代社会では、生活に決して欠かすことのできないさまざまな機能のために、膨大な数の配管が設置されている。こうした配管が住宅（あるいは摩天楼、オフィス、賃貸住宅、邸宅など）の下から上まで自由に昇り降りできるようにするべきだろう。また、管理に目が行き届き、修繕がしやすいようにと考えるなら、街の内外にある供給地へと簡単に遡ることが可能な状態に置かなければならない。そうなると伝統的な構造壁や基礎はそれだけで障害物となるし、配管を地下に埋め込むということが現代においては信じがたいほどナンセンスであるとわかるだろう。平面に自由をもたらす骨組は配管にも完全なる自由をもたらすのだ。ピロティにより「**ピロティに支えられた道路**」が可能となり、これによって歩行者と車両の交通は区分され、効率的な駐車場が生まれる。そして都市の配管は、工場の機械設備のように、簡単に近づき修繕できる場所に設置されることになるだろう。

結果として、都市の表面積全体を交通に使うことができるようになる。さらに、新たなる土地が創り出される。屋上庭園である。これらを享受できるとはどんなに幸せなことだろう！

建設のこうした新しい見地からは、新しい建築的動向がいくつも生じてしまう。では一つの方向に進むのは無理だろうか？　そんなことはない！　全体の調和の中で、一貫性をつくり、一体を目指そう！　現代建築は緒についたばかりであり、新たなサイクルは描かれ始めたところなのだ。

「**最小限住宅**」の問題に対する解決策として、われわれはその場限りの、現在の間違った情勢に一時的に適用されるだけの方法ではなく、現代の労働形態と調和する唯一の方式を提言する。難局は乗り越えればよい。だがその前に難局を乗り越えようと決断しなければならない。

合理的な街区

第３回　近代建築国際会議（1930年、ブリュッセル）
合理的な街区
ル・コルビュジエによる報告

本会議によって提起された問題は、都市に建てられる低層・中層・高層の建造物に関するものに限定される。

この問題提起の目的は、世界中のさまざまな都市で定められた法規に修正を促すような結論に達することにある。

まずはじめに言っておくが、ここに提起された問いは、現代の都市化における問題の一部しか包摂していない。全体を見渡すことが、今やこれまでになかったほど重要である。今すぐ何かを詳細に決定しようとするのは危険だろう。その直後に起こる問題によって無効化されるかもしれないからだ。

今回の問題提起は、反目し合う二つの構想を含んでいる。

1°　人口密集地帯の住民を分散させ、街の面積を大きく拡張させる、田園都市型の都市。

2° 高層建築により、住民を連携的社会の中に集め、都市面積を最小限に抑える、一極集中型の都市。

また、都市部には二つのタイプがある。大都市と小都市である。

大都市とは、幸福な現象なのか、それとも災厄なのか？ どこまでの人口を抱えられるのか？ 100万人、200万人、500万人、1000万人だろうか？ 今ここで答えを出す必要はない。大都市という現象は存在している。大都市は往々にして、都市のヒエラルキーにおいて上位に立つ。大都市は自身に物や人を引き付ける磁極であり、その反動として、極度の集中から生まれた観念的価値を外部に送り出す。大都市は事実上、司令部なのだ。

小都市は、大都市を目指しながらも、個別の状況のため中間状態にとどまっている都市である。都市は進化したり、成功したり、成長が止まったりする。数え切れないほどの要因の結果として運命が決定されるのである。警戒するか怠けるか、生命力を強く保つか弛緩するか。次のように声を張り上げるのが一番だ。「幸運を逃すな！」神に授けられた盟主権など存在しない。あるのは努力の報いか神の恩寵だけだ。覇権か衰退か、それが絶えず生にリズムを与え、日々の悲劇的な振動となっている。「眠るな、いつでも用意しておけ！」都市という船の舷側には、敵対する波が破壊と腐敗と粉砕とをもたらさんと、絶えず押し寄せている。

歴史的に見れば、防衛上の手段として自ら積極的に囲いを設けた都市があった。都市の要塞化である。しかし、人々の生活も囲い込まれ、都市は自らに押し潰されてしまった。目下ソヴィエト連邦では、国土整備計画の中で、5か年計画の一環として400近くの都市の大きさを定めるに至った。それぞれ人口を最大5万人受け入れる大きさに設定している。ソヴィエト連邦の特殊な、そして危機的な状況がこのような決定に導いたが、西欧の古い国々では難しいだろう。ソヴィエト連邦は自国の開拓を進めているが、われわれの国では、長きにわたり領土はすでに住まわれている。

＊　＊　＊

都市は居住と労働のために使われる。開拓中のソヴィエト連邦においては、5万人の都市が、工場か、あるいは発見された鉱脈のすぐ近くに造られる以上、仕事と住宅の結び付きは直接的である。ソヴィエト連邦の領土は広大で、ほとんど人が住んでおらず、したがってこのような都市の開発は明らかに植民地的な様相を呈すことを銘記しておこう。さらに、われわれが目にしているのは統制された経済であるということも忘れてはならない。ソヴィエト連邦の規律や綱領に則って独裁的に決定が下されているのだ（しかしそこでも、侵食的な**生**が、誰も予想しえない緩やかな、あるいは急な変化を続けながら、否応なく進んでいくだろう）。

現在、世界の大都市では、**居住**と**労働**という二つの並行する機能が、二つの異なる場所で実行される（24時間という太陽周期にもとづく1日の中で）。この二つは複雑に結びついており、急速な機械化の到来した現代では、これら二つを組織化するためには根本的な措置を講じるほかにない。交通手段の問題がとりわけ重要である。

小都市では交通の問題はそれほど重要ではない。

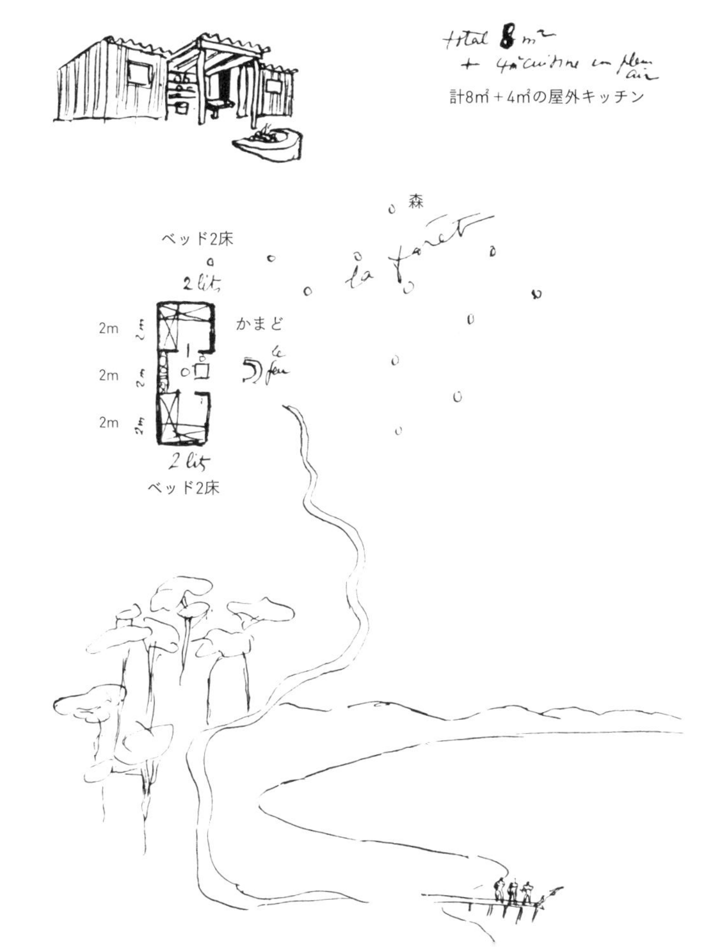

6人の学生が自分たちの「住むための機械」をつくった。機能は屋外にものびている。これほど便利なものが海辺の松林に囲まれて存在できるなら、大都市の住民に生活の喜びをもたらすという問題も解決されうるだろうか？

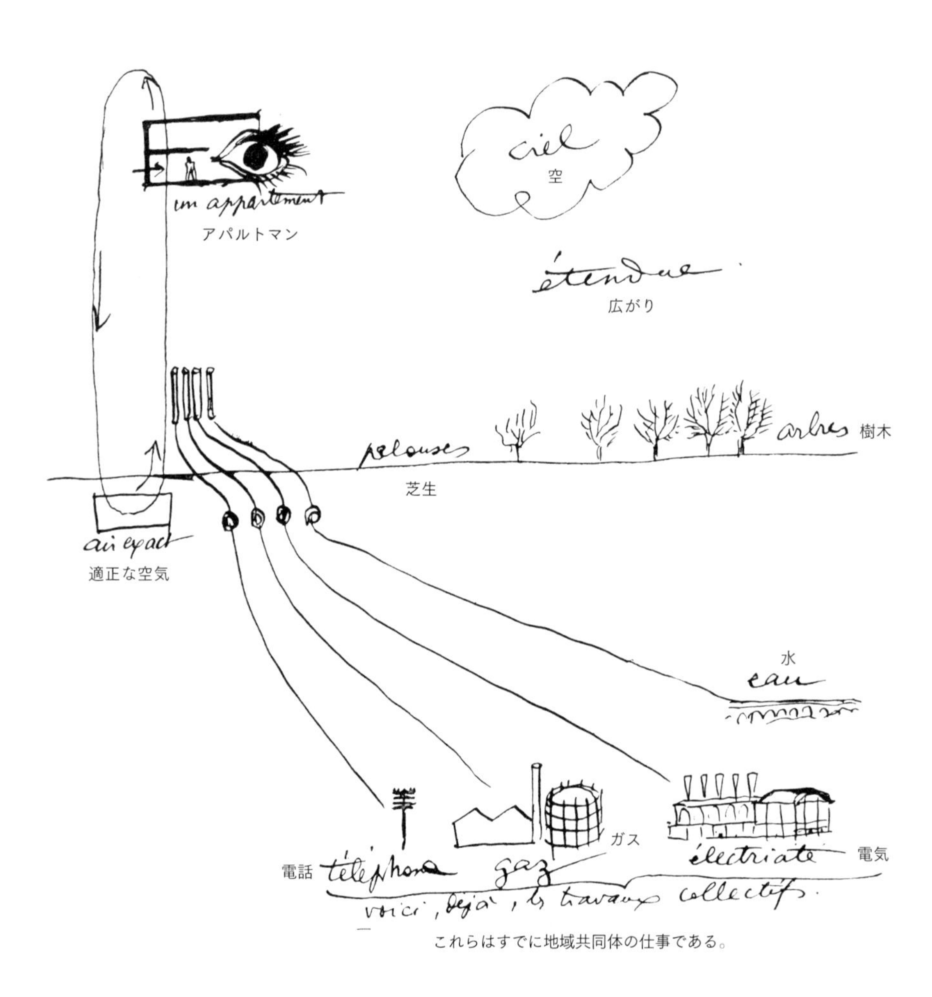

これらはすでに地域共同体の仕事である。

*　*　*

大都市が小都市に対して影響力をもつことは明らかである。絶対的ではないが、一般的に言えることだろう。大都市には人々の思想が集まり、それらの思想がどちらかと言えば悪い方向に変質した後、地方の企業が賛同するようになる。忘れないでほしいのは、**人間を集結させる**のは、それがどんなものであれ、**思想**であるということだ。

今回の議題（1930年のブリュッセル会議）は「**住むこと**」に限定されてはいるが、移動や交通の問題についての考察も含まれる。大都市に関していえば、交通はその支配的な要素である。しかしまず議題の第一の側面――**住むこと**――を考えるなら、問題は人間のスケールに帰する。つまり生物学的な問題や心理学的問題になるのである。

回答は以下の要点を含む。

ひとつの家庭のための**容れ物**。これは他の家庭の容れ物から完全に独立するように保たれる。防音の問題。

光の流れ。日光がわれわれにとって必要不可欠であることは知られている。しかし、日照がない場合の影響や、直接的な日照と間接的な日照の違い、ガラスを通した日照などについて、正確にはわかっていない。

澄んだ空気の消費。新しい医学（根源的な宇宙的概念への回帰）では、自然の大気の中に、説明はつかないが異論の余地のない効力を認めている。澄んだ空気を**家屋の内部に**供給することは暖房や換気の技術に直結している。屋外の空気は埃や灰、ガスなどに汚染されている場合がある。

住居の維持のための時間。それを決めるのは簡単だ。われわれの1日は太陽の法則、太陽の運行に従っている。つまり答えは24時間という枠の中に見出され、その24時間のあいだにわれわれを等しく襲う疲労を跳ね返さなければならない。共用サービスを組織することで、都市の住民は不毛な疲労を回避できるだろう。また、現代の新しい意識、新しい生活様式を受け入れることによって、現代社会は新しい幸福の観念を定義し、その結果、不毛な疲労を排除できるようになるだろう。同時に、疲れをとる方策、すなわち満足し、楽しみ、力を回復するための方策が示されるだろう。活力が倦怠に取って代わるのだ。

身体・神経的疲労からの回復。言うなれば、人間という機械のメンテナンスである。掃除し、毒素を除去し、神経を休め、体力を維持、さらには増強すること。このことは、屋内においても体の健康について新たに考えなければならないことを示唆している。屋外では子供も大人も各々が日常的にスポーツをする必要がある。

感覚にとって必要なもの。これに関しては、われわれ建築家に関わるものを二つ挙げよう。**スペクタクル**と**建築**である。

人間のもつ一連の知覚や感覚は、**本質的に調和**に属している。しかし今日の状況は悲観的で、私は調和の必要性を訴えねばならない。調和の欠如や**不協和**が、今日、生物としての人間とその心の調子を狂わせているのだ。しかし現代建築が調和を生み出すことで、この不幸を克服できるとわれわれは考える。

問題がいかに複雑で、多面的であるかわかるだろう。その一面しか検討しないのは間違いである。一つの規則にすべてを適用しようとするならば、問題はただちに再燃するだろう。

*　*　*

19世紀に**現代的な技術**を手に入れたからこそ、今日、われわれは現代的な都市計画について有効に語ることができる。**街を都市化する際の方策は現代的な技術によってもたらされる**。

＊　＊　＊

もうひとつ、革命的な出来事が存在する。それは機械化された社会の**新たな整備**である。数百年来の慣習が根本から変わり、新しい習慣が現れ、さらにまた新たなる習慣が生まれようとしている。

＊　＊　＊

そして三つ目の新たな出来事は、世界全体を揺るがす。共同体の機能性を高めるには組織化を進める必要があるが、その決定権をもつ権威の形態を模索しなければならない。

これらの出来事は同時多発的であり、現在、諸国民の多くを急激に、あるいは比較的ゆっくりとした変化の中で揺り動かしている。現代建築、とりわけ都市計画は、社会情勢が直接的に反映されたものであることは周知の事実である。われわれは独自の調査研究を通して、現在起きている変化の形態については知っておく必要があるが、われわれの会議の中では政治と社会学に言及しないようあなた方にお願いする。この二つの事象はこのうえなく複雑であり、そこには経済学が緊密に結びついている。われわれはこの会議でこうした難しい問題について議論する資格はない。繰り返すが、われわれがここですべきは、あくまで建築家や都市計画家としての専門的立場から、現代技術の機能と可能性、そして建築と都市工学における新たな秩序を知らしめることだ。

現代における希望。われわれが望むものに至るには、非常に繊細な研究が必要とされる。それにより社会の集合体のあり方が導き出され、われわれはそれに合わせて都市計画や建築を提示することになるだろう。われわれの望むものとは、**個人の自由の尊重**である。より正確にいうと、それは**失われた自由の回復**、事実上の奴隷状態からの訣別である。建築と都市計画は真に人間的な希求をかなえることができる。

＊　＊　＊

現代社会は、これまでのどの社会よりも、集団的規律を受け入れる準備が整っている。**集団的規律は、個人の自由が尊重されている限りにおいて、恩恵をもたらすものとなる**。しかし個人の自由を縛るようなものとなるならば、それは唾棄すべきだ。

＊　＊　＊

ブリュッセル会議の主題そのものは、**集中型都市と田園都市の対立**である。これら二つの相反する都市形態から、無駄（時間、エネルギー、金、土地）が少ない方を選ばなければならない。

田園都市は個人主義へと向かう。実のところ、それは奴隷としての個人主義、個人の不毛な孤立である。社会的精神が破壊され、共同体の力は衰退する。共同体としての意志が消えてしまうのだ。物質面では、現代科学がもたらす利点に背を向け、充分な快適さが得られない。田園都市では無駄な時間が増え、自由が侵害されるのだ。

田園都市は、人口の1000分の1か100分の1の裕福な人々の欲求を満たすことはできるが、残

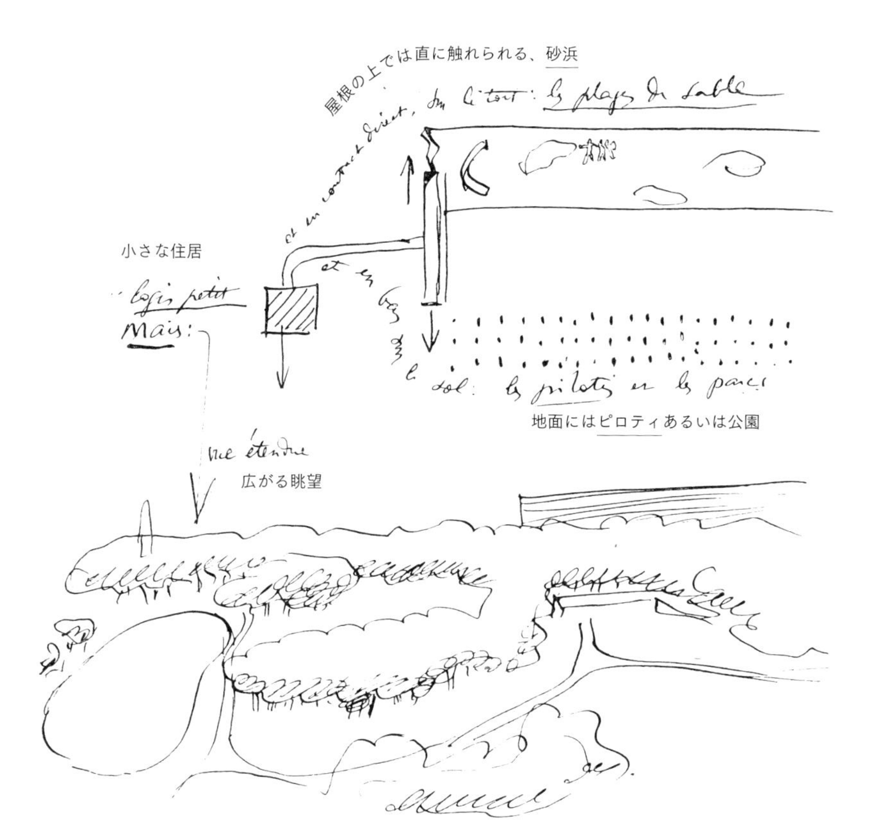

りの人々は快適さとは程遠い状況に取り残されてしまう。

集中型都市は逆に、「共用サービス」を導入するのに便利である。

非都市化への信仰がある。1ヘクタールあたりの人口密度を300人、あるいは150人まで下げて、都市の人々に田園風景を与えようというものである。しかしこれはまったくの幻想、虚偽に過ぎないことが、現実により暴かれている。

私は反対に、現在の都市の人口密度である300人、400人、さらには600人（人口過密地）という数を、現代技術のおどろくべき力でもって、1000人にまで引き上げるべきだと考える。その結果、共用サービスは増大し、家庭生活の中に本当の自由がもたらされる。住宅における奴隷制に代わる自由の獲得である。

まさにこれは建築と都市計画の問題なのである。

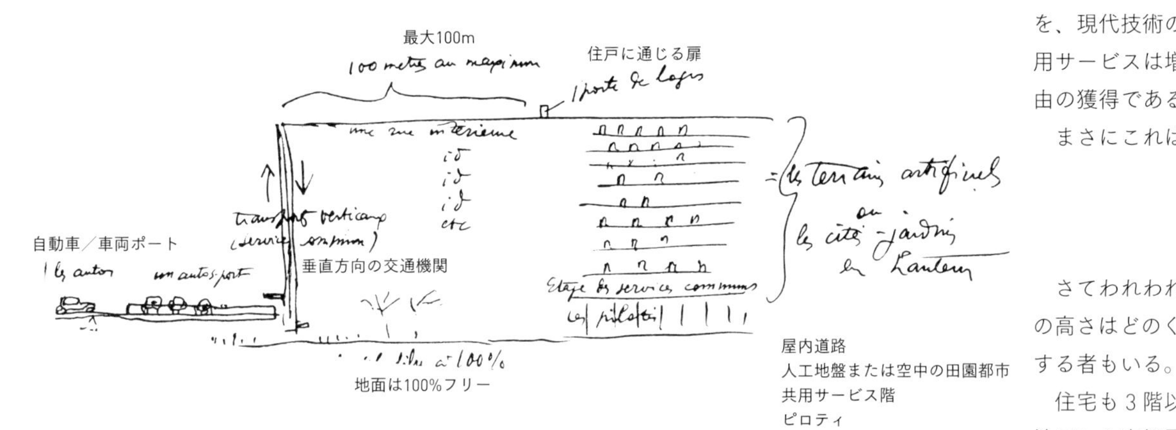

＊　＊　＊

さてわれわれは有益な決断を下すところまできた。つまり、**高層建築の活用**についてである。その高さはどのくらいになるだろう？　30、ないし40、50mだろうか。150m、あるいはそれ以上提示する者もいる。

公共交通機関としてのエレベーター

住宅も3階以上になるとエレベーターの問題が出てくるが、実のところエレベーターは、労働者地区にも富裕層地区にも関わる、現代都市のキーストーンである（そもそもこのような区別はなくなるべきである。都市は、人間の都市となり、階級のない都市になるだろう）。人々を4階以上まで階段で上らせるのは犯罪的である。そこでエレベーターの義務化や、公共交通手段としてのエレベーターを考えることになるが、そうなると区画や道路までを見直し、設置数を吟味しなければならない。これまでの集合住宅では、エレベーターは階段室に組み込まれ、各階2〜4戸の各家庭へと住人を運んできた。この場合、エレベーターは利用者自身が操作する。多くの人にとって、エレベーターはほとんど余計なもの、贅沢品、富の象徴のようなものだ。エレベーターが本来の有効性を発揮するためには、**日中だけでなく夜間も**エレベーター操作係が動かすようにするべきである。しかし1階あたり2〜4戸では、このような仕組みは非常に金がかかるだけの夢物語だ。そこで健全に考えよう。日中も夜間も専門のエレベーター係を置くが、エレベーターのスピードを速くする。そして、上下に往復するこの装置――「鉛直方向の交通機関」――が止まる先の階数を大幅に増やせばよいのだ。従来型のスピードが遅く故障しやすいものではなく、速くて確実な鉛直方向の交通を実現する。そして各階にはこれまでのように2戸ではなく、20戸、40戸、100戸といった数多くの住戸を設ける。各階に20戸、40戸、100戸などと言えるのは、われわれが「屋内道路」という概念をもつに至ったからである。これは高層の集合住宅ビル内部に設けられた廊下で、各戸の入口扉が並び、地面から12m、24m、50mといった高さに浮いた「**屋内道路**」と呼ぶべき通路である。厳密に検討した結果、たとえば4基を備えたエレベーターシャフト一つにつき2400人の使用が可能である。各人がエレベーターに乗ってから住戸の入口扉まで歩く距離は最大でも100mである。こうすると、これまでの40の階段ばかりか、40人の管理人ともセットになった40基のエレベーターに代わって、4基のエレベーターを備えた一つの階段室だけで済むのである。これは次の決定的な結果を導く。街路に面して並ぶ**40戸の入口扉の代わりに、一つの扉しか**必要なくなるのだ。街路に沿って横に並んだ40戸の入口扉を**一つひとつ開ける**のではなく、住戸を上に高く積み上げれば街路に面した扉は一つだけで済む。

車両ポート

さらにはその一つの扉へと**車からアクセスできる連絡通路と「車両ポート」（駐車場）も街路から上に離される**。これは自動車交通の問題解決を示唆している。街路の構成、街路と家屋それぞれの状況、これまで緊密に結び付いていた街路と家屋の関係性が、激変することになる。家屋はもはや街路レベルに建てる必要はなく、街路はもはや家屋の軒先にないのだ！

街路はもはや家屋の軒先にない

1932年、CIRPACの会合（近代建築国際会議の執行委員会）、バルセロナの自治政府庁舎にて

＊　＊　＊

屋内道路は実際に、昨年モスクワで 2、3 の共同住宅の建設に適用された。ところが屋内道路であるところの廊下で子供たちが大きな音を立てて騒ぎ、また廊下に面して開口をもつ住戸は隣人に室内を見られてしまうなど、今後の採用は難しいと判断されてしまった。この失敗を受け、モスクワでは地区により、屋内道路を諦め、1 層あたり 2 戸を配置し階段は一つという従来の形に戻らなければならないと知った。危険な決断のときである。冷静さを保ち、落ち着いて行動しよう。モスクワでは本当に屋内道路が機能しなかったのだろうか？　私は提案する。屋内道路の原理は捨てずに、その新しい仕組みを模索しよう。ここにあるのは、新たな建築的課題である。屋内道路をどのように構成したらよいだろう。このことを研究しなければならない。その**仕組みを創造しなければならない**のだ。

「屋内道路」の原理を導入することによって、街路の総延長と総面積は、10 分の 2 から 10 分の 1 へと縮小される。**これは劇的な改善である**。そもそも、都市計画家は現在の街路の数が多すぎるということをよく知っている。また、道の交差があまりに多く交通に支障をきたすため、そのほとんどを削減して 10 分の 3 から 10 分の 1 などにする必要があるだろう、ということもわかっている。屋外の**地面上**にあった街路は**屋内道路**に姿を変え、たとえば 15〜20 階建ての集合住宅のすべての階を通るようになる。今日では数え切れないほどの警察（警官）が街のあらゆる交差点に散らばっているが、彼らはいずれ任務を解かれ、転属させられることになる。しかし、何人かの警官には残ってもらい、屋内道路の監視と規律を彼らに任せることになるだろう。警官は、**屋外**の道に立つ代わりに、**屋内**の道に立つことになる。

モスクワの騒々しい屋内廊下に面した住戸に住むことは確かに不可能である。だが、ギュスターヴ・リヨンの業績により、建物内における完全な防音が実現していることをわれわれは知っている。つまり屋内道路に面した住戸でも地下室並みの静けさを得ることができるのだ。だから、騒音を理由に屋内道路の原理を放棄するのは早まった判断と言えるだろう。

. . . .

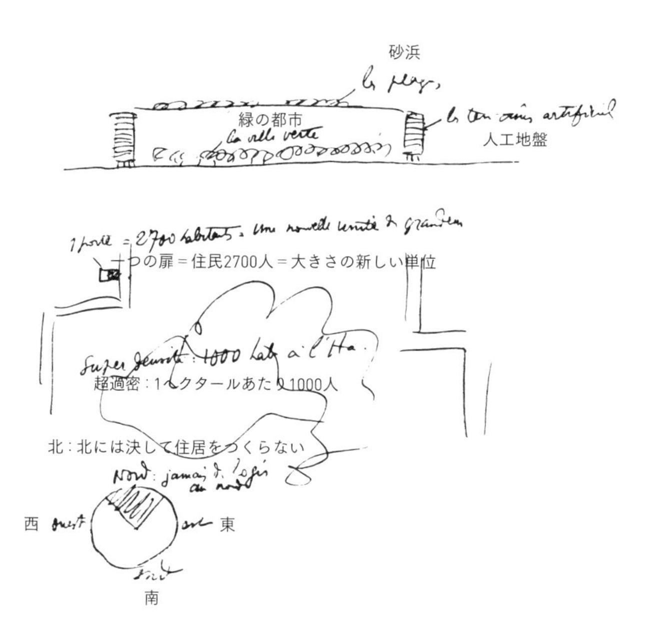

4. LA RESPIRATION EXACTE

適正な呼吸

「(…) だが**肺**の中では、空気の占める空間は格段の比率で増大される。それは、およそ**200m²**あるといわれる肺胞の面積のおかげである。酸素を含んだ動脈血が流れる、毛細血管の無数の網の目を広げるとその面積は**150m²**になる。そこでは心臓が収縮するたびに血液が入れ替わる。収縮は1分間に約**70**回程度であり、右心室から肺動脈に送り込まれる血液の量はだいたい180グラムであるから、肺を通る血液は24時間で**2万リットル**になる。この血液は24時間で**1万リットル**の空気と接触する (…)」

(1931-1932 年の冬)

私はどこにいても、快適とは言えない暖房機器に悩まされている (自分のアトリエではストーブ、役所ではセントラルヒーティング、公共施設ではセントラルヒーティングあるいは空調)。

混同してはならない。「適正な呼吸」は快適な気温と**浄化された**空気によってしか実現しない。

ソヴィエト連邦が私に次のように書いてきた。「われわれの計画する街では埃は出ないし、有毒ガスも出ない (まさか!)」

「適正な呼吸」は、**常に新しい**空気、**流動する空気**、「**生きた空気**」をもたらす。

ソヴィエト連邦は「適正な呼吸」を奇怪な、自然に反する考えとみなし、われわれの手がけたモスクワのツェントロソユーズ※を**澱んだ空気**で満たすことを望んでいる。

ワインの栓を抜いた。さあ飲もう！

今、われわれの現代技術は熟し、そこに住宅や工場、オフィス、集会所、会議場などに関する問題の解決策を見出すことができる。にもかかわらず、情けない配慮——遠慮なく発言できないこと——によってわれわれは足止めをくらわなければならないのだろうか。

肺の問題。肺に存在理由を与えるのは空気だ。「適正な空気」について語ろう。

何年も前から、建築の真の目的を求めて日々新たなる研究を重ねるうちに——より正確には、建築家としての義務、建築の神聖で荘厳な務めに対し徐々に開眼していくうちに——、私は生きるための鍵となるのは肺であると考えるに至った。きちんと呼吸する人間は社会にとって価値がある。私は総合的見地へ、建設的な考えへ、確信へとたどり着いた。適正な空気を供給すること。その方法を私は見出した。

解決策は踏み切り板となった。そこから、肺の諸機能を満たしながらあらゆる方向に飛躍できた。どんな気候、どんな季節においてもそれは有効であった。

発明したものとは？ それは都市に住む人間の肺の息災のために、神がわれわれに与えたもうた本当の空気を供給する建築的な方法を見つけたということだ。

「詩人」やら「人民の友」やら専門家からあらゆる異論をぶつけられた。しかし研究すればするほど私の確信は強まった。いずれこの研究のいきさつを語ろう。

私は今まさにこれを書きながら、医学生向けの生理学の本を開き、印象的な事実を探している。見つかるのはわかっていた。至極単純明快にわれわれのやるべきことが説明されている。

「肺は呼吸に必須の器官である。その内部において、黒い血液が赤くなるという現象が起こる。その変化は、血液と外気とのあいだに起こるガスの入れ替えによるものである。

……1 回の吸気、あるいは吸息によって肺が吸い込んだり吐き出したりする空気の量は 0.5 リットル程度である。われわれは 1 分間で平均 16 回の呼吸を行なうので、1 分間で 8 リットル、1 時間で 480 リットル、24 時間ではおよそ 1 万リットルの空気を体内に入れていることになる。

……吸い込んだ空気の構成は外気と同じである。したがって酸素 21%にたいして窒素 79%、二酸化炭素 0.03〜0.04%、水蒸気 0.5〜0.15%である。

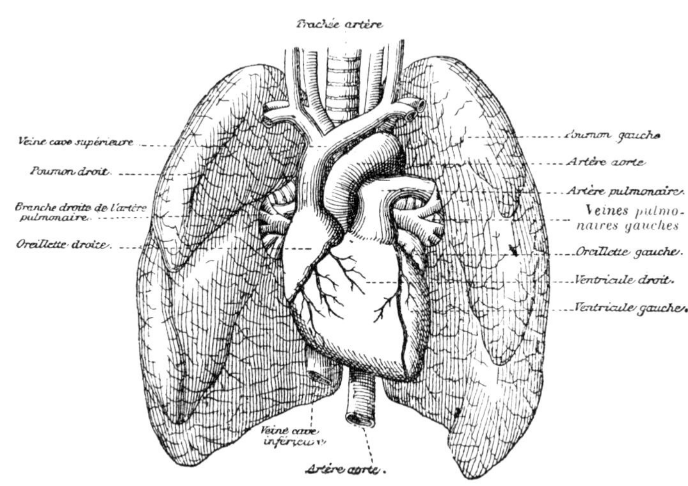

Fig. 246. — Rapports des poumons.

……24時間で750グラムの酸素が肺に取り込まれる。これは約530リットルにあたる。

……24時間で吐き出される二酸化炭素は850グラムであり、これは400リットルにあたる。

……こうして取り込まれた酸素が血液の中に入ると、赤血球のヘモグロビンによって体の隅々までいきわたる。この**現象が生体組織**の呼吸なのである。酸素はこうして細胞を内部から燃焼させ、その栄養となり、再生を促す。

……肺は交換の中心であり、血液はそこに不純物を運んできて、その不純物を捨てると同時に、体内組織へ運ぶために酸素を持っていくのである。

……空気を奪われると死が訪れる。」

※　現在完成しつつあるツェントロソユーズ庁舎には、軽産業省の3500人が働くことになっている。

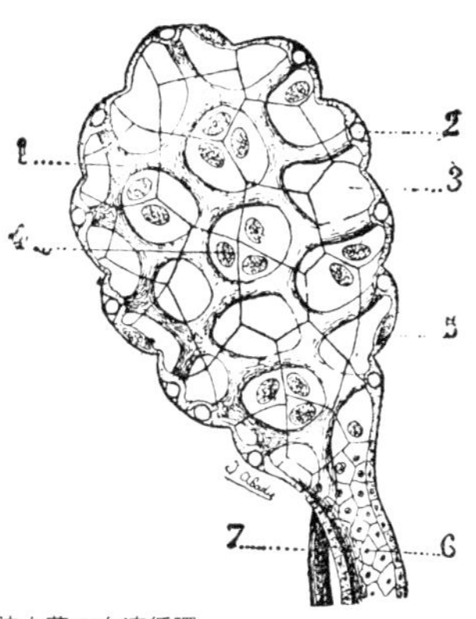

肺小葉の血液循環
1：毛細管網　2：毛細管網　3：肺胞壁
4：上皮細胞核　5：上皮細胞核　6：細気管支　7：輸入血管

都市の空気は神の与えたもうた空気ではない。それは悪魔の空気である。医師たちはその分析結果を公表している。

ごく最近行なわれた分析結果、10㎥の大気の中から見つかったバクテリアの数

1）沖合100kmの海上、海抜2〜4000m ……… 0
2）トーム湖、海抜550m ……… 8
3）ホテル・ベルヴュ（トーム）近辺、海抜560m ……… 25
4）上記ホテルの客室内 ……… 600
5）パリ、モンスーリ公園 ……… 7600
6）パリ、リヴォリ通り ……… 55000

（ミケルによる研究、マルティーニ博士の著書に採録）

＊　＊　＊

樹木は二酸化炭素を吸収し、酸素を放出する。樹木は人間の伴侶である。しかし、**都市ではまもなく樹木がなくなろうとしている**。

＊　＊　＊

リオデジャネイロ、ブエノスアイレス、アルジェでは、空気は多くの水分を含み、湿度は、季節によって耐え難いものとなる。住民はこのように言うだろう。「われわれの仕事はあなたたちのようにははかどらないが、それは湿気でぐったりしているからなのです……」。

この世界には豊かな自然にあふれている土地があるが、その気候は人間にとって厳しく、**人間の肺**の機能を脅かす。自然の豊かさの中で、人間は打ちのめされるのだ。

呼吸可能な気温の平均は摂氏18度である。

冬のモスクワでは、温度計が零下40度を記録する！　先の平均気温との差は58度にもなる！　パリではしばしば零下5度が記録されている。

ポート・サイード［エジプト］は、40度の暑さだ。

人間は、標準を超えた暑さよりも、寒さのほうを耐えることができる。

では、気温18度の夢の国はどこにあるのだろう。われわれはチリの海沿いの楽園のような場所

樹木は人間の伴侶である

パリの「麗しき」オペラ座界隈

サンフルホ将軍には死刑、
ほかの被告人たちには無期禁固重労働が求刑された

検事総長マルティネス・アロゴン氏が法廷の右側の席に着く。
非常に暑く、窓は開け放たれ、換気のためにドアも開かれたままだ。
（『ル・ジュルナル』）

夏：快適な呼吸が得られないせいで、判事の判断は鈍り、労働者はしっかり働けず、委員会、会議、議会はめちゃくちゃになる。いたるところに損失が出る。

に、一軒の家を建てたことがある。そこでは常に気温が 18 度だ。しかしそんな場所はほかにないだろう。

いったいぜんたいどうして、人間はこれほど過ごしにくくわれわれを脅かす気候のもとで暮らしつづけているのだろうか？　それを説明するのは私の役目ではない！　しかし、状況は悪化するだろう。

これまで、人種や文化、習慣、服装、そして細かな仕事のやり方に至るまで、気候によって形成されてきた。

だがなんということか、機械化の世紀は秩序をばらばらにシャッフルしてしまった——古い世界の秩序を。進歩から生まれた機械化の世紀はすべてを混乱に陥れ、われわれを救済する方法をもたらさないのだろうか？

さまざまな気候や季節に翻弄され、古いしきたりや伝統は途絶え、人類は混乱し、秩序を失い、大きな苦悩を抱えている。

私はその解決策、普遍なるものを求め、人間の肺を見出した。知性を柔軟にし、肺がその機能を充分に発揮できるものを与えよう。**適正な空気だ**。

適正な空気を製造するために必要になるのは、フィルター、乾燥器、加湿器、除菌機器。初歩的で単純な仕組みである。

適正な空気を人々の肺に、住居に、工場に、オフィスに、集会所に、会議場に送る。送風機は頻繁に用いられているが、効果をもたらしていない！

全面ガラス張りの外壁を通して人々に太陽光を与える。だが、そうすると夏は暑すぎ、冬は恐ろしく寒くなるだろう！「熱を中和する壁」をつくろう。

オスロ、モスクワ、ベルリン、パリ、アルジェ、ポート・サイード、リオ、ブエノスアイレス、解決策はどこでも同じだ。人間の肺を滋養するという目的は同じであるのだから、同じ方策でよい。

「中和壁」が建物を包み、外部の寒さから保護する。

建物の内部では適正な空気が循環する。

そのためには二つの機能からなる空気調整施設が必要だ。一方は、極寒の国の冬場、中和壁の二重になったガラス壁面のあいだに、極度に乾燥した高熱の空気を流し込む機能。もう一方は、一年を通して塵を除去し、除菌し、適度な湿度を与え、常に 18 度前後を保つようにした「適正な空気」を作る機能。

当然ながら、空気調整施設を通過するのは外にある空気である。都市住民の喉をうるおす水が、慎重な役人たちの手によって、浄水場を通過していることは周知の事実である。そうしなければ、疫病が猛威をふるい危険が住民に迫るからである。

空気調整施設の大きさを決め、それに対応する規模の住民を振り分ければよい。

都市の住民は、部屋部屋を**通り抜けながら**、毎分 8 リットルの「適正な空気」を、その肺に取り込むことになるだろう。

＊　＊　＊

現在用いられている方法と、ここで推奨される方法のあいだにはどれだけの隔たりがあるのだろう？

この隔たりは今日と明日のあいだに大きく口を開けた溝である。飛び越さなければならない。今日、数多の人々が仕事場でも休日でも死を招く病に蝕まれている。そんなことは長くは続かないはずだ。明日にはこれらの人々も**呼吸をするだろう！**

変化の道筋をつけるには、以下のすべてに回答を与えるような建築・都市計画上の発明をする必

山の空

要がある。

肺、耳、視界

澄んだ空気、静寂、心からの喜び（「本質的な喜び」）

塵、蚊、蝿の除去

外の騒音の遮断

住居内の日照、直射あるいは自由に調整できる光

自然環境の再構築、すなわち、**生きた空気**、緑、空、そして肌に降り注ぐ太陽（望みのままに）、さらに**肺の中には**遠海の生きた空気。

夏の2か月間、重苦しい湿気に押しつぶされることもない！　家の中にいながら寒さで凍てつく思いをするのもおしまいだ！

すべての人のために、一人ひとりのために。

都市は空気との闘いの脅威から遠ざけられる。

海の空気

実行に移すためには、**土地を利用**すればよい。

＊　＊　＊

「適正な呼吸」とともに、衛生に関する行政の条例は使い物にならなくなる。

住居はまったく別の物になるだろう。そこには「本質的な喜び」がある。われわれは――われわれおよび大衆は――住居を**生きた空気**が通り抜けるという現象がもたらす具体的な恩恵をこれまで認識しなかった。

私はこの新しい環境の中に生きる人間を思い描く。人々は微笑み、力強く、健康だ。病は壊滅的な敗北を喫するだろう。

図にしてみよう。

細長い各住戸の先端には隣接して連続するガラス壁面があり、外壁を構成する（A、A、A……）。住居はその後ろに長く伸びる（L）。屋内道路（R）が各住戸の入口扉へ通じている。建物が東西を向いているのであれば、屋内道路の両側に住戸が置かれる。南北を向いている場合、住戸は南側だけになる。

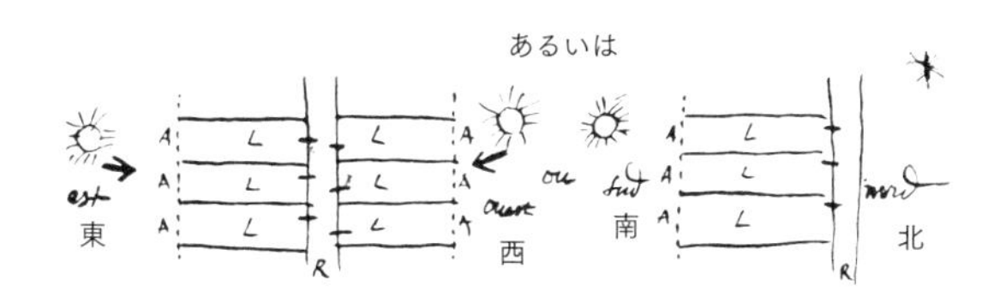

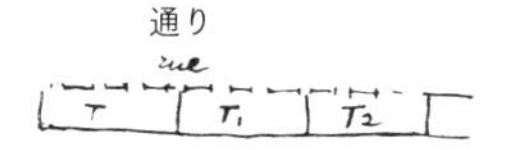

このように間口が狭く**奥行きのある**住戸構成は、*T*、*T1*、*T2* のような、街路に沿って間口を広くとる従来のやり方に革新をもたらす。

断面図で考えると、屋内道路をめぐっていくつもの住戸配置が可能である。たとえば、3層を1単位として中央階に屋内道路を通し、上2層と下2層からなる2戸（1と2）を交互に組み合わせた構成［断面図左］。あるいは2層を1単位として屋内道路の両側に2層の住戸（1aと3a）を向かい合わせに配した構成［断面図右］。生きた空気 *Av* は、建物の隅々まで行き渡る。

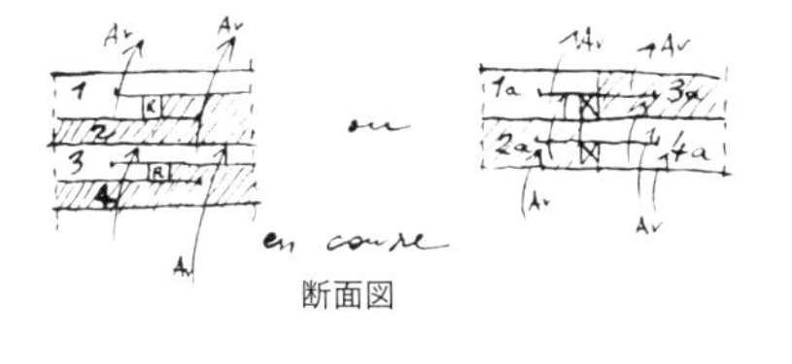
断面図

新たな状況はこうなる。*LT* は、もっとも伝統的な住戸配置である。この16戸を擁する建物の幅は *mn* になるだろう。一方、新しい配置 *LN* では、建物の幅は *m'n'* となり、それは従来の3分の1である。

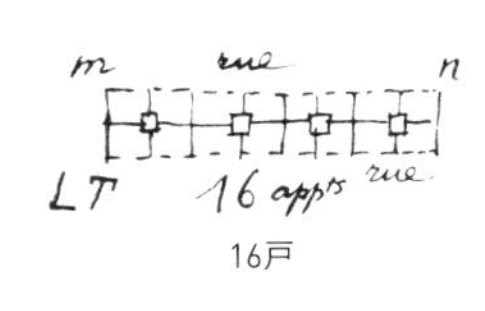

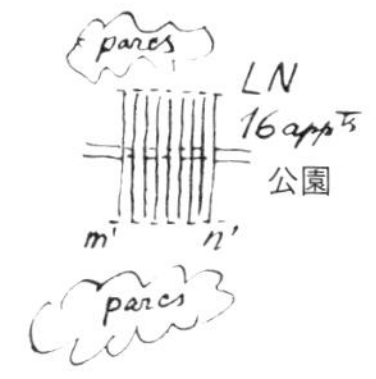

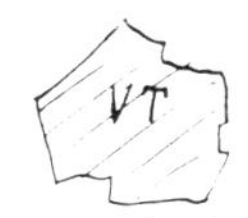

拡張された都市

圧縮された都市：緑の都市だ

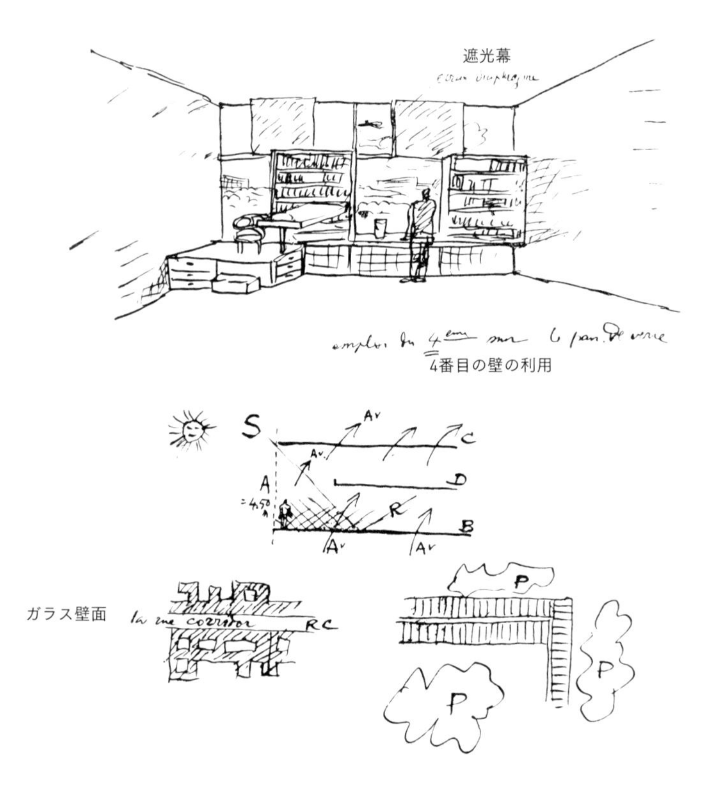

伝統的な都市は *VT* で示された面積に及ぶが、新しい都市は *VN* で示された範囲にしかならず、3分の1になる。

そして建築は次のようになる。

外壁面は全面ガラス張りである（現代技術の恩恵）。外壁は南、東、西面にしか存在せず、**北面には決してつくられない！**（北半球の温暖気候地帯の場合）南半球に関しては北と南を入れ替えればよい。北半球の熱帯では、北面もガラス張りにし、南面と西面には**ブリーズ・ソレイユ**（**日除け**）を取り付ける（南半球では、それぞれ方角を逆にする）。

ガラスの外壁面は**密閉**される。開閉式の窓はひとつもない！　ガラスの牢獄だって？　よく考えてみよう。床の端から天井の端まで、左の壁から右の壁まで、どこからでも外を眺めることができるのだ。眺望は眼前に、前方（公園と空間）に向かって開けており、道の奥に細く見えるようなものではない。外壁面をガラス張りにしている建物を実際に見に行けば、よりわかってもらえるだろう。

ガラス壁面には、自由に光を遮断するための「遮光板」が取り付けられる（現代技術において、ブラインドやロールスクリーンはすでに存在するが、問題があれば新たにつくる）。

われわれは大いなる改善を目指している（後述）。機能的な新しい住宅の天井高は 4m50cm としよう。これは 2m20cm ずつに 2 分割できる。

左の図を見てほしい。高さ 4m50cm のガラス外壁面（*A*）、床（*B*）、天井（*C*）、そして高さ 2m20cm の分割線（*D*）、ここに日光（*S*）を射し込ませ、その反射光（*R*）。住戸は日光に満たされ、それが人に活力を与えることには議論の余地もなかろうが、われわれ自身――凡俗の輩たるわれわれ――は、自分の生体や周辺環境に対する太陽光の正確な作用を知らないのだ。

最終的に、機械で送り出される適正な空気の供給によって、建物内の空気を無制限に活性化させることができる以上、たとえば、集合住宅の一般的な高さを 50m とすることもできるだろう。こうして上空に住戸を積み上げることで、建物の前面や背面に、P で示したような自由な空間や公園が得られることになる。

こうした新しい状況は、「**絶望の街**」――機械化の世紀の初期に生まれたすべての都市――を形づくっている、**廊下のような街路** RC や**澱んだ中庭** CS といった形態とは驚くほど対照的である。

＊　＊　＊

「適正な呼吸」は、現代の都市計画の隅石である！　この発想（呼吸するということ）によって、建築・都市計画に新たな発案が促された。しかし、技術者側からのあらゆる激しい反発に加えて、自らに迫り来る不安や危惧を押しやり、躊躇へと傾くのを避けなければならなかった。1931 年のある日、われわれが信じて行なってきたことが認められることとなる。ギュスターヴ・リヨン（学識があり寛大な人物）の勧めにより、ガラス製造で知られるサン・ゴバン社の研究所でいくつかの決定的な実験が行なわれた。「適正な呼吸」（中和壁と内部循環）が実行に移されたのだ！　今やサン・ゴバンには、この実験の各段階を記録した1931年と1932年の二つの報告書があり、知識人や空調技師が自由に閲覧できるようになっている。

この報告書は次のように始まる。

「プレイエル社の副理事長であるギュスターヴ・リヨン氏は、劇場のホールにおける音響現象を解明し、ホールの聴環境を改善する方法を明確にし、ホールにおける換気と暖房についての研究を続けてきた。そして、閉じた空間内でも、一定量の空気を定期的に純化し、加湿し、温めて循環させるという、換気と暖房方法を得るに至った。彼はさらに、この方法をあらゆる住空間(住宅、オフィス、会議室など)に適用するため、建築家のル・コルビュジエ及びジャンヌレ両氏の提案を検討することとなった。その提案とは、快適さを増大させるため、換気と暖房の循環を分けるというものだった。前者は部屋の中に設けられ、後者は窓のある場所に設置されるか、あるいは「中和壁」と呼ばれる外壁の、2枚の嵌め殺しのガラス板のあいだに設けられる。このガラス板間の隙間に熱い空気を循環させ、室内温度を外気から守る。最初の計算で満足のいく結果を得たリヨン氏は、小さな寸法の二重ガラスで簡単な確認を行ない、計算の正しさを証明した。

その後サン・ゴバン社の技術者たちの手により、実用的な寸法のガラス板を用いて、特別に用意された場所で引きつづき試験が行なわれた」。

『ガラスと板ガラス』1932年、8-9月号

同じ雑誌には次のような説明があった(1932年8-9月号)。

「モスクワの生活協同組合本部の建設は、ソヴィエト政府によってル・コルビュジエとP・ジャンヌレ両氏にゆだねられた。彼らは現在普及している建物内の暖房に代えて、彼らが「中和壁」と呼ぶ新しい方式を採用しようと考えた。これはガラス、レンガ、あるいは他の素材による外壁面を二重にし、そのあいだに空気を循環させ、建物内部が外気温の変化の影響を受けることのないようにするものである。

生活協同組合本部には、職員3500人のための職務室や会議室がある。建設中の建物は全面ガラス張りの外壁とされている。二重窓(ロシアで現在使われているもの)、あるいはここで両建築家が計画している「ガラス壁面」は、ある程度熱の消耗を抑えることができる。しかし、どれだけ従来の暖房装置(熱湯や蒸気によるセントラルヒーティング)が強力であっても、外気の影響は避けがたく、そのため快適さは損なわれる。零下40度にまで気温が下がるモスクワではなおさらだ。これほどのピーク時に対応するとなると燃料はいくらあっても足りず、そもそも設置費用が跳ね上がる。

1916年、ル・コルビュジエはすでに海抜1000mのところで初期の実験を行なっている。住宅の居間に5m × 6mのガラス壁面を設けたのだ。

1927年に両建築家は、国際連盟本部の設計案において、大会議場のための新しい暖房装置を構想している。

1929年、ル・コルビュジエはモスクワ、熱帯地方、アルゼンチンと続けて訪れた後、「適正な」呼吸の理論を明確にした。そこには「中和壁」の製造と取り付け、そして、ギュスターヴ・リヨンの業績を受けてすでにアメリカやパリで採用されている「調整された空気」を、室内で循環させるための整備なども示されている。

しかしこの理論は、暖房産業や建設における慣習を覆すものであり、関心を引くだけでなく同じだけの不安も引き起こしたため、モスクワでは採用されなかった。

「中和壁」(サン・ゴバンの実験)

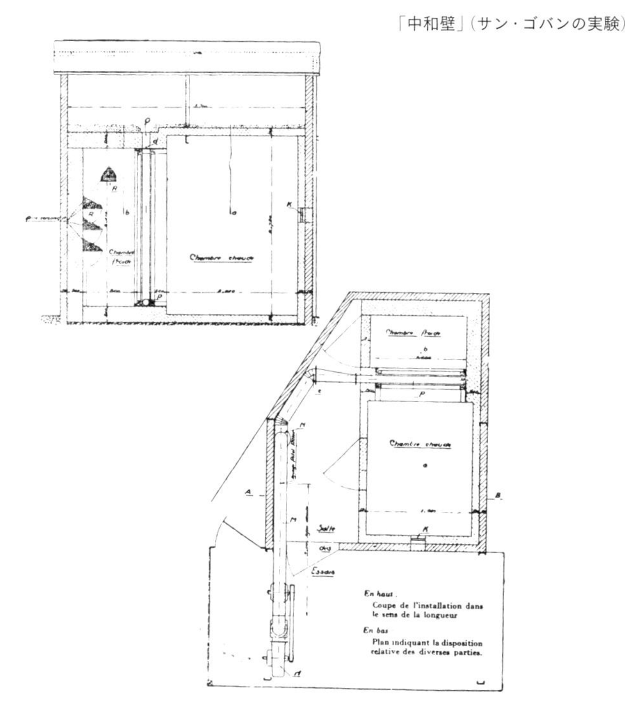

結局、外壁の60%が石で覆われる

さらにカーテンで残りの開口をふさいで、見事な仕事の完成だ!

パリ救世軍の宿泊施設：
密閉された建物

空気を調整するための現代の道具

フランスの大手金物製造会社のパンフレットからの抜粋。
産業は人間の愚かさにつけこむ!

さらに1931年、ル・コルビュジエ及びジャンヌレ両氏は、彼らの方法を技術的・建築的に練り上げたうえで、ソヴィエト・パレス（5か年計画の掉尾を飾るもの）の計画案を作成した。これにより彼らは、照明、暖房、換気、構造、美学をひとつに結び、あらゆる気候に耐え、あらゆる要求に対応できる、新しい建築体系を定めたのである。

この間、サン・ゴバン社の研究所は、両氏のデータに基づいて精密な実験を2回行ない、結果を提供している」。

＊　＊　＊

しかし……いくら**感情**が抗っても、理性は降参してしまう……いくばくかの言葉を前に！　以下がモスクワの意見である。

「ときに想像力に駆り立てられ――（ル・コルビュジエは）ソヴィエト連邦モスクワに向けて――、集団生活の組織化に関する問題にきわめて興味深い解決策を提示する。また、ときにパリの方に向きなおると、その騒音と混沌、街路の人ごみと悪臭から救い出すべき、現代の資本主義的大都市に住むいらだった人々に対して、彼はこれ以上なく過激な都市計画による効果のない方策を提案するに至る。

H・G・ウェルズの小説で、空の代わりに広大な1枚の屋根が街をどこまでも覆い、太陽ではなく人工の光で常に照らされ、温度は人工的に常に一定に保たれた未来都市の描写を読むとき、われわれが思い浮かべるのは、書斎にこもり鋭い洞察力を働かせる一人の男だ。彼は集団主義の時代の到来が避けられないと感じ、無駄な怒りと知りつつも、あらゆる手段を講じて未来の世紀を頓挫させようとしているのだ。ウェルズがその作品中に描く未来社会は、決まって上述のような傾向が見られる。

ル・コルビュジエによる報告書の数節を読むと、都市を組織する際の問題について彼が参考にしたのはウェルズただ一人なのではないか、という印象を抱いてしまう。

「適正な空気」と呼ばれるものの製造にもとづく「適正な呼吸」のシステムは、それを採用することによって、住民の各々が澄んだ空気を享受し、各部屋の温度と湿度を一定に保つことを可能にするという。このシステムは、18度に温度を固定した純粋な空気を、閉路の中で循環させるというものだ。等温に保たれるという半透明の壁に関して言えば、ごく近い将来、新しい素材が研究されるだろうし、温度を保つ特性の点でも、もっと厚みのある方がよいだろう。そうなってから、われわれは新しい時代を目にすることになるだろう。建物は**完全密閉**されるという（ル・コルビュジエによる強調。S.G.）。各部屋では、上述の空気の閉路循環システムによって新鮮な空気が確保され、もはや建物の外壁に窓などいらなくなる。そして住宅の中には、埃も蝿も蚊も入ってくることはなくなり、同様に騒音も耳にすることがなくなるという。音の吸収について、とりわけ鉄骨・鉄筋コンクリート造の建物における防音については、実験を継続する必要がある。

繰り返すが、このような病的な幻想は、ブルジョワ階級の知識人が、大都市の騒音や悪臭から逃れようと、書斎に一人でこもって書き上げたかのように思われる。したがって、物質的文化の再建を実践的に推進する立役者の一人であるル・コルビュジエの口からこのような主張を聞くのは、奇妙で予期せぬことである」。

モスクワの都市計画に関して記された
私の『モスクワへの回答』に関するS・ゴルニーの報告書
1930年10月25日

ロシア人たちが政治信条の問題と肺の問題を混同していることを、ただ嘆くしかない。彼らは、他のどの国よりも、技術的に困難な問題を抱えている。つまり空気の調整である。かの国の大陸性気候は、われわれの土地よりも厳しいのだから。

しかし私は建物内部における呼吸の問題について確固とした視点を得ることができたので、輝ける都市を目指して心穏やかに研究を続けるのみである！

●

パリにある建物、「ガラス壁面」は日々の喜びをもたらす、現代技術の結実。

5. AIR - SON - LUMIÈRE

空気-音-光

近代建築国際会議
3回会議、1930年、ブリュッセル

前置き――われわれの時代は機械化によって進展を余儀なくされ、あらゆる都市は無政府状態に陥っている。これを立て直す必要があるが、現行の法規には、今日の住居が求めるものにそぐわない部分がある。たとえば、現代技術の進歩がもたらしたものを、徹底的に利用することが叶わない。さらにこうした規制は、古くなった都市の構造を根本的に変革するような発議に、真っ向から対立する。

現行の法規を変更するためには、**まず新技術を考慮した上での建築及び都市計画の提言をしなければならない**。**都市計画と建築に関する新たな提言を明文化しなければならない**。

法規改正を急がなければならない要因はもう一つある。機械化によって引き起こされた社会の変化である。これについては今後の近代建築国際会議の議題となるだろう。

今回のブリュッセル会議（1930年）について言えば、いくつかの問題に明確な回答が与えられるだろう。そしてその答えは新たな光となるだろう。その新たな光（技術者、物理学者、医者によってもたらされる）は、建築家の今後の仕事を明るく照らし出すだろう。

建築家たちは、機械化が引き起こした住居に関するさまざまな問題に答えようとしており、すでに新しい提案を行なっている。各分野の専門家の意見は、建築家たちの確信を深めることになるだろう。**しかし今、時間を無駄にしないために、建築家は住宅と都市計画についての新しい根本理念を表明すべきだ**。

ブリュッセル会議では、用意された二つの質問状以外に、私はもう一つ質問状を用意した。それは、

空気 - 音 - 光

に関わる問題である。これらの建築に関する提言は、機械化という現象が引き起こすだろう変化に**先んじており**、近いうちに大都市における社会生活を知的に整備する助けになるだろう。

ブリュッセル会議では、**会議の参加者を介して投げかけられた訴え**に回答が与えられ、多くの専門家のもとに届くだろう。これらの成果は、**個人の衛生に関する条件**に関連しており、建築・都市計画案の指針となるだろう。

QUESTIONNAIRE INTERNATIONAL

もう一言。近代建築国際会議は、現代建築の諸問題を解決する目的で立ち上げられた。1928年、第1回の**ラ・サラ城**会議でこの国際組織が設立された。第2回、1929年の**フランクフルト**会議では、1930年のブリュッセルと同様、「最小限住宅」の問題が取り上げられた。どの国においても緊急であるこの課題の真の解決に至るためには、**あらかじめ**何らかの確信を摑んでおく必要がある。

a) 現代の技術による建築の革命は、われわれの進歩的な建築界においてはすでに完了している（新しい材料、新しい方式、設計図の変化など）。
b) 物理学と化学の発見に対し、建築の分野ではどのような影響が及ぶのか正確に知る必要がある。
c) また生物学の面でも、医師による専門知識が必要とされる。
d) 最後に、現代社会における事象がどのように整備されうるか知らなければならない。

質問 I――医師へ。樹木と緑、適正な一定温度、騒音、日光、照明について。
質問 II――冷暖房設置業者へ（空気について）。
質問 III――物理学者へ。防音、日射、等温性について。
質問 IV――建築家へ。住宅の新しい居室単位、居室の集合化、地面の利用、新たな人口密度について。

質問1 ― 医師へ※

1. ―外気の質

a) 樹木と芝生、水面（緑地面積、池、プール、湖）の、人間の生体に対する影響とは正確にはどういうものか。
1. 夏季
2. 冬季
b) 街路樹を傷めていると思われる自動車の排気ガスは、住民の健康にも有害だろう。どのような害があるのか？

2.

現在適用されている冷暖房に代わる「**適正な**空気」は、各住宅グループに対し設置された空気調整施設で作られる。外気はそこで塵を除去され、除菌され、温度調整され、適切な湿度の空気になる。これは肺にとって純粋な消耗品である。この空気は恒常的循環によって供給される。
質問。18度（?）の「適正な空気」が夏も冬も常に住民たちの体内をめぐることは、生体にとって良いことなのか？
a) 1年を通して気温を一定に保つべきなのか、それとも季節に応じて変化させるべきなのか？
b) 湿度は一定にすべきか、それとも季節、気候、屋外の諸条件に応じて変化させるべきか？
例：パリ、ローマ、モスクワ、リオデジャネイロ
c) 湿度の高い地域（ブエノスアイレス、サントス、リオ、植民地など）において、屋内で適正な空気を循環させることは、住民の健康を改善させるか？ また労働の条件を改善させるか？
d) 上の質問(a)、(b)、(c)が前提とするのは**密閉された建築**、つまり外壁面に開閉式の窓がない建築である。外壁は今後、全面ガラス張り（透明または半透明）になる。
このような環境において、住宅内は蠅や蚊や煙や埃から完全に守られることになる。これについて、個人および公共の衛生の観点からどのように考えるか？

3.

a) 通りの断続的な雑音や騒音は、屋内で仕事中あるいは就寝中の住民の生体に作用するのか？ どのような作用か？
b) 隣人宅（壁を共有する住戸）からの騒音は、住民の神経系に影響を与えるか？（ラジオ、蓄音機など）
c) 言い換えると、静寂は生体に作用を及ぼすか？ どのような作用か？

4.

a) 直射日光は生体にとってよいものなのか？ どのような作用があるか？（つまりガラスを通過していない光に関して）
b) 日射がないこと（北向きあるいは日影）は生体に作用するのか？ 作用するとしたらどのように？
c) 窓ガラス（厚い板ガラス、一般的なガラス、粉状にして固めたガラス、ガラスブロック）は太陽光の作用に変化を与えるか？ どのように？
もし変化があるならば、透過光に生体への有効性は残るのか？
d) 紫外線を透過させる特殊な窓ガラス（新しく開発されたガラス）は望ましいものだろうか？ 必要不可欠のものだろうか？
e) 新技術により**ガラス壁面**（全面ガラス張りの外壁）が可能になり、どんな部屋でも一壁面は光を通す全面ガラス張り（透明または半透明）になるだろう。

このようなガラスの壁があることは望ましいことなのか？

f) 密閉されたガラスの壁を通して射し込む日光だけで充分だろうか？ あるいは、ときおり直射日光を導き入れるための装置を開発すべきだろうか？

5.

a) 理論的に言って、照明光は生体に有害だろうか？ この問題は、完全に照明に頼る場所（オフィス、トイレの個室など）に及ぶ。その場合、そのような場所での日々の滞在時間は**限られていても**有害なのか？
b) 日光がないことによって屋内の病原菌の発育は促されるか？
c) 照明を用いるにあたり、より望ましい効果を持つものがあるとする。それはどのような照明か？（原価は度外視する）
d) 住宅内の個人的な衛生について、照明の使用に関連して述べておくべき要望はあるか？

※ 質問のいくつかは幼稚だと思われるかもしれない。われわれはここで、人間の**環境**を構成する根本要素の体系を喚起したいと思ったのである。われわれがこれら基礎的な事柄を忘れずにいたとしたら、今日都市が混沌に転落するのを黙って見ていただろうか？

質問2 — 冷暖房設置業者へ

空気

計画：これはオフィス、高級住宅、平均的住宅、労働者住宅に等しく関係する。気候：モスクワ、パリ、ベルリン、リオデジャネイロ、ブエノスアイレス、ニューヨーク、東京、ローマ、マドリッドなど、あらゆる気候に関係する。「**適正な呼吸**」の原理を公共施設、オフィス、住宅に導入することが望ましい。「**適正な呼吸**」は、一定の気温、一定の湿度に保たれた空気を閉路循環させることでもたらされる。この空気は埃を除去され、オゾン処理で消毒されている。開閉式の窓は設置されない。ただし、場合により利便性を考慮して、のぞき窓の機能を果たすような（外に身を乗り出せるように）開口部が例外的に配置される。建物はこうして密閉される。外壁はガラス製になる（透明なガラス、半透明のガラス、強化ガラス、ガラスブロック、及び半透明のあらゆる素材）。外壁がガラス製で、適正な空気が常に屋内を循環しているならば、建物は現行の法規が定めるよりも小さな建築面積で済み、その結果、より小さく、より機能的で、より安価に建てられるようになるだろう。

さっそく次のような問題が提起される。適正な空気が循環するオフィスや住戸内で、人は普通に生活（現代人としての生活）ができるだろうか？

a）**調整された**空気が閉路で供給されるというのは本当に**実現可能**か？

b）その温度と湿度を季節によって変えるべきか？　どのように変化させるのか？

c）循環させる空気を部分的に、あるいは全体的に外気と入れ替える頻度はどのくらいにすべきか？

d）以下の場合ごとに、1人分の「毎分の空気」は何リットルとするべきか。

1. 1人用、2人用、4人用などの小さな部屋（オフィスや住戸）

2. 50人、100人、200人を収容するより広い場所（銀行、事業所、作業場など）

3. 500人、1000人、2000人、それ以上を収容する会議場

e）回答（閉路循環の可能性、「1人あたりの毎分の空気量」について）が得られたとして、空気調整施設一つあたりの標準生産量はどのくらいが有効か？　標準生産量が定められたら（機械〔及び動力〕の選択や、往復の導管の効率的な長さの設定により、最大限の節約を目指す）、**標準的施設**が空気を供給することになる周辺建物の標準容積を決定しなければならない。

1. 住宅

2. オフィス

3. 製作所、作業場

（したがって、ここで収益性を考慮した標準的空調施設の規格と、施設から供給を受ける建物群の単位を定めなければならない。）

f）標準的施設と供給先の建築物の容積が的確に設定されたならば、平均気温から推測される、**1人あたりに掛かる**費用はどのくらいか？　ただし、冬季はボイラー、夏季は冷房装置の稼働を考慮に入れる。

g）通常のセントラルヒーティングを用いた場合、上と同じ条件で、1人あたりに標準的に掛かる費用はどのくらいか？

1. 適正な気温（冬は暖かく、夏は涼しい）1人分の設備コストが計算できたとして、こうした適正な通気方式は、次のような場所に適用可能か？

1. 住宅

2. オフィス

3. 作業場や製作所

2. 通常のセントラルヒーティングのシステムに経済性はあるのかどうか？

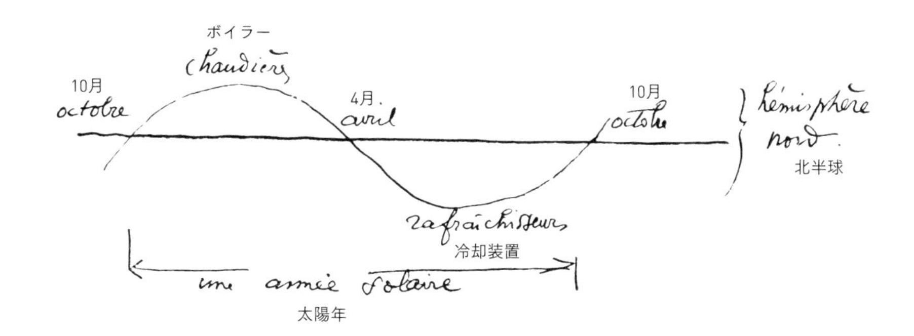

質問3 — 物理学者へ

防音
日射
等温性

A. 現代産業によってもたらされた数々のいわゆる「防音」素材を除外して、鉄骨や鉄筋コンクリート（音を通す素材）でできた大きな建物内部にある二つの部屋を想定したとき、一方から他方への**音の**伝達を完全に断つような簡単な法則を定式化することができるか？

B. C. 建物内を明るくするという、窓ガラスと同じ機能を果たすことが可能な半透明の素材（必ずしも透明でなくてよい）を示すことができるか？　ただし、その素材は外気温の影響を遮断することができ、**その断熱性は石積みの壁に近いものとする**。

または、現在流通している窓ガラスを用いるとして、同じだけの断熱効果を付与できる方法はあるか？

検討される素材は程度に差はあれ太陽光を通すと思われるが、太陽光の透過率をそれぞれ示すことはできるか？

回答は既存の素材だけでなく、改良した素材や、新しく開発される素材に及んでもよい。

建物内の気温の上昇に日射が大きく関わっているとすれば、日射によるこの作用を中和する方法はあるか？（夏場における大きなガラス壁面）

質問4 — 建築家へ

この質問状は現行のいかなる法規も考慮に入れていない。都市の建設そのものに強く反映されるような、新しい建築方式を提案することが目的である。したがって回答は、都市や住宅の建設に関して現在効力を持っている諸規制に対し、修正を求めるものとなるだろう。

都市建設を考えよう。まず、集合住宅建設に適用されている現在の方策は効果的ではない。集合住宅は、専門の係が操作するエレベーターによって鉛直方向に結ばれた、大きな複合施設となる。

a) 各住戸へと通じるエレベーターのシャフト間隔は、どのくらいにすべきか？

b) 集合住宅建築において、機械面、建築面での機能のために効果的な階数は何階か？

c) 集合住宅内の任意の廊下において、**エレベーターから住戸の入口扉まで**住人が歩く道のりは、どのくらいであれば容認されるか？

d) 保育施設、日常的に使用できる運動設備、食料の小売、クリーニングなどを含む共用サービスの仕組みが集合住宅内に次第に発展していくとすれば（家庭内労働の負担を軽減するような共用サービスを増やせば、それらが住戸内に占める容積は減ることになる）、住戸における**住民1人**あたりの最低面積はどのくらいか？

e) 日照を最大限に得ることを考慮し、また建築的観点からの必然性や、交通の必然性（自動車は街路沿いに停車すべきではなく、エレベーターの真下にある道路と連絡する広場にのみ停められることになる）も考慮したうえで、もっとも便利な複合集合住宅の形態はどのようなものになるのか？（解決に際しては、連絡道路の長さを最小限に、緑地面積を最大限にし、建物を出入りする際の徒歩の距離を最小限にするべきである）

f) これまでの回答のうえに立ち、最良の方式で建物が建てられたと想定したとき、住宅街において得られる新たな人口密度はどのくらいか？（パリは、人口過密地区において1ヘクタールあたり800人を超えると嘆いている。ベルリンは1ヘクタールあたり400人だ。ロンドンは150人しかいないことを鼻にかけているが、現代の都市化において人口密度は減少に向かうべきなのか、逆に増加に向かうべきなのか）

＊　＊　＊

以上が、ブリュッセル会議の折に作成された三つの質問状のうちのひとつであるが、会議参加者の賛同は得られなかった。「雲をつかむような話」だと思われたのだ。

ただし、議題としては認められ、当会議の名で関係者各位に提示する許可を得た。

残念ながら、日々の仕事に追われ、今までこれを公表する機会がなかった。

ここに挿入することによって、どこかで、この質問状が回答を呼び掛けている専門家たちの目にとまること、そして雪だるま式に回答が増すことを望んでいる。

それに、あれから5年が経つあいだ、いくつかの重要な実験がすでに行なわれている。

?

パリ6区、セーヴル通り35番地、ル・コルビュジエ、までお送りください。

質問に答えてください。実験や仮説にもとづく所見を述べてください。

6. UNE HAUTEUR DE LOGIS EFFICACE

住居の効果的な高さ

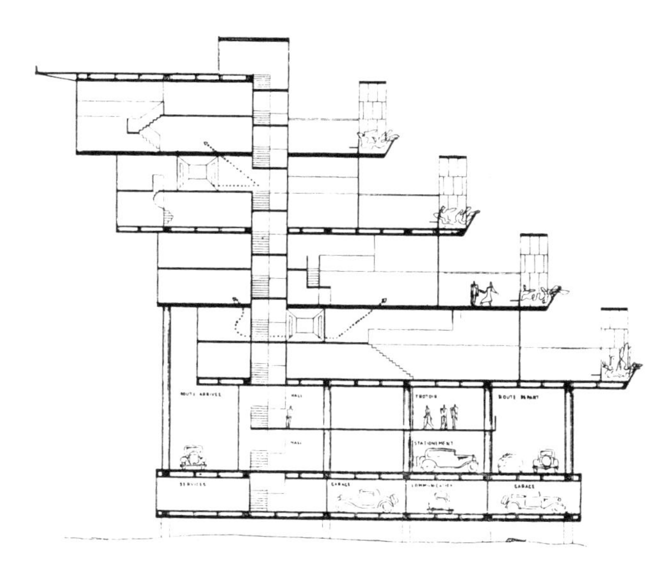

アルジェリア、ウエド・ウシャイア地区における、それぞれ300世帯を収容する四つの建物のうちのひとつ。太陽に向かって大胆な配置がなされている。効率的な住戸の高さが、建物の構造に革命を起こす。

ここでは、調和に関わる重要な要因のひとつを扱う。われわれを風雨から守る「箱」の、天井の高さについてである。まず第一に優先すべきは**快適な**高さ、その次に**効果的な**高さを検討しよう。まず、われわれ人間の動きに快適な高さ、いわば巣穴の高さ、生物学的な見地からの機能を考えよう。次いで、われわれの肺に送られる空気の量と外壁面から流入する光の量をもとに、効果的な高さを決定する。こちらは現在の技術力に左右され、二つの技術が関連してくる。(a) 換気の技術、(b) 建設技術（素材の静力学と強度）である。

ここで有効性の問題にけりをつけよう。というのも、現代技術の影響により、状況はまったく新しく、革命的なものとなっているのだ。

1° 調整された空気、生きた空気、新鮮な空気を循環させ、規則的な呼吸、適正な呼吸を実現させるシステムにより、建物の高さに関係なく、人間の肺に質・量ともに完璧な空気を供給する。これまで扱われたことのない問題である。

2° 自由な骨組によって自由な立面が得られる。部屋の四つの壁面のうち一つがガラス壁面となり、そこから光が注ぎ込む。これまでにない住環境が実現される。

過去を振り返ってみよう。「木の壁面」を用いた木造の住宅建築（中世）——鉄骨・鉄筋コンクリート造の建築とてもよく似ている（強度は低いが）——においては、経済的で効率的な高さが**自然に**採用されていた。その高さは 2m20cm である。私は数え切れないほど旅をしてきたが、いたるところで、何世紀にも渡りこの高さが維持され、また農夫の家のような自然に近い造作物の寸法において、いかに支配的であるのかを目にしてきた。例はいくらでもある。バイエルンやチロルの山小屋、スカンジナビアやスイスの山小屋、ルーアン、ストラスブール、チューリッヒ、トッゲンブルクのゴシック様式あるいはルネッサンス様式の木造住宅、ロシアのイズバ、等々。

しかし私は、われわれ現代人にとって効果的な住居の高さを見出すことの必要性を強く感じて、

「ヴィラ型住宅」を提案した（1922年のサロン・ドートンヌ）。思考は次のように展開していった。私はパリの歩道に立ち、われわれの感覚が欲するもの（空間、空、樹木）と交通にとって有用な土地を取り戻すためには、住居を高く（50m）するほかはないと考えた。しかし、並び合い向き合う住戸の高さの単位が2m50cmでは、建物全体の網の目、格子の目が詰まりすぎてしまい、高層の建築物には不向きであると感じた。1922年、すでにオザンファンの家において、われわれは直感的に高さ4m50cmの部屋をつくっている。ただし窓壁面から離れた奥の部分は2m20cmずつに分割されている。さらに1924年には、ラ・ロッシュ邸においても天井の高い広間と居間を実現し、部分的に半分の2m10cmに分割している。こうすることによる建築的効果は目覚ましいものだった。足を踏み入れれば、人間が肩で感じる快適な寸法の空間がそこにはあった。それから私はパリにおいて、1800年以降に造られた街路では店舗の高さが4m50cmあり、奥で2m20cmずつに分割されていることを観察した。私は確信を強めていった。そして今度は、自問してきた問題を自ら形にすることになった。装飾芸術（アール・デコ）国際博覧会において、「エスプリ・ヌーヴォー（新精神）」館として住戸を展示したのだ。居間に通常の2倍の天井高を与え、外に向かって全面ガラス張りとし、奥では半分の高さに分割した。そこで思い出したのは、1919年に「シトロアン型住宅」——量産住宅のモデル——をつくり出していたことだった。すでにそうした型は頭にあったのだ。以降、われわれはこうした住宅の型、こうした住戸単位を「本当に」実現させようと粘り強く活動している。望んだ機会はそのたびに手をすり抜けていくが、ついにシュトゥットガルトにおいて**ドイツ工作連盟**が意思表明するときがきた。ヴァイセンホフの住宅展示である。われわれはそこに「シトロアン型住宅」を建設、展示した（1927年）。1925から26年にブローニュの森に建設したクック邸においても、この高さの原理がうまく使われている。

アイディアは具体化されていった。その根拠は過去や民間伝承などいたるところで確かめられるし、われわれの専門家としての経験がさらにその根拠を確かなものにしていく。

こうしてわれわれの都市計画案は確実性をもつようになる。住戸は活性化され、持続可能で美しく、経済的で有用性がある。そうした住戸をうまく組み合わせ、都市は高くそびえ立つ。

1933年、ギリシアで**近代建築国際会議**が開かれた際に、われわれはキクラデス諸島を巡った。非常に古く、深く根付いた生活がそこには手付かずのまま残っている。**車輪**はいまだ存在しておらず、今後も存在することはないだろう（厳しい地形のため）。しかしわれわれは現代における永遠の住宅、生ける住宅を見出す。それらは歴史を遡るものでありながら、その断面図と平面図は、われわれが10年前から構想していたまさにそのものである。ギリシアの、人間の寸法に合ったあの階段の踏面（ふみづら）に、また、節度と、親密さと、充足感と、そして、常に生きる喜びに導かれ、培われた合理性の中に、**人間のスケールに応じた寸法**が現前しているのだ。

＊　＊　＊

ここでの真の問題は**調和**である。読者よ、あなたはこれまで、都市の行政法規に定められた、住宅の天井高を決める一つの数値（あるいは二つの数値）が、あなたの幸福を制限していたのかもしれないと想像したことがあっただろうか？　われわれを護る住居という枠の中で、われわれ人間のスケールに合わせ、**いかにして調和を実現できるかは、すべて、住居の高さを決定する数値にかかっているのだ。**

＊　＊　＊

都市生活のさまざまな事象（建設方法、土地所有の形態、街路に囲まれた街区の整備、住居内の人々の密集具合、等々）に応じた行政法規は、定義上、既存の状況、あるいは、かつてあった状況を反映させたものである。

しかし、あるとき非常に新しい事態が到来し、その結果規則は効力を失い、流動的に発展していくはずの生活を停滞させる。それはつまり、規則の変更を行なうべきときなのだ。

＊　＊　＊

われわれは住居の新しい効果的な高さを求める。

われわれが拠り所とするのは、技術の新たな可能性と、人間の正当な生理的・心理的要求との結合である。すなわち、

a）　住居を日光で満たすこと。ガラス壁面が住宅の１面を全面的に覆う。住戸の高さを4m50cmとすれば、ガラス壁面も同じ高さをもつ。太陽光は屋内の奥深くまで入り込むだろう。したがって、われわれは奥行きのある住戸をつくることができ、全体として細長い平面となる。次いで、住戸は上に積み重ねられる。街路は短くなり、都市はよりコンパクトになるだろう。4m50cm という高いガラス壁面の内側には、居間が広がる。居間に割かれた面積は充分に広く、人間という動物に快適さ——空間、移動、動作——を与える。ここ数年、ドイツ、チェコ、ポーランド、ロシアで急激に増殖した**最小限**住宅は、もはや住むための場所というより、ただの檻だ。有害であり、非人間的であり、生命という空間を必要とするものを、**最小限**の中に押し込めてしまう。**最大限**の居間を創らなければならないのに。

b）　嵌め殺しのガラス壁面（開閉できる小窓はある）の内側に「適正な呼吸」のための、生きた空気、新鮮な空気を引き入れる。今後は法規において、「通気を良くするために必要な、部屋の容積」を定める必要はなくなる。どんな容積であっても、たとえそれが非常に小さくても、換気は充分となる計算である。

c）　われわれは現代が獲得したもののひとつ、電気照明を利用する。ここで問題を提起しよう！限られた空間において照明を用いることを忌み嫌うべきなのか？　そして現状を改めぬまま放っておくべきなのか？　愚かにもかたくなに現実に目をつぶり、実際は１年のうち６か月のあいだ、われわれは１日の大部分を電気照明のもとで暮らしているということに、気づかないでいるべきなのか？　あるいは逆に、うまく設置された電気照明は、室内を光で満たしてくれるということを認め、電気照明のもとで体を洗ったりひげを剃ったりすること（そもそも冬には朝、昼、晩と、通りに面した窓のある部屋でわれわれがやりつづけていること）を受け入れるのか？　野蛮ともいえる区画割を是認している現行の条例では、日の当たらない中庭に向かって不毛にも設けられた窓を開けて料理するしかない。しかし、うまく調整された電気の明かりは台所を光で満たすということをわれわれは受け入れるのか？　洗面所はといえば、換気用に取り付けられた窓は滅多に開けられず、１年のうちほとんどはぴっちり閉められたままである。しかし、人工的な「強制換気装置」が導入されれば、洗面所ははるかに優れた環境になることを受け入れるのか？　等々……。

「人工」!　この語には、感じやすい心の持ち主をためらわせる力がある。若かりし頃、住宅を最初に設計したとき（18歳だった）、業者との契約書の中で、私は建設用のセメントを形容している**人工**

ヴェズレーにて、
16世紀と現代と現代人……
（高さ2m20cm）

なぜこれほどの広がりが?

なぜ、広くゆったりとして

……このような親密性もあるのか?

のという語を線で消し、「**天然の**」と書き替えた。**天然の**セメントであって**人工の**セメントではない、ということだ。だが業者の説明によれば、自然のセメントにはむらがあり、局所的な部分にいたるまで正確な強度が要求されるような場合、これを用いるのは危険だという。また、科学的に開発された**人工**セメントでは、すべての構成要素が補正され、さまざまな条件に適用することができ、あらゆる欠点は人工的に取り除かれているのだと……それ以降、私は飲料水が「人工」だということ、ワインが「人工」だということ、小麦粉が「人工」だということに気づいた。肉や魚も「人工的」な環境(冷蔵)で保存されているのだ。そして私は、この「人工(artificiel)」という語が**技芸**(ART)という語根を持つこと、また事物を最良の状態に作り上げる方法、つまり「ある概念の具現化のための知識の適用」(辞書による)を指すということを理解した。さらに、こうやって人間は、自らの創造により、自然の完璧性や不変性と調和していくのだということを了解した。

d) 照明が改善され、換気が良好になるならば、日常生活には、非常に限られた空間で行なうことができる習慣があるということにわれわれは気付くだろう。つまり体を動かさずにできるすべてのことである。この限られた空間は、われわれの4m50cmという高さを2分割した中に、数多く設けるのが有効だろう。

2m20cmとは? これは大型客船の居住スペース、つまり豪華な船室やスイートルームに適用されている高さである。これもまた有益な実証例である!

結論はこうなる。家庭生活で行なういくつかの習慣を、2m20cmという半分の高さのところで行なうようにすれば、4m50cmという、豪華で、美しく、風格があり、活力やくつろぎを与える居間を、富める者にも**貧しき者にも**提供することができる。そのとき、現代人はもはや檻の中の獣ではなくなるだろう!

* * *

4m50cmという、住居の新しい効果的な高さがいかに素晴らしいか、建築的に今いちど確かめる機会が、ブルゴーニュのヴェズレーで訪れた。この例は、理論のみならず感覚にも訴えかける。しかも非常に古い過去が最新の現在に直接結び付くという、特別な状況にある。

ヴェズレーは聖ベルナールが第2回十字軍を説いた地である。荘厳な場所だ。窪地から張り出した小丘の先端に、ロマネスク様式の傑作であるバシリカがあり、1本の上り道がそこへ通じている。道の両脇には時間に置き去られたかのような古びた家々が並び、その窓は彼方の地平線へと開いている。

建築家で、『生きた建築 *L'Architecture Vivante*』誌の編集長でもあるジャン・バドヴィッチは、これらの崩れかけた家をいくつか買い取った。彼はそれらに手を入れ、近代的精神を吹き込んだ。天井には楢の梁があらわになった、古い、古い家——それが彼自身の住居である。2階の天井高は2m20cm。彼は床に穴を穿ち、二つの階をつなげた。その古い家から現代的な住戸をつくり出したのである。考古学だなんてくだらない! 彼は現代の道具とともに実際に暮らしているのだ。

今日、精力的に運動を起こさんとするわれわれ数名がそこに集まった。画家のフェルナン・レジェ、詩人のゲガンとボヌール、『芸術手帖 *Cahier d'Art*』誌編集長のゼルヴォ、画家のギカである。これは人間の巣穴である。われわれの肩の上にはちょうどよい高さの天井がある。われわれの眼には多彩で広がりのある景色が映る。われわれの足は自由に動き回る。すべてが極小なのに、すべてが広々としている。これは人間のサイズに合わせた宝石箱だ。居心地のよい空間、落ち着きと多様性の空間、スケールとプロポーションの空間、完全に人間の寸法に合った空間。そこには調和があるのだ。われわれは満場一致でそれを認め、宣言する。

* * *

われわれは行政法規の変更を求める。住居の効果的な高さは 4m50cm であり、これは 2m20cm ずつに分割可能である。

人間の正しい（われわれの動作に見合った）スケールが、物事を定めてきたのだから、古いも新しいもない。あるのは常に変わらぬものだけだ。すなわち正しい寸法である。

●

ひとつの言葉が光り輝く：「人工地盤」

7. LES TERRAINS ARTIFICIELS
人工地盤

家を建てるには土地が必要だ。その土地は自然のものか？　そんなことは一切ない。土地はすぐさま**人工的に覆われる**。自然の土壌は、荷重や建造物の重み（重力）を受けるという機能しかもたない。そしてわれわれは自然の土地に「さよなら」を告げるのだ。というのも、それは**人間の敵**だからである。土（踏み固めた土）の上の住居は、おそろしいまでに不衛生であり、もはやブルターニュでしかそうしたものを目にすることはない。未開人たちでさえ、浸水やサソリを避けるために、すぐさま人工地盤（地面より高く設けた床板）を作った。自然の土壌はリウマチや結核を広げる要因ともなる。いわゆる「文明」国の中で、土の上にじかに寄木の床やタイルを置くことを許しているのは、おそらくフランスだけだろう。他のどの国や地域でも、地面と 1 階床とのあいだに 0.6m の隙間を開けなければならないとされている。

左の三つのスケッチは、「**人工地盤**」という命題の論理構成を示しており、この命題を用いることによって、現代の都市計画は無限の解決策を見出すのである。

しかし、なんたる知性の怠慢か、なんたる現実への怖れか！　人間は知的存在というよりむしろ、無気力に地面にへばりついているサソリのようではないか。

人工地盤の概念は、危機的で一見解決不可能な条件においてはとくに、生産的となり明白な説得力を持つ。たとえば、アルジェやストックホルム、モンテビデオやサンパウロなど、その地形があらゆる発意を無に帰してしまうような場所、またはリオデジャネイロやチューリッヒのように、利用可能な土地の占有率が飽和状態にある場所、さらには、ブエノスアイレスやパリのように非人間的な距離という癌が、都市の生命機能を締め付けている場所などがそれである。

知性の怠慢を今いちど揺さぶろう。

私は郊外に小さな別荘を建てた。

私は三つの人工地盤を造った。そこには階段を使って**歩いて**上る。これらの人工地盤には、水（浴室、洗面台、流し台、暖房器のため）とガス（風呂の湯沸し器と調理台のため）と照明用の電気を通している。

そして廃物は下水に流す。

しかし、都会人たちはもっとうまくやっている。彼らは７階建ての賃貸マンションを建てるのだ！

六つの人工地盤が、**ひとつの上にまたその上に**という具合に積み上げられている。そしてそこには、現代的な手段である、水、ガス、電気、そして下水道が備えられている。

４階、５階、６階、７階の高さまで階段で上るのはきついので、裕福な人々はそこにエレベーターを設置している。警察は治安のために管理人を常在させるよう強制している。

おわかりのように、組織化された社会はずっと前から人工地盤をつくってきたのだ！

しかしこの伝統を踏襲して人工地盤の数を増やそうとする私を、人々は狂人扱いする。これまで（石の壁と木の床では）不可能だったが、現代の技術（鉄骨とコンクリート）によって、20、30、または50の人工地盤を上に積み上げることが可能になったのだ。

しかし、私はさらにその先に進むだろう。これら人工地盤に、内部および外部用の効果的な交通網を配するのだ。これにより、都市の住人に幸福（「本質的な喜び」）を与えることになるだろう。しかし役人たちは決して私にこれを許さないだろう！

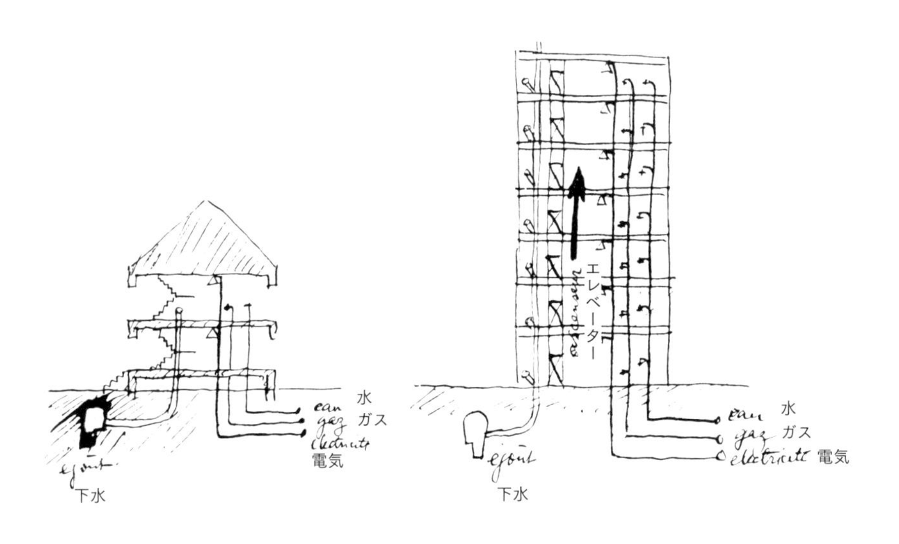

正面：なんという道路網だろう??　これが（そうではないのか?）自動車の時代だとは!

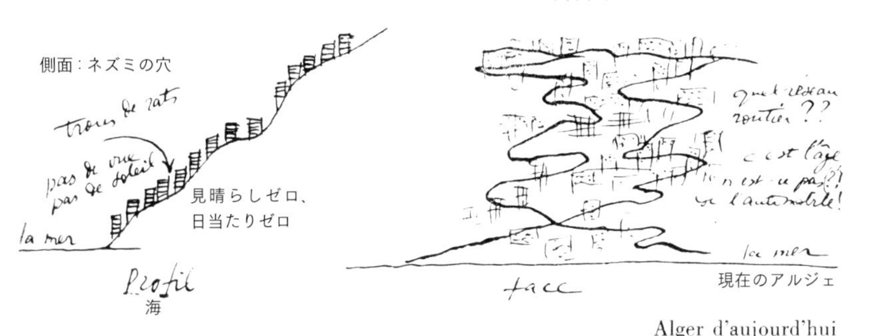

Alger d'aujourd'hui

これはアルジェに。

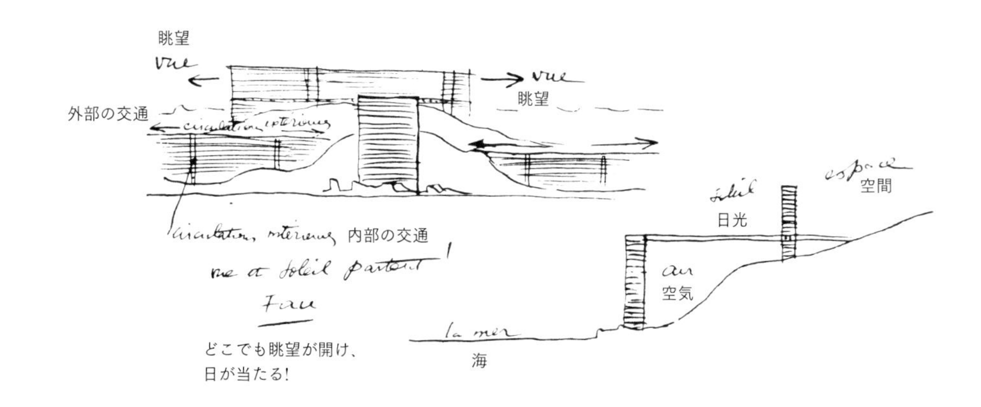

そしてこれはストックホルムに。

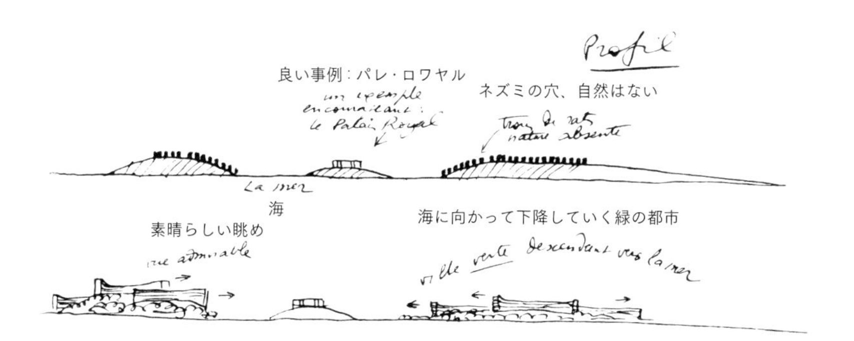

リオデジャネイロに関しては、険しい山々に囲まれた土地のうち、利用可能なものは**完全に**ふさがっているので、人工地盤を設ければ誰にも迷惑をかけることがない。豊饒の角は、湾から湾へ、計り知れないほどの素晴らしいものを振りまき、さらには自治体の口座にも富が届く。

パリまたはアントワープには、「緑の都市」とその本質的な喜び。

「緑の都市」
la "ville verte"

こうした本質的な喜びは、田園都市を夢として追い求めたその幻影が効果的に実現したものと言えよう。ここにあるのは、**効率的な**「人工」の田園都市であり、**横に広がる田園都市**に代えてわれわれが創造したのは、**高さをもつ田園都市**なのだ。すべての利点は高さにある。

これで都市の状況は一挙に整理され、交通の問題は解決する。また「共用サービス」制度の設置により家庭内労働に関する無駄が解消され、各家庭には必要とされる自由がすぐさま行き渡るだろう。

ローマの遺跡。家々のスケールをはるかに超えるこの水道橋は、景観の調和を壊しているだろうか?　そんなことはない!　水道橋がこの景観を作っているのだ!

アルジェについてのメモ（1932年）をここに差し挟んでも許されるだろう。これを……都市の責任者は誰ひとりとして信じてくれなかったのだが。

アルジェの都市計画
土地の有効利用の例

「**高さをもつ田園都市**」は、横に広がる田園都市に対置される。横に広がる田園都市は、当該区域にとっては財政破綻につながる。「**高さをもつ田園都市**」**は当該区域にとっても市政府にとっても莫大な恩恵である**（後者が事業の発令を承認するならば）。

アルジェ。その街の中心に、ほとんど近づくことも、利用することもできず、建物ひとつ建っていない土地がある。皇帝の砦という名の丘（高さ150〜220mほど）だ。ここに向かう道を整備しようにも、通常の勾配である5〜10%の坂道では到達できないし、高層集合住宅を建てようにも、折り曲がる坂道に阻まれ、建物入口へ辿り着くのに一苦労だ。だが現代の技術によって、われわれはいともたやすくこの土地に辿り着くことができる。海抜150mの地点に水平な高速道路を設け、高所から近づいていくのだ。この人工地盤には22万人が収容される。そこには特別な設備、「超設備」が整えられる（設計図を参照のこと）。第一の条件となるのは、高度150mの水平な陸橋を建設するという、前段階の予算の確保だ。

以下の計算により可能性は現実となる。横に広がる田園都市では、たとえば6人家族（平均的家族構成）に対し300㎡を割り当て、1㎡あたり75フラン、つまり22500フランが相場となっている。それが22万人では、

$$\frac{220000}{6} = 36000\ 家族$$

となり、36000の（6人）家族ごとに22500フランの土地＝8億1000万フランなのである。

結論：皇帝の砦のある不毛な土地は、近づきやすくして（アルジェにおいてこれ以上夢想しえないほど驚異的なアクセス方法で）活用すれば、その価値は**ゼロから8億1000万フランになる**。アクセス用陸橋の建設費用はまずこれで賄えるし、**執行当局**はその残りで計画全体の工事費用を支払うことができるだろう。

土地の価値を高める他の例：

a）　**横に広がる田園都市**において、住宅に欠かせない要素は、**基礎の上に置かれた**1階の床、中間階の床、**防水**天井［屋根］である。これら3要素の面積をそれぞれ床面積とみなして合計した場合、床1㎡あたり平均450フランかかる。

b）　**高さをもつ田園都市**において。アルジェの計画に関し、サン＝トゥージェーヌとフサイン・デイを結ぶ高度100mの高速道路（アウトストラーダ）を考えてみよう。これにより陸橋のピロティ下の地面も、交通路として使うことができる。一番上（高度100m）には**幅24mタイプの高速道路**があり、そのすぐ下に駐車場階が備えられている。それより下の部分は、4m50cmおきに積み重ねられた床で構成される。つまりここには高層集合住宅が、**高さをもつ田園都市がそのまま収められる**のである。この構成は、先の事例（a）において見たものと同じである。つまり、**基礎の上に築かれた**床、**防水**天井、そして必要に応じて追加される中間床である。

高さをもつ田園都市の、こうした**要素単位**の原価はどれくらいだろうか？　計算によると次のような答えが出る。ピロティ下の交通路、**および上部の高速道路の工事費用が支払われたとすると**、床1㎡あたり320フランとなる。この床とは、積み上げられた田園都市の住宅の床である。したがって、横に広がる田園都市の住宅の床1㎡分に対し、積み上げられた田園都市の住宅の床1㎡は130フランの節約になるのだ。

ここで計画された陸橋に沿って、その下に集合住宅が造られたとすると、積み上げられた土地は450万㎡になる。450万㎡が1㎡あたり120フランの利益を生むので、全体としては5億4000万フランが得られることになる。この結果は次のように定式化されうる。人工地盤をつくることで全体として5億4000万フランの出費を抑えることができる。**これが、高さをもつ田園都市に基づく都市計画がもたらす利益である**。

またこの利益に加え、今後は高速道路によって地下鉄の必要性が減り、経費の節約になることも考えられる（**3億フラン**）。

さらに、高速道路のすぐ下に設置された駐車場では**1層全体に渡って賃貸料収入**が得られる。

「これが18万人を収容する陸橋の収益である。

これだけではない。

特筆すべき**経費削減**、すなわちこのシステムによる利益は**まだある**。それは、**18万の住人を抱える横に広がる田園都市が、整備しなければならないすべての道路や連絡路**の建設費用（水道、ガス、電気の整備工事込み）である。広大な道路網が必要とされるはずだ。

さらに注目すべき点がある。ここで陸橋の中に建てられた住居は、**アルジェという街において最適な居住条件を満たす**ということだ（詳細な研究が厳密になされた）。海**や丘に面した素晴らしい眺望**をもちながら、**上部の高速道路**（高さ100m）とピロティ下の**下部の高速道路への簡単なアクセス**も獲得する。つまり、**陸橋の中の住居は最速交通のただなかにあるのだ**。

ここでひとつの疑問が出てくる。高速道路（高さ100m）は一度に建設されるべきだが、高さをもつ田園都市の中間床は後でつくることもできる。とりわけ住戸の建設は需要に応じて進めていくとするならば、市政府または政府と交わす契約書だけを担保に、陸橋の建設資金を調達することが可能だろうか？

20年先の未来、皇帝の砦の土地には、最良の設備を備えた環境のもと18万の労働者を住まわせ、また、超設備を備えた環境のもと22万の住人を住まわせる見通しである。

都市を現代化する理由には、このほかにも、現代技術の合理的な活用にもとづくたくさんの優れた論拠が存在する。

たとえば、

「ガラス壁面」

「自由な平面」

「適正な呼吸」　　　の時宜にかなった利用である。

これらの新しい技術を応用することで、**住戸の奥行きは通常の3倍**になり、建物には二つの面から日が当たる（各住戸へは「屋内道路」によって通じている）。建物の建つ区画の長さは**3分の1**になる。

結果として、街路は3分の1まで短縮されるだろう。

また、都市は3分の1まで縮小されるだろう。

時間が節約され、交通手段の3分の2が節約され、歩道の敷設と維持費の3分の2が節約される、等々……

われわれはさまざまな影響が関係し合う中にいる。すべてはつながっている。現代が到来したのだ！」

私が最初にアルジェの計画案を作成してから2年後、この地下鉄計画（機密の部類に入る）を知った。この（**地下の**）道は、私の計画における空中にかかった道の真下を通る**地上の**道とほぼ同じルートをたどっている。
おおアルジェ、光輝く土地よ、「行政機関」はあなたの民を鼠のように住まわせるつもりだ！

地下鉄計画（行政機関の案による）

大海原の真ん中、船の上。テニス、プール、日光浴。会話と娯楽。船の幅は22～27m。**輝ける都市**ゴシックの建物と同じだ。都市は樹木の海から浮き上がって広がり、上空に新しい土地が獲得される。

しかし当局は聞く耳を持たない……

●

8. ET LA GUERRE AÉRIENNE ?

そして空爆？

コンコン――入ってくるな!

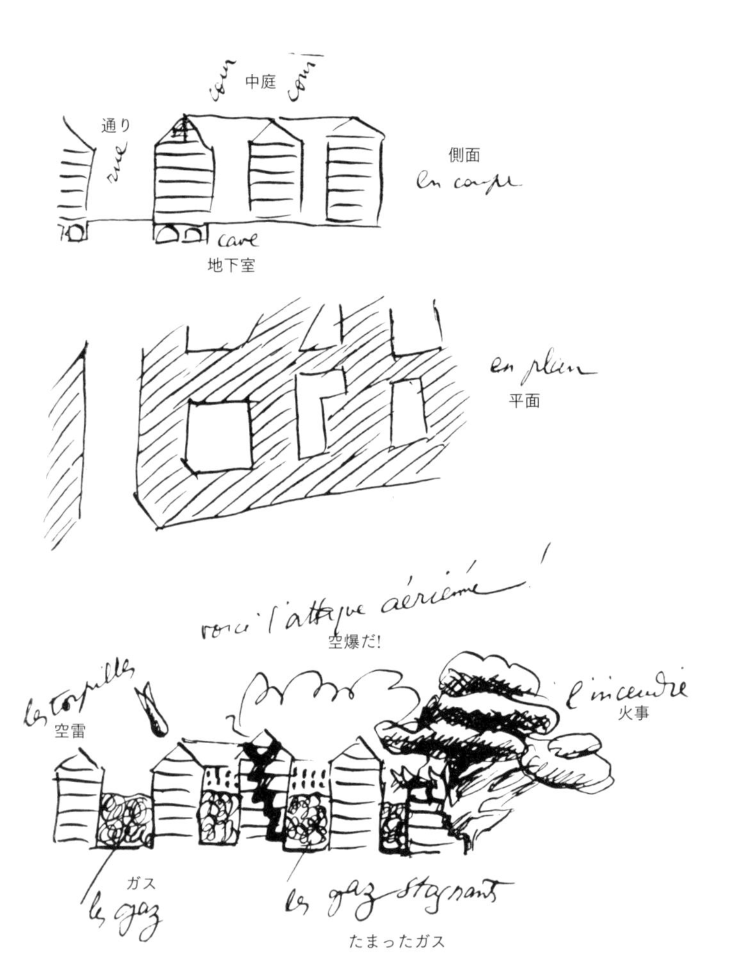

……にもかかわらず、私は「**いつかその日が来るだろう**……」と信じている。

安心してもよい！　われわれには新しい喜びが約束されている！

雑誌や新聞は写真や描写であふれている。有毒ガス工場はこぞって大きな貯蔵庫を満たそうと奮闘している。

参謀部の人間がわれわれに宣言した。

「**既存の都市はどれひとつとして保護されないだろう**。**火事、倒壊、ガス中毒死**。**何もなくなる！都市はすっかり破壊されるだろう！**」

現代の砲弾を使った戦争はあまりにひどい結果をもたらすので、誰もあえてそれを始めようとはしないだろうと、1914年**までは**聞かされたものだった。

いったん開戦すると、いたるところで賢者たちは書いた。「近代戦争（膨大な軍備）は**決断力の戦争**だ。戦争は3か月続くだろう」と。

そして断言した。「荒廃した地域は3か月で再建されるに違いなかろう」。

それゆえ1915年の春には、穏やかな日の光が、みずみずしい田園や、すっかり新しくなった小さな村や街に降り注ぐことだろう、と。

このように未来を予測する指導者は複数いたのだ。

戦争は5年続いた。それからさらに、不安、危機、災厄、絶望の15年。戦争から20年目には、いたるところで革命が起こっている。瀕死の文明をこれから葬らなければならない。破壊し一掃するのに、つるはし、シャベル、箒がまだ必要だ。

綺麗にして、建設すること。

現代という時代を建設すること。機械化時代の文明を築くこと。見て、理解し、決定し、行動すること。

（空爆の）**恐怖**は、必要な行動に向けての願ってもない起爆剤となるだろうか？

＊　＊　＊

この問題の実態ははっきりとしている。左の図は現在の都市である。

住民はどこにいるのか？　みんな死んでしまった！　身を隠す時間もなかった。攻撃は予測不能だからだ。

空爆に対抗するには何をすればよいのか？

参謀部は思いもかけなかった判断をするに至る（要点）。※1

「都市計画の現状において、『輝ける都市』タイプの都市だけが、空爆に対してよく耐えることができる。

実際、地表の100%が解放されていて、建築物はそのうち5%ないし12%だけである。そして、

※1　次の2冊を参照のこと。『空の危機と国の将来』、ポール・ヴォーティエ中佐著、パリ、1930年；『建築による防空』、ハンス・ショツベルガー技術士、ベルリン、1934年。

ビルが『ピロティの上』にあるということは、空気が循環し、空間が連続し、風がガスを霧消させるということを意味する。

居住用の建物の高さは50mである。したがって、多くの階がガスの塊よりも常に上に位置する。住民は、ガスを通さない特別な地下室ではなく、上層階に避難すればよい。そもそも、トーチカ型の設備は**存在しない**。それに、大都市の人々をかくまうだけの充分なトーチカをどうして造れよう？さらに悲惨なのは、地下の避難所にガスが漏れた場合……そのとき、そこは墓場になるしかない！

人口密度が高いのに、都市の地面の5〜12%しか覆っていないその建物には、現実的な費用で、空雷に耐えうるよう装甲化した平屋根（屋根組）を設置することもできる。さらに最上階には、砲弾を減速させる装置を備え付けることもできる。

屋根を装甲で保護することは、人口密度が低く、建築面積が地面の50%を超える通常の都市では考えられない。伝統的かつ現行の都市計画の手法（廊下のような街路、無数の中庭）は、空からの攻撃にとってはおあつらえむきの弱さ――（淀んだ）ガスのたまり場やら、どんな空雷でも外すことのない的やら――を呈する。火事が起こり、そして果てしなく延焼していくだろう。

『輝ける都市』タイプの都市では、火事の恐れはない。ビルはまばらに建てられているので、空雷が命中する確率は著しく制限され、被害は落下地点だけに限られる。

最後に、その88%が公園でできた『輝ける都市』（緑の都市）には、いたるところに屋外プールがあるので、そこに蓄えられた水を消火栓から放出して、有毒ガスを追い払うのに使える。」

付け加えると、いわゆる『適正な呼吸』の装置は、非常に安全な場所に間隔をあけて設置されており、破壊されることがほぼないので、ガス戦における有効な防御手段なのである。

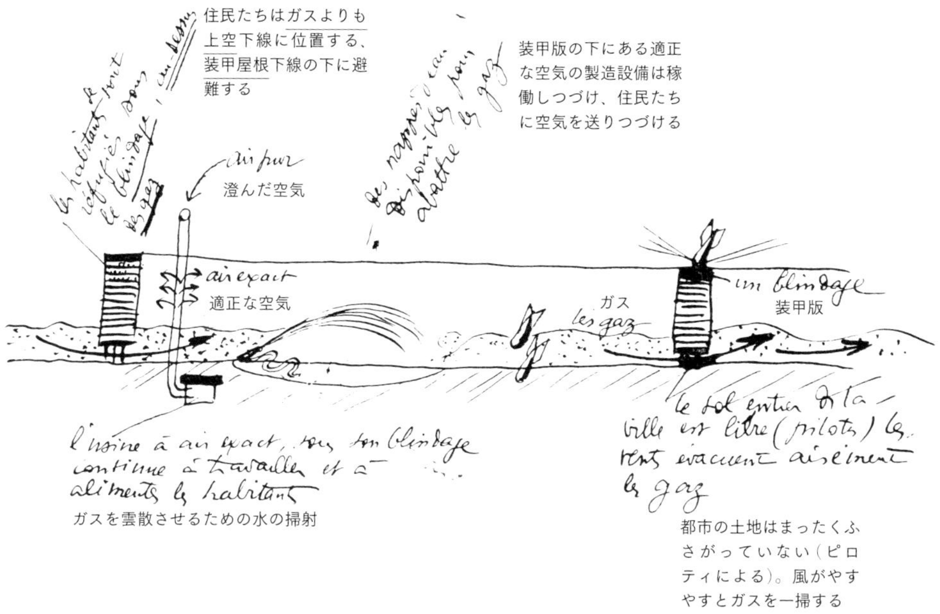

住民たちはガスよりも上空下線に位置する、装甲屋根下線の下に避難する
装甲版の下にある適正な空気の製造設備は稼働しつづけ、住民たちに空気を送りつづける
air pur
澄んだ空気
air exact
適正な空気
ガス
les gaz
un blindage
装甲版
ガスを雲散させるための水の掃射
都市の土地はまったくふさがっていない（ピロティによる）。風がやすやすとガスを一掃する

＊　＊　＊

空爆は、後述する計画案に関連してくるので、ここで持ち出すのは先走りすぎたかもしれない。

しかし、**現代の技術**を扱ったこの章は、こうしてもっとも不吉な形で締めくくられる。

この恐ろしい現実を理解したとき、われわれは**新時代**へと否応なく突き進むことになる。

したがって、ここで喚起された恐怖によって、注意が促され、世論が動かされ、怠慢な役人たちから決定権が奪われなければならないし、また、忌むべき戦争についてのこうした嫌な話が、大胆な精神の結集と古臭い慣習の打破への口実となり、「**輝ける都市**」の先触れとならねばならない。

●

第2部：現代の技術　了

……生活!

第3部　新たな時代

1. LES LOISIRS

余暇

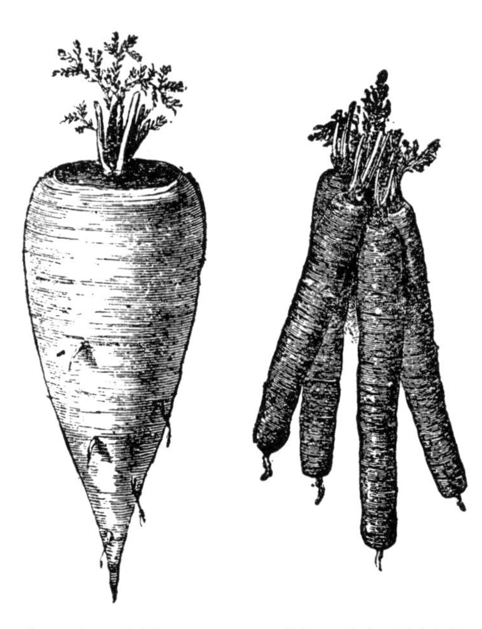

ヴォージュの白人参　　　芯なし、先丸、長赤人参

人参や蕪を作ることは気晴らしではなく職業だ。骨の折れる土仕事が、オフィスや作業場で疲れた現代人の休息になることはない。
ああ、ロマン主義よ。

（正直者の告白）

余暇という問題は、機械化時代の生産体制が再編されるや真っ先に、社会の危機として浮かび上がるだろう。これは差し迫った脅威である。

やがて機械化作業が整備されれば、当然各々に日中の空き時間がもたらされる。もし機械化によって日々の労働が5、6時間程度に短縮されるなら、もし都市計画が体系的、前進的に変革されることで（そうあって欲しいが）昨今都市に山積する無意味なものが解消されるなら、多くの時間が空き、好きに使えるようになるだろう。どれくらいの時間だろうか？　多大なものだ。5時間の労働に8時間の睡眠を足してみよう、11時間も空きが残ってしまう！

これこそ現代社会学のもっとも気がかりな問題のひとつだ。

したがって、まだ形の定まっていない「余暇」というものを、早急に規律ある役割へと変えておく必要性が感じられる。何百万もの男性や女性、若者を、1日あたり7、8時間も通りに放っておく訳にはいかない。

ゆえに都市の住人たちが**居る**ことができ、なによりも引き留めておくことのできる住居を緊急に整備する必要がある。

それが実現したとしても、空白の時間はやはりぽっかり空いたままだろう。そんなときこそ、現代社会が機械化時代最初の世紀に見た地獄、あるいは煉獄から抜け出すための方法が明らかになる。すなわち今日顧みられない尊厳を再び見いだすことで、現代人はついに「**生きる**」ことが可能になるのだ。己の健康を守り、家族を調和を持ったまとまりにし、精神に活力を与える仕事に打ち込み、さらには地域活動や、もはや金銭に隷属しない無償の地域活動に参加する。

身体、家族、学習、瞑想、共同体参画、これほどまでの広範な活動となると、求められるのは建物と土地、すなわち建築と都市計画である。

このような理由でわれわれ専門家は、たとえ今現在の建築・都市計画に無関係でも、死活的なこの時間の問題を気にかけなくてはならない。

＊　＊　＊

われわれの行動リズムは、太陽が支配し、決定している。すなわち 24 時間である。

これは単純に、社会の地平に現れつつある余暇という新しい活動は、生活のすぐそばで行なわなければならない、ということを示している。まずわれわれの 1 日には**時間**に限りがある。そして活動を起こすには自発性とやる気を持続させなければならず、疲労も取り除く必要がある。したがって、来る余暇の領域を、都市の外に配備するなどまやかしでしかない。そのようなことになれば、人々には疲労だけが残るだろう。われわれには皆それぞれの環境や心理状態があり、皆が常に英雄的態度を保つよう期待するのは無理というものである。ここで問題にしている活動は住居と密接に繋がっている。いわば住居の延長なのである。住居とその延長の範囲は広げ過ぎてはならないのであり、移動距離こそ重要なのだ。

こうした事態を明確に認識し、私はこう表明したことがある。「**スポーツは日常でなくてはならず、ごく身近な場所でなされるべきだ**」。馬鹿げた、無謀な要求だろうか？　実際そのように思われた。しかし、この着想を頭の奥にしっかり据えて粘り強く探求し、そしてついに見つけることができた。こうした必要性を追い求めながら何年も研究した結果、私は「**輝ける都市**」という形にたどり着いたのだ。スポーツは身近な場所で行なえる。

ではここで言うスポーツとは何か。それは規律をもって定期的に行なわれる日常的な運動であり、人間にとってパンに劣らず不可欠な栄養である。男性、女性、子供、あらゆる世代の誰もが、1 年 365 日、帰宅して「上着を置き」、家の前に出れば、そこにはバスケットボールやテニス、サッカーといった活動がある。水泳やランニング、ウォーキングの仲間がいて、どこまでも続く広大なグラウンドを自由に使い、一緒に肺や心臓系統、筋肉を活性化させ、喜びと前向きな気持ちを得る。それこそがスポーツ、あるいは体を鍛えることの成果なのだ。このような価値ある約束と、現代におけるスポーツの欺瞞的状態には大きな隔たりがあることがおわかりいただけるだろう。

私が思うに、「スポーツ」という行為は現代人の魂に深く入り込んでいる。人々の関心を引くに充分なさまざまな要素を含むからだ。まず好戦性、記録や勝負。そして力、決断、柔軟性と俊敏性。

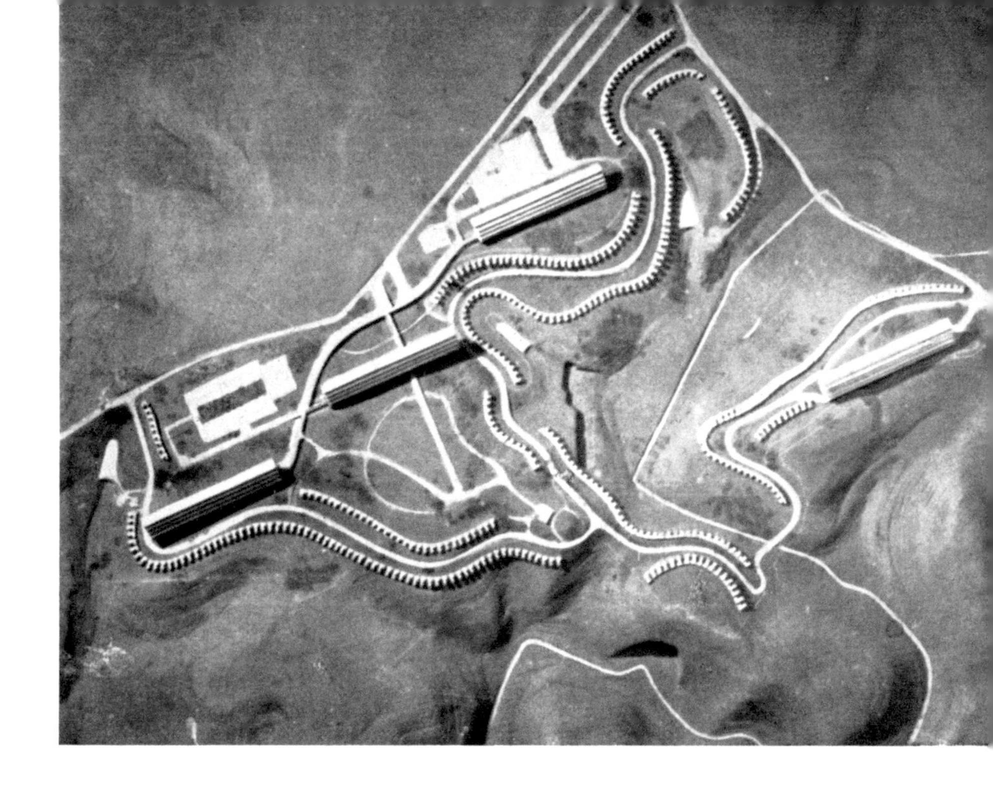

アルジェ、バーラジャ領、108ヘクタールの丘と谷。1800世帯が居住。108ヘクタールすべてが自由に使え、散策やスポーツができる。

現代の「体育担当次官」が計画している「スポーツ」。これは、古代ローマに遡る。叫び声と肺炎だ!

個人プレーとチームプレー。自発的な規律。これだけの真に人間的な価値が世に出現したのは、人間が機械作業へ隷属させられ、押し潰され、ばらばらにされ、本来の姿を失っていたまさにそのとき、人間の本性の奥底にある最も原初的なものが嘲笑われていたときである。

ああ、ところが都市計画はその表面しか理解していなかった。確かに**スタジアム**はいくつか建設された。ところがスタジアムで繰り広げられるのは群衆向けの競技である。たった10や20、30人の選手が走り回るのを、5000、1万、2万の入場料を払った観衆が、叫び、足を踏み鳴らしながら、何時間もコンクリートの座席にじっとして見守るのだ。現代のスポーツとは、勇敢なプレーを見ようと来場する群衆に、太陽や雨、寒さに晒された結果数えきれない病気を引き起こす要因となっている。

過渡的状態。スタジアムを過渡的なものと捉えよう。

現代の都市計画は、群衆自身を競技者にするという奇跡を実現するだろう。

＊　＊　＊

家庭生活は、光、空間、太陽という喜びの中で展開されるべきである。

われわれの生活には日々の彩りがあると頑なに信じている人もいるだろう。勅令や憲法が**自由**を宣言したが、その精神は空ろである。もちろん無意味ではない。これによって（われわれ人間とともに現実世界を構成する動植物や鉱物に反して）、われわれの活動、行為、態度は、自分の自由意志、選択によっていかようにも変えられることが明文化されたのである。

だが実際には、人々の暮らしは日々の単調さの中で繰り広げられている。もしわれわれがそれをはっきりと認識したら、苦く、恐ろしいまでの動揺を覚えるに違いない。ただひと握りの者だけがこの状況を認識している。彼らは「読む」ことができる。状況を読むのだ。したがってもしその者が賢明であれば、物事の微細な面から現実を推し量るだろう。はたしてこの単調な日々、毎日続く暮らしは効果的なのか、あるいは欠陥があるのか？

いかなる措置を講じても結果的に問題なのは、それが**効果的**か**欠陥がある**かだ！

そもそも措置を講ずるのは誰か？　そう、大概は、惰性、怠惰、凡庸な精神、直感的な責任回避のなすわざだ。重苦しい生活が速度を増し、人々や物事をより速く墓場へと押し流せば、それだけ春も早く来るとでもいうのだろうか。

効率的なのか欠陥があるのか？　誰かその資格のある者が評価しなくてはならないだろう。例えば権力当局だが、世界のいたるところでは、時代遅れの、変質してしまった権力機関しか存在しない。都市の木々が、通りに渦巻く有毒ガスのせいですべて枯れてしまったことや、その木々が植え替えられたことを、誰が監視し記録しているというのか？　あるいはわれわれのハンカチが来る日も来る日も黒く汚されているということを。大都市では第3世代に子供ができず、少子化が進んでいると、統計が明かしているということを。都市の人間は、朝、住居という籠から出ると、通りに出てアスファルトや舗石の車道を踏み歩き、地下鉄やトラム、あるいは「公共交通」を掲げるバスという籠にぎっしりと詰め込まれて新聞を読み、オフィスや作業所という籠に入りに行くのだということを。

そして彼らは1年365日、その生涯の毎日を、こうして機械的に過ごしているということを。
何百万の群れとなり、自然の道を外れ、人工の中に突き進んでいることを。そして（生物学的にも精神的にも）何千年にも渡り築いてきた、大気と空、太陽、緑、水、運動との繋がりを断ち切り、自然外の環境の中で衰弱していることを。
いったい誰がこの暮らしには欠陥があると宣言するだろうか？
誰がこれを変えなくてはならないと決断するだろうか？
講じられた措置の結果がこれだ！　……
別の措置を提案しなくてはなるまい。

＊　＊　＊

健全な肉体、そして日々スポーツを実践することで前向きになった活力ある精神に対し、都市は健全な手段さえあれば、精神的な活動も提供することができる。
それには二つの形態がある。ひとつは、新たなる住居において、静寂と孤独に包まれて行なう瞑想。もうひとつは、公共の利益のために創意発案し、調和的な集団を形成することによる市民意識である。これは妄想などではない。歴史を見れば、然るべき場所、然るべきときにこうした状況が幾度も発生しているのである。ならば然るべき場所、然るべきときを創り出そうではないか。
建築と都市計画は現在、倫理学と社会学、そして政治の延長線上にある。政治は本来の役割を取り戻し、われわれの時代に与えられた運命を実現へと導く。すなわち社会と道具である。

＊　＊　＊

「余暇」という言葉はここでは馬鹿げたものだが、それほど悪いものではない！　余暇に宛てる時間は間近に迫っており、なにがしかの規範が求められる。各個人が日々労働に費やす時間は、社会を育み、それを物理的に維持するために使われる一種の税金とみなし、**日々の余剰時間を機械化時代における人間の本来やるべき仕事だと想定してみよう**。これは仕事の高尚な概念である。例えばパスツールやマルコーニの仕事のように、あるいは私がこの本の執筆を**私の**仕事と考えるように。どんなに小さな人間でも、置物やら、ある考えやらをこしらえたら、それを「**自分の仕事**」だとみなす権利があるように。まさしく本当の仕事であり、機械文明における本物の仕事である。人間は自由を取り戻したのだ。
それゆえこうした自由な仕事は喜びとともに**余暇**として達成される。
こうして健全な肉体が維持される。
瞑想。市民意識。

特権者、競技するのを見られる側！
しかし、誰しも自分の番がまわってくるはずだ……
必要なのは力、自発性、大胆さ、気骨。

「輝ける都市」では、この写真のようなことが、住棟の足下や屋上でできるようになる。

ギリシアの都市、ペイレーネー（紀元前4世紀）。ギムナシオン※は都市にとって不可欠な機構であり、そこでは住民は観客ではなく競技者である。スタジアムでは競走、体育場では跳躍、槍投げ、円盤投げ、拳闘。体育場の周囲を、人々は散策し、おしゃべりし、休憩する（哲学者たちのエクセドラ※※）。

※　古代ギリシアの体操場。

※※　半円形の平面と半ドームの天井を備えた、柱廊などに面した部屋。内側にはベンチを設け、哲学的会話に最適な場所だった。

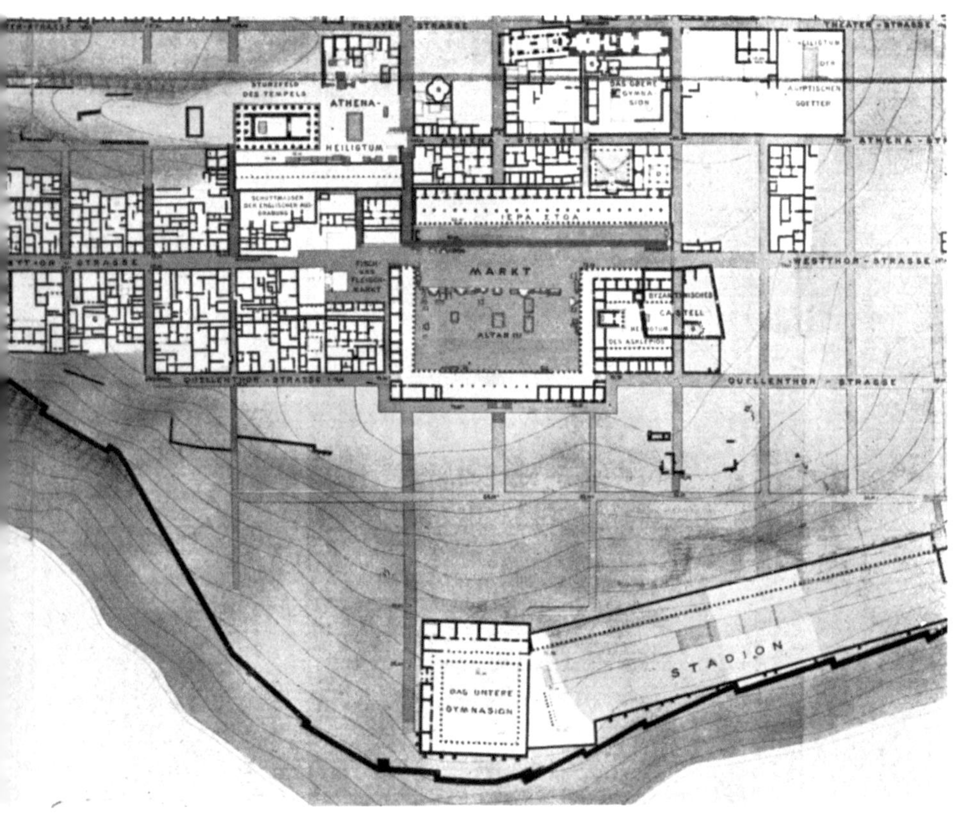

「Stadion」と記された場所にはプラタナスが生えている。田園的な要素。

2. DÉNOUEMENT DE CRISE

危機の解決

•

産業が、われわれの幸福とは無縁な製品でわれわれの生活を埋め尽くしているのは周知の事実である。機械はわれわれを偽りの冒険、災難に巻き込んだ。われわれの10倍、20倍もの勢いで生産する機械は、われわれの仕事を少なくとも5分の1ないし10分の1にするはずだったのだ。しかし「供給」に基づいて組織された現代の産業は、**不毛な消費製品**でわれわれを溺れさせる。石けんのついた坂を少しずつ滑り落ちるように、気付いたらいつのまにか、われわれは**自由競争**という奴隷制度を出現させてしまっていた。ある努力にはすぐさま別の努力が対抗する（ある力に対して同等の別の力が働く）。われわれはもはや対峙し、踏ん張り合う雄羊の群れでしかないのだ。しかし群れは力尽き、動かずじっとしている。いや、群れは動けなくされたのだ。

自由競争は「**広告**」、セールスマン、パンフレット、展示会、コンクールなどを確立させた。他者の発案を無効にするため、あらゆることに手を尽くすのだ。

このようなすさまじい競争から激しいライバル関係が生じるのは明らかである。

しかし、創造への熱意が伴わずに、人間が実り豊かな仕事をすることなどあるだろうか？

需要に基づいた経済であれば、セールスマンや広告はお払い箱になり、生産のためのプログラムが必要になるだろう。肝心なのは**プログラム**なのだ！　**実りある消費製品を生産するための**プログラムである。このプログラムは独占的でも専制的でもない。なぜなら自由な精神には常に自由な裁量が必要だからだ。そして本当に求めるもの、すなわち品質の追求、優位性、対立と競合、が果たされる。ただしこれには、公平で実りある共通認識が必要となる。

われわれのプログラムが目指すのは、実りある消費製品であり、産業を正しい道へと戻すことである。すべての人に仕事を与え、各々に日々自由な時間を与えるのだ。そしてこの解放を実現するため、狩りで追い立てられた野うさぎのような生活を忘れ、人としてゆったりと暮らせるような、物質的な場所と適正な容れ物を提供しなければならない。

現代の人々が突然、8時間ないし10時間の労働と引き換えに5時間の自由を得ると考えてみよう。これは社会の厄災となる。というのも、これほどの潜在的なエネルギーを吸収する準備は一切なされていないからだ。

したがって研究しなくてはならないのは**現代人の1日**の過ごし方であり、夜が明けてから眠りにつくまでのあいだ、社会共同体への務めや個人としての義務がどのように行なわれるべきか定める必要がある。それには資本主義や共産主義にではなく、**人間であることを専らとしなくてはならない**。社会の利益配分にではなく、**人間の幸福**に焦点を絞るのだ。会社間に商業的サービスの速さを競わせるのではなく、**人間の奥底にある本能に満足をもたらす**のだ。

人間をその足で立たせ、地に足をつけて、その肺に空気を吸わせる。そしてその精神を**建設的な**社会活動に取り組ませ、同時に個人の実りある活動がもたらす喜びで生き生きとさせる。上から下る命令にただ従うような、無気力な状態に人を追い込んではならない。

人間であることを専らとするのだ！

場所を定めて整備し、実りある活動が行なわれるような容れ物を建設する。すなわち**都市計画**と**建築**である。

凋落期にある鉄道文明に替わって、今や輝かしい文明へと邁進する**道路**という新たな現象を前に、**都市化**は都市から農村まで国の全土に広がっている。

われわれの発意は、もはや都市だけに限定されるわけにはいかない。都市の概念は道路によって引き延ばされ、外へと広がり、田舎へと自然に開けていく。都市では格付けが起きるだろう。その結果、かなりの割合の人口が都市を後にし、農地へと向かい、都会での失敗に替えて平穏な生活を送ることになるだろう。そこで挫折を味わった者にとって、都市は長い苦難、苦痛の独房、幻滅の荒野、**非人間的なもの**となるのだ。

しかし、精神の息吹に触れた都市の人間は、現在の農村の虚無の中に戻って閉じこもることなど、絶対に許容できないだろう。むしろ移動は逆である。陰気で魅力に欠け、不快で要求ばかり多い邪悪な農村こそが、今日人々を都会へと吐き出し、肥大した郊外の脇腹をこれでもかとばかりに膨らませるのだ。今日の農村は風格もなく、不快で専制的である。**金の文明**の中で現代社会は汚れ、純粋さを失ったが、農民もまたこの文明に囚われ、汚されてしまった。

農村からの人々の流出に歯止めをかけ、人々が農地へと戻り、この国に調和のとれた釣り合いを取り戻すためには、**農村を整備しなくてはならない**。農村を、仕事のある祝福された地にするのだ。つまり、機械と腕と精神だ。

これは時代のもっとも美しい仕事のひとつである。先見の明、想像力、愛、人間の運命の更生、その方策。

すっかり新しく組織されても、都市はなお、人間の競争が行なわれる運命的な場所であることに変わりはないだろう。競争が行なわれ、質が追求され、精髄を極める。こうした真に人間的な活動を、なんらかの天啓を受けた者が、その運命をまっとうせんとやって来るのだ。

これがわれわれのプログラムである。

これは何を意味するのか？

実現に必要な仕事を明確にすること。すなわち**計画案**である。都市の計画案、農村の計画案、国を整備すること。その計算と図面の線はたったひとつの価値、すなわち**人間**を基にしたものでなければならない。人間のスケールに合ったプログラム、調和をもたらすプログラム、調和したプログラム、寸法に合ったプログラム、つまりは美しいプログラムである。

「輝ける農場」の外観、1934年。
工場で作り、現地で組み立てる。（言うまでもなく）さまざまな地方の必要性に適応する。少しずつ、この国に、陽気で清潔で生き生きとした、新しい様相を与えるだろう。

「輝ける農場」の居間。現代の設備。

現代の設備

そして、暴力的で冷酷、野蛮で無情な**金**の文明は、**調和と協力**の文明に取って代わられる。この壮大な試みの中で、個々人がその成否に関わる役割を果たしているという心持ちこそが、**この国の顔を再び前に向け**、この国の土地は協調の下に活気づく。そこでは自然の力と美しさと、人間の精神が生き生きと協力し合う。自然は紛れもなくわれらが母であり、不変なのだ。

現代の都市を押さえ込み、その不幸、醜さ、恐怖を砕くこと。**人間的なもの**に変えること。農村を歩き、道路からその内側に入り、活気づけ、魂を与えること。自然と一体化することによる天恵を享受すること。農村を整備しよう！　それこそが**実りある消費製品**の生産にもつながるプログラムである。

＊　＊　＊

以上が製造業に開かれた市場である。真の市場だ。もはや競争に対する競争、すなわち停滞、不毛、そして人間の不幸は存在しない。あるのは人間を解放するプログラムである。建設精神を刺激してやればよい。つまりは熱意だ。

工業？　今や不可避となったプログラムの変更を経たのち、すべての機械、すべての働き手は仕事を再開するだろう。新しいプログラムを取り決めること、あるいは工業のプログラムをはっきりさせ、解き明かし、明確にすること。いうなれば、**工業が建物を占拠する**のだ。「建物」とは、人の役に立つものである。今日われわれは、住居や都市、農村が古臭い習慣から方向転換できると知っている。常に変わらぬ作業場であることをやめ、現代的な設備に光り輝き、工場やアトリエでは機械が見事なエンジン音をあげる。住居や都市、農村は、「パリの品物」や、新車展示場に並ぶまばゆい製品と同じくらい優雅になるのだ。

なぜならすべてがそこにはあるからだ。従来の切石を使った初歩的な石工事に代わり、機械の繊細で、驚異的で、まばゆいばかりの工事が導入されることで、新たな経済がわれわれの社会に生まれうるということだ。工業が建物を占拠するのだ。それは**実りある消費製品**であり、新たな都市と農業都市をもたらす。機械化時代における人間的な仕事である。大きなプログラムと行動単位、全員による競争、個々人の参加、理解、新たな建設現場の様相、信念と熱意。

新たな文明が**金**の文明に取って代わる。すなわち協働、協力、参加、熱意。

われわれの生活の枠組みと、われわれの仕事の目的が新たに整備される。理解、同意、熱意！

危機の解決。

●

「都市化する、それは金を**もうけること**。
金を浪費することではない。
都市化する、それは**価値を高めること**。
価値を下げることではない」

「新たな技術的手段をもたない時代は、停滞に陥る。
新たな素晴らしい技術的手段をもつ時代は、大計画を高らかに宣言する。
老朽化したものを、新しくとも同じ効果しかもたらさない物と置き換えれば、その費用がすべて無駄になる。
老朽化したものを、新しく4倍ないし10倍の効果をもたらす物で置き換えれば、置き換えた物には3倍ないし9倍の価値が生まれる。
パリの中心をパリの外へと移そうと試みるのは、この街のもっとも高い価値を台無しにすることであり、金を引き付ける強い力を無にしてしまうことであり、経済的破綻を招く。
老朽化した中心部に新たな中心部を置き直すとき、それが4倍ないし10倍も効果的な中心部であれば、この計画による**収益**は4倍ないし10倍に増える。ひとつの決定によって、ひとつの**着想**によって、自動的に都市の真ん中に**ダイヤモンドの鉱山**が出現する。
これは4倍ないし10倍の購買力を手に入れることを意味する。主導者である国家に割り当てられる収益はパリの城壁外の整備、すなわち郊外の撤廃にかかる出費を補うのに役立つだろう。
現代の技術によって10倍も**高くそびえる**建築が可能となったため、
建築物は都市の地表面積の5%にまとめ、
残りの95%を交通に充てることができる。
そして現在でも高い人口密度をさらに4倍にし、
収用した土地の所有者には価格通り（もっと多くさえ）支払うことができる。
必要とされる新しい交通網を整備することもできる。
首都には必ずビジネス街が必要とされる。この**中心**という幾何学的にも宿命の場に、すべてを集中させることで人を疲弊させる移動距離の問題が取り除かれる。都市は住まうためにつくられ、ビジネス街は働くためにつくられる。これら二つの異なる活動は、並行せず連続して行なわれ、それぞれ二つの異なる場が求められる。首都の中心を移動させることはできない。地理学、幾何学、生物学、経済学がそれを証明する。
繰り返すが、中心部には現代の技術によって高めることができる本質的な価値がある。
それを無効にしようと思うなど、狂気の沙汰だ※」。

※　当時、新パリ会議が開催され、オーギュスト・ペレがパリ中心部を解体し、「**乳母**のための、そしてわれわれも遊びに行けるような庭園」をつくるよう要求していた。

＊　＊　＊

以上は1929年3月付けのものだ。パリ中心部の整備に関する意見で、現状を考慮したものである。すなわち資本、限りなく細分化された私有地、等々。
これに対しては、共産主義者からの批判が返ってくるだろう。それもはっきり言って、もっと賢明に理解していいはずの厳格な教義を、愚直に盲信したままの駆け出しの共産主義者の、性急で絵

3. OU PRENDREZ-VOUS L'ARGENT?

どこで金を得るのか？

空事のような批判が。「**価値を高める**必要などない。現代社会は、国土全体を自ら所有するようになるのだから」。

これは何を意味するのか？　私有地の国有化と国家の資本化の勅令の結果、今後はあらゆることを試み、なすことができ、しかも**金が一切かからない**ということだ。新たな文明における整備につきものの困難は一挙に消え去るということである。金融機関は国有化され、私有地は廃止されるのだから！　今後は**嫌というほどの**金であふれ、埋め尽くされる。なぜなら勅令が必要とするだけ、金は製造されるのだから。
このような妄想を抱いて、弱者は金が自然発生すると信じてしまう。

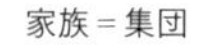

家族＝集団

＊　＊　＊

しかし悲しいかな、以前より自由になる金ビタ一文増えない。金とはひとつの関係、**生産することと消費すること**のあいだの**関係**なのだ。融資（大計画に充てられる融資）とは、労働、**仕事からの天引きなのだ**。
したがって、なすべきは仕事であり、しかももっともつらく厳しい法則に従った仕事である。その法則とは自然の法則、すなわち**経済**だ。
消費される際の価格よりも生産にかかる費用が少なければ、そこに自由になる金（生み出される金）が存在する。この差額から個々人の衣食住の必要経費を除いたものが、国の設備工事に取りかかるうえで**自由になる金**である。
私は毎日、機械に従い数時間の労働をしている。私は社会生活に**欠かせない**消費製品を生み出す手助けをしている。すなわち小麦、靴、服、飲料水、暖房、本、映画、戯曲、音楽、絵画などだ。日々、私は共同体のストックにいくばくかの製造品をもたらしてきた。**そうすることで私は支払いを受ける**。しかし、まさに日を同じくして私は食べ、使い、壊すのであり、**そのために支払いをする**。また私には、私という「労働実体」に属し、切り離すことのできない付随者たちがいる。学校にいる私の子供たち、家にいる妻、働くことができない年老いた両親、犬、猫、そしてカナリヤだ。皆それぞれが食べ、使い、壊し、**それらはすべて私が支払うのだ**。
一方に日々の私の生産（私が機械とともにする仕事）があり、**私は支払いを受ける**。もう一方で必然的な破壊（私と私の扶養者）があり、**私は支払う**。
加えて私は自分の統治者、私の住む通りを掃除する者、街を照らす者、私と扶養家族の治療をする医者、といった人々の生活を支えるための支払いをしなくてはならない。
そうだ、経済に対して義務づけられた私のわずかばかりの分担は、かくも重い責任を持つ。**私とは、集団なのだ！**　そうだ、社会は私の仕事を、集団を養う糧にしているのだ。もし、日々私が働かなければ、私の集団（家族、政府、警察や道路局）と私が息絶えてしまうのだ。
もし私の住居、私の街が、健康的ではないために再建する必要があるなら、また、さまざまな製品が私の口や耳目に届けられるためには港や鉄道、高速道路（アウトストラーダ）を建設する必要があると私の政府が判断するなら、私の仕事に対して日々支払われる給料と、私が自分とその集団のために日々支払うものとのあいだに、使用可能な残金がなくてはならない。
たいしたことではない、集団に対する分担となるこの残高を申告するだけでよいではないか、国が必要な金を生み出してくれるだろう、と言うかもしれない。
何によって生み出す？

（スーダン奥地の黒人画家、
シディ・カリベ。夭逝した
土着の天才吟遊詩人）

勅令によって、国家の名のもとにサインされた書類によって、すなわちサインによってだ。
サインが認めるのは何か。**この四角い紙が 1000 フランに値すること**。
この 1000 フランの紙で、国が必要とする大仕事を行なう労働者に、支払いがされること。
労働者たちはこの 1000 フランをポケットに何をするのだろう。彼らは小麦（パン）、靴、服、飲料水、暖房、本、映画や芝居、コンサートのチケット、絵や絵の複製写真を買いに行くだろう。
この 1000 フランは、したがって既存の商品、ストックなのだ。
このストックをつくり出したのは誰か？　働いた成果の一部を**国に委ねた**労働者、すなわち**彼らの 1 日の**うちの数分、数時間である。そうなのだ！
ただし注意が必要だ！　ふたつの選択肢が見えている。
ひとつ目の選択肢。国があまりに多くの 1000 フラン紙幣を発行してしまったために、誰かがその一枚を販売員に差し出しても、販売員はこう返すだろう。「申し訳ありませんがそんなにたくさんの品物はお売りできません。その半分、いや 4 分の 1 しか持ち合わせがないのです」。すぐさま国中で騒ぎになるだろう。「気をつけろ、国の発行した 1000 フラン紙幣では、500 か 250 フラン分の食料しか手に入らなかったぞ」。したがってこの貨幣は偽金である。なぜなら私と私の集団（子供たち、妻、年老いた両親、犬、猫、オウム）は半分か、4 分の 1 しか食べることができなくなってしまうのだから。私たちは腹を空かせるだろう。靴を買おうにも 2 年から 4 年に一度しか買えず、足が冷えて病気になってしまうだろう……。
ふたつ目の選択肢。国家は言うだろう。「1000 フラン紙幣で支払った場合、1000 フランの品物が得られるよう望む。そのためにはストックに 1000 フラン分の品物がなくてはならない。したがってあなた方労働者（すべての人）は、国家に捧げられる労働の分数、時間数を増やさなくてはならない。ストックが確かに**存在し**、国の発行した 1000 フラン紙幣と等価交換されることを望む」。
公共の利益に必要とみなされる生産プログラム、すなわち（労働者自身の食料品や服などを除き）政府や道路局、警察、港湾、鉄道、製品輸送のための高速道路といったものを生産するプログラム次第で、私たちは仕事の**数分**あるいは**数時間**を**日々国家に与えなくてはならないのだ**。**数分**か、**数時間**か、どちらにも成りうる！　集団に対する**適度な**負担か、**背負いきれないような**負担か。充分な自由か、奴隷状態か。
次のことを忘れてはならない。私たちの生活は、24 時間という太陽のサイクルに従っている。二つの眠りのあいだは毎日その都度 24 時間だが、権力当局の定めたプログラム、計画の良し悪しによって、**われわれは自分の時間を自由にできるかもしれないし、奴隷になるかもしれない**。これは必ずしもどちらか一方という話ではない。喜ばしい自由と過酷な奴隷状態のあいだのどの段階になるかは、**計画をつくり出す叡智によって決まるのだ**。
金は勅令がつくり出すものではない！
それは計画の聡明さ、創意工夫、効果、実現性から生じるのだ。節約は自由をもたらす。浪費は奴隷状態をもたらす。奴隷状態とはつまり、**ひとりひとりが毎日何時間もの労働を**放蕩のために捨てることを強制されるのだ。
ただこれらは、現存する社会の寄食者をすべて排除し、計画経済に取り組む理想的な社会において成り立つ話である。教訓は次の通りだ。唯一の解決策は、節約と叡智により、既存の要素の**価値を高める**ことである。**価値を高めること**、無駄使いの正反対、これこそが教訓だ。
地上の楽園は勅令によって得られるのではなく、諸要素を賢明に調整した結果なのだ。
計画をつくり出す叡智だけが、楽園の扉を開くのである。

人々を助けるため、そして浪費を止めるための設備

パリの交差点について、交通監視員との討論
「パリならびに近郊には1万5100人から2万のわれわれ交通監視員がいます」
ひとりの監視員が扶養家族含め5人分の生活を支えているとして、10万人分の衣食住を満たさなければならない。加えて2万人の退職者への支払いがある。
10万人の寄食者だ。
年間支出x
xを資本化したもの＝y
問題：輝ける都市の上に建設される高速道路（119ページから126ページ参照）について、資本yをその建設に充ててはどうか？　ひとたび高速道路が開通すれば、1万9500人の交通監視員を解雇し、生産的な仕事に従事させることができる。2万の交通監視員は今日も（棒を振り回して）不毛な作業を行なっている。
したがって高速道路を建設することは、監視員の仕事を前払いすることになり、これは正しい計画による効果である。
私は以下のように問うことができよう。
1. 渋滞で無駄に消費される1年間のガソリンの額を計算してみてください。また、その資本価値を計上してください。
2. 渋滞の結果、バス、タクシーあるいは自家用車を用いて失う時間の価値を計算してみてください。そして、その資本価値を計上してください。
3. 渋滞の結果、国の経済が被る影響、国の活動の主要機能を絶え間なく停滞させることによる経済的な影響について見積もってみてください。
……してみてください……
「まだ問いを続けましょうか？　……」

＊　＊　＊

ゆえに価値を高めよう。

＊　＊　＊

都市計画と建築において、聡明な計画の欠如が、どれほどわれわれを恐ろしいまでの浪費に浸らせたかを見積もろう。
常軌を逸した者、狂人、無自覚な者は言ったものだ。浪費だって？　**素晴らしい**じゃないか！　**おかげで仕事にありつける！**
誰がこの仕事の対価を支払うのか、すでに示した通りだ。

＊　＊　＊

ここまで私が明らかにした厳しい現実を**より理解する**ために、少なくとも二つの事例を挙げなくてはならない。この現実は**白黒**、表裏がはっきりとした類のものではなく、許容でき耐えられる状態から、許容し難く耐えられない状態へ、認識できないような速度で移行する際に見られる**微かな差異**なのだ。
ひとつ目の例は、1930年のモスクワ、「反都市化」への心酔である。
「殺伐とした石積み場のような都市の息苦しさ、圧迫感は、資本主義の純粋なる表出である」。
ゆえに、都市を打ち砕き、1万もの断片にしてしまおう。そして田園や森、草原に遠く散らばった家々は自然のまっただ中に置かれる。人間は調和の原点を見いだすことだろう。
「たいへん結構。でも仕事はどうなる？　24時間という太陽周期に従う、都市での仕事はどうなる？（ここでは農村開発など一切問題にしていない）」
いたるところに散らばった家々に通じるよう、必要なだけ道路を建設しよう。さらに誰もが自分の車を所有する。車も道路もその他も、必要なだけ造っていけばいい（この年、フォードは「**商業、工業がうまくまわるように**」週に一度、**破壊**（余暇）の日を設けることができると信じたのだ。紙幣、貸付、超過貸付、信用、ヒステリー……。そしてある日のこと。「ストックのある商品、「存在して」、自由に取り引きでき、この流通している大量の貨幣に見合うだけの商品はいったいどこにあるのだ？」商品はもうそこにはなかった。とうの昔に消費してしまった。正確に言えば、製造していなかった。大量に流通させた金に見合う製品を作るべく、個々の日々の労働から必要な数分、数時間を徴収してこなかったのだ。金？　それは「泡沫」だった。その結果、合衆国は砂上の楼閣よろしく突然崩壊し、「ハンガーデモ」が起きた）。
ソヴィエト連邦ではしたがっていくつも計画が立てられ、たくさんのプロパガンダ映画が委員に向けて上映された。そしてひとつの夢が抱かれた。都市は田園となり、私はオフィスから50キロ離れたモミの木の下に暮らす。私のタイピストは、私の家とは反対側にやはり50キロ離れた、別のモミの木の下に住むことだろう。誰もが自家用車を持ち、タイヤや道路、ギアをすり減らし、オイルやガソリンを消費していく。こうしたすべてが仕事となり、万人に対する膨大な雇用を生み出し、もはやどこにも失業はなくなるだろう！
そしてある日、良識の扉たる権力当局のところに、現実と非現実の混じり合った夢が訪れノックする。「もう充分だ！　もういい！　冗談はやめだ！」
反都市化の狂信者は失敗したのだ！

ふたつ目の例は、1931年、32年、33年、34年のアルジェだ。アルジェの運命。北アフリカの目覚め。アフリカの覚醒。アフリカの首都たるアルジェ。
この都市は揺れ動いている。現代の叙事詩を体験するのだ。この街は20年後には巨大になっているだろう。

しかしアルジェの断崖には、住居を建てられるような場所はもはや1cmたりともない。
いいだろう、遠方に田園都市を建設しよう。遠くへ、遠くへと、険しい地形を縫ってどこまでも蛇行する道路を開通させよう。線路にはトラムを、道路にはバス、自動車、バイクや自転車を走らせよう。地面の下には地下鉄も開通させよう。
日々、タイヤと道路はすり減り、電力とガソリン、オイルを消費する。企業が道路と小さな住宅を建設するために押し寄せる。工場は車両を供給するため稼働する。営業所がいたるところに増殖する。測量技師や建築家も同様だ。アルジェに来てアルジェに住み、アルジェに住宅を建設する。アルジェは国際的な産業の注意を引き始める。当局はご満悦だ。陶酔だ！
しかし誰がその支払いをするのか？
都市の住人、田舎のカビル人やアラブ人、アルジェに輸出するフランスの工場の労働者、アルジェに輸出する外国の工場の労働者。そのうちいったい誰が、酷い計画が浪費するものを支払うために、時間を**日々差し出すだろうか？**
ある日、都市は言うだろう。もう住民税あるいは地方税、（別の税である）首都交付金から、建設費の返済に必要な金を引き出すことができないし、我が住民は、間違った計画の維持費を日々支払うために金を「絞り出す」ことはできない、と。
（税とは何か？　実際は、間違った計画に金を払うために、個々人が国家に日々捧げる何時間かの仕事なのだ。仕事が毎日数時間も**捧げられる**のだ！）

＊　＊　＊

今日の苦境にあって求められるこの金、不足しているこの金とは、個々人とその属する集団の生活を保証するために必要な仕事時間ではなく、**さらに追加で**課されようとしている仕事時間なのである。もし追加でないなら、すでに差し出した時間をもう一度差し出すこと、餓えた鬼の再徴収なのだ（時間、あるいは税＝金）。餓えた鬼とは国家である。恐ろしいまでの貪欲さを見せる国家は餓えた鬼であり、鬼はもちろん浪費するのだ！

＊　＊　＊

とはいえ、なすべき大計画のために問われるのは、「どこで金を得るか？」である。
その答えは、次の**真の問題**に答えることで自ずと明らかになる。「どのような質の計画なのか？」という問いである。
すべてはそこにある！

＊　＊　＊

ダム

「ノルマンディー号」
誇大妄想か?

パナマ運河の水門

石油輸入商との討論

「ガソリンがル・アーヴル港に着いたとき、原価は1リットル25サンチームです。この25サンチームで油田、パイプライン、(機材の減価償却も含めた)貨物車と貨物船による輸送費を賄います。働き手(採掘と輸送)にも支払います。石油会社の組織は傑作ともいえる出来です。

ところがパリでは、1リットル2フラン10サンチームで売られるのです。取り扱いと利益分として25サンチームは(気前よく、といっても当たり前ですが)差し引きましょう。残りの1フラン60サンチームが国へ行きます」

この素晴らしい横奪は無駄な浪費の支払いに充てられる。

あなたがたは他の多くの製品でも同じゲームを続けたいのか?

....

「どこで金を得るのか?」

計画の目的は、機械文明において必要不可欠な設備を早急に作り上げることである。機械文明のただ中にありながら、前時代的設備(住宅、道路、都市、農場、所有地の果てしない分割と恣意的な分配)を使用することは、浪費を引き起こすばかりか増幅させ、われわれを最悪の状況に至らしめる。皆の労働のかなりの部分が、今日、数えきれない無駄な支払いに充てられている(国家による再徴収、税金)。

この緊急に必要とされている設備を作ることで、驚異的な触媒作用が引き起こされるだろう。すなわち**溶液**[= solution、「解決策」と二重の意味をもたせている]が**沈殿させ、結晶化を引き起こし、運動、物質、労働時間の総量を5分の1、10分の1への減少させるのだ**。

他のどこでもなく、そこに必要な金の源泉がある。まずは殺さなくては、処刑しなくてはならない。浪費を刺し殺すのだ。状況が片付いたら、触媒となる計画を実行に移すときだ。

精神の閃きが、無秩序を追いやり秩序をもたらす。

そこには金が生まれる。

アッシニア紙幣[* フランス革命期に発行された不換紙幣]の原版の中ではない。

雇用を創出し、失業を減らすという口実のもとに浪費を続けることは、われわれから日々のパンを奪い、税を課すことに繋がり、毎日数時間の労働を無駄に捨てることになる。

* * *

生きるとは、精密で、厳正で、慎ましいものなのだ。

それが自然の掟だ。

われわれの作り上げたもの、すなわちわれわれ人類に運命づけられた人工の世界は、宇宙の掟に従わなくてはならない。厳密さと倹約だ。

そこに金はある。

●

4. LOIS 法則

自然の法則と人間の法則。

人間は自然の産物なのだから、人間が自らに課す法則は自然の法則と一致しなくてはならない。

自然の法則は**存在している**。それについてどうこう言うなど無意味だ。

しかし、自然の法則を敏感に感じ取ろうとすれば、それらが驚くほど単純でありながら、いかに力強く、いかに変化に富んだ効果をもたらしているのかわかることだろう。数学はそれらを言語化し、数式は自然の法則を時空のあらゆる広がりに投影してみせる。自然の法則に倣い、われわれも同じように驚くほど単純かつ効果的な人間の法則を創り出すべきである。

自然の法則の精髄を発見する深い喜びを感じようではないか。

1. 地球の時計

三つの球体が向かい合っている。

独裁者である、太陽。

われわれに定められた、地球。

われわれのまわりを周回し付き添う、月。

これだけで、われわれの行動時間は決められるのだ。

太陽年の 365 日は、われわれの身体、心、精神の一周期だ。1 年には四つの季節がある。冬の厳しい寒さ、春の甘美な希望、夏の厳しい暑さ、秋の憂鬱な黄昏。

この厳密に規定された時間の中で事物が生まれ、育ち、生命を繋ぎ、死んでいく。自然の法則である。

地上の 24 時間は、睡眠（意識的な無活動）と仕事（意識的な活動）に分割される。ただし夏は昼が長く、冬は夜が長い。

毎夜、眠りについているあいだに、喜びや悲しみ、希望や絶望は消し去られる。そして毎朝、新たな力が漲り、物事の展望は再生される。

人間の生活では、**毎日 1 度**活動と休止が交互に起こる。夜は容赦なくわれわれを追い立てる。太陽は地球上のどこにでも在り、その力は絶対だ。勝ち誇った護民官も、ぼろを纏った乞食も、**皆**眠るのだ。生きている限り毎日変わることなく！ **太陽周期の 24 時間**は人間の行動の尺度となる。この周期こそが尺度を決定するのだ。24 時間毎に**活動は休止する**。それが周期だ。

月の 30 日が 1 年の 12 か月を形成する。女性――われわれに結合されるこの力――は、太陰暦に支配される。われわれ男性は太陽暦に支配される。それゆえ、春になると心乱れるのだ。

30 日と 365 日は、太陽周期の 24 時間という日々のリズムで成り立っている。これがわれわれの尺度、われわれの時間、われわれの時計である。

1、30、365、**これらがわれわれのあらゆる試みの尺度なのだ**。

●

太陽と水。

能動と受動。

調和、敵対、衝突、融合、受胎。

これこそ、充実し、多様で素晴らしい、有益な 24 時間からなる 1 日だ。

夜。すべてが眠る。水はその施しを行なう。どこまでも行き渡り、すべての渇きを癒す。

4 時。太陽が平原の果てに現れる。草や葉のくぼみは露に濡れている。前夜、太陽が去った後、空気中にあった蒸気が冷気に触れて地表に落ち、雫になったものだ。

8 時。露が地表から消える。太陽は上り、水を呼び寄せる。

10 時。空気中に拡散した水は空に昇り、ぎらぎらとした太陽の光で地表から遠く追いやられる。刺すような光は地表にぶつかり、熱量という力に変化する。平原の上に広がるひとつの力が生まれたのだ。その肩には湿った層を背負っていることになる。この持ち上げられた湿った層はひび割れ、ばらばらになり、均等に分かれていく。分かれたものはまとまり、凝縮される。こうして平原の上に小さな雲ができる。飛行機の高さからなら、そのさまを観察することができる。雲は装備を整え、統制され、機動し、いたるところに姿を現す。水の兵隊である。

正午。太陽の栄光の時間。その矢はまっすぐ地面を突き刺し、猛火をかき立てる。熱はすべて同じなわけではない。こちらは森林、向こうは岩肌、別の所では砂漠。こちらの草原、あちらの山。烈火もあれば、それほどでないものもある。熱い地表を踏みしめ、熱の巨人はすっかり立ち上がった。盛んに身振りをし、歩き、その腕でかき混ぜる。そこに水の兵士が集結する。

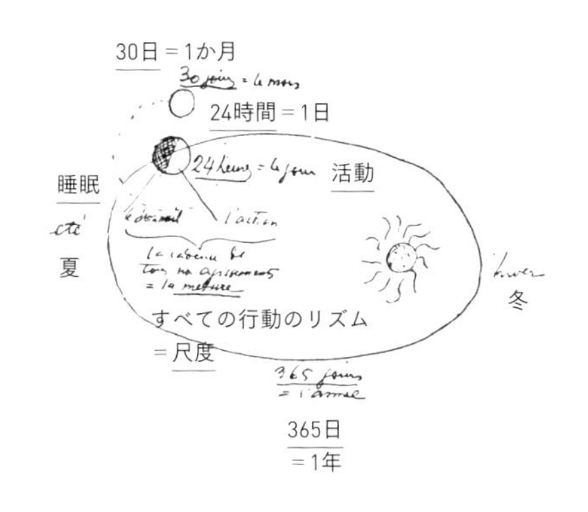

2. 雄と雌

長い1日のクライマックス

軍隊がやって来た。激しさが増し、争いが生じ、衝突がくっきりと形をなす。戦いは差し迫っている。大気に電気が発生する。
　水の軍隊が対峙する。垂直の巨大な塊がいくつも立ち上がり、空を埋め尽くす。
　17時。すさまじい雷鳴を伴って稲妻がほとばしる。恐怖に慄く間に、土砂降りに見舞われる。暗闇がこの猛威を包み込む。獣たちは恐れをなす。
　18時。大地はその渇きを癒す。空は澄んでいる。太陽は姿をはっきりと見せ、地平線に近づく。地平線までの距離は短く、その動くさまが見て取れる。空の縁の一方は緑、他方は赤くなり、どこまでも澄み切っている。鳥たちが歌う。
　これが長い1日のクライマックスだ。
　田園交響曲。
　おお自然よ。

＊　＊　＊

　二つの要素が共になりすばらしい演奏を奏でる。雄と雌。太陽と水。
　二つの相反する要素が、存在するために互いを必要とする。地上での活動――われわれの運命であり、われわれのすべてでもある――を遂行するためには、一方がなければ、他方の存在意義もない。

●

3. 太陽の独裁

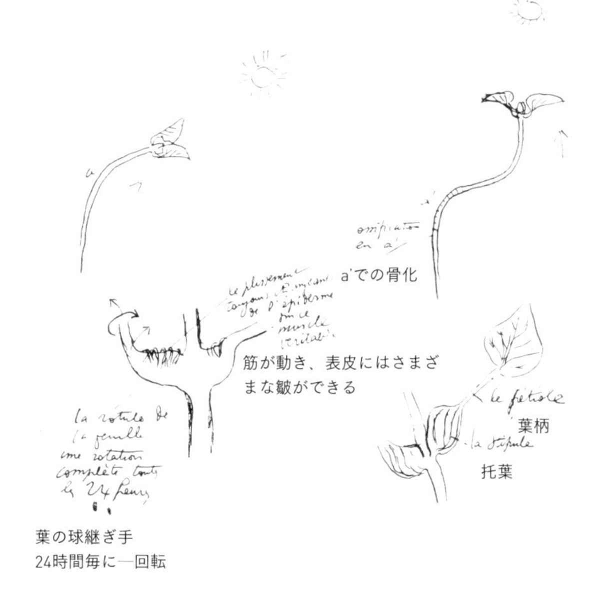

　植物がどのように成長するかは慧眼などなくても観察できる。葉は枝や幹の成長に従いながら、その周囲に対称に広がるように冠を形成していく。こうして幹のまわりに集められた葉は、まるでひな菊の花弁のように、あるいはアーティチョークの苞片のように、静かにじっとしているように見える。
　しかし機械技術の力（写真や時計、スローモーションの映像）を借りれば、数えきれない葉の1枚1枚が太陽に魅入られた目であることがわかる。われわれの空を東から西へ24時間毎にひと回りする偉大な散策者たる太陽を、その目を絶えずしっかりと開き、正面から見つめ、逃さぬよう追いかけている。
　太陽が命じるのだ。
　この小さな葉、自由に成長できるものの、葉柄と托葉によって茎に固定された無数の葉は、日々、一回転をしている。映像を400倍に拡大し、2万倍の速さで再生すると、托葉が強く筋を動かして収縮し、痛々しい皺を作ってよじれながら、たゆまず太陽の命令に従っている様子がわかる。
　この小さな葉、大小の森の複雑な生態の中で、天体に従い向き合う無数の小さな葉の、小さな悲壮な冒険は、われわれの大地の基本的法則を示している。太陽は独裁者なのだ。

●

4. 特性

　飛行機は飛び立ち、河口、大河を遡り、サバンナの上を飛び、原生林を観察する。
　新たな目である。人間の頭に据えられた鳥の目。
　新たな視界、飛行機の視界だ。
　分析と比較、演繹によって思考が獲得したものを、突如として目が、白日のもとに見る。見ることは、考えることとは別の力強い知覚である。**己の目で見よ、見るのだ！**

われわれが自らの足で立つと、目は1m50cmないし1m60cmの高さになる。この高さが、われわれの用いるすべての尺度、われわれのもつすべての感覚、われわれの内に詩的奔流を生じさせるすべての知覚のもと（測量の道具）になっており、この**人間の**高さ（地に立っただけの短い距離）でわれわれは大きさの尺度（ゲージ）を作り上げた。それがわれわれにとっての高さと広さの概念だ。われらが父、アダム以来の普遍である！　その目でわれわれは葦の特性や、木の特性、山の特性を記した。

しかし飛行機はわれわれに鳥の視界を与えた。今やわれわれの目に**飛び込んでくる**特性は、限りなく広範囲となった。

こうして各々の特性ははっきりしたものになり、それらがどれほど多様であるか、われわれは知ることになった。各々の特性に則ってあらゆる宇宙的事象が成り立っている。自然の秩序はかくも美しく、特性は非常にはっきりとしている。われわれもまたそれらの特性の優れた面を理解した上で、人間活動を構成していくべきである。

要素をばらばらにしたり、混ぜ込むのではなく、特性を見定めるのだ。そして種々の特性は共鳴し合い、明快で豊かな交響曲を響かせる。対位法とフーガだ。

われわれ人間活動の音楽——音楽つまり詩的発散——は、さまざまな特性の戯れから生まれるだろう。アイスキュロスの詩［ギリシア悲劇］においてそうではないか？

……パラナの巨大なデルタでは、葦が静かな環礁を形成している。サバンナではヤシが紡錘形の葉を伸ばし、鬱蒼と行く手を阻む原生林と激しいまでのコントラストを見せている。飛行機から見下ろす黄色い平原には緑の大理石模様が浮かんでおり、地下での水の動きをわれわれに示してくれる。

自然は数学的な特性をもち、変えようの無い結果、すなわち運命を導く。

特性が運命を決めるのだ。

●

水の法則はこうである。

空で浮遊していた水は、静かな、あるいは激しい雨となって地面を打つ。水は育むべきものを育くみ、残りは循環という己の運命へ再び戻っていく。

水は流動的であり、流体は動く。つまり傾きに従って流れる。

こうして小川が現れる。小川は別の小川に合流し、さらに別の小川と合わさる。その幅は増していく。初歩的な計算である。こうして川ができる。川は別の川と合流し、その幅を増していく。これも初歩的な計算である。こうして、ゆったりと力強い河が海へと流れ込む。デルタができて、力強い河も細かく枝分かれしていく。これもまた初歩的な計算である。河はゆっくりと海へ注ぎ込む。これが河口である。そして海だ。

水の循環は規則的な現象、すなわち足し算である。

小川、川、河、デルタのどんな瞬間も、二つの要素間の単純な働きなのだ。二つの要素とは幅と速さである。一方はもう一方に応じて作用し、結果的に**一定が保たれる**。

これは都市計画に専心する際に思い出さなくてはならない、美しくも単純な教訓である。現代の新たな流体、すなわち自動車に正しい流れを与えるためだ。

水は循環する。**規則正しく**海へと下る。しかしながら興味深い結果がある。この下り道には穴があった。そこに水が溜まり湖となった。湖や池という、水が**動かない**場所が新たに出現したのだ。

どのようにわれわれの自動車を停めるべきか、駐車方法を決める日のために、このことを心に留めておこう。駐車場としての湖を。

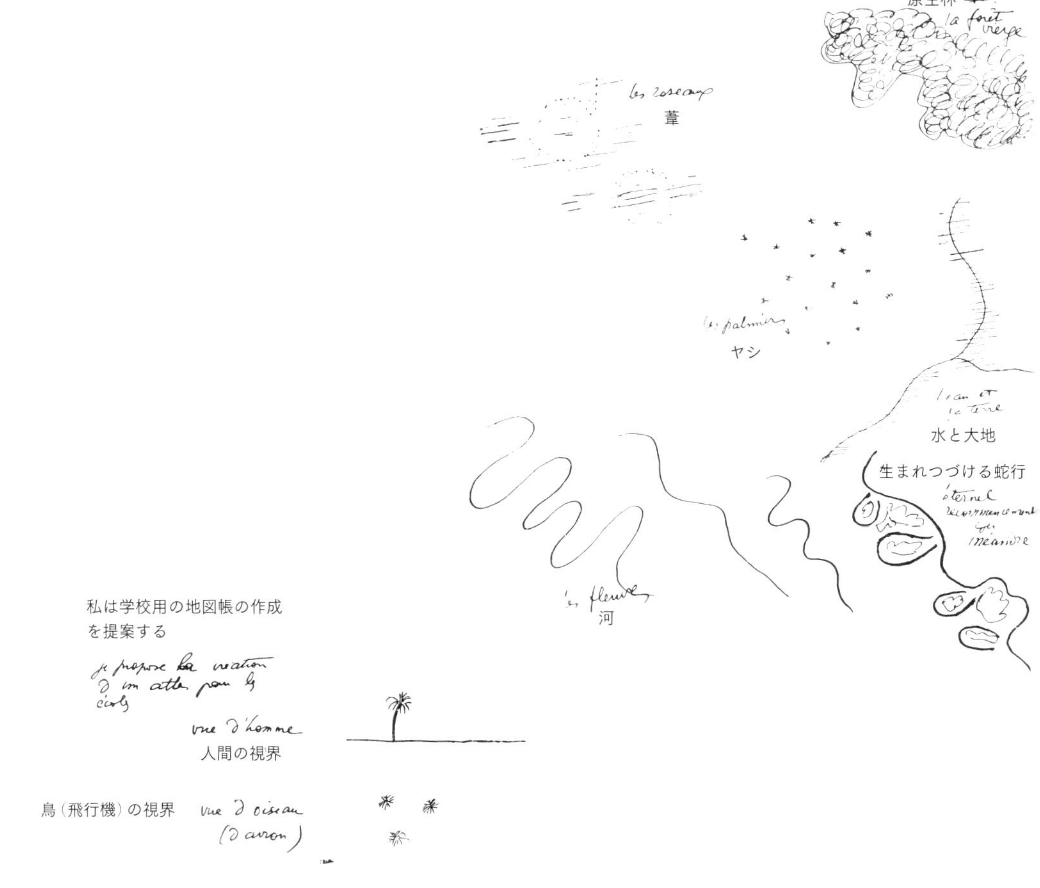

5. 1. **調和的な流れ**
   2. **事故**
   3. **蛇行の法則**
   4. **再び調和が始まる**

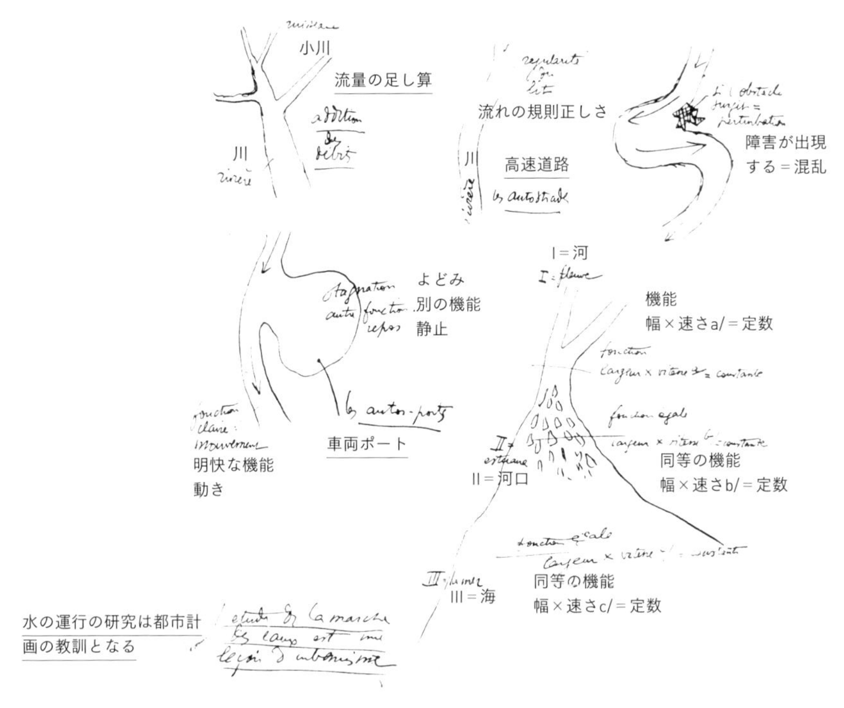

蛇行跡

教訓　絶え間ない動き
変化しないものは何もない
今日と同じ明日など決してない

蛇行地帯

蛇行の蛇行

自然＝数学
容赦のない結末
因果
運命
飽くことがない
人間の試みへの無関心
人間の試みを貪るもの

＊　＊　＊

水が海へと規則的に流れ込む中、われわれは飛行機から突然、**事故**を目撃する。

ある障害が行く手を阻み、詰まらせている。岩だ。流れの具合がおかしくなり、その兆候は明らかだ。なにか一大事が時空で起きるに違いない！　そこに蛇行が始まる。当面はごく小さな事故に過ぎない。しかしすでに浸食現象は、明快で単純な水の運行の法則をゆっくりと破り始めている。障害物によって押しのけられ、元の方向から逸らされた水はそのまま岸にぶつかる。水は岸を削り、砕き、浸食する。しかし元の方向から逸らされた水は、その影響から反対の動きを刷り込まれている。今度は対岸へとぶつかっていき、削り、浸食するのだ。

こうして水は元の流れから外れ、法則に反してジグザクに進んでいく。

真っ直ぐに海へと到達する場合に比べると、蛇行により水は、驚異的なまでに大地に留められていることになる。

＊　＊　＊

南アメリカの大きな河を探索飛行機から眺めれば、蛇行という驚くべき発見を得る。それだけにとどまらない。蛇行の蛇行もある。

蛇行という現象を人間の進む道に当てはめてみよう。もし、蛇行部分が突然奇跡的に解消されることがなかったら、われわれにどれだけ悪影響を及ぼすことだろうか。

人間の所産は蛇行のカビの中に失われてしまうだろうし、文明は消え、栄華は飲み込まれ、覇権は崩れ去るだろう。充分で相応しい活力が、適切なときに現れなければ起こることだ。歴史が刻まれ、ページがめくられる。それは死である。

＊　＊　＊

だが、自然は止まることはできない。何事にも、たとえ危険な病に冒されたときでさえも、解決が必要だ。**必要なときに、蛇行は解消する**。まっすぐな道が再び現れる。しかしそれでもまだ、寄生虫やガス、熱、カビが新たな道を塞ぐだろう。

われわれ人間の活動にも同じことが言える。蛇行の行き止まりを打ち壊すことは可能だ。混乱の中ですべてが解決不能に思われるときですら、解決策／溶液（ソリューション）は出現し、沈殿させ結晶化すべく触媒作用を及ぼすのだ。解決策は自ずと明らかになる。それは議論の余地の無い、真実なのだ。しかし寄食者が、カビが、まわりに存在する。新たな道の周辺を一掃するための箒と活力が必要になるだろう。

これは建築と都市計画で起きていることである。社会学や経済でも、また政治においても同様だ。

●

6. 世界の季節、人間の季節

人間の一生が描く曲線は短い。世界の歴史における一時代の曲線は、2、3ないし5世代にまたがることもある。新たな時代は、まず言葉で表される。先駆者がそれを見抜いて宣言するのだ。次いで、形となって現れ出す。兆候が次第にはっきりとしてくるのだ。そして、それに気づいた労働者が規則を作り上げる。ある日すべてが実現するだろう！　次いで、それまで以上の努力は無くとも、実りある年月が流れるだろう。しかし、衰退の兆しが現れ、それは加速するだろう。崩壊は差し迫っている。早くも予言者たちは新たな時代を予告する……

良い時代にせよ、悪い時代にせよ、どれくらいの時間を経て、われわれの運命はその姿を現すのだろうか？　われわれは生まれたのが20年早過ぎたのか、あるいは遅過ぎたのか？　あるいは決定的な時間は訪れたのに、自分が年を取り過ぎていただけなのか、若過ぎただけなのか？　自分は良いタイミングにいるのだろうか？

世界の季節と人間の季節の長さは違う。焦燥の振り子は日々揺れながら、その幅を短くしたり伸ばしたりして、人間を幸運や不運、悔いや喜びに導いている。巡り合わせと結び付き！

●

原初の生命体は、細胞間で生殖が行なわれたのち、分裂して増加し、不定形の塊を形成する。脈打つものの、まだ運命を持ってはいない。

ここに意図が現れ、不動の塊の内に軸がはっきりとしてくる。流れが定まり、方向が見えてくる。こうして組織が生まれる。

そしてここに他の下部組織が出現する。これは生命の**組織化**への自然な歩みである。自然ではこれが組織化への歩みだ。

未開ながら、少しずつ植民化が進む広大な地を横断し、私は首都ブエノスアイレスへ戻る。7時間かけて飛行機の高みから、植民地化がもっとも進んだ農園、それから村落、村、小さな街、そして首都を見る。

私はそこに、奇妙にも説得力のある骨格を見い出す。というのも征服以来、南アメリカのすべての都市化は、活力と将来性に富むある基礎単位に基づいて行なわれているからだ。それは一辺110mのスペイン式正方形である（まさに管理と開拓に適したこの都市要素は、人間の歩幅とその視界によって決められた）。

事物が**組織化し**繁栄するのが見られる。次いで1000mの高さから、奇妙で恐ろしい病に気付く。警戒を怠って、生命の活力を失うままにした組織の衰弱である。

＊　＊　＊

これはサバンナの真ん中の進歩的な農園だ。植民者がやってきて、牛馬を停めた。次に（彼らが「クアドラ」と呼ぶ）一辺110mの正方形を描いた。そしてこの人間的真理の内側にゆったり身を落ち着ける。適切なサイズの明快な幾何学だ。

＊　＊　＊

これはポサダという、リオの川沿いにある村落だ。岸に沿って「クアドラ」が並んでいる。そこでは往来がうまく整備され、小さな家々は庭と緑にゆったりと囲まれている。三つの「クアドラ」毎に、通り道が畑へ伸びている。この道に、別の道が直交する。一辺330mのこの大きな正方形は野菜栽培にも、木々がきれいに並ぶ果樹園にも適している。

＊　＊　＊

←歴史的一時代の展開→
上昇　頂点　衰退
世界の季節
人間の季節
征服の幾世代
享受の世代
衰退と再生の世代

7. 自然の法則に反して：衰弱と死

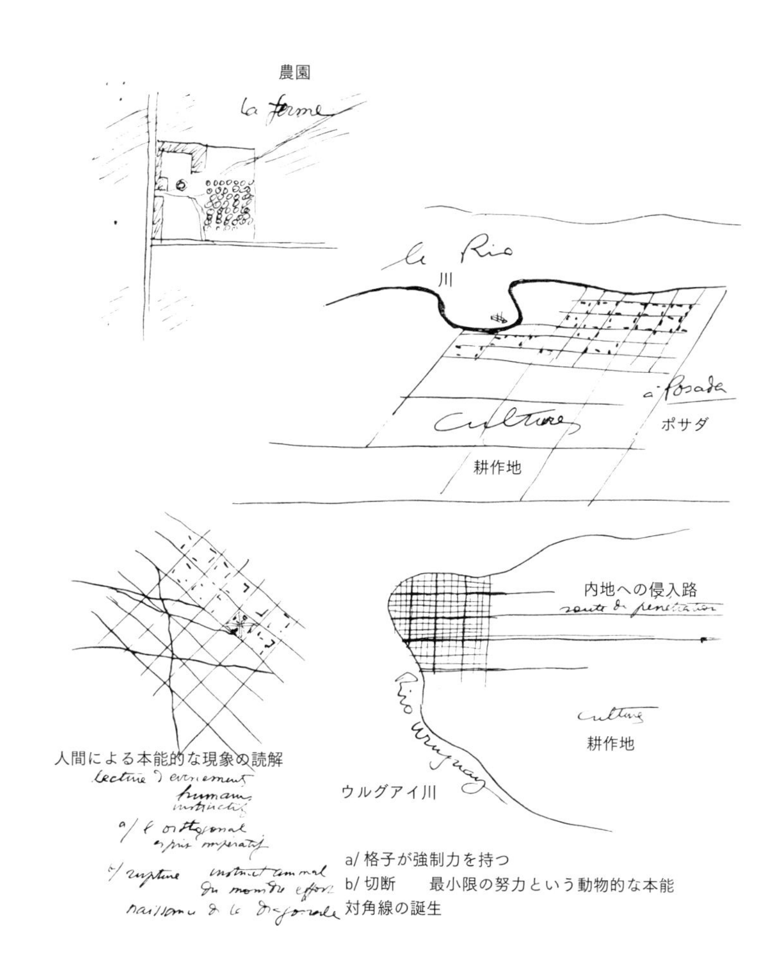

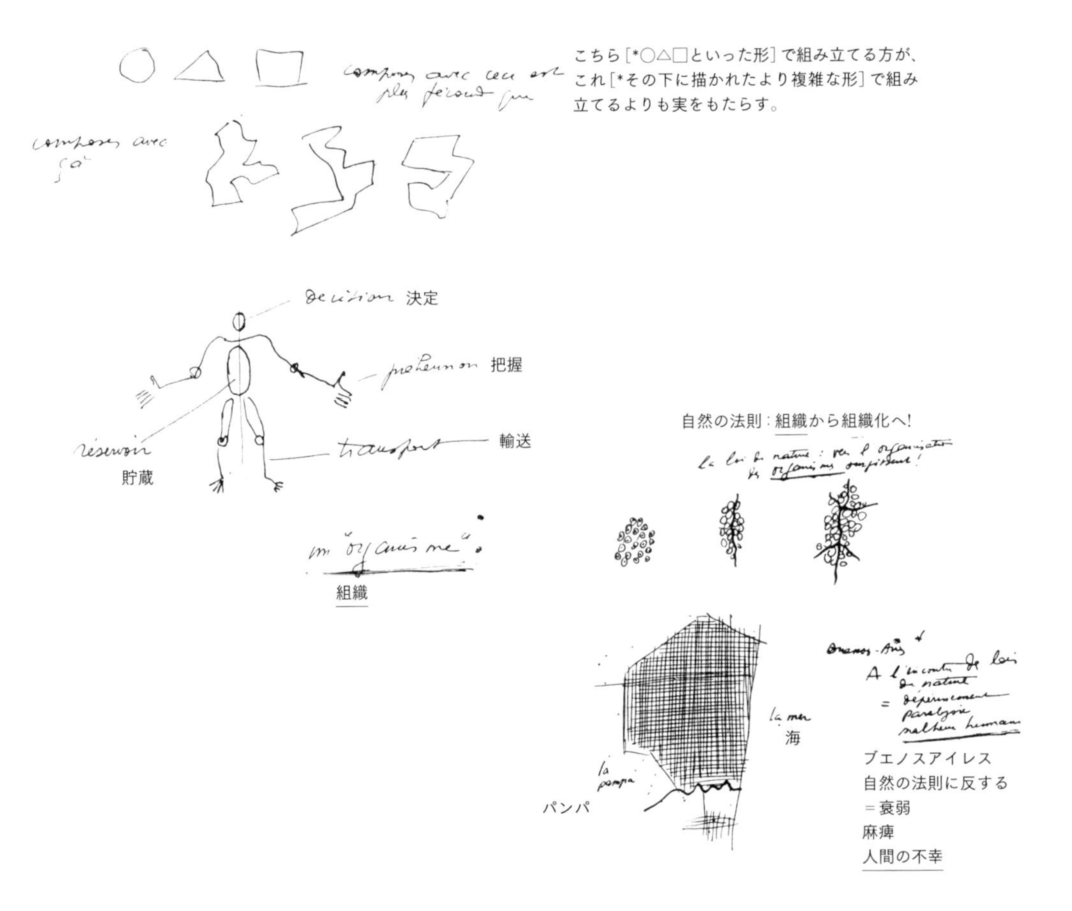

われわれは、平原で似たような集落の上を飛ぶ。直交するシステムの上に、運搬用道路が斜めに走っている。この道は、牧草地や新たに種をまいた畑まで遠く続いている。対角線は「クアドラ」のシステムを、最短ルートで突っ切ろうと手探りするように通っている。それが倹約になるならば、最小努力の法則も評価されなくてはならない。

＊　＊　＊

ウルグアイ川の上流、コリエンテス地方で、ひとつの都市が川の迂曲部に作られた。都市機構は最盛期を迎えている。骨組みと行動指針とが姿を現す。これこそ都市化だ！

＊　＊　＊

旅路の果てに、ブエノスアイレスに着いた。そこに無数の植民者たちは、我先に大挙して押し寄せ、大急ぎで居を構えた。道路管理官は必要なだけ――「たっぷり、欲しいだけ！」――「クアドラ」を区画した。その結果形成された巨大なプレートは、症状のはっきりした皮膚病のようだ。極端に広がり、14km × 18km にも達した。立派な病気だ！　これに比べればパリですら並の病でしかない。

診断は明解だ。見通しの欠如のために、有効な介入が行なわれず、初期の細胞システムがただ広がるままとなり、組織的な整備がされなかったのだ。これが自然ならば、急いで栄養摂取と必要な導管、排出の整備（内臓、肺、骨格、四肢）に適応するよう自己組織するだろう。しかし呑気にも、初期の有機生命体が正常な寸法を逸脱するままにさせている。この塊は、自重でたわみ成長性のなくなった、淀んだ水たまりだ。ブエノスアイレスはもはや原形質でしかない。

●

8. 無限の組み合わせ

人間のあらゆる試みにおいて三つの線がそれぞれ作用する。
組み合わせの無限性
驚くべき豊かさ

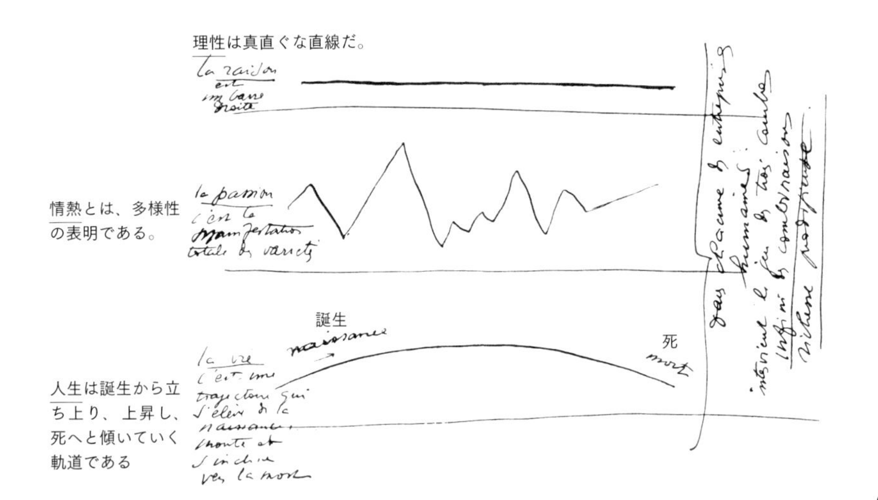

対峙した無数の多様な要素からは、無限の組み合わせが生まれうる。しかし精神はそこで途方に暮れ退屈してしまう。管理は不可能だ。これは精神の悲しい末路、崩壊なのだ。なぜなら精神は企てこそを評価するのであり、わずかなものですべてを手に入れるときに喝采を送るのだから。

無限の組み合わせは、対峙する三つないし四つの要素が作りだす関係から出現しうる。そこには驚くべき多産性があり、要素はそれぞれが実に特徴的なので、結び付きのひとつひとつにおいて、その働きや構成単位により、もとの要素を認識することができる。いわば奇跡的な知の花火である。例えば、7 月 14 日［革命記念日］にパリの四つ辻で街の楽隊の音に合わせて踊り回る群衆があり、その一方で、舞台に上がった 3 人の踊り子が、身体の動きの組み合わせで一瞬一瞬をまばゆいばかりに統合して見せるさまを思い描いてみればよい。

さて、われわれ人間は、完全に異なるはっきりとした三つの特性を天から授かっている。それらは同時に作用させることができ、その共鳴の結果は永遠に新しくすることができる。その三つの特性とは、完璧な直線である理性、誕生から上昇し死へと降下する曲線を描く地上の生物としての運命、そして個々に備わる多様で不屈な情熱である。

都市、あるいは都市を形成する線は、この三つの力によって規定される。都市の運命を定める幸福な結び付きとはどこにあるのだろうか？　そしてこの結び付きは、なんと不幸なものにもなりうるのだ！

驚くべき事物が存在する。
想像だにしない出来事が展開されている。
われわれはそれを目にしないし、感じることもない。
それらはわれわれの知覚の外に存在している。
しかしながら、「自然」という言葉からわれわれは、人間が見て感じるものから成り立つ、巨大で驚くべき世界を定義してきた。
これこそがわれわれの環境、われわれの行動、試みの場であり、われわれの考察の対象である。
すべてはわれわれを通り、その度にわれわれ個々の個性を媒介とする。
われわれがそこから演繹し、結論を引き出すもの、われわれの精神が今度は、**われわれのものであり、人間の創作である**システムの内に積み上げるもの、それは——いかなる領域においても——芸術作品と言えよう。
一方に、無限へと際限なく開かれた、自然という円錐がある。その先端はわれわれを突き通す。その中身がわれわれへと流れ込む。
反対側には、やはり無限へと開かれた別の円錐が現れる。人間の作品である。
この二つの円錐のあいだ、その接点に人間がいる。感じ取り、それを表す人間、すなわち媒体たる人間である。

注意すること。人間のもっとも強力な知覚器官である目が、どんなことが起ころうとも、変わることなく地面から 1m60cm の高さに置かれることに着目する必要がある。そしてわれわれの足は変わることなく地面に接している。この 1m60cm という距離こそが、われわれ**人間**にとって、**世界の寸法を決定する**ものなのだ。

●

人間は存在するために自然と闘う。充分な信仰心があれば自然は敵対関係を放棄し、自動的に均衡が実現するなどと、高尚な作り話を信じ込みたがる向きもあるかもしれない。幸福は現実ではなく虚構である。それは関係性にあり、緊張にある。われわれの内にある移ろいやすいものに支えられながら、他の偶発的な移ろいやすいものへと向かっていく力である。
人間は自然から生じたのであり、自然の法則で形作られている。もし人間がその法則をしっかりと認識し、絶えざる活動の中でそれと調和するならば、調和を自ら感じ取れるようになり、それは人間にとっての恩恵となるだろう。
人間は自然の法則しか用いることができない。人間は自然の精髄を理解し、宇宙的なものから**人間的なもの**を、すなわち本当に己の用途のための創造をしなくてはならない。
自然はその本質においていたって数学的なのだが、われわれの目はしばしば乱雑さをまとったように見える光景しか映さない。
それゆえ人間は己のために、つまり自然の本質を理解するために、そして幸福と力を生み出す枠組み、それも人間が許容できる枠組みを作り出すために、人間は自然の法則を、その精神そのものとも言えるシステム——**幾何学**——に投影させた。
こうして作り上げた人工的な世界の中で人間は安らかに暮らしているが、そこから離れるやたちまち苦しみ、打ちひしがれる。
一方には世界を形成する数学が、もう一方には人間の環境があるのだ。

9. 人間、媒体

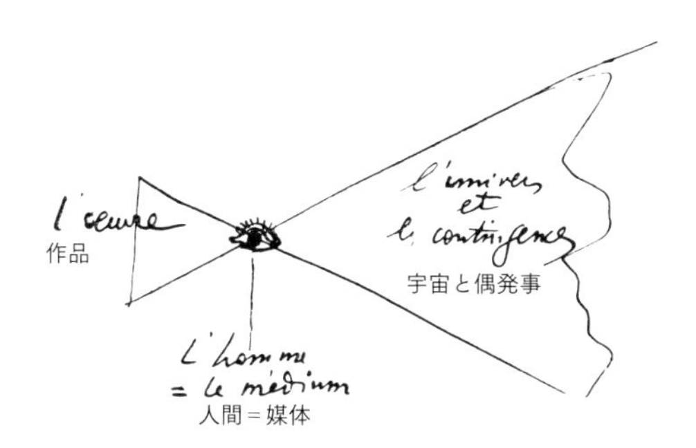

10. 宿命

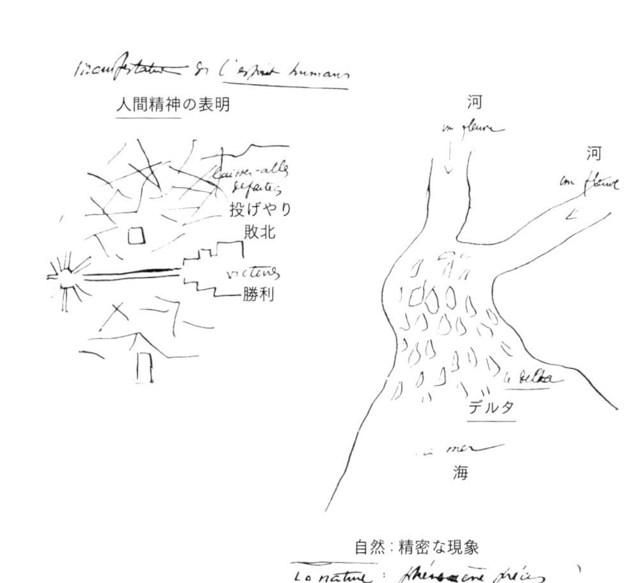

11. 効果のない創造、効果的な創造

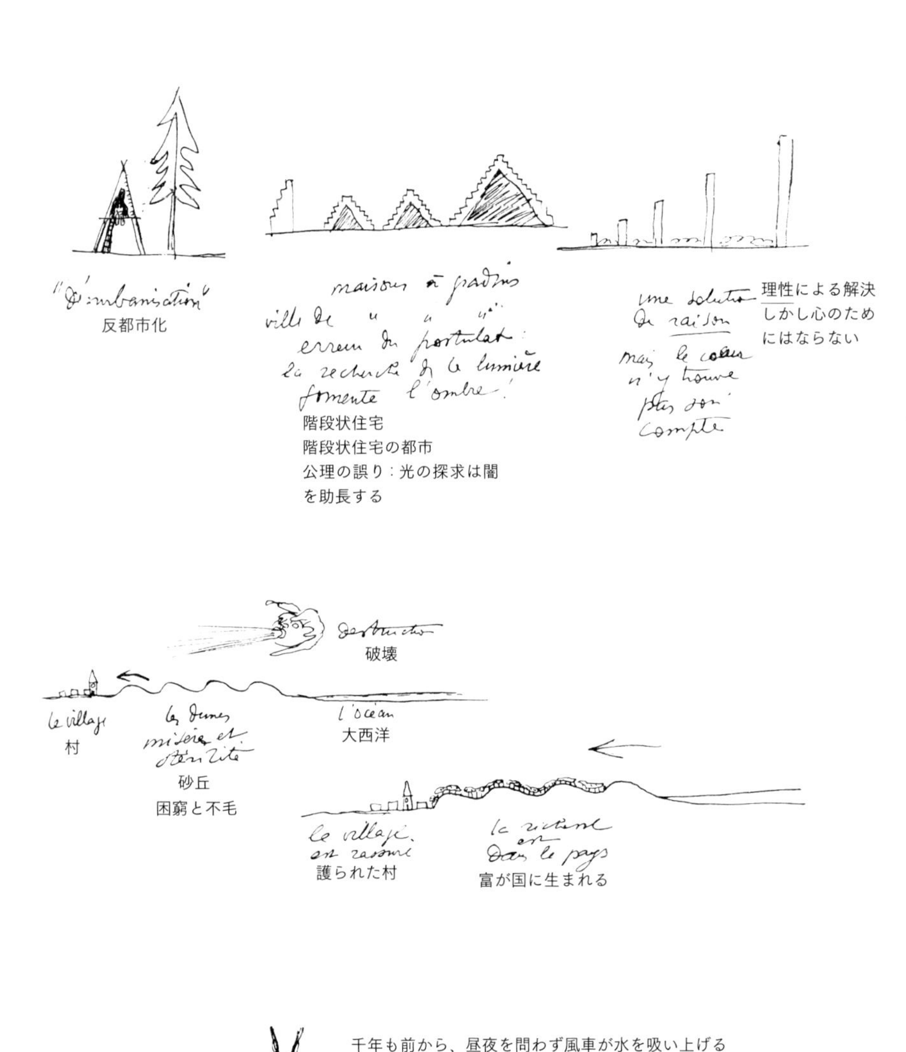

1930年、モスクワにおいて「反都市化」が謳われ、「人はモミの木の下、藁葺きや枝でできた小屋に暮らす」などと表現されるに至ったとき、われわれは間違いの極みに達した。自然の法則が真逆に適用されたのだ。人間は集い協力し合うよう運命づけられているのであり、森の奥でひとりぼっちにしてはならないのだ。

反都市化、田園都市、「衛星都市」等々、効果のない創造のなんと多いことか。

＊　＊　＊

1913年と1930年に、自然の公理である太陽の名のもとに、まず階段状住宅、次いで階段状都市を創ろうと試みた。しかし光と影という建築的要素の調整に間違いがあった。二つの要素が補完し合うのではなく矛盾を導いてしまった。光を得るためのピラミッド都市を立ち上げようとしたら、太陽は闇を助長する、という逆説に陥ってしまったのだ。新しい時代のスケールに合わせてその原理を追求すればするほど、矛盾が生じた。都市はその懐に夜を抱え、通りは数百年来の溝のままだった。それはもはや石に石を積んだだけのものだ。乾燥し、緑も優しさもない石、バビロニア化したホガール山地、人への敵意さえ感じる。効果のない創造！　これは自然の法則に反している。建築的要素の複雑な組み合わせから絶望的な貧しさが生まれてしまった。

＊　＊　＊

ヒトラー以前のドイツで、太陽の掟に則って住宅を建設しようと、ピラミッドを薄く刻んで離して並べたとき、人は自由になった。すべての家に太陽を与えるという問題がひとつ解決したのだ。

しかし、そこには同時に不毛な建築的効果が付随していた。高い建物に挟まれた回廊型の空間や、変化がなく飽きのくる類似性、そして空から見下ろせば貧しく不均衡な輪郭が並ぶ。

地上にいる人間の目からは造形的豊かさが奪われ、殺風景な街になった。

魂の不安。不恰好な造作が憂いを助長する。

効果のない創造だ。

＊　＊　＊

ルイ15世の時代、ガスコーニュ地方の砂丘は大西洋から吹く風により移動し、ガスコーニュ湾の村々を丸ごと飲み込まんとしていた。エンジニアのブレモンティエは、松の苗を植えて砂丘を固定させようと思い至った。その時点で、彼はすでに目的に達したのだ。そればかりか地方全体は人間的なものになり、さらには木材や松脂産業によって、新たに人口が増加した。これこそが**着想**であり、効果的な創造である。

＊　＊　＊

千年以上も前、オランダ人が海面より低い地方、すなわち「オランダ」に〔＊仏語でオランダはペイ・バ＝低い国〕、居住と耕作が可能な土地を作ろうとしたとき、彼らはいくつかの優れた要素を一貫性のあるシステムの中にまとめ上げた。風の動きと水の動きというそれまでの敵を友人に変えたのである。

干拓地外縁部の断面図を見れば、それが単純な組み合わせからできていることがよくわかる。土

地の縁には溝（水路）が設けられ、堤防状に土が盛られている。堤防に沿って、水を吸い上げる風車があり、海からの風を受けて回転している。干拓地にはスクリューポンプが埋め込まれており、風車の力で回転して水を水路へと運び上げる仕組みだ。干拓地は排水される。水路は海面より高くされているため、水は海へと流れていく。

驚くべき着想だ。ひとつの国がこうして誕生した。肥沃な牧草地、そして耕作可能な土地という、計り知れない富である。生産的な自然が、人間に敵対する自然を押し返した。

見事に事が運んだ。効果的な創造だ。

＊　＊　＊

今日の機械化時代は、混乱と危機に満ち満ちていると皆考えているかもしれない。しかしうまく調整することができるのだ。

過去を読み解き、現在を読み取ろう。

右上の円グラフは、過去の職人たちの1日24時間を示している。人としての均衡は仕事の中にある。己の手に従って1日を過ごすが、そこには精神、そして心が伴っている。曲がりくねった線の二つ目のグラフは人間が生産の冒険に「**参加していた**」ことを表している。

その下の円グラフは機械化時代のものであり、無駄を省けば、生産にかかる時間、あるいは機械に係わる時間が大いに減ることを示している。その結果突如として、大きな穴がぽっかりと開いてしまった。切迫した脅威、余暇だ。毎日空いた数時間、いったい何をすればいいのか？

毛が逆立ったような次のグラフは、機械化時代に機械の仕事に係わる個々人の、参加の程度が不均衡であることを表している。経営者、技術者、発案者は、取引と創出に没頭している。彼らの参加の度合いは、この者たちが**人生に対して抱いている関心**と同じくらい高いものだ。

しかし労働者や職工の大きな集団は、機械の冒険に参加しているとは思えないでいる。自己がなく、奪われた状態の者たちだ。彼らの内には虚無がある。

余暇を整備しよう。都市や農村を作り直し、本質的な喜びを得るために必要な環境と建築を実現させよう。最後のグラフでは、参加の度合いを示す線が余暇によって再び押し上げられている。

これは建築と都市計画の驚くべきプログラムとなる。これによって、利益を求めない人間活動を組織化できる。教育、訓練、体、精神、心だ。完全なる参加である。個人的活動と集団的活動。存在することの意義。真の喜び。

また、状況を読み解き、世紀の道具を認識できる者にとっては、現存する危機の解決策になるだろう。**実りをもたらす消費製品を生産する**のだ。

＊　＊　＊

こうして何年ものあいだ、自然の法則を観察し、単純にして真の出来事を理解し、人間の運動や活動、好戦性までをも認識することで、輝ける都市は生まれたのだ。

世界の法則と人間の法則に着想を得た輝ける都市は、機械化時代の人間に、**本質的な喜び**をもたらそうとしている。

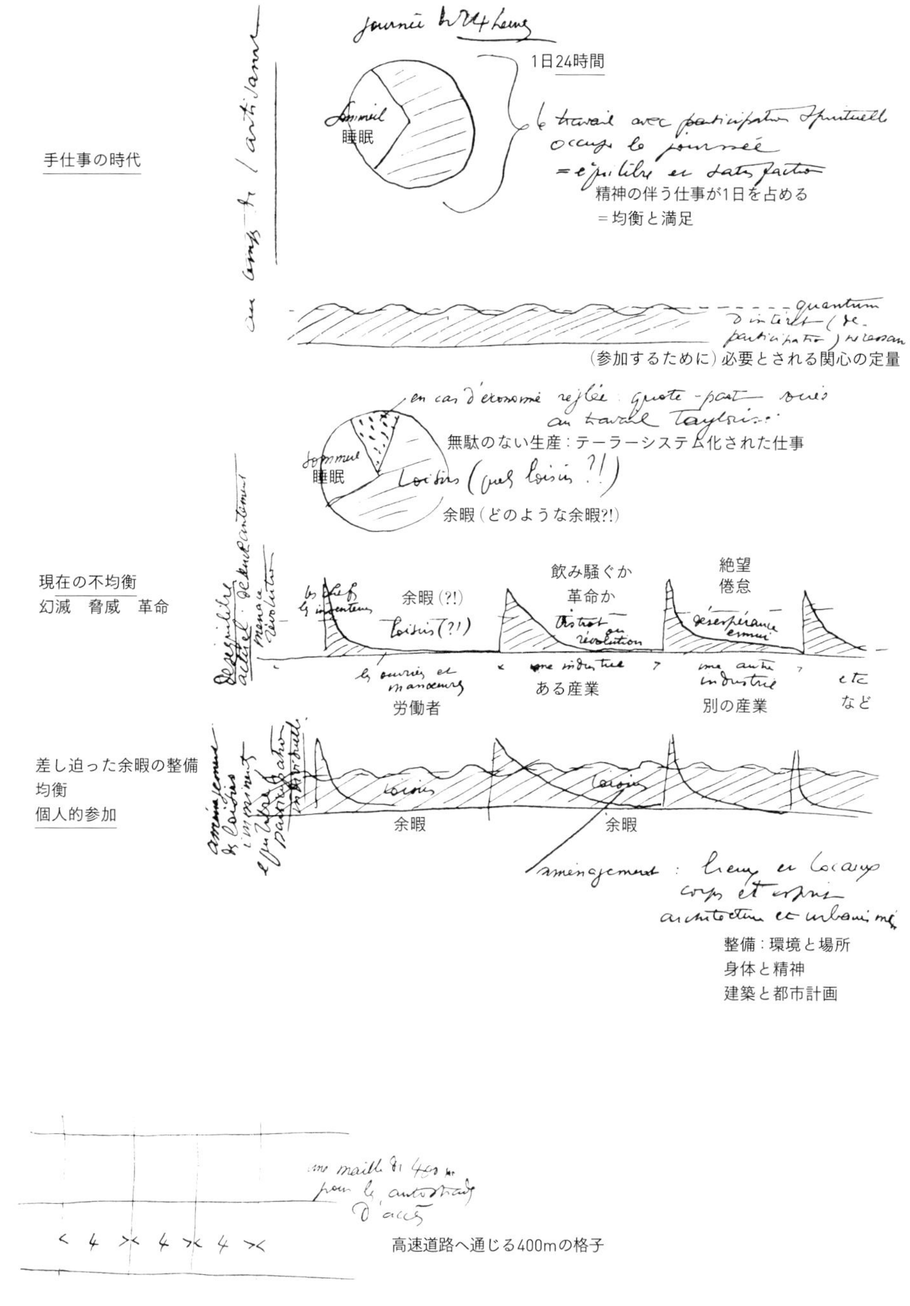

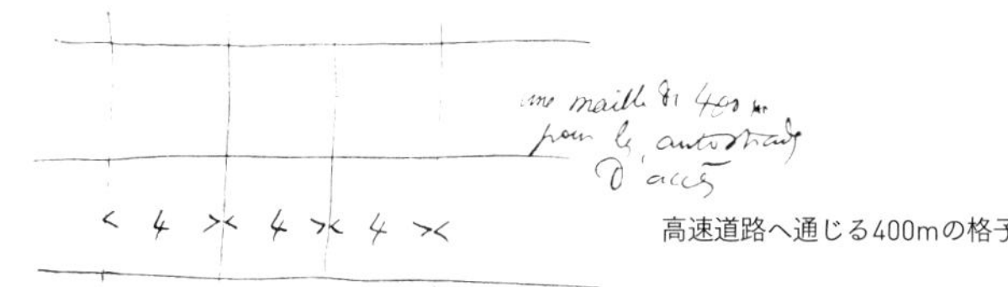

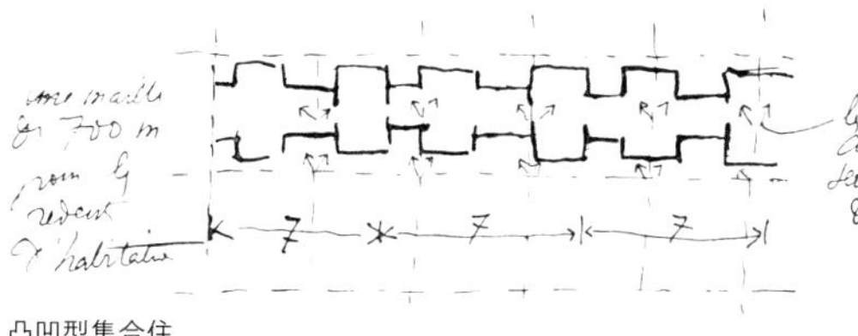

凸凹型集合住宅の700mの格子

4と7という互いに分割できない数字により、
無限に多様となった組み合わせの例
アクセス網（高速道路）の400
凸凹型集合住宅の一単位の700

5. JOIES ESSENTIELLES

本質的な喜び

公園の創設（メルテンス）

自然の叙情性

都市にいようと農場にいようと、すべての人間のために、

住居に太陽を、
住居のガラス窓を通して空を、
住居からの眺めに木々を。

つまり、都市建設の材料を優先順に並べると、

太陽、
空、
木々、
鉄鋼、
コンクリート

であり、この序列は守るべきである。

しかし私の周囲では、現代的な意識で評判の高官たちが、われわれ人間から**本質的な喜び**を、**来る100年に渡って**奪ってしまうような都市を準備しているのだ！

＊　＊　＊

ストックホルムの街は、非常に優れた者たちの手にその命運が委ねられているように思われたが、新たな都市計画がわれわれに挑戦を投げかけてきた。

彼らは気が狂っている。解決へと舵を切るのはわれわれではない、狂人たちだ。そう、われわれは酷い状態にある街の一角を取り壊すことは認めよう。「**回廊型の街路**」［両側を高い建物に挟まれた幅の狭い街路］と**中庭**とを永久に捨て去るためだ。

ストックホルムは最近の決定（ノッルマルムの都市計画国際コンペ）において、回廊型の街路と中庭を保存することにしたのだ。回廊型の街路や中庭のある現在のノッルマルムを取り壊し、同じ場所に回廊型の街路や中庭を再び建設する計画案に賞を与えた。これでは木々も空間の広がりもない。なだらかな丘が海に浸り、いたるところに水流が分岐していくこの街の素晴らしい景観を、**まったく生かすことなく**、台無しにしようというのだ。

人間の本質的な喜びとは、太陽と緑と空間にあり、生理学的にも心理学的にも、人間のもっとも奥深くに触れる。太陽と緑と空間は、われわれが本来持つ根源的な性質に、われわれを回帰させてくれるのだ。

＊　＊　＊

しかし、もうひとつ別の種類の、本質的な喜びを忘れてはならない。それは活動、そして共同作業への**参加**である。共に助け合い、何かを成し遂げようとする試みは、すべての者に恩恵を与え、貧しい者たちの不幸は軽減される。

集団のための作業に、個々人が道徳心から、あるいは「母性」から参加する。そこにはすぐれた喜びがある。

これが市民意識だ！

国家や都市あるいは田舎の村落が、ある計画の実現に取り組むことを決定する。**計画の実行！** 新たな建物を建てる。建物が光に包まれて完成する。景色、景観は存在感を増す。すべては熱狂している。そして細部といえば、こちらの部屋、あちらの部屋、また別の部屋、といった具合にすべての部屋、それぞれの部屋が、皆と一人ひとりに新たな境遇、素晴らしい境遇を提供する。

ああ、このように参加して、集団のための心と精神から作品が生まれ、成熟するのを目にし、感じるのだ。われわれは忙しく立ち回り、利己主義の饗宴に卑怯にもしがみつくシラミではなく、考える存在であり、決定し、行動する存在なのだということを！

決定に精神が伴えば、われわれは崇高になれるのだということを！

都市の、国家の、あるいは村落の父祖たちは強い考えを持ち、**決定**をしたということを！

そしてわれわれもそこに参画していることを！

そして素晴らしい**本質的な喜び**。真に目指すべきは、人々に情熱を掻き立てる方法を見つけることだ。社会に調和をもたらす計画の実現のためにそれぞれが行動しているのだという確信を、人々に（貧しき者にも）与える方法を見つけるのだ。

その実権を握る権力当局は、然るべく機能していない。彼らは恐れた者たち、そして恐れる者たちだ！　この臆病者たちは、敵前で持ち場を放棄したことを群衆に糾弾されることになるだろう。

敵とは、何もしないこと、恐れることなのだ。

●

都市は喜びを与え、誇りを生み出さなくてはならない。
都市建設の材料は
空
木々
鉄鋼
コンクリート
であり、この序列が崩れることはない。
（オスロ会議、1933）

人間の創造物の叙情性

太陽は毎日昇る……

第4部　「輝ける都市」

1. これらの研究は（…）立脚する
2. 行動への誘い
3. パリの危機
4. 生きる！（呼吸する）
5. 生きる！（居住する）
6. 通りの死
7. デカルトはアメリカ人なのか？
8. 新しい都市が古い都市に取って代わる
9. 生物学的要素：住人1人あたり14㎡という基礎単位
10. 決断
11. 輝ける都市の図版

1. CES ÉTUDES REPOSENT...

これらの研究は(…)立脚する

ベルリンにおける都心への急速な人口集中化を示している図。印象的な画像!

「幻想」あるいは虚偽の告発。
パリ市の最近の計画を暴き、告発する図。
これらはあまりに有名な城砦型のH.B.M.［habitation à bon marché安価住宅］で、建築の惨憺たる失敗、都市計画の大失敗であり、住民と国家の目と鼻の先でつくられた怪物だ。まだ仰天することがある！　誰も抗議しないのだ！　数千の家族が最新鋭のこのあばら家の塹壕に押し込められた。彼らは太陽を拝むことなど完全になくなってしまうだろう!!!

これらの研究は、不可侵にして、異論の余地のない、社会を組織しようとするときいつでも真の土台となる本質的な基礎に立脚する。つまり、**個人の自由**に。集団生活を整備すれば個人の自由が犠牲になりかねない場合には、個人の自由を尊重しなければならない。機械化が進展した結果、毎日、個人の自由がますます消失しているに違いない場合には、個人の自由を再び取り入れなければならない。そして、現代の技術が想像を絶する力をふるう、誰もが未経験の方法をわれわれにもたらしている豊かなこの時代に、より大きな個人の自由を作り出さなければならないのだ。

この仕事は、任意の構造が発展した結果ではない。つまり、理想のシステムを提示したものでもなければ、論戦を超越した、脳の純粋な思索でもないのである。その仕事が提起する主題は論戦から生まれる。それは、時代の寵児たちというものだ。自らの精神的傾向においてそうなのだ。なぜなら、環境の物質的状況というのは明確にされ、提示され、現実にしかと確かめられるのだから。

かつてモスクワの当局は、ソヴィエト連邦の首都の将来に関する打開策を求めて、一通の質問状を私に送ってきた。この質問状には、日常の言葉で答えられた。さまざまな意見を述べるだけで充分だった。私はそのようにした。しかし、自分の回答を書き取らせているあいだ、いくつかのイメージや、図表、デッサンが私の頭の中に輪郭を現してきた。というのも、私は建築家と都市計画家以外の何者でもないため、「もっとも簡素なスケッチは長々しい報告書より価値がある」と思ったからだ。スケッチは**証拠**をもたらすことができた。

そんなわけで、私は質問への回答を書き取らせた後、20ばかり描いた図版を、それらが質問状とは直接関係なくとも、仕上げてみようと企んだ。質問状は、モスクワのことだったが、図版のほうは、機械化の時代、つまり現代の、都市における生活の組織化現象についてのものだった。

一つ目とは関係ないこの二つ目の論理は、一つ目を補強したり、あるいは反駁したりすることになっただろうか？　冒険を試みるのは刺激的だった。二つの論理はなかなか良く交わった。二つ目の論理はとりわけ一つ目の論理を、充分に専門的に裏付けられた真実の光で照らし出した。

これら20の図版は50、100にもなっただろう。問題は、内から外へ、外から内へ、千回も跳ね返った。その分だけ、取り除いたり、そのままにしておかねばならない現実的な条件があったからだ。時間が必要になった。残念なことに、時間はなかった。それで、この仕事は、日常生活の制約からかすめ取られたわずかな時間において進められることとなる。次のように考えて自分を慰めた。それは広がった扇のようなものだ。将来的には、骨の数が増え、さらに先へと伸びていくだろう。

＊　＊　＊

なぜ私はこの「**モスクワへの回答**」を発表するのだろう？　私は自分のレポートと20の図版をあちらに送った。それらが、そのことについて議論したがる人々に届くだろうと、私には分かっている。それに、モスクワでは、いわば——世間での事件の扱いを、滑稽に大げさな身振りを交えて話すような、厄介な混沌の中で——知性による支配が始まったことも知っている。そもそも、ロシア人は芸術家だ。そのことが、行動の指針や生の概念を選択しなくてはならないとき、事態を悪化させないのだ。私の仕事は、次の氷河期までソヴィエト連邦の引き出しの中に残っているようなことはないだろう。私はそう信じている。

しかし、自分の研究室で、現代の都市を構成する基本的な要素をあれこれ弄繰り回しているうちに、私はもはやロシアではなく、フランスやアメリカの現状に触れていた。1922年※と1925年※※の研究で、1925年に『ユルバニスム』、1930年に『プレシジョン』という本を出してから、うっそうと藪の生い茂る僻地へと、誰も手をつけたことのない森へと、私は歩を進めていった。私は新しい視野を獲得し、新しい突破口を開き、私には——謙遜して言っても——根本的に見える真理を発見し

※　サロン・ドートンヌにて。「**300万人の住民の現代都市**」
※※　装飾美術博覧会（アール・デコ）における、新精神（エスプリ・ヌーヴォー）のパヴィリオンにて。「パリの**ヴォワザン**計画」

た。それらの真理は、少なくとも私のシステム——あらゆる点で建築、あらゆる点で都市計画——にとっては根本的なのであると言っておきたい。「**モスクワへの回答**」は理屈の上からも私の過去の研究の続きとなっていた。「**モスクワへの回答**」(時宜にかなった題だ)を発表する一方で、私は新たな精神を表出させるよう努力を続けている。

＊　＊　＊

しかしある日、この題「**モスクワへの回答**」は、より広がりがあって、より奥深い何かに侵食される。人間が現れたのである。そこで私は「**輝ける都市**」という題をつけることにした。

というのも、人間の心を満たすことが重要なのだ。

毎日、意気消沈させ、不安に陥らせるような経験が更新される。そうして、都市は膨らみ、都市は満ちる。都市は自らの上に再構築される。というのも、古い家は通り沿いにそびえ立っていたわけだが、新しい家も新たに通り沿いにそびえ立つのだ。家は通りに面し、通りは都市の器官そのもの、家はその鋳型なのである。通りはむごたらしく、騒々しく、埃まみれで、危険なものとなる。車はそこをかろうじて進むことができる。歩道にぎゅうぎゅう詰めになった歩行者は互いの隙間を縫うようにすり抜け、ぶつかり合い、邪魔しあっている、まるで試練か何かの場のようだ。家は仕事場だ。どうやってうまくこの喧騒の中、わずかしかない明かりの中で働くか。家は家族のための住居だ。どうやってうまく夏の灼熱のこの峡谷の中で息をするか。どうやって煤と埃で汚れたこの空気の中で、危険に満ちたこの通りの中で、子供たちを育てるなんてまねをするか。どうやって必要不可欠な平穏を迎え入れるか。どうやってくつろぎ、喜びの声を少しばかり上げ、笑い、息をし、光に酔い、**生きる**か！　家は通りに面して垂直に立つ。しかし、通りに面するように建つ家の後ろに、別の家が建った。その家は中庭に面する。光はどこだ？　私に何が見える？　私の家の窓越し、6メートルか10メートルのところに？　私に向いている他の窓だ。その後ろには人がいる。自由よ、お前はどこだ？　現代人にとって自由はもうない。ただ同意に基づく、そしてもはや節度すらない隷属があるだけだ。生きる、笑う、自宅の主である、そして光の下で目を開く、太陽の下で緑に茂る葉と青い空に目を開く。だめだ！　それは都市の人間にはかなわないことだ。都市の人間とはボイラーの石炭であって、使われるために燃やされる。それからほら、衰え、消えてなくなる。毎年、地方から新しい割当て分が流れ込んでくる。

家は通りに面し、家は中庭に面する。事務所も、作業場もだ。

だが、事務所、作業場、そして住居は、雑然と互いに絡み合っている。騒音、悪臭、ざわめき、興奮。生きて、笑え！

人々は応えた。そして鉄道を使った。レールの終着点まで、工員や従業員やお針子を連れて行った。炸裂する砲弾のように、都市は輝かしく花開き、広がり、はるか遠くの地平線まで枝を伸ばした。工員や従業員やお針子は、夜明けに夜に鉄道を走る列車の車両の中にいる。彼らの小さな家は緑の中にある。その家は遠く、とてつもなく遠い！　日曜日——7日間のうちのたった1日——、彼らはその場所に喜びを見出しているのか？　日曜日、その小さな緑の中にいるのは彼らだけだ。男友達も、女友達も、みんな、都市の向こう側の、その先にある郊外に住んでいる。日曜日、工員や従業員やお針子は、生きもせず笑いもせず、刻一刻を指折り数える。というよりむしろ、彼らはここ、鉄道を走る列車の車両の中にいる。郊外とは？　ばらばらにされた郊外！　引き裂かれ、狂おしい空虚の中に散らばった都市。どうして生きる？　どうやって生きる？

おお！　完全に盲いた社会の汚らわしい嘘！

●

世界は病んでいる。再調整が必要だ。再調整？　それでは足りない。人類は大いなる冒険をしなくてはならない。つまり、新しい世界を構築しなくては……、緊急事態なのだから。それにわれわれは、

私はニューヨークのほうが好きだ。それは醜悪だが誠実だ。それは**強制労働**の都市だ。でもそれが分かると……

いたるところで時が告げられる。機械文明の整備の時。歯車は際限なくややこしい。それが何だと言うのか?

2. INVITE A L'ACTION
行動への誘い

笑い飛ばしたり、苦笑する人や、揶揄したり、われわれを狂信者扱いする人たちの相手をするわけではない。**何が建てられるべきかを判断するために、われわれは先を見据えなければならない**。壮大な実験はわれわれの目の前で為される。アメリカ（アメリカ合衆国）は「漆喰が乾く前に」既に機械化の時代に突入した。すなわち、彼らは本当の開拓者のように新たな未知に進んで行き、即興で試みる程勇敢だったのである。その結果を予想してはいなかったのだが。今日、アメリカは袋小路に行き当たっている。あそこでは感じ取れる幸福などみじんもない。現代の良識は情勢から解放されなかった。見事で強大なその教えは反面教師だ。そうは言っても、アメリカ合衆国に対し、われわれは敬意を表する。**この人たちは仕事をした**、という敬意を。ロシアやイタリアは新しい体制を構築している。モスクワは、とりわけ未開拓の地にいる国民を生きた国民にしたいと望んでいる。人々は裸一貫から再出発し、感嘆すべき力によって、新たな地位をこしらえた。私は判断しないし、評価も下さない。どうやったら評価できるというのか？　私はモスクワで3度ともいつだって、何を見ているのか理解できず困惑しきっている観客でしかなかった。モスクワで起きているこれらのことはあまりに広大で、数多く、あふれかえっている。それらは、時としておそらく、それらを引き起こした人々の限界さえ超えてしまうように、私を飛び超えていく。生命はその力［消滅と再生］を示す。すなわち、荒廃と新たな発芽を。われわれはその内側にいて、思うほどには情勢の制御などちっともできていない。どうやったら情勢をはかれるというのだろう？　それでも、それが実行可能ないたるところで、考案し、決定し、行動できるようにするために、見て、予測し、評価し、判断しなければならない。そうしなくてはならない。

＊　＊　＊

私は建築家で都市計画家だ。そうでありつづける。

建築と都市計画は安定した社会の健全な果実だ。

果実？　ならば、あらゆる行ないは、今は未成熟かもしれないのだろうか？　多かれ少なかれ遠い秋を待つ羽目になるのだろうか？　まったくそんなことはない。機械化の時代とは、1世紀前のことなのである。それはある世界の悲嘆と破壊を呼び起こし、不幸と脅威をもたらし、その使命のもっとも痛みの伴うもの、すなわち断絶を実行した。またそれは、その原理の本質、すなわち新しい機能を定めた。

建築と都市計画は、行為の具体性において、現代人の本質的な機能に呼応する。現代人とは何者か？　それはある新しい良識を備えたひとつの不変の実体（身体）だ。この良識を定義せよ！　それはわれわれがやろう。だが、われわれの人間としての実体の大きさもまた見出さなくてはならないだろう。というのも、誇張、虚栄そして利己心がこの大きさを改ざんしてしまったからだ。それはわれわれがやろう。ひとりひとりが、われわれとともに、個人的な実験でそれを行なうだろう。機械化の世紀の公明正大な運命を実現したいと望む者たちひとりひとりが。

現代の良識は、人間の家（住居）を建てようとする建築家を導く。そして現代の良識は、その中にわれわれがわんさと集まっているところの、都市の組織化に関するわれわれの提案を裏付けるだろう。

現代の技術は建築革命を起こした。建築の革命は潜在的に成し遂げられた。計算と機械の結果である。**潜在的な革命**、というのも、その革命は世界に散らばったいくつかの意味のある事例にしか現れないからだが、その一方で、学者が研究室で分析し、定式化し、構築し、証明するように、知性ある

※　「**輝ける都市**」についての一連の10章は、新雑誌『プラン』の叢書から来ている。論文は1930年から1931年に刊行された。『プラン』という雑誌は何だったのか？　建設的な意見をもたらす必要性をよく分かっていた、「生における人間たち」の集まりだ。最高責任者はジャンヌ・ウォルター、編集長はフィリップ・ラムール、編集委員会はユベール・ラガルデル、ピエール・ウィンター、フランソワ・ド・ピエールフー、ル・コルビュジエ。

人たちは分析し、定式化し、構築し、そして証明するのである。

ある建築理論がすでに、国際的なものとして、科学と技術に基づき、輪郭を現しだした。少しずつ、われわれはそれを伝えよう。変革された建築は現代の良識に適応した。建築が生まれるのは現代の良識からなのだ。しかし、ひとつきりの自宅にひとりきりの人間というのは、何ものでもなく、存在していない。都市の人間は集団であり、数百万にもなる。革命を終えた建築は、今では現代社会にとって何にもなりえず、停滞を余儀なくされた。なぜなら、建築には計画（特定の社会的規定）がなく、環境（公式に定められた都市としての規定）もないからだ。建築には都市計画が欠けているが、都市計画によって都市は作られるのだ。というのも、家は都市の中にあり、家は都市そのものなのだから。そこで、われわれはどうすればいいだろう。

もし研究室の証拠が存在し、世界中に散らばっていて、信任証書で新しい精神の持ち主が家を建築できたとしても、都市全体はいまだ書面上にしか存在しないだろう［「新しい精神の持ち主」＝建築家と考え、建築許可を与える権力の証書（あるいはその法的行為）で家一軒建築できても、それだけでは都市は実際につくれない、という文意］。都市を生じさせ命を与えた信任証書とは、当局の証書と言える。さて、当局は都市計画には携わらない。当局は現存する都市計画とは連携せず、予想も、備えもしなかった。当局は過去を支配するほうに興味を持ち、それで氾濫が起きた。この怠慢を前にしたわれわれの慄きを想像してくれたまえ！　そのとき、こんなことが分かった。都市計画の設計図で覆われた書面上に、数字や計算や図で表されるものとはいえ、**人間の幸福は今でも存在する**、ということが。また、あらゆる都市がそこで、機械化社会のそれでもあるところのその器官すべてで、現代の良識とのそれでもあるところのその理屈で、生き、完全になり、機能し、脈打っている、ということが。財政の仕組みは技術的要請と密接に一致している。実現の方法は財政の仕組みの結果である。こういった次第で、当局の行為が都市の中で人間的幸福を定着させるだろうと推測できると、紙の上に現れたこの都市が何であるかを誠実な言葉で語り、話し、説明する必要が出てくる。この紙はひとつの平面だ。そして平面は建設に資するためにある。

＊　＊　＊

「**輝ける都市**」を造ることが問題だ。輝ける都市は紙の上にある。技術によるひとつの作品が紙の上に（数字と設計図で）描かれるとき、**それはある**。ただ観客や野次馬や無力な人たちだけがその実施を確信している。われわれを不安に陥れる病を消し去り、君臨中の夕暮れに取って代わるだろう輝ける都市、それは紙の上にある。それを欲し、寝ずの番をしてくれるような当局の「**諾**」が待たれている！

この都市計画について説明しよう。だがそれは、文学的でも概算的でもないだろう。われわれの説明は、技術的で、厳密で、正確なものとなるだろう。

これから、私は計画の特徴を概観する。その都市（大都市、首都）は現存する都市に比べてかなり規模が小さい。そのため［都市内のある地点からある地点への］隔たりはより短く、仕事日と休暇日はその恩恵に浴している。その都市は、小さいものであれ大きいものであれ、郊外というものをまるで持たない。このことは、都市＋田園都市というパラドックスがわれわれにもたらした交通の危機に対する解決策である。

田園都市とは機械化以前のユートピアなのだ。

都市の人口密度は、理想の密度――莫大な費用がかかり、効果がなく、夢想的なイデオロギーを信じ込んだ都市の役人に推奨されるもの――より3倍か6倍高くなるだろう。この新しい高密度は計画、すなわち**土地の有効化**に財政的に連動している。

アジアの草原で

われわれは現代の良識を定義することになるだろう。その良識にぴったり結び付く外形となる建築と都市計画が、われわれをそこに招く。今の時代のおぞましい混乱にもかかわらず、われわれは、深いところまで、真実をもぎ取りに行くだろう。
そしてわれわれは目の前にひとりの**人間**を見つけるだろう。常に変わらない人間、熱心にプラスマイナスをゼロにしようとする人間を。今日、方程式（人間とその環境の関係）は偽造されているが、創意工夫に富んだ――しかし可能な――組み合わせによって、それを本来の形に戻さなくてはならないだろう。
都市＝家＝人間（文化＋根底にある伝統＋気候＋歴史＋経済状況＋技術）という形に。

激しい不安を引き起こす都市

ジャングルで

浪費！　私は購入されたものについては憤りはしない。しかし当局がこのような冒瀆を前に無関心でいるのを見ることを遺憾に思う。これらのばかげたものを造るために失われた時間！健全で、良識があって、強い人々は叫ぶべきだ、充分だ！と。

都市において、歩行者が車両と出くわすことは決してない。機械で動く交通網は新たな器官だ。それは一つの実体だ。土地すべて（大地）は歩行者のものなのだ。

「通り」の意義は消える。さまざまな運動は、室内や、公園の真ん中——木々、芝生、泉水——で行なわれる。都市は完全に緑だ。それは「**緑の都市**」だ。太陽の降り注がない居住用の部屋などない。木々と太陽はひとりひとりが有する光景だ。

都市において、**個人の自由**は次のような主義主張の礎をなす。すなわち、個人の自由を尊重すること、それを真に実現すること、われわれの現在の隷属状態に打ち勝つこと、そうして個人の自由を再生させること。浪費は抑制される。物価は下がるだろう。新たな都市は、かつての都市がわれわれに鎖でつないでいた不幸を打ち砕くだろう。

その成長は間違いない。それは「輝ける都市」なのだ。現代の技術がその都市をもたらす。都市は以上のようなものになりそうだ。私はそのもっとも細かな部分を説明しよう。

＊　＊　＊

われわれの展望と努力を前に、現代世界の組織は激動の情勢を撃破する。そしてその上には戦争が迫っているのである。人間の悪知恵や創意工夫、その才能さえも、ぬくぬくと安全なところで次の戦争を成功させようと夢中になっている。この戦争は化学と細菌によるものとなるだろう。死は大気からやってくる。空戦だ。防空技術者たちはそのことを記していた。われわれの都市すべては——パリもそうだ！——電光石火の竜巻の中で消散するだろう、と。彼らはこうも付け加える。もし都市が再建されれば、すべてを救うことができる、と。そして彼らは以下のように結論する。都市は古くなりすぎていて、倒壊し、誰も住めなくなる。病はそこに潜んでいる。そこではもはや動くことができなくなり、交通はその上限に達し、速度の支配は不動に至る。

さて、機械化社会のために作られた機械化都市の問題を解決するのが現代都市計画だが、この都市計画は、防空のことで提起された問題を先取りしている。司令部はわれわれに救援を求める。都市計画は——改めて——戦術の一部となるのだ。

＊　＊　＊

世界は経済恐慌の中にある。悲劇的な恐慌はまだ始まったばかり。機械化は惨事の上をひとめぐりして出発点に戻ったようだ。「**ついに！**」セーヌ川の古びた岸沿いで——歴史（といってもこの歴史とは行為の歴史であって、忘れられている）あふれる岸辺で、日没の詩人たちは叫ぶ。「**ついに、けだものと乱暴者は地に打ちのめされた。機械化の時代は自ら死につつある。深キ淵ヨリ！　詩はよみがえるだろう**」

現代の機械があまりに多くの物を生産したせいで、今や消費者が不足している。消費できる唯一の消費者は生産者自身である。給与の増額を要求せずに自分自身でつくったものを消費して欲しいなど、どうやって頼めばいいのか？　値上がりした製品はどこから来るのか？　再度増額された給与はどこから来るのか？　堂々巡りである。

当局——国際委員会、専門家、外交官——は、新たな市場を探すか、自分たちの市場を保護しようとする。すぐに充分な仕事はなくなり、戦争の脅威、不幸の脅威が迫る。

＊　＊　＊

フランスの国道を、地方の道を車で駆け巡りたまえ。パリを縦横無尽に（シャンゼリゼは除く）、東部を、南部を、北部を、中心部を、そして西部を駆け巡りたまえ。地方で、ボルドーの通りを、ルーアンの通りを、リヨンの通りを調査したまえ。小都市に、村落に、（ノルマンディー、シャラント、中央山地、ドルドーニュの）農場の前に足を止めたまえ。家屋は老朽化して、その多くは崩れかけ、あるものは倒壊し、他のものも健全とは言いがたい。

平均値を出し、横方向の断面図を作成し、読解したまえ。

そうすれば以下のとおりである。**国の大部分は再建されるべきだ**。なぜなら、再建しなければ倒壊するだろうから※。

＊　＊　＊

田舎で家が古かろうとも、**新鮮な空気**が住民の健康に資するなどと、考えてはいけない。統計は、都会より田舎のほうが、大都市より小都市のほうが、死亡率が高いことを示している。大気は朽ち果てた家に勝利するわけではない。

ドイツを巡り、ポーランド、ロシア、バルカン諸国、イタリア、スペインを巡りたまえ。度合いは異なれども、同じ脅威があるのだから。

統計はさらに次のことを示す。フランス全土でも、ストラスブール、メスという二つの都市は、出生率が死亡率を上回っている。というのも、ストラスブールとメスは、ドイツ占領下にあって大部分が再建されたからなのだ。

ヨーロッパの家屋は数世紀来の、古く、枯れ果て、風化した家屋である。それらはいずれ倒壊するだろう。こんなにも長い年月持ちこたえるには、あまりに不具合が多く建てられた。私の友人のひとりは、夜、ヘッドライトがつかないと、自分の家の壁の中に入り込んでしまうそうだ。車が壊れたせいではない、ごっそり消え失せたのは壁のほうだったというわけだ！　われわれはしばしば、築100年ほどの古い家で改修作業をすることがある。［結局］すべては崩壊し、砕け落ちる。この前の冬、ガロンヌ川があふれたときは、草原が刈り取られたかのように、村々を根こそぎ流してしまった。

異なる指数に応じて、ヨーロッパの国々はすべての都市、村落、田舎を再建しなくてはならない。

なんたる工事計画、なんたる取引市場！　なんと多くの消費者が、そこに参入し、住居というこの商品に飢えていることか。

そこで私は言おう。もしヨーロッパが、石材とモルタルとレンガで再建されるのなら、はびこる危機は何ひとつ解決されないだろう。

しかし、もし私が、もはや家は石材やレンガ、セメント、砂や水で作られるべきではなく、また、地面の上でなく、灼熱の太陽の下でもなく、絶え間ない雨の下でも、冬の凍結のもとでもなく、工場で**組み立てキット式のものとして**つくられるべきだ、と言ったら。それはどんな工場だろう？　大工業、冶金、木工、人工製品に関わる工場や作業場だ。こうした工場は、設備一式を揃えて存在しているが、操業停止中なのだ。さて、建設業は現代の労働のリズムに、また、就業時間や機械や建

※　この記事は1930年10月10日に『プラン』紙の編集部に上梓された。リヨンにおける収納小屋の倒壊は11月14日だった。

ここでは、健全な物の見方が物質的かつ精神的な新しい一般経済に至りうる。結果について調べてみてくれたまえ。そのことは、非常に遠くまで達しうるし、われわれをぬかるみから出してくれる。

取り壊さねばならないだろう……死体をごみ置き場に送らなくては。

設計画の規律に従うだろう。これらの工場では——われわれも知っているように——車**たったの一台**に20万フランのコストがかかってしまうが、大量生産によって、その価格は3万フランに減額される。われわれに認められるのは、家屋の価格は半額に下がり、よって住居も半額になるだろう、ということだ。「**輝ける都市**」を設計しつつ、**住居とは何か？**というこの問いを投げかけたとき、われわれはさらにもっと低い数字を目指すだろう。

＊　＊　＊

さて、現在における潜在性は以下のとおりである。もし現在の危機を見通すことに同意し、産業を救い失業を抑制したいなら、「**組み立てキット式の家」を工場で製造することで国を建て直さなければならない**。**組み立てキット式の家**は、組み立てられ、ボルトで留められ、40メートルないし200メートルの高さとなり、もはや——あなたがたがよく考える——かつての石の家ではなくなるだろう。住居は別物になるだろう。20世紀の住居に。新しい言葉で**家の設備**といわれるものは、さまざまな工業が配慮した結果、幸福の真の源泉となるだろう。というのも、幸福とは、自由であり、得られた時間であり、汚らわしい労役をやめることなのだから。幸福とはさらに、瞑想であり、得られたこれらの時間を目一杯使うことでもある。それは無数の個人的で自主的な行動——自由そのもの——であり、その行動によって人は自我を発揮する。そしてそれは、つつましい環境で思索に耽るということであり、もっと言うなら、釣合のとれた快い環境で、**調和**という言葉で表されるこの贅沢の中で思索に耽るということなのだ。

工業が、**組み立てキット式の家**を建造し、それを整備するだろう。工業は、空間、素材、流通をやりくりし、大型客船や自動車や飛行機をつくったのと同じように、緻密に綿密に家に設備を整えるだろう。そこにわれわれにとっての証拠がある。

しかし、**組み立てキット式の家**を建築するには、まず都市開発をしなくてはならない。

そして、時代にあった住居を実現するためには、その目的を定義しなくてはならない。その目的とは、現代の良識に応えるということである。

したがって、現代の良識を定義しなくてはならない。

＊　＊　＊

建築革命？　**それは果たされた**。

工業、すなわち実現のための技術的方法は？　存在する。

都市計画とは？　権力当局だ。

機械化された住宅とは、現代の良識の潜在的欲求を満たすものだ。哲学的要請ではないか？　それが問題の核心だ。それが要石なのだ。

現在の欠落は、あらゆる領域に及び、われわれにこの、**私とは何か**、という問いかけをさせているではないか？　この問いからは逃れえない。

再検討。

個人の明確化。

社会の改正。

・・・・・・・・・・・・・・

血みどろの革命によって？　その必要はない。
明晰、安定、良識、理想、信念、そして力によって。
気骨によって。

＊　＊　＊

現代の良識を定義しなくてはならないだろう。それは、われわれがそのために住居を建造せねばならないところの人間というものを、目の前に立ち上げるためであり、都市の位置づけの定式化を可能とするであろう、その社会的責務を決定するためである。つまり、住居を規定し都市を位置づけた現代の良識の名において、**大工事**を始めて現代の都市を築くであろう政令や法や法令を、当局に要請するためなのである。

＊　＊　＊

世界は終わらない。ヨーロッパも、アメリカも、ソヴィエト連邦も、アジアも、南米も、凋落期ではない。**世界は再生する**。われわれはルネッサンスのただ中にいる。大戦争、それは最初の裂け目だ。しかし、入念な事実上の和解の後、すべて決着がつくだろうなどは思わないようにしよう。そうだ。世界は老いていない。世界は力に満ちている。そのうえ、信念に満ちている。新たな信念が鍛錬される。並外れた波乱と大きな変動を伴い、広く、深く、ひとつの大冒険が始まる。われわれは新しい事物を見るだろう。精神――そのうちいくつかはすでに――は新しい寸法、新しい比率を試みている。われわれには恒常性が備わっている。実際には変わらない、いつでもそのままの人間、という恒常性が。しかし、発展のカーブは驚くべき飛躍をとげた。新しい比率がそこにある。当面について、あるいは未来についてわれわれが思い描くすべては、ああ、私はそれを確信しているのだが、実際のゲージ以下なのである。われわれはあまりに矮小化して物事を見ている。しかしわれわれの精神は、すでに、新たな寸法を試し、昔から口にしてきたものの食べ滓――風化したこれらの都市、際限なく切り刻まれたこの土地、脈絡のないこの散乱、シャボン玉のように壊れやすくなったこの倫理――が配膳されたこのテーブルを離れ、解放されたのである。われわれの精神は要求している。白いテーブルクロスを、と。

1930年10月

●

緑の都市

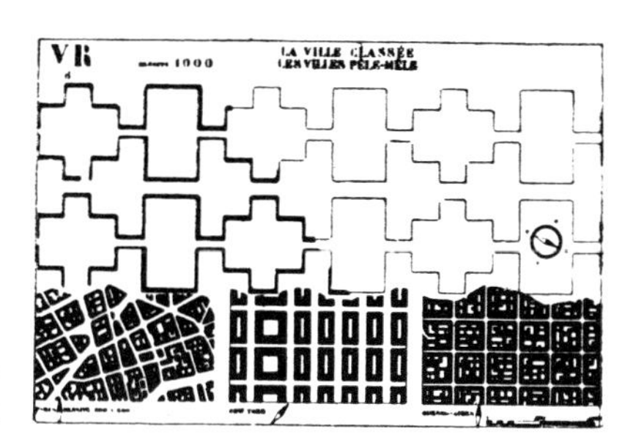

パリ――ニューヨーク
――ブエノスアイレス

同じゲージ。超過密状態にある
「輝ける都市」の住宅街と、
われわれの現在の都市との比較。

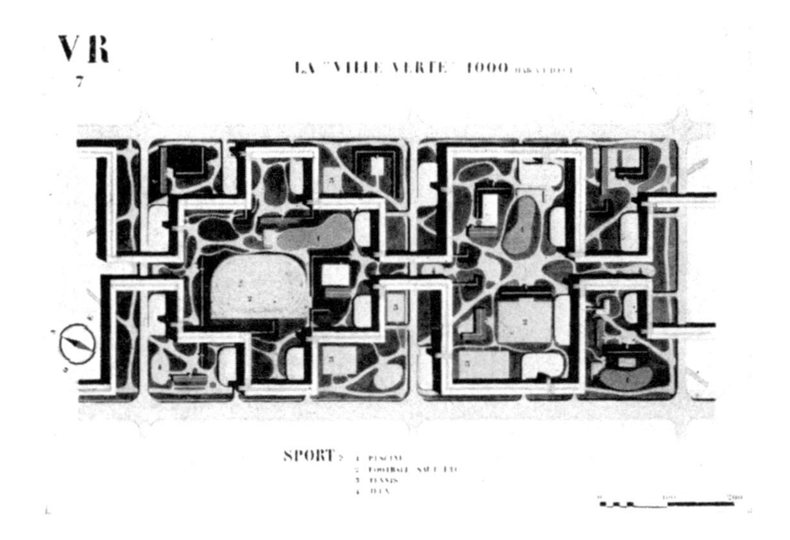

「輝ける都市」？　われわれが望むなら！
ある日、おそらく、責任者たちは理解するにちがいなかろう！

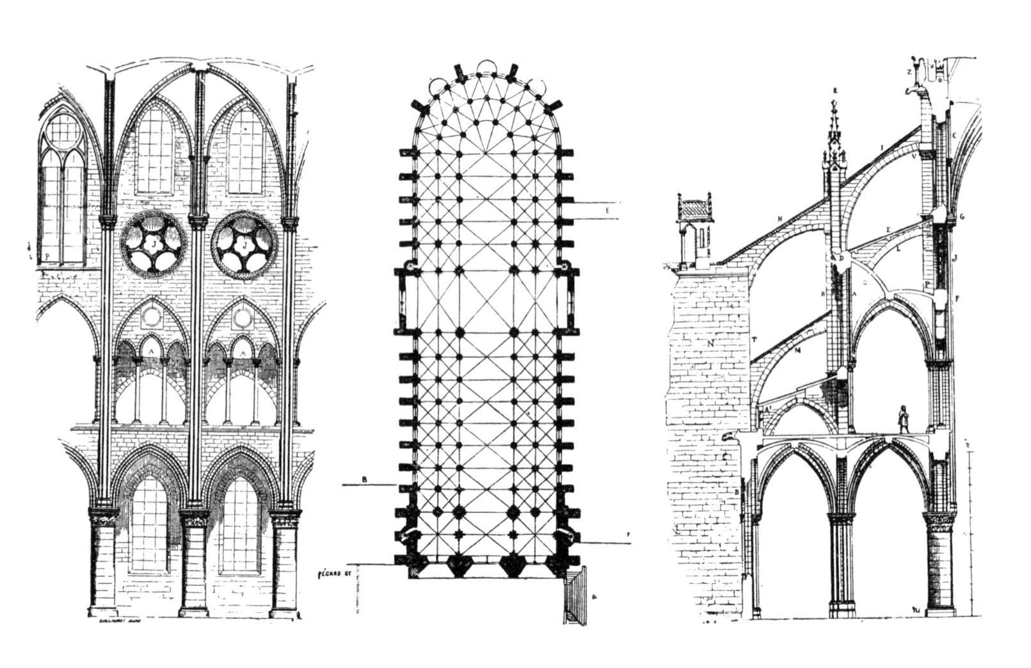

3. MENACE SUR PARIS
パリの危機

私のように、絶え間なく都市化の研究をしていると、驚異的に存続する無秩序のなかで、また生活上の必要と特別な打算が混在するなか、復興をそこかしこに萌芽させ、ひとつの指導方針なしにその生命力を表明する、このパリの光景に無関心ではいられない。

このエネルギーのなんと美しいことだろう、しかしどのくらいの観察者が不安のなかにいることか！私の研究中のその調査の成果をここに表明し、時の経つ感覚にますますせき立てられ、私はパリについてのこのページを付け加える。

日々の喚起のもと、私は**パリの危機**を書く。

＊　＊　＊

「あなたは大げさですな」と穏やかな精神のかたがたは言うであろう。

しかし、私は、この題名で表現した、つまりこの色あせ、ひび割れ、硬直してしまうかもしれない街について、常にあらがう不安のなかにある影を、証明することができるかもしれないとしたら……もし私たちが行動しなければ、私たちがパリの生活について考えることをやめたら、私たちがヨーロッパの黎明期が終わることを考えたら、私たちがこの街の伝統を否定するならば、もし私たちが妥協してしまったならば！

誰がこの千年の歴史を持つ都市に新たに立ち上がるだろうか？　だれが人々の待ちこがれるパリに美しい賞賛の言葉をかけるだろうか？

パリは、デカルト的知性の中枢、すばらしい芸術の戦いの地、パリの並外れた文化的潜在力、パリは常に判断することを体得し、そして常に判断されることを知っている、故につねに現代的なのだ。

＊　＊　＊

私はパリへの愛情ゆえに言おう。慌ただしい生活、そして「純粋のトーナメント」で対立する砂漠のような雰囲気。純粋（イデピュール）という考え。それだけが勝者なのだ。まわりになんと多くの死体があることか、なんとも多くが今わの際であることか。この戦いはなんとも荒々しく、新しい考えを押しつぶす。何世紀も経た真実の建築物（マッス）が非常に強力で、笑いそして歌うことができ、そして勝利に対して無私無欲なわずかな勝者しか耐えることができない。彼らは世界の並外れたもの、つまり幸福をもたらす決定的な芸術による芸術である。

私たちはその種をまき、それが芽吹く、ところがそれらは踏みにじられる。私たちはまた種をまき、より深く探求し、その結果べつのところに新たな芽が出る。そして新たに踏みつけられる。それらの経験は長きにわたり繰り返される。つまり若いときから、そして熟年に至ってまでも、この作業で憔悴する。打破するためには20年間の戦いが必要なのだ。この「20年戦争」は、過去の事物という軍に対して、戦士はそれ自身一人しかいないのだ。私はこんなにも難しい街を知らない。歓迎された継母よ、私たちはその地に深くゆっくり種をまくことによって、この純粋のトーナメントに勝利することができるのだ！

なんと貴重なパリの大地。これは波乱にとんだ発明家の近年の産物による緊張ではないだろうか？物事は、スティーブンソン以前はもっと簡明でなかったろうか？　私は彼を知らないし、私たちはその時代には生まれていない。つまり、この岸に上陸した男は、大しけの海のなかで深刻にも使った筏をわすれてしまった。前方だけを見て、研究にいそしみ、そしてつくりあげた。不幸な時代を書く歴史家は存在しない。だから純粋のトーナメントの無名戦士の記念碑は存在しない。

混乱を知らない、デカルトのパリ。明白なパリ。

＊　＊　＊

リオン湾に、死(モルト)の町がある。エギュ・モルトという砂浜の港にある町で、前方に葦の潟、後方に海水の湿地を有す。この町は聖ルイによって、十字軍の乗船が可能になるよう、すべて石でつくられた。無傷の城壁は防衛軍の建造物である。これはまさに入念で几帳面な防衛の産物である。石材は明瞭で、縁は鋭利。それらからは精神的な光が発散される。エギュ・モルトはパリから来た。パリジャンによってパリジャンのためにつくられた。エギュ・モルトにおいては理性が全能であった。それにもかかわらず、微笑みは街に向かって光り輝く。ほら、私たちが歴史を通して、至るところで見つけることができるもの。それは洞察力、精神の戯れ。それは大変な難題、自然に厳密さを持って突然でなく得られた専門分野。そしてその厳密さは世界の芸術の歴史、そしてある堅苦しさのなかでなされる。このこわばりとは精密さと公正さという貴族の特徴である。この堅苦しさは、とても素っ気がなく、か細く、強さがないだろうか？　全くそうではない。それは右にも左にも傾くことがなく、しかし綱渡りの綱のようなしなやかさがある。数学的表現でいうところの、純粋な勾配、ひとつのシルエットである。

ノートルダムの内部、フーケの絵画、ヴァンセンヌの主塔、クルーエのデッサン、ポンヌフ、ヴォージュ広場、ポンロワイヤル、ニコラ・プッサン、アンヴァリッド、コンコルド、凱旋門、芸術橋、アングル、サン・ジュヌヴィエーヴ図書館、エッフェル塔、セザンヌ――、これらの厳密な硬さ。年月を経たパリの遺産。教会の鐘から市役所の屋根に張られた綱渡りのロープはまっすぐではない。極度の張りのなかのそれぞれの点で釣り合いがとれた、理念の描線である。世界中を旅し、現状分析をすることで、私たちは真価をみとめる。パリは、イル・ド・フランスの中心、芸術を付与された地である。パリの描線は非常にうまくできたまっすぐで正確な描線。さらにもう一度、それを理解するために世界中を旅しよう。

＊　＊　＊

パリで私の心をうつもの、それは生命力である。千年以上ものあいだ、つねに美しく、褒めそやされつづけ、つねに新しく、刷新されるパリ。真価の基準は、純粋のトーナメントの囲いの中に置かれた。パリは生きる。

しかし、私の不安の原因はここにある。わたしは恐れる。パリに人々が関わることなく、実行が決まり、パリの伝統に従うことを。パリの街は今日、病気で硬直している。パリは偉大で、そこかしこが老朽化している。コルベールも処方できないし、外科医も手術ができない。診断すらできないのだ！

＊　＊　＊

私は無謀にもうぬぼれて、またこんなふうに質問をすることができるだろうか？　どんな権利で私が判断できるのか？　なにをよりどころにして私の確信があるのか？　ご覧なさい。人生にはその鼻で感じることのできる味わいがある。それは論理でなく、意思でもなく、人生の必要をみたすものである。単純な視覚または私たちの行為の方向決定の単純な把握のような、より精緻な知覚のよ

ジャン・フーケ（15世紀）描き方を知っていた画家は、明快さを持ち合わせ、先見の明があった。（チャールズ7世の肖像画）　写真＝ジドロン

ポル・デ・ランブール（15世紀）パリの門、ヴァンセンヌの要塞。写真＝ジドロン

「まっすぐな線はフランス的ではない」そのように書いたのは「ル・タン」紙の記者である。

歴史。歴史上のパリ、結核を煩っているパリ。

うなもの。つまり私たちは行動する。生活の力につかさどられて行動する。

生活！ これは移り変わる行為であり、動きであり、企てであり、宿命であり、瞬間であり、それを掌握しなければならない！ それらの特徴は表明する「いま現在の推進する力」。私たちがそれを奪い返し、強くならなければ、私たちはかびて、腐ってしまうだろう。いま現在は明白だ。つまりおさえがたい、止むに止まれぬ機械化マシニスムの氾濫。新たな時代は確立され、いたるところに出現し、完全に立ち上がり、自身の前に押し出し、押しのけ、移動させ、勝ち取る。新たな時代は、数世紀来の次元の体系を変え、新しい時間の長さを認めさせる。すべてがあきらかになる。すべてが新しい春の喜びとなる。活動、楽観、研究、作品、誇り、名声、集団、熱狂、力強く健全な冒険。しかしながら、それにたいする反動が動員され、停滞という城壁をとげによってまもり、人々の苦悩をものともせず、固持している。そして強い反動が立ち上がり、意見にすがる。行動したい私たちを打ちのめした満足が、かびた街によって数百万の気の毒な敗者と抑圧された人々を呼び止める。「気の毒な皆さん、何世紀もの評判を落とそうとしているのです。破壊者、この心ない者たちは、あなたの街の美しさを壊したいと望んでいる。

悲惨な場所であるけれど、この街のすばらしい歴史を全滅したいと望んでいる」と反動者は言う。反動者は新聞に、雑誌に、発言に、意見を取り込みたいとおもう。反動は立ち上がった。

現代の叙事詩がはじまる、その戦いの準備の時がはじまった。小さな恐怖政治！ 街はますます腐り、これから街は不合理になる。あふれる機械主義が取り壊しをまき散らす。パリジャンはどこに敵がいるのかも分からない。

春になると、パリの人は裕福であれば、子どもを町から遠くに送る。パリはその魂を失う。大衆の喜び。20年間それを続けた。なぜなら狭い視点ではその未来の展望を遮られてしまうから。パリはあきらめながら、毎日、その伝統を否認する。パリの危機。

＊　＊　＊

パリの審美眼、パリの大胆さ、そしてパリ精神の論理について語りましょう。どのくらいの人々がパリを、その光の行為を期待したか再考しましょう。それだからこそ、私たち建築と都市計画の専門家はこの「輝ける都市」の確信を提案する。

パリの栄光。パリの審美眼。綱渡りのダンサーの綱はある良いイメージである。綱は危険な均衡の舞台。そこでは均衡のみが賞賛の叫びをもぎ取ることができる。綱渡りの綱は、ある点から別の点までまっすぐである。つまり綱は刀の大きな一撃の切り目のようなものだ。しかしながら、根本的には、それは曲線、それぞれのつながれた点からのある数学的な曲線である。それは重さと2点の距離の均衡である。数学者は「均衡のとれた綱の曲線」と定義した。私たちはそれほどのしなやかさの集結する正確さを想像することができない。綱渡りの綱は均衡のとれた複数の点の無限の箇所である。

混乱は一般的に、機械主義の氾濫による毎時の選択決定の押しつけによるものだ。この疑いの中、今日、常につきまとう、簡略な考え方が行動する人々の好みとして優遇される。

つまり人々は二つの極端な質問を設定し、黒か白を選ぶ。作業をはじめると、すぐにこの選択の誤りに気づく。そして顔を赤らめることなく、突然黒から白へうつる。何たる矛盾。その反対に、新たな学派がそれ以前のものを覆す。戦後私たちは「主義（イズム）」に喘いでいた。表現主義、構成主義、機能主義。極端は極端を生む。しかしパリは中庸にいつもいる。パリの生活は右でも左でもない。満干の二つの意見の両端の一方また一方が立ちはだかるところの、あるきっぱりとした断面の中心を流れる。パリは世界の創造の力の河口であり、その荒々しさの交わる線によって支え合っている。均衡。この大変な生活を表現するためには、左、右舷にゆれないように、均衡をみつけた剃刀の刃の上を踊るようせねばならない。

あらゆる嵐がぶつかり合うパリのなんという力よ！(アカデミーは、もちろん、それに気付いていない)

＊　＊　＊

パリの大胆さ。この初めての大きな新しいゴシックこそが、ノートルダムである。小さな石から小さな石へ、丸天井はそれぞれ、フライングバットレス、柱、扶壁、土台に受け渡す。斬新の限界、魅惑的な構成の危険のなかでの成功。そしてすべての設計において、何世紀ものあいだ、このようにして作られたのだ。私の精神の中に、常にこの様子を思い浮かべる──剃刀の刃、正確な解決の箇所。巨大な構造物マッスの力ではなく、斬新な均衡の鋭さの力。先に述べたと同様、美的な計画について。休戦記念の夜、私たちはコンコルド広場のイルミネーションに出会った。このような情景はいままでなかったものだ。パレ・ド・ラ・プラスをつくった建築家は、このように彼らの考えをこのように明確な表現を考えるべくもなかった。漆黒の夜、パレ・ブルボンからガブリエル通りの建物へ、マドレーヌへ、チュイルリーの欄干から凱旋門、そして、オベリスクの中心が、正しく、より純粋な、より強固な、より直線的なものが、調和を見せた。描線は光によって引き出され、黒い影によってきりこまれ、屋根組の飾りと空による偶然の切り取りの混在はいっさいなく。あるきりとられたすばらしい強さ、つまり建築家がつくった、そして簡略化されたしか見えない、完璧な強烈さである。それがすべてで、ほぼなにもない。

アポロンの槍のようなまっすぐな線、線と線のあいだのスペクタクル。つまり建築のメカニズム。それは2、3年前のことであった。この年、特質は翼を閉じた。投光器を2倍にした。柱のあいだを照らした。線のシンフォニーはもう演奏されない。イルミネーションをした、ただそれだけだ。

パリの大胆さ。われらの誇りルイ14世の大きな設計。パリの危機、それは、愚かにも、私たちがそれをやったと思うこと。

パリの大胆さ。ナポレオンとオスマンによる、パリの何世紀もの古くささの残留へのまっすぐな大砲の攻撃。パリの危機、それは、愚かにも、それ私たちが撃ったとおもうこと。

パリの大胆さ。エッフェル塔、パリのしるし、パンパやステップ、北アフリカ内陸部。

ブレッドまたはアメリカの極西部の奥からでも、夢中となる首都の中心部の愛すべき象徴。

しかし、パリの危機、ああ、そうだ、なぜなら私たちはわすれた。ロダンや他の大胆な人々なしに、パリは塔を壊されていただろう。産業館(パレ・アンドストリアル)や機械回廊(ギャラリ・デ・マシン)が壊されたように。パリの危機。エコール・ミリテールという貧弱な建物のために機械回廊をこわした。小さなものをひけらかすための殺人的行為だ！　パリは、19世紀末にはエッフェル塔以外の、冒険や大胆さを見いだした建物をすべて破壊した。

＊　＊　＊

違う国を旅しよう。違う大陸を。人々はパリを頼りにしている。他の年も同様に病気であり、機械主義者によって壊されている、新たな出来事で変調をきたしている。世界の都市は不確かな中で、恐れを感じている。考えてみましょう。どこもかしこも政府がアカデミーを設立した。これらは霊安所だ。彼らの冷凍庫のなかには遺体しかない。その扉はしっかり閉められ、外から入り込むもの

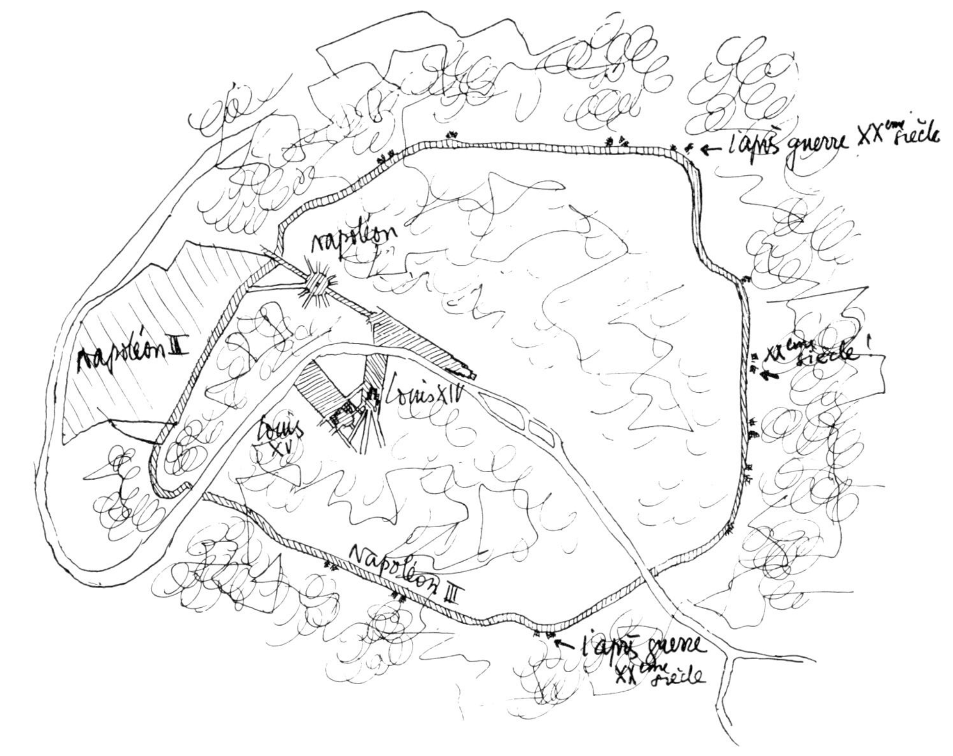

第三共和国はパリに大胆な改修を行なった。交通、車道、数多くの公共サービス。都市計画としてはすべての点で衰退している。このクロッキーはルイ・ナポレオンの計画を示したもの。街の入り口の線は20世紀の戦後できた国道である。混乱、拡散、本当の責務の欠如。計画の無能力による、わずかな普及。社会的、技術的問題はほとんど手がけられていない。

中世、セメントがなく、小さな石材によって、摩天楼をつくった。

第三共和国は摩天楼を、古い道沿いにブルジョワの高く包囲する建物で覆って、埋めた。
道の回廊と石の砂漠。

空気と光と緑を、そこここへとりかえす。街に大きな計画、大きな構想、大きな将来を与える。街は飛行機の視点。将来、飛行機はわたしたちのものである。車が走る。鋼鉄、鉄筋コンクリートはわたしたちの家にある。いいえ、いいえ、いいえと「パリの友人たち」は歴史のもとに言う。歴史？　しかし歴史は生活。彼らは恐怖を感じないのだ！

はない。電話線はアカデミーと政府だけを結ぶ。危険ばかりで、私たちはこのように、政府がアカデミーの意を汲み取る危険なときを生きている。政府は、無自覚に、街の抑制を目撃する。だれがアカデミーをあえて壊そうとするだろうか、だれが政府にこの都市計画を導くように命じられるだろうか？　人々の声で、いつかその声が聞かれるだろう。しかしなんたる切迫！

世界を旅しよう。あなたは有力なパリの行為がこの冒険の引き金になっていることを知っていますか？　つまり機械の時代（エポック・マシニスト）の街が建てられることを！

＊　＊　＊

もう、このように遠回りはしまい。もう「私たちは少しずつルイ 15 世のプログラムをつくりあげている（オスマン通りの開通に際して。1927 年 1 月 15 日）」とは言うまい。あえて言おう、書こう。しかし、構想し、議論し、決断し、行動しよう！　時間があるうちに！　私たちがパリはさらに必要な機能があると考えるかわりに、流れのままに来て、そして警備人を増やしてしまった！

なんと不安なことか！　毎日パリは硬直する。私たちは同じ場所に巨大なビルディングをつくることを許しつづけている。若い人はもういないというのか？　計画の展望はないのか？　偉大な伝統の軌道は破綻したのか？　私たちは敗北し、打ち負かされ、うちひしがれ、途方にくれたのか？　小さな恐怖政治！　何の？　私たちではない、なぜなら私たちは多数だ。私たちはもし考慮されれば、多数だ。知らなくてはいけない、考慮されなければいけない。そしてアカデミズム精神の養成所（コンセルバトワール）を飛び越えなくてはいけない。

この次元について、この場所の財政について、それ自体の現代的事柄によって問題は提示された。つまり新しい解決が存在する。それは現代社会における新しい手段の処置なのだ。状況は明白だ。絶望的な街の病だが診断は可能だ。私たちはそれがどこで、どのように、何によるものなのか知っている。行動しなければならない。土地の再評価によって、それに遅れまいと資本家がひきよせられた。金勘定が提案する。不可能はない。やらなければならないことは実行可能である。建築家の時代、今日、建築家は街のなかのいくつもの小さなことに関わる。パリには秩序が必要である。だがそれをあたえるのか？　知識層はすでに調べを行なった。彼らは常に危険を冒す用意がある。痛みを、変化の疲れを覚悟している。彼らは新たなものへの好奇心がある。彼らは調和が必要だ。彼らはアイデアを彼の仕事に与える準備ができている。

＊　＊　＊

唯一無二の時がはじまった。パリの街はそれにかかっている。不注意でパリ全体が凡庸の中で崩壊しうる。凡庸なパリ！　それはありえない。パリは退位するところである。なぜなら閑職の椅子に留め置かれた、疲労した精神があるから。彼らは小さな恐怖政治と小さな冷たい汗である。彼らは責任を信じ、なぜなら彼らは確信により抑制するからである。パリは抑制することができる。私たちもそれを知っている。熟慮する厳格な母、かつてパリは危機のときまで、おさえることを知っていた。しかし、危機のある今、パリは跳躍のための飛躍のための助走をしなければならない。

＊　＊　＊

輝ける都市は冒険、喜び、活動的で生産的な、熱狂のなかで建設されるだろう。信念、美への愛、新たな構想の建築的大きさの中で、そして、すばらしいあらたな規模とともに！

本当のパリの危機が存在する。もしパリが行動しなければ、パリは衰退する。

1931年1月

●

パリはその地で妥協することなく変わっていった。それぞれの人の思いは何世紀にも渡ってパリの石に刻み込まれる。このようにして、パリでの生活のイメージはつくられた。パリは続いていかねばならない。

（ブエノスアイレスでの講演のためのスケッチ、1929年）

「おぉ、私の美しいひとよ！」…

（それは都市計画にもあてはまる）

パリ、大通り、こんなにも物悲しい駅周辺、通り、
——険しい回廊、黒色、崩れ落ちる空、
それらを再び見出し、私は途方もない憂鬱を感じる。
（1930年8月）

建築、都市計画、
われわれの幸福、
われわれの良識の状態、
われわれの個人としての生の均衡、
われわれの集団としての義務のリズム、
それらは、**24時間体制**、つまり太陽の24時間のサイクルによって管理される。太陽は命じる。すべてを——思考、行動、運動、機能、指針、義務を。これらは、二つの眠りの二つの扉のあいだの、正確で宿命的な拍子に合わせられている。毎朝、生は再稼働し、活力は一新される。毎晩、まぶたは閉じられ、眠りは説明不可能な奇跡をもたらす。
24時間！ それが拍子で、人間の生活のリズムであり、すべてを管理する単位だ。
距離、寸法、配置の問題は、24時間というこの厳密に制限された枠に組み込まれている。

＊ ＊ ＊

住居？ 家という交響曲をこの限定された時間に収めなくてはならない。
住居？ 身体と精神。生物学と感情。行動と休息。疲労と回復。日々の収支、つまり資産と負債。この収支という言葉は不吉だ。もし毎晩赤字があったら？ そのときは死の勝利、楽園の喪失だ。もし毎晩差し引きゼロか、もっと良くなって黒字だったら？ そのときは新しい人生、光明だ！
だが、ということは、われわれは生きる理由そのものに言及しているのだ。そうなのだ！

＊ ＊ ＊

政府、**権力当局**、族長、家長、部族の賢人、知る——知るはずの——者よ、おまえは住居の意味を意識しているか？ おまえは何を支配し、何を治めている？ 帰結、結果、すでに為された事物、ゴミだ。**原因**は？ 人間の均衡の基礎にあるものではないのか？ おまえは知っているか？ 知ろうとしているか？ この基礎が今日何であるべきなのか、また、今日もはや何を許容してはならないのか、ということを。おまえのあらゆる尽力はこのこと、すなわち仕事を斡旋することにある（そしておまえは大衆に何でもよいから生産させておく、**彼らの不幸のために**）。後見人の権限として、見抜くことを学んではどうか。今、おまえはこんなふうに叫ぶべきなのだ。「**今こそ問題の大本に私が立ち入るべきときだ**」と。

＊ ＊ ＊

住居、**都市**、それはまったく同一の単位の表出である。**都市**に言及するたび、われわれには分かっている。すべてを企てねばならないということが。そしてまた、都市の工事に着手するとき、われわれは各人に仕事を与えるだろうということを知っている。それは即ち、われわれは不毛で、不吉

4. VIVRE! (RESPIRER)

IL FAUT SUPPRIMER LES BANLIEUES ET METTRE LA NATURE A L'INTÉRIEUR DES VILLES

生きる！（呼吸する）

郊外を取り除き都市の内部に自然を整備しなくてはならない

で、ばかげた仕事を**廃止し**、**禁止**できるということである。それが今日われわれの目の前にある工事であり、それは行動と成功のための素晴らしい可能性に満ちた言葉なのだ！　しかし、世俗染みたものから解放された精神を持たねばならない。物事に対するヴィジョンが必要なのだ。ヴィジョン、すなわち、きちんと立てられた方程式を解く道筋をたどること。この計算の結果を敢えて明示し、己の前に目的を打ち立てること。目的、それは、現在の生の絶望的な価値の下落を、われわれに免れさせることである。そのための準備はすべて整っており、すべては科学によって実験済みなのだ。世界中に、計算、図面、図表、サンプル、証拠がある。

頑迷に自己弁護することもできるだろう。「そんなの無理だ、あまりに広大で途方もない仕事だ！」と言えばいい。それにはこう答えよう。「あなた、われわれは5年にわたって戦争するすべを知っているんです。数百万の人を動員し、数百万の人に補給をしました。大砲をつくり、弩級艦をつくり、航空機をつくり、時計屋並みの精度で、砲弾の連続射撃、嵐、暴風、台風をこしらえました。『マスコミ』が戦時の活況をつくり出したことも知っています。どこの新聞も、毎日毎日、5年に及んで、精力を注ぎ、世論を左右しました。輸送の奇跡も実現しました。というのも、アメリカ［の船艦］は魚雷の撒かれた大西洋を、百万の人とその装備一式を伴って横断したのです。それに、諜報活動の監視を組織化し、防諜機関をつくり上げました。精神的なものであれ物質的なものであれ、使われなかった人間のエネルギーなどありません。腕力、頑迷さ、夢想、推測、俗っぽさ、理想と粗暴、そして野蛮と宗教。教会さえもが動員されました。イエス・キリストは［人の世界に］順応させられたのです」。

＊　＊　＊

改革は、紙の上で直角に表され、事物の現状に対する現行の「適応」がわれわれに強いる歪曲した面を持たない。そのため、あらゆる改革の提案に対し、敏感な人たちは苛立ち、アメリカナイズされているとわれわれを責める。**直角とはアメリカ的なのか？**　このことでもって、われわれはやりこめられる。戦後まもなく、われわれが体制を利するために行なったキャンペーンのせいで、自動車の蔓延によって「ろばの道」※で引き起こされた混乱に反発した、都市計画担当のあるコラムニストがパリの大新聞で告発していた。「直線はドイツ的で、曲線はフランス的だ」と。直角と直線はフランス的ではないだと？　ナショナリズムがたわ言を口にする。

以下のことは、私を1922年へと、「**300万人の現代都市**」を造ったときの精神状態へと立ち返らせる。それは、分析による計算であったし、また、乱暴な直観による**都市の新しいゲージの創設**でもあった。この研究は長期に及び、根気のいる、体系的なものであったが、結果は必然的であり、**そこには至るべくして至った**のである。しかしそのとき、どれほど私は混乱したことだろう！　私は苦悶に満ちた数週間を過ごしたのだ。私の頭の中で、視界の中で、物の概念の中で、新たな次元が生まれていた。私はそれを糧に生き、それによって感じていた。私は、パリを四方八方に大いに駆け巡らざるをえなかった。大通りも、われわれがジオラマを実施していたアトリエのあったタン

※　「ろばの道」は『都市計画』（クレ・エ・シー）の最初の章であり、そこでは、［ヨーロッパ］大陸のいくつもの大都市は、最初の荷車輸送によって定められた水路交通網の上に日々発展していったということが示されている。もし、ある確かな本能がこの川筋を導いたとすると（もっとも努力の要らない法だ）、**予め念入りに準備された**新しい装置が、人間の歴史においてまったく新しいこの現象、すなわち高速の乗り物に呼応すべきであるのも、納得である。

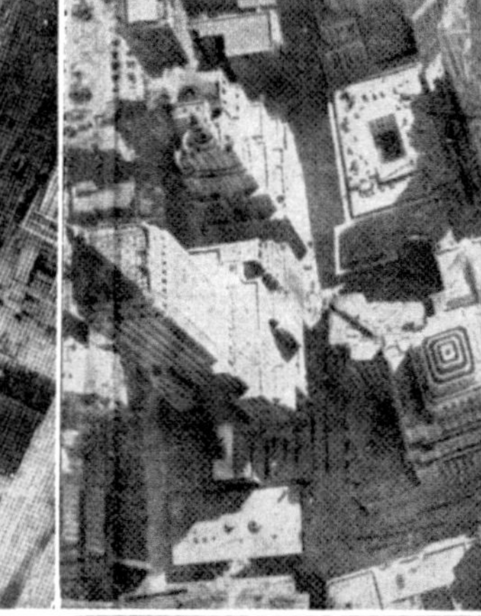

働くために生きる！　疲れ果て、取り乱し、意気喪失し、自然の事象からあまりに遠く隔たって、このような策略の深淵へと身を投じる。集まったのは？　優れた討議で切磋琢磨するため？　いいや！　苦しむためだ。都市の中を——われらが都市すべての中を、あまりに遠くへ行ってしまったし、あまりに遠くへ行かせてしまったので、人間の歯車は変調を来し、そして、われわれが変調を来すのである！　……花々よ！　花々の真ん中で生きるのだ！

花、太陽、喜び。誰のために、いつのために、「百貨店」がわれわれに提示するこれらの麗しい衣装はあるのか？

スポーツとは？　選手のためだけのもの。（20人のアスリートに対し2万人の観客）。一方2万人の観客のためのスポーツがありますか？　命令：皆のためのスポーツ［がなくてはならない］。それが問題だ。

プル地区も。崩れかけた都市や、この不在の空、そして、通りに穿たれた、深く、暗く、天変地異を思わせるような裂け目が、私の胸を締め付けた。だが、われわれの想像上の都市の中に私がつくった広大な空隙も、あまねく広がる空に支配されており、私は強い不安を覚えていた。その空隙は「死」ではないのかと、憂鬱がみなぎっているのではないかと、住民を恐慌が襲うのではないか、といった不安を※。

どこに答えを求めるべきか知るのに、私は８年間不安な思いで過ごさねばならなかった。その答えはこうだ。機械化の時代における人間の機能とは本当は何か？　もし私が、私の考える人間の24時間を埋め尽くせるとしたら、さらに、もしその人間に充分な満足を与えられるとしたら、もっと進んで、もしこの集団的組織の中で、その人間に個人の自由を与え、その自由を回復させ、拡大し、その自由の効果を広げ、その自由が生むだろう主体性をつくり上げることができるとしたら？　あいも変わらず、都市計画家は人間を目の前に置き、自らの考える人間を見て、その人間に話しかけるのである。

われわれは生きるために働く。働くために生きるのではない。少なくともこの公理はまともに見える。今日の現実はというと、それをまさしく**逆さま**にしてしまったのではなかろうか？　機械（1830年頃誕生、1930年頃完成）は大部分の労働をすることができ、われわれを解放してくれたはずだ。機械は人間の労働を減らした。**しかし！**　そのことを考慮せず、精神の脆弱さに特有の逸脱のひとつによって、新しい需要が生まれた。**しかし**、合理的で、正当で、快いものだったそれらの需要は、常軌を逸した、数え切れない、説明不能のものとなった。そしてわれわれは**働くために生きる**ことになったのである。

もし理性が立ち直り、家父長制的**権威**が分類と愚行の断念を強要し、そして浪費を禁じるなら、われわれは再び**生きるために**（正常に）働き始めるだろう。

そしてわれわれは**自由な時間を得るだろう**（事態はわれわれがそうするように仕向けるだろう）。

自由な時間を満たすために必要なことは準備されたのか？　パリの労働者が午後３時に仕事を止めるとして、何か……有用で、健全で、快く、喜ばしい何かをするために準備された何かを、**彼は見つけるだろうか**？

答え。耐えがたく、非人間的で、子供と年寄りに酷な都市は変わらなかった。仕事の後、われわれの午後が自由になるということ、**それは危険なことだろう**。われわれは何をするのか？　大衆は何をするのか？

都市の中には居住地区などどこにもないのだ。

＊　＊　＊

現代の**都市**——輝ける都市——について説明しなければならないことは、限りなく多岐にわたる。それぞれの問いは、あらゆる方向に反響する。

私は解決に身を投げ打とう。これが**輝ける**都市の居住地区の一部だ。人口密度は１ヘクタールあたり1000人となる（ロンドンは150人であると自負しており、ベルリンは400人、パリは悲しいかな人口過剰地

※　「300万人の現代都市」。1922年のサロン・ドートンヌ。27mの長さの展示、100㎡のジオラマ。人口密度の図表。「緑の都市」。「ビル－別荘」の提案、等々

区で800人を記録している)。**1ヘクタールあたり1000人!**

役人たちは、是が非でもわれわれを郊外の田園都市(1ヘクタールあたり150人から300人の住人)に放り込みたがっている。私は、都市を都市の上に、つまり**城壁内**[=**市内**]**に**集め、その人口密度を1000人にすることを提案している。新パリ議会[1930年6月16日から20日に « Le Journal » によって開催された会議のことか?]で、都市計画家委員会は直径100kmのパリ地域について討議した! 払い下げよう、その偽物の自然と一緒に田園都市を払い下げよう。取り除こう、田園都市を禁止しよう。もはや交通機関の危機については論じられないだろう。そして、愚鈍で、閉ざされており、窒息しそうなパリの上に、**緑の都市=輝ける都市**を構築しよう。**パリの城壁内**[=**市内**]**に運ばれた自然**。まさに田園都市の自然そのものの人工の自然、しかしここでは有用だ。ではどんなふうに? こんなふうに。

(私は専門家の報告書の無味乾燥な言葉を借りている)

一個人あたりの居住可能面積(その住居につき)。

ルシュール法によって検討された数字から出発しよう。すなわち、6人あたり45㎡、あるいは、1人あたり7.5㎡というものである。このルシュール型住宅は、6人、4人、3人、ないし2人が住むことを想定したものだ。この四つのカテゴリーについて同比率の配分を推測し、得られるのは以下のとおり。

パリの美しい地区のひとつ、サン=トーギュスタン地区。この写真は、右側にある**輝ける都市**の大衆向け(誰でも住める)地区の図面と**同じ**縮尺である。サン=トーギュスタン地区の人口密度は、(戦前)ブルジョワが住んでいた時代には、1ヘクタールあたりおよそ200人から300人であった。それは不毛で、閉ざされており、狭くて、エゴイスティックな、すなわち機械化以前の都市だったのだ。

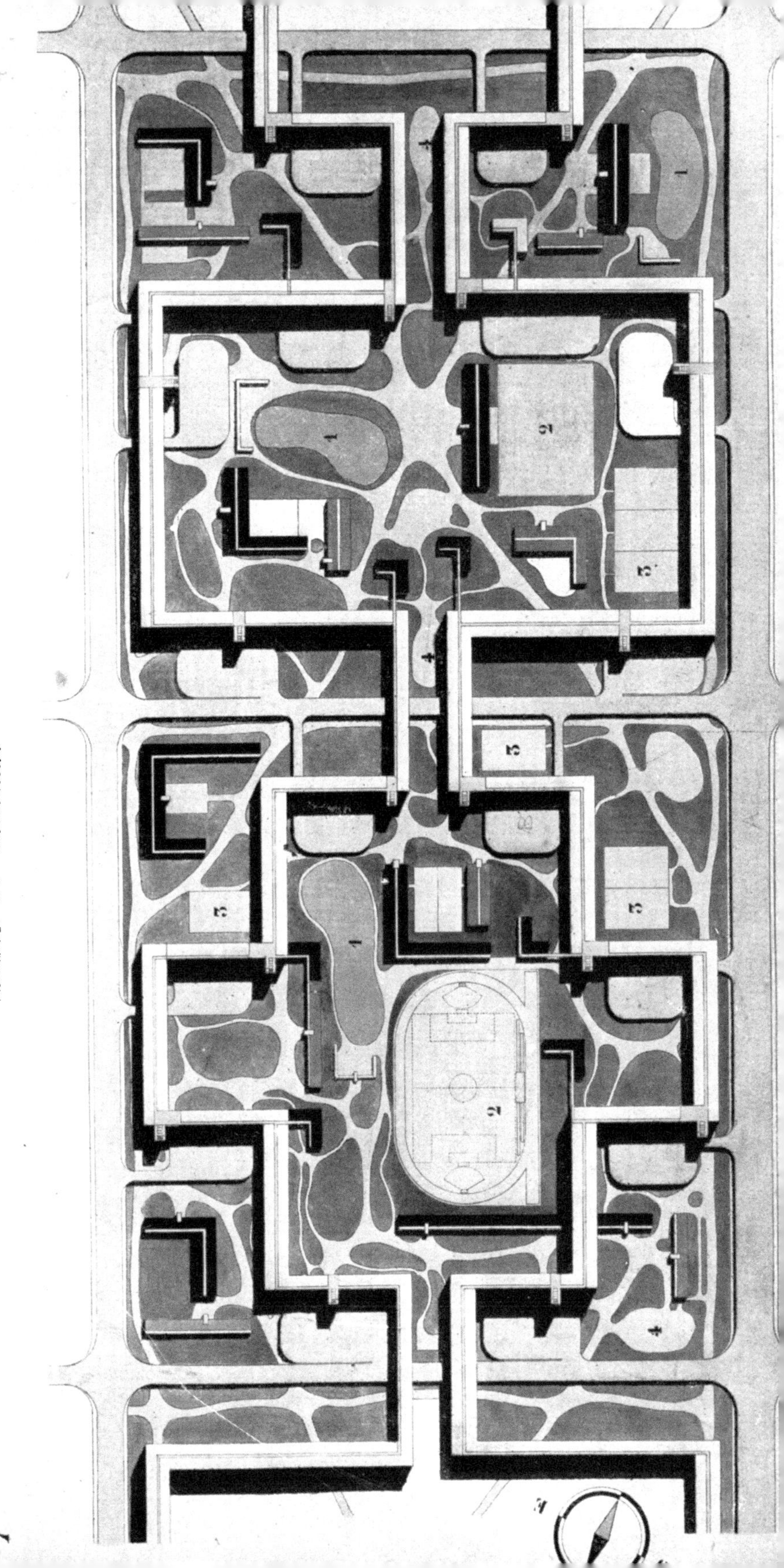

LA "VILLE VERTE" 1000 HAB.À L'HECT.

「緑の都市」1ヘクタールあたり1000人

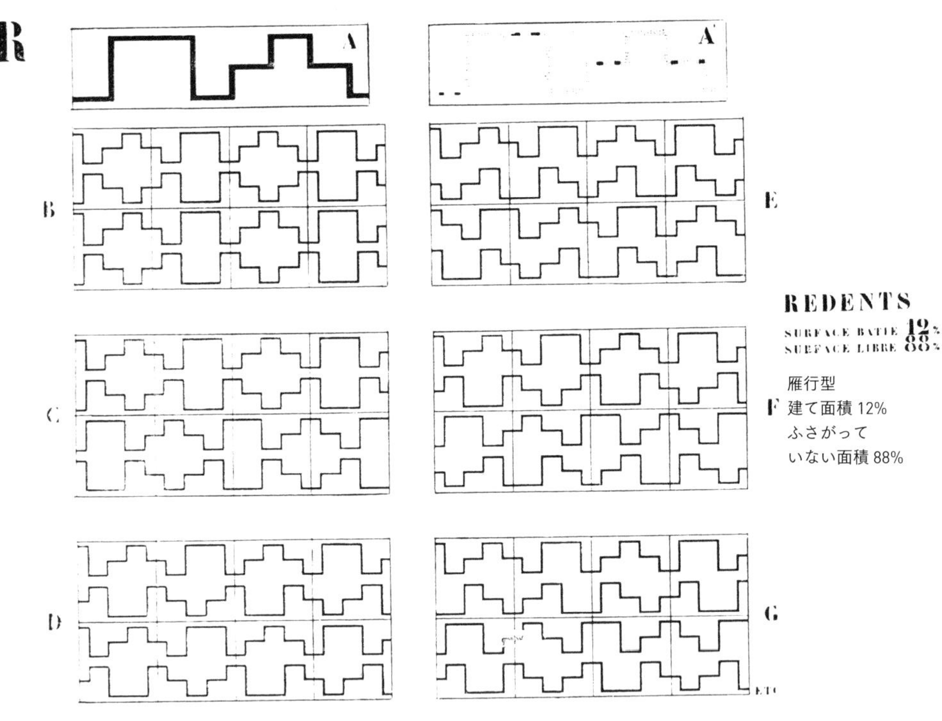

提案されたアラベスク図案（通りも中庭もない、住宅用ビル）。ここには、すでに六つの異なる組み合わせがある。
また別のアラベスク図案を、次いでさらにまた別のを、というふうに見ていこう。

6 人用住居・・・・7.5㎡
4 人用住居・・・・11.25㎡
3 人用住居・・・・15㎡
2 人用住居・・・・22.50㎡
平均は 14㎡。

住民 1 人あたり 14㎡、素晴らしい！

現代の技術と成し遂げられた建築革命のおかげで、このデータにもとづいて驚くべき住居をつくることができよう。繰り返そう、飽きるまで。おそらく 200 万の住民があらゆる自然な家の仕組みに逆らって住んでいるのだ、と。彼らは窒息せんばかりの殉教者生活を送っている。

われわれは、もちろん、世界のすべての都市から「回廊通路」を、通りを取り除いた。**われわれの居住用家屋は、通りというものとはまったく無縁である**。それどころか、歩行者を歩道橋上、つまり空中に走らせ、車を地上に走らせようとする、現在の傾向の意表を（悪気なく）突いてしまった。**われわれは都市の地表全体を歩行者に与えた**。**大地そのもの**の上では、芝生、木々、競技場など、地表のほぼ 100% が住民用である。そしてわれわれの居住用家屋は、空中に、ピロティの上にあるため、どんな方向にでも都市を横断できる。以下のことも付け加えておく。**歩行者は 1 台の車にも決して出くわさない、決して！**　これが新しいところだ。だが、こうしたすべては別の話である。「通りの死」と題された章でそれを語ろう。

さて、公園、遊び場、娯楽などは家の周囲にある。屋根付き運動場は家屋の**下**だ。家屋は住宅街の面積の 11.4% を占め、残りの 88.6% は屋外に開かれている。ゆえに、**運動は家の軒先でできる**ということになる。もはや決して中庭は存在せず、しかし、常にたいそう広がりを持った視界が、各窓（もはや窓さえなくなり、ガラスの壁になる）から開けているのである。

＊　＊　＊

同じ縮尺。「輝ける都市」、パリ、ニューヨーク、ブエノスアイレス。
輝ける都市では、空白のスペースを緑で埋めよ。

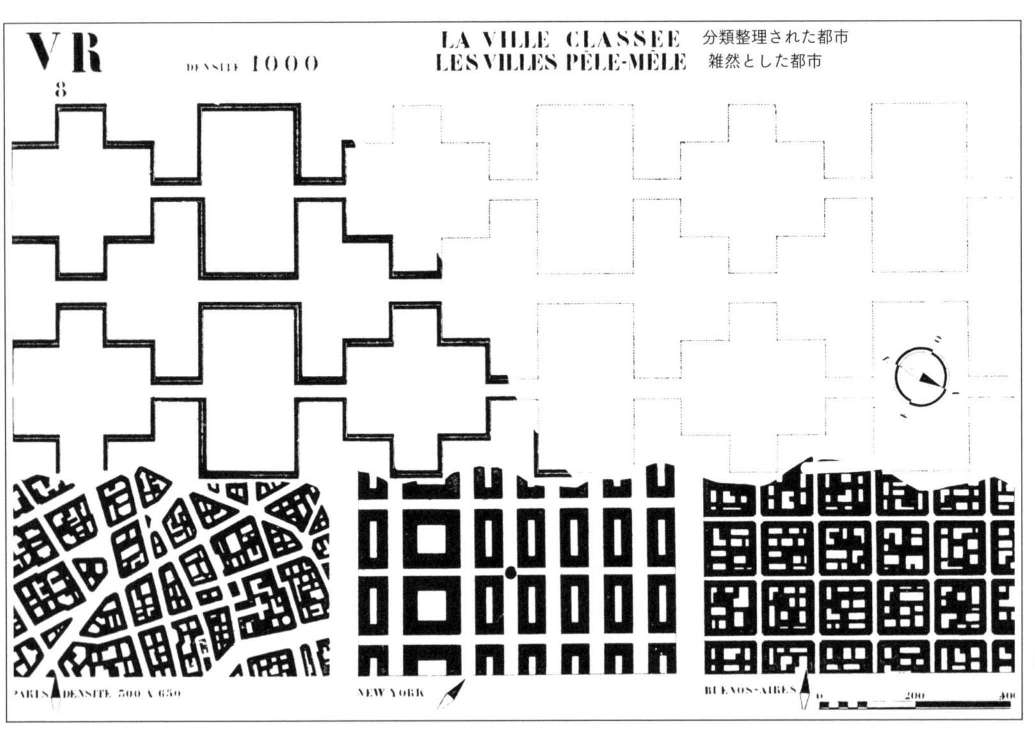

規格（スタンダード）
規則と単位

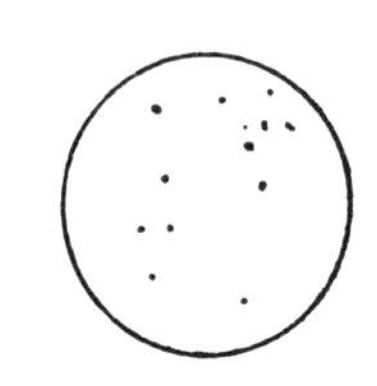

すべてはうんざりするほど画一的になるだろう！

そしてここに、われわれが輝ける都市を描き出す助けとなるような、ひとつの印象的な例がある。われわれの世界を縮小したこの簡単なイメージは、1930 年 12 月のある陰鬱な日に私に閃いた。パリの通りに汚れた雪が降り積もり、15 時には日が暮れてしまう、そんな吐き気を催させるような日であった。

黄道面に対し地球の自転軸に勾配をつけた善き神は、途方もないものをつくられた。

1º　球状の地球。そのため、地球の表面の各点は、（中心から等距離にある）他のすべての点と厳密に相似のものとなろう。

2º　いやはやすごい！　**球状の地球**は平行して降り注ぐ太陽光線に照らされる。一方の極からもう一方の極にかけて、地球の各点はそれぞれ違ったやり方で太陽の愛撫を受けることになる。赤道では激しい（直角となる）、極では効果がない（接線となる）愛撫を。そして両者の中間では、あらゆる種類の太

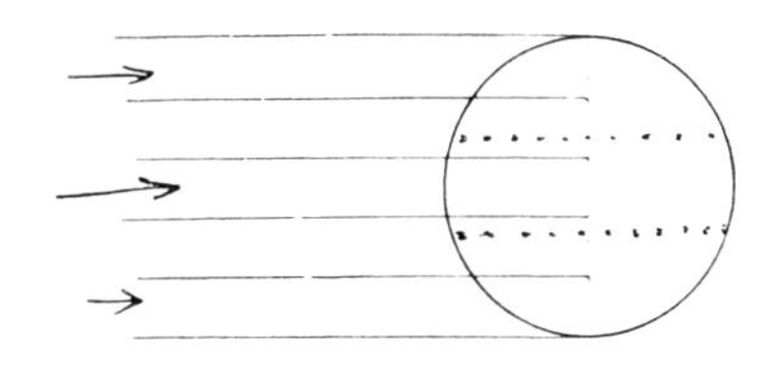

陽光の傾斜によって、あらゆる種類の温度が、それゆえ、あらゆる種類の気候や地帯（風俗、人種、色素、気温、精神形成、事業、製品、道徳、等々）が生まれる。

メキシコ湾流はすでに、この最初の幾何学的冒険の蛮行を修正するための、最初の巨大な機械である。（メキシコ湾流——と、風と結びついた太陽——は、温水式セントラルヒーティングの最初の設備、すなわち、熱量の運搬機構——ボイラーと配管——なのだ）。だがところで、どの緯線の周囲でも、条件は同一ではないのか？

3º　まったくない。地軸は傾いており、それでこのように四季があり、発芽、成熟、結実、休息、活力、喜び、憂鬱、悲哀といった見事な帰結があるのだ。観光資源としての、浜辺、山、ウィンタースポーツ。世界の観光地としての、エジプト、コートダジュール、ノルウェー、トンブクトゥ。麦わら帽子の季節、わら産業。脳細胞のリズム、薬局の主人たち、地下鉄の快い冷気（女の子のふわりとしたワンピース）、地下鉄の快い暖気。——救世軍の浮浪者たちは橋の下を去って川船の常連になる（冬）。浮浪者たちは救世軍の船を去り、橋の下に戻る（夏）。船は遠い郊外で林間学校の宿となる、等々。

この原則を確立しよう。あるひとつの規格は、あるひとつの画一的機能である。画一性は耐え難い。法則に則って好みの数を結合した二つの規格は、無数の組み合わせを生む。多様性が、また、動きや生命が、大きな数学的軸と交差してこそ、規則と単位をもたらす。さて、規則であり単位であるこの世界で、その被造物としてわれわれは、自分たちの作ったものが宇宙の原則そのものから得られたとき、調和と、そしてそこから安寧とを見出す。調和が生まれる**場**があるのだ。

＊　＊　＊

われわれは、任意のアラベスク図案に沿って展開する「雁行型」の建物を描き出した。強調しておくが、**任意の**、というのは、**まったく別のアラベスク**でもかまわないということだ。このアラベスクのさまざまな六つの組み合わせを再生産するひとつの型を示そう。というのも、これこそ居住都市の持つ外観の驚くべき多様性となるのである。この基本のアラベスク図案は 700 × 200m の矩形内に、2 倍にした場合は 700 × 400m の矩形内に含まれる（道路網は 400 × 400m であると、ついでに指摘しておく）。したがって、通りが同じ場所にある建物を絶対に分断しない以上、外観は際限なく多様になるだろう。ここにおいて巧みであり重要な点は、すなわち、自動的に多様化する基本システムを創造することなのである（前述の「**規格**（スタンダード）、**規則と単位**」参照。類似の結果に至る、ある宇宙の規則の開示）。

この浜辺は建物の屋上庭園にある。幅18m、長さ数キロの長さの浜辺だ。木立の区画、花壇、治療施設、これらすべてが屋上にある……。「**パリの屋根の上で**」。現代の技術の賜物。

この小さいネガに写っているのは、艦船の甲板上の戦闘機だ。いつになったら、観光用の、平和のための航空機が「パリの屋根の上で」見れるだろうか？

「輝ける都市」の雁行型の構成要素のひとつ。公園、中央に学校。いくつかの使いやすい場所に分散した（建物の内部では、住民の歩行は100mの距離に抑えられている）垂直のエレベーター孔が見える。車両ポートは建物の足下にあり、高速道路と連絡している。高速道路はここには1区画分しか見えない（交通についての詳細は119ページに記載）。公共サービスの階はピロティの上にある。ピロティの下を、あらゆる方向に歩行者が行き来しているのが見える。大きなプールの一つが見える。屋上庭園には浜辺と日光浴のスペースが帯状に広がっている。

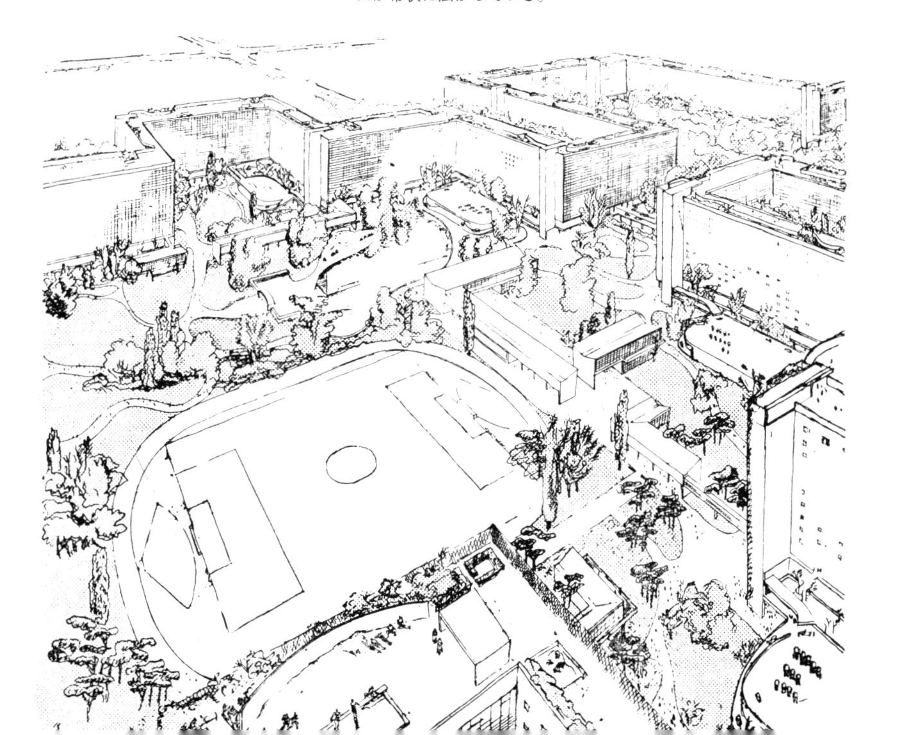

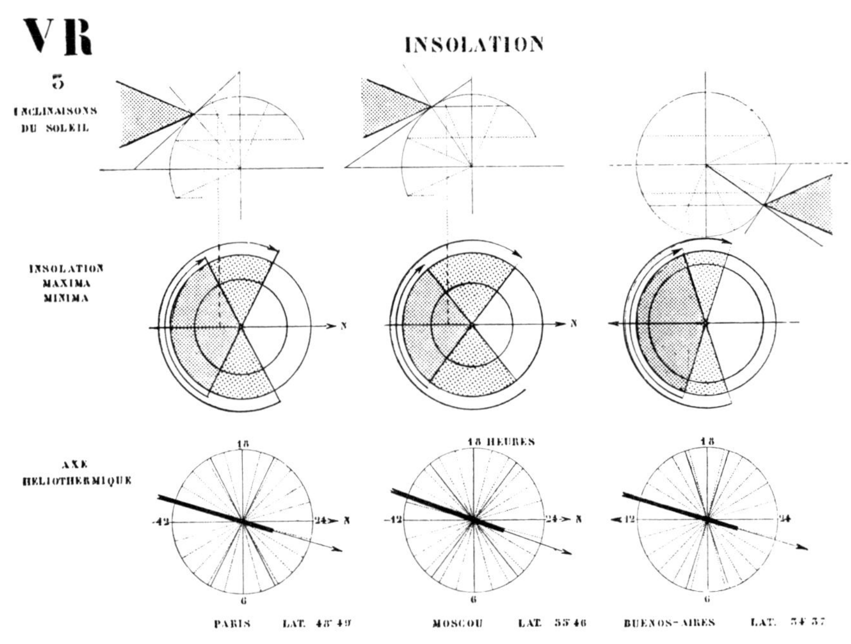

正確な計算が、各都市における、太陽の時間を教えてくれる。

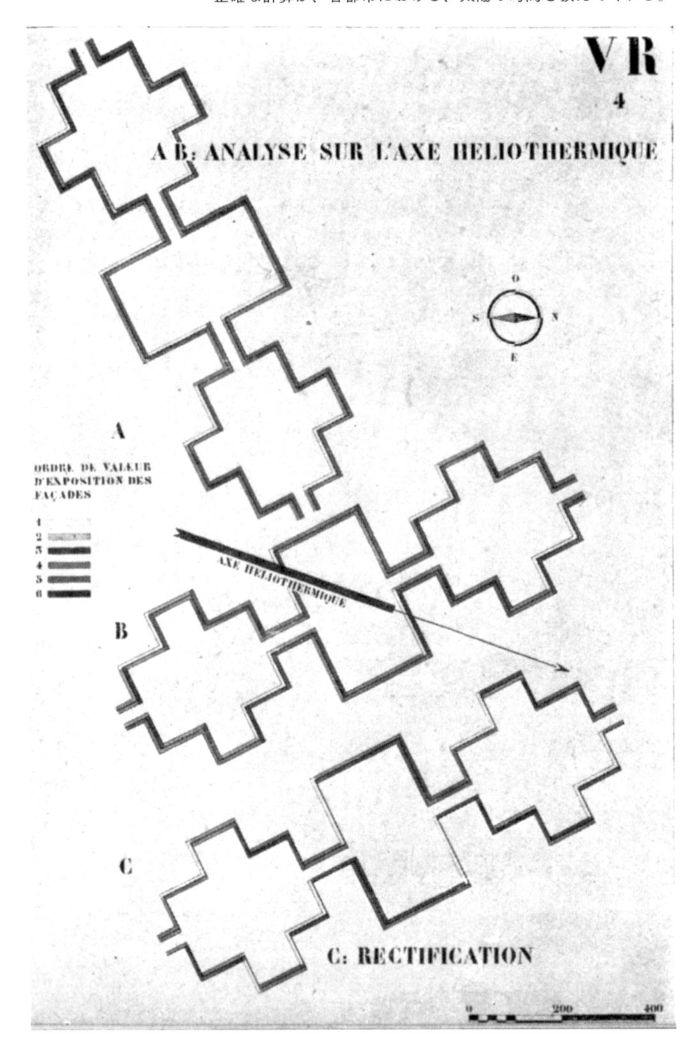

次いで、その場所での太陽に従って、各都市の基本的な方向付けが見出される。

アラベスク図案の一構成要素に沿った建物の展開は1300mになる。建物に16mの奥行きが認められるなら、居住可能面積は、

1階あたり、1300 × 16 ＝ 20800㎡となる（2倍にしたアラベスク図案では41600㎡）。

このタイプの雁行型で、その向きに応じて、さまざまな面（ファサード）から太陽エネルギーを取り入れ利用するための研究に基づき、われわれは基本図面から、いくつかに分割されたアパルトマンを削除するに至った。そこには太陽が届かないからである。700 × 400m（2倍にしたアラベスク図案）、つまり28ヘクタールの半区画の居住可能面積は、したがって32000㎡に減少する。そこで、1ヘクタールにつき1階あたりの住民数は、

$$\frac{32000}{28 \times 14}=81.7$$

（28＝ヘクタール、14＝住民1人あたりの住居の㎡）

12階分で、81.7 × 12 ＝ 980、そこに特別託児所（0歳から2歳用）に住む乳児、約108人を加える必要がある。すると合計は、1ヘクタールあたり1088人の住民ということになる。

この1ヘクタールあたり1000人という人口密度は、都市計画の新しい要素であり、その要素は、新しい方法で建築を可能にした現代の技術によってもたらされた。1ヘクタールあたり400人から500人の代わりに1ヘクタールあたり1000人、それは既存の都市の並外れた土地活用であり、この基本となる資産の価値が高まったことは、それに付随する総ての業務に資金が供給されることを意味する。たとえば、以下のような代案でパリの新しい状態を読み解こう。

旧城壁跡のあいだのパリは、8km × 11kmすなわち88k㎡、8800ヘクタールの矩形の中に含まれる。1ヘクタールあたり1000人なら、パリの城壁跡（ナポレオン3世のもの）を組み入れた矩形は、8800000人の住民を収容できることになる。ひとつの「**緑の都市**」に800万の住民だ。このような数に到達するのは望ましくない。3分の2を削り、300万人に減らす（それでもまだ膨大だ、おそらく多すぎる）。すると都市は3ヘクタールの広さ、つまり、5 × 6kmの横向きの矩形でしかなくなる。これ以降、交通の問題はもはや存在しない！　私がすでに言ったことだが、郊外を取り除き、一気に交通の問題を解決し、郊外の住民を失望に満ちた生活から引き離すことができる。

住民は**都市の地面全体**を自由にできるだろう。各人につき10㎡の公園が与えられる。身体生活は充実する。各区画には100m以上の長さのプールがある（このプールは空戦時に役立つだろう）。また、ピロティ上の建物が地面に接しない以上（このピロティは毒ガス戦においてわれわれの助けとなるだろう）、住宅街の11%は日差しや雨を遮る室内運動場となる。だがさらに住宅街の11%の上には、あらゆる区画を持つ**屋上庭園**（サンルーム、遊歩道、運動場など）がつくられている（空戦時、われわれはこの屋上庭園を何かにするだろう）。以下、目算である。あなたがたには都市の土地が与えられる。あなたがたはそこに1ヘクタールあたり1000人を収容する建物をつくるが、あなたがたの地面は100%手付かずのままとなっている。そこに屋上庭園の11%を加えると、計111%の都市の土地が、整備され、開発され、生産性を余さず発揮し、**歩行者のみの**専用とされる。それは、あなたがたが跳ね回り、歩き、走り、遊び、呼吸し、空気を浴び、日差しを浴び、そして肉体を救うため、もっと言うなら、立派な肉体をつくるためにあるのだ。速度に関して言えば——魚雷のような乗り物、今日のわれわ

れの生を不安に陥れるもの、**そうしたものには決して出くわさない！**

われわれは次に、「**輝ける都市**」の中で、どうやって車道が地面からなくなるのか、どうやって速度によって時間を得るのか、見ていこう。

生きる！　呼吸する！

1931年2月

1932年、CIRPACの会合（近代建築国際会議の執行委員会）、バルセロナの自治政府庁舎にて

A CHOISIR

選ばねばならない
これら二つの態度のうちどちらかを。

あるいは、「**輝ける都市**」の家々のもとで、こうしたことを実践する。すなわち、仕事から帰り、着替える。友はそこにいる。生きて、喜びを感じる。それから、「まじめな」ことを考えられる。

工場で、技術者は自分の図面を読む。曲線は彼に現実を明らかにする。計算によって、彼は有用な部分を抜き出すことができる。これらすべては落ち着いて、静かに、忠実に、自然に行なわれる。そして、これこそがもっとも無謀な夢の実現を可能とするのだ。

……仮説を立てるための高尚な意志

LOTISSEMENT 分譲地
――うん……大型車……それならまだしも……ちょっとじめじめした天気のときなんかは平底舟ってほどのものでもない。
（L・ケルン画）

5. VIVRE! (HABITER)

IL FAUT AMÉNAGER LE MONDE MODERNE.
APPRÉCIER L'ÉVÉNEMENT.
ÉQUIPER LA SOCIÉTÉ.

生きる！（居住する）

現代の世界を改造しなければならない

情勢を把握しなければならない

社会を整備しなければならない

建築と都市計画は、ある時代の精神がそこで表出する、疑いなく物質的な対象である。

機械装置、商業、工業といった唯一の領域に、行動の時代の成果を局限することはできない。大衆の心理は深くかき乱されている。感性は新しくなっている。この感性に適切な環境が必要だ。

すべてを調和させなければならない。

機械化、それはつまり、民衆の要求に対して与えられた最初の満足、すなわち、8時間という就業時間。

しかし1930年、世界危機、生産過剰。機械は10本の腕で、100本の腕で仕事をする。

もし1830年ごろに予測できていたなら、こう言ったことだろう。機械が人間に取って代わり、それゆえ人間は今より働かなくなるだろう、と。

われわれが必要とするのは、通常の仕事日において支出を上回った収入が残す自由裁量分に限られていた。われわれはまさしく職人だった。蟄居生活で、物品の消耗もごくわずかだった。日が沈むと、みな同じように寝た。農民は明らかな貧困の中で生きていた。生産はわずかしかなかったし、消費もほとんどなかった。市場もほとんどなかった。

機械が満たした欲求が目覚めて以降は、技術的発明がそのうえ欲求をかき立て、刺激してきたのである。

100年後、農村の労働者あるいは工場の労働者でも、ベートーヴェンやストラヴィンスキー（『マノン』も！）、また、もっとも大きな講演や国家元首の演説などを聞かせてくれる無線電信を自宅に持つようになった。週1回の映画は、奢侈と快適をもっとも強烈に誇示する一連の行事とともに労働者を襲う。

競争、**生存競争**、日々の糧の必要は、奇跡を起こした。本、新聞、雑誌は、実際に世界の変革を実行した。それはグーテンベルクの本ではなく、1850年の印刷機が刷った本である。それほどの多くの並外れた発明に、世界の食卓に整えられたこの幻想的な献立に、限界は今もなく、これからも決してないのだろうか？

いやいや！ 24時間からなる太陽日は、飽満の度合いを定めている。世界は満腹すると、もはや消費できず、もはや貪れなくなると、購入をやめる。そこで危機が訪れる。解決策は？

これ以上生産しないこと。個人を**解放し**、もはや隷属させずに、機械が働くように！ より少ない労働時間、すなわち6時間、おそらくは5時間。機械を支配し、機械に圧倒されるのをやめること。

そしてさらに、戦後におけるこの経済的、社会的圧力は、戦争のせいで、戦時中すでに、女性を仕事に加わらせ、その家族から引き離していたのだったが（ロシアはとりわけ徹底していた。女性の自由＝解放＝理想＝幻想）、これがおそらく**間違い**に通じる。主婦が家庭に、子供たちのために戻ることは、その分市場の労働力が減少するということである。その結果として、失業者の数も減るだろう。だが気をつけなければ！ 男性が5時間労働になったからといって、女性を再び、あれほど断固として逃げ出した12時間から16時間の家事労働に駆り立ててはならない。5時間の家事労働――それが平等である。

以上のことが問題の基礎となり、問題が提起される。

したがって、男性のための、女性のための、子供のための、**1日5時間労働**の都市を整備することが問題となる。新しい体制を組織しなくてはならない。これこそ、われわれが検証しようとしていることなのだ。しかし、前もってもう一言。

われわれは設計図を提示しよう。どのようにして、これら設計図は都市の現状に重ね合わされるだろうか？

私有地の整備を実行しなくてはならないだろう。

誰がそれを理解し、認め、敢行するのだろうか？　誰がその原則を認めさせ、調和ある実践に移すのだろうか？　権力当局だ！　当局とは誰だ？　どこにいる？　われわれ時代に必要な任務を引き受けるのに充分な当局は存在しない。**当局を整備しなければならない**。こういったすべてが厄介だ！　そのとおり！　だが、この不安で胸が震える時に、いったい誰が**現状**の固い枕で眠れるなどと言い張るのか？　誰でも？　皆が！　さて、まさしくここにおいて、敢えて叫ばなければならない。**危ない！**、と。そして、行動するよう説得しなければならないのだ。

＊　＊　＊

機械文明におけるあらゆる組織の要石として、個人の自由の尊重を私は提起した。

設計図を通してわれわれが至るのは次のとおり。

都市の住民は、歩行者として、都市のあらゆる土地を我がものにできる。都市の土地は公園に形作られている。都市は切れ目のない公園なのだ。**歩行者は決して自動車に出くわさない**。自動車はどこか、空中に、木々の葉叢の後ろを抜けて行く（いずれ説明しよう）。

自動車を所有する住民は、それを自分のエレベーターの下部に駐車することになる。

タクシーに乗りたい者は、住宅街のどこであろうと 100m 以上歩く必要は決してない。自宅に帰ると、昼夜を問わず、専従のエレベーター係によって操作されるエレベーターが見出されよう。

エレベーターのドアからは、もっとも長く歩く道のりでも 100m よりは短く、**内部通路**となっている廊下を通ることになる。都市の通りは、戸外において（車道）、驚くべき方法で縮小されている。そのことは次に見ることにしよう。都市の通りの大部分は**家屋の内部**を通る。それらは 12 ないし 15 本は重なり合って、都市の地上 47m の高さにまで至る。必要なら、警察官はいつでも、太陽や雨や突風が吹きつけ、群集が集まる古い通りを離れ、内部通路を監視してくれるだろう。これらの内部通路は、**家屋の中にある**。

家屋のドアひとつを通って、2700 もの人がその中に入る。そのうえ、こう言ってもいいのなら、家屋は通常の意義を失ったのである。これらは切れ目のない建物であり、都市の中に断絶無く延びる帯だ。内部通路はその中にあり、高速道路（アウトストラーダ）はその外にある。それが有用なところでは、高速道路は家屋を横切って走る。家屋は地面をふさがない。それらはピロティの上にある。地表は完全に自由なのだ。エレベーターの踊り場からもっとも長い水平移動距離は、先にも言ったが、もっとも離れた住居のドアまで、内部通路を歩いて渡って 100m である。都会人は、自分の住居のドアをくぐって、**防音の**、すなわち、どんな音も通さない閉ざされた個室に入る。森の奥深くの隠者でさえ、他者からこれ以上切り離されてはいない。遮音という新しい科学が、それを実現したのだ。これは事実であって、成し遂げられ、存在している。ギュスターヴ・リヨンがそれを行ない、われわれがそれを行なった。

自らの住居から、アパルトマンの面全体を占めるガラス面を通して、公園、空と空間、光と太陽

雁行型の例の詳細。Eは、垂直の交通システム（その各部分は2700人の住民を集める）。Fは、「内部通路」（その原則はもう少し後で述べる）。Hは、方角に応じて等幅か2倍幅になった居住棟（北向きの居住棟は存在しない）。
Aは、一段高くされている高速道路。Bは、車両ポート。
別の階層、**地上にある**Cは、歩行者の交通。
あらゆる交通の外側に、託児所、就学前施設、学校があるのも見える。
自動車は？　それには決して出くわさない。（119ページ参照）

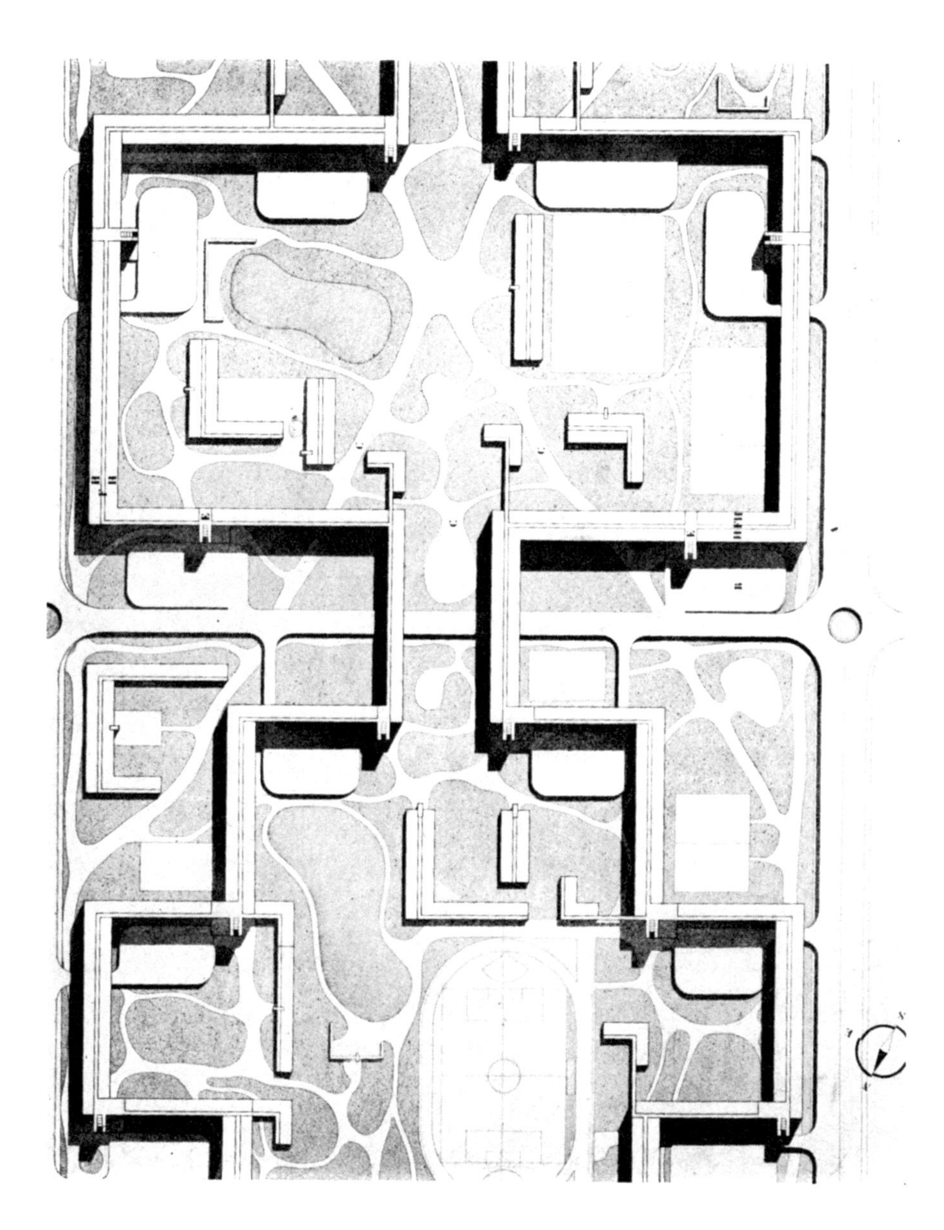

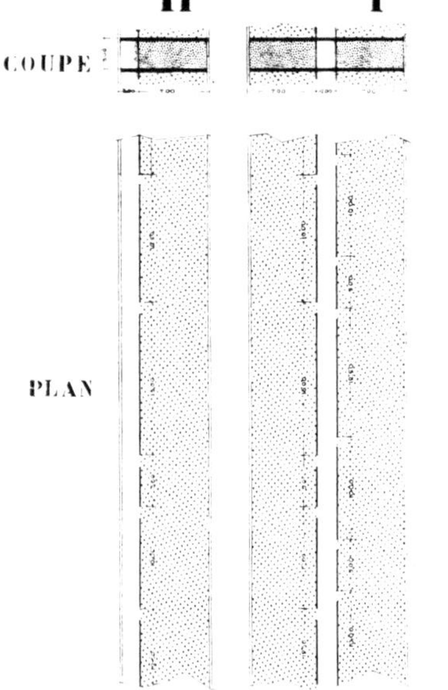

この二つの断面図はアパルトマン1階分を横に切ったものだ。「回廊通路」もしくは「内部通路」は白い部分に形作られている。壁はガラス面で、アパルトマンの使用可能な奥行きは7m（この奥行きは6mと9mのあいだで変動する）。タイプHは、雁行型が南北向きの場合に、タイプIは東西向きの場合に用いられるだろう。

CELLULES INSONORISÉES ET "RUES EN L'AIR"

防音された個室と"回廊通路"

右に見られるのが、雁行型の例である。下にあるのは、図面A、B、Cの断面図である。三つのケース（K, L, M）においては、回廊通路と中庭が不安を引き起こすようなケースはもう存在しないと考えられる。問題となるのはもはや、青々とした広大な空間、すなわち、あまねく広がる空でしかない。

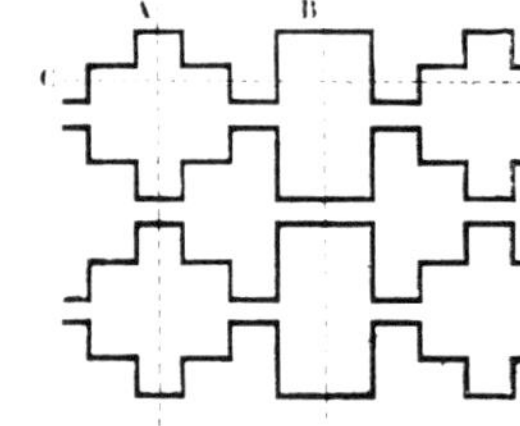

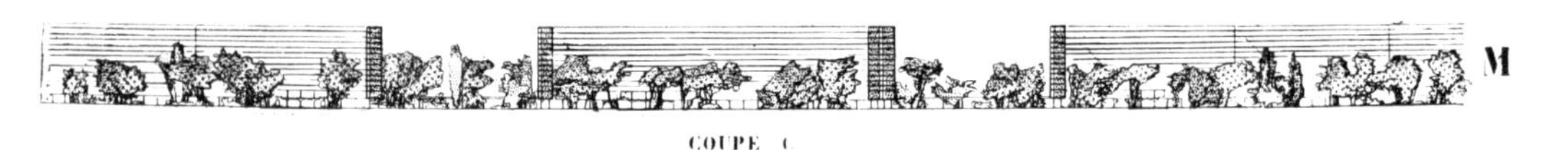

REALISATION DE LA "VILLE VERTE" 「緑の都市」の実現
DENSITÉ : 1000 HABITANTS À L'HECTARE 人口密度：1ヘクタールあたり1000人

の織りなす見事な光景が広がるのを、住民は見るのである（私は労働階級（プロレタリア）の住民について話しているのであって、億万長者の住民のことを話しているのではない）。

住民は1人あたり14㎡の居住可能面積を我がものにできる。住民1人あたり14㎡という、この割当てが提示する数値を、以下に挙げる。

2人

14㎡×2＝28㎡

部屋	4×4＝16㎡
ベッド	4×2＝ 8
トイレ	4
	28

両親2人と子供1人

14㎡×3＝42㎡

部屋	4×4＝16㎡
両親のベッド	4×2＝ 8
子供部屋	10
トイレ	4
	38
残り	4
	42

両親2人と子供2人

14㎡×4＝56㎡

部屋	4×4＝16㎡
両親のベッド	4×2＝ 8
2部屋	20
トイレ	4
	48
残り	8
	56

両親2人と子供3人

14㎡×5＝70㎡

部屋	5×4＝20㎡
両親のベッド	8
2部屋	20
トイレ	4
	52
残り	18
	70

両親2人と子供4人

14㎡×6＝84㎡

部屋	6×4＝24㎡
両親のベッド	8
2部屋	20
2トイレ個室	8
	60
残り	24
	84

両親2人と子供5人

14㎡×7＝98㎡

部屋	6×4＝24㎡
両親のベッド	8
3部屋	30
2トイレ個室	8
	70
残り	28
	98

両親2人と子供6人

14㎡×8＝112㎡

部屋	8×4＝32㎡
両親のベッド	8
3部屋	30
3トイレ個室	12
	82
残り	30
	112

余分な面積（4㎡、8㎡、18㎡、28㎡、30㎡）は、一部が独身者の住居へ、一部が各階毎の公共サービスの事務所へと割り当てられる。こうした1人あたり14㎡が、住宅街における1ヘクタールあたり1000人という超過密状態の獲得を可能としたのだった。

＊　＊　＊

これがすべてではない。

乳児のための託児所は家屋の外、公園の中に設置されうる。とはいえ託児所は**直接**、閉ざされた回廊によって、建物のある部分、つまり、その託児所がそこの一部として付属しているところに繋がっているのだ。こうした託児所は緑に囲まれ、医師によって監督された専門の看護婦の手に委託されている。——安心——選択——育児学。

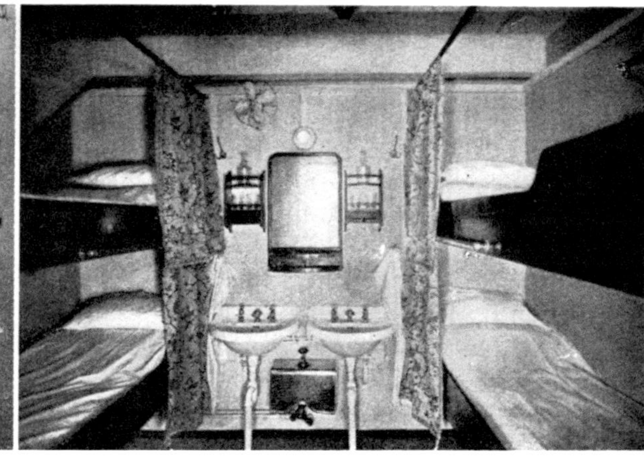

二等船室。これらの画像はわれわれの家を建てるのに役立つわけではない。
しかし、[空間の] 節約法がどこに至るのかを示してくれる。

家屋の外には、同様に公園の中に設置された学校がある。それぞれ2700人に供されている二つの垂直なエレベーター孔を中心に編成された、二つの住居システムは、3歳から6歳までの子供のための就学前施設ひとつと、そのすぐ脇にある、7歳から14歳までの子供のための小学校ひとつを持ってる。学校への道は、行程にして50mから100mの公園の小道である。

運動場は家の軒先にある。サッカー、バスケット、テニス、各種遊戯などができる場所……、それに散歩道、日陰、芝生。400 × 400mの分譲地の各部には、100mから150mの長さのプールがひとつある。

女性雑誌から引用したこの画像は、新しいしきたりを、
また、虚栄やある種の束縛からの逃避を、われわれに
提起してくれる。

雨の日用には、家屋の長さいっぱいに広がる室内運動場がある。いたるところに、道路や散歩道がある。好きなだけジョギングができる。住宅街の端から端まで、あらゆる方向に、さんさんと降り注ぐ日の下、ないしは、日差しや雨を避けて、行き来することができる。これは、家屋の周囲に配置された新しいブーローニュの森のようなものだ。

次のようなことも言っておこう。高さ50mの屋上庭園においては、すばらしく澄んだ空気の中、日光浴のための浜辺が整備されている。小さな浜辺などではなく、18mから20mの幅と数キロに及ぶ長さのある浜辺だ。時には、水の張られた池や屋外の水治療法施設もある。花の植わった花壇や植込みも。以下のものが現代の技術によって無償で提供される。浜辺のまわり中の花々、木々、灌木、そして屋根の上の芝生（木々、花々、芝生は、見事なまでに立派に屋上庭園で生育している）、テニス、各種遊戯、等々。

＊　＊　＊

だが、住宅の現代的構造の要石は以下のようなところにある。すなわち、数kmの長さに渡り、ピロティの上部、1階分まるごとが、公共サービス専用階とされているのだ。

「ブレーメン号」
の非常に豪勢な
船室

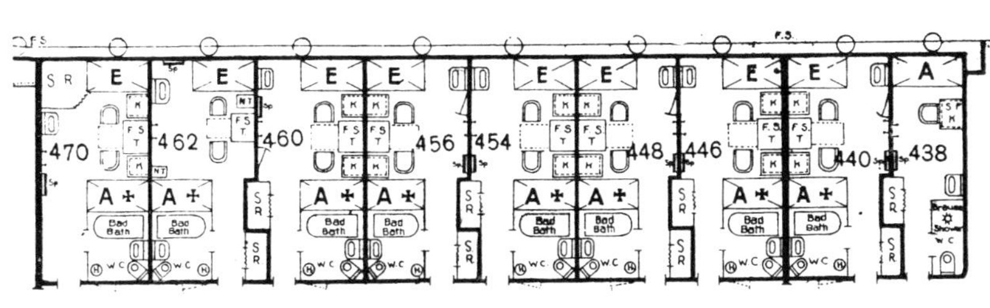

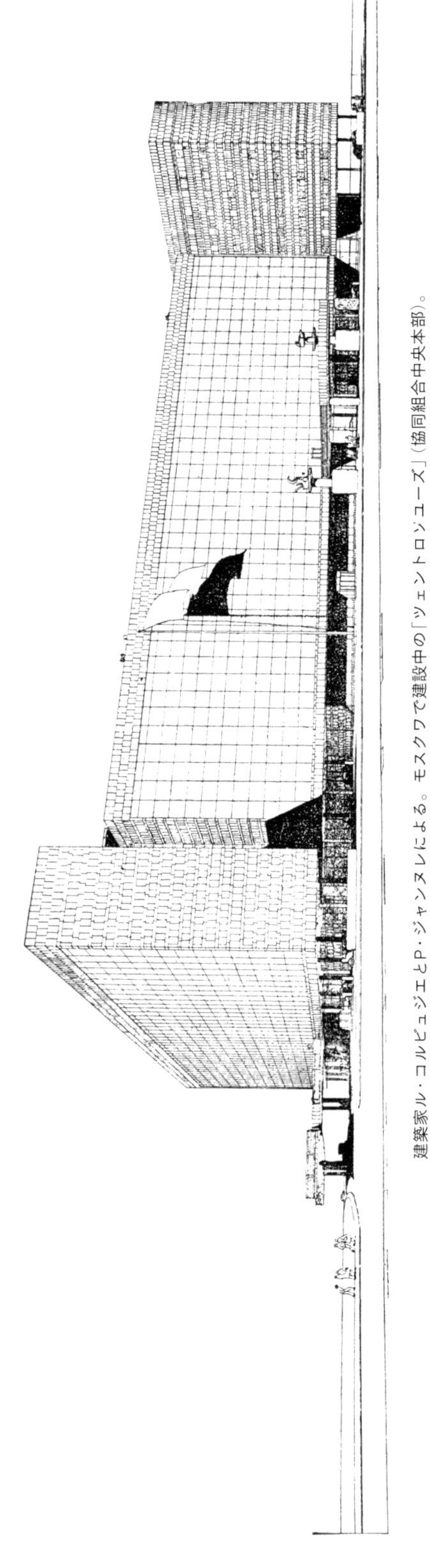

建築家ル・コルビュジエとP・ジャンヌレによる。モスクワで建設中の「ツェントロソユーズ」(協同組合中央本部)。解放者としての新技術が、新たな規模の建築的配置を可能にする。

1935年1月28日付の新聞によると、
超大型客船「ノルマンディー」は4000人の乗客を運ぶ。
乗客を世話するためには、628人のスチュワード、25人のメイド。
家庭用リネン類としては、38400枚のシーツ、19200枚の枕カバー、14570枚のテーブルクロス、130000枚のナプキンなど。
グラスや食器類として、2160個のカラフ、47000杯のグラス、56800枚の皿など。
旅行用貯蔵品として、70000個の卵、7000羽の鶏、16000キロの肉、24000リットルのワインなど。
船内のパン工房。
構造物は、7階層のアパルトマンや、エレベーター係付で常時運転中の13基のエレベーターなどを備えている。
(私は、実証に用いるために、使い古された大型客船の、パリ城壁跡地への停泊を提案する!)

都市を走る配達のトラックはどうだろうか？　居住エリアに食料品や消耗品を運ぶ必要があるのは自明である。ではどこを走るのか？　高速道路だ。ではどうやって建物まで到達するのか？　要所要所に荷降ろし用のプラットホームが用意されているのである。この荷降ろし用プラットホームは建物の線に沿って規則的に配置され、それぞれが独立した配膳部門の元に運営される。3000ないし4000人の住民につき、荷降ろし用プラットホームがひとつある。同じように独立した配膳部門も3000ないし4000人の住民につきひとつ配置される。それぞれの配膳部門の支配人はとても大きな得意先に対して安定した業務を提供する。そしてそこには、この配膳事業から得られる利益が顧客自身の利益のために使われるための協同組合が組織される。それぞれの配膳部門は、幅18m、長さ200ないし400mの範囲に対して配されるのである。

これらの配膳部門では何がなされているのか？　店舗と冷蔵室には、あらゆる消耗品が集められている。これらの品々は工場から、もしくは農村から、つまり畜産農家、猟師、漁師、野菜農家、ワイン農家のところから直接届くのだ。そしてそれらは、仲介業者による重くのしかかるマージンなしに、原価で売られる。冷蔵室のおかげで商品の備蓄と保存ができる。では、中央市場は？　仲買人は？　廃止させる！　駅あるいは郊外から中央市場まで、日々繰り返される荷車やトラックによる運搬の常軌を逸した往来もやめさせる。中央市場から、都市あるいは郊外の肉屋、豚肉屋、牛乳屋らのところへのこまごまとした運搬も終わりだ。雨の中、主婦が重い買い物袋を提げて買い物するのもやめさせる。**中央市場は廃止されるのか？　そうだ！**　証明しなければならなかったのはこのことだ。そしてまた数千もの小売も［廃止されるのか］？　もちろん！　このようにして浪費は回避され、そして物価は下がるのだと指摘しよう。すでに述べたことだが、現代の技術が新しい整備を必要とするのである。

3600㎡ないし7200㎡を占める各配膳部門にはクリーニング屋がある。クリーニング屋のトラックの、パリ郊外における輸送、行ったり来たりをやめさせる！　クリーニング屋1軒あたり3000人から4000人の顧客がいる。活用できる。大型客船は1隻ずつ、**海上でも**、1000人、2000人ないしは5000人の顧客に対し、クリーニング屋をひとつ持っているということを思い出そう。また、配膳部門には台所がある。保温された料理は、その目的［＝保温］のために整備されたリフトの経路にのって送られ、各住居へ届くことになる。献立は毎朝配布される。ボーイが1時間後に各ドアまで注文書を取りにやってくる(これは一例に過ぎない。まったく別のやり方もできる)。

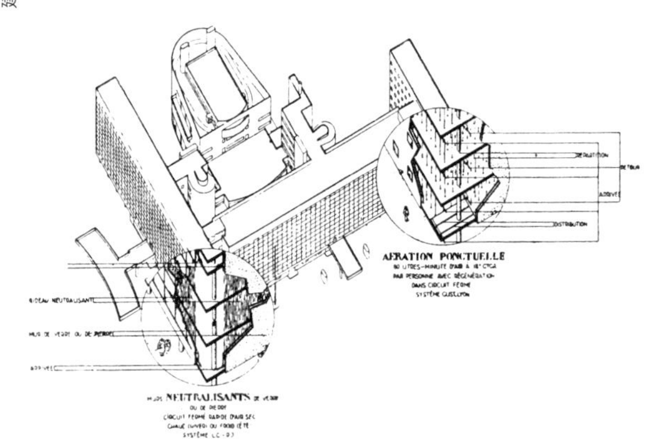

モスクワの「ツェントロソユーズ」。新技術は、まったく新しい基礎に基づき、巨大な建物内部における照明や呼吸を実現させる。

配膳部門には食堂もある。億万長者よ、あなたがたはホテルやレストランの**食堂**で食事することがありますね？　そして、あなたがた庶民はといえば、日曜日に郊外の安食堂で、もしくは、バカンスのときに海岸や山の旅籠で外食をするでしょう。その中には亡くなった方もいるでしょうが、決してその原因が外食をしたためにということはないでしょう！　それとは逆に、楽しんでいたはずですよ！

配膳部門は、もしそうすることが協同組合加入者らの要望ならば、小売店舗の陳列棚をさらに拡張することもできる。

※　「アキタニア号」は5000人の乗客を運ぶ。

配膳部門は家庭内労働を提供するのだ。電話の呼び鈴ひとつで……

(私は、大都市の住居に関するこのテーマについて、1925年の『ユルバニスム』、1926年の『近代建築年鑑』、そして1930年の『プレシジョン』の中でたっぷりと論じた。)

＊ ＊ ＊

公園の中を蛇行するようにつくられる、「輝ける都市」のためにわれわれが構想する建物に、もうしばらくこだわっておこう。住民1人あたり14㎡と示された基準で、快適に生活することはできるのか？

乗客に10日間ないし15日間も船室内での生活を余儀なくさせる(彼らには甲板上での散歩や、図書室やバーでの娯楽が与えられはするが。また、そうした利点を、**輝ける都市**はもっと違う方法で、そのもっとも慎ましい街区において増やすのだ) 大型客船上では、まったくもって特別な顧客用の**超豪華船室**は、5人から7人用で56㎡、あるいは1人あたり11㎡ないし8㎡ある——**超豪華**——ということを、私は指摘する。1人ないし2人で15㎡、あるいは、1人あたり15㎡ないし7.5㎡。2人ないし4人で24㎡、あるいは、1人あたり12㎡ないし6㎡※。

大型客船はこうした驚くべき大きさの中で機能している。それは、そこでは公共サービスが組織されているからであり、そこでは住居から余計な部分が取り除かれているためであり、船上生活が(私はわざと超豪華クラスのみを取り上げているが、それは大衆向け住居の整備開発に関する私の主張の支えとして役立てるためだ)、一方で**問題の解決策**を見出すことを**可能にし**、他方で**浪費を捨て去る**、知的革新によって統制されているためである。

もうひとつの主題は、新しい整備に至る。すなわち、家具を持つという痛ましい観念が、今日、家庭生活を麻痺させているのだから、それを排除しよう。**設備**という健全な考えがそれに取って代わるだろう。この**設備**というのは、われわれの物質的必要と、言うなれば、**精神的**必要に適うものである。さらに言えば、精神面においては、ディオゲネスがここで、サン＝タントワーヌ街の産業の頭越しに、われわれを激励するのだ。

そして、もしサン＝タントワーヌ街の産業が消え去り、根底から変質してしまうべきだとしても、それは別の問題であり、いかなる場合でも、われわれの行く手を遮ることが認められるべきではなかろう。サン＝タントワーヌ街は、19世紀半ば以来(速度の新体制以来)、われわれの愚直を利用し、完璧につけこんだ。セールスマンや、店舗、商品目録、そして、いわゆる「ブルジョワ」の精神的標準状態を定着させた巧みな話術を用いて、**あっさりと住宅危機を引き起こした**。すなわち、建物

※「ブレーメン号」記載の数字

サン＝タントワーヌ街の産業？ 新しい生活習慣を反映し、来るべき展望を切り開くこの豪奢さを見たまえ。旧習に固執しつづけている産業への弔鐘。

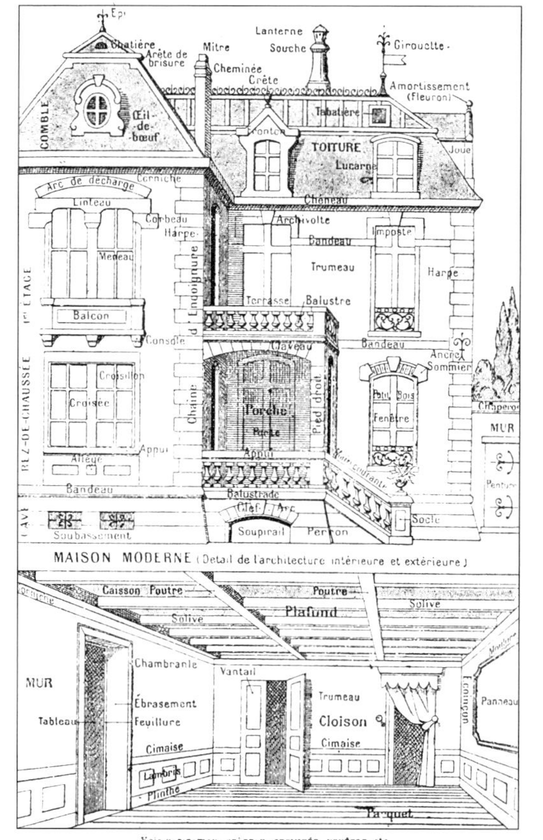

……その一方、ラルース［＝百科事典］はわれわれにこの家の絵を与える。この過ぎ去った時代の絵はわれわれの敬意に値する。だが、新しい時代が来たのである……

のコスト、家具のコスト、いわゆる「ブルジョワ」的規範への隷属。サン＝タントワーヌ街は、真の人間的標準を歪めることで、住宅危機を引き起こしたのだ。それは、われわれみな、哀れな貧乏人たちを、「王族」にしようとした。われわれはうまくいった！　今日では、もう充分だ！　われわれは、なぜ生きているのかを知る必要がある。

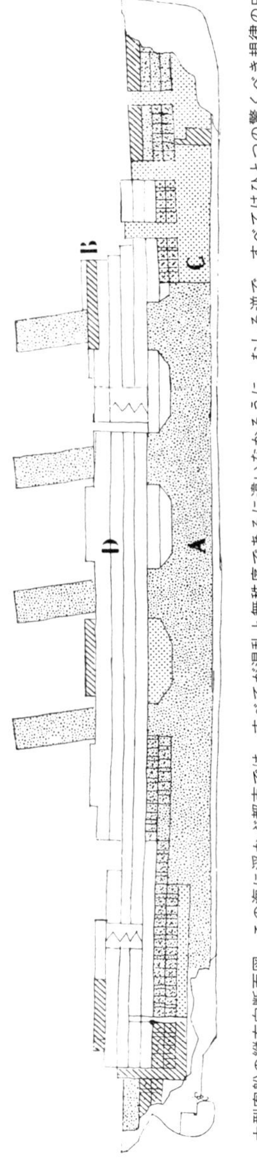

大型客船の縦方向断面図。この海に浮かぶ都市では、すべてが混乱と無秩序であるに違いなかろうに、むしろ逆で、すべてはひとつの驚くべき規律の中で機能している。4種類のサービス部門の乗務員（A.機関士、B.船員、C.補給係、D.接客係）は、明らかに住み込みである。どうして都市の家屋は、船舶の快適さをわれわれに与えることを断念してしまうのだろうか？

これが「水上」の家の
断面図である。

1人あたり14㎡で、われわれは**設備の整った**住居を持つだろう。5時間ないし7時間労働で、われわれは自由に使える時間を持つだろう。その時間を使うためにも、われわれの肉体的健康と精神的健康に必要なすべてのことを整えよう。そして、ごく単純に人間的な深い切望に応えよう。

生きる！　呼吸する。
生きる！　居住する。

尊厳、行動、健康、平穏、喜びは、輝ける都市において、われわれと共にあることができる。

幕！

. . . .

われわれは——私は呪われた地区の住人らに思いを馳せている——再び筆舌に尽くしがたい不潔さの中に身を置いている！　無秩序！

無秩序！　無秩序！

1931年5月

●

1930 年のモーターショー。それはまるで国家の祝日、あるいはそのようなものといった態で、コンコルド広場は完全に照明されていた。移動する展示品［＝自動車］は周囲の通りをすべて、アンヴァリッドに至るまで、あらゆるところを占拠した！ われわれはそれを容認し、それを許可した——**自動車**はわれわれの産業の栄光そのものなのだから！

自動車、自動車！ しかし、昔ながらの都市は依然として、変わらぬままそこにある。そして、統治にたずさわり、「偉大なる産業」の展示会の開会スピーチを行なう人々は、そうした都市において多くを変えなければならないということも、それを急がねばならないということも、まったく考えていない。

政府というものは、**ひとつの時代を建築する**ということが何であるかについて取り合わない。彼らは、老朽化して沈みゆく古い船についたフジツボを取り除くのに必死になっている。政府の人間たちに見てとれるのは「**建築計画**」ではなく、「**維持・修繕**」なのだ。

というのも、権力の座にある大臣たちに**明日**のことを考える時間はない。彼らは**目下の問**題を「可及的速やかに処理する」だけだ（何とも申し分のない用語だ）※。

※ 1930 年に書かれた文章

街区が結核を患っていることは皆知っている。解体するだけでは足りないだろう——医者たちは言う。「ならば燃やしてしまえ！」と。私の住む通りの一軒の集合住宅においても、そこには 2、3 の店や住居があるが、結核は 2、3 年ごとに定期的に、そこで暮らす男や女の命を奪っている。

馬の時代はオスマンの頃に終わりを迎えた。あらゆる文明が始まって以来、都市というものは、その設計において、馬と歩行者だけ考慮に入れればよかった。——それらの速度は非常に遅く、当然のことながら、われわれの生物学的な諸機能と完全に調和していた。

最初の四輪馬車は 1650 年頃「**都市に**」現れる！ この瞬間から、パリの年代記は交通渋滞に対する罵詈雑言で溢れるようになる。ルイ 14 世もこれにはうんざりだ——彼は曲がりくねった街路を真っすぐにしようとする。彼は設計図を修正し、新たなものを布告し、［**都市の**］**ゲージを変える**。——こうしてひとつの教義が生まれる。それは、日々のうまく行かないあれやこれやに立ち向かう知性というものだ。——ルイ 14 世は輝き、光を放つ。何しろ彼は太陽王だ。そう、それは**太陽**の放つ光。太陽の光線は、的に向かう矢のごとくまっすぐに進む……。その 200 年後、自動車の時代に

ここに描かれた高速道路網は150万の住民を抱える都市に対し、（完全で、有効で、必要かつ充分な）サービスを保証する。住宅地区の網目はそれぞれ一辺が400mである。

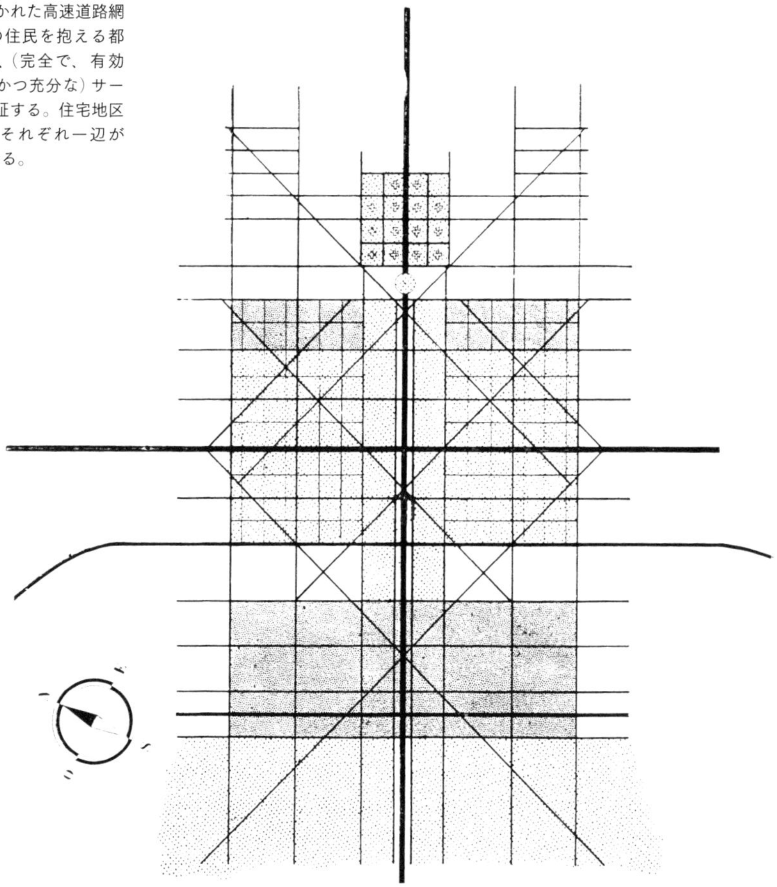

ピロティ上の道路網

6. MORT DE LA RUE

通りの死

生きるわれわれは、この**偉大なる王**への感謝を込めて、記念碑を建立せねばなるまい。

馬の時代において、大都市は君主と貴族……そして民衆や、労働者階級の人のためにも住居を供していた。王侯貴族にとって都市は清澄で知的なものであった。秩序と規律、計画と原則、そして展望——が、即ち建築であった。歴史は豪華な肩書に執着していた——建築における美は**高尚な趣向**だったのだ。

民衆はどうか？　彼らはハチやアリのように、行ったり来たり、出たり入ったりし、蜂の巣穴のようなたいそう小さい部屋に住み、窮屈で入り組んだ廊下をせわしなく動き回っていた。「人権宣言」などというものは、まだ布告されていなかった。あったのは、平民に対して支配者が行使する生殺与奪の権利であった。あばら屋の吹き溜まりから、穴蔵のような住処から（ローマ——ジュリアス・シーザーの古代ローマ——では、平民は入り組んだ摩天楼のような、過密した無秩序のなかに暮らしていた）、時おり反逆の風が吹き荒れたりもした。あらゆる取り締まりが困難な、山積した無秩序の闇夜の中で、陰謀が企まれた。これを一掃し、虐殺し、焼き払うために兵士たちが送り込まれ、「平穏は回復された」。時には、都市が燃えてしまうよう仕組まれることもあった。こうしたことについて、歴史はほとんど黙して語らない。というのも、歴史とは宮廷の壮麗さを物語るものなのだ。ただキリスト教だけが戸口から戸口へ、階から階へと、国家に対抗する新たな状況を作り上げることに成功し、そしてある日、キリスト教は一切を転覆させた。タルソスの聖パウロは、下町では捕まらなかった。彼の説教は人々の口から口へと、飛ぶように広がっていった。

次いで、人権宣言が採択され、**革命**が起こる。それでも［当局の］示威行動は変わらない。ある日、ナポレオン３世は言う。「このようなこと［＝革命］はもう続かないだろう。あまりにも危険すぎる。こんがらがった迷路のようなこの都市をきれいにし、区分するのだ。我が大砲の放つ砲弾に軌道を空けるのだ。そうすれば、反乱が再び起こりえようものかどうかよく分かるだろう」と。これを実行したのがオスマンだった。そして大砲の弾は、都市生活の中に新たな速度を持ち込んだ。その 70 年後——すなわち現在！——自動車の時代に生きるわれわれは、このナポレオンとオスマンにも感謝を込め、記念碑を建立せねばなるまい※。

こうした交差点は、人類史における新しい発展を表している。突然に現れる死、あるいは死の絶え間ない脅威。

——ありがとう、カピィ！

交通

医師「決闘のせいですか?」
歩行者「そうとも……!　路線バス相手にな!」

（カピィ氏によるデッサン）

※　私には青銅でできた記念碑などに格別な情は一切ない。とはいえ、私は今「美しい構成」を思い描いている。説明しよう。——ルイ 14 世がナポレオン１世に手をとらせ、後者はもう一方の手をナポレオン３世にとらせている。その後方では、淡い色調に彩られて、コルベールとオスマンが互いに手を差し出し、務めを果たしたという満足感からくる微笑みを浮かべている。この英雄たちは裸に鎧をまとっており、それは彼らが超人とみなされていることのしるしである。一団は棕櫚の木々に囲まれ、立派な台座の上に立っているが、この台座によって彼らは地面と……そして現実と、直に繋ぎ合わされることになるのだ。台座（青銅製で、ヴァンドーム広場の記念碑に似ているが、レリーフに覆われている）は、ルノーやシトロエンのタクシー、ヴォワザンやプジョー、パンナールの車など、さまざまな型の自動車やバスで構成されている。これらの乗り物を運転しているのは［それぞれの社名に名を冠する］上記の技術者たち（青銅製）で、それによって彼らの栄誉を称え、彼らへの敬意を表している。四隅にはパリ市の紋章があり、その下の装飾付きの余白には、「機械化の時代の都市より、その存続を可能たらしめた、機械化以前の遠い過去の役人たちに感謝を捧ぐ」と刻まれている。
この記念群像はマレ地区やグルネル地区、ゴブラン地区といった下町を飾ることになるだろう。
言い忘れていたが、ルイ 14 世とナポレオン１世とナポレオン３世は、その空いたほうの手で、「**お願いだ！　諦めずに続けてくれ！**」と台詞の書かれた大きな板を頭上に掲げている。

しかし、自動車の時代が不意にやってきた。すでに起こったことを言葉で説明しても意味はない。要するに、それについて**分かりたいのなら**、通りに立っているだけで充分だ。新しい速度が、生物としての人間を摑んだのだ。車輪（持続運動）がわれわれの脚（交替運動）に取って代わり、われわれは今や尻の下に四つの車輪を備えている。馬は1「馬力」となった。一頭の馬の代わりに、5馬力、10馬力、15馬力、40馬力といったものが、われわれを乗せてゆく速度は2倍どころではない！　10倍、20倍、40倍の速さでわれわれを運んで行くのだ!!!

これではいったいどうなってしまうことだろう？

役人たちは、万事何とかなるだろうと思っている。

いいや、何も解決はしまい。別の都市を作らなければならない。

大小さまざまな、100匹の魚の入ったこの水槽（ゆとりはほぼない）を想像してご覧なさい。あるものは大きくて、あるものは小さい。魚たちはほとんど同じ速度で泳いでいる。すると水槽は機能し、魚たちも生きていける。今度はこの水槽に、**20倍速で泳**ぐ魚を先程の3分の1入れてみたまえ。するとそれはもう虐殺で、小さな魚も大きな魚も絶滅してしまうことだろう。**その水槽は20倍速で泳ぐ魚には狭すぎるからだ**。小さい魚は都市の歩行者で、大きいのは自動車やバスや路面電車、また、今生じうる、あるいは、将来生じうるであろう他の乗り物なのだ。

水槽が狭すぎる！

通りはもう駄目だ。通りは古くさい意味合いを持つ。通りはもはや存在すべきではなく、通りに取って代わる何かを創り出さなければならない。

「人権宣言」が採択された以上、われわれは**すべての人々を快適に住まわせるよう**考えなければならないのだ。期待のうちに150年が経過して人々は次第に苛立ち、耳にタコができるほど聞かされてきた、そうした権利の実現を荒っぽく要求するということだって充分にありうる。各々を快適に住まわせること。それは新しい、**まったくもって新しい**ものであり、根本的に新規な問題だ。**今在るもの**に、すなわち、われわれの混乱した現状に、一瞥たりとも目をくれてはならない。［もしそうしたところで、］そこに解決法は見つからないことだろうし、われわれと同じくらい悪賢く、また、われわれよりも遥かに事情に通じた高位の役人たちのたどった運命を甘受することになるだろう。ソドムの街が燃えたとき、後ろを振り返ったロトの妻は固まり、塩の像に変えられてしまった。われらが役人たちは、その日その日の「仕事を片付ける」ようにとの指示を受けており、彼らはこの死にゆく巨大で年老いた社会――炎を上げて崩れ落ち、その廃墟にいまだしがみつく者たちをその惨禍に巻き込み、また今後も巻き込んでゆくだろう社会――の影響で身動きとれなくなっているのだ。この必然的な破滅からは距離を置き、無関心でいなければならない。白紙を手に取って、計算や数字に、現代の生活の現実に基づいた作業を始めよう。

1°　さまざまな速度の分類――20倍速は1倍速と決してむやみに交わってはならない。

2°　一方通行の実現――**速い**速度はすべからく、合流や交差の可能性に脅かされてはならない。「一方通行」は、完璧に実現される自動的な機能とならなければならない（そして、その唯一のサインは、赤

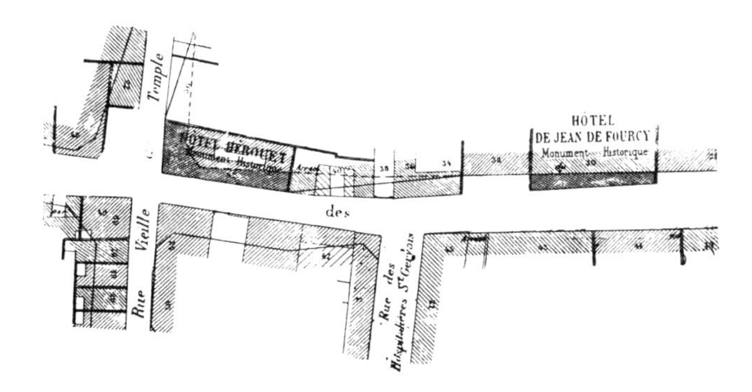

ぼろぼろに朽ちた街区を破壊したがっているということで、われわれは非情だの狂っているだのと非難を受けている。ここにあるのは、100ある例のうちのひとつ、「同じ街区における道路改造」の一例だ。王の役人たちによって描かれたものではあるが。それは1829年のことで、美しい館の数々が破壊されたのだった。そして今日、「美しい館を守る」ために、ただ単に曲がりくねっていたり、より狭苦しかったりする通りがつくられる。過去の宝（それを見たまえ！）は破壊され、すべての家々は取り壊されて、再建される。しかし「何ひとつ」解決されはしないだろう!!!

知られざる英雄たち

大西洋横断の話で持ち切りだ!

これが家々から出てくる人々。時速4キロメートルの行進だ。時速80ないし120キロメートルの車両に対しても、われわれは同じ地表を割り当てている！　そして「これではうまく行かない」からこそ、以下の［イラストの］ような提案がなされる——
近代主義の気の毒な例のひとつだ！

歩行者は空中に、地面は車両に！　こいつはいかにも賢明そうな案だ。皆は街の歩道橋の上で、子供のようにはしゃいで楽しむだろう。"ロボット"と化した歩行者よ、お前はおりしも「大都会」に住み、気を滅入らせ、堕落している。そしてある日絶望に駆られて、歩道橋、建物、機械、その他あらゆるものを爆破することだろう！
ここにおいて、それは誤解そのものであり、間違いであり、軽率である。

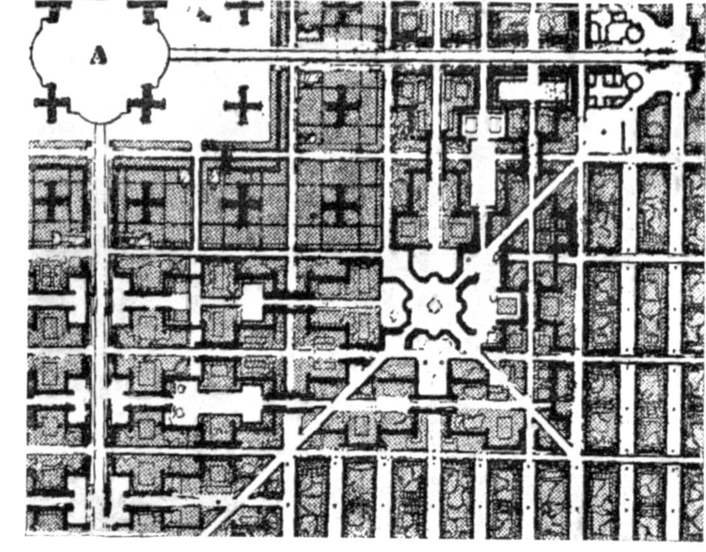

『人口300万都市』（1922）からの抜粋。地面、草木の茂る大地、空気、見渡す限りの空！　超過密にすることによって空間が生まれる。すでに「緑の都市」は生み出されていた。緑に包まれた都市は実現可能なのだ——人間は機械を屈服させてしまうだろう。

地に白文字で描かれた無数の丸標識に限られるべきではない）。交差（平面での合流）はなくすべきだ。

3º　高速で走る車両は厳密に指定された目的に応じて使用されなければならない。

4º　大型車の機能。

5º　歩行者の解放。

＊　＊　＊

I

さまざまな速度のグループ化—— 20 倍速（時速 80km）**は 1 倍速**（時速 4km）**と決してむやみに交わってはならない。1 倍速とはすなわち、一人にせよ二人にせよ、集団を為しているにせよ、行列を為しているにせよ、そして、注意深いものであれぼんやりしているものであれ、男性、女性、子供、ビジネスマン、野次馬といった、歩行者**［の速度］**のことである。**

フランス革命（人権宣言）が最初の行動を起こした。すなわち、四輪馬車が歩行者を轢き殺すのを防ぐため、歩道の建設を発令したのだ。つまり、当時はまだ歩道が存在していなかったということなのか？　歩道は通りの幅を犠牲にすることで設けられた。四輪馬車が危険な塊となって渋滞を倍化させているというのに、**通り**（車道）**はよりいっそう狭くなってしまったのだ！**

それだけだった！　四輪馬車が自動車やバスに、路面電車やトラックに、夜中にパリの通りを横切るレ・アールの鉄道に取って代わられてゆくあいだにも！　人口が（50 万から 400 万に）**著しく増加してゆく**あいだにも！　そして 19 世紀のビジネス世界（時間的にも空間的にも新しい経済システムは、高速の移動を絶対的に必要とした）なるものが創出されてゆくあいだにも！　しかし、通りはまだ変わっていない！
速く行くのだ！　われわれは 20 倍速の車両をこんなにも増やしてしまった……その結果、ラッシュ時のパリや混雑した商業地区において、歩行者も 20 倍速の車両と**同じスピードで移動する**ようになってしまっている !!!!　要は、卒中の発作というわけだ！
通りは鎖を解かれた悪魔となった。家の敷居を跨いだその瞬間から至るところ、**死の脅威**だらけだ。新聞は**交通事故**という欄をつくる——**毎日**、死者と負傷者のリストが掲載される。
そしてあらゆる場所で、アメリカ合衆国（サンフランシスコ、シカゴ、ニューヨーク）でも、ドイツ（ベルリン、ケルン）でも、イギリス（ロンドン）でも、フランス（パリ）でも、解決策が提案されている。解決手段はただひとつ——**さまざまな速度を分類しなければならない。歩行者は以後、自然のままの地表に残された高速道路の上方に設けられる、歩道橋を通行するようになるだろう。**
狂気だ !!

人間の**規格**（スタンダード）よ、私はお前に助けを求めよう。人間よ、お前は今後、階段を登ったり降りたりし、空中の、（必然的に）狭い歩道橋の上を動き回ることになるのだ。枝から枝へと渡ってゆく猿のように！　人間よ、お前は四つ脚の獣のごとき腕や、ぶら下がるための夢のような尻尾を持っているのか？　狂っている。狂気、狂気、狂気だ。大きく開いた真っ暗な穴の底、一切の終わりだ。

とはいっても、これらの提案は紙に書かれた計画の段階に留まっている。それらは賢明で、謙虚で、理性的で、**好都合で、実現可能で**、コストも許容範囲内であるかのように見える。

だが駄目だ。それらは実現不可能で、許されない、機能もしない。どこにおいても、どれひとつとして実現することはなかった。**駄目だ**。われわれが歩道橋によじ登らされることはないだろう。

輝ける都市の計画の中で、私は単純に街の地面全体を、地表の〈一切合切〉を、見渡す限り何もない野原においてそうであるように、歩行者に与えることを提案した。そして地上5mの空中に、高速道路をデザインしたのである。

もはや決して歩行者が20倍速の車両と出くわすことはない。

＊　＊　＊

II

一方通行の実現

右のデッサン図版は、道路交差の10のタイプを示している。これらがおそらく、提案されうる通常の交差のすべてだろう。それぞれにおいて、解決策は万全である。20倍速の車両を、こうした道路の上に走らせてみよう。すると、それらの車は決して交差もしないし、衝突もしない。『詳細』〔『建築と都市化の現状に関する詳細』〕の中で私が断言し、説明し、証明していたように、**交通とは一筋の川である**。交通は河川のシステムと同一視されるのだ。

皆は私にこう言うだろう――「なんて安易なんだ！　あなたの提案する交差はすべて直角だが、**現実の都市**を構成している数え切れないほどさまざまな事例（鋭角過ぎたり鈍角過ぎたりする交差、十字路、放射状の多数交差）をどうするつもりなのだ？」――はっきり言って、**私はそれらをなくす**。**そこから始める**。成果を上げたいのなら、20倍速〔の問題〕とともに、そこから始めなければならない。やるかやらぬかだ（トゥ・ビー・オア・ノット・トゥ・ビー）！　私には抗議や皮肉の嵐も聞こえている。「馬鹿者、愚か者、狂人、ホラ吹き、単細胞、等々」――結構結構、私には関係のないことだ。私はあくまでも、**直角を強く求める**ことから始めさせてもらう。

これらの交差は**すべて完璧だ**。たとえば、3万人の働く超高層ビルにいかに自在にアクセスできるのかが、次章において分かるだろう。どうして役人たちは自ら、こうした解決策を提案してこなかったのだろう？――というのも、彼らは、**何よりもまず直角を**という根本的な要請を認めなかったのだ。小学校に通うくらいの子供なら誰でも、各々、これらの交差のうちのどれであってもそれを解決策として見つけるだろう。私は教師や保護者にさえも、創意工夫を目覚めさせるこの遊び――交差遊び――を提案する。

ひとつの逸話を紹介しよう――われわれがブリュッセルでの学会とモスクワ市向けに『**輝ける都市**』の20枚の図版を描いていたころ、私の同僚で自動車マニアのピエール・ジャンヌレが、ある晩突然、直角交差のあらん限りの解決策を体系的に描き始めた。翌日、彼の仕事を見た私は「おや、

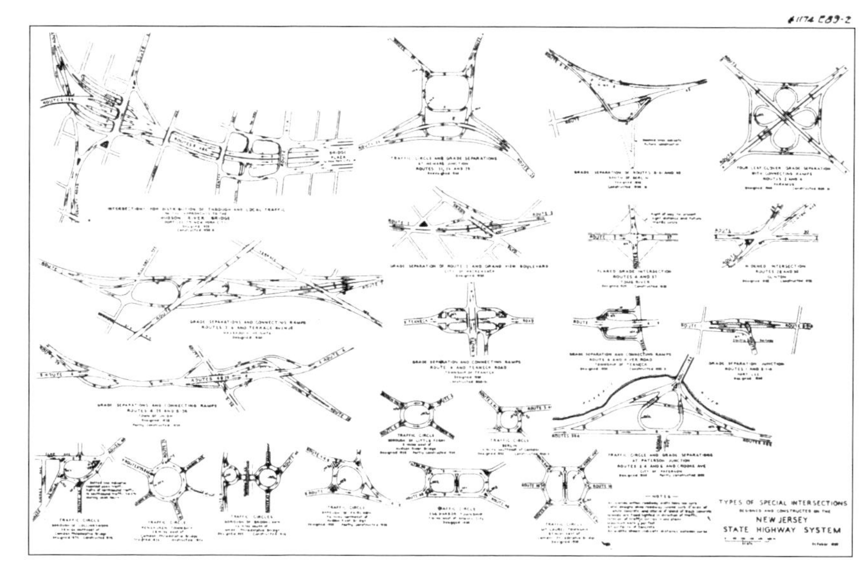

最新の確証――アメリカ合衆国において、ある特別委員会が、高速道路の交差にもたらされるべき解決策について検討している。これらの「星形」の図は、ローマ大賞入選作品の出版物からというよりもむしろ、生物の教科書から抜粋されたように見える！

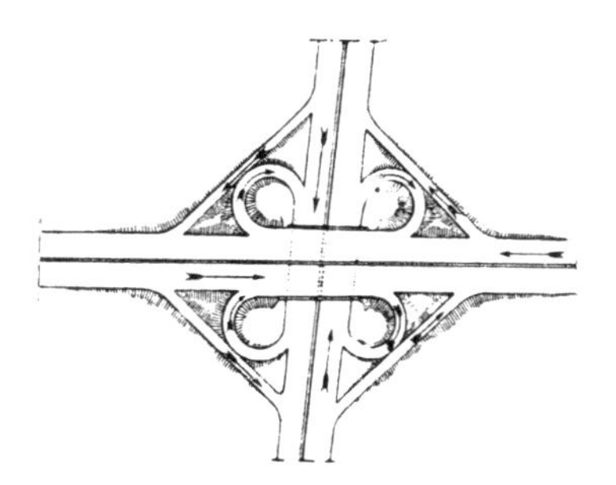

コザン氏による交差。
『技術と技巧（アール・ゼ・メチエ）』、
1929年12月号。

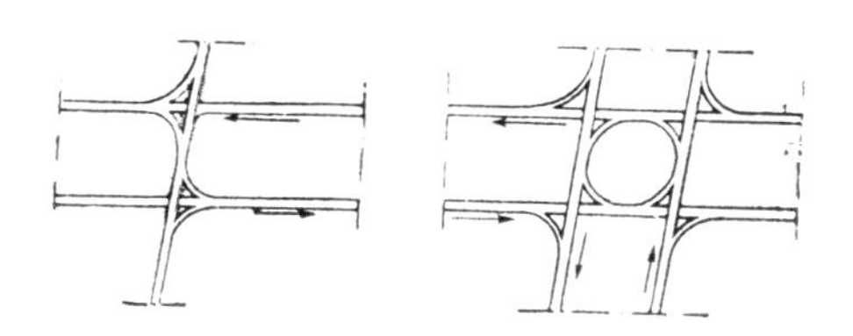

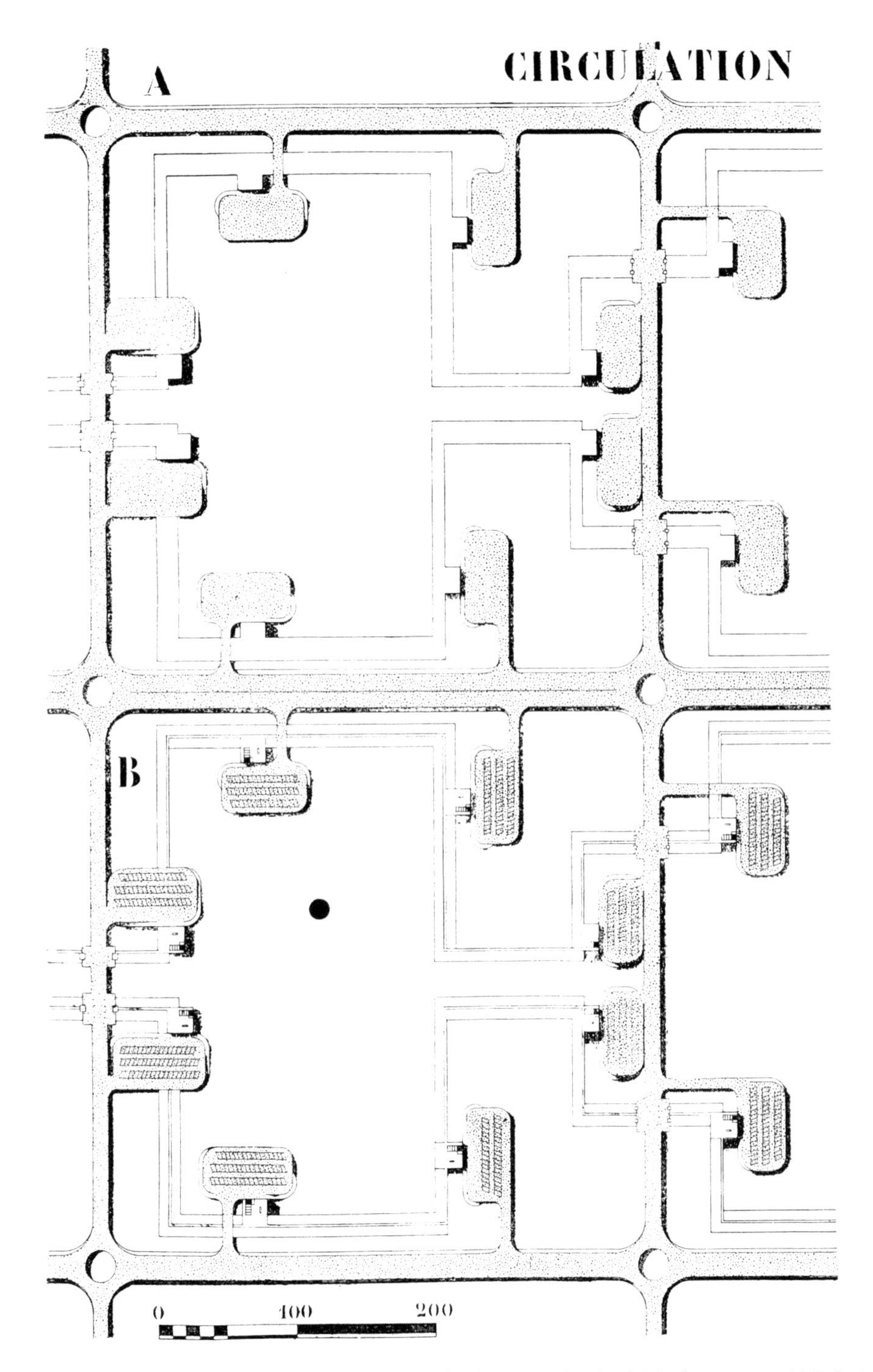

居住地区における自動車交通のシステム。灰色の部分が高速道路を表している。角の丸い大きなプラットホームが車両ポートで、すぐそばの正方形の部分は配膳部門の荷降ろし用プラットホームである。単線で描かれたメアンダー文様（雷文）のような部分が居住用の建物を表している。こうした整備による効果として、20倍速［の自動車］は、400×400mの「河川」のような交通網において、障害に妨げられることも、通行止めに煩わされることも、事故に遭うこともなくなる。高速道路は接岸港、すなわち**家屋のドアの前に**ある車両ポートに向けて分岐線を伸ばす。ところで、このドアは2700もの住人を迎え入れるのである。

君のと同じ解決策をシュレーヌの整備工も示していたはずだよ」と言った。私は家に帰ると資料室で、N・コザンの書いた「ある素人による都市計画の試み」という論文を収めた、『技術と技巧（アール・ゼ・メチエ）』誌の 1929 年 12 月号を見つけた。われわれの描いた解決策は、そこに白黒で印刷されていた。この素人、コザン氏とは誰なのか？　コザン氏は自動車修理工で、自動車やエンジンの修理を行なっている。パリ周辺の道路について素晴らしいアイデアを持った、快活で有能な整備士のひとりだ。1929 年の 12 月、彼は『技術と技巧』誌のその号を持って私に会いに来たのだった。われわれの会話ははずんだ。私は健やかで明瞭な精神を持ち、研究的で発明的な気持ちになった。こうした人は至るところに何と多くいることだろう！　だが彼らは一匹狼で、各々の空想に没頭して、ただ自分が愉しみを得るために世界を創り直しているのだ。しかし、全体的な現象に協力することもできる、こうした活発な大衆と、自分らが精通してもいない技術的な諸問題の帰趨を、会議場の熱狂の中で決定してしまう当局とのあいだには、深い裂け目が存在している……。それは、その指揮形態が組織されていない新時代と、雄弁術を駆使し、内輪で長広舌を繰り広げ合う先生方が属する旧時代のあいだに横たわる裂け目なのだ。

＊　＊　＊

III

高速で走る車両に対する特定のねらい

a）ある家屋のドアからまた別のドアまで早く運転すること
b）街のどの場所でも意のままに即座に自分の位置を見つけること

あるドアから別のドアへ。街には家屋のドアがそんなにたくさんあるのか？　なんとまあ、今日の都市においてはそうなのだ。**門番（コンシエルジュ）付きのあるひとつのドアは、6～12 世帯、すなわち 36～72 人の住人に通じている。こうした状況では、自動車の問題など整理不可能だ。というのも、家々の門と門とは**ひとつまたひとつと隣り合い、**その間隔は 10～15m おきなのだ。車はドアの前で止まらなければならないのだから、**あらゆるドアの前で**止まらなければならない。**したがって車道は各ドアの前に、したがって家屋の軒先になければならず、家屋は車道に面することになってしまう。**こんなことはもはや必要ない**——生きよ！　**呼吸するのだ**——生きよ！　**住むのだ。現在の通りに対する考えは廃止されるべきである**——通りの死を！　通りの死を！

「**輝ける都市**」において、ひとつのドアは 2700 人もの住民に通じている。そのドアはしたがって、**ひとつの港**、自動車の港なのだ。—— 人々は家屋のドアを通って港に出る。車は車道（交通の規則的な流れ）を離れ、ドアの前の港に入る。そこにあるのは、通りに面した 75 ものドアに代わる、**通りから離れたたったひとつの港**である。

通りはもはや存在しない。交通量の一定な高速道路がそれに取って代わる。**車が高速道路上に停車することは断じてない。**車道の脇に停められた車というのは交通量を狭め、交通を麻痺させてしまう。ここ［この計画都市］においては、車がそこに停まったとしてどうしようというのだ？　何もない。**誰も高速道路には［歩いて］行くことはできないのだ。**歩行者が街の自然のままの地上（公園部分）を離れるのは、車両ポートのプラットホーム（歩いて行っても 100m 以上はない）に上る時だけで、**そ**

こに車が駐車されている。歩行者が建物のエレベーターを降りると、**建物のドアの前に**駐車場があるというわけだ。そして、たとえばたまたまそこにタクシーがいなかったとしても、建物のドアの裏手にある配膳部門が直ちにタクシーを差し向けてくれる（電話については、**自動車クラブ**のケースに続いて、ブラジルのサンパウロのケースを参照のこと）。

居住地区において、空中を走る高速道路には、12m 幅、16m 幅、24m 幅のものがある。

高速道路の断面について考えてみよう。各高速道路は、薄い板で二車線に分けられている。違反も、乱暴で危険な追い越しも、もはや存在しない。車両ポートは 2700 人もの住人に通じるドアの目の前に位置し、高速道路と同じ階層にある。その下には住民のものである駐車場が整備されている。建物のドアは公園部分［＝地表］と同じ階層にもある。これは配膳部門のメインホールに入るための歩行者用の入口である。

この新しい歩行者用のドアが、曲がっていたりまっすぐだったりする、格子状や対角線状の道路網の起点なのである。この流体のような道路網はどこに通じているのか？　街の**至るところに**、**最短距離**で。歩行者は徒歩で最短の経路を自由に使える。この流体のような道路網は、［右上の図中の］軽く蛇行した線に一致する。その蛇行はほんのわずかなもので、実際、格子状の歩道網も対角線状の歩道網もまっすぐと言っていい。この蛇行具合は、その歩道網を魅力的で面白味のあるものにし、遊歩道のように見せるためにある。

400m おきに、歩道網が地下の通路となって、地表に直につくられた車道を横切っているのに注目してみよう。この車道についてはまだ説明していなかった。この新しい車道は、リュクサンブール公園やチュイルリー公園やモンソー公園といった現在の公園を囲んでいるそれに似た鉄柵で仕切られているため、歩行者は立ち入ることができない。この 400 × 400m［の区画］、それは歩行者の囲い地であり、望む限り広く緩やかで、光に満ちた地下通路で繋がれている。これらの囲い地は公園だ。公園には学校が、そして運動場がある。人々の歩く傍には、池を模した 100m プールがあり、その片側は砂浜に縁取られ、静かな湾のように奥まった部分は子供たちの遊び場となっている。こちらにはテニスコート、ジョギング・コース、そしてサッカー場がある。時折、木々の葉叢のあいだから高速道路のほっそりとした姿が垣間見える。そこには、自動車が静かに（アスファルトに接するゴムタイヤの音だけで）、好みのスピードで走っている。クラクションや警笛はもう終わり。何のためにそれをするというのか？［もはやそれをすることに意味がない。］歩行者用通路に沿っては、近代的な駅のホームやヴィシーの湯治客を風雨から守るそれに似た、途切れなく続くひさし屋根のようなものが設けられた。これが歩行者の傘となる。「輝ける都市」において、傘――オメー的な［プチ・ブル的な］備品――はもはや存在理由を持たないのである（当初の問題からはそれたことだが）。

あなたはリュクサンブール公園におり、アサス通りではあなたと同じ階層［地表］をトラックが走っている。しかし、そのことがあなたを煩わすことはない。というのも、トラックは木立によって隠されているのである。**輝ける都市**の地表全体が、このリュクサンブール公園のようなものなのだ。

ゆえに、大型車は高速道路の下を走る。それらはどこへ行くのか？　配膳部門に消費製品を運ぶのだ。家々のピロティの下には、時折こうした荷降ろし用のプラットホームがある。ここが大型車の目的地だ。誰を［歩行者を］妨げることもなく、お互いを妨げ合うこともなく、また、いかなる機能も遮断させたり麻痺させたりすることなく、大型車は荷物を積んだり降ろしたりするのである。

路面電車は、「輝ける都市」において、その本来の存在権を取り戻した（現代の都市において、路面電

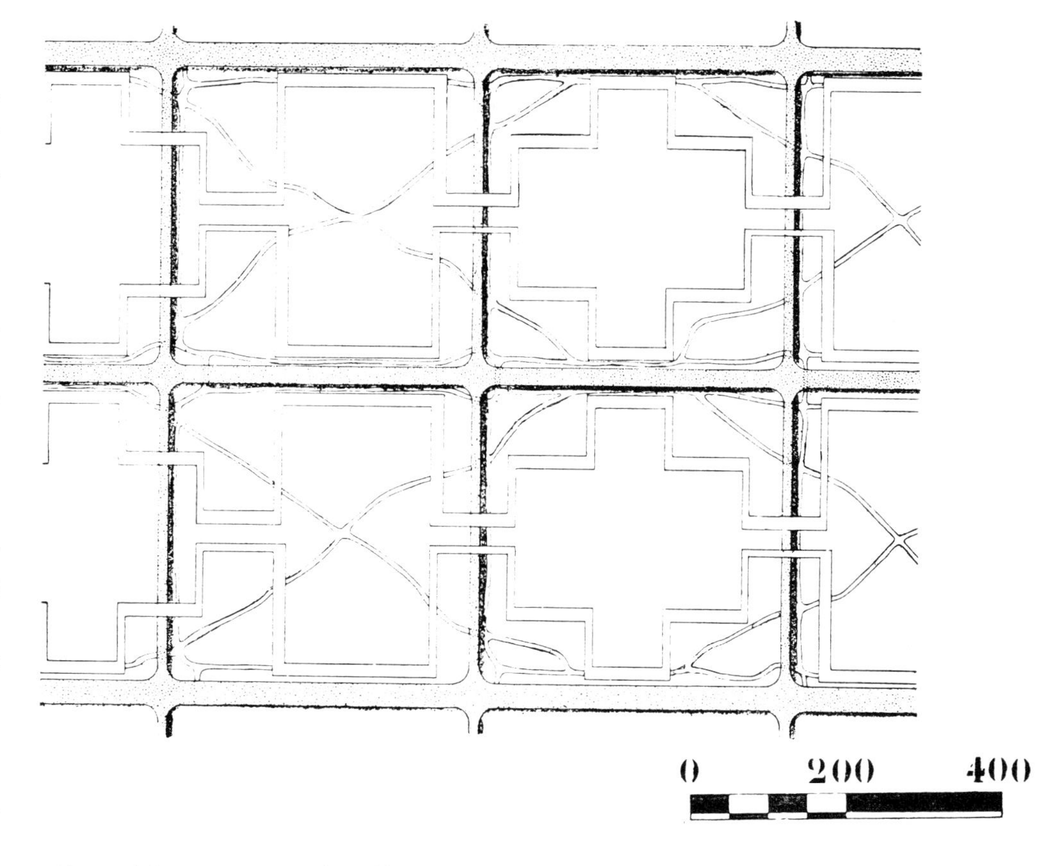

地上5mの空中にある、一辺400mの高速道路網。地面は完全に歩行者のものである。公園の中、地表には、一方は格子状に、もう一方は対角線状に伸びる、蛇行する二つの道路網がある。これらが歩行者用道路なのであり、目的地にまっすぐ向かうことを可能とする。

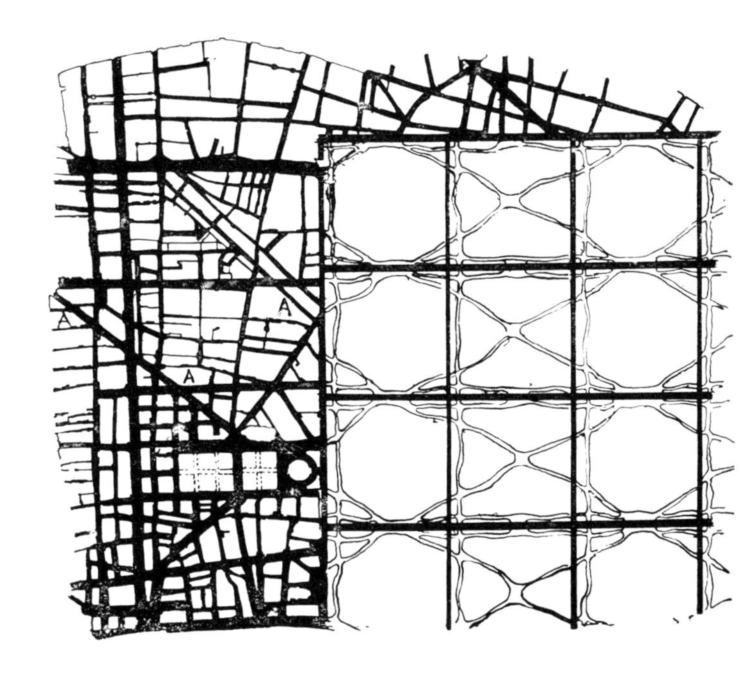

本当に理解しなければならないこと――ここに対比させているのは、パリの道路網（レ・アール周辺）と、輝ける都市の道路網だ。これが交通の新しい単位となる。

興味深いのは、古いパリにおいて、われわれの400m［単位］のそれに奇妙にも近似したより広い通りのシステムが見て取れるということだ。しかしながら、無数の小道やそれらの交差が、自動車と居住者の地獄をつくり出している。

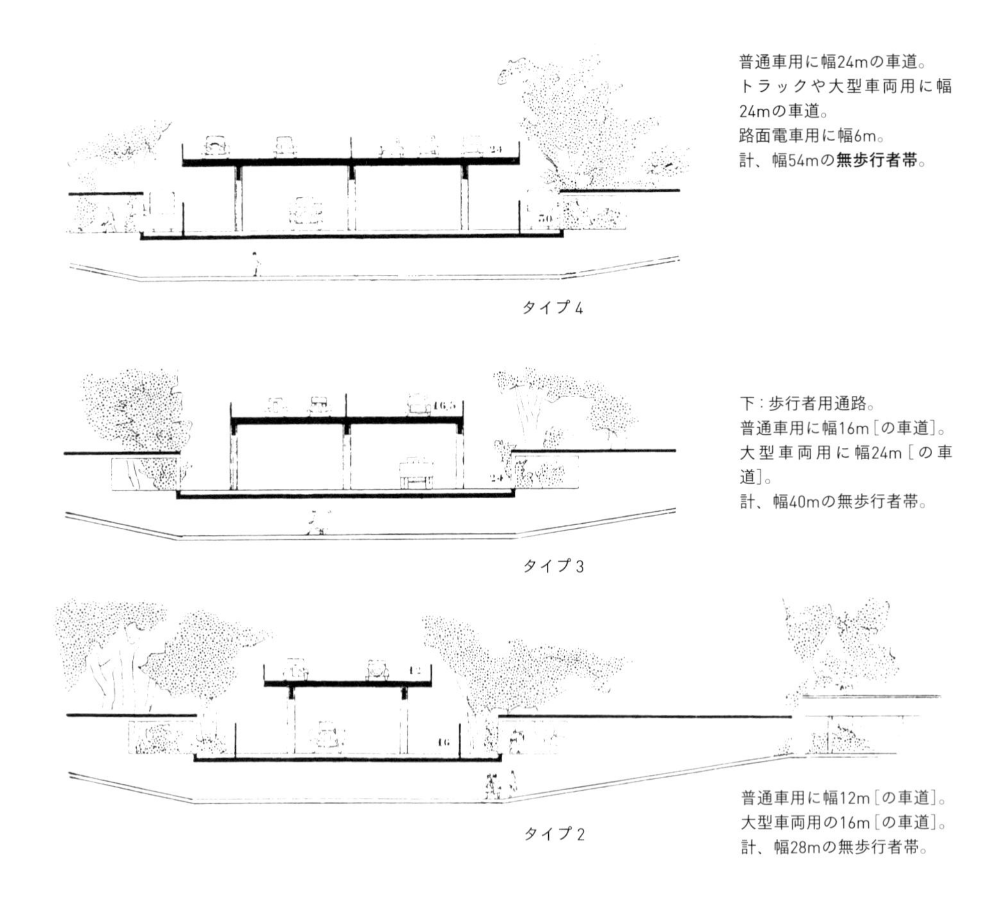

普通車用に幅24mの車道。
トラックや大型車両用に幅24mの車道。
路面電車用に幅6m。
計、幅54mの**無歩行者帯**。

タイプ4

下：歩行者用通路。
普通車用に幅16m［の車道］。
大型車両用に幅24m［の車道］。
計、幅40mの無歩行者帯。

タイプ3

普通車用に幅12m［の車道］。
大型車両用の16m［の車道］。
計、幅28mの無歩行者帯。

タイプ2

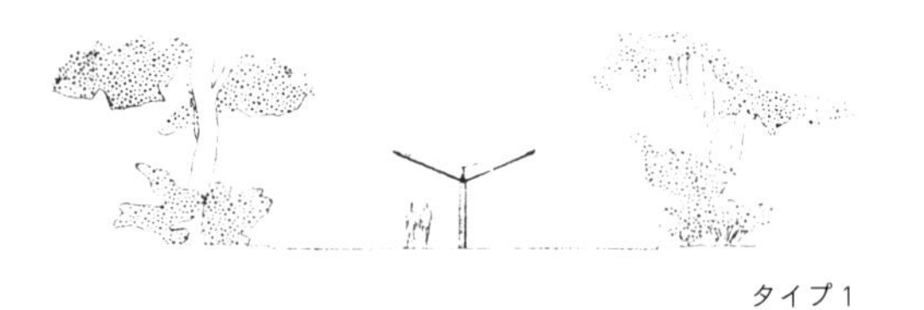

公園の中、格子状や対角線状の歩行者通路に沿って、コンクリート製のひさし屋根が設置される。

タイプ1

車は交通障害の決定的な要因となっている）。ここでは、路面電車は地表と同じ高さで、トラック用通路の左右を通っている。電車は地下通路があるところで停まる。そこでは公園の鉄柵が開かれており、停留所が整備されている。ここで路面電車の乗り降りをするのだ。「輝ける都市」において、路線バスはなくなるだろう。路線バスは、**無秩序の都市**、とりわけパリにおける、柔軟で「能動性に満ちた」最も素晴らしい交通手段だ。一方、**秩序の都市**においては、路面電車こそが、よりコストを押さえて提供され、また、その卓越性を取り戻しながら、進歩の対象となるのである。

都市の配管は？　それは屋外で、点検しやすく、修理しやすいようになっており、高速道路の路面の下にある。ついにだ!!!　あるいは、歩行者用通路の下に整備された回廊の中や、そのひさし屋根の下にあって、水に濡れず、点検しやすいよう設置される。パリの溝の悪夢ともおさらばだ！　都市の臓物、都市が都市として機能するために不可欠な生命の器官は、ついに絶え間ない破壊の恐怖から免れるようになる。

分類がなされる。すなわち、歩行者・自動車・大型車・路面電車といった規格ごと、速度がグループ化される。通りはもはや家屋の軒先になく、家屋はもはや通りに面してはいない。標準（スタンダード）的な人間が、自身の規格（スタンダード）たる、**大地**を取り戻したのだ。人は再び大地の上にいて、その足で大地を踏みしめる。木々や花々や芝生に囲まれた心躍る生活、広大な空の眺め、小鳥たちのさえずり、葉叢のざわめき、心地よい静寂――こうしたものは、計算と科学に基づく図式の賜である。

――それこそは、パリの植栽の管理者で、ブーローニュの森の設計者であるJ・N・フォレスティエが感情を込めて語っていたような、**生きた大地**だ（彼は最近亡くなったばかりだが、自然のこんなにも不思議な力から来る明白な恩恵について、言明していたのだった。彼の作品は、世界中の多くの都市において、砂利の非人間的な堆積の中に、**母なる大地**の緑の精気を再び流れさせたのだ）。

＊　＊　＊

石の砂漠の中、追い詰められた獣でいるのはやめた。大都市において人間の差し迫った死は、**通りの死**に取って代わられる。そのほうがずっといい！

1931年4月

●

※　こうした解決策はとりわけ、アンヴェール（左岸）の都市化設計図に表れている。これについては後で見ることになるだろう。

19世紀：エッフェルの設計したガラビ橋。[図版中で比較されているのはパリのノートルダム大聖堂とヴァンドーム広場の円柱]

摩天楼——それは鋼とセメントという新しい肥料の力で急速に開花した現代の芽である。摩雲楼、それは何と高いのだろう！　このアメリカ人の巨大な子供らには仰天だ。それはまさに参加自由のコンテスト「摩天楼ゲーム」なのだ。最新のスポーツであり、競争の新しい形なのだ。その賞品は世間の注目を得られることだ（ちょっとしたスポーツとしての競争意識だ。広告も争点となる）。非常に大きなポスター、**世界で**（イン・ザ・ワールド）最大のポスターだ。

結果——大アメリカ大陸の入口で楽を奏でるロマンティックなサーカスの楽団、それがマンハッタンである。フランスから来た思慮深げな小市民を狼狽させるのは、大西洋の向こう側の奇妙な習俗の数々だ。カオスの美学（ここでもロマン主義だ）、混沌の倫理、無秩序の容認。混乱、暴力、粗暴な力、突撃部隊の怒号、力のしるし、力の自覚からくる傲慢、国家の誇り、人種、摩天楼を用いた宣伝活動、エッフェル塔への挑戦——**旧世界**［ヨーロッパ］の主人たる**新世界**［アメリカ］。一切が（摩天楼のまわりの他の多くのものと共に）ぐらついている。何かが実際に起きているのだ。何が？「為すに任せよ（レッセ・フェール）、それで良いのだ。しかし、われわれは常に節度と英知を兼ね備えている（われわれのところでは「賢人」というのは議論の余地なく心配な言葉だ。というのもわれわれにとっての**賢人**とは、**ダチョウを真似る人間**［危険や現実を直視しない人物、という意］のことなのだから）」。しかしそれでも、摩天楼は流行している。放漫な青年時代への賛同。摩天楼の無秩序状態。

摩天楼は都市を**石化した**。速度の時代にあって、摩天楼は都市を遮断してしまったのだ。現状として、摩天楼は歩行者というものを再びつくり出した。もっぱらそういうことだ。歩行者は摩天楼の足下を行ったり来たりする——高層ビルの下を行き来するカブトムシ。カブトムシはビルによじ登る——他のビルに四方を囲まれたビルの中は暗く、惨めで憂鬱だ。しかし、他よりもさらに高い摩天楼の天辺で、そのカブトムシは光り輝くようになる。彼は大西洋やそこを行き交う船を見る。彼は今、他のどのカブトムシよりも高いところにいる。そのうえ、普通、彼はそうした高い場所、奇妙な摩天楼の頂

7. DESCARTES EST-IL AMÉRICAIN?

デカルトはアメリカ人なのか？

マンハッタンの摩天楼の上にある金メッキされた尖塔の装飾（栓）。黒人の王の冠が磨かれている。

この図で、ピロティが何の役に立つのか見てみよう！　地表はあらゆる方向に空いている。1929年、モスクワにおいて、ソヴィエト共産党の書記長は3時間に及ぶ会議の末、以下のように決定した。「大モスクワ市の都市化の皮切りとして、ツェントロソユーズ庁舎（われわれの計画）を**ピロティの上に建築しよう**」。ここには、400m四方の格子状をした20倍速［対応］の交通網、すなわち、高速道路を支えるピロティのあいだを通る大型車用の車道が見える。高層ビルのピロティも見える。ビルを囲む四つの矩形は、必要とあらば予備の駐車場ともなりうる。

を飾るアカデミー・フランセーズ風の丸天井の下にいるのだ。このことに彼の自尊心は満たされる。悪い気はまったくしない。その摩天楼の尖塔の装飾に彫金するための高額な出費に、彼は同意するのである。

というのも摩天楼は奇妙なのだ。その天辺には、初期あるいは中期ルネッサンスのブルネレスキやミケランジェロの、もしくは、ルーアンやアミアンにある大聖堂の傑作の面影が認められる（それらは中世における宗教的不安が結実したものだったが、［現代の摩天楼では］ミサを挙げる代わりにビジネスが行なわれている）。正面（ファサード）に沿って日を遮る石材が続き、これが「様式（スタイル）」をつくり出すのに役立っている。「様式（スタイル）」の裏側で仕事をするのは骨が折れる。そこは暗く、陰気だ。したがって電気の光に照らされている。摩天楼の下の方で人々は押し合いへし合いしている。地上は混雑しているのだ。**摩天楼の足下にかつての通りはそのまま残されてしまったというわけである**。いくつもの高層ビルが隣接し合って建てられており、ひとつひとつはやたらと小さく見える。アメリカは**毛を逆立てている**。どうだろう、**毛を逆立てる**のは賢いことだろうか？　毛を逆立てるのは美しいことだろうか？　このようなぼさぼさ頭は作法としていかがなものだろうか？

せめて、こうした一切がハリウッドの石膏模型でしかなかったなら！　ああ残念なことに、それは鋼鉄でできていて、御影石の上に建てられており、天辺まで石材に覆われている（だがなぜ石材で覆ったのか？）。マンハッタンでも、シカゴでも。何という災難だ。

数年前から、マンハッタンを解体するための委員会がニューヨーク市に設置されている！

＊　＊　＊

摩天楼の存在理由

距離を縮めるために密度を高めることで、都心における混雑を緩和する。これは一見矛盾した要請だが、現在ぜひとも必要なものであり、その驚異的な解決策は摩天楼によってもたらされる。

地域の、あるいは、国の商業中心地を設置する。かつてない集中（超過密）によって距離を縮め、（太陽の運行に基づく日々のサイクルにおける）時間を稼ぐ。地表全体は交通に還元する（混雑の緩和）。実際のところ、超過密と交通に必要な地表とのあいだにまったく新しい関係を作り上げる。そして、速度の分類に貢献する。つまり、動かない物（事務所）、1倍速（無数の歩行者）、20倍速あるいは30倍速（自動車、路面電車、地下鉄）。この苛烈な労働の場に、静寂を、清浄な空気を、満ち溢れる陽光を、広大な地平線（「遠くまで見通せる」、広い眺望）をもたらす。あらゆるものが腐敗、汚辱、喧噪、騒音、無秩序、遅延、疲労、摩耗、退廃でしかない場所に、節度と光り輝く雰囲気をもたらす。高貴さや、偉大さや、バランスの公平な尊厳を確立する。崇高さ（機械革命の成熟した果実）の中に現代の力を明示する。空を復元する。物事を鮮明に復活する。大気を、光を、喜びを。

＊　＊　＊

19 世紀、建築は過小評価されている。それは**発見**であり、**変革**であり、明くる日の未知、明くる日の驚愕であり、運動そのものだった。変革にせよ**運動そのもの**にせよ、それが魂を創造する。当時は、そのように推測されていた。理論と実践のあいだにはいかなる差異が、いかほどの距離があるのか？　理論と実践のあいだに、魂の閃きと改革のあいだに、どれほどの時が流れており、また、流れることになるというのだろうか？　予言の閃きと改革には相通じるものがある。それらは決まって相次いで起こり、端と端で繋ぎ合わさる。こうした改革は、もしそれが不断のもので、絶え間なく弾幕を張り、また、もしわれわれの通常の理解力を圧倒してしまうとしたら、その時、その名称は変わる。それは革命だ。革命という言葉は客観的事項であり、すでに遠い出来事、暴力的な再建による混乱や戦闘からは遠く離れた出来事なのだ。この言葉は、存在しなくなった何がしかの上に、何か他のものが続いたのだということを意味する。コンドルセがこの**革命**という言葉を創造した。それはバスティーユ牢獄の攻略から何年も後のことだ（辞書によれば、**革命**とは「この世の事物に起こる変化」のことを言うのである）。

19 世紀、それは崇高さによって掃き清められていた。人間というものは、無気力から引きはがされ、企ての中に追いやられ、主導権を握られ、雪崩が起こり巨大になるようにして前進する出来事（雪玉のように、結果がまた新たな結果を生んでゆく状態）の舳先に置かれると、自ら崇高なものとなるのである。**何かができる状態に位置づけられた**自分を見出し、これらの新しい責任に応えられるだろう。千里眼となり、創造主となる。成功し、勝ち誇る。何という輝きときらめきの瞬間、閃きがわれわれを先導するこの束の間の瞬間は何という人生の宝だろう！　それが意図することに気づき、そのヴィジョンに従うと、その時、新たな段階を到達するのである。

19 世紀、それは熱にうかされた状態にあった。すなわち、**日々、発見がありそうだった**。**それに金銭的価値があるか**とか、それは「何かのあるいは誰かの資本で設立された株式会社」の対象たりうるか、などと考えている時間はなかった。最新の発見の実現性、明くる日の仮説の潜在性、夢想、こうした一切がひとつのもの――ひとつの熱情だったのだ！　最も崇高なものへと高められた目的に向けての情熱的なレース。主要な業績、すなわち、無私無欲な業績。「大金（ビッグ・マネー）」？　そんな粗暴なものはこのレースに参加できなかった。ここで、われわれにとって重要な分野［＝建築分野］においては、計算が発見され、「現代の技術」が創造された。古き世界は滅ぼされ、それ以来、われわれは建築用資材として**鋼鉄**を手にした。鋼鉄とガラス。そして後にはついに、鉄筋コンクリートとガラス。物質的業績の外観は、以降、従来のそれとはまったく似ても似つかないものとなる。一定不変の傾向というものも残ってはいるが。すなわち、（人々が望むような）美あるいは調和に起因する感動のことである。

19 世紀、フランスは相次いで開催されたパリ万国博覧会において、この世紀に生を受けた新

一切が逆説であり、無秩序である。各人の自由がすべての人の自由を無に帰してしまう。規律のない状態。

サン＝ジャック塔。パリ、中世。

とあるアメリカの大学（誰がそれを信じるだろうか?）。何という児戯［なんと稚拙な］！

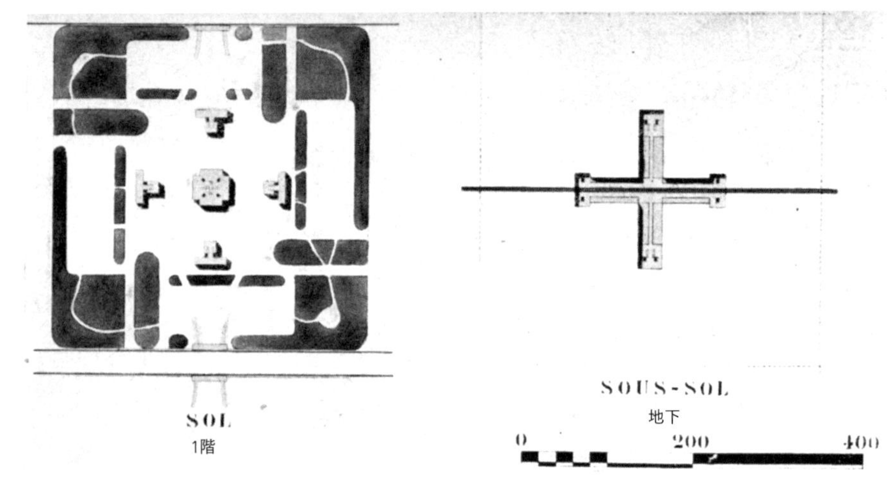

摩天楼の地上部分——地表は100%が歩行者のものである。エレベーターのある5つのエントランスホール。ピロティ下は自由に通行できる。

摩天楼の地下部分——地下鉄が通過している。150mの長さのプラットホーム。レストランや店舗といった職員のための公共サービスがある。

摩天楼の交通(「輝ける都市」の図版)。
(2倍の規模で)地上5m、摩天楼の高速道路と同じ階層部分。400m四方の格子状。一方通行。交差は皆無。あらゆる方向からのアクセスが可能。通行すべきは、静かで速い、内部燃焼のエンジンを搭載した正真正銘の機械のみ。この階層に、歩行者は存在しない。

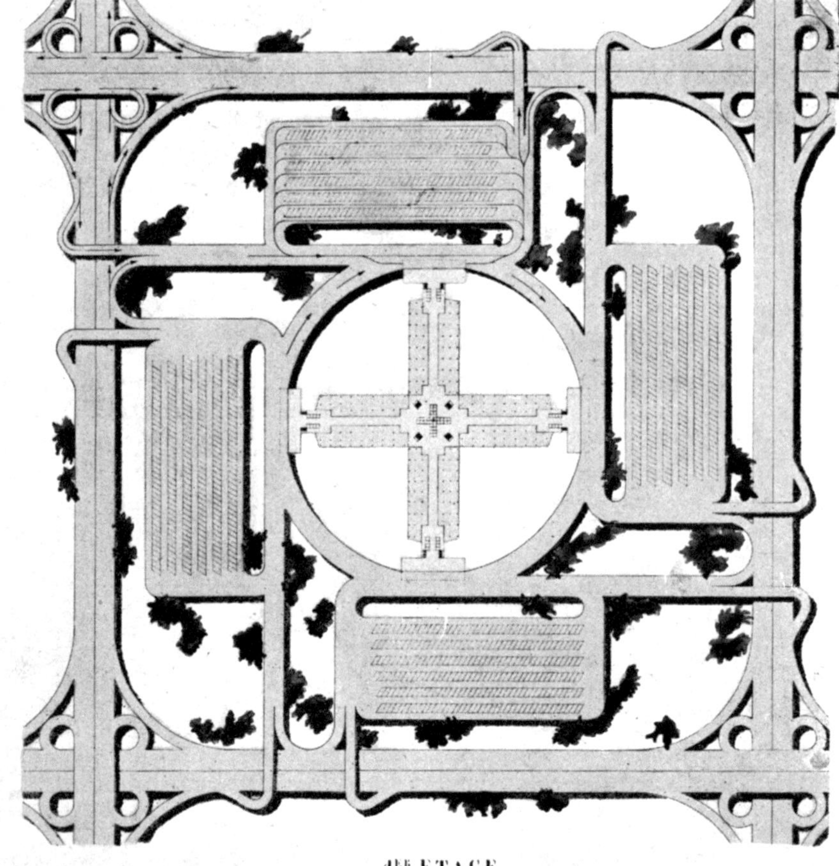

生児たち——鉄とガラスの宮殿——を目撃した。

アカデミー[・フランセーズ]は震撼し、行動を起こし、すべてを解体させた。遥かなる高みの空気が凡人たちに合わないというのは、まったくもって本当のことなのだ。エッフェル塔と、急流や大河に架けられた(大胆で、すらりとしており、知的で、美しい)いくつかの橋だけが、かろうじて生き残った。

われわれは19世紀において、抒情的で純粋、かつ計算に基づいた、偉大な時代を有した。しかし一切は、恐ろしいまでに再び落ちぶれてしまった。われわれ、若者たるわれわれ、革命的思想を育んでいることを同時代人たちに非難されているわれわれは、自らをはなはだしく低俗だと思っている。ただ、それに気づいている者はごくわずかである。機知に富んだわれわれの父祖の作品は破壊されてしまったのだから。——これらの作品は、[そうできることなら]われわれに対して毎日真実を伝えようとしていたのだ。

* * *

ナポレオン1世は理工科学校(エコール・ポリテクニーク)を創設した。私は**計算**と名付けられるものの概念、計算と呼ばれるものの概念を解説してみたい。

地球上のあらゆる研究機関において、さまざまな人種や文化に属し、異なる教育を受けた個々人によって、日々いろいろな実験が行なわれている。そうした実験の目的は、物質の特殊な性質やそれを働かせる力を明確にする隠された事象を、人間の言語で言い表すことにある。測定するために数字が創られ、その数字でもって、距離・時間・質量・温度などに普遍的な意義が与えられた。われわれが努力の結果理解しえた世界の一部部分を描写する確固とした語彙は今も存在する。

質量と体積の関係、距離と質量の関係、時間と距離の関係、温度と時間の関係、等々が観察された。それ以来、こうしたりそうしたりすると**その物質において**何が起きるか、というのが分かるようになった。記号(文字と数字)は、われわれの認めたこれらの事象をそれぞれ象徴化した。これが公式だ。ひとつの公式は、充分な資格を持った決定的な力である。公式は、それ自身のものであるところの、ひとつの作業のみを正確にこなす。その結果、公式は厄介な事象をすげ替える。今後、**もはや**実験室の熱さや危険や混乱の中において**長時間かけるのではなく**、1枚の紙の上において**一瞬のうちに**行なわれるようになる。

われわれは勝負を始める。——公式同士は対立したり、相反したり、協調したりする。われわれはこれらの公式を用いて考えを記し、意図を実現し、欲望を追求することができるのである。夢や仮説は現実に対し評価される。これらの公式ひとつひとつは紙の上の記号にすぎないが、この記号はダイヤモンドのように堅く、形の整ったものである。われわれはそうした公式を、小麦粉と水のように一緒くたに捏ね回しはしない。公式は宇宙の諸法則を内包しており、関連する世界の諸法則とともに完全な適合性を有する混合物となるまで統一体として結束しないのである。数学者も発明家も芸術家（本当の芸術家！）も、詩人とそう違いはない。それらは全部でひとつの存在だ。つまり、彼ら――仲介者――によって、混沌が調和の内に解消されるのである。

計算という純粋に知的なこの作業、直感や才能に依存したこの作業、数枚の白紙の上で繰り広げられるこのドラマ全体は、自然のまま、ありのままの要素（硬さ・柔らかさ・弾力性・断絶・緊張・熱さ・音・激しい喧噪・想像力を予め萎えさせる無秩序）の、明快で確固たる意味を有した語である記号を、表現をする言葉へ実体変化［カトリックの聖体の秘跡において、パンとぶどう酒がキリストの肉と血に変わること］させるようなものである。すると、その人間はもはや土木業者でも炭坑夫でも、虐げられたニーベルング［ワーグナーのオペラから？］でもない。彼は創造主だ。彼は**未来の出来事を決定する**。**計算が済むと、彼は以下のように言う権利を有し――そして実際に口にする**。「**それはこうなるだろう！**」と。計算とはそういうものであるため、軽率な人々は我先にとそれの彫像を建て、それを崇めることだろう。

気をつけたまえ！　計算はわれわれのあくまでも人間的な神性を映し出す鏡でしかなく、われわれの限界を示す厳格な尺度なのだ！

しかしながら、計算の確立は 19 世紀に途方もない飛躍をもたらした。

測定するために数字が創られた。19 世紀は前時代のそれとはあまりにも大きく異なった計測器具を用いたため、**数字はまた別の価値を持つようになり**、真の意味において計算というものが生まれたのだ。

＊　＊　＊

都市の問題に際し、大都市のビジネス街――1 ヘクタールあたり 3200 人（労働者 1 人あたり 10㎡の業務スペースという割合）の超過密――に、計算がもたらす解決策は以下の通りである。

5 点形あるいは格子形に配された摩天楼を、400m おきという割合で建設する。ビルごとのこうした間隔は、パリの地下鉄駅の平均的な間隔に似ている。これら摩天楼の建設が、どれほどの自由で、巨大で、驚くべき空間がもたらされるかを思い浮かべてみるのも有用である。それらの水平投影図、つまり各階の平面は、それぞれのビルに割り振られた敷地面積の 5% を占めているに過ぎない。

こうした意外なまでの空間にもかかわらず、その間隔［＝ 400m おき］が、現在のパリの人口

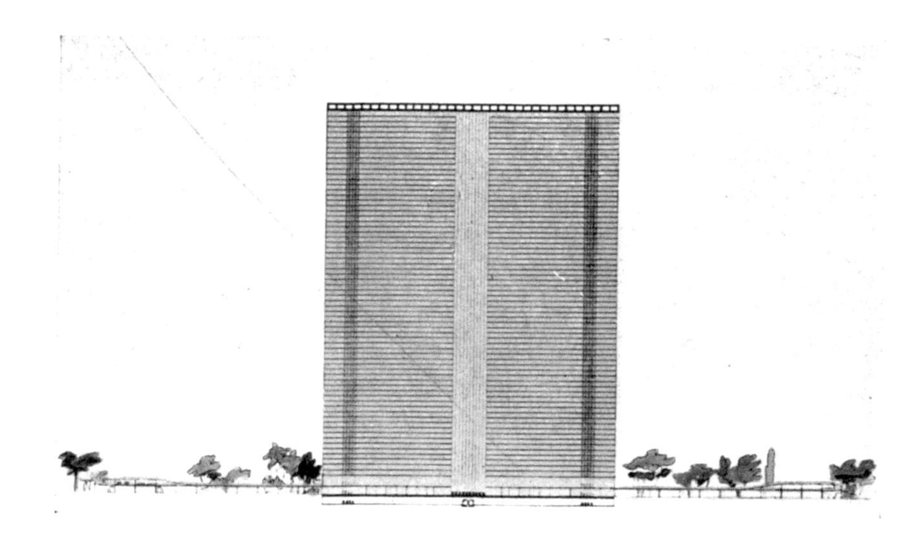

摩天楼の断面図――地下鉄。地表とエレベーター。空中の高速道路。それから、60階建て［の建物］。天辺において、平屋根部分は空からの爆撃に備え装甲化されている。

ピエール・シュナルの映画『建てる』からの抜粋。ル・コルビュジエとピエール・ジャンヌレによる模型――1920年の『新精神（エスプリ・ヌーヴォー）』誌、1922年の「サロン・ドートンヌ展」、1925年の「新精神（エスプリ・ヌーヴォー）」館、1931年のベルリン国際建築展［などにて発表］。

デカルト的な摩天楼
――鋼とガラスで
できている。

密集地帯（1ヘクタールあたり800人）におけるそれの**4分の1**であろうということに注目しよう。
これらの摩天楼は中庭を設けないよう十字の形をしている※。**中庭は決して存在しない**。

この形状は外壁の表面積、すなわち窓ガラスを、そして採光を、最大限に拡張してある。各部屋は、窓ガラスに全面覆われた側壁から測って7m以上奥まった場所にあることはなく、したがって暗い部屋というのは存在しない。
十字の形をした摩天楼は、風圧にも最高の強度を呈する※※。

摩天楼は鋼鉄とガラスを用いて建てられる。基礎部分から220mの高さまで幾本もの柱がそびえ立っており、建物の1階は地上5ないし7mの地点からしか始まらない。都市の地表のあるいくつかの場所においてまさしく森を形作るこれら柱のあいだは、自由に通行できる。歩行者用の5か所のエントランスを除き、摩天楼の下の空間は空いている。ここにおいて歩行者は、居住地区においてそうであるように、**地表全体をわがものとできる**。自動車と出くわすことは決してない。それらは別のところを走っている。

車は高速道路の上だ。われわれは400m四方を一単位とした高速道路網を保持する。摩天楼は400m四方の高速道路の格子状の網目の中心にそびえ建っている。高速道路は地上5mの空中にある（すでに述べた）。格子の四つの辺それぞれに、摩天楼に特徴的な（一方通行を維持し、交差を避ける）道路網が接続している。この4本の分岐線は四つの車両ポートに至る。車両ポートには、摩天楼の四つの乗降用のプラットホームが面している。四つの車両ポートは、ホームと同一の階層に1000台、その下の地表部分に1000台、そしてその地下にもさらに1000台の駐車場を実現する。ひとつのビルにつき計3000台の車。これは実際に必要とされるよりもはるかに多い！

四つの駐車場に通ずる環状交差点のおかげで、400m四方の格子のどれか一辺から、摩天楼の四つのプラットホームのどれかひとつに至ることができるのだ。

地表部において、すなわち公園部分には、歩行者のための「美しく整備された」道が縦横斜めに張り巡らされている。高速道路の下にも、同じく400m四方の格子があり、それは鉄柵に囲われている。囲いの鉄柵のあいだ、高速道路の下を、大型車両が走行する（すでに述べた）。路面電車も同様にそこを走る。

「輝ける都市」において、路面電車（現行の形状のもの、あるいは、小型列車の形状のもの）は、その権利（経済性・有効性）を回復した。路面電車網は400m四方の格子に沿ってはいない。それは、

※　ここ数年で、私は摩天楼を十字の形から、より生活に適していながら従前と同等の静的安全を保護する形、すなわち、日当たりを考慮した形（ジュネーヴ、そしてパリ右岸、アンヴェール、バルセロナ）へと進化させた。以後、北に位置するオフィスはもはやない。この形状はよりいっそう生き生きとする。

※※　1925年の『都市計画（ユルバニスム）』や1930年の『［建築と都市化の現状に関する］詳細』において、十字の形をした摩天楼や、その建築方法、設計図、都市計画上の効果、都市の美観に対する貢献について、私はあらゆることを書き記した。したがってここではもう、その件に立ち返ることはしない。

400m 離れて並走する路線からなる単純な交通網でしかなく、もちろん交差もない。なるほど、それはまさに鉄の**道**［フランス語で「鉄道」は chemin de fer］だ。400m ごとに、路面電車は二つの摩天楼に面して停車する。ここでは囲いの鉄柵が途切れ、その場所は保護されたプラットホームとされている。それは実に単純であるが機能的である。

ゆとりある地下通路が、20 ないし 30m の長さに渡って、路面電車と大型車両の専用路を潜り抜ける（歩行者のためのものである）。

地下においては、「**輝ける都市**」の地下鉄網がビジネス街を集中的に支えている。地下が駅として整備されている各摩天楼の下、乗客たちを運ぶ。線路は［摩天楼の］十字の形をつくる一辺をなぞり、その線路沿いにホームが設置される。ホーム両側には、摩天楼で働く職員のための、レストランや店舗といった公共サービスがある。

輝ける都市の空港のチャーター機が、ほとんど時間をかけずに、摩天楼の天辺に着陸できるかどうか、われわれはまだ知らないがそれは可能だろう。幅 25m、長さ 150 ないし 200m の平屋根部分を自由に利用できる。「航空母艦」なる戦艦は、すでにこの問題を解決している。

こうした一切は「紙の上」では見事にうまくいく。なぜなら、問題が提起され、計算がなされるのだから。計算が済んだということはすなわち、それは実行可能なのだ。いつでも望むときに！　大都市の中心部におけるビジネス街の早急なる実現を準備するにあたっての、財政方式、施工日程、法的基盤について、私の考えはすでに説明してある※。パリの金融界の重鎮ら幾人かも、この説を認めている。したがって、私はまったくもって狂っているわけではないのだ※※。

1930 年以来、防空参謀らは予期せぬ支持をわれわれに寄せてくれるようになった。

＊　＊　＊

ニューヨークやシカゴに対抗し、清澄で、清潔で、優美な、イル＝ド＝フランスの空に光り輝く、デカルト的な摩天楼をわれわれは建てるのだ。

［毛を逆立てた］ハリネズミや、ダンテを思わせる陰鬱で高尚なイメージに代わって、組織立っていて、公明正大で、力強く、風通しの良い、秩序だった物体をわれわれは提案する。下から見上げれば、それは崇高なものとなろう。飛行機から見下ろせば（われわれは都市を上から眺めるということもじき知ることになる）、それは**知性**（エスプリ）**のしるし**となろう。それは新時代の都市、すなわち、別の尺度であろう。「生の説教師」──彼らにとって、**人生**とはすなわち事

※　『［建築と都市化の現状に関する］詳細』、新精神（エスプリ・ヌーヴォー）コレクション、クレ・エ・スィ出版、パリ。

※※　それに今（1934 年）となっては、われわれは「金融家」の融資を必要としない。［ヴォワザン］計画は、その影響を国の喫水部にまで拡げたのである（1933-34 年の『プレリュード』誌を参照）。

二つの精神が対峙している。──フランスの伝統たるノートルダム大聖堂、「ヴォワザン」計画（「水平方向に立ち並ぶ」高層ビル群）、そしてアメリカの輪郭（喧噪、毛の逆立ち、新たな中世の爆発的な初期状態）。

故である——の野暮ったくて歪められた抒情性とは相容れぬ、この**秩序**／**理**（ことわり）こそが人生であるという概念を私は強調する。私にとって人生とはそれ自体が成功であって、失敗などではない。それは制御であって、挫折ではない。それは豊穣（明瞭な観念の全き繁栄）であって、不毛（大都市の悲惨に無頓着な素人たるあなた方が陥っている泥沼）などではない。

ニューヨーク（機械化の生み出した巨大な若者の発する、騒々しくも見事な怒号）に対抗して、私はデカルト好みの合理的な都市を提案する。私は「**水平方向に立ち並ぶ高層ビル群**」を創建する（併せて載せた図版や写真を見て、私の言うことを理解して欲しい）。**直線の街**であり、水平の街である（人は水平面で生きている）パリは、その建築様式を自らの直線において追求するのだ。

笑われるだろうか？　ノートルダム大聖堂の正面（ファサード）を見に行ってもらいたい。また、ここ50年のアカデミー・フランセーズ風の丸天井に至るまで、ひたすら建てつづけられてきた、あらゆるものを見に行ってもらいたい。パリの優美さ、それは直線にあるのだ（近年の反応としての戯言は聞こえてくるが、断じて曲線にではないのである）。

1931年9月

ピエール・シュナルの映画からの抜粋。パリの空の下、摩天楼がそびえ立つ。

●

標準的な事物の集まりの上にそびえ立つことは、無礼などではなく、威厳の表明にほかならなかった。

パリ市の主任　建築家が言う。
「パリは変わりえないさ……。パリには歴史ってものがあるのだから!
あなたはパリがローマ都市だったことを忘れている!」
「そいつは素晴らしい!　で、パリのローマ[時代の名残]は今どこにあるんだい?」
「ええと、……クリュニーの共同浴場跡……」

(庭園の奥に、窪みがひとつと、ひびの入った4面の壁がある。
すべては木蔦の下に隠れてしまっている)

8. UNE NOUVELLE VILLE REMPLACE UNE ANCIENNE VILLE

新しい都市が古い都市に取って代わる

ソヴィエト連邦で都市化の諸問題を担当している技師でもあるモスクワの友人は、われわれのアトリエで展示された「輝ける都市」の図版に、かの国らしい理論を持ち出して反論したものだ。「大都市とは資本主義体制の権化だ。それらは、幾百万もの［人々の］苦しみを封じ込める怪物じみた何かである。あらゆる大都市は、人口５万人ほどの都市的構成要素を備えた地区上に分割され、四散され、拡散されるべきである」。これが、現在※ソヴィエト連邦で大流行している「脱都市化（désurbanisation）※※」論である。

その数日後、ブラジルのコーヒー王である私の友人が、アウグストに降りかかった災難について話してくれた。アウグストというのは彼の料理人である。アウグストの妻は、正直者で人の好い太ったご婦人だ。つい最近、アメリカ合衆国のパラマウント社が、サンパウロにおとぎの国にあるかのような宮殿を建てた。ちなみに、そこで撮られた映画もまた、おとぎ話のようなものである。アウグストの妻は夫を捨ててハリウッドへ行ってしまい、そこで暮らして運を試そうとしている。ある日、アウグストは昼食を出すのに手間取っていた。そこで、私の友人は、「おや、アウグスト、いったい何を作っているのだね？」と訊いた。「ああ、ご主人様」と、彼は目に涙を浮かべ、鍋でマカロニをかき混ぜながら答えた。「私は妻の顔を思い出していたのです！」

ハリウッド、ハリウッド！

都市とは磁場である。放射されたそれらの磁力は、多かれ少なかれある程度の範囲まで広がり、質的な秩序のさまざまな構成要素によって、都市の在り方、その引きつける力［「磁場」としての／「魅

※　1930年。
※※　このフランス語の単語はロシア語においても使用されている。

大都市の文化の状態。人間の運命の別の側面──「おお、人よ、危険に身を晒して生きよ!」 それができる者たちは、大トーナメントの行なわれる闘技場に入った。知性こそは、人間を不安から遠ざけて、また別の運命へと駆り立ててゆく。

カ」としての〕、全体におけるその機能、そして、その価値を決定する。

都市は議論の余地なく、ある地域の重心を、ある物質的な地域のありのままの重心を意味する。しかし、より微細な波動の影響を受ければ、より広大な地域の、ときに巨大で精神的な地域の重心をも意味する。

まったくもって人間的な以下のような現象を認めねばならない。人間はふつう、ひとりではいられない。ひとりの男は妻を娶り、子供をもうける。──これが家族だ。それからただちに、無数の要因（安心安全であったり、安楽の獲得であったり、等々）により、彼は他の集団に加入するに至る。──これが部族だ。部族の中核、それは町（遊動するものであれ固定したものであれ）だ。敵対や競争といった要素が、最も強い者を利するよう、諸グループの統一原理を破壊する。最も強い者とはしばしば、最も器用で、最も知的な者のことである。議論や比較、競争や質という概念は、他人との接触によって生まれる。質は賛同を集め、惹きつけ、呼び起こす。その質が最も強いところに、ひとつの場が構えられる。──これが首都、文字通りの頭である。その頭は、人類の知性の多様な形をした至宝で飾られる。これら宝飾の放つ光は遠くまで届く。田園や、森や、牧草地に暮らす人間も、「そこ」に行かなければならないとある日感じるのだ。彼は、自分には言うべき言葉があるだろうとも感じる。彼は自らの環境を離れ、都市に入り、己の信念とさまざまなエネルギーを秘めた己の潜在力をそこに持ち込む。都市は膨張し、飽和し、成長し、これらのエネルギーを用い、消費し、そして発展し、自らを確立し、豊かになる。そこは勝負の場であり、文化の場だ。質をめぐる闘いに引き入れられて、人間は自らを昇華する。彼は自らの技量を遺憾なく発揮する。ひとつの肩からより高い別の肩へと飛び移り、君臨する。これこそが人間の歴史、人間の運命、すなわち、質の獲得である。そのせいで、以前は普通であったものではない、すなわち自然な環境ではあるが、別の規範、心を惹きつけ、空想的で、際限なく、無限で、どこまでも人間的な規範、すなわち知性の支配する都市というものがあるのだ。

常にピラミッドの形をとる、この位階制の現象に注目し、よく覚えておこう。ピラミッドは、巨大な基部においては大きく広がり、上部ではひとつの点、ひとりの人間──素晴らしき知性──であるところの頂点に達する。すべてが集中であり、いかなるものも分散ではない。このことをよく心得て、はっきりと感じていなければならない。弱者、つまり本物の民衆扇動家らが、このピラミッドを逆さまにして、基部を上に、頂点を下にするという、ぞっとするような行為を試みたがっているであろう、この大都市の恐ろしい危機のときにあって。

ソヴィエト連邦に話を戻そう。ソヴィエト革命政権は、指導者たちの慧眼には屈するであろう──私はそう確信しているのだが──痛ましい思い違いによって、われわれ西欧の学術会議が示すもっとも退廃した主張を今のところ支持しており、大都市を取り壊そうとしている。われわれの国において、役人たち皆が、われわれを野（田園都市）に送り、そしてそこで育つかどうかも分からぬネギのまわりで土をひっかき、ジャン＝ジャック〔・ルソー〕（ただし、知性に劣る）の夢想を再び生きるよう望んでいるがごとくに。

カルパチア山脈の国境からカムチャッカ半島の海岸まで広がる、ソヴィエト連邦の心をとらえている真の現象とは何なのだろう？ ロシアの中心たるモスクワの中心に建てられた、クレムリンの指導者たちを苦しめているそれは何なのだろう？ それは、**植民地化**〔植民地的都市開発〕──広大で、無限で、理解し難い農村部における、（類いまれなる）都市の行軍。「**農村を工業化しなければならない**」。これはレーニンの言葉だ。しかし、レーニンは決して言わなかったし、考えもしなかったことだが、**農村のあいだに都市が分散してはいけない**。五カ年計画に記された、人口５万の新都市群？　防御陣地にこそ、ある地域を統率するために、すなわち、その地域を統御し、教化し、領域を開発し、知性（エスプリ）の光をともすために、何から何までが設置される。**防御陣地**、それは征服の物質的な要素である。未踏の地の植民地化、以上が今日のロシアの現象だ。そしてこれはまさしく、偉大なる古典古代においてはローマの現象——統治の中心や［知性の］光源のように厳密な道理に基づいて計算され、デザインされ、設計された都市を造って**蛮族**を支配し、その結果、ガリアにもゲルマニアにもイスパニアにもアフリカにも植民都市が散りばめられた——なのである。中心はローマにありつづけた……が、ローマは混乱と無秩序と暴力的緊張のさなかにあった。ローマの統治者はそれに対して対処する力も、知恵も、時間も持ち合わせてはいなかった。ローマはこうして滅び去った。蛮族が勝者となり、そしてこれが世界における暗黒の**800年間**となった！

それでは、現在の西欧を見てみよう。それは、機械化の直接的な影響としての、新しい文化——新たなる光、新たなる生、新たなる……新しい、新しいもの——の抑制不可能な魅力を持った近代文化とともに農村が都市を侵略したのだ。つまり熱狂、幻想だ！　しかしそれが事実だ。「世慣れた」若者たち（とアウグストの妻も）は新しいもの、それを吸収したいのだ！　ほうら、彼らが都市にやってくる。第一の段階。磁極としての都市。第二の段階。それは都市の中で起こる。都市生活の新しさ——バラ色の、青色の、まばゆく光り、ダイヤを散りばめられた新しいもの——にもはや抑制はきかない。

小説家たちはどうして、都市に「新しいものを吸収し」に来た農村の人々の人生を描かないのだろう？　共和国の大統領になったことのない、こうした人々の人生を。

私には世慣れたひとりの友達がいた。何もかもわかったつもりでいて、食料品店で働いており、パリにうんざりしていた。パリの光？　そいつは彼を充分には照らしてくれなかった！「俺はアメリカ大陸に行くよ」と彼は言って、ブエノスアイレスに旅立った。ああ、アメリカ大陸よ！　パンパよ、自由な人生よ、インディアンよ、原生林よ、そして、ラプラタ川の流れの中を転がる銀よ！このとてつもない碁盤目状の街における、恐ろしい不安の数週間の果てに、彼は破産した。今や彼は井戸の底——ブエノスアイレスによくある、15ないし18階建ての建物に囲まれた中庭のひとつ——におり、何年も前からずっと、日がな１日、つきっぱなしの電球のぶら下がった1m四方の壁龕に座っている。彼は同じ帳簿の同じ項目を同じ数字で埋めている。これが、アメリカ大陸の光に幻惑されたパリの若者だった……。

世界中の若者がパリにやってきた。駅を出れば、セバストポール大通り、ラ・ガール大通り、レンヌ通りへ……。次いで駅のホテル、さもなくば、彼らが今していること、そして今後直面するであろうことを、既に経験した同郷人のもとへ。**彼らは黒く汚れた街区の悲惨な掃き溜めの中にその身を隠す**。さながら、四面が壁に囲まれた、不潔な檻の中の、爪を折られた猛獣だ。彼らはそこを離れず、そこで子を生すだろう。都市の人口は、もうすぐ500万にもなろうとしている。この数百万の［住民の］うち、都市のお荷物で、足手まとい、極度の貧困にあえぎ、挫折し、落伍する人の数はどれほどに上るだろうか？

したがって、都市には非生産的な住民というのがいる。多すぎるのだ。死ぬほどに飽き飽きしな

分散した文化の状態、すなわち「フォークアート」。**人間**のスケールで得られた完璧な調和。牧歌的生活の平穏。間に合わせながらも充分な道具一式……。しかし、機関車がやってくるだろう、あるいはもう来たかもしれない……。「フォークアート」の死、新たな文化の不安に満ちた夜明け。

モンマルトル

セーヌ河岸

ルイ15世広場

パリ・ノートルダム大聖堂

これがパリ、つい最近までのパリだったもの……。古の詩情は消えてしまった。これは冒瀆ではないだろうか？　これは過去にわれわれに起きた事実であるが、また同様のことは起こるでしょう、存在理由を世間に忘れられた時には。

がらも、**絶望しないために**そのことを自ら認めない、たくさんの住人がいるのだ。

ロシア人たちは、都市を目下否定しているなかで、「移住」という言葉をつくり出した。彼らは都市生活者のうちの落伍者を、入植者にしようとしている。寄生者を、征服者に変えようというのだ。

われわれの国では？　どこを植民地化すればよいのか？　そのような場所は一切ない。この国は占拠されている。それでも、この国をより良く占拠し、そこにより多くの利潤を生ませねばならない。農地の開発と工業地域を効果的な比率にせねばならない※。分類し、計画を作成し、情勢を読み、実り多い決定を下さねばならない。秩序をもたらし、たゆまぬ用心やたゆまぬ行動、そして人道的な配慮と家長的な厳しさでもって秩序を回復し、管理し——すなわち責任をとる術を知り——、腐る代わりに行動し、金銭ずくの代わりに生活に関心を持ち、状況を立て直し、炎を灯し、皆が気づくように情勢を照らし、恒常的に作動する調和のとれた計画を組み立て、硬化させるのではなく生気を持たせ、信頼や信用を生み出し、熱狂を引き起こし、市民精神を目覚めさせ、統治せねばならない。

当局よ！　ひとつの計画を作成し、ひとつの計画に沿って作業するのだ。計画を実現するのだ。**秩序への感謝を広めるのだ**。

＊　＊　＊

問題の別の側面。

「ええそうですとも、パリの建築主任殿、パリはローマ都市でした。でも今はもうそうではありません。**石ころひとつ残っていないんです**」。

パリは中世都市でもありました。でも家一軒残っていやしません。

パリはアンリ4世時代の都市でもありました。「女たらし（ヴェール・ガラン）［アンリ4世の渾名］」の頃から残る狭苦しい館において、1925年ごろ、『新精神』紙は慎ましく運営されることになるでしょう。

それからパリは……

古い建物は取り払われ、片づけられました。古いものは新しいものに、つまり、最も適合しないものは最も適合したものに、取り代えられたのです。進歩というものはこのようにして遂げられるのだし、より単純に言えば、生というものはこのようにして実感されるのです。いくつかの傑作は保護されました。というのも、「申し分のない均整」とは心に訴えかけるものであるし、永遠に若々しくあるものだからです。

私的な利害の衝突など、未知のものではありませんでした。私的な利害によって、あるいは、解決できない、または、解決する時間のない衝突によって、都市の生物学的起源——パリを走る放射状の道路の古い痕跡——はそのまま存続したのです。1650年まで、パリには一台の馬車もなかったため、歩行者はまだどうにかこうにかやっていましたが、四輪馬車が徐々に通りを占めるようになると、『人権宣言』とともに歩道の設置が布告されました。つまり、60cmから120cm程度の幅が歩行者用とされたのです。

倒壊のおそれがある家々に、新しい家々が取って代わりました。

※　これらの研究が発表されている『**計画**』の読者であった農民らが、農村に関心を払うよう私に強く促したのは、やっと1933年のことだ。「あなたは**輝ける都市**をつくっておられるが、われわれが望んでいるのは**輝ける農場**、**輝ける村**なのです」と。そこで、何か月ものあいだ、私はこの困難な課題——農地の再編——に没頭した。そして、先の農民らにいくつかの計画を委ねた。

パリの歴史として実際に何が残っているのでしょう？　そんなものは一切ありません。もしあるとするならば、いくつかの教会、いくつかの館、いくつかの宮殿くらいです。それだって、[街の]表面積のうちの何**パーセント**になるでしょう？　恐らくは、パリ市域の **0.1% 程度**でしょう。ええそうですとも、0.1% のパリの建築主任殿、パリの歴史は保存されています。カエサルの時代に関しては、クリュニーの庭園の、あの壁の一部分で我慢なさい。でもいったい誰が、われわれにはこうしたパリの歴史の 0.1% を敬虔に守る気がない（とんでもない、その気はあります！）などと、あなたに吹き込んだのでしょう？　われわれはそれを守るでしょう。でもその残りの部分は、ほとんどが**腐っています**。**歴史の尊重という名の下に**、この 99.9% にも触れさせたくないとあなたはおっしゃる！　それでも、建築主任殿、あなたは日々、**昔の都市があったまさにその場所の上に**、建築を行なうことの認可を与えていらっしゃる。それどころか、**新しい都市は、あなたの許可によって、古い都市の上に築かれています**。

20 倍速の時代にあって、廃れた細胞が新しいものに置き換わるのと同様の原理で、新しい都市は築かれています。建築主任殿、これは犯罪です。許されざる犯罪です！　**歴史の名において！**　ええそうですとも、歴史の名において、また、歴史の法則や、その道徳や教訓に従って、新しい都市は古い都市に取って代わらねばなりません。そしてこのことは、**生物学的な構造において、われわれの生きる機械化時代の必要性と一致するのです！**

＊　＊　＊

歴史の名において。**現代**。
美しき**現代**。

より力強い、とても力強い歌。
新しい制度、すなわち、20 倍速。
新しい生、すなわち、機械化。
新しい理想、すなわち、個人の解放のために機械を用いること。
新しい 1 日、すなわち、生産的で、回復可能で、心躍る、健やかな 1 日。輝ける都市における機械化された人間の 1 日。
ある都市［＝新しい都市］が別の都市［＝古い都市］に取って代わる。

障害はあるだろうか？　ある。不動産所有の現行の形式においては、公共の権利と対立する個人の権利が認められている。ところが、公共の権利が踏みにじられると、**個人が押しつぶされるのである**。

法学者の皆様、当局にその任務を遂行する手段を与えるためにも、現行の所有権の形式に不可欠な改正について研究していただきたい。

問題を提起してみよう。
システムの基礎、われわれの活動の中心たる、**居住のための街**が必要だ。
生きよ！　呼吸するのだ。生きよ！　住むのだ。
ビジネス街も必要だ。理性への訴え。

集中の文化状態。人間の知性（エスプリ）の華。指導者らに彼らの行く先への信頼を与えるのは、こうしたものなのだ。これらは最上の思考だ。効果的な糧だ。

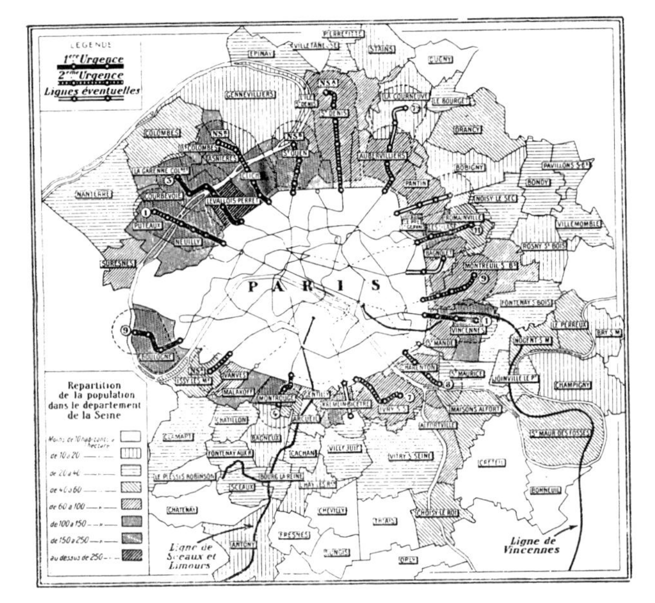

両義性が生じるのも妥当である。都市か否か？　農業経済か都市経済か？　農業従事者か工場労働者か？　神への愛にかけて、知らなければなるまい。目録を作り、調査をし、社会計画を打ち立て、何が問題なのかを知らなければなるまい。「何が問題なのか？」私に見えるのはただ、手を焼かされる書類の海と、身動きの取れなくなった無数の役人たちだけだ。今のパリに**計画**などない!!!!!

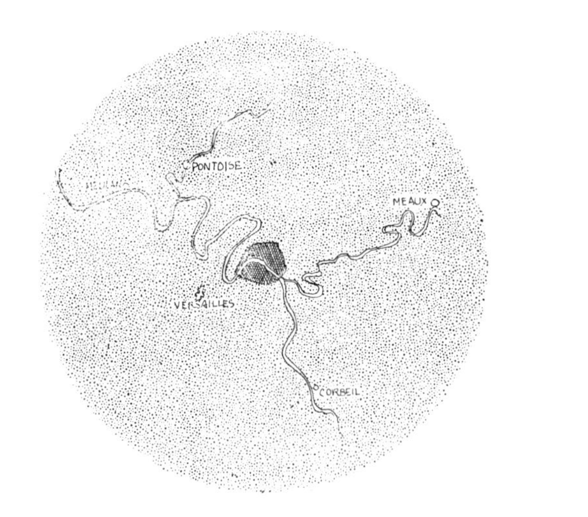

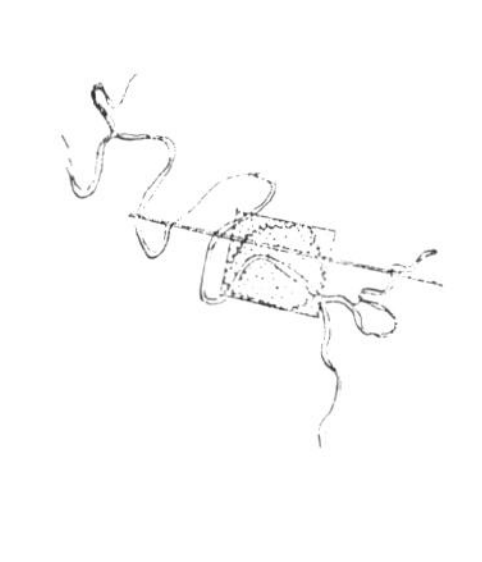

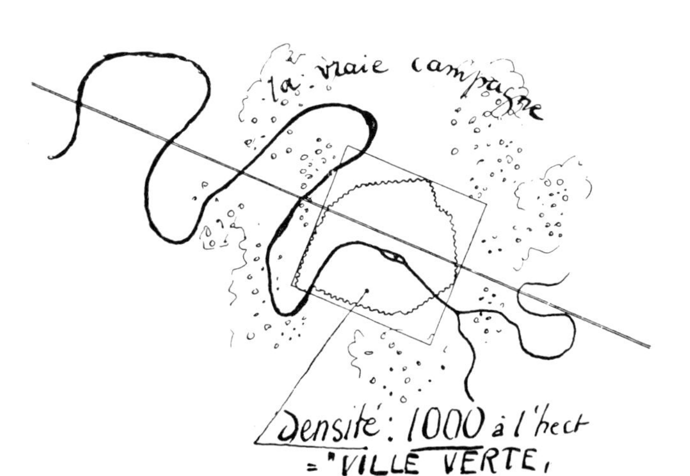

その**計画**によって、パリの理(ことわり)を定義し、パリの将来を決定する。パリをつくるのだ。パリを継続するのだ。

パリは今日、錯乱し、塞がれて、目的なく方針もなく、死につつある。

そこに誘惑が生じる。**言葉の誘惑**！　直径30〜50kmの「**大パリ**」――気違い沙汰だ。私はこう答える――パリを収斂させるのだ、「**輝ける都市**」のうちに。

作業場及び製作所街も必要だ。いくつもの単純な提案がわれわれに降り掛かっては、解決策をもたらす。そこには電気が通っており、電線の端には動力が生じる。作業場や製作所はどのようなものか？　それも決めなければならない。大工場の場所と質を定めなければならない。誰に分かる？　この問題に関しては見直すべきことがたくさんあるだろう。戦争やら社会危機やらは、この点に関してすでに議論を巻き起こした。この**再構成**という言葉の魔法のような効力は認めよう。

都市のさまざまな要素は、生き生きとした、効果のある、有機的な法則――類似・関連・分離など――に従って組み立てられるだろう。

こうした一切を紙の上に、図式化、図表化しよう。われわれは読み取り、方針を定め、方向を示し、確信をするだろう。

古い都市を新しい都市に取り代えなければならない、という確信を。

＊　＊　＊

それこそは、都市の役人たちが懐疑主義の淵に陥れられる原因、そして彼らに、より良質であればパンタグリュエル的であろう哄笑の、抗し難い奔流を伝染させる原因でもある。「みなさんお聞きになりましたか？　これなる都市計画の唱道者たちは、この都市を新しい都市に取り代えたいそうだ！　はっはっは！」

＊　＊　＊

そこで、それでも都市を差し迫った惨事から遠ざけねばならないのだから、以下のような提案がなされる。

別のところ、隣に都市を築くことにしよう（第一命題）。あるいは、今の都市のまわりに衛星都市を建設しよう。そうすれば、今の都市は空っぽになり、混雑も緩和されるだろう。そして、パリの住民らは以後、モーやオルレアン、ナントやさらにはヴェルサイユの市民の享受している閑静な生活に、心ゆくまで陶然とその身を浸せるようになるだろう（第二命題）。

それではパリは？　パリの中心部は？　ある専門家はこう答えた。「パリの中心部は、われわれが遊びに行く村になるだろう」※

＊　＊　＊

物騒だと言われるであろう地平を開きかけたこの章を陽気に締めくくるためにも、とりあえず、上述の二つの命題を認めようではないか。なるほどそうすれば、パリは空っぽになり、皆は田舎で、小さな町の静かな生活（『ボヴァリー夫人』のオメー氏のような）を送るのだ。光の都はもはやない。したがって、マレ地区は空っぽになる。シュヴァルレ地区も、メニルモンタン地区も、グルネル地区も、ガンベッタ地区も、そしてもちろん、ルーヴルからモンマルトルにまで及ぶ地区も同様である。

空っぽだ。クマネズミにハツカネズミ。伏兵のような静寂。以後、巨大な車輪状の衛星都市群の

※　オーギュスト・ペレ。

ハブたる、これら空っぽの街々を、誰があえて通り抜けようとするだろう？　ベルビー氏がつい最近その上に映画館を建てた**奇跡広場**［中世、病気や障害を偽った物乞いたちが集まっていた広場。スラム街］は、呪われた街々からなるパリ全体に、全方位に向けて広がっている。今日それが習わしである以上、そこでは窃盗団も国際的だ。そうした街区内には警察を置かなければならないだろう！　４万人の警察官、そして、機関銃と催涙ガスを手にしたシアップ氏［当時の警察長官。保守的で厳しい取り締まりを行なった］を！　ある晩、議会は叫ぶのだろう。「いやはや、なんてことだ。この地獄のようなマキ［第二次大戦時、対独レジスタンスが潜伏した森林や山岳地帯］をまるごと解体できたらよいのだが！」と。それは解体されるだろう。

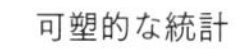
可塑的な統計

ベルリンにおける路面電車や路線バスや地下鉄といった交通の強度を示すための、奇妙なデッサンが描かれた。もしこれらの交通手段を利用する人々が、運ばれた場所に固定されたら、都市がとるであろう形が示されている。そこからは、膨大な数の乗客が街の中心に向かって殺到する様が見てとれる。そして、このようにして塞がれた場所においては、交通システム全体を変える必要があると結論づけられている。

それから？

それから、**それはまるごと解体されるだろう**。そのことは法外に高くつくだろう。オメー氏の衛星都市群の地理的な中心部にあるのは、アスファルトの巨大な穴や、カタコンベや、落とし穴ということになろう。ついには、そこにニンジンが植えられるだろう。

中心部の野菜農家らは、かつて**中央卸売市場**に届けていたニンジンやタマネギを、**衛星都市群の輝く卸売市場**に、彼らの輝く菜園から出荷しに行くようになるだろう。等々……

中心街は解体されるだろう！　そのことはべらぼうに高くつく！

中心街を解体すること。それはわれわれが、われわれこそが、ずっと前から要求していることだ。あなた方がそこに至ったのだ！　あなた方がその考えに**たどり着いたのだ！**　これは定めなのだ。

さて、われわれはそれを、穏やかに、等分された行程ごと、合理的に、良識をもって行なうこと

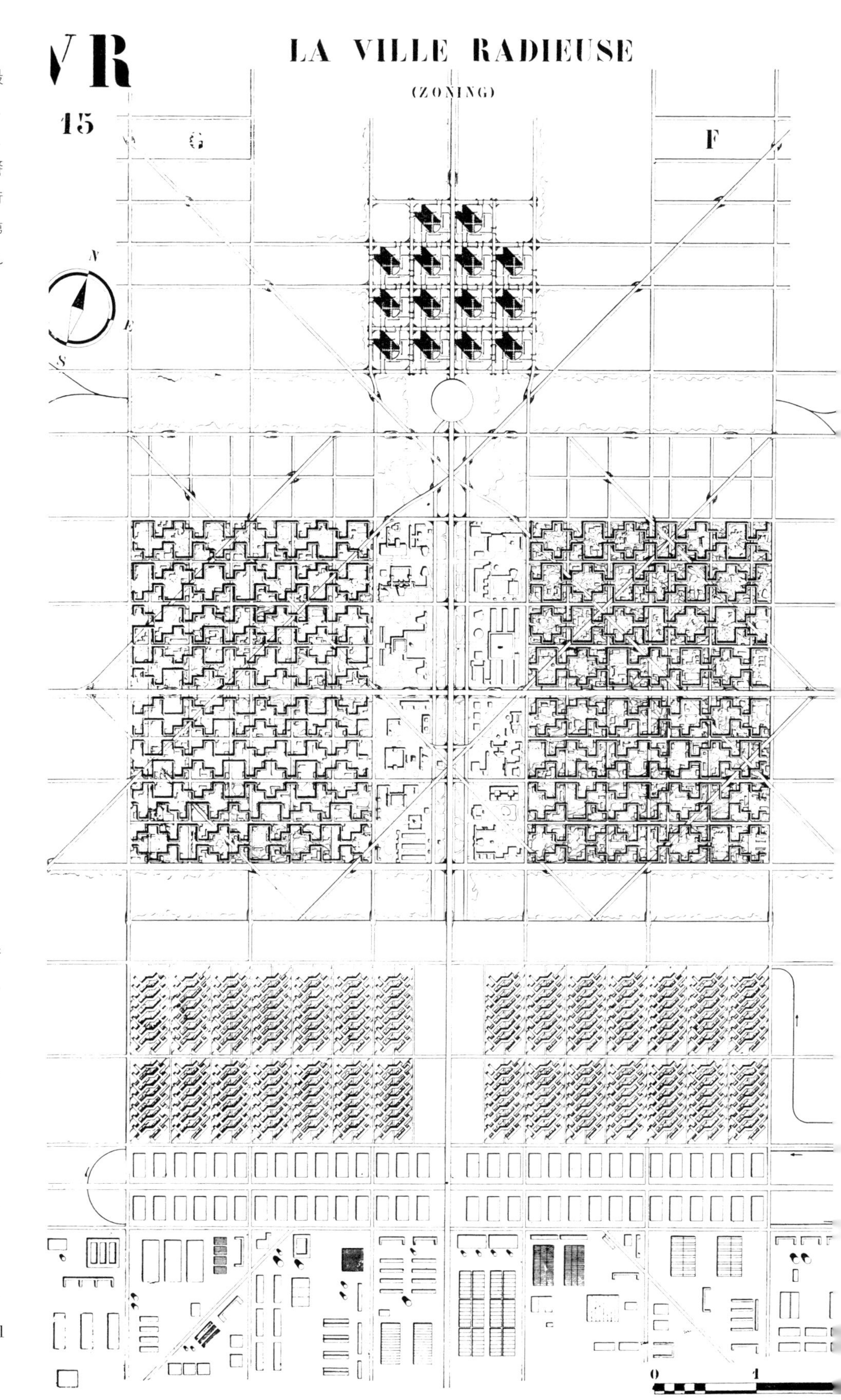

ひとりの男性が魅惑的な絵を描いているのをご覧あれ。彼はそれに夢中だ!（有機体生命が、同心状の単細胞という原始的な段階を脱し、種の進化の過程において、一本の軸線に沿い、ひとつの方向を選択し、いくつもの目標を自らに課してゆくのを思い出す）

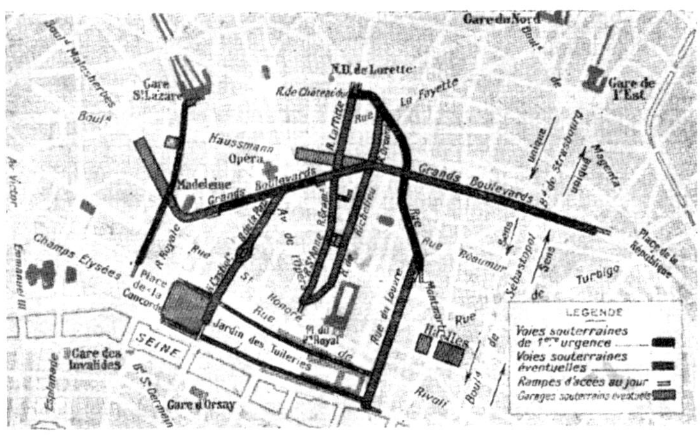

凡例
緊急車両用の地下道
予備の地下道
地上に出るためのスロープ
予備の地下駐車場

必要な交通にパリを適合させることを目的とした、ブルデー氏による計画。私は議論に深入りしないが、この「理にかなった提案」が実現した暁には、ただちに家々は別の［新しい］家々に取って代わられ、**別の［新しい］パリがつくられる**ことになってしまうだろう、ということを指摘するだけにしておく。しかし、人々はそのような不安など抱くことなく、［計画を］始める前にこう言うだろう。「少なくともこれ［＝この計画］はパリを解体するものではない。これはわれらが美しきパリの街を尊重している」と。
しかしそれは、すべてを解体することになるだろう。

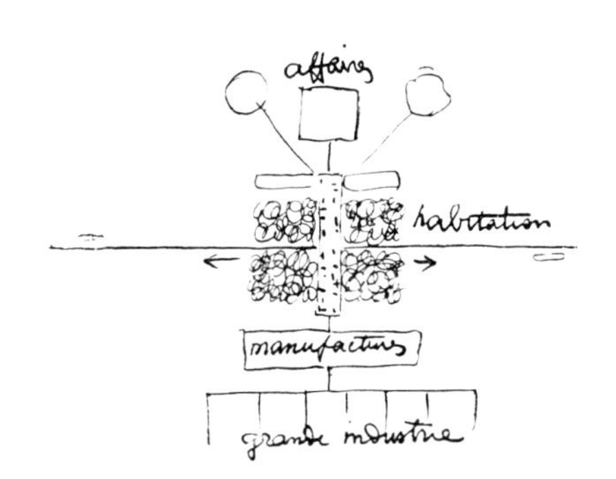

原則は明確だ。すなわち、居住区が最も重要な要素を構成している。労働や娯楽などのさまざまな要素は、非生産的な経路を避けるように配置されなければならない。

だろう。われわれはそこに「**輝ける都市**」を築くことだろう。そしてあなた方がニンジンを植えるだろうその場所で、われわれは、商業地区における人口密度を1ヘクタールあたり3200人に、居住地区におけるそれを1ヘクタールあたり1000人に設定することだろう。われわれは、都市部の価値をすさまじく上昇させることだろう。パリの不動産価値をうっかり消し去ってしまう代わりに、われわれはそれを3倍にも10倍にも増やす。20倍速に対しては、魔法のような道路網を与える。歩行者が、都市の地面全体の主人である。都市は収斂し、（太陽の運行に基づく24時間という1日では越えられない）非人間的な距離は解消される。分散は回避される。**輝ける都市**に集約されたパリは、機械化時代の人間の1日を実り豊かに実現させるために有効な場所を、意のままに有する。肉体を救う構造の有益な静寂の中で、そして、公民精神によってかき立てられ、集約されたエネルギーの活性化の中で、あるひとつの永遠の規範がその場所に再び見出される。すなわち、われわれは知性（エスプリ）を取り戻したのだ！

そうして**光の都パリ**は続いてゆく。

1931年10月

●

（114ページの数値に関する研究を参照のこと）

今こそまさしく、こうした研究に根拠を与える時だ。しかし私は、それらにその本来の起源、すなわち、[個室あるいは細胞という] 基礎単位を与える以上にうまくやりようがない。

交通や土地の分配や都市の空中部分の占有に関する、これまでのいささか魔法じみた驚くべき案配の数々が、甚だしくお粗末な最初の愚行のせいで、人間の幸福——都市に住む人間であること、そして、各々の家に暮らす人間でもあること。各々の家で快適に、各々の家で幸福に——を考慮した上で先験的に定められなかったとしたら、何と頭でっかちで、何と有害な行為になってしまうことだろう。ひとりの人間においては、感受性の機構と同時に、動物としての骨格の巨大な仕組みが、必要にして充分に作動している。

行動する、感じる、強く感じる、といった**生の**無数の面に関して、必要かつ充分な機能。

かくも病んだ現代社会が、引き起こすべきさまざまな出来事への処方箋は建築と都市計画によってのみ与えられるのだということを学んだその日、大いなる機械は動き始め、いつにでも機能する状態となるだろう。あらゆる決断と自発性、進化あるいは革命、人生論の要請、社会階級の設立やその「**当局**」の確立、それらが人間の基礎単位 [=細胞・個室] ——それ自体として生物学上良い (その存在に適っている) もので、(現代の技術によりもたらされた可能性によって) 無限に増加可能な、人間の基礎単位——に基づいて定められる限りにおいて、それらは健全なものたりうる。

現代の技術! ようやく、それはわれわれに豊穣な何ものかを提供してくれるはずだ! ああ、でも駄目だ! ここでは、オメー氏やアカデミーがわれわれの行く手を塞いでいる。

われわれの整える方策が宣言される時が来た。「現代人の家 (及び都市) は、見事に整えられた機械として、個人の自由をもたらし、現状では排除されているそれを各々に返還するだろう。その結果として、健全なる肉体に健全なる魂が形成されることだろう」。

. . . .

「輝ける都市」の研究に取りかかる前から、住民１人あたり14㎡という人間の基礎単位が、機械化

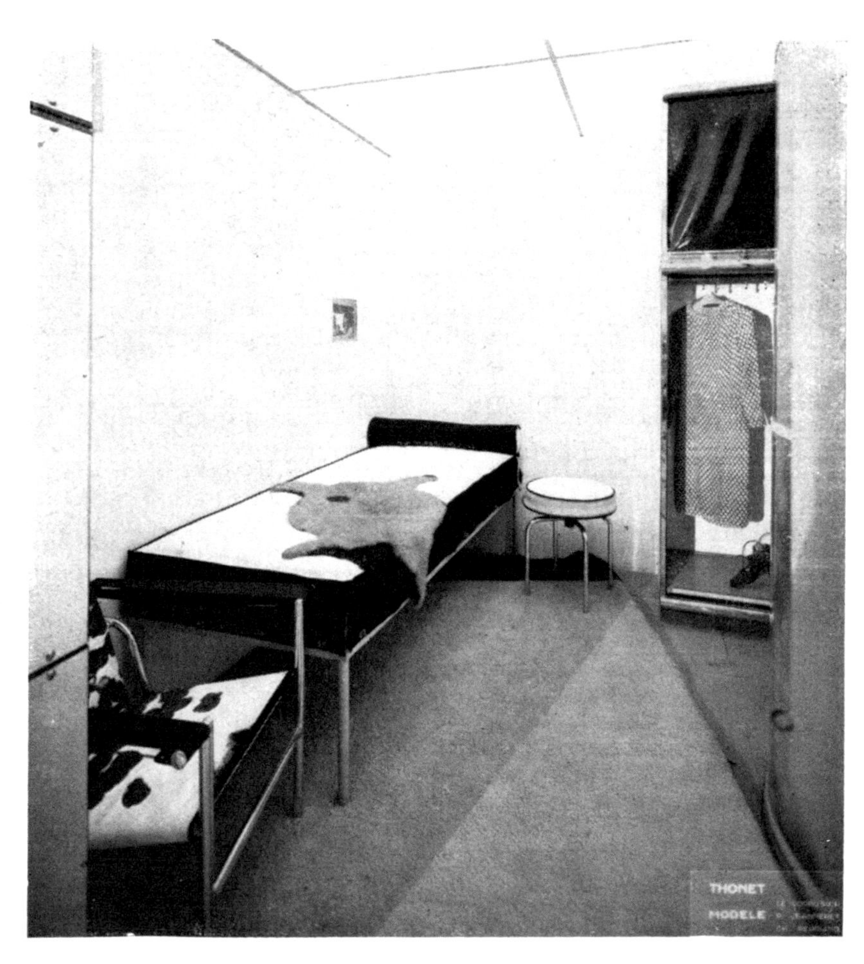

9. L'ÉLÉMENT BIOLOGIQUE : LA CELLULE DE 14 M² PAR HABITANT

(1930 – CONGRÈS DE BRUXELLES)

DÉDIÉ AUX «CONGRÈS INTERNATIONAUX D'ARCHITECTURE MODERNE»

生物学的要素:

住民１人あたり14㎡という基礎単位

(1930年、ブリュッセル学会)「近代建築国際会議」に捧ぐ

この問題に関する図案はすべて、1931年の『計画』の中で発表された。1. 独身者用住宅。2. 夫婦用住宅。3及び3a. 同上。4及び4a. 1人ないし2人子供のいる夫婦。5. 2〜4人子供のいる夫婦。6. 3〜6人子供のいる夫婦。7. 5〜10人子供のいる夫婦。これらの作業はシャルロット・ペリアンと共同で進められた。

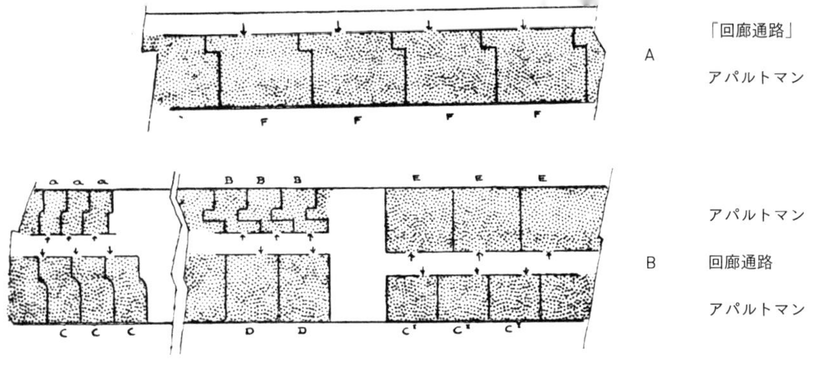

LES COMBINAISONS 組み合わせ

日照条件による。Aは南向き1棟タイプを表している。北側に住居はない。Bは東・西向き複数棟タイプを表している。内部通路がアパルトマンのあいだを通っている。形においても面積においても同様に、アパルトマンの組み合わせは数え切れないほど可能となる。そうした組み合わせのおかげで、建物の同じ部分に、独身者用のアパルトマン、もしくは、家族用のアパルトマン——子供のいない家族から1人以上子供のいる家族まで——を配置することも可能だ。正面を構成する「密閉されたガラス面」の効果次第で、アパルトマンの奥行きは決められる。「精確な呼吸」（『詳細』〔1930年、クレ・エ・シー出版〕を参照のこと）が、換気や温度の問題をすべて解決する。

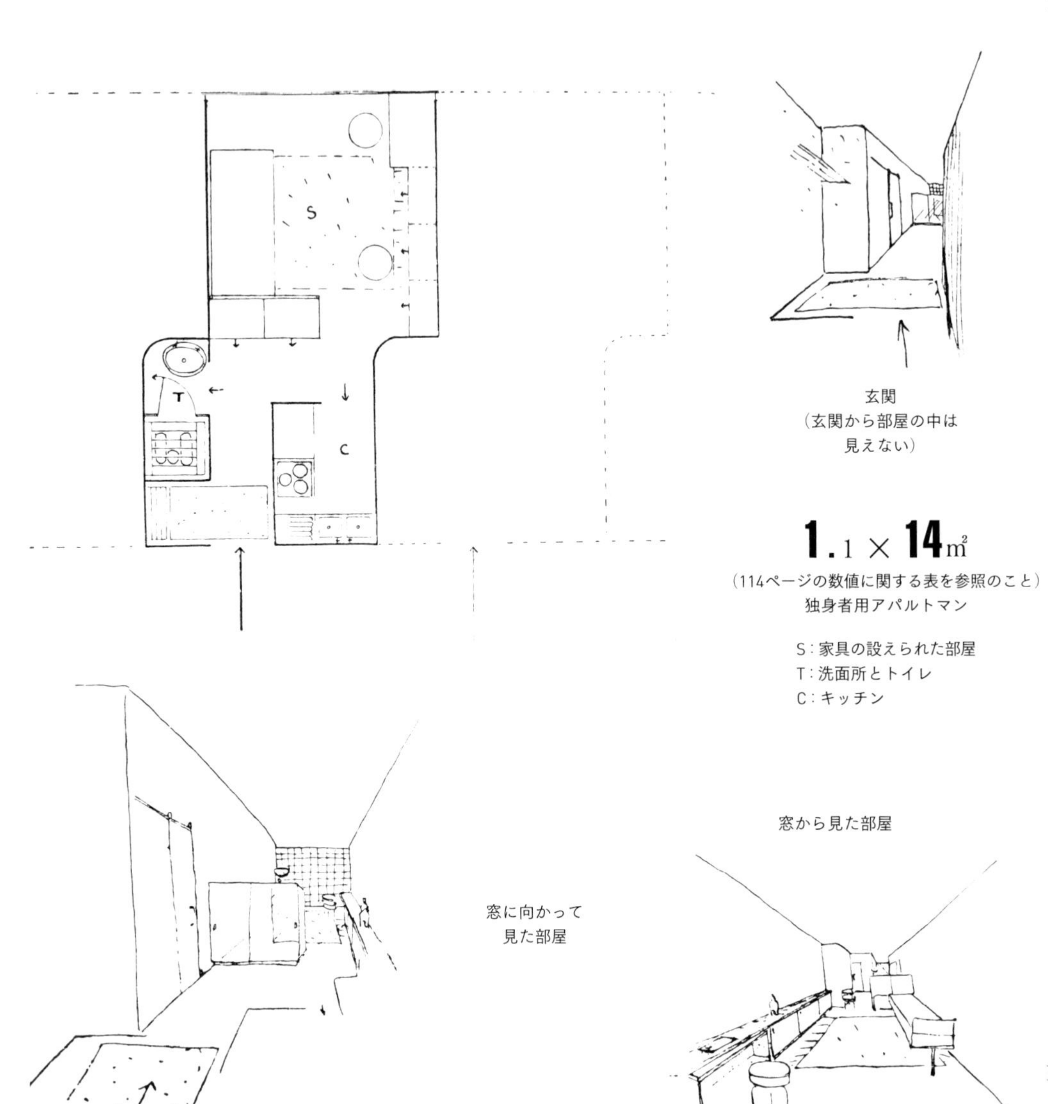

1.1 × 14㎡
（114ページの数値に関する表を参照のこと）
独身者用アパルトマン

S：家具の設えられた部屋
T：洗面所とトイレ
C：キッチン

時代を生きる人々の生活を成熟へと導く計算の決め手になるだろうと、私は確信していた。

すべての図面や、これまでに展開されたいくつもの命題が、その解決策を見出したのは、この基礎に基づいてこそなのである。

. . . .

この、住民一人あたり14㎡という基礎単位の草案を、現代建築国際学会に献呈する。

. . . .

1930年、夏

＊　＊　＊

ソヴィエト連邦は、住宅と都市の計画を体系的に洗練させるべく努めている。議論が重要だ。**こちら**に行くのか**そちら**に行くのか——「都市化」か「脱都市化」か——を決めなければならない。過度に単純化された定義は、しばしば矛盾し相反するので、登山の道中の絶え間ない休憩所のようなものとなる。ソヴィエト連邦においては、「脱都市化」が決定された。これは重大な過ち、あるいは思い違いの結果だと私には思われる。今日の**言葉**に対する混乱はもう手に負えない。昨日、一通の手紙がドイツから届いた。この件、すなわち、**反資本主義的建築**について！　狂っている！　何という難渋！　なんでも、人民委員のミリューチンは、住居と都市の模範となる構造について、本を出版したようだ。その本は五カ年計画に寄与する役目を果たすだろうというもので、そこで彼は私の「**ヴォワザン計画**」を**資本主義的**であると告発しているらしい。要するに、**ビジネス街**は資本主義的なのだ!!!　しかしながら現在、われわれはモスクワに、ツェントロソユーズの巨大な建築物をつくっている。この建物はゴストルク、つまり対外輸出センターの隣にそびえており、まわりじゅうに大企業がいくつも収まる巨大オフィスビルがすでに建築済み、あるいは近く建築予定なのである。つまり、商業地区が実現されているというわけだ。モスクワの交通は、**間もなくひどいことになるだろう**。自明の理だ！　もしこの商業地区を、7ないし10階建てではなく、50ないし60階建ての建物でつくれば、交通は改善されるだろう。そうすれば、それは寸分違わぬ「**ヴォワザン計画**」、すなわち、ソヴィエト版「**ヴォワザン計画**」であろう。言葉で遊んではいけない。それは危険な遊びだ。

6月にベルリンで行なわれた先の近代建築国際会議（CIAM）において、「金持ちのためだけに建てている」ということで、私に対する非難が表明されたと聞く。しかしその会議は、われわれが『プラン』誌の後援でピエール・ジャンヌレとともに40mにおよぶ「**輝ける都市**」の展示を行なっていた、ベルリン国際建築展の機会に開催されたものだった。1923年から1926年にかけ、われわれはフリューゲ氏とともに、規格化され、工場生産〔＝プレファブ化〕された労働者用住居の研究と建築に取り組んだ……。ただし、**6年ものあいだわれわれは水の供給を断られ**※、その結果、水道のない物件の賃貸や販売が法で禁じられていることもあって、6年間、ペサックの**現代地区**には人っ子ひとりいないままである！　しかしながらペサックは、ドイツに建造された労働者街の巨大計画に、また、ソヴィエト連邦の建築家たちの研究にも、優れた刺激を与えたのだ。

人民委員のミリューチン氏は、私が1922年にその研究を発表し始めた公共サービス付きの「別荘＝建築」の提案に基づき、ギンスブールが豊かな才能を発揮してモスクワに建てた、模範となるような新しい建物に住んでいる。

ソヴィエト連邦は当面のあいだ、都市の建設にあたって、住民１人につき９㎡という基準を採用した。それは経済上の措置として暫定的なものであり、おそらく賢明なものでもあろう。しかし、ソヴィエト連邦が９㎡という基準に基づいて**脱都市化**の準備を整えているそのあいだにも、私は『**輝ける都市**』の中で、住民１人につき14㎡という基準に基づいた**都市化**を提唱する。私は、１ヘクタールあたり1000人という超過密でもって、**緑の都市への**都市開発を行なうのだ。私の見積もりでは、９㎡では個人の生活が圧迫されてしまう。14㎡だとそれは風通し良く、自由で、組織立ったものとなる。

ここに示すのが、プロレタリア及びその他の人々のための、住人１人あたり14㎡の住居の詳細な図面である。

これらの図面は、建物の内部に「正しい呼吸」の設置を要する。このことは私にとって、その結果において、根本的で、革命的で、驚くべき改善なのである※※。「正しい呼吸」の設置は、必然的に正面（ファサード）にあって、密閉された「ガラス面」を暗に意味する。

密閉！　ぞっとするような代物だ！「モスクワの質問状」（［モスクワの］都市再開発のための基本計画についての調査）に私が返答した際、報告者は以下のように書いていた（1930年）。「このような病的な幻想は、大都市の騒音や悪臭から逃れようにも他の方法を思いつかない、ブルジョワ社会の典型的知識人の家の、孤独な小部屋のこもった空気の中でしか生み出されえないと思われる。したがって、物質的文化の再建の領域における、実践的で最も優れた仕事人のひとりであるル・コルビュジエ氏の口から、このような同様のモチーフを聞くとは、奇妙で予期せぬことである……」云々。

それでも、このモスクワ・レポートはさまざまな考えの坩堝であって、そうした考えは雑然として矛盾し合い、**作業に取り掛かる前に、住居や都市に関する議論が理論によって照らされることに、どれほど価値があるのか**を示している。

もし「近代建築国際会議（CIAM）」が表明するように、私が金持ちのために家を建てているのだとしても、私は1914年にはすでに、そしてそれ以来絶えず（17年ものあいだ）、倦むことなく住居や都市の研究を続けている。そうしながら、私は金持ちだの貧しい人だの決して考えたことはなく、ただ「人間」のことだけを考えてきた。

※　世論が扇動され、当局はそれに屈し、同業者は憤慨し、請負業者は激怒し、等々……。この恥ずべき事態に収拾をつけるためにペサックまで出張して来てくれた、二人の大臣の熱心な介入にもかかわらず、この状況（1926年当時の公共事業大臣だったA・ド・モンジー氏と、1929年当時の労働大臣だったルシュール氏だ）。いつの日か、ペサックに関する奇妙な物語のことを書くこととしよう。

※※　最初の提案は国際連盟本部の計画（1926-27年）にまで遡る。２番目の非常に詳細な提案は、1928-29年、モスクワのツェントロソユーズ庁舎建設の際になされた。しかし、われわれの精確な呼吸のシステムは却下された。以来、「医師、化学者、物理学者、冷暖房技術者、建築士に向けての質問状」を通じて、私は強固な反対意見に遭遇した。だが今年になって、ギュスターヴ・リヨンの後援を受けて、サン・ゴバンの製作所が、その研究室でわれわれの計画に沿って、途方もない規模の、決定的な重要性を持つ実験を執り行なってくれた。報告書はもうじき世に出るだろう。研究室がそれを公表できるようになれば、大いなる一歩が踏み出されるだろう。

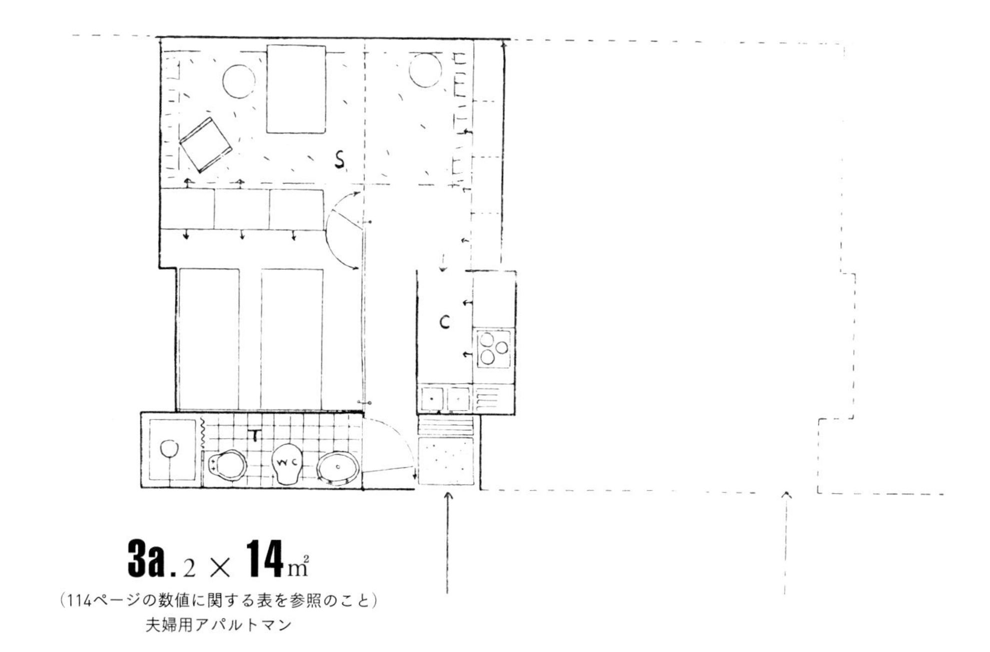

3a. $2 \times$ **14㎡**
（114ページの数値に関する表を参照のこと）
夫婦用アパルトマン

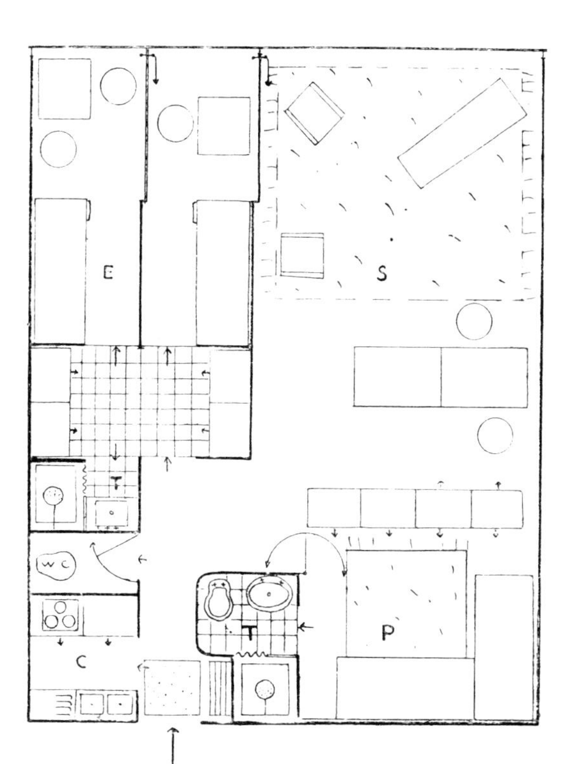

5. $4,5,6 \times$ **14㎡**
性別の異なる２人の子供、あるいは、３ないし４人の子供がいる家族用アパルトマン

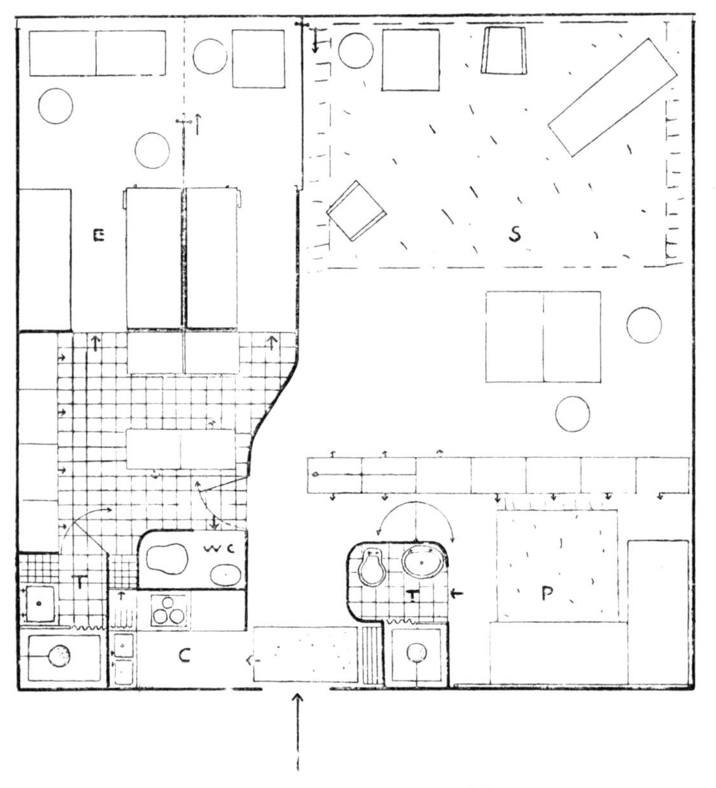

6. 5,6,7,8 × **14**㎡

性別の異なる3人の子供、あるいは、4〜6人の子供がいる家族用アパルトマン
完璧な衣装収納設備

こうした、住民１人あたり 14㎡の住居――お望みならばプロレタリア向けの住居ということでもよい――に、私自身も喜んで住むことだろう。もっと言えば、これらはプロレタリア向けの住居なのだが、西欧の現状においては、そこに住みたくないという者、**それこそがプロレタリアなのだ！** その者は、そこに住むには教育も受けておらず、準備もできていない。ルシュール法は結果として、この分野に関し、「建てて、住む」というテーマについての熟考を欠いたせいでわれわれが負うこととなる、厄介な損失をもたらした。社会教育に関する壮大な計画を、すぐにでも実行するべきだ。他国はみな、われわれの先を行っている。

1931 年 7 月

＊　＊　＊

近年の改良、すなわち、住民１人あたり 10㎡という基礎単位

（1932, 33, 34 年）

住民１人あたり 14㎡という基礎単位は、現行の行政規則の基準、すなわち、1 階あたり 2.6m の高さという数値に基づいて考案されたのだった。

今ではもっと良いやり方がある。「精確な呼吸」と名付けられたシステムによって、われわれは、2.2m ごとに 2 分割できる 4.5m という住居の新しい高さ［＝天井高］に基づいた、より有効な配置を採用するようになる。この高さだと、住民ひとりひとりに割り当てられる床面積は 10㎡に減ってしまう。それによって居住空間はわずかに減少し、したがって都市の面積はさらに減少する。しかし、とりわけ**生きる喜び**こそが、快適さの質こそが、驚くほどに改善され、増大するのだ。本質的な喜びこそが増幅するのだ。われわれはこの基準に基づいて、アルジェやストックホルムやアンヴェールの計画を立案し、また、チューリッヒ市には、300 の労働者家庭向けの説得力に富んだ建物を提案した。その結末は決して価値のないものではなかった。というのも、チューリッヒ市の社会党政府は、以下のように述べて、われわれの計画を拒絶したのだから。「もしこれらの計画を実行すれば、われわれの部局が以前に実施したあらゆる計画（「労働者たちの」と冠された巨大な建造物）に非難が向けられ、10 年にわたる熱心な努力が信用を失うことだろう！」

●

7. 7,8,9,10,11,12… × **14**㎡

7〜9人、あるいは、それ以上の子供がいる家族用アパルトマン

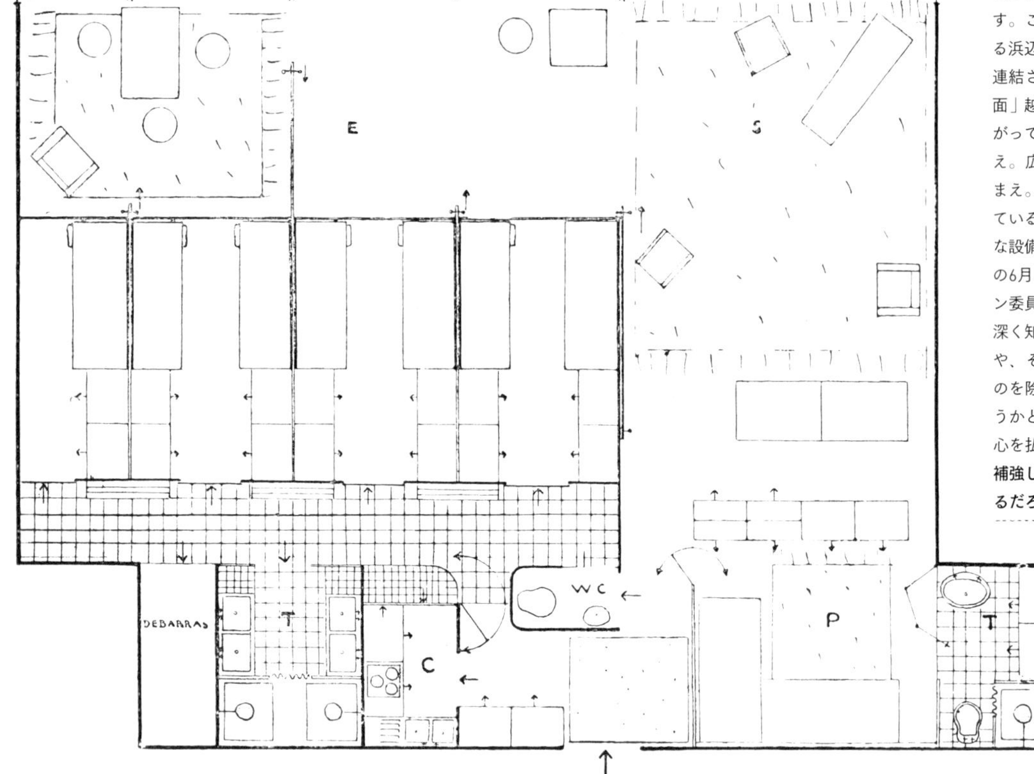

システム化は秩序によって自由をもたらし、秩序によって詩情をもたらす。このアパルトマンを、屋上にある浜辺や公園のスポーツ施設などと連結させたまえ。12m幅の「ガラス面」越しに、200〜300m先まで広がってゆく木々の起伏を想像したまえ。広大な空を流れてゆく雲を見たまえ。光は強く、清潔さが行き渡っている。家事に必要なものは、便利な設備によって満たされている。この6月、私は救世軍の長であるペロン委員に、ルシュール法の仕組みを深く知って、そこに欠けているものや、そこから恐るべき破綻を導くものを除いたものを施行してみてはどうかと提案した。こうした親身な関心を払うことによって、われわれは**補強し、導き、教化できるようになるだろう**。すると、われわれにとっては建築上の恥や社会的な失敗でしかなかったルシュール法も、**成功**というその目的を達しうるだろう。

鉄道が敷設されてゆくあいだ、このようなものが建てられていた。

10. DÉCISIONS
決断

調和のとれた世界とわれわれの現状のあいだには、決断の代わりに泣きどころが存在している。だからわれわれは決断をしないし、決断をするだけの「肝っ玉」もなく、明日が昨日と同じでなくなってしまうことに胸が締めつけられるような不安を抱いている。するとその結果、われわれの現在の行動において、問題も解決策も、すべてがいびつなのだ。

建築や都市計画について言えば、その歪みは、新しい建物に覆われた地所の形態の中に、建物の方向の中に、それらの内観や外観の扱い、それらに通じる通りの区画の中に、それらの控え目な寸法の中に存在している。ある建築、都市のある街区、もしくは、ある都市、そうしたものが**組織体**以上のものであってはなるまい。この〔組織体という〕言葉はおのずと、特質や、均整や、調和や、対称性※といった概念を確立させる。ああ、われわれの解決策は「マンダロンの四角い豚」のようなものだ。マンダロンというのはアルプス地方の小作農家のことで、そこでは太った豚に合わせた大きさの箱の中で子豚たちが肥育されている。子豚はそこで育ち、ぎゅうぎゅうに挟まれ、まったく身動きが取れなくなり、餌をたらふく食べ、変形する。ちょうど「四角く」なる頃、その箱から引っ

※　語の本来の意味における**対称**性。

組織体……
全的存在……
ひとつの機能、ひとつの形態。

ぱり出され、萎えた脚で駆けるのではなく担架の上に寝かされて肉屋へと運ばれる。建築や都市計画についてのわれわれの解決策もこうしたもので、問題とは関係のない因子のやり切れない介入によって、すなわち愚かな言動によって、圧迫されているのだ。パリの建築課長は声を上げる。「まさしくこうした困難の中にこそ、現代建築の胸をときめかせるような面白味があるのだ!」と。己の視野の偏狭さを讃える哀れな男よ！ 近年ロシアにおいて現代建築が孵化しているのを、私は注視している。われわれは30年前から、知性にとって窮屈で屈辱的な仕事に絶え間なく向かわされているというのに、かの国は人間の尊厳と等しい観念を求め、建築家たちを励まし、純粋な組織体を発展させる仕事を任せている。新しい経済の実現には、標準的な建造物――工場、ダム、農耕村落、工業都市、住宅街、オフィスビルあるいは会議場、集会所あるいは競技場、駅あるいは空港、等々――の建設が必要である。さまざまな規制は改正された。問題は、理論の全き無味乾燥さや、計画の全き明瞭さを伴って提起される。機能が示され、建築家あるいは都市計画家は**完全な組織を形成すること**によってその機能を満足してきた。完全に新しい実在が誕生する（1930年）。かつて牧人たちも都会人たちも、あらゆる人々が、その生殖機能の続く限りにおいてそのようにしてきたのである。そして建築が造られた。そして見事な作品には敬意が払われた。

伝統はそこで、その鎖を繋ぎ合わせた。

要旨：西欧のいびつな土地（際限なく細分化された個人所有）は、われわれに整形外科的な建築を強いた。ソヴィエト連邦の自由な［＝個人所有ではない］土地は自由な計画をもたらす。

建築の二つの面：

われわれ：かつては我が国に栄光をもたらした、専門的で特別な技巧を損なう、改竄された組み合わせ。

彼ら：再組織化の時代の**組織体**。

決断：国と都市の土地再編に取り掛かること。それではすべてが狂ってしまう、と法律家たちは言う。私は自分の考えをもっと分かりやすく説明しさえした。すなわち、公共のものとして土地を要求するということ**である**（**フランス復興の組織によって発行された記事にこの主張を発表した**）。

＊　＊　＊

「君は都市で何をするんだ？」ならば、都市に必要不可欠なものは何もないのか？ 君は退屈し、君の子供たちは人口を増やし、そして都市が大きくなると、困難や、不満や、騒音や、埃や、騒乱が積み重なる。それらは君を害し、君の肉体を毒し、君を病気の犬にしてしまう。

もし君が都市に欠くべからざる人間だとしても、君は他のところよりもそこにおいてより早く消耗し、やつれてすぐに死んでしまいかねない。たいしたことではない！　君は役立つようになるだろう。君はそのことを理解し、自覚的な生活を送って、自らの喜びを、すなわち喜びの分け前を得ることになるだろう。ボイラーに放り込まれた石炭、君は熱量（カロリー）を供給することになるだろう。

都市の寄生者たちへ私は言う。己の運命に見合った実りある活動に立ち返れ。大地が君らを待っている。鉄道文明は諸都市間の距離を縮めた……生まれたばかりの自動車（大型車）文明が、田園への帰還を果たすだろう。しかし——

郊外に広がる田園都市などという幻の方策を認めてはならない。嵐のようなどよめきに脅えた当局は、この措置を頼みに、打ち砕かれ、散らばり、引き裂かれ、身動きとれなくなった人々の塵から、ある都市のエネルギーを十把一絡げにできると思っているようだが、パニックに対するこうした対症療法を認めてはならない。幻想の田園の、偽りの恩恵。妥協によって郊外住民が生まれ、都市の解体と人々の不幸がいちどきにまねかれた。大ベルリン、大ロンドン、大パリ——こうした言葉を、両院や地方議会の担当記者が、あるいは饒舌な人々が口にする。鉄道官僚などは、自身、それは大惨事だと声を大にしている。ごまかし、無能、浪費。都市は圧縮され、人間的になるように。それも、慈善的救済事業などという方法によってではなく、われわれの定めである太陽の運行にもとづいた24時間のサイクル上に立脚した、明快で陽気な組織体の影響によって。

これからはトラックと道路が、途方に暮れた都会人たちに広大な大地へと道を開く。都市の浄化というこの問題は、機械化の遺したもっとも重大な遺産のひとつである。しかしそれが極端に困難でも、問題から目を背ける［ダチョウのように振る舞う］言い訳にはならない。鉄道文明は都市という神話を生み出した。ひとつのヒエラルキーが、競争と激化に突き進む住民たちの数値をもとに打ち立てられた。このひしめく人の群れを引き裂き、その内側を眺め、見つめ、必要不可欠な措置を判断して実行すること。都市の内部から悪夢を追い払い、**家を秩序づけること**。

決断——都市住民の綿密な調査に取り掛かること。区別、分類、新しい配属、移住、介入。そして命令の執行。都市は浄化され、収斂され、復興する（緑の都市）。郊外は消滅し、都市の脇では自然が脈打つ。都会人も地方民も、それぞれの本来の環境において、それぞれとしてなすべきことをなす。

＊　＊　＊

相続に継ぐ相続、さもなくば、新石器時代の共同体の伝統にまで遡る土地分割により、所有権は際限なく細分化されている。機械の時代にわれわれは生きているが、ここでは機械は用いられることはできない。（空撮、アルザス地方、1930）

ローマ。裁判所、19世紀。不正な消費のオブジェ。(悪趣味)

「絶望とは常に、人間にとって、
自らの空間が充分でないがために起こる」
(パスカル)

フランス、この国はおそらく労働のために開発されたのだろう、もはや生活するのに適した体裁を整えてはいない。都市も村落も農場も、老朽化して崩れかかっており、そこではしばしば肺結核が猛威をふるっている。もしときどき、こうした残骸が、かつて繰り広げられていた力強く威厳のある生活を高度に純粋な形で示すことがあるとしても、それは現代生活に特有の動きに有効に適しているとはいえない。われわれは骨董品店にいるのだ。眼前のさまざまな現実の場にいることもできるというのに。

ルイ14世時代の住居*の魅力について、また、ノルマンディー地方の農場の「真実」について、私は他の人と同じくらいよく知っている。それらは人々に豊かな才気(エスプリ)を与える喜びだ。しかしながら、それらを手にする機会は限られており、残りの人々は、歴史の記憶も様式の洗練もない住居に暮らしている。ただし、私は訴えかける。感覚に、とりわけ**スポーツ**の感覚に。もはや観客席にではなく、**選手らのあいだに**身を置かねばならない。あらゆる裂け目はこの二つの態度のあいだにある。一方は情熱的だ。われわれはそうやって**生きている!**

したがって問題は、国を、その都市を、その農場をどうやって再建するかだ! そんなことができるだろうか? どんな方法で? われわれの計画によりはっきりと目標を提示し、われわれの仕事の意義を公式に表明することが、本当に急を要することであるのかどうか、見てみよう。われわれは今や、渇望と不毛な消費の狂気にまで達してしまった。われわれの生産努力や購買力は、すべてこうしたもののために向けられている。どんな結果として? 救いがたい愚行の結果として。われわれの家や、われわれ自身、いたるところに取りつけられ、店や自宅、さらにはわれわれの思考をも満たしている、このくだらない装飾品でもって、われわれはまったく何に見えているというのだ? 本当に必要なのか? われわれはこのような幻想を通じて、自らの計画が成功しているということや、自らの趣味が豊かで洗練されているということを、他者に見せつけられると思っている。いやそれ以上だ。というのも、飢えの不安に脅かされた人類は、それでも実際は己が牙を砥いでいるのだから、日々の糧にはありつけると思っており、彼らが気晴らしにつくり上げたものは、雪玉のように並外れて大きくなってゆく――すなわち、「商業と工業を成り立たせ」、各人に雇用を与えるために、われわれは新しい消費の対象をくる日もくる日もつくり上げているのである。豪奢、この札付きの無駄、完全に不毛で、数え切れず、威圧的で、際限がなく、人目を引くことにしか役立たない、このがらくた――それらは実に金を食う。しかも、われわれの日々の稼ぎでは、日々の糧と無駄の両方は賄いきれないのだ。

渇望と不毛な消費に向けられた生産をなくし、工場の操業を停止し、製造を止め、それから、自由になるであろう大量の生産者を建築業に組み入れるのだ。そうやって、都市を再建しなければならない。

都市の再建は、豊穣な消費から生まれる。健康、精神の均衡、心身両面の充足、生きることの喜び。がらくたの代わりに、**同価格で競争力のある生活の喜び**を与えるのだ。そのためにも、生産者

※ 私はそこでわが人生のうち17年の時を過ごした。

の一部を、確実で、明確で、数字で表せて、計画の規則的段階に応じて実現可能な市場に移さねばならない。私はさらに以下のように繰り返す。作業場や工場を一時的に閉鎖し、他の生産物のための機械を備え付けるのだ。「その建物」を大工業に解放し、そして、正当で豊穣な消費物、すなわち住居と都市を手に入れるのだ。

われわれは金属旋盤工や型押し工や製紙工などを、セメント工や石工にしようなどとは露ほどにも思ってはいない。現代の工業はすぐにでも、住居や都市の工業化へと移行できる。必要なのは、計画と政策、そしてそれらを表明することだ。すると建築業は一変し、一新され、新しくなるだろう。自明の理である。

鎖を解かれ、その場でぐるぐると回っている機械化の熱狂は、生存の必要性に迫られ、不毛な消費の激化——セールスマンやら広告やら——を引き起こした。**人間の労働の根底からの崩壊と、非自然化のしるし**である。奴隷制の時代がやってきた。意思が道具に支配されるや否や、人間は奴隷の身分になり下がったのだ。

人間の本質に立ち返る道を見つけなければならない。人間としての必需品を列挙するのだ。結論：**それにこたえること、ただそれにだけこたえること**［人間としての必需品だけを与えること］。

今に、住居は役に立たないものとなる。貧困層のあばら屋だけではなく、その他のすべても同じことだ。機械は今より多くのものを毎日生産するようになり、日々に空き時間をもたらすことになる。かつてそうした時間は**余暇**と呼ばれた。その言葉は、娯楽や気晴らし——映画、釣り、ジョギング、そしてアミューズメント・パーク——の同義語であった。

現代の事態に対する不理解とは、以下のようなものだ。テーラーシステムは非難され、その廃止が叫ばれている。とはいえ、そのシステムが、速く、快適で、疲労なく、ものを製造せしめているのだ。不毛な消費のためにはもはや生産しないということが同意されれば、おそらく、労働が許可される時間は４時間のみとなるだろう。そしてその時、その瞬間にこそ、勝負が始まる。人間を目覚めさせるのだ。その心を捉え、活気づけ、鼓舞するのだ。無気力だった人間を活動的な人間へと変えるのだ。消極的だった人間を参加させるのだ。何に参加させるのか？　彼自身の奥底に眠っている創造的な行為にだ。「不毛な消費で気を紛らすのはやめるんだ。君には肉体があるではないか。だからそれをいたわり、それを守り、君自身を美しくしよう。君には知性（エスプリ）と良識とが備わっている。どれほど弱かろうと、それらを働かせなければならない！」

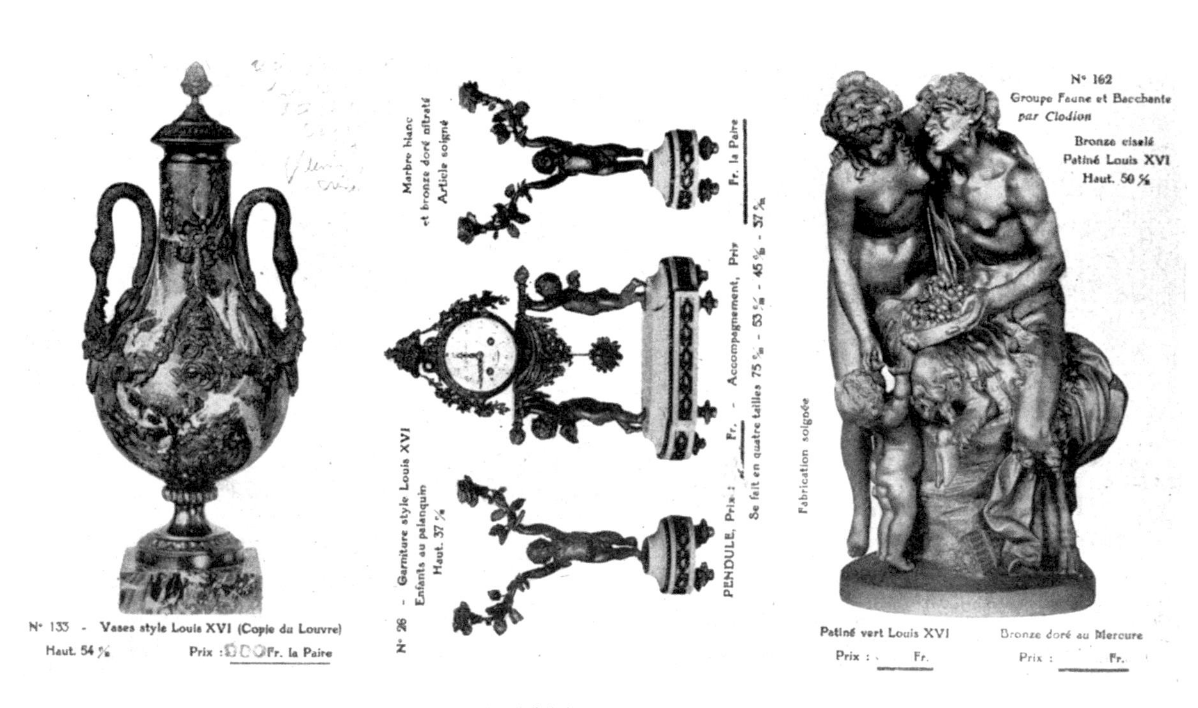

不毛な消費物（11月つまり経済危機の発端の只中に受け取った贅沢品のカタログより！）

ああ、なんてことだ。われわれは今や、われわれとは無関係の出来事によって、毎時毎分、気を紛らわすのを止めることを、それがまるで不幸であるかのように恐れるようになってしまった。われわ

シャルトル大聖堂。永遠に正当な生産物。芸術作品、人類の究極の目的。

れはこの上なく凡庸でくだらないものにしがみついている。たとえば新聞、この個性を破壊する道具を、地下鉄で、列車で、食卓で、ベッドで読んでいる。

ではいったい、工場やオフィスを離れて、われわれが自らの肉体と自らの精神のにおいて楽しんでいられるような**場所**はどこなのだろうか？

そのような場所は存在しない。慈善家たちはトゥルヴィルや大西洋岸への観光列車をわれわれにあてがい、われわれの毎年の余暇の面倒を見ようとしてくれている。いや、われわれがここで切望しているものを、〈余暇〉と呼ぶのはもうやめよう。今後はそれを、**現代人の日々の暇つぶし仕事**と呼ぶことにしよう。労働は今後、工場での労働にとどまらず、豊かな消費を生み出すものとなるだろう。その後には、肉体の回復という労働が、幸福の源そのものである精神の労働が続くだろう。そして**現代の都市**こそが、改造され、整備されなくてはならないのだ。

当局、家父長制的な権力、子供たちの面倒を見る父親のような権威が介入してくれればよいのだが。現代の金融や経済の病に関するわれわれの偉大な専門家連中は、金銭に盲目的に服従するがあまり、人間の根源的な諸価値をまったくもって看過してしまった、ひとつの文明の漏れをふさぐことにかかずらっており、われわれには何の役にも立ちはしないだろう。必要なのは、今いちど、人間の心というものを見つめ直し、それに滋養を与えてやることだ。そしてその滋養とは、人間存在を花開かせる教育のことである。懐疑主義者や皮肉屋を遠ざけよう！　かくも洗練された彼らの物質主義のもたらした結果たるや、お見事なものだ！　失業に、廃墟に、飢餓に、不安に、そして革命！　人間存在が再生する場を構築しなければならない。都市の諸機能全体を組織することが、個人の自由をもたらすだろう。あるひとりの人間は全体との関わりの中で規律を身につけてゆく。規律を［自然と］身につけるのであって、現在そうであるように［規律に］服従するのではない。いかなる不毛な消費も要求しない、内的な力を解き放したので、彼は自分のことは自分で決め、自由で、幸福でいられるのだ。

決断——正当な消費の計画を立てる。不毛な消費を毅然とした態度で排除し、禁止する。かくして解放された力を、都市と国を再建するのに用いる。浪費をやめることで、それら［＝都市と国］**は有益な力にゆだねられる。現代の産業が袋小路にはまり込むような時**※**には次のように言う。「人類の目的に目を向けたまえ。さもなければこの国は、瓦解や戦乱や絶望の中、老朽化した都市や家々のあいだで崩壊することになるだろう**」。

＊　＊　＊

良識。

シャルロ［チャップリン映画の主人公チャーリーの愛称］の十八番か？　彼のいつ果てるともない災難のことか？　そうだ。しかし彼の勝利とは、**与え**、常に希望を持ち、行動し、献身し、望むことなのである。だからこそ、大衆はシャルロに感情移入したのだ。

※　1931 年 10 月 15 日、ある銀行家が私に言った。「フォードやシトロエンといった大企業をなくさないといけません。都市を根絶やしにしないといけません。生産というものを禁止しないといけません！」

ここにおいて**失敗**は、そのおかげで［シャルロが］常に再開し、常に存在し、常に行動し、決して打ち負かされないでいることが可能となるような、単なる機械的な不可避性にとどめられていさえする。

決断——信じること。民衆は、何ものかをもたらす者たちの方へゆくだろう。

＊　＊　＊

——「必要なのは独裁者でしょうよ！　あなた」。

あなたも、王や護民官をお望みか？　それは弱さ、譲歩、幻想だ。その独裁者はひとりの人間か？そんなことは決してない。**しかし、現実なのだ**、そうなのだ。

カレンダーは、幸福な日々や空虚な日々、出来事の突発的な出現、予期していなかった事件の連続だ。不意に生じる膿胞と言ってもいい！

するとどうなる？　すると、都市は松葉杖をついて歩く。すると、袋小路が増える。つまり、何ひとつ準備はできていないし、節度に適ってはいない。迅速、興奮、性急、支離滅裂、不協和音、沈没、そうした出来事がわれわれの意志を支配し、われわれの秩序は飲み込まれてしまう。この流れはあなたが熱望している人間の偶像では止めることはできない——。そう、**それはひとつの現実だ**。**計画**だ。それは、正しく、長期的に打ち立てられ、時代のさまざまな現実とのバランスも取れ、創造的情熱によって考案された、人間の直感の業(わざ)であるところの、計画なのだ。人間は、組織を整えることができるのだから。

ある大都市の市長が私にこう言ったものだ。「私たちの日々を占める劇的などたばたなど、あなたには想像できないでしょう。今朝はひとりの男がやってきて、母親に住むところを見つけてやって欲しいと、膝にすがりついて懇願しました。昨日は医師らの審議会が、ある街区で結核の感染者が出ていると報告してきました。それから、ある建物が崩れかかっているだとか、路面電車と車のせいで、幹線道路がひどく渋滞しているだとか、私たちの提案に必要不可欠な土地の売却に所有者が応じないだとか。ただちに回答をし、何をすればよいのかわからず、決定を下さなければなりません。調査するのは後回しです！　休息はなく、解決の希望もありません」。
——「休息も解決もないのは、**計画**がないからではないですか？」

皆が待っているような独裁者がどのようなものか、私が教えて差し上げよう。
その独裁者は人間ではない。その独裁者とは**計画**である。**正しく**、**真正で**、**正確な**計画は、問題が持ち上がると、その問題の全体を欠くべからざる調和の中に置いて、解決をもたらす。このような**計画**は、市役所や県庁の熱狂や、有権者や犠牲者たちの訴えの外に打ち立てられた。静かに、明晰に打ち立てられた。計画が考慮に入れたのは、人間の真実だけだ。計画は、現行の規制や慣例や既存の方法を軽んじた。現行の体制に従って施行されていたとしたら、その計画は関心を集めなかっ

ペリグー大聖堂（中世）。正当な生産物。

カーバ神殿。メッカにある預言者の墓。
高貴な感情と形状及び色彩の感動的なコラボレーション。

た。それは、**人間向けの、現代の技術によって実現可能となる生物学的な業績**なのである。

ああそうだ、この計画は独裁者、暴君、護民官だ。それは、ただそれだけで弁論を行ない、反論に応え、個々の利害に抵抗し、慣習を顧みず、無益な規制を覆し、そして自らの権威を生み出すだろう。計画に付随して権威が生じる。権威が計画に先行するのではない。計画が先にあって、そして、実現のために必要なこと、すなわち、その計画の実現に資するのに適した権威が生じる。

計画は現代社会のひとつの発露であり、その欲求へのひとつの回答であり、今すぐにでも必要なものである。それは技術のひとつの業績なのである。

計画の組織化を要求したまえ。これこそが、あなたがたの求める独裁者なのだ。

決断――現状のものにかかずらうことなく、法や現在の嗜好や因習が許可しているものにかかずらうことなく、あるひとつの思想を持つすべての人々は計画に協力するように。
そして、善き独裁者になってくれそうな人物を探すのは諦めること。

＊　＊　＊

「輝ける都市」に関するこれらの章を読んでくれた読者に別れを告げるにあたって、戦争の恐ろしい大混乱の中にあっても、構想し、命令を下し、成果を収めなければならなかった、そんな類いの男たちに発言を譲ることとしよう。明瞭な言葉だ。

「何が問題なのかね？」(フォッシュ)

「長たる者は三つの長所を備えていなければならない。想像力、意志力、専門性……
　この三つが、この順番で必要である」(ペタン)

「世界は朝早く起きる者のものである……」
「世界は想像力を持つ者たちのものである。その想像力は、科学とその奉仕者を支配し、利用することで、真実を見抜き、アイデアを生み出すすべを、そして、対峙する知性がまだぐったりと微睡んでいるときすでに、考えて行動するすべを知っているのである」
(陸軍参謀大学卒業証書を所有する陸軍中佐、E・ポワドゥバール)

＊　＊　＊

植民地博覧会の常設博物館——そこに新しい土地を発見した探検家が帆船でフランスから持ち去った都市計画がある——から出て、私は次のように書き留めた。「**歴史、それは運動の教訓、行動の総括、冒険の概観である**」。

＊　＊　＊

歴史の教訓、それは行進隊形である。

＊　＊　＊

建築と都市計画！
機械化時代を整備する！
現代の技術が獲得したものによって、人々を解放する。

＊　＊　＊

このような主題は、もはや厳格に専門的なものではない。それは社会学の領域を浸食している。この件において、私の特異性とは、生物学と心理学の領域を離れることを決して望まなかったという点だろう。——**私の前には人間がいる**。

1931年11月

●

1929-1930

17 PLANCHES DE LA VILLE RADIEUSE

présentées et exposées au Congrès de Bruxelles

de **CIAM.** 1930

輝ける都市の17枚の図版

1930年の近代建築国際会議ブリュッセル会議において

公開され、展示されたもの

これらの図版は、アメリカから戻ったときに描かれ、機械文明による街の都市化に関する、あるひとつの主張の実証的な要素となっている。純粋に理論上の産物であるこれらは、混沌を越えて、理想的に事物の原理そのものを定めることを可能とした。こうした主張は、ユートピアの枠から出てきて、生の真の情勢に挑むことができただろうか?　われわれは、理論によって事物の奥まで達したとき、確信を、そして行動方針を得た。根本的要請の名において、特殊なケースを検討する。生に至るための道は他にないと、私は思う。続く数年のあいだに、**輝ける都市**というこれらの主張は現実的な計画と直接関係するようになった。それが、アルジェ計画、ストックホルム計画、バルセロナ計画、ヌムール計画などである。

A.——驚くべき建築的壮観をつくることのできる雁行型のアラベスク図案の例。

A'.——同じものの、地上(ピロティ)の階層における様子。公共サービスのための、トラックの荷降ろし用ホールがある。

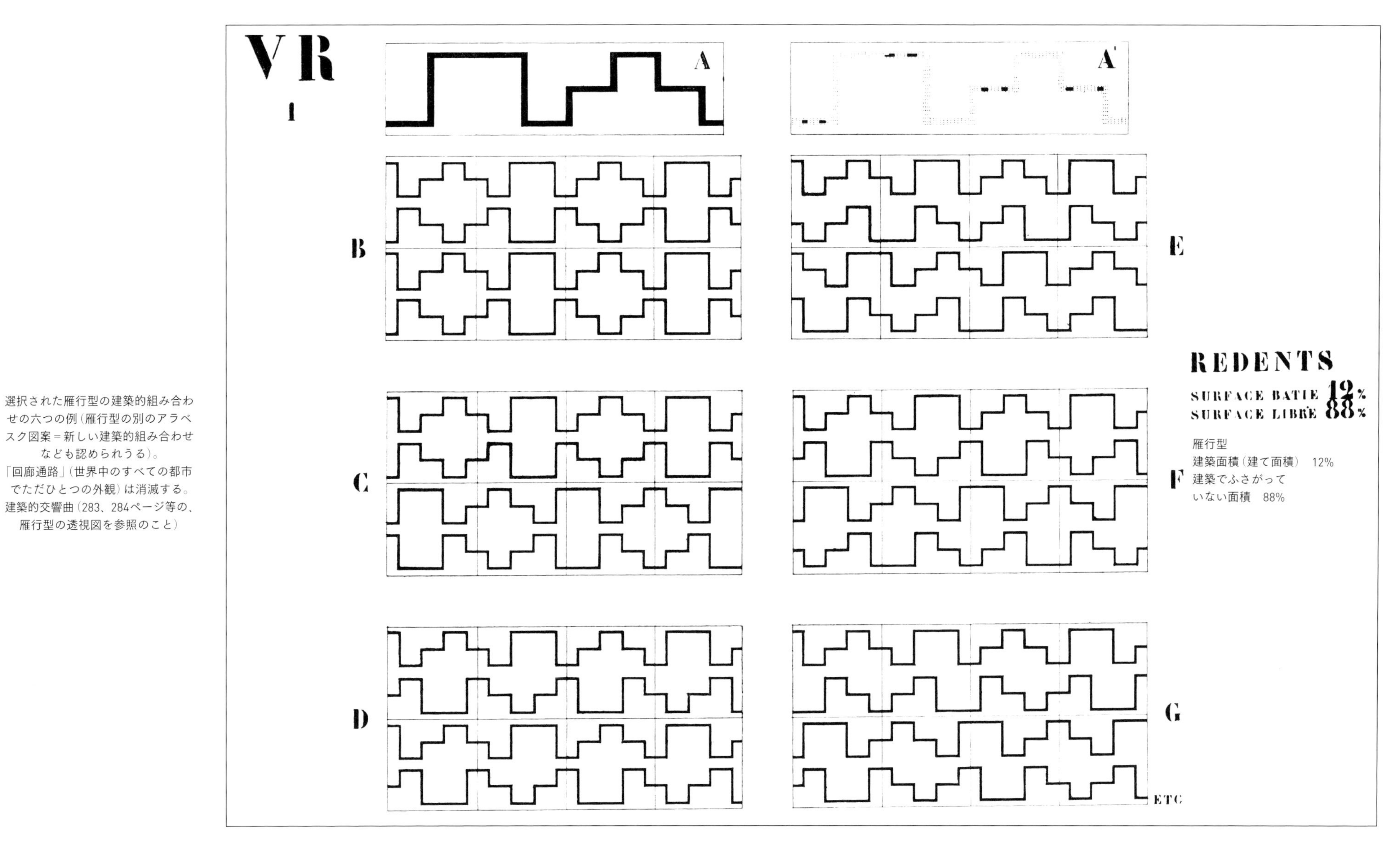

選択された雁行型の建築的組み合わせの六つの例(雁行型の別のアラベスク図案=新しい建築的組み合わせなども認められうる)。
「回廊通路」(世界中のすべての都市でただひとつの外観)は消滅する。
建築的交響曲(283、284ページ等の、雁行型の透視図を参照のこと)

雁行型
建築面積(建て面積) 12%
建築でふさがっていない面積 88%

二項式の放棄:建物−通り
純粋な機能の創造:住居
雁行型によるひと連なりから成る建築
建築的真理を受け入れる雁行型の形態

交通（黄色部分）
1º N. a） 歩行者のものである地表全体
b） 地上5mのところにある高速道路と車両ポート
c） エレベーター（公共サービス）
d） 水平方向の内部通路

2º P. エレベーター、サービス用のエレベーターと
会談、ピロティ、共有の設備（垂直の換気）

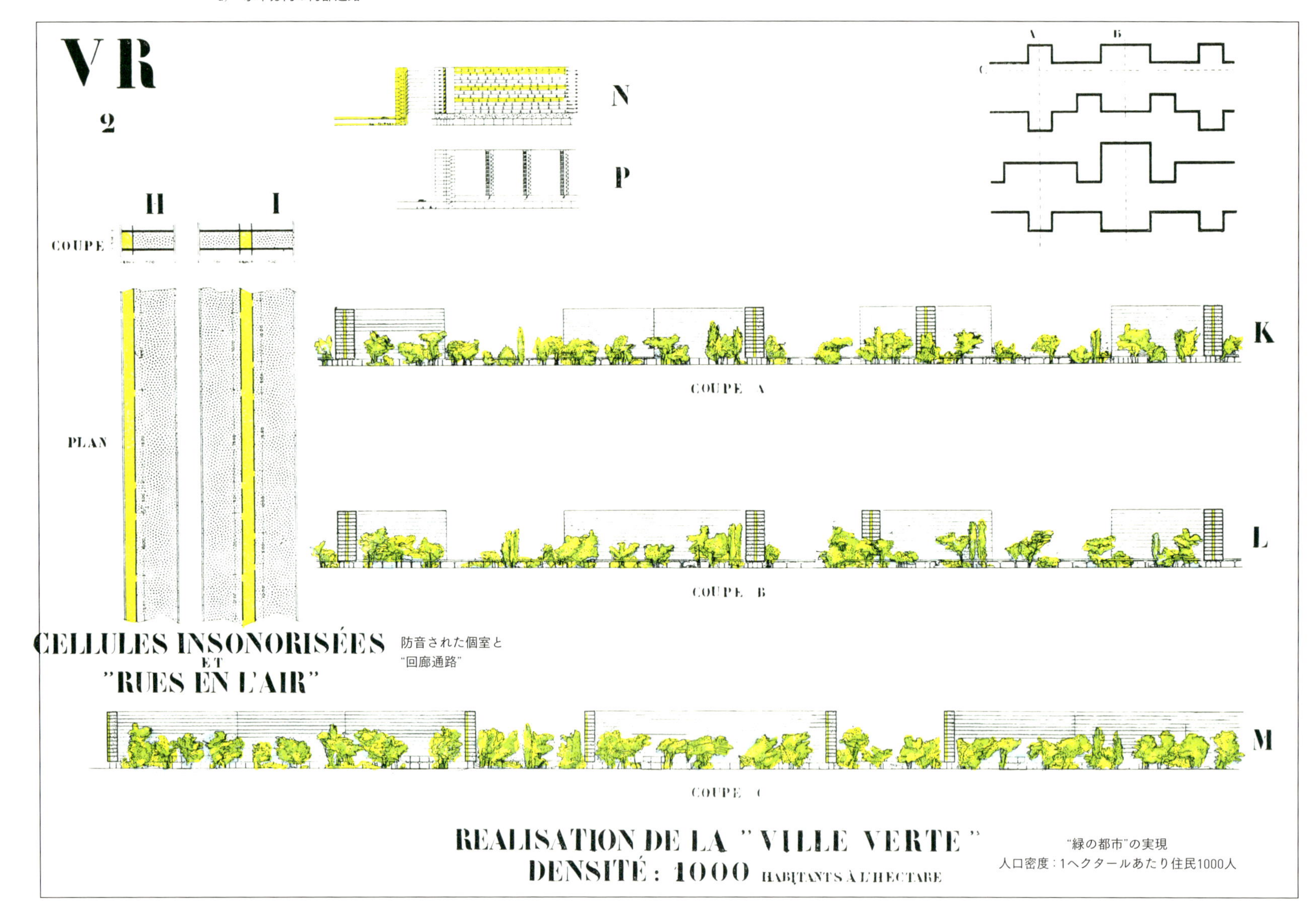

防音された個室と
"回廊通路"

"緑の都市"の実現
人口密度：1ヘクタールあたり住民1000人

「緑の都市」の実現：
自由な地表（公園とピロティ）
200、300、400mの空間
高速道路（海抜5m）
無限の眺望
高さ：50m

内部通路の創造：
H：南北向きの建物、アパルトマンは南側にしかない。
I：東西向きの建物、アパルトマンは東側と西側にある。

——空、空間、木々
——「内部通路」または「回廊通路」の創造
——1º 分類された外部の交通：自動車、歩行者
2º 垂直の交通（エレベーター）
3º 内部の交通（構成単位：最大100m）
——ピロティ上の都市＝自由な地表
——高さ：50m

これらの図面により、各都市ごとに最大日照軸を決定することが可能となる。
明るい灰色：夏至
濃い灰色：冬至
こうしたわけで、各都市には、太陽によって定められた、そこに生きる命を維持するために必要な軸線があるに違いなかろう。この図面は、おそらく都市計画家の最初の行動で、当局の最初の行為であろう。これが鍵なのである。

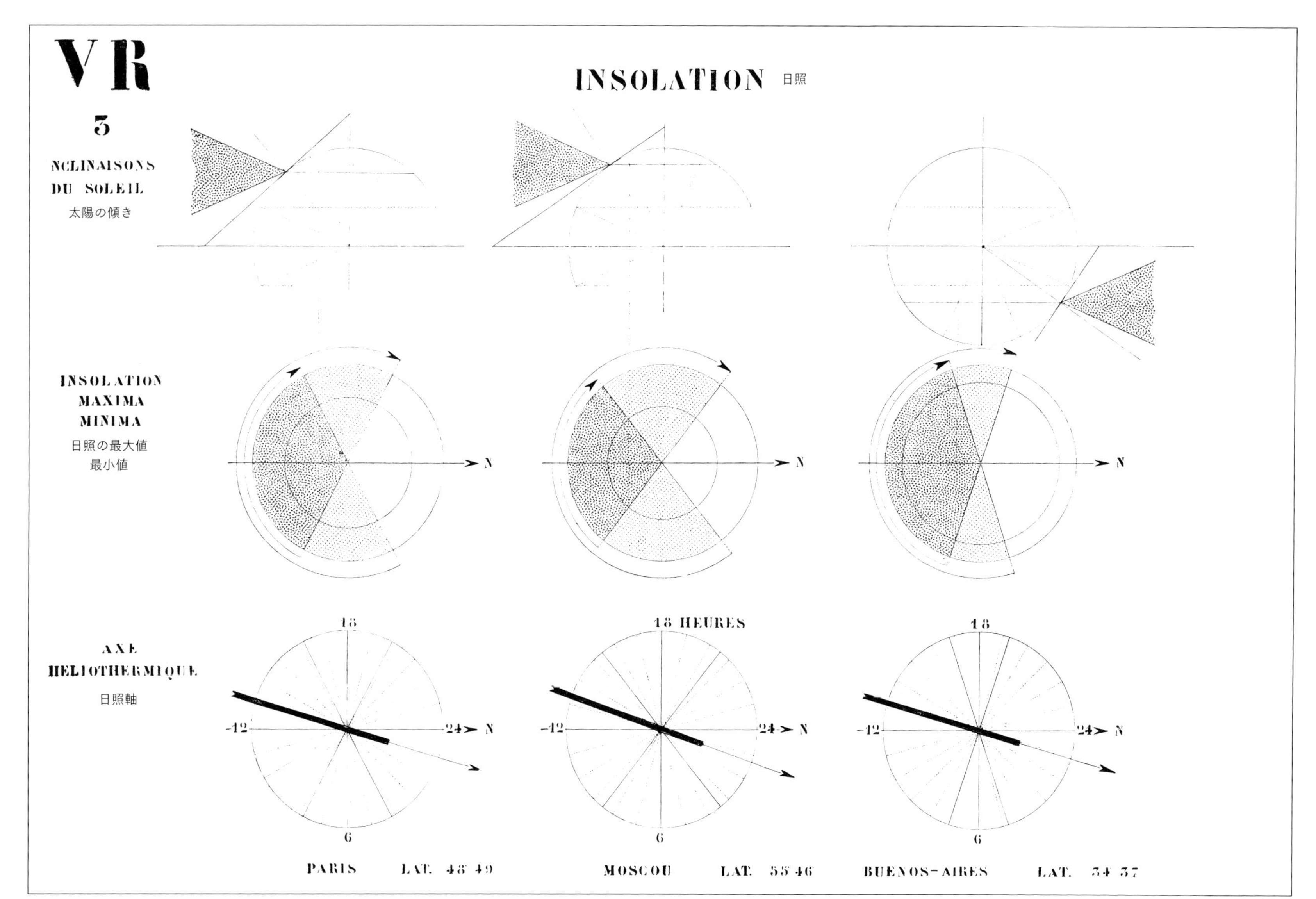

——太陽
——各都市ごとの日照軸の確定
——日照軸は都市設計の骨格である

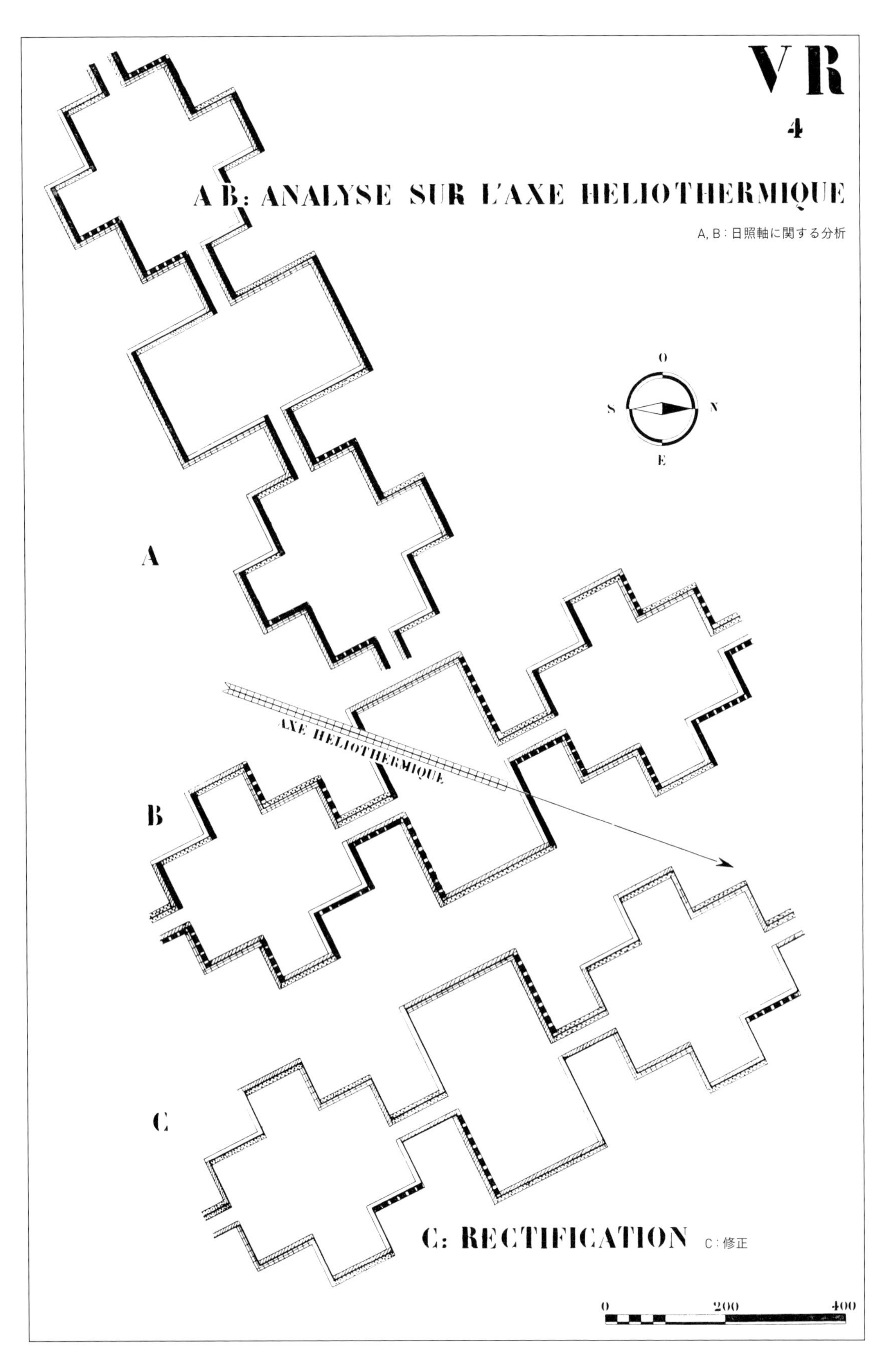

1°　日照軸を獲得する。

2°　建築や内部交通などの諸問題によって条件づけられた、雁行型のアラベスク図案が採用される（これは決定的な選択だ。アラベスクの有用な形態なら何でも認められる可能性がある）。

3°　アラベスク図案の展開全体（内的にも外的にも）の上に最大限の日照を得るよう、日照軸に関連してアラベスク図案のさまざまな配置が試される。

4°　二つの配置がもっともよいものとしてあらわれる（A, B）。日照の強度は、ひとつの図（黒＝悪い、白＝大変良い、線影ないし点描＝良い——より実用的に、色によって結果を表すと、青＝悪い、赤＝良い、オレンジと黄色＝中間となる）を通して、表される。

5°　そうしたうえで、状況を読み取り、以下のことを決定する。すなわち、黒い（青い）部分をすべて消し去り、雁行型の最終的な形態——いかなるアパルトマンからも太陽は奪われないだろう（C）——を手に入れる。

日照軸の利用
相対的な日照の分析
陰となる日照の放棄

1° ここでは、高速道路網のために、ひとつ400m［四方］の網目が採用された（この設計図上、ひとつ400×200mの網目も試されはしたが、それは無駄に場所をふさぐものである）。

2° 計画された街区の、都市の大規模交通との接続に応じて、高速道路の適切な幅が決定された。すなわち、24m、16m、12mである。

3° 交差について扱う。ここは住宅街なので、交通は通常のものである。相当重要なひとつの交差を示し、次いで、それよりは単純な、あるいは、とても単純な他の交差を示した。

4° 高速道路は、公園中のいたるところに、ただし家屋の外部にある。ときおり、それらはそれでも雁行型を横切ることがある。ここでは、3種類の雁行型の横断を示した。

5° 高速道路は、建物の玄関ドアの前に建設された車両ポートに向かって、分岐線を送る。

6° 各ドアの後ろには、垂直交通システムがそびえ立つ。ここでは、各ドアが2700人の住民をのみ込んでいる。

7° 車両ポートは、自動車の一時的な駐車（タクシーや私用車の駐車）に役立てられる。

8° 車両ポートの下に、住民の私用車の駐車場がある。それらは、一方通行の下りスロープと上りスロープによって、車両ポートに連絡されている。

20倍速のための
河川のようなシステム：河川と港
（高速道路と車両ポート）
1倍速：格子状の道路網と
対角線状の道路網
階層の違いによって2種類の速度を
分別すること

a） 雁行型の住宅
b） 高速道路網（400×200mでの分割は余計であると判断され、400×400mが認められるであろう）
c） 歩行者用道路網
 1° 格子状の道路網
 2° 対角線状の道路網
 3° さらに、森林型道路網（ここには描かれていない）

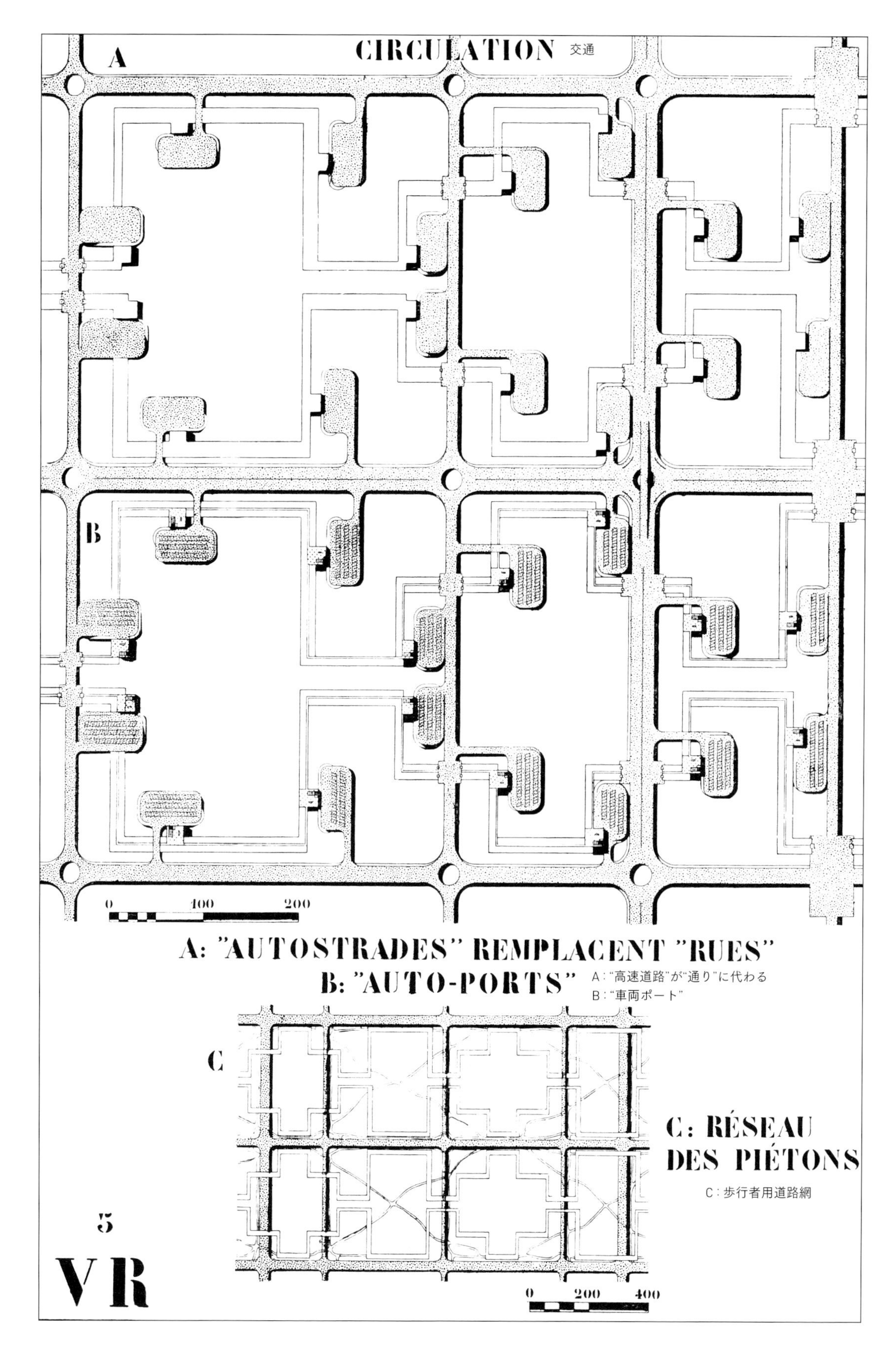

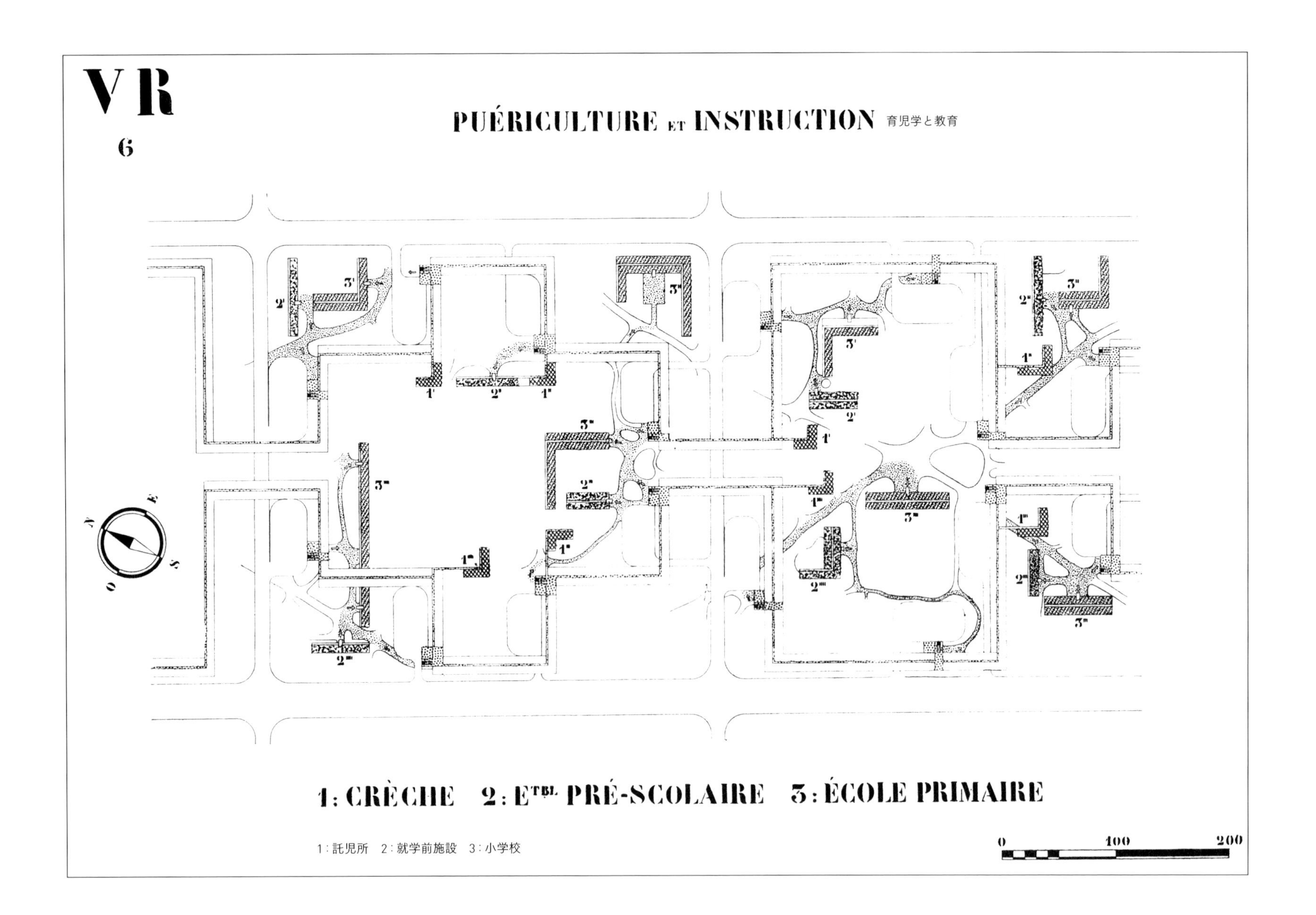

建物の各ドア(図中)は、2700人の住民を受け入れる。二つのドアならば5400人となる。この数字は、ひとつの有用な「居住単位」(しかも2700ずつに2分割可能な)を決定している。したがってこの単位に、家庭生活に直結するさまざまなサービスが割り当てられる。それは、公共サービス――仕出しや家庭への配達(ホテル公社、及び[消費物の]供給)――、(内部通路のうちの1本に直接繋げられた)託児所(11)、公園の中にある野外の「幼稚園」(21)、公園の中にある小学校(31)といったものである。1歳から14歳までの子供たちが、彼らの家のドアからほど近く、公園の中に(現代の通りには何の危険もない)、有用な[教育]機関を見出すことになる。

居住単位の決定:
構成単位(モジュール):住居のドアから垂直のサービス[エレベーター]まで歩いて最大100mの距離
結果:2700人の住民
――住居+公共サービス+託児所+学校

註　この図版は、図案上の間違いを含んでいる。「回廊通路」の原形が（水平方向に）残された。158ページと171ページの、**輝ける都市2と輝ける都市17**の図版で、正確な表現を見つけてほしい。

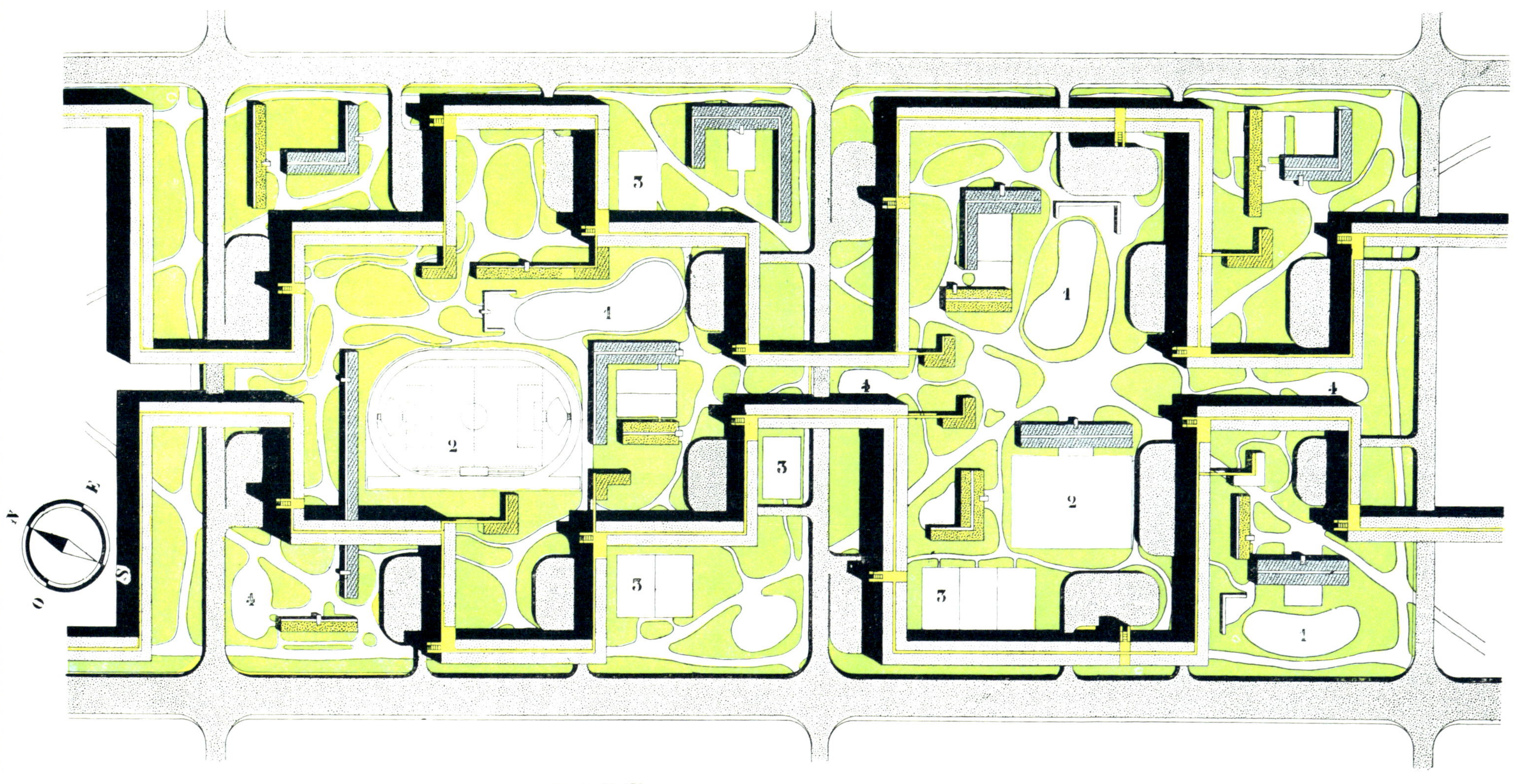

——緑の都市
——建物に直結したスポーツグラウンド：地表の100%
　建物の上の砂浜：獲得された12%の土地
　合計：112%の自由に使える土地
——1ヘクタールあたり住民1000人という超過密

主だった
建築的姿勢として、
「回廊通路」の
決定的な死

その全貌——住居、高速道路、車両ポート、全体を覆う公園——を示した住宅地区。歩行者用の垂直方向と水平方向の交通（黄色部分）。綺麗に整備された屋外の（ただし直接つながった）歩行者のための交通網。家に直結した屋外のスポーツグラウンドとしては、本格仕様のスタジアム（2）、大きなプールと砂浜（1）、テニスコート（3）、子供のための遊び場（4）、建物のピロティ下に切れ目なく続く屋根付き運動場、建物の屋上庭園にある日の光溢れる広大な帯状の浜辺。

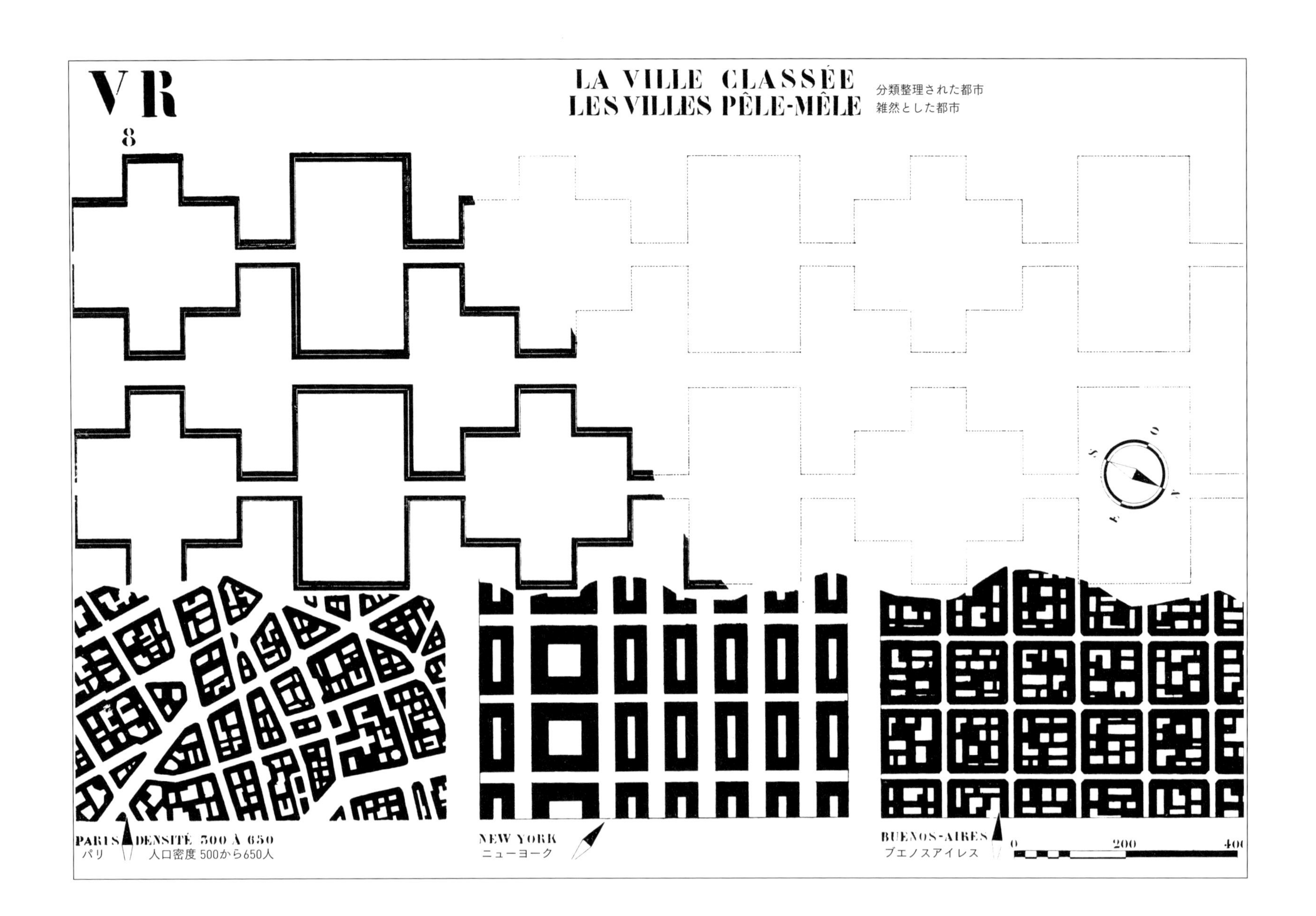

この図は、1ヘクタールあたり1000人という、「**輝ける都市**」によってもたらされた驚くべき改革をはっきりと示している。まったく新しい生活様式である。
(パリ、ニューヨーク、ブエノスアイレス、「**輝ける都市**」の地図は、同じ縮尺である)

——都市の住居ユニットの新しいケース
——通りの撤廃
——中庭の撤廃

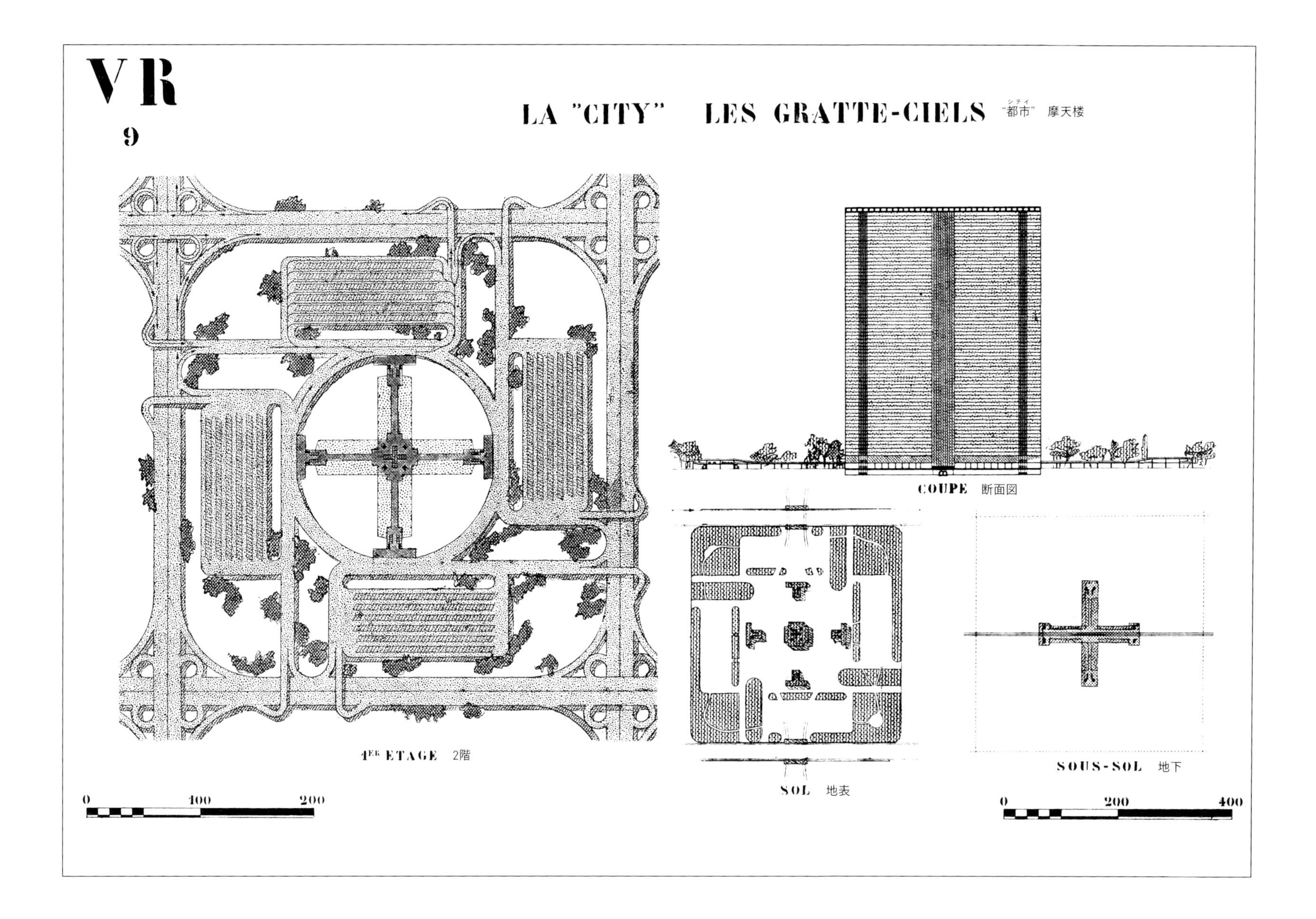

交通の分類：
1° 地下：地下鉄
2° 地表部分：ピロティを抜けて自由に往来できる歩行者（地表の100%）
3° 高速道路と車両ポート（地上5mの高さ）

垂直なビジネス街の創造。ここでは高さは200m。建物は十字形（後にもたらされた改革については、「デカルトはアメリカ人か?」という章を参照のこと、また、**アンヴェール計画**、**バルセロナ計画**、**ヌムール計画**も参照のこと）。
ここには、交通の秩序だった組織が表されている。
1° 地下：地下鉄と公共サービス。
2° 地表：完全に歩行者のもの（五つのエントランスホールを除き、100%）。
3° 地上5m：高速道路と車両ポート。過密な交通の完璧なネットワーク。摩天楼の四つのドアはあらゆる方角に通じている。交差は完璧で、一方通行である。1000台の自動車のための駐車場は、地上5mのところにある。場合によっては、車両ポートの下にもう1000台、そして地下にもう1000台、駐車することもできる。

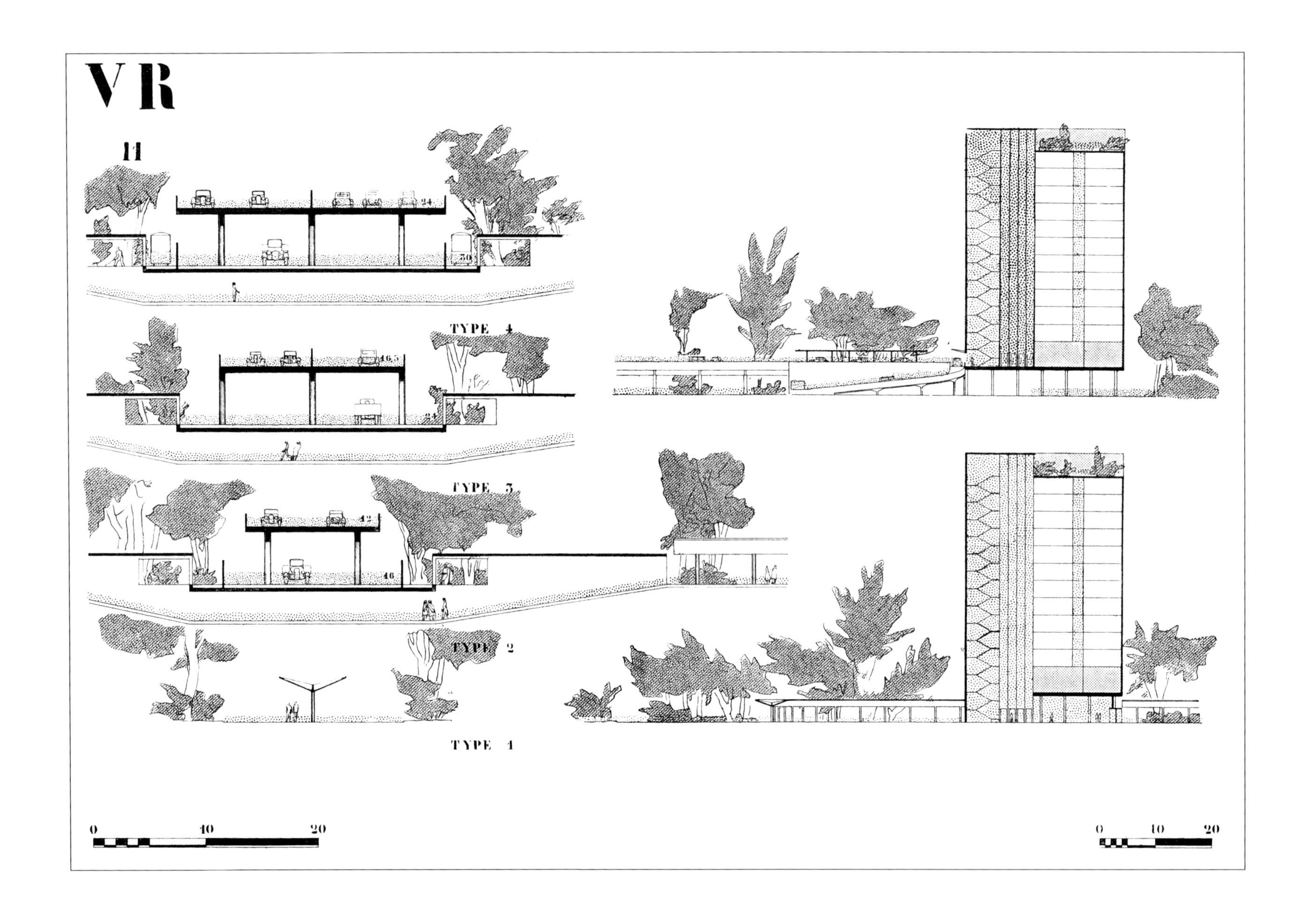

——交通：
1º　地表：歩行者
2º　地上5m：自動車
3º　エレベーター（公共サービス）高さ50m
4º　重なり合う内部通路
5º　屋上の浜辺（地上50m）
6º　公共サービス（地上5m）

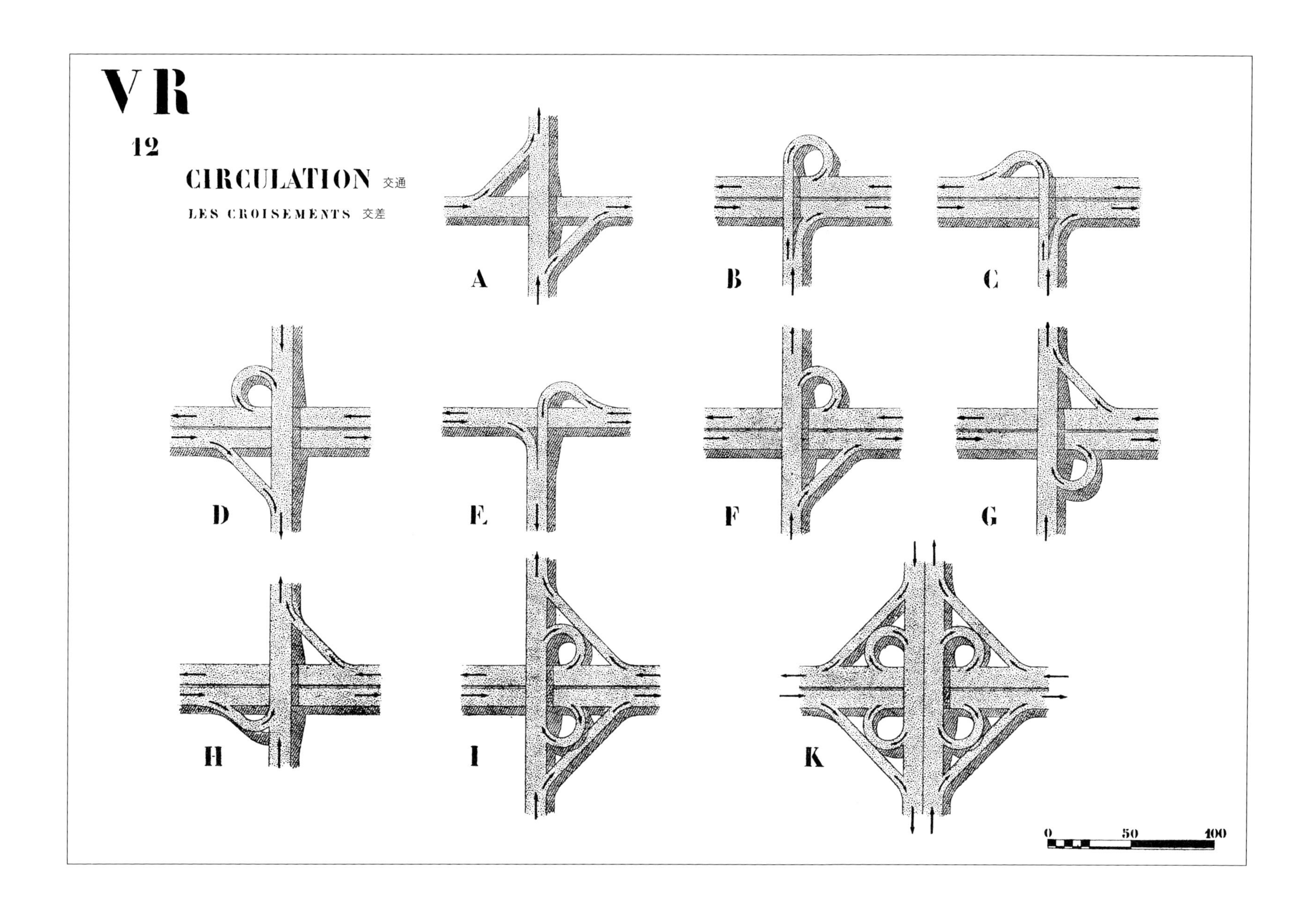

20倍速：一方通行

ここにあるのは、新しい都市の計画を行なう際に使われるべき交差点の種類である。直行（またはほとんど直行）する交差点への分岐路の導入部においていかなる場合も一方通行による解決を可能にする（人による交通整理無しでである）。やむをえない場合が生じるときは、分解して、それぞれ切り離された二つの交差にまとめなければならない（たとえば、170ページの**輝ける都市 15**の図版では、B部分に関して、放射状の交差が、連続する二つの交差によって、分解されている）。それは良い自動車交通の条件そのものなのだ。

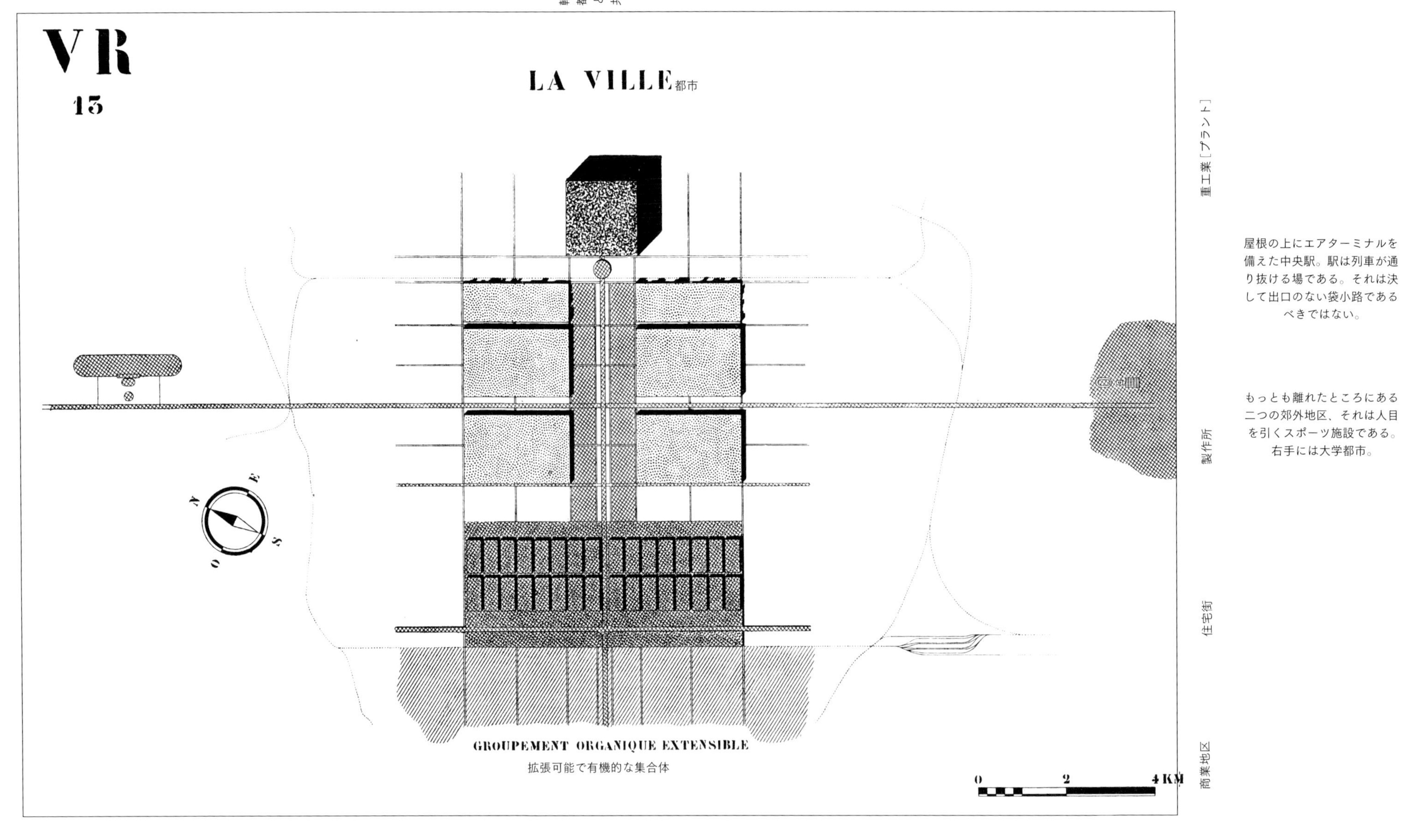

同心的な都市（「ロバの道」上につくられた、過去に生まれたすべての都市。同様に、1922年に私が計画調査した、住人300万のとある現代都市）は、規則正しく有機的な発展に反する。それは生物学的な誤りである。

都市の本質そのものは居住区域である。それは脇の方で田園地帯に向かって自由に広がっている。大きな周辺部は最初から市民組織専用とされるべきである。

両側に商業地区と工場とが配置されることで、道のりは半減される。

註　この図は、1本の軸の両側で左右対称だが、場合によっては、支えとなる基礎として現在の軸を含んではいるが非対称の図に取り替えられうる。そして、都市機構は片一方にのみ、側面方向にのみ発展することになる。

都市の生物学的な構造
永続的な発展

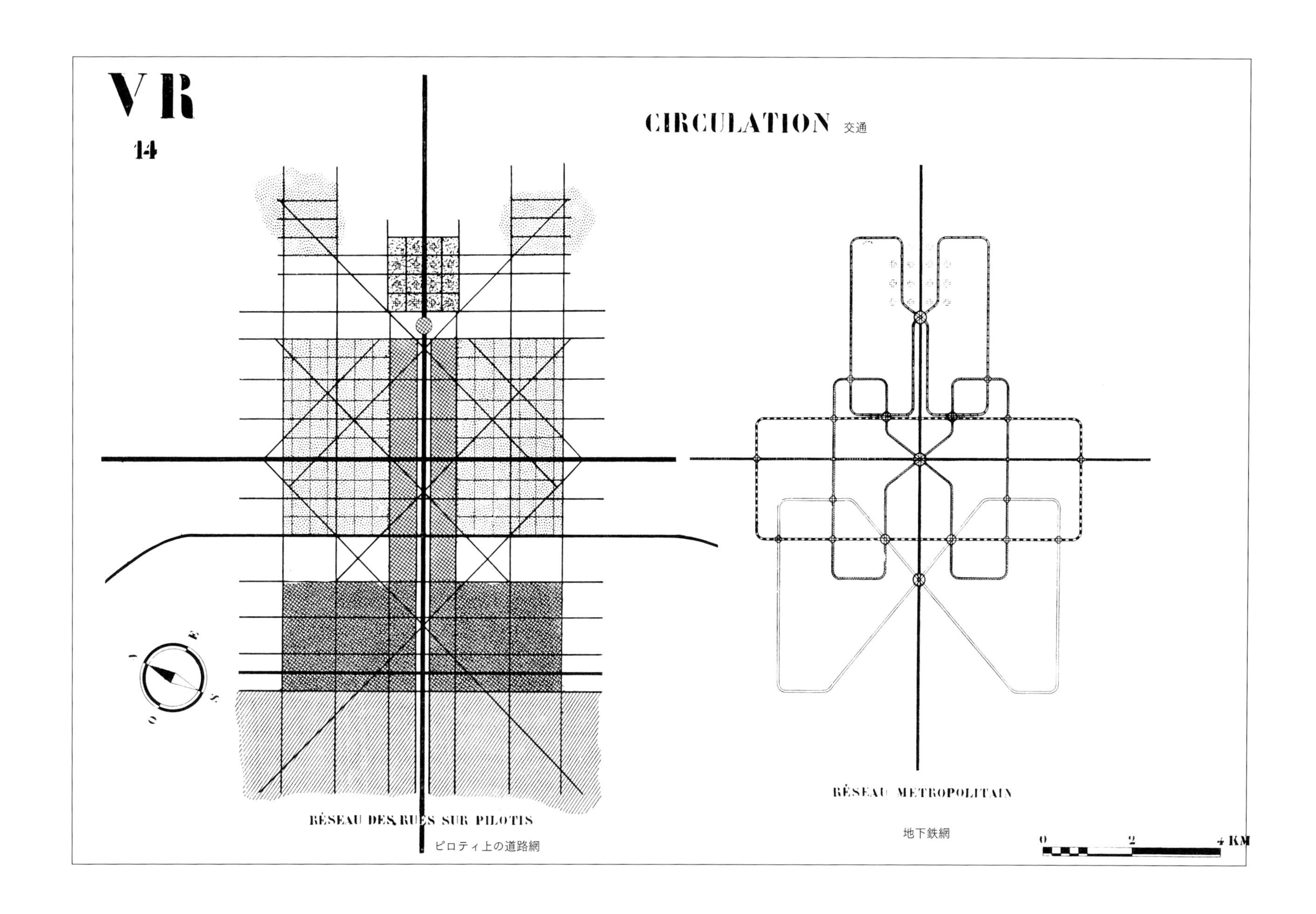

——20倍速の［交通］機関
——1º　高速道路：格子状の道路網が対角線状の道路網と放射状に交差することなく重なり合う
——2º　地下鉄網（地下）

認められる基礎となるモジュール、すなわち、住居のドアからエレベーターによる垂直交通まで最大で徒歩100mという道のりから、この驚くべき図面が導き出される。この高速道路網は、150万の住人を抱える一都市を完璧に養うのに必要かつ充分である。というのもすべてが含まれているのだから。つまり、住居、公民館、商業地区、製作所、重工業［プラント］。必要かつ充分な。

もし地下鉄の必要性が認められるなら、馬鹿げた混乱を避けるために可能な限り明快なシステムとするのが望ましい。どのみち利用者は混乱するのだが。

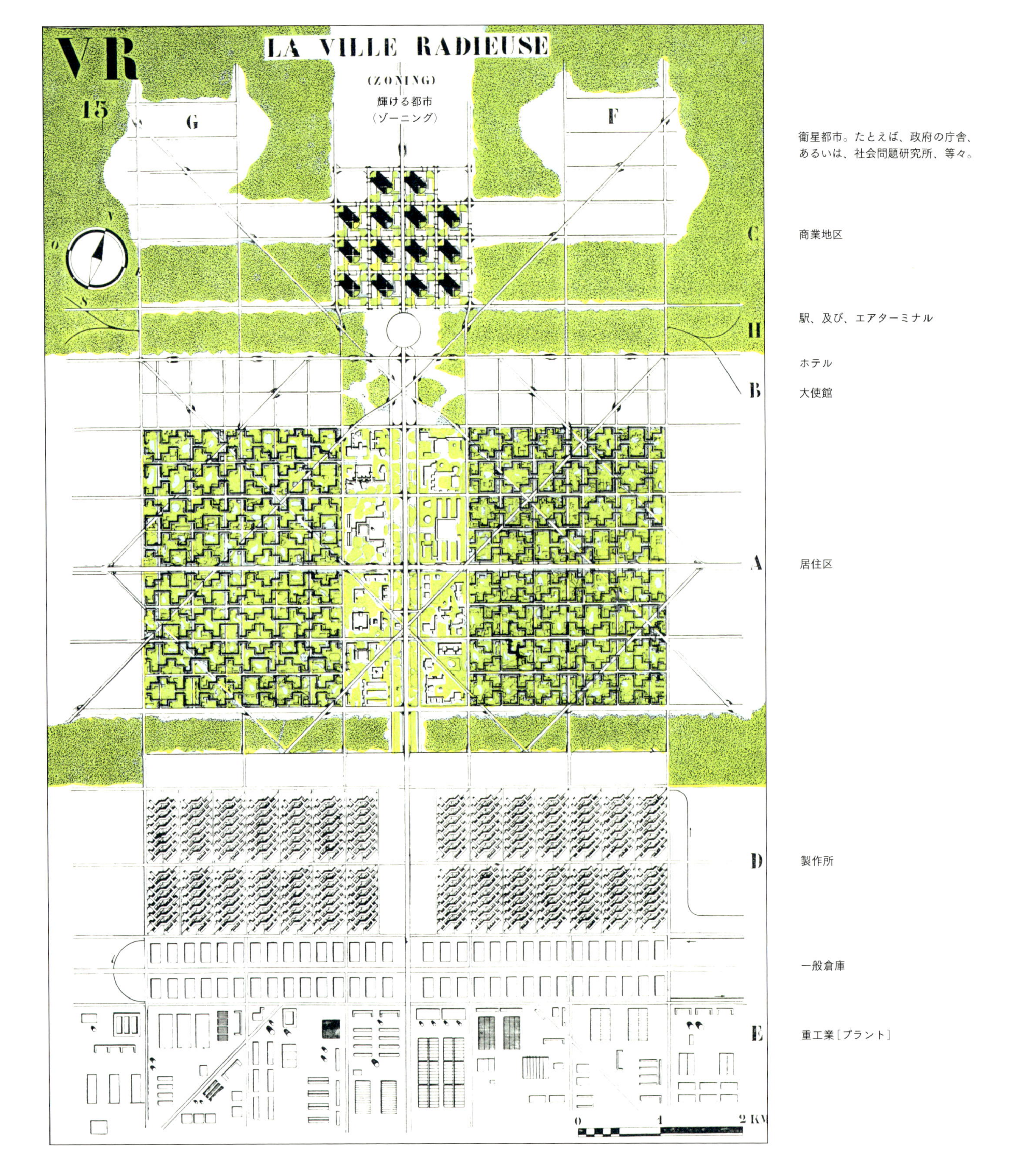

註　黄色の小さな標示板は製版ミスである。緑色に代えるべきである。

衛星都市。たとえば、政府の庁舎、あるいは、社会問題研究所、等々。

商業地区

駅、及び、エアターミナル

ホテル

大使館

註　168ページの**輝ける都市** 13の図版においてすでに述べられているように、都市の生物学的な発展は側面的に、垂直軸の片一方のみにもまた起こりうる。(地形の問題、河川の存在、等々)

居住区

製作所

一般倉庫

重工業［プラント］

摩天楼の上に、確実な対爆撃防御用の金属板（F）。

雁行型の最上階は最終防御壁を備えうる。あるいは、この防御壁は砂袋を介して大至急作られうる（G）。（H）毒ガスの層は地表全体に広がる。それは空気の流れ（ピロティのおかげだ）によって一掃される。さらに、プールの貯水を消火栓から放水することでこの毒ガスを抑えることを可能とする。住人は上層階（地下シェルターではない）に避難する。

地表には完全になにもないということが、ここで分かる。毒ガス溜まりはない。

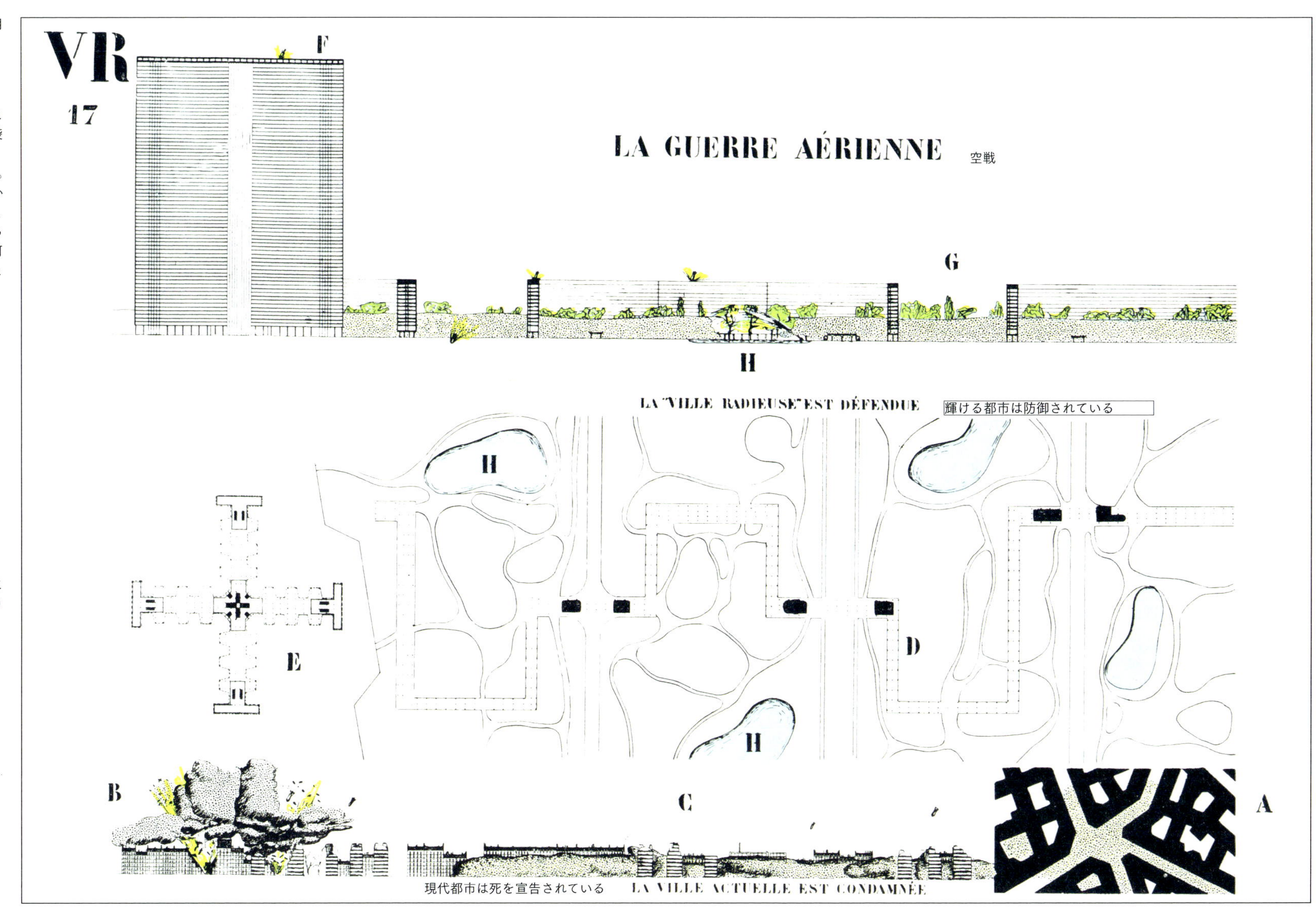

DÉFENSE CONTRE LA

GUERRE AÉRIENNE

空中戦に対する防御

1933年3月14日、「**パリ地方の整備に関する上級委員会**」に、「**国土防空の監察官で、ペタン将軍の参謀、ヴォーティエ空軍中佐によって提出された報告**」は、必要不可欠の措置として、**輝ける都市**の基礎的要素を強く推奨している。すなわち、

第2章：**パリ地方の整備**

17ページ「経済的な見地から等しく実現可能ないくつもの解決策のあいだで、空の危険に対する脆弱性をもっともよく軽減するものを選択しなければならない」。

「パリの中心部：徐々に、そして、非常に長期間かけて実現されるであろう計画を立てることが重要である……その計画は、その場所での再建には反対するだろう……建て面積を減らさねばならない……回廊通路と中庭を禁止しなければならない……建造物をそれぞれ切り離さねばならない……通り沿いに建築するのを避けねばならない……都市を高い方へと引き伸ばさなければならない［＝高層化しなければならない］（筆者注：「開く」という意味である）」。

21ページ「毒ガスに対して：シェルターは空中（筆者注：**輝ける都市**型）もしくは地下にありうる。爆撃に対して：防御物は建物のてっぺんに用意されうる」。

22ページ「重量を分散せねばならない。壁の上でなく、柱の上に……爆発で破壊されることはなくなるだろうし、建物は倒壊しないだろう」。

24ページ「パリ中央市場は大変脆弱な地点につくられている……それを防御するのは実際のところ不可能であるように見える。ここは分散させるという措置をとることが必要と思われる」。

26ページ「道路と通り……通り沿いに建物を建設することは禁止すべきだろう」。

28ページ「明確で具体的な規定を伴う、都市計画上や建築上の対防空技術はすでに存在している……」。

1930年に、著書『空の危険と国の未来』の中で、パリの整備に関する、流布されているところのさまざまな提言を検討した上で、ヴォーティエ空軍中佐は以下のように結論づけている。「大都市に対してわれわれの好むところは、それゆえ常にル・コルビュジエ方式に合致する。しかし、空の危険はそれにいくつかの修正が加えられることを要求する」（ここでひとえに問題となっていたのは、1925年にエスプリ・ヌーヴォー館において大衆の判断に委ねられた研究のことである。その際練り上げられている最中であった**輝ける都市**の図版は、まだヴォーティエ空軍中佐の知るところではなかった）。

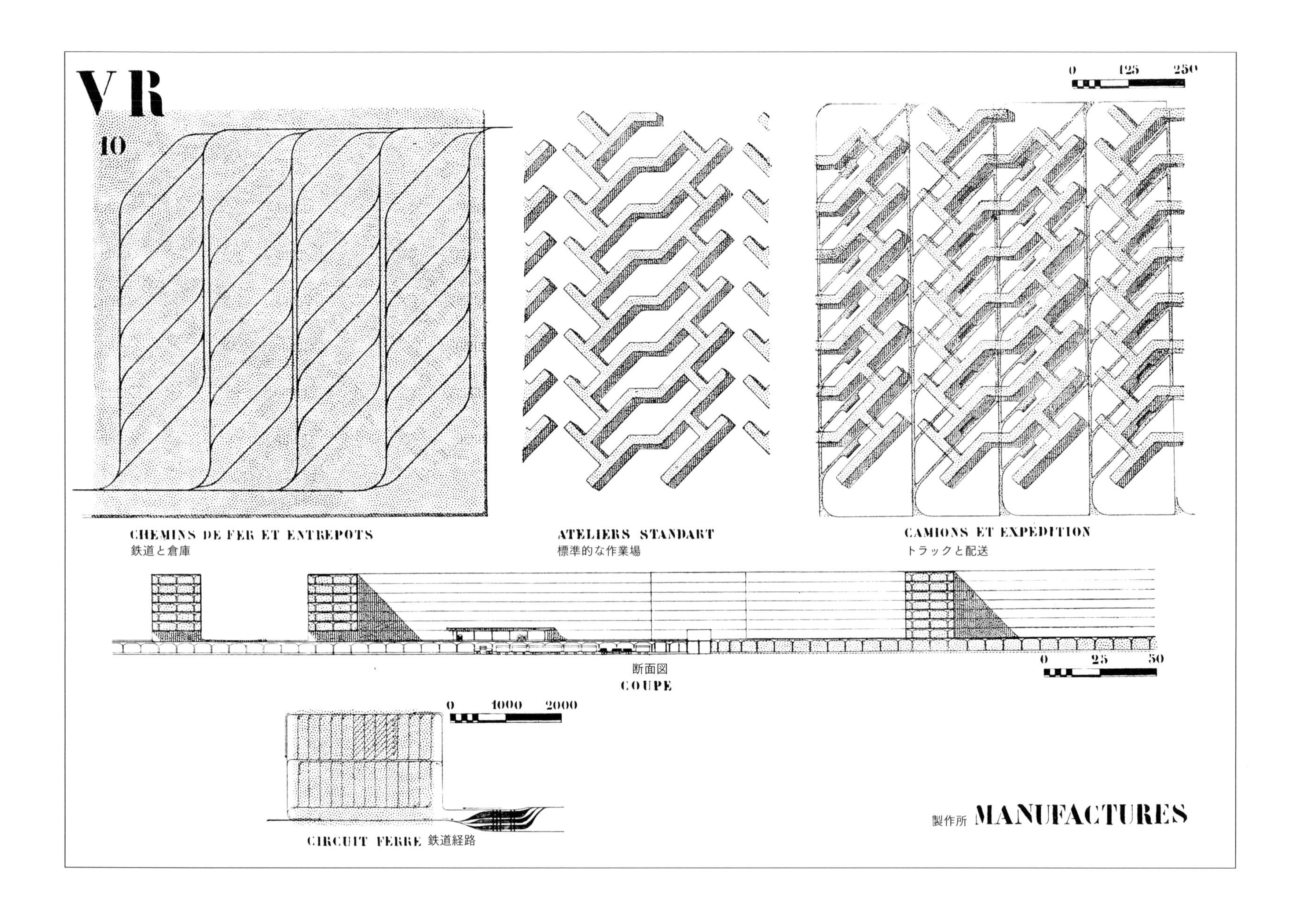

——軽工業：公共サービスの伸張とみなされる標準的建物
——地上には鉄道
　地上８メートルの高さにはトラック
——鉄道とトラックのあいだの倉庫は地表全体を覆う

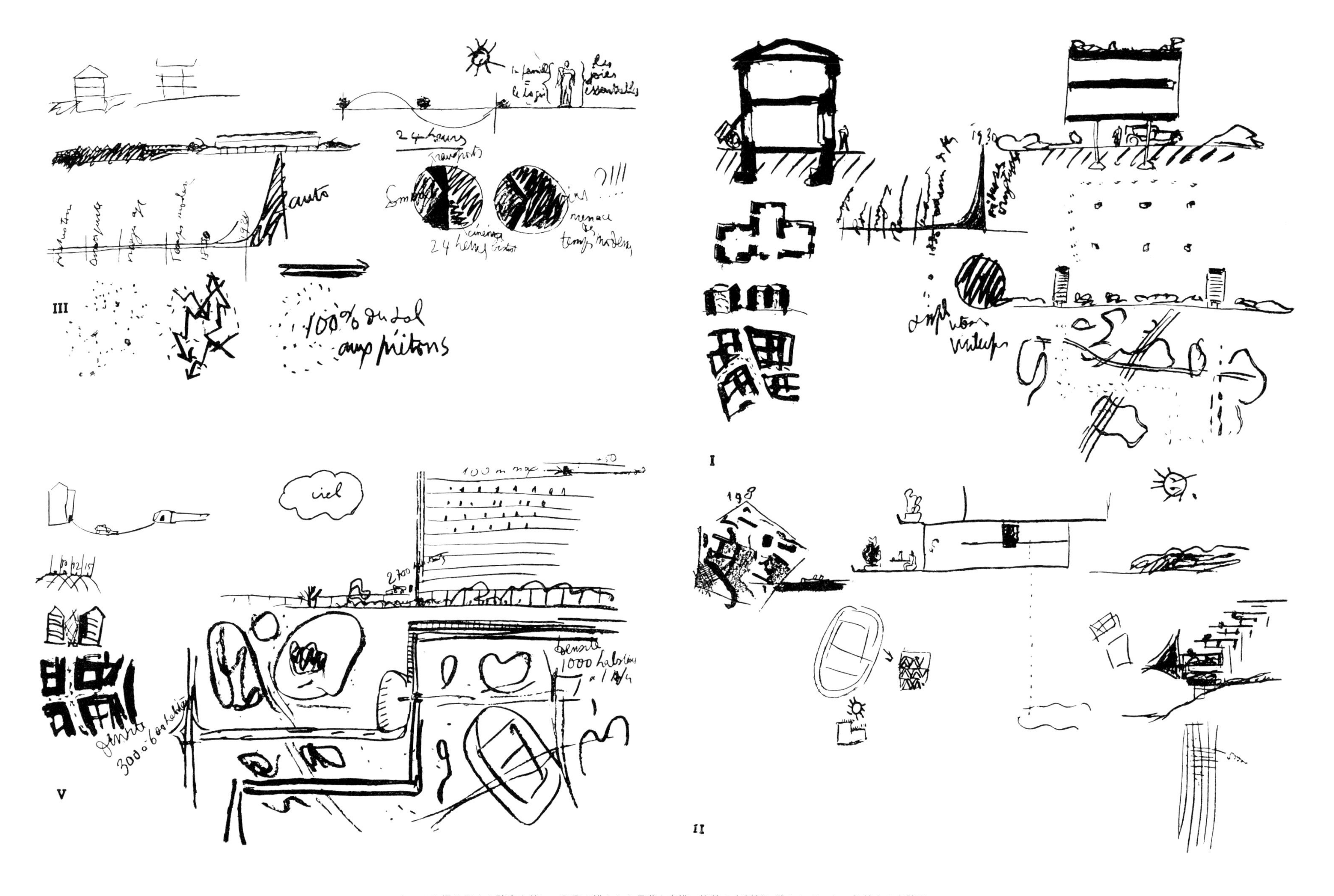

ホールを埋め尽くす聴衆を前に、即興で描かれた言葉と素描。複数の大判紙に残されていた、色付きの大壁画。

これらの説は内々にとどめられてはいない。あちこちで発表されて、熱烈な関心を呼び覚ましたのだ。巡礼の杖を手に取り、出立しなければならなかった。しばしばずっと遠くまで。
それは、あるキャンペーンの宣教活動だったのか？　おそらくは！　すでに、多くの予兆が現れている。

1925～1934年の講演：

パリ、
バーゼル、
バルセロナ、
リオデジャネイロ、
オスロ、
アテネ、
プラハ、
ベルン、
ブエノスアイレス、
モスクワ、
アルジェ、
ローマ、
ブリュッセル、
フランクフルト、
モンテヴィデオ、
アンヴェール、
ロッテルダム、
ミラノ、
チューリッヒ、
マドリッド、
サンパウロ、
ストックホルム、
アムステルダム

第4部：
「輝ける都市」　了

PRELUDE
THÈMES PRÉPARATOIRES A L'ACTION

N° 2
ORGANE MENSUEL
DU COMITÉ CENTRAL
D'ACTION RÉGIONALISTE
ET SYNDICALISTE

DIRECTIVES

Droite... Gauche...

Capitalisme... Marxisme...

Esprit Grec - Esprit Latin Esprit Gréco-Latin
par LE CORBUSIER

Lumière spirituelle

Fascisme et Racisme
par F. de PIERREFEU

30 JANVIER 1933

『プレリュード』誌は、1933年に『プラン』誌の後継となった。幹部会メンバーは、ユベール・ラガルデル、ピエール・ヴィンテール博士、フランソワ・ド・ピエールフー、ル・コルビュジエ。この第4部のテクストは、1932〜34年の『プレリュード』誌からの抜粋である。

第5部　プレリュード

1. 現代の生活の情景
2. 予見の教師たち
3. 集合の新しい状態
4. ボルショイ……あるいは偉大さの概念
5. ローマ
6. 土地の可動化
7. 図表は語る
8. 包括的措置

1.

SPECTACLE DE LA VIE MODERNE

現代の生活の情景

われわれは永遠のものであろうと求めているわけではない。
ただ、行為や事物が突然にその意味を失ってしまうのを見たくはないと求めているのだ。
（サン・テグジュペリ『夜間飛行』）

まずはじめに、われわれの意識の以下のような現状を、その残酷な意味合いに即して測ろう。すなわち、**われわれはなにゆえ働くかを知らない！**

不躾に言えば、**それは金(かね)を稼ぐためである**。この世界の幸福な人々——賢者たち——は、この金属でできた厚い雲の中に一つの裂け目を開き、青空のわずかな一角を認めた。彼らは自分たちの労働にまた別の意味を割り当てた。質である。彼らはかくして救済された。だが、彼らはごく少数の人々でしかない。

救済された！　金の闖入は彼らを二次的にしか惑わさない。

金——この場合には、**金**(きん)——は尽き果てうるものだ。考えてもみよう。実際のところ、人は金(きん)を作り出す方法を本当に発見したのだろうか？　人は、もちろんのこと、この基準通貨を他のもので置き換えることになるだろう。だが、その間に、どれだけの破滅とどれだけの予期せぬ混乱が生じることだろう！

われわれの意識の以下のような状態を、その残酷な意味合いに即して測ろう。すなわち、あるとき以来、われわれが働くのは金(かね)のためなのだ。

ごまかしの目標。これは私たちのいくつかの資質をほんのわずかだけ刺激し、もっとも貴重な特質を不活発なままにする。悪いことに、これは人間の本性の欠陥を刺激する。

あるものからまた別のあるものへと、われわれは喜んで信条を変えることだろう。

他の信条は可能なのか？

もし社会が整備されれば、もし社会が他の形で仕事の成果を再分配することができれば、金の心配は和らげられるだろうし、われわれの解き放たれたエネルギーはわれわれの情熱の前に開かれた道を見出すだろう。

機械化された世界は、いまだわれわれの情熱を生かしてはいない。その逆である。

人間の労働の成果をこれと違う方法で按配するには、この労働を組織化し、明確で実り豊かな目標を定めねばならない。とはいえ、機械化の偉大なる冒険の歩みは続いているのである。

あなたがたは同意する

あなたがたは同意する。というのも、われわれはそれでも、かくも力強く、かくも過ちなく世界の上に湧き起こるこの冒険に歯止めをかけようとはしないだろうから。この冒険とは、かくも**宇宙的に**世界の上に湧き起こるもので、宇宙的に、というのはつまり、人間が支配下に置いたのは、自然の力の突如巨大になった部分であるということなのだ。まずは、それによって打ちのめされるために、だがそのすぐ後には、それを享受するために。

もしわれわれがわれわれの父祖のこのまったく新しい遺産を受け取るのを容認するとしたら、それはわれわれが、将来起こるだろうことに恐れを抱いていないということである。この発見、この公然たる、前へ、ゆったりと、征服へと向かう歩み、これはわれわれにとって**喜び**であり、怖れでも、不安でも、恐怖でもない。**これは喜びであろう！**

考えることは、すでに喜びだ。考えること、思い描くこと、それはすでに喜びなのだ！

個々人のみを駆り立てる金を征服することから、われわれは、現在の調和へと達することを望む。それは、各人にその務めを果たすべく呼びかけるものであり、われわれ全員を満足させるだろうものである。

疑惑、恐れ、絶望が広がりつつあるこの群集に、目標が明らかにされなければならない。

計画(プラン)を立てることによって、現代はその目的を明確に表しうる。機械、この途方もない出来事が何なのかを見ることができる。もはや命令するのではなく従うことが、もはや抑圧するのではなく働くことが、もはや破壊するのではなく結びつけることが、もはや破壊するのではなく建設することができるのである。

集団的叙事詩への参加は、規律を伴う。規律を失った群集以上に惨めなものがあろうか？　自然とは全き規律であって、因果律に従って論理的なものである——ときには人間の利害関心と相反する論理であるが——。自然は、衰弱した力を許容しない。自然はすべてを亡きものにし、無に帰し、取り除き、無情で容赦のない要素に残酷なやり方で支配させるのである。

ゲームの規則が成り立たないチェスの試合をしたことがかつてあるだろうか？　ルールのないサッカーの試合を？　どんな小さな子供でもゲームの規則を理解しようとする。自分の行為に一つの意味を与えるために、自分の動きに利害を、自分の生の奔出に養分を与えるために。

ゲームの規則を定めよう

現代のゲームの規則を定めよう。

それは、**調和させること**である。かくも迅速に起こった力の噴出に、何らかのリズムを、その結果が効率に達することとなるような何らかの秩序を与えること。効率という言葉によって、私は各々が正当な取り分を持っていると言いたいのである。そして、正当な取り分という語によって、私は物を食べる権利を、実り豊かな労働に満ちた人生が終わるのを穏やかに見届ける権利を、そして日々必要に駆られて行なう行為の理由を理解する権利を指し示している。

自分が参加する理由を理解すること。

それゆえ、自分の前に明確な道を持つということ。

何らかの**計画**(プラン)を持つということ。

世界の上に解き放たれた諸々の力を、われわれには理解できぬある種の運命の名において、それらのあいだで調和させることができるような一つの計画を。人は鶴嘴で岩を打って、そこにかすかに見分けられた何かを探した。それは火を噴き上げる火山なのである！

集団的な恩恵の所産が、個人における利益を決定する。真の利益と結び付けられた**対話**の必要性が、自発的に同意された規律を出現させ、**愛の証である対話を率先して行なうこと**に誘う。

人間の善なる根底の目覚め
芸術家的感性の震え
創造的精神の吐露

よって証明せられた。

これは精神的な務めである

水上において征服されたオランダ、これは集団的な所産であるが、清潔にされ、手入れされ、愛でられている――今日では、この場所以外のいたるところで、人は意気消沈し、放棄することについて語っているというのに……。ヴァレンシアへと抜けるスペインの新しい道路は、きれいに手入れされ、植込みと花壇のある路肩のあいだをうねっている。ロッテルダムのファン・ネレ煙草工場は、現代の創造物であるが、「プロレタリア」という語からその絶望的な含意を消し去った。独善的所有の感情から集団的行動の感情へのこのような迂回が、人間の企てることのあらゆる点において、**個人の介入**という、かの幸福な現象にわれわれを導くのだ。労働はその物質性の中にそのまま存するが、精神がそれを照らし出すのである。私は繰り返す。すべては次の語の中にある。**愛の証**。

そこでこそ、別の管理によって、現代の出来事を導き、純化し、拡大せねばならない。われわれが何者であり、われわれが何の役に立ち、われわれがなぜ働いているのか、言ってくれ。われわれに計画（プラン）を与えよ。計画（プラン）を示せ。計画（プラン）を説明せよ。**われわれを連帯させよ**。われわれに話してくれ。穏やかに階層化された一つの組織の中で、われわれは皆で**一つ**なのではないのか？

もしあなたがたがわれわれに計画（プラン）を示し、それを説明してくれるなら、有産階級も希望なきプロレタリアも、もはや存在しなくなることだろう。信じ、行動する社会が存在することだろう。

もっとも厳密な合理化が行なわれる現時点において、それは良心に関わることである。良心をこそ、各人のうちに、すべての人の上に、目覚めさせなければならない。

これは精神的な務めである。

これは、もっとも美しい務めであり、万人を熱中させる、あるいは熱中させうる唯一の務めである。これこそが真実の務めであり、生きる理由なのだ。

精神的な満足、精神的な喜び、これは同時に個人であり集団である。

以上が競争である。前方に、前に、大きく、生き生きと、全面的に。人は才能を活気づけ、高揚させ、刺激する。人は英雄を作り出す。

権勢を振るいはじめた恐怖のかわりに、現代の冒険を締め付けるブレーキのかわりに、すぐに来る明日に向けて扉と窓を開こう。現代の情景にわれわれの眼を開こう。すでに芝居は佳境なのだ。舞台には、守銭奴たちが、裏切り者たちが、臆病者たちがいる。しかしまた、すでに勝利を約束されて、微笑を浮かべる騎士たちもいる。

現代の生活の情景

現代の生活の情景。したがって、われわれは成功と行動のためにすべてを許容するだろう。

誰が何と言おうと、アメリカ合衆国とドイツはいまだ不協和音の第一段階にしかない。両国は技術の進歩の極限に達したと言われる。わが現体制が受け取ることのできる極限にまで。

だが、われわれに関わる体制によれば、いまだ何一つとして調和の中にはない。

生産？　これを最大限まで突き詰めて、大小の工場が数学の純粋さの中で機能するようにしなければならない。そうなれば、おそらく１日４時間の労働で充分である。そうなれば、生産には以下のような別の目的が与えられる。すなわち、われわれが自らの努力の旗印としたかの精神的な息吹に（ようやく！）達しうる、整備された都市、住居、そして農村。

以下のような計画（プラン）から、大いなる三つの新しい発展が生じる。

1° 24時間というわれらが太陽日の、調和的で、論理的で、豊かな、［これまでとは］別の配分。

2° 計画（プラン）の研究を可能にするような、大きな政令。たとえば、領土の可動化。

3° 大産業における方向転換。たとえば、「建設業」を占有すること。つまり、冶金業など、今後「余分なもの」に分類され、禁止される品物を生み出す無数の産業は、以降、住居とその真の設備に捧げられることになる。機械化時代の最初のサイクルを閉じる危機の解決策があるのはそこだと、われわれは証明するだろう。無秩序の中には、不毛な消費の濫用。秩序の中には、豊穣な消費の対象を製造する計画。

私は今や言うことができる。パリは私を絶望させる、と。

私は今や言うことができる。パリは私を絶望させる、と。このかつては素晴らしかった都市は、もはや考古学者の魂しか持っていない。もはや指揮権を持たない。もはや頭を持たない。もはや干渉力を持たない。もはや天分を持たない。

都市の大いなる企て。すなわち**安価な住居**は、地方に向かって開かれたドアの一つひとつに、また、出口の、癌性リンパ節――胃の幽門の癌――の一つひとつに接ぎ木された。私は都市計画について話している。もし私が建築について話すのなら、敢えてこのように言わねばならない。すなわち、いかなるものも、現代的な生活に向かうどんな小さな段階も飛び越えることを許しはしなかった。いかなることも、一つの窓も、一つの部屋も、一つの階段も、一つの中庭も。嫉妬深いと非難されることはないだろう。私はその感情の埒外にいるからだ。かくして、条件は再び揃った。権力、土地、資本、そして真の計画（プログラム）。計画（プログラム）には手を付けられていなかった。慣用や因習には一切触れられていなかった。惨めな戦利品で飾られたこの街路の先頭部を未来に向けて開くという、当初、理論的な解決とされていたものは、何一つ建設されなかった。

市（あるいはそれ以外でも）の別の計画は、長年にわたって、投機の装いの下で練り上げられている。シャンゼリゼの漏斗の中に突き進む**勝利の道**。なんと忌まわしい精神的建築であろう！　パリは脇腹に短剣による痛撃を受けることだろう。この開いた裂け目を通って都市が逃げ出すことを人は希望している。パリ市よ、是か非か？　凱旋門の絢爛を遠くまで広げるつもりの、この金持ちの通りを誰が欲しているというのか？

凱旋門には、絢爛以外のものがある。現代の陣営の中でさえも不明瞭さが支配するこの時において、次のことを主張しようではないか。いかにこの凱旋門が荘厳に受け止められ、場所を与えられ、今日では電飾の啓示的な光彩のもとに毎晩きらきら輝く完璧さをもって描かれているのかを。そこにフランスの抒情がある。すなわち、強靭さ、大胆さ、残酷でさらには澄明で数学的でさえある、尊敬すべき純粋さ。このような精神をもって作られた凱旋門は世界に他にない。力強さと慎みと。どれほどの節度と、どれほどのラッパの音があることか！

戦争の巨大なホロコーストに敬虔に敬意を表そうと望んで、人は凱旋門の敷石の下に、無名兵士の遺骸を置いたのだ。夜な夜な敷石からほとばしる炎。丘の頂上にある、凱旋門の下のこの炎。人はこれほどに謙虚に実現することも、偉大に思考することも、その過去をつかみ取り、偉大な着想の奇跡によって、魔法の一撃で、過去を現在の中で生かすこともできはしなかった。

どうだろう。これができた今となって、この暗い記憶に捧げる、他のどのような記念碑を打ち立てることが許されうるか！　拝金主義者は機を窺っている……

ああ、ああ！

着想、この、時間も暦も時刻もないが、時折爆発する、漠然たる事物！　もしこの着想が、文化と経験と今なお生き生きとした諸世紀の精気によって力強く育まれた土地から現れるならば、それはその成果を、世界にとって一つの灯台となるような力強さに高めることだろう。

このためにこそ、パリの頭、心臓、腕が、無気力で監禁されることになった集団の中に閉じ込められたとき、この**都市**は膨れ上がり、もがき、凡庸さの中に滑り込むのだ。

……「パリ、世界の都市……」

われわれは決して過去の誹謗者ではない

シトロエン氏は、休戦日のある晩、以下のような前代未聞の啓示を与えてくれた。コンコルド広場が照らし出されている、と。それも、フランス共和国ガス会社の標準化されたランプや火の粉によって照らされているのではなく、電気がつくりだす溢れる光によってである、と。この経験はアメリカからやってきた。投光機は戦争から生まれたのである。それは（そして、それは毎晩となった）、「この世界の中で、往路を踏破して」。人が耳にすることのできるであろう、建築の言説のもっとも輝かしいものの一つだった。直線の崇高さ、かくもフランス的な厳密さ！　この休戦日の晩、茫然自失した無数の群集、この広場で、悪ふざけの影さえ見えないこの優美さ――反対に、むしろ尊大ともいえるこの優美さ――の一撃の下、この群集は**建築**それ自身を聞くことができた。4000年前のオベリスクと数世紀来の宮殿、星空、終戦後の群集と、そして、時間によって隔てられた、かくも多くの諸要素のあいだに新しい対話を即座に開くこの20世紀の光。すべて――石、魂、精神、そして、今日において、すべてを絶えず新しく復元する力によって、未来の中に投影された過去――が、そこにおいて統一性の中に混ざり合う、精神的所産の類縁性と同時代性を評価するよう、われわれを仕向けるのだった。

いいや、われわれは決して過去の誹謗者ではない。われわれは、われわれの感性の共鳴によって、時間を人生の統一性の中に還元することを望む。行為、企て、常に変わらない、すなわちわれわれの人としての心にとって永遠の、均衡。

パリは、その過去によって、その善良で壮大な民衆的基礎によって、そして、パリを地方であると同時に世界自体であらしめる新たな血の輸血によって、機能している。

しかし、**パリが事を企てるのを止めたために**、パリはわれわれを絶望させるのだ。

死が嫌悪を催させるのではない。死体こそが嫌悪すべきものなのだ。都市、それはまったく古いと同時にまったく新しい建築資材の死体、そして、司令部中枢を占める精神的な死体である。

しかし、人生は非常に面白い！

何一つ統率されず、何一つ秩序立てられない

港、それは生きている。すべてが動く。水も、水が運ぶものも、事を企てる精神も。ドックと船と旅、それは詩情。もし今オランダにいるならば、私はロッテルダムの港の真ん中※、廃船になった古い商船の中に、建築学校を建てることだろう。それは、大地と空とのあいだに住宅と仕事の設備を据えるための空間があるということを、そして鉄とコンクリートという手段をわれわれは自由に使えるということを、若い人たちが感じたり見たりできるようにするためである。そしてまた、これらの構造は存在権を有し、それらが現在の真の責務を果たすものであるゆえに、それらの存在はわれわれにとって心地よいものである、ということを。教師たちはこのような生きた環境によって強く促されることだろう。過ぎ去ったものではなく未来を教えることへ、運動と不可避的な刷新の教訓を過去から引き出すことへと。

電車や自動車や飛行機によって、現代の町から出発したりそこに戻ったりすること。いかに惨めな光景がわれわれを締め付けることか！

聖都フェズは、その城壁の中、門を大自然へと開いている。この都市は、人間精神の所産であって、平原へと進んだのだった。**それと向き合いながら**。

※私は1932年1月にオランダから戻った。

田園と森とを蝕むこのハンセン病はいったい何なのか？　われわれの都市を大きく取り囲む、われわれにとっての忌まわしい皮膚病に似た、この嘆かわしい発疹性の地帯――黴と腐敗――はいったい何なのか？

なぜ都市は、ぼろ着をまとってその征服した土地へ浸透するのか？

なぜ都市は、ちょうどよく、きちんとして、きらめいて、まっすぐに、純粋に、穏やかに、確固として、その実体を他の地平へと導いているアスファルトや鉄の道を支配しながら立ち上がらないのだろうか？

なぜ腐敗しているのか？

なぜ一つの**全体**、形式的なもの、構想されたもの、誠実なもの、まっすぐなものでないのか？　一つの都市は、製作所と、住宅街と、倉庫からできている。有している機械自体は精密なのに、なぜこれらの製作所は、不潔で無秩序なのか？　一つの住宅街、これは無数の家屋からなるが、一つの家屋は直立した幾何学的角柱である。なぜこれらの角柱（プリズム）は、小麦畑や森や牧草地のまわりでは、直立していないのか？

何も統率されず、何も**秩序立てられない**。

都市はその未来へと進む。監視もなく、案内もなく、規律もなく、計画（プラン）もなく、統制もなく。腐敗。皮膚病、ハンセン病。現代の日常的な情景。

もし市議会にいるのだったら、私はこう言うだろう。都市へ入る道路の道端と、畑へと進んでいく都市の周縁は、牧草地と樹林による緑か、麦の黄色か、あるいは園芸耕地として花で飾られるかであるべきだ、と。

冷ややかに公布された一つの単なる政令。そして、違反に対する罰！

ここには、プロレタリアはいない

ロッテルダムのファン・ネレ煙草工場は、アムステルダムとパリを結ぶ鉄道の曲がり角の傍らの一つの運河のほとり、牧草地の真ん中に建っている。運河はまっすぐで、その端はなめらかだ。鉄道の2本の線が草の中で光っている。はるかに遠い地平線、牧草地とすれすれに、港の運搬橋が空にその大胆な輪郭を描き出している。工場の建物へのあいだを貫いている道路は、なめらかで、平らで、歩道に縁取られ、茶色のタイルで作られている。あたかも舞踏室の寄木張り床のように清潔だ。きらめくガラスと灰色の金属、これが、はるか高みで、天に向かって切り立ったファサードの面である。何の絵もなく、人は鉄でできたすべてのものをスプレーガンの噴射によって金属酸化防止剤を塗装した※。ガラスは、歩道か芝生すれすれから始まり、空の切れ目で終わる。これは完璧な静謐さからなっている。**すべては外へと開かれている**。これは、8階にいて、**内部で**仕事をする人たちにとって、何かを意味する※※。

内部には、光の詩がある。完璧なものの抒情。秩序のきらめき。正確さの雰囲気。

※　この最新の工程のおかげで鉄は錆びない皮膜で覆われる。

※※　聞いた話だが、夏の何日か、工場内での仕事は酷暑のゆえに中断されるという。輝く光線が熱量へと変容するのは、ガラスを通じてである。建築家は付け加える。「おそらく、中和壁が必要だったのだろう」、あなたの「正しい呼吸」である空調システムには。そうだ、この発明は、戦前からすでに私のいくつかの仕事の中で萌芽状態にあったものだが、これは結局、以下の年まで市民権を得なかった。すなわち、1932年、サン＝ゴバンの研究所での作業によってそうなるまでは。また、それぞれの点において、現代建築はいくつかの障害でつまずく。それは、装飾の改革ではなく、生物学的進化に関わるものである。新しい（建築的）存在は、**全体で、ひとつ**でなければならない。現代の建築的進歩に、それがひとつの潮流となるための10年の執行猶予と、着想の全体と、技術の全体とが与えられんことを！　もし人が前進するならば、確実な解決。もし人が一時逡巡するならば、失敗……そして観客の野次。

すべては透明で、各人は働きながら、見たり見られたりする。私が思い出すのは、国際連盟の外交官がジュネーヴで1927年、書記局に関するわれわれの計画——そこでは、500の事務所が均一に同じ条件を実現していた——の折に言った言葉である。すなわち、「だがあなた、外交には、**半陰影**が必要なのです！……」

工場長は、そのガラス張りの執務室の中にいる。人は彼を見る。そして、その執務室から、彼はオランダの晴れ晴れとした地平線を、そしてはるか彼方に、港の生活を見るのである。

巨大な食堂も、同様である。首脳陣も、上司たちも、下役たちも、男女の労働者たちも、この同じ、果てしない草原へと開かれた透明な壁を持つ場所で食事を取る。一緒に、みな一緒に。昼食のため、各人は身ぎれいにする。床を覆った、そしてその場所の雰囲気を落ち着いたものとしている、ゴムの青い敷物の上には、どんなわずかな汚れもない。男女の労働者たちは清潔で、スモックか素地の仕事着を着、髪をきちんと整えている。いかにすべての人がいい顔つきをしていることか！ 私は、これらの工場労働者の女性の顔をしげしげ眺めることに興味を覚える。その顔は、それぞれが内面生活のしるしを帯びている。喜び、またはその反対の苦労や情熱を。だが、**ここには、プロレタリアートはいない**。職階はすばらしく定められ、守られている。彼らは、働き蜂の群れとして管理されるために、認めたのだ。秩序、規則正しさ、正義と好意を。

見に行きたまえ。機械室と機械、命令表、部屋の床であるこのボイラー室の床、そして「紳士」たる整備士たちを！

参加

私はすでにオランダにおいて、**保全の必要性**による規律の古くからの精神（堤防、水車、干拓地の灌漑、運河、船、蒸気船や平底船）を指摘した。スコップと浚渫機とペンキの缶が機能している。以下は普段通りの相互作用だろう。すなわち、私は自分の仕事場を掃除する。私の仕事は自分にとって興味深い。私の配慮は自分に喜びをもたらす！ 万事快調！ 全員の緊密な連帯、各々の大なり小なりの責任。参加。

参加。次のようにしてファン・ネル工場は建てられたのである。すなわち、1年のあいだ、建築家が計画案を練る。そして**5年**かけてその仕事は実現される。5年間の共同作業、つまり、全体や個別のことについて議論するための会合である。首脳陣も、建築家たちも、局長たちもそこにいる。同様にサービスの長も、また同様に、専門労働者や製造の中でなされる職務のそれぞれにおける被雇用人も。着想はどこからでも湧きあがってきうる。大量製造に関して、人はささいな近道がとても重要になることを知っている。ささいなことはない。ただ、機能するように正しくデザインされたものだけがある。

参加！

私は言おう、この工場を訪ねたのは私の人生最良の日々の一つであった、と。

愛の証

私は翌日、アムステルダムの飛行場にて、インド新航路——「インド郵便」——の長に迎えられた。時速200kmで、未踏の森や大河や山脈や、今なお知られていない広野の上を飛ぶという幸運に浴したことのない人々は、ヨーロッパ、アジア、アフリカをまとめて、赤や青の線でこの航路の現在の8区間を示した壁地図を前にしても、私と同じように心動かされることはない。彼らは、この瞬間にも何機もの飛行機が就航しており、あるものは往路、あるものは復路にあるという考えに身震いすることはない。今は正午である。ジャワを飛び立つある飛行機にとって、今は16時である。他のあるものにとっては、日が沈んでいる。また別のものにとっては、夜は暗く、さらに別のものにとっては、曙光がプロペラの前で緑に輝いている。

以下の驚くべき数値に耳を傾けよう。オランダ領インドの1週あたりの郵便は1200kgある（どれだけのエネルギーと行為と闘争の潜在力が、このわずかな重さの中に秘められていることか！） これは以前は船便であった。現在では、航空便がその5分の1を占める。聞きたまえ。航空便がその郵便の**5分の2**（480キログラム）に達した暁には、インド路線（アムステルダム＝ジャワ便）は**採算が取れるだろう！** これらの数字は、別の数字が他の無数の領域において目覚しい解決策として明らかにしうるものについて、大いに考えさせられるものである。

インド航路の長は言った。「少しずつ、われわれは夜行便を実現するだろうし、日数を縮めることになるだろう」と。先の地球図上の色つきの線は長さと数を変えていくだろう。現在の中継地は以下の場所、ギリシア、エジプト、アラビア、インド、インドシナ、等々である。これはもはや旅行ではない。これは精神的な軌道なのだ！

長の執務室は空港に面して開かれている。信号が出され、飛行機が発着する。これは実現しているのだ、サントス＝デュモン、ライト、ヴォワザン、ラタン、ブレリオ各氏！ これはわずか20年のあいだに実現したのだ！ 1909年、私は天窓に向けて首を捻った。なぜならモーターの音がパリの空を突然かき乱したからだ。ランバール伯がパリ上空を飛んでいた。その夜、パリは歓喜に沸いた。

参加すること！

独善的な所有の偏狭な感情を、集団的行動の感情へと方向転換させること。人間の企ての各点において、**個人の干渉**からこの幸福な現象へと導かれていくこと。仕事は物質性の中にそのままにとどまるだろうが、精神はそれを照らし出す。すべてはこのような受容の中にある。それが**愛の証**なのだ。

現代の出来事を導き、清め、拡大しなければならない。われわれが何であるかを、われわれが何の役に立ちうるか、言わなければならない。なぜわれわれは働くのかを。

われわれに計画（プラン）を与えよ。われわれに計画（プラン）を示せ。われわれに計画（プラン）を説明せよ。

人間の魂の中には、人が炸裂させることのできる熱狂の力がある。

1932年1月

●

2.

PROFESSEURS DE PRÉVISIONS

予見の教師たち

「英国放送協会（BBC）」のマイクの前で話した最近の談話において、著名な作家H・G・ウェルズは、「未来の」生活を準備するために、将来を予見する教師たちが必要であると訴えた。

この興味深い要求を承けて、BBC公式日報『ザ・リスナー』は、これら「予言者たち」の有用性と役割について、ウェルズに返答したさまざまな人々による一連の記事を発表した。
インタヴューを受けた人々のうち、ル・コルビュジエは、われわれが以下に再録する記事によって答えた。ここに、読者諸氏は考察のための豊かな材料を見出すことだろう)。(編者)

私は学校を信じない

私は「正確」と見なされた、多かれ少なかれ信用でき、根拠の認められるものを教えられている場としての学校のみ信じている。別の言い方をすると、まさに予見の対極と言える。私は、想像力に訴えかけるような学校を信じない。私は、それらの閉鎖が必要だということの確固たる支持者なのだ(いずれにせよ、美術学校については)。私は生徒たちに信頼を寄せているが、教師たちに関しては、根拠ある不信感を持っている。ひとりの教師？　それは、人生という偉大な**疑いの学校**からあなたを引き剝がす人間だ。人は彼に**職業的に**、彼自身のうちに確信を持つことを、それを次に聴衆に伝えることを強いる。人は例えば、ユリウス・カエサルがガリアを征服したことを、聖ルイがエルサレムに行こうとしたことを知っている。これこそが、学校において伝えるのが有用な現実だ。だが、**将来を教えこむこと**は？　教師は心ならずも聖職者になってしまう。生徒たちは、自分たちの信仰によって彼に要求する。結果、彼らによって取り囲まれ、攻囲されて、教師がしなければならないのは、断言することなのだ！　人生は……明日、彼の言葉を裏切る。
もっとも、これは危険なテーマである。これは教育のすべての問題だ。状況を読み解いてみる。学校が設立されて以来、学問は長足の進歩を遂げた。芸術は凋落し、アカデミスムが生まれ、それと同時に抑圧が生まれ、この領域での政府の干渉におけるその愚鈍さが生まれたのだ。学校の外で、そして**人生**という**唯一の**教師とともにあってこそ、現代の創造的思考は(煌きと力と暴力を伴って)明らかになったのだ。ある種の学校に教師が存在するからこそ、現代芸術は、その時代の合法的で忠実な表現であるにもかかわらず、「**革命的**」と称されるのである。ルイ14世はもっとも熱烈で明晰な革命家のひとりだった。だが、学校が誕生したのは彼よりも後の時代であったから、この呼称は存在しなかったし、そうした事実もなかった。そして人は、この王を「**偉大な古典**」と名づけたのである。結論づけよう。歴史は革命家の名前しかとどめることなく、彼らこそは、それぞれの時代において革命を起こすことで、自らの時代の生命力を表現し、そして「格付けされる」のだ。

彼らは昨日から生きている

もし私が教師たちに不信感を抱いているとしても、反対に、私は**授業**には貪欲である。今でも私が20歳だったときと同様だ。授業は自発的に、人生の中に位置づけられた人間の所産から立ち現れる。その中で、それは爆発の炸裂を引き起こすのだ。ウェルズ氏が予見の教師たちについて語ったとき、彼は実際のところ、現代の出来事――われわれに対しては**発明家**という仲介を通じて明らかになる、人生における力強い大騒動――の持続的で、早急で、加速的な炸裂について語ったのだと、私は思っている。
人生の教訓を読むためには、全体的な拍動の中で、情勢と通じ合っていなければならない。それ以上に、自分自身が、炸裂を引き起こすものでなければならない。というのも、この行為は目と耳を働かせ、そして、すばやい移行の閃光の中で、諸々の力の結合の瞬間とわれわれの人間としての欲求にとって有用な創造のための条件を読み取り、捉えることを可能ならしめるのである。

私は建築家であり、都市計画家だ。**私は計画(プラン)を作る**。私の気性は、私を発見の喜びへと駆り立てる。運動、増加、成熟、そして人生の仕組みそれ自体、これらが私の情熱である。ところで私は、現在の現実を考慮に入れて、今日の様相を表現するような計画(プラン)を作る。私は(1922年に)「3万人の住民がいる**現代的な**都市」の計画(プラン)を作った。私の注釈者は皆、例外なく、私の「**未来の**都市」について語っている！　私は空しく抗弁する。私は未来について何も知らず、ただ現在について知っているだけだと断言する。いいや、人は卑怯さであるところの戦略によって答える。「あなたがたは未来に携わっている」と。これが含意するのは、「彼ら」(他のすべての人)が現在に携わっているということだ。嘘だ！　研究者としてのあらゆる謙遜をもって、私は現在に、同時代に、今日に専心しているし、「彼ら」は**昨日**を、**昨日から**生きている。ここに現代のドラマがある。ウェルズ氏が喚起したのは今日のことであり、明日のことではない。

再整備された田園

事実において、以下のことを実現しよう。
自動車は距離を取り除いた。より正確に言えば、自動車は、鉄道によって固定されていた距離の性質を変化させた。鉄道は固有の文明を作り上げた。それは大いなる集中の文明である。自動車は新たな文明を開いた。それが、**道路の文明**である。非人間的になった大都市は、それ以来、到達と殖民が可能になった土地へと流出していく。殖民が可能なのは、殖民地においてではなく、フランスの農村のいたるところにおいてである。だがその前に、農村は開発され、都市の**誘惑**――人間性の愛撫を、人間の思考の最良のものと信じられているものとの接触を人々にもたらすもの――が、都市から**整備された農村**に移植されなければならないだろう。道路の文明を前にして、田舎を整備しなければならない。

真実の、議論の余地のない、恐るべき計画……

最後に、以下のことを述べよう。私は、ここ2年来、自分の中に我が身を苛むような確信を持っている。それは私がアルジェに呼ばれ、都市の悲惨な郊外を見せられた時から始まった。まだ若く、輝かしい未来を約束された都市がすでに窒息し、扼殺され、苦悶している。「どうすればよいのだ？　都市は死につつある。何年かのうちに人口は4倍にも達するだろう。この場所に100万もの人が住むことになるだろう！」私は、分析と計算と想像力と抒情をもって、いくつかの計画(プラン)を作った。驚くほどに真実で、議論の余地のない計画(プラン)である。また、驚くほどに恐るべき計画(プラン)でもある。それらは現代の華麗さを表現している。そしてそれらは、戦争の巨大な破壊的所産に対する建設的な対極を示している。二つのものは同じ方策(科学技術)ではあるが、異なった精神によっている。人が破壊と殺戮のために世界を可動化することに、あんなにも驚くほど同意したように、私のつくる計画は、奉仕のために行為を可動化するのである。
破壊すること、戦争？「お見事！　それが普通だ。それが交易と産業をうまく回してくれるのだ」。人はほとんど熱狂を持ってこれらの物事について語り、それを行なう。建設すること、機械化時代を整備すること、現代という時代にそれが切実に求めている枠組を与えること。市長は私に言った。「いいえ。あなたの着想は100年先のためのものです」と。アルジェの大銀行家は答えた。「いいえ。私はル・コルビュジエ氏を受け入れたいとは思わない。私は彼をずいぶん前から知っている。**彼は私を説得することができるだろう**。だが、私は説得されるがままになっている権利はない。私は自分の資本の投資を、**吟味(証明)された方法**によってのみ行なうのが私の役目である」と。

私は自分についてたくさん語った。残念だ。私は行動の中にいる「現場の」人間について、人生の読者について、教訓を受ける者について、そして、計画の作成者について語った。ところで、どうだろう、ウェルズ氏。今日、現代の**真の計画を作る者は、まったく新しいものを作る**のではないだろうか？　あなたと私は、新しい時代が生まれるのだから、これらの物事は素晴らしいものたりうる、という点で同意している。しかし、「祖国の父」、人民の家族の後見人――権力当局――は、行動することを、企画することを、リスクを冒すことを恐れている。模倣することはより確実なのだ。「昨日」を生きることはより安心なのだ。

人間の発見者たち

結果としては、危機と落胆。**その一方、もし行動すれば、危機の解決と熱狂**。

これらの物事の拍動を感じるために、その髪の毛を摑み、通り過ぎていく解決法を捕えるには、教師である必要はない。教師であることを拒絶しなければならない。職務をこなす労働者でなければならない。好奇心を持ち、敏捷で、勇気があり、心配性な。真の教師、真の授業、それはこうした嵐から現れる、絶えず更新される積分、すなわち、並外れた緊張の中にある自然と人間なのである。

話しながらではなく、**計画を作りながら**、人は実り豊かな授業を作り出す。教師は教壇に静かに鎮座する註釈家ではなく、仕事のただ中にいる労働者でなければならない。

そうした人は存在する。

「予見の教師たち」というこの問題に代わって、私は以下の問題を提起したい。「人間の発見者たち」。そして、選抜プログラムに即してわれわれの長を選ぶ代わりに、発明者を発見したという証拠を見せることができるかということだけに即して、彼らを政府の職務に任じるよう提案したい。これはすなわち、その者たちが人間を発見するすべを知っている証拠でもあるのだから。

1932年12月

●

3.

UN NOUVEL ÉTAT D'AGRÉGATION

集合の新しい状態

彼らは誤った枠組の中で働いている

この国には、その本質的な技術組織の中で、困難な仕事に打ち込む知的な人々が存在する。彼らは誤った枠組の中で働いている。彼らは、もはや真実ではない規則を持つゲームを行なっている。何事も成し遂げられないばかりか、自縄自縛に陥っている。

枠組を変えること、新しい枠組を定めること。そうすれば努力は生産的なものになる。出来事は秩序の中で、規律正しく起こる。絶望に駆られて髪の毛を毟りながら、人が次のように言うことがないように。「それなら、すべては混乱でしかないだろう。それぞれの瞬間は、永遠に、暴力と変容と断絶と断裂の受難でしかないだろう」。いいや。ある人々は、その天性から、さらにはその精神と経験と人生と運命から、斟酌し判断する機会を得た。彼らは創造し、想像し、それを認めさせる力がある。彼らは、大いなる変容の日々がもたらすであろう、危険な瞬間瞬間に抗するのに充分なだけの情熱を備えている。彼らが創立しうる新しい方法の新しい枠組の中では、通常のエネルギーや万人が行なうような単純作業は、闘争の外で静かに挿入されることになるだろう。袋小路に背を向け、調和的な解決へと向かいながら。

実際、それは調和の問題なのだ。

人生は別のところに至った

アルジェ――フランスの若い街――の交通は、間もなく機能しなくなるだろう。「では行きましょう！　見てください、パリのオペラ広場、Dシステムの奇跡。バス、自動車、歩行者、野次馬、急ぐ人々……、各々がそこを通行し、そこで通路を見つけている。あなたはうんざりするような悲観論者だ！」

アルジェでは、パリと同様、さらには世界のすべての都市と同様、新しい速度によって決定された階層の新しい状態が必要である。新しい都市計画の理論がその法則を定めることだろう。すべては最良の世界の中でより良いもののために。あなたはそう思わないか？　ヴィルヌーヴ＝サン＝ジョルジュより前から、分譲地というハンセン病は、遠くからパリに来たものを慄かせ、それを見るものを呆然とさせている。他のいたるところでも農村は空っぽになっている。誰もそこに戻ろうとは思わない。すべてはより良いもののために。

それでは何をすれば、何に着手すればよいのか？　機械化された新たな社会に**人間の本質的な現実**を尊重しながら均衡をもたらすであろう都市計画は、費用がかかりすぎ、破滅的である！（不可欠で緊急の）大掛かりな都市改造？　**それは人が注意を向けることさえ敢えてしないような財政上の負担である**。「それは不可能だ、それは本当に遺憾なことだ、ああ！」そして太陽は毎日、断念の上に沈んでいく。「ああ！」

ひとりの医者――物をよく知った男だ――が、ある人に言う。「あなたの顔色、あなたの目は、あなたが癌を患っていると示しているように見える。養生なさい」。

公共の事柄においては、太陽は毎日、不可避的かつ不可抗力的な断念の上に沈んでいく。

そしてある日、すべては軋み、すべては蒼白になるか、あるいは熱を帯びる。ヒトラー、ソヴィエト連邦、ムッソリーニ、ドル、リーヴル、安価なフラン、等々。大砲、要塞、戦争。すべてはまったく誤っているので、戦争、**戦争**、**戦争**が可能となり、容認でき、望ましいものとなる。「どうしていけないのか？　実際のところ」。人は昔の階層を保存している。この人間組織の硬直化した古臭い枠組――仕事の有用な道具であり、秩序を与えるものであり、不可欠なものであり、本来的に限定された有用性を持っている――の下で、人生はその歩みを続けていたのだ、ということを忘れつつ。人生は続いていたし、枠組はいかなる真実の物ももはや囲んではいない。人生はより遠くに、別のところに至ったのだ。

人間が問題である

そのときこそ、もはや遅滞なく以下のことを問うときである。「何が問題なのか？」

人間が問題である。ただそれだけだ。この豊かで危険で全体的に平均化された――個人‐集

団——という自然の法則の中に置かれた人間が問題なのだ。そして、あなたがたも、われわれも、私も、われわれはみな**個人**である。それぞれの幸不幸は個人的なものであり、また、集団的な出来事へのそれぞれの反応は、それぞれの瞬間における個人的な幸不幸なのである。

すべての基盤にあり、すべての先端にある人間。その利害関係における、人間。その運命は交響楽的な進展の中で、調和を保って展開される。すなわち、個人、男と女、家族、仕事（精神と手）、彼の知力で捉えられる領域。かくして、調和した出来事の循環が展開されるのである。

人間的なスケールへの回帰

しかし、今日の現実とはいったい何か？　人間と戦争、危機、失業、飢饉と貧窮、無為と腐敗。自然の働きは人工的に作られた枠組によって歪められている。すなわち、銃剣によって武装された政治的な国境と、残滓の泡。祖国、名誉、「大いなる集団的家族」といった、時に歪曲された概念。憎悪の否定的な力！　敵対関係！　抗争の湧き出る源泉。破壊の力……

そこで、嵐、雷、稲妻……

アカデミーによって間違った方向に導かれた建築が、その袋小路から脱出するためには、**われわれは人間への、人間的なスケールへの、人間的な欲求への回帰**をしなければならなかった。それによって、われわれは「様式（スタイル）」を全滅させることができた。その時は来ていた！

ある理論……人間の幸福の担い手

そして、住宅に関する基本的な理論を定式化することもできる。そして建築を束縛から解放すること。この時代の建築を創造すること。そして、**都市計画**という別のやり方で、われわれは、達成された建築の革命に基づいて、現代の技術を糾合し、集団的で現代的な枠組、個人に自由と**本質的な喜び**をもたらす、機械化時代の枠組を創造することができたのだ。**人間の幸福の担い手たる**、建築と都市計画の一つの理論が存在する。

濃霧と嵐と洪水と激動を経て、われわれは恒常的な価値へと戻ってきた。それが人間だ。何が問題なのか改めて考えてから、われわれは一つの理論を表明し、新しい枠組を創造し、新しい方法を受け入れた。この真の要請の上に、世界において一体性が確立された。

新たな発意の準備をしなければならない

人間の意識は一つの天啓を必要としている。現代の意識の新しい枠組。

それから人が「**本質的な喜び**」と呼ぶことのできるものを固定すること。

われわれは、機械化の到来の意味について考え、その恩恵を受けるための努力をしなければならない。またそれは、われわれの意志によって導かれているものでなければならない。

われわれは失った自由を再び見出すことだろう。われわれは、毎日、自由な時間を再び見出すことだろう。われわれはそこで何をするだろうか？　われわれは途方にくれるだろう。遅滞なく、この新しい冒険、すなわち自由のために、精神を準備しなければならない。自由は眩しい夢だ。余暇！　その実体は、何の準備もしなかった人にとっては押しつぶされるような負担である。

近づいてくる余暇を迎え入れるために、何も準備しなかった都市にとっては、脅威である！家事機械によって毎日空くことになった8時間の休養。だが、これはとても速やかで、不可欠で、非常に緊急の**建築と都市計画**だ。すなわち、場所を建設し、土地を見つけること。

新たな発意の準備をしなければならない。

私たちは、人に新しいスケールについて考えることを教えなければならない。

建築と都市計画のこの領域——場所と土地——の中、**本質的な喜び**の枠組を満たすためのこの探索の中では。現代の実生活を看破することが重要となるだろう。

1933年2月

●

4.

BOLCHE... OU LA NOTION DU GRAND

ボリショイ……あるいは偉大さの概念

「ボリショイ……!」

これは（見事な）言葉であり、単なる政党の会員などに関わることではない。

1928年、私は、ツェントロソユーズ庁舎の建設について議論するため、モスクワに呼ばれた。私はルビノフ氏（現在は人民委員であり、かつてはモスクワ市長、その前は農民、当時はツェントロソユーズ総裁）の執務室に通された。そこには通訳がいた。総裁は私に向けて演説をぶったが、その中で私は絶え間なく、彼が力をこめて言う「ボリショイ」という語を聞いた。内容については、通訳は以下のようなことを私に伝えた。「この庁舎の建設は、革命と同時に到来した、ロシアの建築史の中での価値ある出来事とならなければなりません。すべての解決策において、偉大さが現れなければなりません。単に規模による効果によってだけではなく、誇張によってではなく、適切な均整によってです。体制が現在計画している最大の建物であるこの公共建築物は、機能の厳密さと品位という点で、一つのモデルにならなければなりません。われわれの企てのすべては、次の標章の下に生まれねばなりません。**偉大な**、ボリショイ……」

私は質問した。「ルビノフ氏の演説で連呼されている『ボリショイ』という語は、つまるところ何を意味しているのですか？」

「偉大なこと！」

「それでは、ボルシェヴィスムは？」

「ボルシェヴィスムが意味するのは、もっとも偉大なもの、もっとも偉大な命題、もっとも偉大な企てです。最大限。問題の基底に行くこと。問題の極限にまで行くこと。全体を計画すること。広がり」

新聞がそれまでわれわれに言っていたボルシェヴィキが意味するのは、歯のあいだにナイフを挟んだ赤ひげの男、ということだったのだ！

彼らは歴史の教訓を気にかけない

学生の頃――そしてもっと最近でも――、私はしばしば「ヴェール・ガラン」島に行ってポン＝ヌフを眺めた。下からだと、空の下にあるその全容を見ることができるのだ。左へ、右へ、南西地方に走る道、トゥールーズ通りを、王たちのルーヴルのあるセーヌ右岸へと結ぶ二つの橋梁。建築家はデュ・セルソー、1550 年の作。ルネサンス様式。パリはゴシック様式である。鋸の歯状になった尖った屋根。場末の通り。飛躍することの不可能性……。なんと石は雄弁なことか！ 広く頑丈なアーチを、立派なコーニスを、堅固で力強く豪奢なモデナチュール〔コーニスの刳り型の調和の取れた曲面〕を、私は眺める。この作品の中には、ゆったりとした精神的な波が流れている。1550 年！ この男は前に向けて驚くべき一歩を踏み出した。彼は石の橋を川の上に架けたのだったが、同時に精神の出来事の上に偉大な橋を架けたのだ。（さらに 3 世紀前の）ノートルダム大聖堂以来、人は足踏みし、空論に耽ってきた。人は縮こまってきた。人は場所と精神の自由な空間で何かを始めることを止めてきた。王の建築士デュ・セルソーはなさねばならなかったことをやったのだ。それは偉大なことである。

これは陶酔である。もし人が行動するすべを知っているならば、すなわち、もし人がヴェール＝ガラン島から 1550 年の目と心で橋を眺めるすべを知っているならば。大工たちが川の上に木の迫り枠を渡し、石工たちが土手の上でその描写的幾何学を実践しているのが見える。アーチが迫り石を並べていくのが、橋板が張られていくのが見える。橋が完成するのが見える。このまったく新しい、真っ白な、途方もない、華麗な橋、ゴシック様式の都市の中にあって、新しい抒情に溢れたこの橋を我が物としに来た王が見える。そこで人は、飛躍がどんな価値を持つか、一つの都市にとって偉大な考えとは何であるかを推し量るのである。

〔島から〕街の平坦部へと戻ったあとで、私は毎度、1900 年のパリが偉大に見えることをやめ、都市の責任者たちが偉大な精神をもはや持ち合わせておらず、彼らが歴史の教訓を気にかけていない、ということを心配しながら考えたものだった。

すでに、魅惑的なフランス・ルネサンスは、単に魅惑的である以上のことをなしている。というのも、パリでもっとも偉大かつ立派な橋の一つで、今なお建っているポン＝ヌフを作ったのだから。ルネサンスは、繋がれた牛が土手へと採石場の石を運びこんでいた時代に、この橋を作ったのだ。

第一次大戦とディッケ・ベルタ〔第一次大戦でドイツ陸軍が用いた巨大榴弾砲〕の 13 年後、飛行機による大洋横断のあと、機械化の何百年もあと、建築家は、都市の責任者たちとの共謀によって、「**歴史を尊重する**」ため、左岸にデュ・セルトー様式の橋頭を完成させた。こんなふうに人は人生について考察しているのだ！ 歴史は言う。「**企て、信仰と行動**」。しかし、人は何と宣言するのか？ 後退、放棄、背信……そして虚偽。虚偽、そうなのだ！

橋頭は**デュ・セルトー様式**である。これは偽物だ。これはコピーであり、模倣である。「これはレオナルド・ダ・ヴィンチのジョコンドではない。これはそのスタイルで正確に作られたコピーだ。当局はこれが、方形の間のジョコンド夫人のすぐ隣に置かれることを決定した。深く誠実な理解の証左として!!!」（私はドフィーヌ通りの突き当たりにある新しいアパートの方が好みである）

……後ろを眺めよ〔往時を回顧せよ〕!

ベルンの街は過去からの素晴らしい遺産を所有している。それは、かつての要人たちのきわめて立派な家々を上に戴いた 2、3 のアーケード通りの中に刻まれた、その歴史である。人生は飽くことを知らないものだ。20 世紀になると、多くの靴下を、旅行用品を、ユングフラウを描いた絵画といったものを売らなければならない。これはまさしく、メフィストフェレスの意地の悪い企みによって、ベルンの昔の貴族たちの家々においてなされたことなのだ。「改造」しなければならなかった。そして人は改造した。サン＝ゴバンの窓ガラスでショーウィンドーを設置し、床を作り直さなければならなかった。だが同時に、古くなりすぎたファサードを補強しなければならなかった。言い換えれば――実際には――古い石を新しい石で置き換えたのだ。当然、困惑した当局は、**新しい石が古い物をコピーすることを要求した**。あるいは、少なくとも正当な歴史的スタイルでなされることを要求した。

かくして、ベルンの大きな街路は、新しく、**偽りの古さを持った新しさで**作り直された。これは、精神的決定の名においてなされたのである。少しずつ、家から家へと、歴史に対する献身の行為によって、ベルンは偽物になっていく。観光客は押し寄せつづける。彼らはこの偽りの古さの教訓について学ぶことだろう。すべては緩やかに、不可逆的に、そして精神の決定の名においてなされた。この決定とは**後ろを眺める〔往時を回顧する〕こと**だった。

記号＋か、記号－か

精神の一つの決定！

この決定の性質。

この決定の方向性。前向き、あるいは後ろ向きに？

集団的社会構造のいたるところで起こっている、些細だが頻繁に起こる最も深刻な結果、人類の好奇心、計画、行動、――その結果として――良心といったものすべてを生み出すことで、人々が実験的な機関の悲壮な重要性をついに理解するとき。性質と精神的な方向性が、幸と不幸の、凡庸さと壮麗さの、無関心と参加の、一つの時代の作品に結び付けられた記号＋と記号－の原因であることを、ついに見て取るであろうとき。そして人間的な出来事の中には劇的な瞬間があって、そこですべてが**当初の決定**に従属することになるだろうと人が理解するであろうとき。そのようなとき、人は、われわれが見抜こうとしたことを、解剖し、分析し、総合し、言明し、提案し、督励し、世論に訴え、企てと行為と利益に満ちた地平を開いてみせたということを、実際、恨みに思わなくなるだろう。そして、**信頼**という言葉によって、現在われわれの幻滅と呼ばれているものを、また、**意思**によって、今日ではわれわれの卑怯な諦めであるものを置き換えることを、恨みに思わなくなるだろう。

「ボリショイ」、偉大な。

ボリショイ！ 偉大な。われわれのまわり、すべての善の力とともに、**所有したいと望むこと**の邪まな喜びの陰険な顰め面に置き換わる、**生きる喜び**が保証される。

もちろん、承認！

決断を下さなければならないだろう。

ああ！ われわれは異常な状況に甘んじている

見ること、理解すること、偉大なことを考えること。精神がわれわれを誘う全面的な自由の中で。

各行為において、1 日の各時間において、判断すべき機会は現れる。芸術家の、創造家の無私の精神は存在する。それは何の鎖もなく、調和へと向かう。いつも私は一つのイメージを思い出す。それは、1 本の草か木のイメージ。良い土地で、太陽を浴びて何の障害もなしに伸びている。立派で堅固で豊かな根。見事な幹。立派な枝。立派な葉。輝く花と立派な果実。その姿勢には優雅さがある。柔軟さと気楽さ。調和の取れた光景。立派な草、立派な木。

その本質自体における、自然。

われわれ人間の作品は同じように生まれ、建てられることがありうる。われわれは自然の産物なのだ。われわれは自分の中に自然の潜在力を持っている。自然の力自体を、その精神とその本質を。われわれの指とわれわれの脳は、調和的な作品を作り出すことができる。完全で純粋な作品を。これこそが自然なことだ。

だが、これは稀なことである。というのも、われわれの精神的植物はしばしば良い土地に蒔かれていないし、われわれは障害を設けてその自由な成長を妨げている。無私の精神は、種をまき、それを育てることができる。慣習や批判や性急さ、あるいはすぐに利益を得たり急いで賞賛を求めたりしたいという渇望によってかき乱されることなく。彼らは普通にその運命へと向かい、彼らの作品は彼らとともにあって**普通で**ある。

私がすでにさんざん証明したことだが、現代の世界は異常さの中にあり、われわれは残念にも異常な状況と作品とに甘んじ、それらを許容している。

サタンでもこれよりうまくできないだろう

自然の法則の自由で運命的な命令に従うこと。自然のように振舞うこと。われわれの仮説の中で母なる創造と邂逅すること！　議論の余地のない忠誠と、安心な安全性という態度。これはわれわれにとって、各人の自動的で即座の同意に値すべきものではないか？　ああ！　われわれにとっては、ただ投石刑だけに値するような態度。

計画(プラン)を通して、一般的な建設の所産を言明し表現すること、これは、すでに確立した秩序を乱すユートピア主義者として扱われるということである。

人は、否定と破壊の作品をより良い港へと導く。

今日、ひとりの銀行頭取が私に言った。「一つの大きな作戦が完遂します。すなわち、ソヴィエト連邦をその地の中国人たちとの終わりのない戦争へと巻き込むことが重要なのです。二つの効果があります。まずは、大砲、弾薬、軍靴、缶詰、装備と交通、等々。資本主義は救われます。工場は再開され、すべてはうまくいきます。みんな満足です。危機は克服されます。絶体絶命の資本は救われ、世論は……世論は昔ながらの枠組へと戻ります。すべては継続していきます。二つ目の効果はというと、ソヴィエト連邦は20年にわたって落ち目となり、それで一つの世代がいなくなりますよ。」

「クルップとクルーゾの金は、東方の現地にあります。彼らは注文を取っています。その日——まだ始まってもいないのに——5億の注文がなされました。」

「ごらんのように、ここ数か月、大金融家たちが働いています……」

「さらに、ロシア人たちが進み、宣戦布告する必要があります！　彼らはまったくの馬鹿ではないので、おそらく見極めることができます……」

「善き手の中にある、清浄な手の中にある何百万かでもって……」

我が銀行頭取、そのうえ、完全に吐き気を催していたのだった。

新聞がわれわれに言っていることについて、私は考える。メディアは日本に好意的だ。だが10日前にも中国に侵略した。この瞬間も、中国人の鼻先で起こっている。彼らが争いあわないことを人は本当に望んでいるが、彼らが軍備を整え、連隊と大砲を上陸させ、東洋に広大な集団的な戦いの精神性を打ち立てているのを、なすがままにしている。人はシベリア横断鉄道の終着、ハルビンに探りを入れる。

そこには、遠距離に、因果関係の無知と、常なる不名誉の蓄積らによって起こる混乱という揉め事をひっかき回す多くの材料が揃っている。

日本と中国のあいだに今まで戦争がなかった、ということを人は確認するだろう。だが、軍隊がすべてそこにいることになったら、逸れた弾丸か逸れた飛行機、あるいはきわめて深刻な熱狂というものもありうるだろう。そして、つまるところ、ヨーロッパとアメリカ合衆国は、東洋における在外国民を、家族の父母を、貿易を、彼らの自己愛の中でぐちゃぐちゃになった譲歩を、国の威光を決して愚弄されるままにはしないという責務を、有している……。それゆえ、人は、文明化された大国の家父長的な配慮の下にあるこれらの領土を、孤立させておくわけにはいかないのだ……。国際的な警察作戦がなされることとなる……。西洋とアメリカ合衆国は、手始めとして、国あたり1万人の派遣部隊を上陸させる。かくして、10万人は、場合によっては500万人にも達するだろうし、すべての中国人はかくして包囲されるのだ。

われわれの兵士たちの母は、真の、国家の戦争におけるような、残虐で不快なおののきを覚えることはないだろう。それは、遠征という新たな名を与えられるだろう。「私の息子は遠征に参加している」。西洋とアメリカ合衆国は、戦争の残虐で不快な現実を覚えることはないだろう。道徳上の作戦は成功するだろう。

おそらく国際連盟は簡単な健康の治療を再び得て、この機会に、この新しい軍勢と、「文明の名において……」として話に上る、この新しい権威を用いることだろう。何十万もの黄色人種がその用に供され、貪婪な兵器で装備し、配備される。破壊すること。おお！　すべてを破壊し、すべてを蕩尽すること。

滅びうるもののうち、人の望む一切のもの——大砲と缶詰——は蕩尽されることだろう。ひとりひとりと、そしてすべての人とに、それが忌まわしいものであると証明することを試みよ。工場に再び組み込まれるだろうこの無数の失業者たち、現在の時代の絶望の後で再び鼓動を打ち始めるだろうこの素晴らしく花開いた生。これらすべてがわれわれに叫ぶだろう。「黙れ！　世界は再びうまく回っている！」

私は驚嘆に捉えられたままになっている。何人かの人間はそうした。病んだ世界をひっくり返して、彼らはこの驚くべき作戦を実現した。すべての人にパンを与え、希望を再生させること。浪費によってしか存在しえない、無秩序な生産の現在のあり方とともに、現在の既存の状況を救済すること。そしてソヴィエト連邦の足跡の上を歩くこと。足跡の上を！　もし可能なら、ソヴィエト連邦に一杯食わせること。しかし、そうしたいたずらの一つは……！

私は考えた。これこそが統治するということなのだ！　それは**計画**(プラン)を作ることである。なんという計画(プラン)だ！

「ボリショイ」

「ボリショイ、いかにも！」

サタンでもこれより上手にできないだろう。

. . . .

偉大な、偉大な！

私の仕事仲間は私に言ったものだ。「弾薬を製造する代わりに、世界を再整備するという偉大な仕事に取り掛かるということを、結局どうして彼らは理解しないのか？」と。

私は答えた。「君は次のことを忘れている。世界の都市化――**計画**の実行――、これは一つの路線、一つの一般的な路線だ。これは4年か6年のうちに実現される。もし君が大衆を督励したら、彼らは君に答えるだろう。『直ちに、今日、パンを！』 東洋遠征のために、世界戦争から逃れるために、貧窮から抜け出すために、大衆は仕事をすることだろう。そうすることで、大衆は資本を救済するだろう。もし人が**計画**を実現することを望むなら、別の機関が、新しい改造が必要となるだろう。そして、自らと資本とを救済しながら、大衆は間もなく来るその曙光であったものを否認しなければならず、また、その仕事は本質的な改革を試みていた国を刺し殺すのに役立つことになるだろう。これが、この驚くべき、魔法のような、マキャヴェリ的で、悪魔的な作戦の総括である。これが、チェスで遊ぶすべを知るということである。これが統治するということである。偉大に見えるということである。血、悲歎、恥辱。これが計画である。そして**当然のように**各々が石を持ち来たるだろう。

仕方がない。**唯一の真実である**この標章――調和――の下、機械化時代の計画を粗描しつづけよう。

計画をつくろう。出来事の規模にあった計画を、サタンの計画と同じくらい偉大な計画を。そして、サタンを追い返すための計画を！

偉大な！ 偉大な！

（1932年3月）

●

5.

ROME

ローマ

ローマとは明確な語である。明確なコンセプトを表現する一つの記号である。性質の型の一つである。すなわち、**意識的な力**。

ローマ的。

それは**ローマ的**である。

これで充分だ。見解は位置づけられた。

ローマはあたかも円形で、満たされていて、完全で、中心的で、すぐれて幾何学的で、単純で、しかし本質的である。

これこそが、2000年にわたるさまざまな動乱を経て、一つの民族がなした仕事の結実であり、普遍的な意識の深奥にある生きた事実なのだ。この語を発すること、それはある潜在力を出現させることである。この語を参照し、この語に依拠することは、大いなる意図を明らかにすることである。そしてそれは、高貴な道に入り込むことでもある。今日では、精神の一般的な虚脱状態において、それはほとんど不躾な決断である。それは自惚れである。

それは、ローマが非情な心を含意しているということだ。

逆説的なのは、ローマが後になってキリストの言葉――「互いに愛し合いなさい」――を受肉しようと試みたことである。キリストの言葉はばらばらにされた。それは個人の良識への訴えかけであった。ところが、ローマは指令の中心である。

われわれに衝撃を与えるローマ、それは古代ローマである。

単純で、基礎的で、本質的で、何のニュアンスもない思いつき。ローマは幾何学的である！

以下のようなものがローマ的な形態である。

これらは、非常に親密なあり方で、支配的かつ構成的な思考の実践であるため、人間の創造に永遠に付きまとうであろう。

＊ ＊ ＊

ローマ的思考は世界を征服した。ローマの軍隊は蛮族の地に押し入った。そして石で舗装された道を作ったが、その痕跡は今でもヨーロッパのいたるところにある。確信を持ちうることだが、ローマの道は常に風景の本質的な場所を通っている。その遺跡が完全に残っているところでは、哨戒場の遺構が見出せる。哨戒が国を掌握していたのだ。

軍隊は、測量・建築技師と軍事技師とを一緒に連れて行った。彼らが都市を創設した。およそ都市というものが健康で太陽と食料に恵まれ、防御に適したものであるために存在せねばならない、そういう場所に、ローマ都市は置かれている。ローマ都市は決して失敗とはならない。それはきわめてしばしば、幾何学と自然が結合された驚くべき一篇の詩なのである！ いたるところ――小アジア、北アフリカ、スペイン、フランス、ドイツ――にある、これらローマ都市のことを考えたまえ。

ローマ都市は、**秩序**の都市である。分類、階級、尊厳。ローマの陣営はすでに都市のようなものである。分類、階級、尊厳。

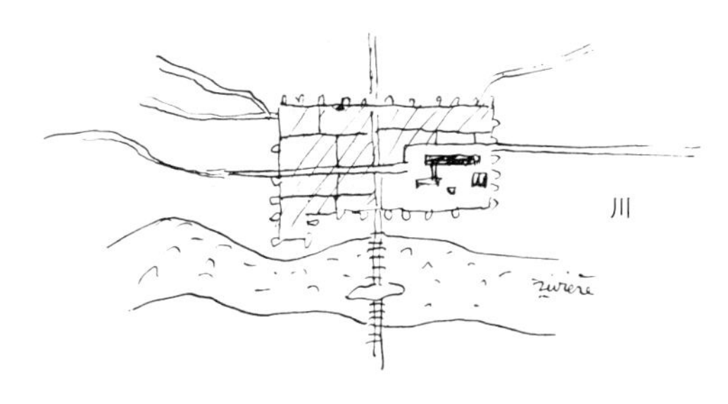

まずは、都市の形。均整。

次いで、その防衛。城壁。

さらに、その交通と区画。すべてがまっすぐである。なぜなら直線は普通の所作だからである。

公共の場所。正義のバジリカ、神殿、フォーラム。そこには共通の鼓動がある。集団の本質自体であり幸福でもある、この集団的な力のために、人は集団的な場所を作ったのだ。それらは最大限に尊厳あるものだ。

フォーラムは集団的行為を結びつける。それは構成の高貴さの中に、均整の魅力のもとに、それらを助成する。すべては符合と総合である。神々、裁判官たち、英雄たち、公徳心。
敬虔、典礼、雄弁と演説、言葉の魅力、雄雄しい力への呼びかけ、正義、美徳の尊重と著名な人々への敬意。

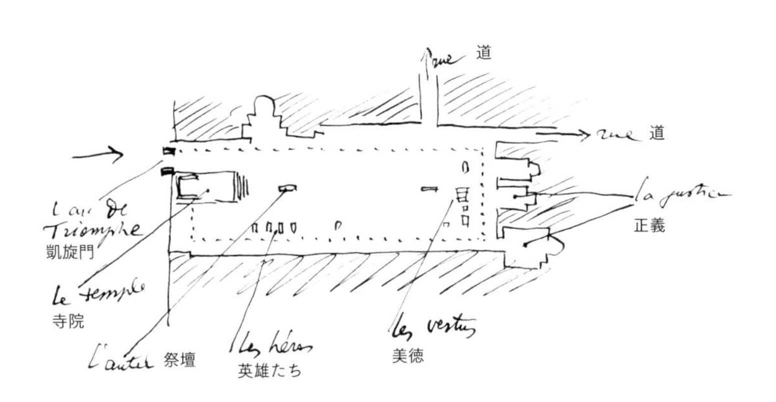

ローマ的都市には、こうした事物のための一つの場所、完全で壮麗な一つの場所がある。それがフォーラムである。ラテン的知性とは、規律正しいことである。

＊　＊　＊

家族の生活は安全の中で営まれる。それは、アトリウムと庭木の植えられた中庭の空の下、内部に囲い込まれている。各家族は自分の木々と花々と噴水を持っている。子供と女性は、安全に婦人部屋の中にいる。よそ者たちがそこに入ってくることはない。尊厳あるあり方の、すなわち高貴で魅力的な、人間的な居住地である。

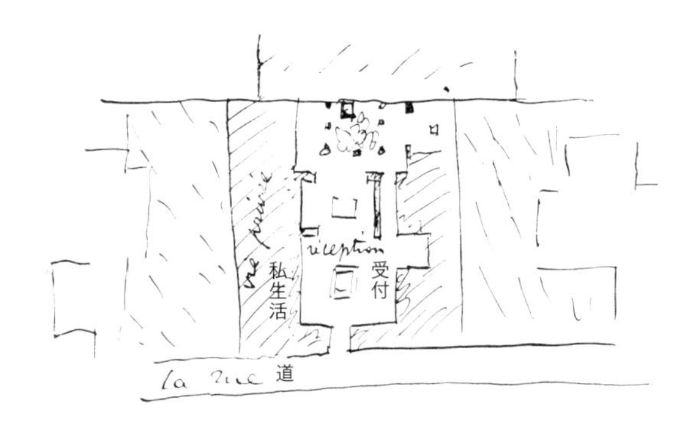

＊　＊　＊

集団的な大きな見世物のために、円形競技場が建てられた。

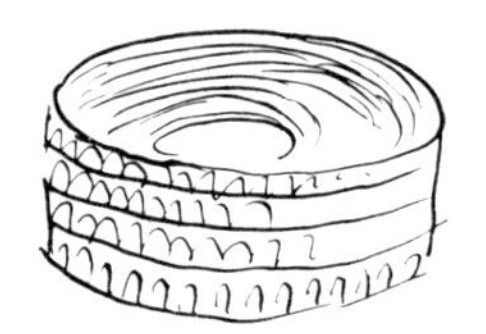

壮大な統一性、卓越した単純さ。群集は、全体的で、集団で、鼓動した群衆、一つの群集である。

＊　＊　＊

田舎を横切って、新鮮で澄明な湧き水がある山のほうから、水道橋が架けられた。

巨大で壮麗な共同浴場はいたるところにあった。ローマ人たるものは美しくなければならない。美しくあるためには、体に気を配らなければいけないのだ。それゆえの、競技場と浴場。
ローマ人は、**完全なもの**を作っていた。建築的、都市計画的に**完全な**存在を。それを作ったということから、彼らはわれわれに以下のような賞賛すべき形容を残したのだ。「彼らはローマ人だった」。
彼らは構想し、分類し、命令したのだった。彼らは企画したのだった。彼らはローマ式セメントを発明した。**公共の事由**は、彼らの配慮の対象だった。公共の事由は、都市と都市への彼らの到来の原因であった。彼らは参加したのだった。彼らは明確で、強靭で、単純で、幾何学的だった。彼らは機械に比するべき都市を創造したのだ。行為の生産者たるものとしての都市を。
蛮族たちのただ中で、ローマは指令の中心だった。
ローマ、意識的な力。

●

6.

MOBILISATION DU SOL

土地の可動化

「近代建築国際会議（CIAM）」は、1928 年、ラ・サラにおいて創設された。1927 年の国際コンペ以降の、**国際連盟本部**の建設の建築家選びに関するスキャンダルによって、建築専門家の世界に引き起こされた動揺に続いてのことである。

誰も金銭的な利益を擁護するためにそこに集まったのではない。

規約は以下のようになっている。

「協会の目的は、

a. 現代の建築的な問題を定式化すること

b. 現代的な建築上の見解を表示すること

c. この見解を技術的、経済的、社会的な領域に浸透させること

d. 建築の問題の実現に気を配ること」

人は熟慮の末、近代建築国際会議に参加したわけではない。人は、作品がそれに価するという理由で、**そこに呼ばれた**のだ。

「近代建築国際会議」に怠け者はいない。創造的な諸々の力しかそこでは受け入れられない。会議のメンバーは、彼らが建築的な地平に現れた瞬間に、あらゆる国から呼ばれたのだ。1928 年、ラ・サラでの準備会議には、16 の国から 42 人の代表が来ていた。1933 年、アテネでの会議には、18 の国から 100 人ほどの代表が来ていた。

病気は恐ろしい

第 4 回会議は 10 日間にわたって作業を行なった。1 日の作業は、責任を持つ人々にとっては、12 時間から 15 時間に及んだ。マルセイユを出航するとすぐにネプトス社の立派な船舶「パトリス 2 号」の船上で、われわれは会議を始めた。このギリシアの会社は、船の上で何かが起こるだろうことを予感していた。それで、往路と復路（7 日間の航海）のあいだ、この会社は、サロンと甲板と食堂、そして作業と展示と討議の場所として使えるすべてのものを自由に使えるようにしてくれた。タイプライターはいたるところで音を立て、委員会は船のどこででも開催された。毎日 2 回の全体会議。いくつかの都市の図面（プラン）が貼り出され、審議された。

アテネでは、理工科学校（エコール・ポリテクニーク）が「機能的都市」の図面（プラン）の展示を受け入れた。実際のところ、第一期のプランの展示は、現行の諸都市の状態の診断を確定するのに役立つだろうものだった。

あらゆる国の 18 のグループは、2 年にわたって、この唯一の資料を準備したのだ。それは、今日集められた真の宝である。明快に視覚化するために、唯一のゲージや統一的な慣習的記号が用いられることで、X 線カメラを通したかのような 42 の都市の姿が明らかとなった。病んでいるか、あるいは、健康か？

今回、人はそれを読むことができる。病気とは、恐ろしく、画一的で、一般的で、典型的なものである。すなわち、**現行の都市は、現代の生活の日常的な出来事を受け入れるようには組織されていない**。機械化は突然生じた。それは蝕み、腐らせ、傷め、破壊した。怠惰さは私たちの目を閉ざした。企てへの恐れは完全に麻痺した。病の増大はいたるところで同じである。それは脅威的だ。絶望的なまでに脅威的だ。都市は生きる喜びを破壊した。平明な図表は、いかに特権階級が窮地を切り抜けて、「まったく自覚的に」ダチョウの真似をする［危険を直視しない］ことができるということを明らかにする。しかし、それ以来、何万もの人々が「**本質的な喜び**」を奪われている。彼らはその生涯**すべてにわたって**それを奪われているのだ。すなわち、毎時間、毎日、毎週、毎月、毎年、全人生 !!!

第 4 回会議の計画（プラン）の評決は、反論のしようがないものである。

調和させること：今の時代の理由

ギリシア政府は、アテネで受け入れることになった集会の持つ意味を理解した。

マラトンの近くで会議を最初に迎えたのは閣僚たちだった。ル・コルビュジエの演説のあいだ、理工科学校（エコール・ポリテクニーク）の庭園の演壇を占めていたのは、内閣のほぼ全員であった。

「……人は私を革命家だと非難します。私がアテネから西洋に戻ったとき（1910 年）、そして私が学校の教育に従事しようと望んだとき、私は人がアクロポリスの名において嘘をつくのを見ました。私は、アカデミーが怠惰さを助長しながら嘘をついていると判断しました。というのも、私は熟考することを、見ることを、問題の基底に行くことを学んでおりましたので。

アクロポリスが私をひとりの反抗者にしたのでした。この確信は私の中に残っています。きれいで、清潔で、力強く、切り詰められて、暴力的な、かのパンテオンを思い出してください。優雅と恐怖が織りなす風景の中で放たれたあの叫び声を。力と純粋さを。

今日、したがって問題は、想像しうるあらゆる種類の観点を提示することではありません。なぜ人がそれをしなければならないかを知ることであり、**本質的な事物**をその全体として調和させる方法を見つけることなのです。

そうだとすれば、アクロポリス――この、人間の創造的な力を積み重ねた場所――がわれわれにおいて生きたエネルギーに満ちているためには、『アクロポリスの名において』、この調和の名において、世界全体の中で、確固として、力強い魂をもって**調和させること**が必要です。調和、この語は、今の時代における存在理由をまさしく表現しています。

そして、この緊急の概念の中に深く入り込まねばなりません。それは、現代を調和させるということです。そして、私たちはある種の人間を見つけ出さなくてはなりません。私たちの時

代の『調和をもたらす人々』を。現在の不幸の中で、無秩序と不幸を追い出しうるであろう扉を開くことのできる鍵を見出さねばなりません。それこそが調和なのです。

アクロポリスの名において、強い、征服的な、弱さのない、確固とした調和を。非情の人とならねばなりません。以上がアクロポリスの訓戒なのです」

「確認事項」

復路のあいだ、パトリス2号の上で、会議は、決議文ではなく「**確認事項**」を準備し、討議し、票決した。

それらの最終的な起草文はマルセイユ、チューリッヒ、バルセロナ及びパリで作られ、タイプライターで16ページのものになった。それを再録する場所はわれわれにはない。この最終的な起草文は、吟味された一語一語によって価値あるものであり、このような建築家の集会のかくも行動的なメンバーたちが必然的に共有している、さまざまな傾向のあいだでの可能な同意を表明している。たとえば、カタロニアの組合主義者たち、モスクワの集産主義者たち、イタリアのファシストたち、そして――重要なのは――、それぞれの出自に適合した真理の観察者であり探求者である技術者たち。

われわれはゆえに、ここで「美術」の例に従おう。それは、同様の理由によって、議長ブリュノン＝ガルディアが筆を取り、フランス沿岸部の沖合いで閉会式の際に読まれた決議委員会の最初の起草文を、9月に出版したのだ。

第4回会議の作業の全貌を知りたいと欲する人は、間違いなく、以下のところで歓迎を受けるだろう。

「近代建築国際会議事務局」、チューリッヒ、ドルダータル通り7番地（スイス）。

パトリス2号船上にて。

・・

1933年7月29日から8月13日にかけて、マルセイユからアテネに向かうパトリス2号の船上、アテネの街中、そしてアテネからマルセイユへの復路で開催された、近代建築国際会議は、

1º　現代という時代の諸都市の都市化にその作業を費やした。

2º　それは、先立つ2年のあいだに、以下の18カ国のグループによって作り上げられた分析的な資料に基づいて行なわれた。アメリカ（アメリカ合衆国）、ドイツ、イギリス、ベルギー、スペイン、フランス、ギリシア、ハンガリー、イタリア、蘭領インド、インドシナ、ノルウェー、ポーランド、スウェーデン、スイス、チェコスロヴァキア、ユーゴスラヴィア。

これらのグループは、33の特徴ある都市の図面（プラン）を持ち寄った。アムステルダム、アテネ、ブリュッセル、ボルチモア、バンドン、ブタペスト、ベルリン、バルセロナ、シャルルロワ、ケルン、コモ、ダラット、デトロイト、デッサウ、フランクフルト、ジュネーヴ、ジェノヴァ、ハーグ、ロサンゼルス、ラティーナ、ロンドン、マドリッド、パリ、プラハ、オスロ、ローマ、ロッテルダム、ストックホルム、ユトレヒト、ヴェローナ、ワルシャワ、ザグレブ、チューリッヒ。

これらの資料は、1931年のベルリン大会と、1932年のバルセロナにおける「Cirpac」委員会によって定められた、正確で統一的な指針に基づいて作り上げられた。

a.　唯一のゲージ。

b.　以下の要因を明確に読み取ることができるよう用いられてきた慣習的な記号による、都市を建設する諸要素の視覚化。**住居**：富裕者の、中間層の、労働者の、あばら屋としての。**余暇**。**仕事場**：商業地区、工業。都市内及び周辺における**交通**。都市とその地方の**関係**。

3º　それらは、建築と都市計画の厳密に技術的な分野に厳密に限定されている。この態度は、それらの同時代的な現実において問題に取り組むことを可能ならしめている。

人間中心主義：人間生物学と心理学（個人）。

社会学：（集団性）。

一般経済学

権力当局：管理と執行。

都市の根本的要請

都市は、ある経済全体の一部である。それは、歴史を通じて決定されたさまざまな特質を持つ特別な状況からなる（軍事的防衛、行政、交通の継起的様式）。

新しい刺激物が、経済システムの中に持続的な運動をもたらす（科学的な発見、交通、新しい産業的可能性、新しい市場、等々）。したがって、都市の発展の基盤は継続的な変化に従属している。

都市計画の務めは、すでに存在する要素の使用と将来の出来事への準備によって、都市の進化を導くことである。すなわち、残滓の破壊、精神的遺産の活用、現代生活を保証する都市的要素の創造、都市生活の段階的発展を追求することを可能ならしめる予見。

原理に関する決議文

1º　都市は、精神的および物質的な面において、個人の自由と集団的行為の利益を保証しなければならない。

2º　すべての都市の配置は人間の尺度を基盤としなければならない。

3º　都市計画は、それぞれ住居と仕事と余暇に割り当てられた場所のあいだの関係を、住人の日常活動のリズムに応じて定めなければならない。

4º　住居は、都市組織の中心的要素として考えられなければならない。

5º　都市計画が用いることのできる、そしてそこで組み合わせるのに充分な根拠のある物質的な要素は、空、木々、住宅、仕事場、集団の場所（余暇のための場所を含む）、交通である。

ある委員会が手をかけて作った質問表は、住居、仕事、余暇、交通に関する一連の質問について、会議のメンバーたちの回答をもたらした。この資料は、会議の書類に添付される。住居に関するものについては、それは以下のように要約し、示すことができる。

a.　住宅はしっかりした床、防水処理をされた天井、照明されたあるいはされない壁によって作られる。この単位は、おそらく（広がりにおいて）自然の地面の上に設置されるか、もしくは、10、20、30といった多数の部分が積み重ねられたものである。現代の技術（鉄とセメント）は、こうした「人工地盤」をつくり出すことを可能としている。

b.　現代の技術によって、住宅は防音されうる。

c.　居住可能な面積の外に、住宅は（心理的・物理的に）不可欠な延長部――空間、日照、緑の植物――を伴わなければならない。

d.　建築物の高さを増大させることを可能とする現代の技術を活用して、都市は拡大よりも

収縮のほうに向かうことができる。
e. 緑地の面積と自然の要素（水、木）の、人工的あるいは自然的な導入は、高層建築によって保証されうる。
f. 機械化された新しい速度は、都市の安全、効率、衛生の条件を揺さぶった。それらは、交通の新たな分類を必要としている。つまり、歩行者は自動車とは別の道を通るようでなければならない。
g. 別の交通の手段は交錯してはならず、その機能（速度と重量）に従って分類されなければならない。
h. 交通の経路は、住居への到達手段から独立していなければならない。
i. 家は交通路に面して立ち並んではならない。
k. 機械化された新しい速度は、より大きく隔たった交差を必要とし、そしてその結果としての、街路の数を縮減する。
l. 家庭生活への公共サービスの導入は、住居における居住可能面積の節約に通じる。公共サービスは家事を軽減し、女性を有意義に解放する。
m. 公共サービスの組織化は、居住単位の新しい大きさの固定をもたらす。
n. この新しい居住単位は、新しい交通のシステムと連結される。
o. この新しい居住と交通のシステムは、居住地の足下に1単位の緑地を与える。
p. 緑地の各単位は、託児所、子供の遊び場、小学校、日常のスポーツと休息に供される場所を含めることだろう。

これらの要求のすり合わせは、会議が行なったいくつかの都市の分析とともに、以下の指摘へと至る。
q. 現代的な必要に直面する現存の都市は、それが古く形成されたものであれ最近のものであれ、カオスのイメージを与える。
r. それらはきわめて稀にしか、有機的な現象を明らかにしない。それらは個人の利益の絶え間ない増加を表象する。
s. それらが日々変容しているとしても、それらは上記の要求に従ってそうしているのではない。
t. 古くからの条件が存在するのを止めたのだから、その帰結を打ち壊し、新しい配置を手に入れなければならない。

以下のように結論付けられよう。
u. 経済現象のすべての動きに応えられるように、都市において柔軟な組織を作り出すことが必要である。
考慮に入れるべき基礎はというと、
経済システムそれ自体の矛盾に由来する、恣意的な限界の抹消。
私的な利益を考慮に入れない、都市の要素の理性的な分類によって、諸都市の発展の必要に応えるための予見。
「**諸都市**」の計画的建設の根本的条件としての、建築済みあるいは未建築の個人の所有地の可動化。
これらの原理を実行に移すことは、経済システムの発展に依存している。この問題の解決法を摸索することは、建築家たちの専門領域ではない。建築家と都市計画の専門家は、都市整備の技術的問題を、経済システムが彼らに与える限界の中で解決することができるのだ。
都市は経済組織の一部分でしかないので、行政上の限界の中で都市を断片的に整備する代わりに、完全な経済団体による包括的計画（プラン）を立てなければならない。都市は、ある一つの地域の、自然で通常の表出に再びならなければならない。

. . . .

土地の可動化

「諸都市の計画的建設の根本的条件としての、建築済みあるいは未建築の所有地の可動化」。
これが第4回会議で扱われた泣きどころである。あたかももっぱら技術的なその要請の宿命的帰結であるかのように！
法律のシステム上の混乱！　古来の真実の修整！
物質的かつ精神的な面で、個人の自由と集団的行動の利益とを保証するために、現代社会は国土全体を自由に使えるようでなければならない。
「自由に使える」、というのは所有地を消滅させたり、盗んだり、強奪したりすることを意味しない。それは、人々の利益になるよう、土地の豊かさと資源を活用することを意味している。法律家たちが方式を探してくれんことを！

金も、名誉も、称号もない

そうだ、第4回の近代建築会議は、非常に暗示的な出来事である。
これこそが、精鋭、選出、専門的能力の基準のみに合わせて確立された権威である。それは、時代の大きな問題を取り上げた。2年に及ぶ、綿密で無私で情熱的な調査をたずさえて来た。自らの知ること（それぞれのグループ、その固有の都市）に専念した。この鼓動する肉体、すなわち、生きて苦しむ諸都市を対峙させて、討議し、共通の症状を認識し、診断し、基礎的な専門的義務——**建築＝幸福を与えること**——へと閉じこもった。人間の必要についての分類法を確立した。「本質的な喜び」を定義した。現代の技術の名において、解決は可能であると言明した。都市の中での人生が喜びに満ちたものとなるような要素を供給した。そして、単純明快に次のように結論付けた。
国土を可動化すること（動かせるものにすること）**が必要である**。そして、穏やかさと確信と謙虚さをもって、次のように言った。「この解決法を摸索することは、建築家の専門領域ではない」。
かくして都市と国（都市計画は全国に広がる）の整備に関して一つの権威が存在することとなる。その権威は一つの野心しか持たない。すなわち、壮大な仕事を行なうこと、都市を壮大なものとし、国を壮大なものとすること。
金も、名誉も、称号もない。
近代建築国際会議は、世界が待ち望んでいる有益な権威の現代的諸形態の一つなのである（それがCIAMというイニシャルの意味である）。

●

7.

LES GRAPHIQUES EXPRIMENT

図表は語る

職人の時代に

職人の時代、前機械文明のあいだ、24時間からなる太陽日は、何の中継も間隙も断絶もなく、原因から結果への間断ない連続の中で流れていた。手と精神は、不断の協力の中、仕事に結び付けられていた。手が作り出す物を、手は精神の勧めに従って作ったのだ。最初の素材は、職人の絶えざるイニシアティヴによって、最終的な生産物へと変容した。困難、失敗、成功は連関していた。他の言葉で言えば、存在は活性化していた。人間は**参加していた**し、この語はそれだけで均衡の本質的な要素と道徳的満足を表現している。

起床から就寝まで、時刻は何の中継もなしに流れていた。そればかりか、父親はしばしばその子供たちと一緒に仕事をした。職業は家族に属していた。そして**質**が、生きる理由の一つであった。

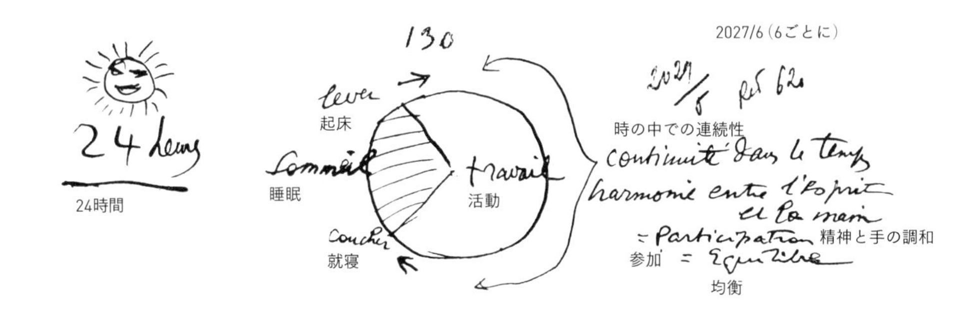

もしこの円盤が24時間からなる太陽日を、「手仕事」の時代において表現しているならば、二つの睡眠のあいだを流れる時間は**一つのもの**だった。他方、もしAゾーンが、人生にその存在理由（**行動し**、責任をもち、創造し、**参加し**ているという感情）を与えるのに必要かつ充分な関心の通常の量を表現しているならば……、波線B、B1、B2等々は、相異なるさまざまな個人の完全な等級にもかかわらず、現実の量は平均の付近に位置するということを示している。

革命、すなわち、機械。

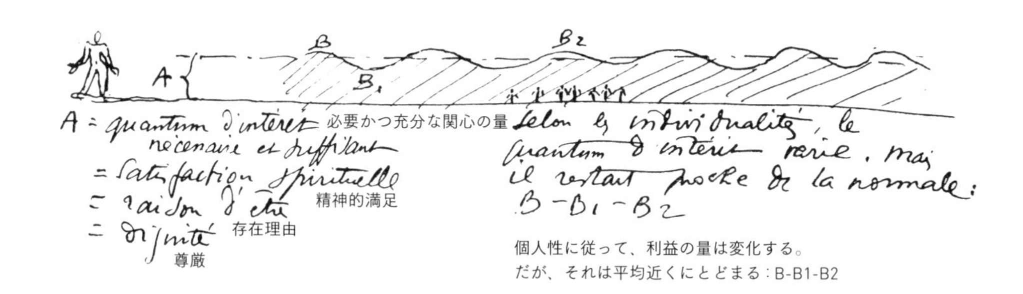

機械は機械を作る。仕事は手から奪われ、それを**実行する**機械に託された。暴力的なヒエラルキーが確立され、上にいる長、技術者、発明家から発して、職工長、労働者、労務者へと下っていく。あるもの（ヒエラルキー的ピラミッドの上方）にとっては、精神的な関心は鋭いもので、平均のはるか高みにある。その他のものにとっては、関心はあまりに低くて、何も感じないほどである。それは無関心だ。もはや参加はない。抑鬱がある。そこから生じるのは、失望、倦怠、頽廃。

古くても新しくても、ある種の職業は、この（心理学的な）点において、機械化に打ちのめされなかった。しかし、他のもの――産業の大部分――は、その周囲に倦怠の大きな淵を穿つことになった。**私は今にも、これらの原因に**プロレタリア**の真に現代的な意味を結びつけることであるだろう。**

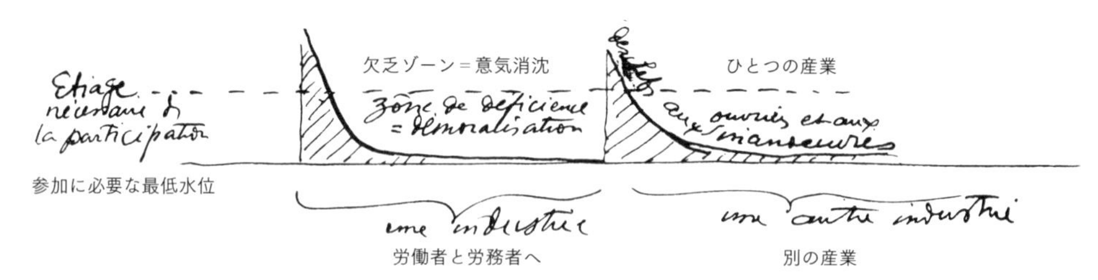

差し迫った余暇

差し迫った機械文明の、24時間からなる太陽日の円盤の上に、生産が管理されるようになった折には、これまで知られていなかった一つの区分が現れるだろう。

それは**機械化時代の余暇**という巨大な区分である。

今日では、不備のある交通機関とビストロ、映画館と8時間の就業時間のおかげで、太陽のサイクルは、どうにかこうにか、良いというよりはむしろ悪いように回っている。

この新しい余暇は、いったいどんなものになるだろうか？　それは現代人の**就業時間自体、人**

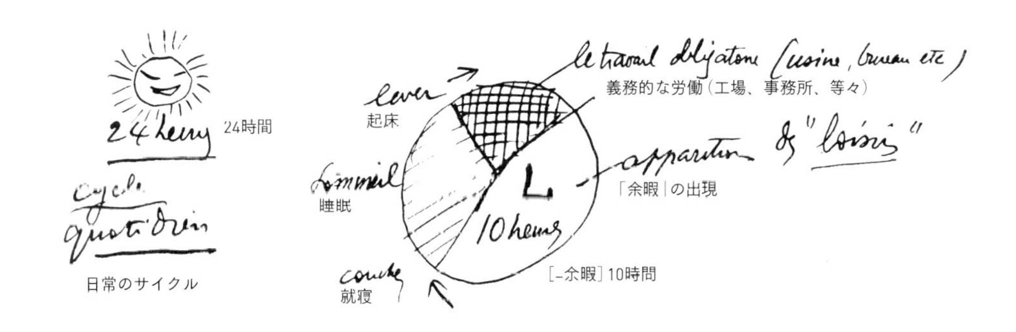

間的な面――肉体と精神――に**おいて優れた生産的な就業時間**を構成するべく定められている。体をいたわること（肉体的・神経的な回復）。あらゆる程度における、精神の修養（クラブと勉強）。イニシアティヴの発現（利益という概念のない手仕事）。個人の好戦性の吸収（スポーツ）。家族生活。

曲線はその時、以下のように改正される！

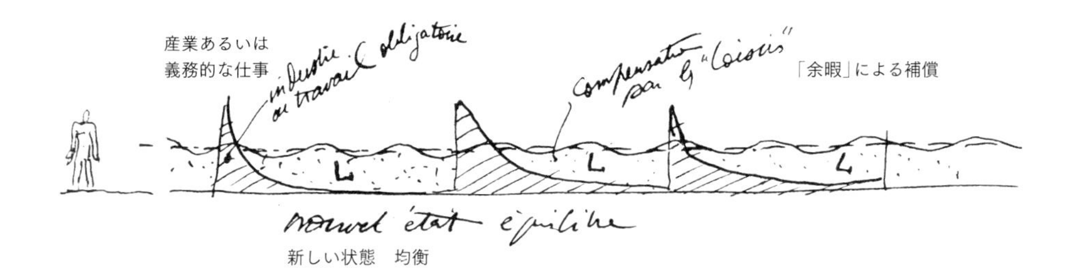

余暇が準備され、組織されるだろう時にこそ、真の人間が現れるだろう。

1º　集団的仕事の分け前（工業生産）。

2º　体の鍛錬。

3º　精神の修養。

4º　家族。

5º　睡眠。

われわれの今日の生活の退廃による空虚な欠落は、余暇によって埋められる。

1日は**生産的**になるだろう。

そのとき、「**プロレタリア**」は消滅する。

この図表は、当局が取らなければならないイニシアティヴの枠組を構成している。それは都市の完全な整備を含意している（建築と都市計画）。

24時間からなる**太陽日**によって工業的生活の多くが支配されている。

農村の１日

一方で農村の経済は、365日からなる**太陽年**と、その四つの季節によって支配されている。農村の生活と工業的生活は根本から異なっている。田舎における活動の整備は別の図表によって表される。

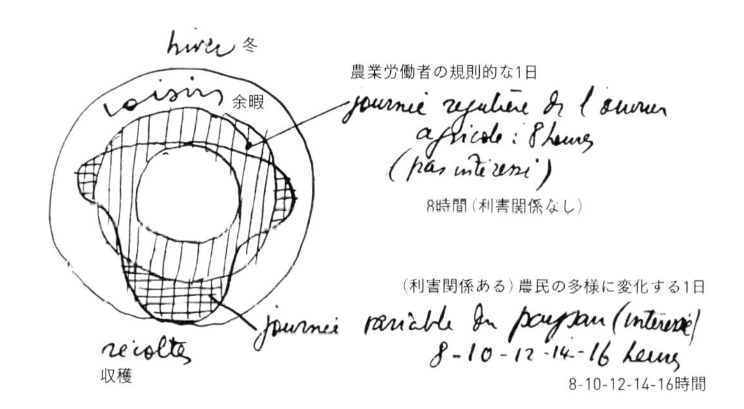

日常の次元では、田園での生活は労働と精神との驚くべき均衡を伴っている（それが常に伴ってきたように）。もし生活の物質的な条件が保証されたら、田園の「プロレタリア」はいない。

余暇は、工業地域の中でとはまったく異なった形で現れる。農村の社会とは、私たちが工業の社会のために計画した義務と同じように調和する生活を導くものであるという観点に立つならば、人はここにも補助的な活動の必要かつ充分な働きを見出すことだろう。**１日時計**（24時間）の代わりに、人は**カレンダー**（太陽年）を考えることだろう。

フランスの土地は、いくつかの場所でしか単一耕作に適さない。地勢、土の多様性、土の豊かさ、農民の精神性の高い水準、これらが農業をむしろ園芸のほうへ、量より品質のほうへと方向づけるよう、われわれを導くのだろう。

この複雑さ（地勢、耕作の多様性、等々）は、農民の絶え間ないイニシアティヴと注意を要求し、実際、農民と土地――彼の土地――とのきわめて密接な接触を表す。その結果、その土地はその農民が管理し、また、もっとも根本的なものとして存在するもの、すなわち家族によって、農民をその土地に結び付けるような決定が認められる。

農民と彼の土地との解消できない結びつき。

それゆえ、各家族が一つの土地を持つ。そしてこの土地は、一つの家族が耕作するのに充分な大きさを有している。たとえば、20ヘクタールというところである。

田舎の時間割は、産業の時間割とは反対に、規則正しいものではない。季節に応じて、1日には、たくさんの仕事があったり、何もなかったりする。

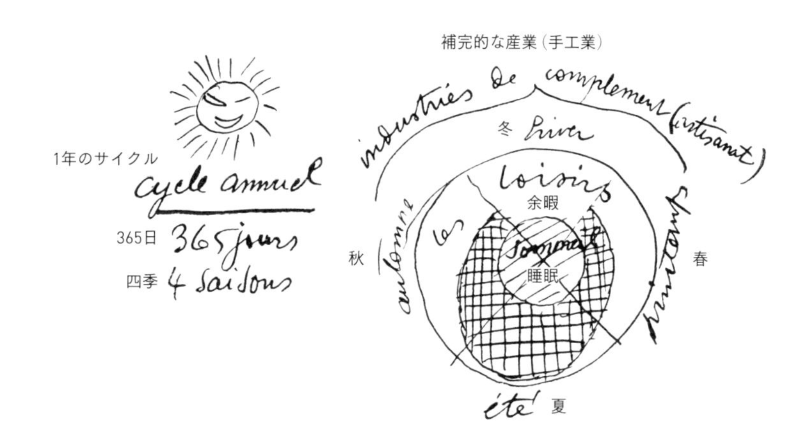

農繁期（収穫時）、当事者である農民がそれに対処する。ある者たちは無条件に農業労働者を抹消しようと望むことだろう。農業労働者は季節労働者であり、それゆえ放浪し、結果的に質もまちまちである。

もし田舎での生活が「協同村落」との関連で組織されるのであれば、先の図表は、農業労働者が農村の安定的で固定的な要素（農業労働者は農地に居住してはいない）となりうることを、そして放浪をやめうることを示す。協同村落は、それゆえ、農閑期のための補完的産業の設立を要求する。協同村落は手工業のために整備された作業場を、組織の基本的な機関——協同購入組合、協同サイロ、協同の機械、クラブ、そして最後に、協同組合の人員と農業労働者のための住居本体——の傍らに有することになるだろう。

大きさの新しい単位

現代の優れた務めは、あらゆる分野における、大きさの**新しい単位**の探求と設立である。これは、権威の確立と都市及び農村の整備、また新しい経済集団の形成のために、機械化の現象に応えるものである。

例えば、**権威**について、その超越論的な定義において検討しよう。

ある者たちは、唯一で普遍的な一つの権威というものを夢想することに傾いている（世界的あるいは地域的な面で）。

このような唯一の権威が確立されたと仮定してみよう（I）。

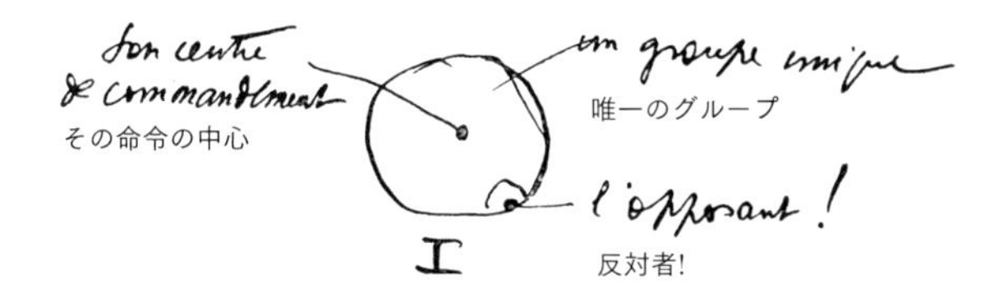

それが設立された途端、自発的にその辺境には反対者が生じるだろう。ひとりの人間であったり、一つのグループであったり、等々。この新しい力が初めのものと同等になるまで増大するであろうと認めうる（II）。

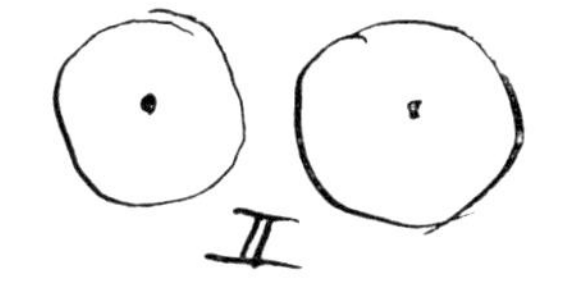

では、そこには均衡があるだろうか？

確実にないだろう。なぜなら、先ほどとまったく同じように自発的に、今あるどちらかのグループから、3番目のユニットがあたかも仲介者のように、そして振り子のように現れるからである。（III）。

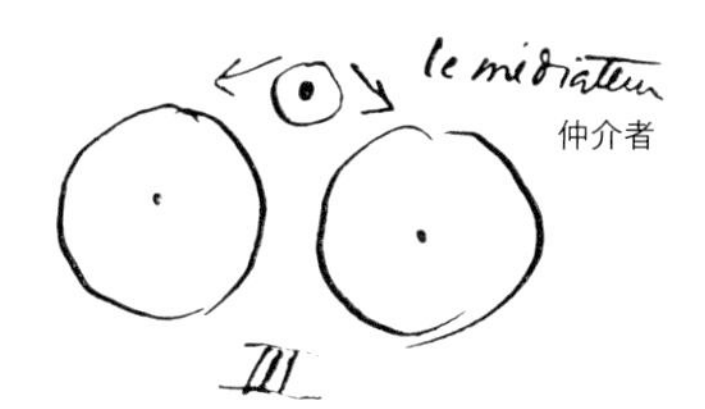

この第三の力こそは、人生が、常に不安定な均衡を利用して、絶えざる変化の中に現れることを可能にする。

かくして、もっとも切り詰められた権威の形態でも、三つの要素の存在を伴うのだ。

自然的なヒエラルキーのピラミッド

権威に特有の性質とはどのようなものか？　それは、常にその結果によって認められ、評価され、計られるということだ。では、誰が判断者なのか？　そこにおいて評価の能力が明らかになるような、判断の要素を探さなければならない。

すべての人間は働き、職務を実践する。すべての人間は自らの職業に関する事柄を判断する能力を持つ。

職業の上にこそ、権威の機構が、権力の階梯が、責任のヒエラルキーが打ち立てられるだろう。職業の内部でこそ、アカデミズムに対抗する創造的努力の実り豊かな永遠の闘争が遂行されるだろう。

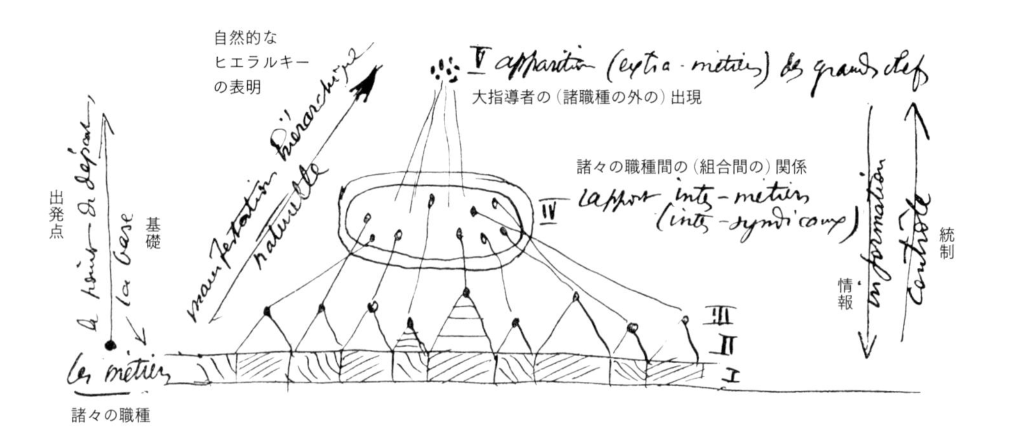

この上の図表は、労働全体を形成するさまざまな職業が、隣り合って存在することを示している（I）。

それぞれの職業の内部に、自然的なヒエラルキーのピラミッドが出現する（II）（これはもっとも暴力的な闘争を含意しうる。だが、争いは決断を行なう組織の外に広がり、適切な限界を超えることはないだろう）。

諸々の職業の活動は同時的なものでなければならない。そこから計画経済が発するのだ。次の段階で職業の有資格代表（III）は、組合横断的な上位の委員会に集まり（IV）、そこでは経済的相互依存の重要な問題が突き合わされ、その均衡を見出す。

そしてそれから、最高の権威（V）が、技術的には不適格な争いを片付ける。それは国をより高みの理想に導いていく。その仕事によってこそ、ある一つの文明の哲学は明らかになるのだ。それがすなわち、**行動方針**である。

境界……

管理ということは、境界という宿命的な概念を含意する。人は、境界の定まらない領土を統治することはできない。領土の画定は境界の監視に利用される技術と直接に関係している。技術的手段が発展すればするほど、境界はより正確になる。電信、飛行機、写真や映画による録画は、境界を絶対的な状態にまで導いた。

自然の境界はどのように生まれるのか？

第一の局面は、家族。

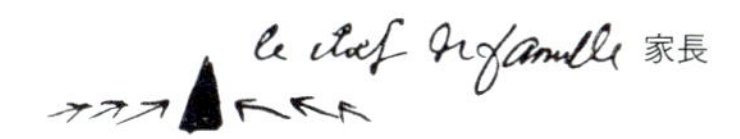

第二の局面は、部族。

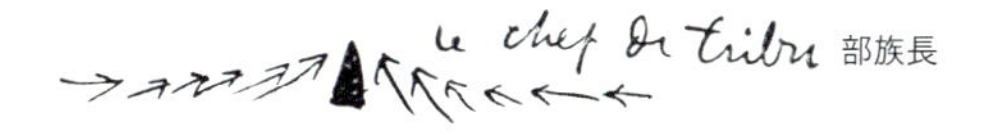

のちに、地域。

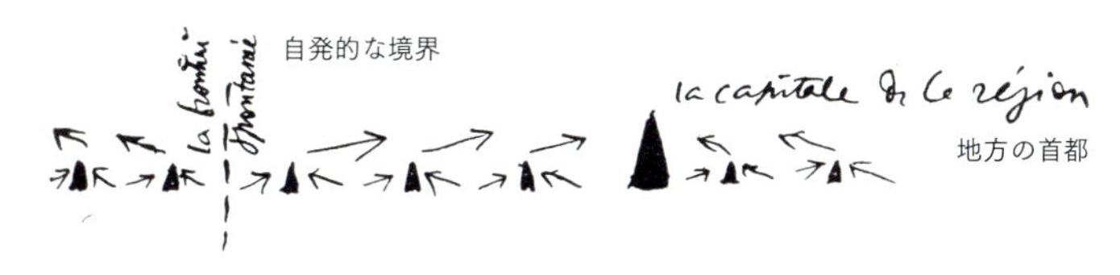

引力の中心が出現した。それは**求心的な**現象である（I）。

しかし、もしさらに進んで、他の中心が設立されたなら（II）、境界は自動的に生まれる。

行政が介入する。それが**遠心的な**現象であり、命令は中心から周縁へと向かう。

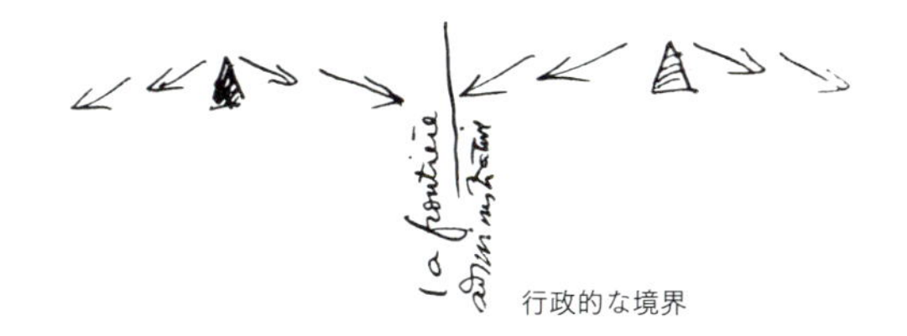

行政的な境界

ここにもまた、境界が据えられる。

行政は、地域の二つないし任意の数の中心のあいだに、抗争を生じさせはしない。

だが、国の**行動指針**――文明の哲学――は、**一つの空隙**である境界の本来の状態を、闘争へと導くような、共通の境界において二つの地域が拮抗するような、恣意的で人工的な状態によって、変容させることができる。

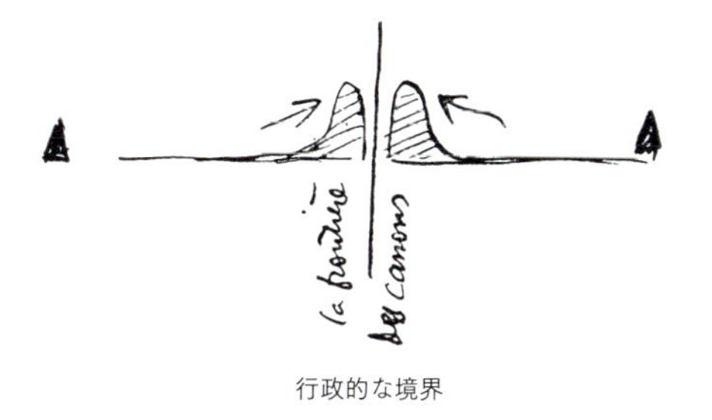

行政的な境界

これは無秩序の境界である。これは現代の脅威である。

時宜を得た管理の中心

なぜ、今日このような不穏な境界があるのか？

それは、通常の管理によって与えられた本来の境界が、戦争や強いられた条約――誘拐、暴力――の結果、恣意的な境界に取って代わられたからである。

それは、1830年ごろに起こった機械化革命もまた、その最初の局面を秩序の解体自体によって明らかにしたからである。機械化時代の交通手段は世界経済を動揺させた。あらゆる予見を逸脱した危機的な状況が出現し、一晩で広がった。これこそが、機械化の最初の100年の成果、すなわち悲劇的な無秩序なのである。

まず、結論を述べよう。交通機関は、管理の規模の新しい単位を整備することを要求する。

図Iにおいて、Aは政治的境界の中にある一つの国を、Bはまた別の国を表す。それらの共通の境界は、両国を衰弱させ、麻痺させ、分解させるような、銃剣の立ち並ぶ苦しみに満ちた二重の壁となった。惨めな、恐るべき、許しえない状況。

他のいかなることにも先立って、それぞれの国が、その経済的・精神的な生を再編するために、自国に注意を払わねばならない。時宜を得た管理の中心が、そしてそれぞれのまわりには、行政的な地域が組織されることだろう。集団の新しい状態が現れるだろう。その理由を決定するのはいったい誰であろうか？　機械化の影響力を支配する恒常的な諸要素とは、気候、地勢、地理、人種である。人はそれらをこう呼ぶ。**自然的地域**と。おそらく、そこここで、こうした地域は、現行の境界と重なり合うことになるのではないか？（II）

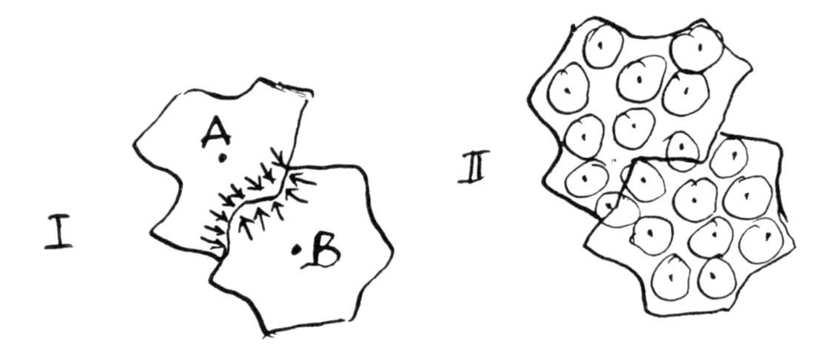

かくして、人々は、その深い状態における真実の平衡を再び見出すことになるだろう。

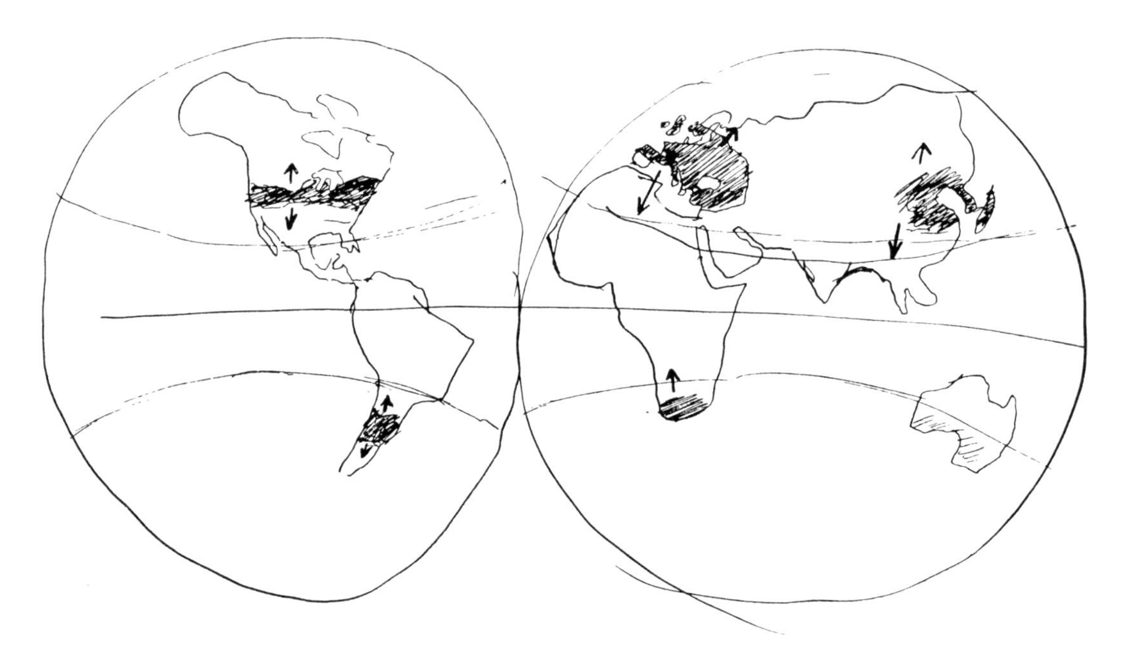

太陽！

だが、現行の機械の時代は、それが文明に付与した新しい速度に釣り合った再編を要求する。

今日、すべては非常にうまく流通しているとは言えない。鉄道、貨物船、飛行機。一方で、有効なコミュニケーションのシステムはある。郵便、電報、ラジオといったもの。

しかし、まさしく無秩序の原因である以下のことを、しっかり認識しなければならない。すなわち、この力強い流通が「**釣り合ったもの**」ではないということである。それは電圧の相異なる諸要素をかき混ぜており、それは相矛盾した潜在力をでたらめに結び付けている。すべては獲得された、それは分かった。だが、何もうまくいっていない。**なぜなら何も調和が取れていないから**だ。必要なこと、それは調和させることだ！

世界化すること？　理論的、理想的には非常に長期的になら世界化することができる。だが、その段階は巨大で、粗暴で、一気には超えられない。移行を許容しなければならない。その上、理論上の世界的なものとは限定されたものでしかありえない。われわれは先に述べたが、唯一の単位、唯一の集団というのは絵空事である。それらが意味するだろうことは、人間が争うのをやめ、生が停止したということなのだから。

その実際の枠組において常に「理論」に置き換わらなければならない、「何が問題なのか」という問いについてここで考察して、われわれは、いまだに、そして常に、支配的な事実を参照しなければならない。つまり、地理、人種、気候、そして、現時点においては、さまざまな種の暴君的な形容となっている言語を。

地図を開こう。世界を一つとして考えよう。すべてを支配する素晴らしい宇宙的な事象に基づこう。太陽に。

急激な変化が起こるまで機械文明は、人間が太陽の暑熱や酷寒の支配を受けていないところに限られていたように思われる。そこには限界がある。暑さか寒さがあまりに酷くなったという理由で、精神と肉体が機械の厳格な規則を逃れる瞬間である。平面地球図はわれわれに（私が思うに、われわれにとっては大きな驚きだが）、機械化された仕事の場は**きわめて限定されている**ということを明らかにしてくれる。それは事物の教訓だ。

陸地の地理的な配置もまた雄弁である。製作した製品の交換を緯線に沿って確立したいと欲することへの執拗さは（運命の定めた40度と50度のあいだに、機械化活動の希薄な帯がある）絵空事である。というのも、人は手を一杯にしながら、互いに出会い、ぶつかり合い、競争しあっているだけなのだから！　すべての空地は北と南の方角にある。交換の真の線、それは経線、ある1本の経線といくつかの経線である。

このことは（私の能力を超えた問題である世界経済へのこの闖入）、逆立った、脅迫的な、災厄的な図に取って代わる最後の図（下記）によって、次のように結論付けるためにしか、私にとって有用ではないだろう。すなわち、以下のとおり。

もし、恣意的な政治的境界を支えに現在踏ん張っている人々に対して、限定的かつ時宜に適った連邦によって、人が新しい拡大の軸を与えられるに至るならば、エネルギーの波は逆立った境界から退き、豊穣を与える軸のまわりに再び結集し、その新しい目的に向かってなだれ込み、境界を**空にするだろう**。境界は再び「緩衝地帯（ノー・マンズ・ランド）」に戻ることだろう。これは、定義から言って、世界を差し迫った抗争から救い出すだろう。

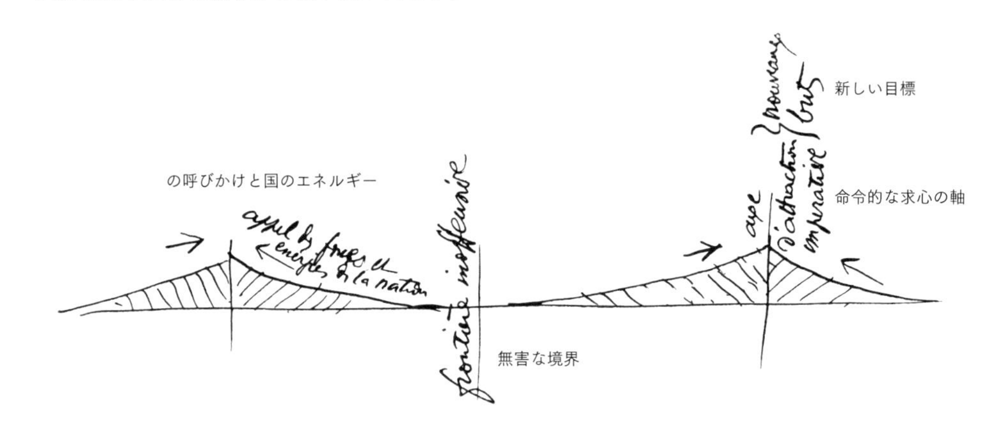

それゆえ、**新しい大きさの単位**を表現する、新しい集団を作り出すよう努めなければならない。その集団は、それ自身充足的な閉じた経済を構成し、われわれを世界的な無秩序な経済から脱却させてくれるだろう。

上から下まで、個人としての人間から集団としての人間（国家）まで、新しい整備を考案しなければならない。それは、生にとって充分な量の関心をもたらし、集められたエネルギーを新しい目的へと、規模の新しい階梯に従って、割り当てるものである。

●

8.

MESURES D'ENSEMBLE

包括的措置

1934年3月1日

街のある本屋が、店先に2冊の本を隣同士に並べた。私の本

『十字軍
（あるいは、アカデミーの黄昏）』

と、カミーユ・モークレールの

『建築は死にゆくか？』

である。

双方とも、運命的な帯がついている。「**最新刊**」と。
『建築は死にゆくか？』、これは1933年12月の、苦しげな非常事態の叫びである。

フランスには、建築すべきものが残されている

フランスには建築すべきものが残されている。

老朽化に晒された街の中、新しい住宅からなる広大な地区。解体と再建。

男たち、女たち、子供たちの使う建物が、都市の内部に散らばっている。これらの建物は、いたるところで、現在の寄せ集め状態の工業に代わって、正常な工業規格が導入されることによって間もなく生まれる、余暇のために宛てられている。それらは複数の用途を持ち、それらは建築に関する偉大な決定の口実となることだろう。

農村では、大部分において、農家を再建しなければならない（衛生、合理化、新しい設備への適応）。

農村は、現代の方針（プログラム）の上に作り直されなければならない。

世界中の現代都市は、20倍速（自動車）という新しい現象に、重大な措置によって再び適合されなければならない（1933年アテネでの第4回近代建築国際会議の結論）。

実際的には――航路標識、施設、作業場、格納庫、ホテル――

水路は、そのすべての設備とともに生まれ変わり、力強い生が河岸に沿って発展し、その重要性を取り戻すだろう。

飛行機で海を渡る路線は、海上の標識設置を待望している。

等々。

ユートピアの中に逃避するべきではない

説明を試みよう。

その巨大な建物と配置によって、都市はすでに、時代遅れの社会的・経済的な状態を表している。新しい時代が始まり、新しい倫理が日々より明瞭なものとして現れる。われわれは時代錯誤的に生きており、だんだんと形式的で命令的なものとなっていく欲求が明確化するのを感じている。それらを満足させることは、**新しい場所と新しい建造物の建設――都市と同様に田舎において――を意味している**。これらすべては、粗描するのに手間取るものであり、定式化するのにはさらに時間がかかる。だが、われわれは、何にもまして、時代の自然な欲求を定式化し、計画（プラン）を確立する義務があるのではないか？

ユートピアの中に逃避するべきではない！　われわれは、われわれの国とわれわれの人々を見る。地域、それは地勢と気候を意味する。人々、それは生物学と心理学を。われわれが関心を寄せるのは、国自体である。そして、すべての出生が、その発生時には自信の未来の力をすでに持っている――決定論――のと同様に、われわれの時代は機械化によって生まれたのであり、それ自身のうちに運命的な、有機的・論理的な成長を有している。そのすべてがアカデミーの制御と人間の意志自体を超えている。これは、世界の生の季節のうちの一つに他ならない。事実それ自体に依拠しながら、われわれは唯一可能な道を見極めることができる。すなわち、出来事の犠牲者となるのを避ける。冬が近づくとき、われわれは寒さに備えて準備をする。洪水が起こりそうなとき、われわれは……必要な予防策をとる。（ああ！　われわれは、これが絶対に最後だろうといいながら、ウサギのように居所を移す）。戦争が勃発するとき、われわれは自分を守る。

機械化時代が100年間の打ち勝ちえない圧力の後に本性を示すとき、われわれは新しい文明の新しい人々のあいだに与さなければならない。**ところで、機械は人間の意志と欲望から完全に独立した事象であるから**、われわれは、自分の運命を救うために、**人間として**それに立ち向かわねばならない。食べること、考えること、感じること。

単純に。
人間、それをわれわれは知っているか、あるいは少なくとも、それを**認識すること**ができる。というのも、人間がその本性に反した道の中へと導かれるがままになったのを、われわれは見たのだから。今日、人間は苦しんでいる。証拠は示された。生まれつきの声を、そして自然の声を、再び見出そうではないか。
この単純な決定——人間に再びなること——によって、一つの大きな確信がわれわれに与えられた。
この基盤の上にこそ、われわれの計画（プラン）は成し遂げられうるのである。

鉄道の文明

さらに説明をしよう。
鉄道の文明は廃れた。
馬と馬車は、何千年にもわたって人間の歩みの速さで旅をしてきた。それは時速 4km ないし 6km。調和的に配置された宿泊地となる町は、国中いたるところにあった。そして、肉体的にも精神的にも、才能のあるすべての統治者が主張する人間の原理に従って、ばらばらの場所は特定の決まった中心へと関連付けられていた。地勢、水の傾斜、言語（出来事に先行してあるいは従って）が、このきわめて重要な中心——地方の主都——を決定した。地域が形成され、馬の歩みのこの規則的なリズムの上で、非常によく組織された規定がすべてのものを管理していた。鉄道がやってきた。それは時速 50km、次いで時速 100km。これは、社会の生活における、歴史的な闖入である。それはかくも強力で、かくも打ち勝ちがたいものであって、地域の——言うなれば分子的な——状態は、それによってきわめて迅速に変容を遂げたのだった。物と思想の流れは、以来、地域の境界を飛び越える。一つの「文化」が鉄道から生まれた。鉄道は、他の何よりも前に、地方を解体した。たとえば、フランスにおいて生まれた、この新しい生物学について考えてみたまえ。政治的条件による鉄道網は、パリの外から、パリのうちに引かれた。パリは全国という巨大な車輪の主軸となったのだ。頭の中で仮定してみよう。この「鉄」の道が、水か、溶けた金の導線であった、と。するとあなたは、この網目に沿って何が起こることになるかを即座に感じる。すなわち、強烈さ、生、雑踏。そして、空白のあいだに残された区画の中心には、沈黙が打ち立てられる。停車地は 100km ごとである。国の集団の状態は変容した。固定された、完全に恣意的な（地域の根源的な機能——地勢、言語、気候——に対して恣意的な）点への集中。そして、精神的な次元における結果のすべてに変化が現れる。
そして、特にパリでは、驚異的な侵入と破滅的な集中。今回、田舎は鉄道の呼びかけに従ったのだ。人は田園を去った！
そして、集中が起こった場所では、機械の奇跡が積み重ねられた。ある日、それらは非常に魅力的だったので、**都市の蜃気楼**を引き起こしたのである（私はこの機械化の新しいサイクルについて語っている）。

打ち捨てられた大地

それは蜃気楼でしかなかった！
都市は、精神的なものによってもたらされた、議論の余地のない魅力的な力を隠し持っている。それは、そこここで、非常に大きい、また驚異的なものに満ちた場所であるので、農村の若者たちは次のように言ったのだった。「私もそこに運試しをしに行こう！」
そして彼らは農場を出発したのだ。パリでフランスの大統領になるために！
こうした自惚れには多くの失敗があった。落伍者と、そこから残り滓。というのも、田舎の若者は、打ち負かされてもその農場には戻らないだろうから。彼はとどまることだろう。すでに彼は子供があり、また都会の光は彼にとって不可欠なものとなった。かくしてパリには 400 万人の住人が直ちに現れた。
そして大地は打ち捨てられた。

道路の時代

1900 年から 1930 年の 30 年間で、われわれは自動車を手に入れた。もっとも、その有効性は、戦後の 1920 年頃にならないと現れなかった。道路の時代が開かれたのは、この現在においてでしかない。鉄道は凋落し、道路が出現した。夜には、20t から 30t トラックの幻想的な隊列が、時速 90km で、ただひとりの人間の腕と目とに託されて、万人に向けて開かれた道路の上を走る。就業時間には、時速 100km から 120km のスポーツカー。そしてそのほかにも、工業は、日常的で継続的な商品として、すでに時速 120km の車を売り出し、もし道路が整備されれば時速 140km の車を売り出す準備もできている。ここ 5 年間の道路の運命は息詰まるものである。責任をとる心構えができていない個人の反射神経に託された死の機械が、国中で走り回っている。これまでは、馬の 1 倍速という、以前の文明の生が発展してきた、まさにその後で。時速 100km の車やトラックが走り回る道路は、監視されていない。そのため、男、女、子供、老人、酔っ払い、自転車や徒歩の通行、鶏、ガチョウ、牛、重かったり軽かったりする荷車、すべてがそこにあり、あちらこちらに動き、道に沿ったり横切ったりする。そしてめまぐるしい帯が、死の速度で町の中心部に突入してくる。かつてその地区の中心だった場所、出入りする場所、**大通り**——地方生活の昔からの場所——、そうした場所にすら、殺人的な道路が通される！　町は、剣の一撃を食らったように二つに分断される。
道路の時代は今生まれた。市役所も当局も、この新しい時代を生きるための、どんな建設的なことも行なっていない。採用された唯一の戦略は、自己防衛することなのだ。すなわち、交通整理の警官、青や赤の信号、警報、等々。子供だましだ！
都市から出るために、都市に入るために、400 万の人口と数十万の激しい速度の車を持つパリでは、人は何も理解せず、何も行なわなかった。人は新しい時代に関することを何も考えなかった。
こうした政府当局の怠慢の中、この現象は発達し、増大し、明確化した。道路の時代が始まる。地方の鉄道網の端緒であり、集中化の道具である、これらの大きな駅を見よ。それらは機能と顧客とを奪われた。今や、それらの運命を人は読み取ることができる。鉄道はパリからベルリンやマドリッドに行くときには使われるだろうし、重い高速車（bolide）は監視された道路を走ることだろう。そしてそれ以外は——逆説的なことに——、軋んだ結節を持った厚皮動物となった高速車は、道路を走る自動車（オート）に、5km、10km、100km、500km 離れた**ある家のドアから別の家のドアへと直接**行く自動車に屈服したのだ。自動車、トラック、バス、これら新しい道具は交通網の整備を待っている。これらの宿命は、一つのドアから別のドアへと移動することだ——徹底的な効率。鉄道による集中に代わり、これは土地の中における散逸である。都市は田舎に向かって行く。自然な関係が成立する。大地は再び到達可能なものとなる。鉄道の文明とは正反対の、道路の文明が生まれる。「大地」は蘇った！　私たちは目を開けて、道を整備すればいいのだ！

大地は蘇った！

まだ説明を続けよう。

家を掃除しなければならない。

家はぐちゃぐちゃになっている。

家、それは非人間的なものとなった都市である。私は、常にきれいにされている金持ちたちの都市については語らない。その貧困自体によって不可避の運命へと釘付けにされた、庶民の都市について語るのだ。

燃えた翼を持ったこれらの夢、これらの潰えた運命、都市の灼熱のかまどのまわりに積み重なり、いまや都市を窒息させ圧殺している人間と家庭と共同体のこの灰。これらを地面から掃き捨てなければならない。パリに400万人の人口？　市議会議員におもねるために、これが800万、1200万であってはなぜいけないのか？　あるいは、効率的な大きさに戻るため、なぜ**100万人**ではいけないのか？

近年われわれは、分析と創造によって、「**輝ける都市**」の立ち位置を確定した。城壁（ナポレオン3世の城壁）内のパリは、「緑の都市」として800万人の人口を収容しうるだろう。だがわれわれはここに800万人を集中させる必要があるとは考えない。まったく逆だ！　都市の浄化の問題こそが、今日の都市化の大きな課題なのだ。

フランスの農民たちはわれわれを呼んだ。彼らの畑から、そしてとりわけ彼らの非人間的な農場から。これもまた非人間的なのだ。硝石で腐食し、老朽化で崩れ、がたがたで、古い、古い！　それはわれわれに「**輝ける農地**」と「**輝ける村落**」――農村の階層化の新しい形、現在に適合した大地の生の新しい状態――を要求する。農場と村落は、本質的な喜びにおいて、誘惑的な都市と等価になる。労働と都市および田舎の喜びとのあいだに築かれる統一性と等価性。国内に二つの階級、あるいはほとんど二つの民族を作り上げる、これら二つの要素の二元論と、対立と、競合と、不平等を打ち破ること。都市をきれいにすることによって都市に尊厳を、生きた農村を現代的に建築することによって農場に尊厳を与えること。

すると、大地の呼びかけが自然になされるようになるだろう。**人が都市からその残り滓を取り除くことができるのは、農村が物質的・精神的に整備されてからである**。農村は、都市に適合できなかった人々を呼び戻すことだろう。

いたるところを計画する

説明を終えよう。

道路の世紀と大地の奪還。

道路を、農地を、村を建設すること。何の警告もなしに、フランスの農場と村落とが崩壊しているのを忘れないこと。それらは1世紀を、2世紀を、ないし3世紀を経た古さなのである。そしてそれらは、そんなにも長いこと維持されるよう作られてはいないのだ。

都市を都市化し、田舎を「都市化する」こと！

真の地域を作り上げ、それらを、現代の道路がもたらす都市と農村の新しい接触によって再活性化すること。

無数の場所において、鉄道を破棄すること。

一般用途の航空路を作り、それを整備すること。

そして国に水路を、水の道を開くこと。これは商売上の真実かつ偉大な道路である。

いたるところで都市計画を行なう。

ユニバーサルな都市計画。

総合的な都市計画。

計画（プラン）を作ること。

計画（プラン）を作るためには、立法すること。すなわち、**土地を動かせるようにすること**。**所有権をなくすことなく、それを機械化時代の設備の人工事を実現するために、自由に利用したり動かしたりできるようにすること**。公安のため、**入念で深遠で熟慮された**研究を許し、**土地を可動化して**憶測を抹殺すること。

現代人を機械化の最初の波の渾沌から救い出すこと。

機械化を統制すること。人間を機械の上に置くこと。都市計画と建築によって、秩序を創造し、秩序によって**愛された**仕事の調和的な働きを再び打ち立てること。すなわち幸福だ！

素晴らしき建築の世紀！　すべては建築である！　建築、それは秩序を与えるということなのである。

黙れ、アカデミーの烏ども！

「**建築は死にゆくだろうか？**」

だから黙れ、アカデミーの烏ども！

第5部：プレリュード　了

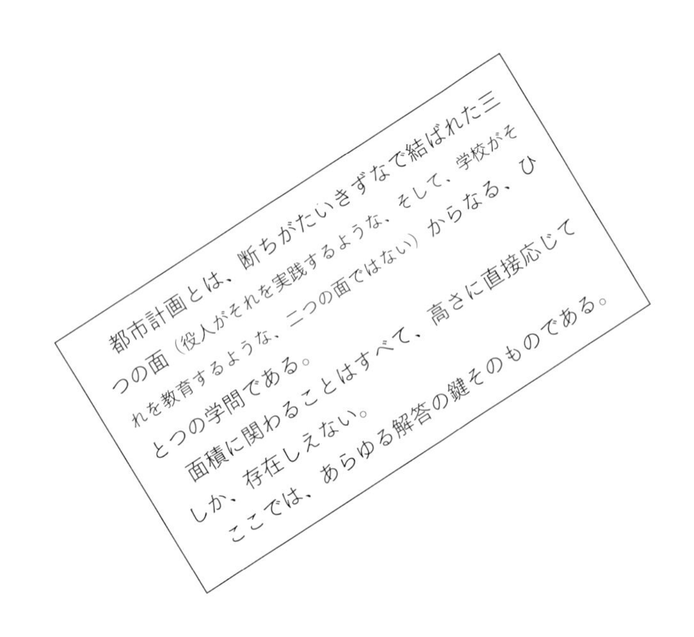
都市計画とは、断ちがたいきずなで結ばれた三
つの面（役人がそれを実践するような、そして、学校がそ
れを教育するような、二つの面ではない）からなる、ひ
とつの学問である。
面積に関わることはすべて、高さに直接応じて
しか、存在しえない。
ここでは、あらゆる解答の鍵そのものである。

第6部　諸計画

1. 最終表明
2. パリ
   a）「ヴォワザン」計画
   b）1937年：ヴァンセンヌ
   c）ポルト・マイヨ
   d）1937年：ケレルマン
3. 南米　a）ブエノスアイレス
   b）サンパウロ
   c）モンテビデオ
   d）リオデジャネイロ
4. アルジェ　プロジェクトA.
   プロジェクトB.
   プロジェクトC.
5. ジュネーヴ　a）国際連盟本部
   b）「世界都市」
   c）右岸
6. アントワープ、左岸
7. モスクワ
8. アルジェ、ワジ・ウカイア
9. ストックホルム
10. ローマ
11. バルセロナ
12. ヌムール

EN FRONTISPICE AUX PLANS

1. MANIFESTATION DÉCISIVE

諸計画の表題として

最終表明

（印刷の途中で、この章のテクストがすでに私の 1933 年の本『十字軍』に一度出ていたことに気がついたが、技術的な問題でここから削除することはできなかった。この不手際をどうかご容赦願いたい。とはいえ活動的な革新者たちが、どれほど騒がしく忙しい、激動の生活を送っているのかを説明する必要はあるだろう。この本の最初のほうでも述べたことだが、この著作は作家の静かな書斎で書かれた穏やかな作品などではない。ああ、そのような穏やかさはわれわれとは無縁なのだ！）

アクロポリスの上、先史時代に出現したこの景色に静かに抱かれて、ひとつの感動的な演説が、ほとんど叫び声のような、短く、完璧で、荒々しく、簡潔で、莫大で、鋭く、きっぱりして、決然とした怒号が聞こえる。神殿の大理石は、人間の声を宿しているのである。

建築――すべてが作られ、解決され、建てられ、支払われたとき、家が役目を終え、その命が建物から有用性を奪うとき、身軽になった住まいの前で人は思わず恍惚となる。進歩がここに豊饒の角を振りまいた。大気は澄み、ガラス窓からさんさんと日がふりそそぎ、水は水道管の隅々まで行きわたり、すべての蛇口が奇跡の泉となる。光は電線に沿ってほとばしり、生身の肉体のような交通の動脈を熱が流れる……突如、心の奥底に静寂が生じる。徐々に立ち上ぼり、弁舌を振るい、物語り、歌い、叙事詩を吟ずるその声に、われわれは身を震わせる。その声とは、われわれの振舞いや、労働や、渇望や、日常の闘いや競争を支配する、さまざまな本質的感情であり、われわれの存在の根底にある魂の策謀であり、また、われわれを苦しめ、涙を流させ、祈らせ、喜びを叫ばせるこうした出来事、すなわち、偉大さ、陽気さ、悲しみ、甘美、強さ、優しさ、獰猛さなのである。

そして、気の利いた建物に残された成果はもはやただひとつしかない。それが、われわれの感情だ。

われわれの人生とともにある建築の中でも、こうした人間的な声を発するものは少ない。われわれは甚大な混乱を、この混沌を、この泥沼をこうむっており、そこからはひとつの単語も、ひとつの言葉も、ひとつの言説も、一切何も生じはしない。

アテネのアクロポリスに定められた運命があるとすれば、それは、ペンテリコス山やヒュメットス山の窪みにおいて、人間の声の響きそのものと、人間の行為は有効であるという証をとどめることだ。われわれは今や問題の根底に、また、問題そのものの眼前にいる。

人間の声の真の変化に耳をすませる術を会得すれば、農村や町や都市のただ中に立つ賞賛に値する作品が、心と眼と耳と触覚に明らかとなる。アクロポリスの名において、牧草地を囲い込むこの壁をわれわれは高貴なものと感じ、そして、その線の意義を高く評価する。農民らが手塩にかけることで息づき脈打つこの積藁の塊は、収穫の終わった麦畑の中に記念碑のようにそびえ立つ。柱と荒壁土でできたこのあばら屋は、豊かで純粋な感性があることがわかる。この橋も、この飛行機も、このトタンのバラックも、地中海沿岸をピレネー山脈からシエラネバダ山脈までつないだスペインの高速道路(アウトストラーダ)も、この漁師小屋も、あるいはこの谷間のダムも、一言で言うなら、あるひとつの精神がその内に刻まれたこれらの建築は、その有用性という面から、その精神的な面へと移行しているのである。すなわち、言葉や言説こそが、われわれの感受性の中心を打つのだ。

パンテオンはドーリア様式であるとか、二つのイオニア様式の柱頭がプロピュライア（楼門）にあるとか、そのようなことがわれわれにとって何だというのだろう？

「柱式(オーダー)」？　学術的分類だ。私の知ったことではない……

問題になっているのは別のことだ。問題なのは、根底からやって来て、有用性を超越し、通りすがりの人間に芳香のように広がる、情緒的な力である。その芳香が人を立ち止まらせ、内なる炎をかき立てるものについて語りかける。するとわれわれの生は豊かになり、われわれは生きる勇気を手にすることになるのだ。

＊　＊　＊

われわれの生きるこの騒がしい時代にあっては、論理的で必然的な時系列に沿って、まず第一に悪魔の言説から身を引き剝がし、嘘と人工の外装で人間の作品を偽っていたその悪魔を撃退しなければならなかった。アカデミーは実際に見たこともないアテネのアクロポリスを引き合いに出し、偽りのヴェール——金もうけ主義、虚栄、粗野、愚鈍、麻痺——を織り上げた。北ヨーロッパの人々、つまり、機械化の冒険に初めに乗り出した者たちは、大きな厄災をもたらす熱狂に囚われてしまった。掃除だ。きれいにせよというわけだ！　これはもうほとんどひとつの宗教、すなわち、否定、空虚、清潔さ、欠如の宗教だった。それは精神的姿勢で、ご立派な道徳的意図だった。しかしこれらの影響にさらされながらも、事の本質をすでにわきまえていた人々のうちには、人間の真に創造的な力が沸き起こっていた……そしてあちらこちらで、現代建築の作品が出現した。

私は今日以下のように述べる。北の人々に、南ヨーロッパの人々に、地中海の人々に、その努力へ礼を言わなければなるまい。——むき出しの太陽が空を晴れわたらせ、霧よりもうまく浄化を行なうところ、また、石のブロックを露出させ、建築のプロポーション以外なんの価値もないものにしている——そうした努力の後でも、アテネからアリカントにかけて、現代の建築はあのアクロポリスの騒然たる叫びと対峙することができるし、対峙しなければならないのだと。すなわち、鋼鉄も、鋼板も、鉄筋コンクリートも、石材も、木材も、その深遠なる法則に従いつつ、巨大な経済の緊張の中で、建築の言葉そのものを内に秘めておくことができるし、そうしなければならないのだ。その言葉こそ、

「君は私に何を言いたかったのかね？」

人間的で、質素で、貧しく、貧弱で、それでもわれわれの幸福の理由で結局のところ満ち満ちた、ひとつの質問。建築——それはわれわれの創造力の最終表明である。そしてそれは人間の声——時のように深く、永続的で、いとも無造作に未来へとメッセージを伝える——なのである。

1932年11月

2. PARIS 1922 1925 1932 1934

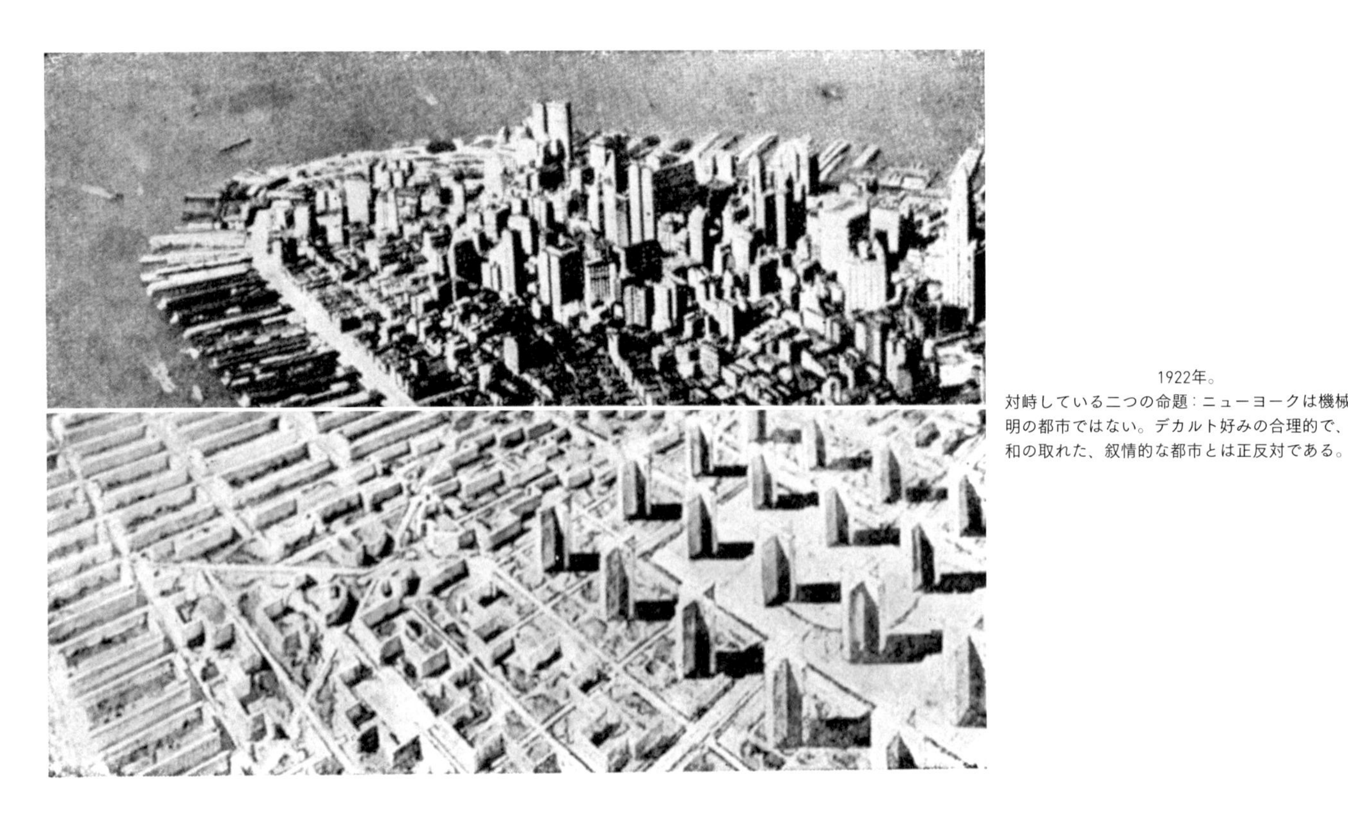

1922年。
対峙している二つの命題：ニューヨークは機械文明の都市ではない。デカルト好みの合理的で、調和の取れた、叙情的な都市とは正反対である。

パリの問題に取りかかろうか？

パリはただの行政区ではない。パリはフランスという国を体現しており、世界におけるパリとはすべて人々に愛されている場所なのである。誰であろうと、心の一部はパリに向かっている……なぜだろう？

というのも、何世紀ものあいだ、千年も前から、そこで思想が形成され、創造が行なわれ、企てがなされ、斬新さが発揮される、パリとはそんな高度な場所だったのだ。折に触れて、パリは当局の手からあふれ出す。だからこそルイ 14 世は厳しい態度で臨み、命令し、正しい境界を定めたのである。彼は何らかの首尾一貫したものを管理したがったのだ……

現在に眼を向けよう。何という光景だ！ 正確なものも、統御されているものも、計画立てられているものも、決定されているものも、もはや何もない。パリはひとつの地域全体に平たく広がる怪物となった。生物としてもっとも原始的な怪物、すなわち原形質、水溜りだ。

これが光の都市だと？ そんなはずはない！ ただ、数々の素晴らしい行為が奇跡的に永続しているという点では、まだそうではあるが。もしパリにまだ光があるとしたら、それはこの街がかつて激しく、明るく照らされたことがあるからに過ぎない……100 年前、200 年前に、ルイ

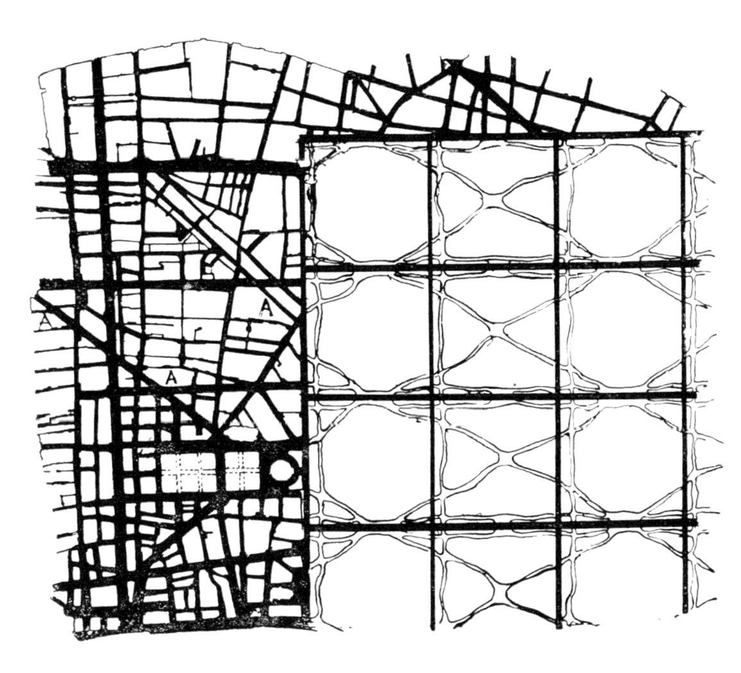

1922年。ここには二つの交通網が描かれている。
すなわち、馬の時代の交通網。自動車時代の交通網。

死は生の秘蹟。
死なくして生は意味を持たない。
死がもたらすのはひとつの期間、段階、循環、全体、そしてひとつの作品。
一度にすべてが消える。
なぜ、人類の作品をペール=ラシェーズ墓地に運ばないのか?
道具を、
建物を、
都市を。
期限を定めること。己の肉体を後代に残せないのならば、その残り物を後世に遺さないこと。

解体しているのか? そうだ、毎日のことだ。
しかし上手に、断固として、そして健全な計画に沿って解体しなければならない。

14世やナポレオンによって。こうした星々は消えてしまったが、蒼穹では、もはやその光源のなくなった光がわれわれのもとにいまだ届いているので、パリは今日でもかつての光で輝いていられるのだ。歴史を通じ、技術的な手段や行政の権力が増大するのと並行して、都市計画の概算も当然増大するものであると、把握されている。この増大する力は、規則的に上昇する曲線によって表されることだろう……

機械化が到来し、20倍のスピードがパリに現れ、人口は1世紀で60万から400万になった。そうした出来事に合わせて、さまざまな救済措置がとられたと思うだろう。しかし救済措置は脆弱で、縮小した。もはや構想も思想もない。事実、その場しのぎの措置と法案発議しか存在していないのである。そのとき、ひとつの凄まじい出来事が勃発する。世界大戦だ。そして戦後という特殊な時代が出現する。最終的にはすべてが調和し合い、今の時代の規模に見合うものになるのだろうか? いや、そんなことはない。住居の奪い合い、住宅危機、そして現在の住宅需要となったのか? なんてことだ。金と殴り合いで契約が締結され、そして一挙に、10年かけて、この上なく美しく広々とした土地を提供する都市の周辺部が33kmにわたって建造

1922年。都市工学上の発見。
人口300万都市。
機械文明の都市。

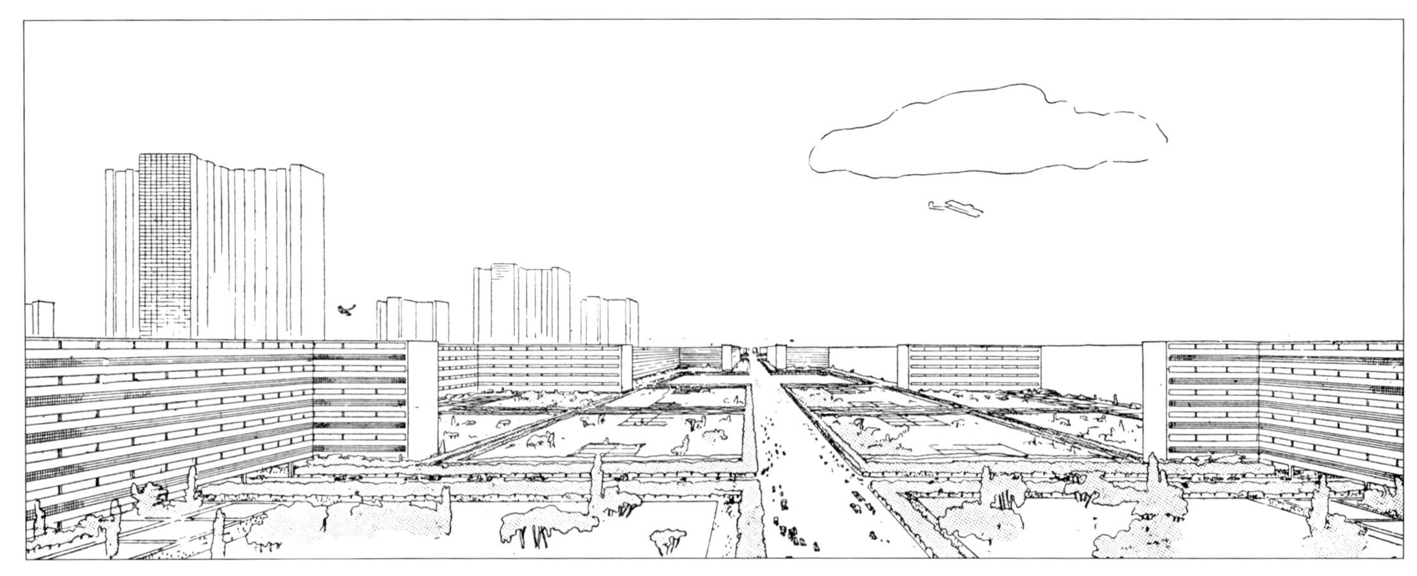

1932年。問題は突如として解決された。すなわち、三次元的な都市計画だ。回廊通路の終焉。住居の称揚。都市は住居を中心に計画されねばならない。最下層の貧民らから太陽や空間が奪われるなどということは、もうあってはならない。機械文明にふさわしい設備。

物に覆われる。いくつかの例外を除けば、そうした建造物のうちひとつとして、住宅問題において進展を見せているものはない。この奇跡的な状況にあって、この本の要点を成しているあらゆるもの、人間心理学、集団心理学、公共精神、技術、産業、有効な方法、一般経済学など、そういったようなものには何ひとつとして手がつけられていないのだ。

一方で、ほかならぬパリ地域全体は、地上階や2階から成る小さな家というカビにむしばまれていく……そうした小さな家々は路地に沿って散らばり、その小路は次々と、20〜100mおきに、トラックや高速の自動車が時速100kmで行き交う地方行きの国道に通じているのだ。

もっとも、パリはくる日もくる日も、秘かに隈なく再開発されている。毎日、時には歩道の幅を1〜3m拡張するために撤去や建直しの許可が、市当局に認められている。新築の各家屋には、ある数の自動車の数に対応し、それらは短すぎる歩道の縁に逃げ場を虚しく探し求め、昔と変わらぬままの通りは車にふさがれている。今まさに生まれつつある文明のパリは、馬の基準に合わせて鋳造されたのと同じ鋳型の中、外見だけを変えているに過ぎない。

簡潔に、簡潔に、簡潔に！ とにかく、とにかく、とにかく！

われわれがこの壮麗なる都市にけちをつけてしまったことを謝罪しよう！

のべつまくなしに喋り、毎日毎時ごとに嘆き、そして年月が流れ、都市は衰弱してしまう。

人生の教訓、それは、あえて無礼な言動をとり、微妙な問題にこそあえて触れるべきであり、傷口を開いてその中を覗いて見なければならないということ。始めること、取りかかること……次に一息つき、熟考し、再び始めること。何度も試み、頑なに追い求めること。提案し、世間の評価を仰ぐこと。

・・・

1922年、サロン・ドートンヌから、都市計画部門に参加してほしいと私に要請してきた。「あなたにはひとつの広場ごとにひとつの噴水をつくって頂きたい。そして、あなたは好きなように想像して、現代都市とやらの輪郭を背景に描いてもらえないだろうか」——「もちろんですとも！」

数か月後、私は**人口300万の現代都市**に関する理論的な研究を世に問うた。

真夜中、設計図の上に屈み込み、やり遂げられないのではないかと絶望して、へとへとに疲れきっていたとき、私はピエール・ジャヌレに言ったのだった。「なあ君、このデッサンには手を入れる必要がある、徹底的にやらないといけないな。考えてもみたまえ。10年経っても20年経っても、これが証拠としてまた引き合いに出されるんだ。もっといいのは、今これを発表することだ。」

そして都市はひとつの公園になるだろう（地表の95%）。（221ページを参照）

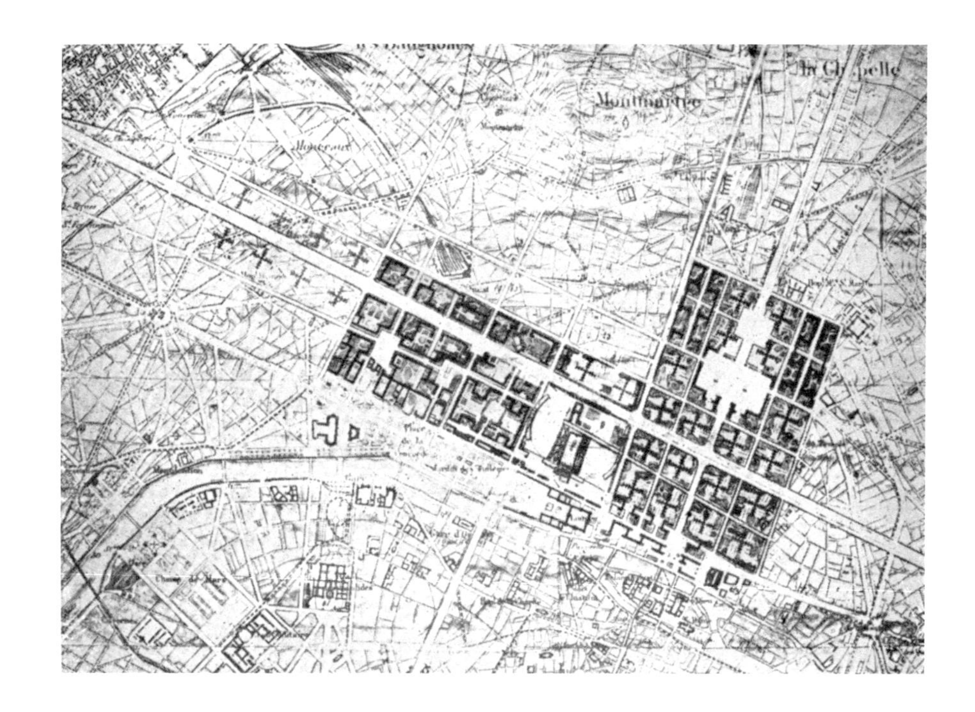

1922〜1925年。
パリに飛ぼう！　端から始めるよう提案する。問題に手を付け、それを提起するのだ。このパリの「ヴォワザン」計画——装飾芸術国際博覧会の「新精神」館において、都市計画の円形建物の壁のうち1枚を覆った巨大なタピスリー——は、パリの伝統的な輪郭の中に収められている。したがってこれはそう傲慢なものではなく、パリの生活は連続している（アンヴァリッド（ルイ14世）やシャン・ド・マルス（ルイ15世）の痕跡との、自然な発展との調和）。

1922〜1925年。パリの「ヴォワザン」計画。——建て面積は地表の5%、ふさがっていない空き面積は95%。1ヘクタールあたり3200人の住民が暮らす超過密。とくに腐敗した地区は一掃され、新たな価値が与えられる。高層ビルは十字形をしており、太陽光の放射熱のようだ。後になって補正処置も施されるだろう（265ページ、アンヴェールの例を参照）。すなわち、今後は高層ビルのあらゆる面が太陽光を採り入れるようになるのだ。

パリの美を問われて、あなたがたは「否!」と言う。パリの美と前途を問われて、私は「諾!」と肯定する。

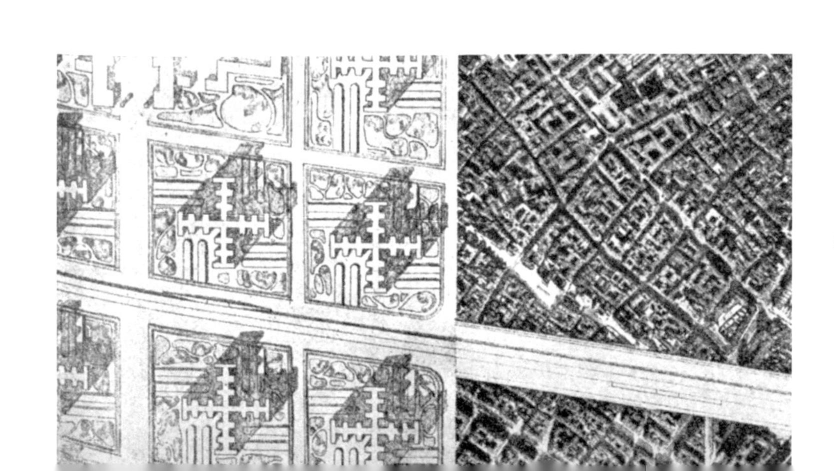

現代の縮尺はこのようなものとなる。

そうだ！　パリはあまりにも手狭になってしまったのだから、大きくしてやらねばならない！
しかしパリを大きくするには、天才が必要だ。

天才が必要なら私がお引き受けしよう！
……さあご覧あれ！

実際、私はオベリスクをつかんで、それをカルパントラに移動し、

……オペラ座をどかして、それをソローニュ地方に、

……凱旋門はノルマンディー地方に、

……ヴァンドームの記念柱はヴァランシエンヌに、

……グラン・ブールヴァール一帯はブルターニュ地方に置く。

ジャン・ヴァレ氏より。
衛生記録保管所の役人が訪れた区域のいくつかの住居において、平均以上の人々が、ここ10年のあいだに結核で亡くなっている。

ジュイユラ氏より。別の指摘。
結核はひとたび不衛生な住居に入ると、恒常的なものとなってしまう。不幸の星によってこの巣窟に導かれてきた人々が、次々と結核で命を落とすことになる。決して満たされぬ貪欲さながらに、結核は両親の次は子供たちに、祖父母の次は孫たちにと感染してゆく。汚染されたそのあばら屋はいつまでも汚染されたままだ。

次に、シュルモン医師からの指摘。
今現在、人類を殺戮している感染症の中でも、結核ほどの災禍をもたらすものはない。文明国においては、死亡者全体の死因の7分の1は間違いなく結核に帰される。

セーヌ県知事宛ての手紙

1934年3月8日、パリ。

県知事殿、
本日、私が以下の悲痛な出来事をあなたにお知らせしなければならないと思っておりますのは、ただただ義務感と連帯の精神に駆られたからであります。
私はジャコブ通りに住んでおりますが、14番地の炭屋で昨夜、その店の奥様が肺結核で亡くなられたと、今朝伺いました。L……夫人といいます。
1932年には、同じ店でB……氏とそのご夫人が結核で亡くなっています。
1930年にも、同じ店でR……氏が結核で亡くなっています。
1927年にも、名前はわかりませんが、男女の店主が同様に結核で亡くなっています。
私の調査ではこれ以上は遡れませんでした。
上の4組の夫婦は皆生粋のオーヴェルニュ地方の人で、故郷から直接上京して来ていました。30歳で亡くなってしまうのに、皆それぞれ2年もかからなかったようです。
あなたにこのことをお知らせしようとした者は明らかに誰もおりません。死者が出た後、ようやく借り手が見つかった家主は、とくにそうです。
明日もオーヴェルニュ地方から新しい夫婦がやって来て、もちろんのこと1936年には亡くなられるのでしょう。
県知事殿、本来なら充分世を震撼させるこの小さな出来事は、あなたの仕事の管轄内に含まれると、私はあえて考えております。
敬具。

ル・コルビュジエ

郊外をなくし、地方を一掃しよう！
パリがフランス全土になればいいのだ！

……するとみんながパリジャンになる！
（この考えは検討に値する！）

加えて、リヨン駅をリールに、オルレアン駅をダンケルクに置けば、輸送量はより大きくなって、より多くの乗客を満足させられる！

次に設置するのは……マドレーヌ−マルセイユ間の路線バスだ！……バスティーユ−ペルピニャン間も！……1等席は12スー、2等席は9スーで！

こうして、パリはフランス全土になるだろう！　フランスがパリの首都となるだろう！……以上、私が明らかにしたかったものだ！

――それが済んだら、私は少し休ませてもらおう！

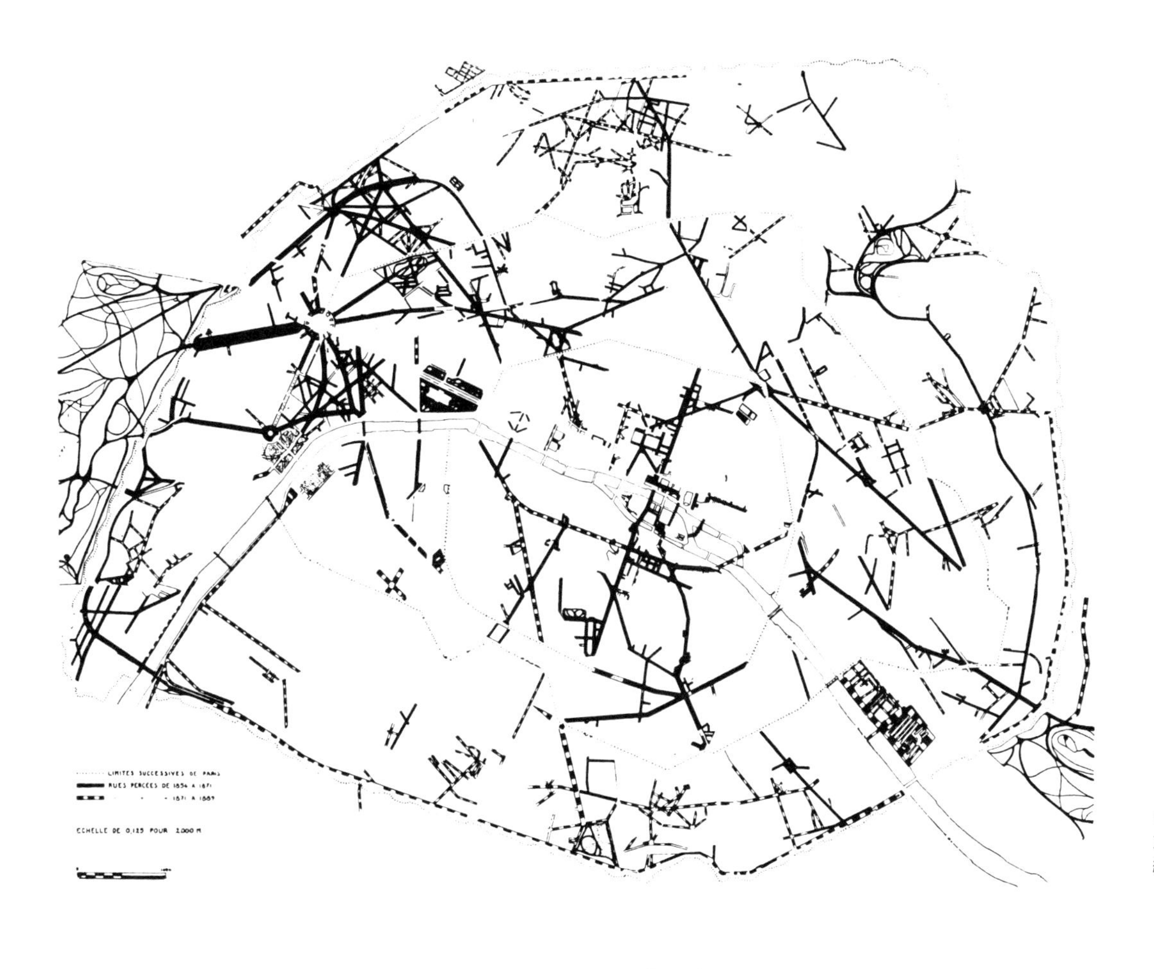

「何てことだ！　パリがひっくり返されている！……」
（当時のコメント）

これこそ、彼が知っていること、できることだ！　途方もない作品。脱帽だ！　今日、パリはオスマンの功績の上に生きている。

オスマンに対する私の尊敬と感嘆

そうなのだ！　私利私欲のないこうした研究によってこそ、名もない人々の心を捉えることができるのだ。1922年に扉がノックされた。そしてそこから扉が開いたのだ。

われわれは以来、問題をさらに深く追究することはもうなかった。他の人々も加わり、それぞれ貢献してくれたからだ。しかし世論の問題は未解決のままだった。

私はオスマンの性格の本質が好きではない。――まさに現実的な男。――ごく自然に自分の思うさま振る舞う「幸せな性格」。――「あらゆるチャンスをつかむ」男。生まれながらの行政官。――（階段の下方にある、滝、ニンフ、イルカ、大燭台を掲げ持つ彫像のような）。ご大層な「時代がかった作風」。オスマンの頃の飾り紐（パスマントリー）から、われらが現在のアカデミー会員らにとっての石材や建築資材の中に移行していった、壮麗さの勝利。――カドリーユ、舞踏会、パリを訪れた王族や皇帝、そうしたものは機械文明の世紀のただ中においては、無意味で、呑気で、軽率なものだが、オスマンのような「技術者」の「芸術」様式にはよく似合ったのだった。要するに、交流式下水道の憂さを晴らすために、石膏のニンフ像を作るというようなものだったのだ。――感性の欠如による、ブルジョワの威光と愚行。――何という紛い物の仕上がり！――これがナポレオン3世様式、真の純然たるブルジョワ様式、当時の様式だったのだ。――え、冷酷すぎるって？――それでもやはり、あの男を好きになれない。

（ジョルジュ・ラロンズ『オスマン男爵』（F・アルカン書店）という非常に強烈な本への余白の書き込みより）

...DE LA VOLONTÉ D'UN HOMME
...ET DE LA RECONNAISSANCE DES FOULES

…ひとりの男の意志について
…また、大衆の感謝について

ジョルジュ・ラロンズ『オスマン男爵』からの雑多な抜粋

センセーショナルな事件は起こったばかりだ。われわれの父親世代はそれらのことを知っていたし、祖父世代はそれらを実際に体験していた。オスマンが死んだとき（1891年1月11日）、われわれはまだ子供だった。「**パリがひっくり返されている!**」そしてそれゆえ、千年都市たるパリは今日も生きつづけていられるのだ。パリにオスマンを与えた、この新たなる生物学の中で。……都市の驚くべき冒険、パリを襲った大地震。近い将来の廃墟……パリ、まっさらで新鮮な、世界の新たなる驚異。

総括

……通りが雑然と錯綜している様を思い浮かべたまえ。サン=ニケーズ通りやトランスノナン通り、シュヴァリエ・デュ・ゲ通り、モーヴェーズ・パロール通りやヴィエイユ・ランテルヌ通りなど、その名前や入り組んだ街路は不安をかき立て、殺人事件や貧困を想起させる。フィリップ・オーギュスト通りと同じく、サン=ドニ通りとサン=トノレ通りの大交差点はフィリップ尊厳王の時代にできた。昨日はまだ、リヴォリ通りはカルーゼル広場で終わっていた。そこからは市庁舎のほうに向かって、1本の貫通路がサン=ジャック・ド・ラ・ブシュリーの丘を登ろうとしている。お次は中世、恐らくは趣はあっただろうが通行は不便で不衛生な時代だ。セバストポール大通りもテュルビゴ通りもなかった。頭の中で取り除いてみたまえ。マレゼルブ大通り、サン=ミシェル大通り、サン=ジェルマン大通り、ポール・ロワイヤル大通り、エティエンヌ・マルセル通り、レオミュール通り、シャトーダン通り、今日レピュブリック広場に行き当たる道、世界でもっとも高貴な交差点エトワール広場を形作る道を。パリの道路を狭く暗い路地に変えて。そこから5万本の街路樹を引っこ抜いてみたまえ。オーステルリッツ橋やアルコール橋やアンヴァリッド橋が、歩行者用の揺れる吊り橋のままだったらと想像してみたまえ。ナシオナル橋、ソルフェリノ橋、アルマ橋、オートゥイユ橋、各区の区庁舎、半ダースほどの病院や精神病院、数多くの学校、商事裁判所、トリニテ教会、サン=トーギュスタン教会、ノートル=ダム・デ・シャン教会、サン=フランソワ・グザヴィエ教会、サン=テスプリ寺院、ヴィクトワール通りのシナゴーグ、シャトレやサラ・ベルナールやゲテの劇場、シャンゼリゼ大通りやテアトル・フランセ広場、マレゼルブ広場の噴水を消してみたまえ。モンソー公園を閉鎖し、ビュット・ショーモン公園やモンスーリ公園や小公園のほぼすべてを取り除いてみたまえ。ブーローニュの森を縮小し、ヴァンセンヌの森からは広い道路や園内の池や起伏を取り去る。シャン・ド・マルス広場は荒地に、シャンゼリゼは下水処理場にする。街から素晴らしい上下水道網をなくす。住民には飲用にセーヌ川の汚染水を与えられる。要するに現代の街から、本来の動脈、水、生活などの、本質的な器官の一部を取り除いたもの――するとあなたは1853年のパリを、オスマンがセーヌ県知事に任命されたときのパリを、目のあたりにすることとなる。

パリの大臣

しかし彼（内務大臣ペルジニー）は「あなたはまさしく必要な人だ」と判断した。 議員たちは臆病だったが、パリの改造は皇帝によって望まれ、強制された。実現するには、不屈さと豪胆さが求められた。一般財源の不足が何だと言うのだ! 市議会は土木工事の規模が大きくなるのを恐れていた。そうなれば、今回は市議会の内部も巻き込んで、テュイルリー宮とパリ市庁舎のあいだに生じた対立の新たなる局面となるだろう。

戦いが始まった、日々の闘争、戦争か謀略。 ……当初はサントル大通りと呼ばれていた現在のセバストポール大通りが、重要な意義を担うようになった。ナポレオン3世は空地をつくるべきだと強く主張しつづけた。

生産的支出という命題。――あらゆる手段を与えられた知事はそのがっしりとした手で、首都に縦横に犂を通した。当時のある雑誌に載せられた歌にこうある。「絶えずハンマーが新たな街区を襲う……」

もっとも、計画の全体はともかく、少なくとも設計図を支配する主導理念を見破ることは不可能ではなかった。同時に人道主義的で王朝的で壮大でもある皇帝の関心事が、オスマンによって整えられて表れていた。新しい幾筋もの幹線道路、あたかも偶然のようにユーロップ街やルーアン通りにぶつかる道路が、パリの中心部をいくつもの駅と連絡させ、道路の混雑を緩和することだろう。他の大通りは、貧困や革命に対処するためでもあった。それらは戦略的な道路となって伝染病の温床や暴動の中心地を貫き、風通しを良くすることによって軍隊が入れるようにし、テュルビゴ大通りのように政府と兵舎を、プランス・ウジェーヌ通りのように兵舎と市外区を繋ぐのだ。もっぱらパリの名声のために捧げられたのは西の新しい街区で、壮大な大通りはマレゼルブ大通りのように、首都に併合されようという野望が生まれつつあった郊外に通じたり、エトワール広場とそこから放射状に延びる道路やもうひとつの星（エトワール）［円形広場］であるロワ・ド・ローム広場、そしてアンヴァリッドとシャン・ド・マルスに縁取られた碁盤状プランなど規則性のある幾何学的形状を描くこととなった。その道路網は、さまざまな配慮の組み合わせや、すでにつくられている貫通路が生み出していた道も含んでいた。例えば、宮殿（パレ）大通りやサン=ミシェル大通りはセバストポール大通りを延長し、付属した道路はサント=ジュヌヴィエーヴの丘の中腹を切り開いて、サン=ジェルマン大通り、ゲ・リュサック通り、モンジュ通り、メディシス通りなどの起点となる。サン=マルセル大通り、ポール・ロワイヤル大通り、アラゴ大通りは環状路を完成させ、それを使って旅客や軍隊が往来する。マジャンタ大通りやドメニル大通りは同様にいくつもの駅に通じ、市外区を縦横無尽に走って、日曜日ごとに群衆をヴァンセンヌの森の木間に吐き出す。

以上が永遠の祝祭の都で皆に与えられる新しい光景だ。何てことだ。パリがひっくり返されている……

工事

こうして都市全体が死に、生まれ変わる。鶴嘴の乾いた音、プラスターの落とされる音、足組みを造る音などが、その規則的な反復で日常生活を包み込む。通りで出会うのは、家具を運ぶ大型馬車や手押し車、荷物を手に土地を奪われた人々ばかりだ。数週間後、跡形もない家の墓場に戻ってくると見知らぬ大通りが現れており、土地も見違えるほどに変わっていて、まるで閲兵式の兵士のような制服を纏い、真っ白で整然と並ぶ建物が少しずつ建てられてゆくのである。

……広い車道、舗石に代わる舗装、砂岩でできた新しい小さなブロック、巡らされた歩道、車道の安全地帯、通りの機械的な清掃と散水、新築（ソルフェリノ橋、アルマ橋）か再建された橋（オーステルリッツ橋、ルイ・フィリップ橋、サン=ルイ橋、アルコール橋、アンヴァリッド橋）によって容易になった対岸への通行、増大した辻馬車の数と快適さ、夜ごと通りから通りへとその光の垣根を一列に並べるガス灯の連なり。大きな排水収集管ではゴミさらいの舟が循環し、上水道の配管が下水渠から離れて据えられる。水道網は血液の循環に似て、太い収集管から主要な管へと広がり、無数の導管によって各家庭に届いて、オスマンが市庁舎を去る頃には全長570kmにも達していた。これは、彼が市民から感謝されるべき異論の余地ない仕事のひとつである。［セーヌ］県の計画全体は、国家からの援助は少しもなしに、第3の水道網を作り上げた。

オスマンは、西部の駅（レンヌ通り）や、東部と北部のいくつもの駅（ラ・ファイエット通り）の営業開始、十字路広場や放射状広場の完成に先んじて、道路を新造したり延長したりするつもりだった。例えば、彼が着工したアマンディエ大通りはのちレピュブリック大通りとなるが、そこをエトワール広場やロワ・デュ・ローム広場のシステムを補完する大通りがいく筋も横切っている。さらに、また別の十字路が開かれる。高級繁華街の中央、建設中の新しいオペラ座の前に位置し、オペラ座の完成に花を添えるものだった。レオミュール通りを辿って行けばよい。オペラ座のもう一方の軸には、1本の大通りが計画されていた。それは官庁街から歓楽街へと差し伸べられた手のようで、帝政期の計画ではナポレオン大通りと呼ばれており、完成の暁にはオペラ大通りと呼ばれるようになったもので、その両端はもうじき開通することになる。オペラ座自体は他の大通りに繋がるスクリーブ通りとグリュック通りに縁取られるはずだった。そこにも、1本の大通りによって完成される新しい十字路が形作られる。首都の西部と中心部を結び付ける重要な大通りだ。フリードランド大通りに続くこの道はまさしくエトワール広場で生まれ、サン=トノレの古い市外区を渡って、象徴的な出来事として県知事の生家を犠牲にしながらマルゼルブ大通りを横切り、いつかその長い道程をモンマルトル大通りで終え、ビジネス、証券取引、劇場、散歩者たちのパリに、オスマンという偉大な名前を刻むはずだった。

そして次に、首都を横切って無数の幹線道路が新しく造られ、延伸され、あるいは単に拡幅される様子が素描で示されていた。それらは分配された正義の賜物である。例えば西部ではシャイヨー地区の中を道が貫通し、シャンゼリゼのロータリーがダンタン大通りの延伸で完成し、マルゼルブ大通りを横切り、その長い道程をモンマルトル大通りで終え、ビジネスのパ大通りはエミール・ペレールの地所の中にあるバティニョールの旧市街の中まで延びていた。中心部では、モーブージュ通り、ドルーオ通り、ル・ペルティエ通り、カルディナル＝フェッシュ通り（シャトーダン通り）、ノートル＝ダム＝ド＝ロレット教会を分離する通りなどが完成した。左岸では、デュケーヌ大通りやサン＝ペール通りやサン＝ジェルマン大通りが延伸された。北部では、執拗な反対運動を引き起こすことになるコランクール通りが建設された。東部では反対にレーヌ＝オルタンス大通りがプランス＝ウジェーヌ大通りに由来する困難を解決することになる。

ヴァンセンヌの森に欠けているものは何ひとつなく、もうひとつの森［ブーローニュの森］に兄弟のように似通って、競馬場さえあった。ヴァンセンヌは1863年に落成した。

モンソーの広大な公園。1861年の9月には散歩者たちが、気取った優美さ、人工の洞窟、造り物の廃墟、金メッキの格子などを堪能した。

・・・・・・・・・・・・・・・・・・・・・・・・・・

皇帝が王座に就いて以来毎月のように、パリは再開発のために破壊され、以前は不衛生な住居が積み重なっていた広大な地域が陽光に照らし出されるのを目のあたりにするようになった。われわれはいくつかの分野で、ひとりの精神が多数の議員よりもいかに豊かであるのかを目のあたりにし、じつに幸せである。

波乱の人生。秩序だった芸術という彼の構想は、破壊を必要とする。その情熱は彼の魂を支配した。彼はパリの改造に愛情のすべてを注ぎ込んだ。この独裁者は自分の懐中時計に、「18フランの小さな金鎖」を付けている。投資家たちは重要な権限を彼に与え、すごすごと退出する。

・・・・・・・・・・・・・・・・・・・・・・・・・・・・

彼が左岸にセバストポール大通りを完成させ、サン＝ジェルマン大通りを通し、右岸ではセーヌ川に面した街区を平らに均し、ナポレオン3世橋（ナシオナル橋）やオートゥイユ橋によって橋梁網を完成させたのは、まさにこの時期のことだった。同時に彼は、リュクサンブール周辺の大通りや、レンヌ通りを延伸する道路や、ムランの丘を越えていく道路の設計を検討していた。そしてひっくり返されたパリからは、あちこちで新たに敷かれた道に沿って新しいモニュメントが現れた。教会や市庁舎、病院や劇場、学校や裁判所など、驚くべき建築ラッシュ。

ラリボワジエール病院が完成し、パリ市民病院が建てなおされた。パリ郊外には施療院や、退職者住宅や、精神病院が設立された。

公営質屋の支店も創設された。正面玄関の一方がストラスブール駅と向き合った商事裁判所。修復・化粧された顔を古いドフィーヌ広場に大胆に晒す最高裁判所。サンテ刑務所。ロボー兵舎にシテ・デ・セレスタン兵舎。パリ市立美術館に改造されたカルナヴァレ館。修復されたソルボンヌ大学、ボナパルト高校、サン＝ルイ高校。屋根で覆った市場にヴィレット屠畜場。

石の時代。──空気の時代とも。3年に及ぶ困難な工事と600万フランの費用をかけ、ショーヴ・モン・アン・スイスの採石場は劇場に変えられた。モンスーリ公園では、他の公園のように起伏と池と湖が造られた。

パリ市民に飲料水を提供しようとするオスマンを、偏見に満ちた反対者たちはまったく評価しなかった！　だが彼の企ては傑作を生み、それによって彼は指導者となったのだ。第2帝政初期、パリが1日あたり134,000㎥の水しか使用できなかったなど想像できるだろうか？　そしてこの数字のうち、ウルク川が100,000㎥、セーヌ川が30,800㎥を供給しているのに対し、各水源からは2,400㎥、グルネル地区の井戸からは800㎥しか供給されていなかったなど、信じられるだろうか？　水源である泉では、オーヴェルニュの人々が貴重な飲み水を売っていた。

オスマンは市役所で17年過ごした。つまり、パリ市民に飲料水をもたらすために17年間努力したということだ。

古い考えに凝り固まった人々が激しく抵抗した。裏切られた社会の行政官たち。叫び声を上げる反対派の論客はセーヌの水の利点を声高に主張した。

オスマンはその作品の完成を前にして市庁舎を去った。しかしこの作品はまさに彼のものだ。毎日、パリでは130,000㎥の水が得られた。伝染病に対する勝利だ。

全国各地から来た大衆が小さな集団となって、シャン・ド・マルス公園に住みついた。しかし彼らは同じ好奇心によってパリへと、世界の新たなる驚異へと惹きつけられていた。

知事は当時、パリを訪れる重要人物たちからどれほどの権威を享受しただろう！　彼はこの都市の勇敢な努力を、そしてこの帝国の栄光も体現していた。モニュメントの数々を発見し、壮麗な散歩道をたどり、グレーヴ広場の旗の下だけでなく下水の中にまで足を運ぶ王たちが引きも切らなかった。「素晴らしき知事」オスマンが彼らをもてなした。貧しい王たちにとって彼の熱意は危険だった。千年首都を若返らせたこの途轍もない男をガイドや顧問のように使うことで、彼らは得意になっていた。しかし繰り広げられたこのありとあらゆる豪奢を前にして、彼らの微笑みは引き攣った。［ロシアの］アレクサンドル皇帝はオスマンに言った。「パリという女王を前にすれば、われわれなどもはやただのブルジョワにすぎない」と。知事に向かって、今や巨大な波が幾重にも押し寄せていた。

パリ市民というよりフランス全体の首都という自らの構想に忠実にしたがって、彼は立法議会による市予算の承認を願い出ていたため、「それはどういう意味なのか？」と言われ、警戒されていた。

「クーリエ・デュ・ディマンシュ」紙の廃刊によって、アルフレッド・アソラン、シャルル・デ・ザルナ、パスカル・グルセらの辛辣な批判に終止符が打たれる。しかし「フィガロ」紙ではロクロワ・ド・フェラギュスやジュール・リシャールが、「ジュルナル・デ・デバ」紙ではミシェル・シュヴァリエやレオン・セーが、「ル・タン」紙ではウリッセ・ラデやアンリ・ブリッソン、とりわけ『オスマンの狂信的な計算』の著者ジュール・フェリーが、「オピニオン・ナシオナル」紙ではゲルーが、「ガゼット・ド・フランス」紙ではエスカンド、J. ブルジョワ、シャルル・ド・ラコンブ、ボワシューが、［反対］キャンペーンを続ける。「プレス」紙でも、「リュニオン」紙でも、「ジュルナル・ド・パリ」紙でも、「ナン・ジョーヌ」紙でも［反対］キャンペーンが張られる。それに加えて、オーギュスタン・コシャン、ダンテス、ラステリー、ヴイヨー、アシル・アルノー、フルネル、アケルラン医師、ボワロー、オルンらによる［批判］パンフレットまである。ヒメネス・ドゥーダンやボーランクール伯爵夫人やバロッシュ夫人や、その他数え切れない人々が、非常に意地の悪い言葉で手紙やサロンを満たす。通りでは、「都市の長、家の主人」を嘲笑する『パリ砂漠、オスマン化されたエレミヤの哀歌』が15サンチームで売られている。そして一斉に挙がる声は嘆きを蔓延させ、考古学者も詩人も、ブルジョワも労働者も、王党派も共和主義者も、紳士も淑女も、かつての市会議員も現職の閣僚も、己の主張や偏見、過去への愛惜と現在への怨恨、明日の不安などを言いたてた。知事にあって、批判を免れることは何ひとつない。彼の財政管理、政治的見解、仕事、私生活も、攻撃される。対抗心や羨望、憎悪があらゆる限度を通り越す。セーヌ川の水の安全を肯定する人もいれば、証券取引所とオペラ座、つまり「朝を開く施設と夜を開く施設」を繋ぐ道を通すなど狂気の沙汰だと主張し、風通しを良くしても衛生が向上するわけではなく、「空気の流れは相殺し合ってしまう」と批判する人もいる。

その業績全体があらゆる立場の人々から断罪されている知事を支えるなど、考えられるだろうか？

──さもなければ、いくつかの通りは愚かな誇大妄想によって強制されたのだ。子供ならああやって、定規で図面に線を引くだろう。オスマンが狂信的に計算したように。それで大通りはどこまで向かうんだ？　テルヌやエトワールの永遠に人が住むことのない広場へ、皇帝しか利用しないテュイルリー宮や新オペラ座へとだって！　それにこの道は馬鹿馬鹿しいほど広い。

──誰だってセーヌの水を飲んでいるが誰も死んでなどいない。みなさん、これは私のかかりつけ医の意見だ。

もはや家庭生活などない。パリ市民は自分の街区で生きる権利も、生まれた家で死ぬ権利も失われてしまった。解体業者は日曜日も作業をし、思い出を、苔の生えた中庭が静寂で包み込んでいた父祖の生家を、彼が婚約した応接間の天井の板張りを破壊していく。破壊の熱狂はそこでも止まらなかった。

「辞表の提出は拒否する。目の前の困難から逃げようとしていると思われたくはない。私が望むのは、会計報告をし、都市の負債を清算し、花道を飾って退職することだ……私は自らした全責任を負いたい……」。そして退職年金すらも一蹴して、残った唯一の打開策を書き取らせる。「誰か私を罷免してほしい」

彼は拒み、彼は望む。転落の最中にあっても、何ひとつこの男を屈服させることはできなかった。そして彼は放棄することを拒むのだから、更迭を望むほかないのだ。

「リベルテ」紙は、ジラルダンの筆の下、声高に叫ぶ。「このパリ改造の立役者が罷免されたなど、歴史は信じまい」と。そして「マルセイエーズ」紙も「レヴェイユ」紙も、それぞれのやり方で敬意を表する。すなわち、それらの新聞はオスマンを裁判にかけるよう求めたのだ。

以来、オスマンは孤立した。

その晩彼は、ボワシー・ダングラ通りで親しい友人たちと食卓を囲んでいた。心地良い会話の最中、彼は正確な記憶をたよりに昔のことを回想していた。突如、痛みが彼の胸の真ん中を打った。会食者たちは心配した。従僕が階下に降りたが、かかりつけ医を見つけられずに別の医者を連れて戻った。肘掛椅子に座って表情を引き攣らせ、オスマンは苦しそうに息をしていた。医者が聴診した。死にゆくこの82歳の男は明晰さを取り戻し、己の感じるところを説明した。診断は形式的なものだった。寒さで肺に鬱血が起こり、容体は厳しい、と。彼は医者に従い、横になった。しかし弱々しく微笑むだけだった。人生の最期になってようやく、彼に10分間の休息が与えられた。そしてジョルジュ＝ウジェーヌ・オスマン男爵は、自宅のつましい小さな寝室で死んだ。

今、その遺体はゆっくりと先導され、首都を横切ってゆく。コンコルド広場の壮麗な十字路──そこでは、ひとりの知事の命により、シャンゼリゼ大通りが王宮周辺とのちの並木道とをつないでいる素晴らしい交差点では、131連隊の音楽隊が葬送行進曲を奏でていた。槍騎兵隊、竜騎兵隊、砲兵中隊が、このレジオン・ドヌール勲章受勲者に捧げ銃をした。しかしフランスもパリも、これ以上の敬意は表さないだろう。感嘆したいくつもの国家から「偉大なる男爵」に授与された勲章を、式を掌る3人の葬儀委員長がクッションに載せて運んでいる。霊柩車の後部には、金融組合や皇帝派の委員会からの花輪に花束が詰め込まれているだけだ。200〜300の人々が葬列に連なる。学士院会員、友人、アルファンのように私人としてやって来た幾人かの市会議員、〈人民への訴え〉委員会（この呼称はもはや遠い過去となった帝政期を想起させる）からの代表者たち。そこに政府要人の姿も、現在のセーヌ県知事もいない。市議会はひとりの代表も送ってこない。物好きらは、オスマンの思想で息を吹き返した通りや大通り沿いで、無感動に見つめている。ドルーオ通りの曲がり角で参列者のひとりが「恩知らずども！」と叫び声を上げ、腕を伸ばす。

彼は天才だったのか？　救世主だったのか、暴君だったのか？　行政官としての職務を善意で行なったのか、悪意で行なったのか？　市長だった生前、彼は必要とされる人間だったのだと証言しさえすれば充分だ。ナポレオン戦争、3度の革命、いくつもの思想の驚くべき変遷を経て、フランスはもはや発展することしか望んでいなかった。その上当時は、他にもさまざまな視野が開かれていた。無血の唯一の征服として工業主義が現れていた。新たな理想は、鉄道や公共事業、投機売買、産業の競争、世界的な大市場などだった。偉い軍人、哲学者、詩人に続いて国に必要なのは行政官だった。彼こそまさにそうだったのだ。

実行者、それがオスマンだった。彼の行なった行き過ぎた破壊や単調な計画や幾多の凡庸なセンス、さらにそのやり方を、敵対者らは当然のこととして非難したかもしれない。だが彼は、他の人なら100回は失敗したかもしれないことを、成し遂げたのである。

POUR CONTINUER LA TRADITION DE PARIS

パリの伝統を継承するために
新世代による宣言

Manifeste de la Nouvelle Génération

130万フランの予算を使って、フランス政府はこの展覧会でも、パリの歴史的景観を再現し、都市の現状に関する意見を考証している。

王政時代や帝政時代の創造物のミニチュア！　機械文明以前の壮麗なる文明！誰もが知る、議論の余地もない栄光!……

しかし地表の1000分の1でしかないこれらの遺跡のまわりで、都市は喘ぎ、交通渋滞で死にゆき、老朽化で崩壊してしまった。

病が猛威を振るっている。
騒音がわれらを押し潰す。
陽光は住居の中に届かない。
大気は毒されている。
格差は危機的なものとなる。
絶望が数百万の人々の上に垂れ込める。
生活の活気までもが損なわれている。
機械文明には　住まいもなく、
都市もなく、
設備もなく、
施設もない。

より重大なことに、機械文明の発展は行き詰まっている。
パリはもはや現代の都市などではない!
われわれは、博物館の守衛となってしまうのだろうか?

. . . .

パリを現代の都市にしなければならない!
活動の喜びを再びパリに与える。
パリの市民意識を爆発させる。
常に大きな目的、高邁な意志であったパリの伝統を回復すること——創造。歴史を通じ、パリはあらゆる先端技術を備え、変貌を繰り返し、出来事を支配してきた。
パリは西洋世界の一大中心地なのだ。
パリは生きている都市だ。
パリを継承しなければならない!

「プラン」誌、ギュスターヴ・リヨン、ガブリエル・ヴォワザン、E・モンジェルモン、アンリ・フリュゲー、フィリップ・ラムール、フランソワ・ド・ピエールフー、Dr. ピエール・ヴィンター、フェルナン・レジェ、ブランキュシー、ブレーズ・サンドラール、ドロネー、ジャック・リプシッツ、「美術手帖（カイエ・ダール）」、クリスティアン・ゼルヴ、ヤン・ヴィーナー、アルベール・ジャンヌレ、モーリス・レイナール、テリアード、ピエール・シュナル、A・P・デュレー、シャルロット・ペリアン、ピエール・ジャンヌレ、ル・コルビュジエ

1931年5月、ベルリンで開催されたドイツ国際建築展覧会に際して

A L'OCCASION DE LA DEUTSCHE BAU AUSTELLUNG DE BERLIN, MAI 1931

これがスキャンダルを巻き起こしたポスターだ!　このポスターは1932年のベルリン国際建築展覧会の玄関ホールに掲示された。展覧会の運営が寛大にも私の自由にさせてくれていたのがこのホールだったのだ。私は開幕2日前の直前になって急に、輝ける都市の理論的研究とパリへの適用例とを発表しようと決心した。というのも、パリやフランスは過去——たとえそれが「美しき過去」であったとしても——とは別のものを、世界に向けた表明において出品しなければならないと、私は考えていたのである。

公式の会合において、私は激しく恨みを買った。このポスターは尊厳を傷つけたと見なされ、引き剥がされてしまった。

……1934年、1937年の国際展覧会へのわれわれの参加について市議会で議論がされている最中、ひとりの発言者はこう叫んだ。「ル・コルビュジエはベルリンでフランスに無礼をはたらいたのです!」

1932年、ベルリンの国際展覧会での即興展示。

グロピウスとミース・ファン・デル・ローエという同志の好意で急遽整えられた、ベルリンでのわれわれの展示。

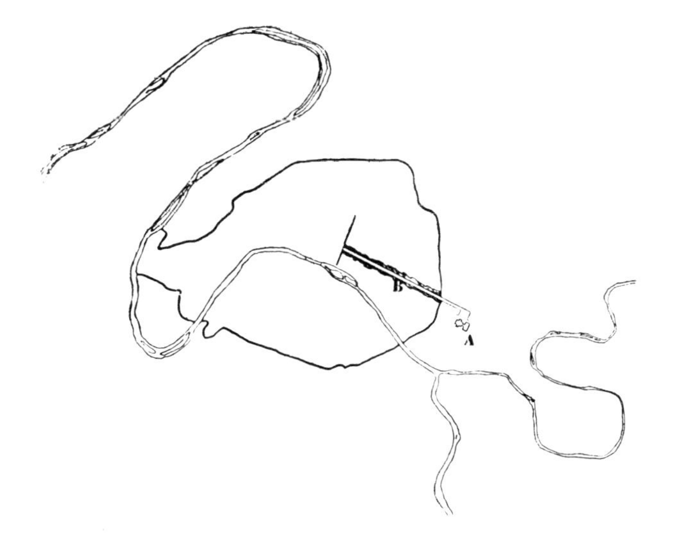

第1段階――1937年の展示会
a)　展示場
b)　パリの大横断道路の最初の区間。

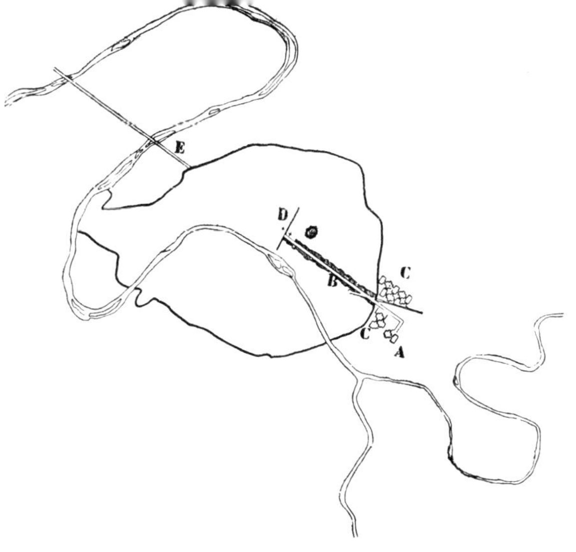

第2段階――住居と都市計画に関する常設展示場の10年間の継続（世界研究センター。Eは大横断道路の西側の開通区間）。

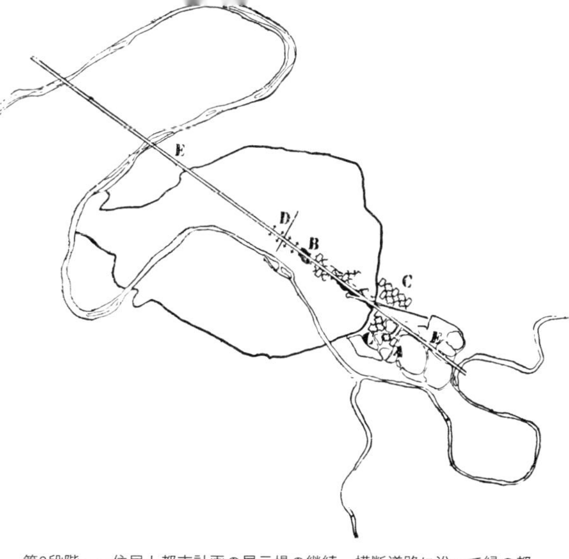

第3段階――住居と都市計画の展示場の継続。横断道路に沿って緑の都市へと改造する。商業地区が築かれる。パリの大横断道路が完成する。

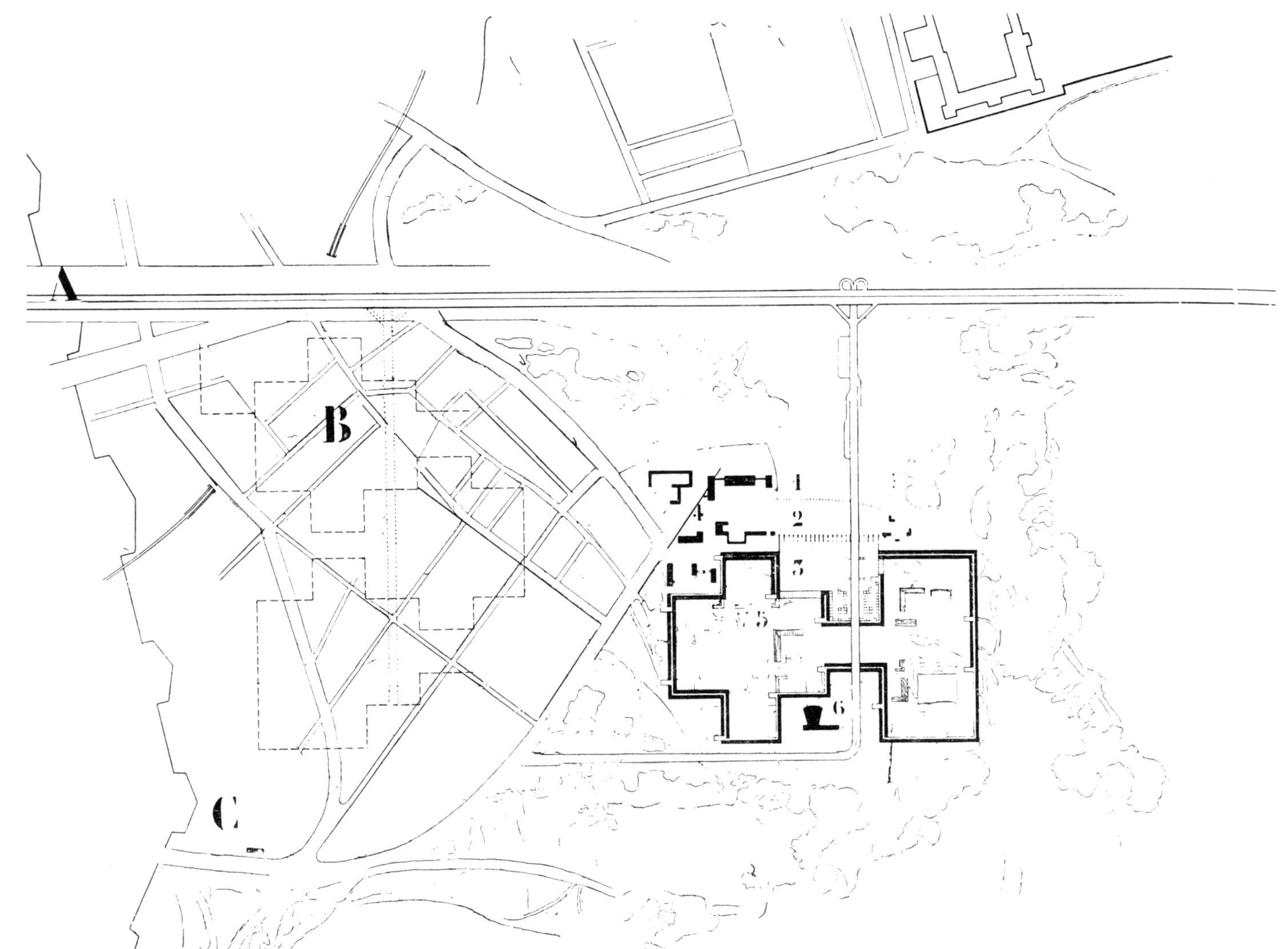

1932. PROPOSITION POUR L'EXPOSITION INT. DE 1937

1932年　1937年の国際展覧会のための提案
（1932年6月15日、展覧会委員会に提出された15ページの冊子）

パリの東部に緑の都市が姿を現すだろう。
そしてそれは少しずつ、パリの内部に入り込んでゆく。

「装飾美術国際展覧会（アール・デコ）」の代わりに提唱された、「住宅国際展覧会」という名称。戦略的な場所を選ぶこと。ここではヴァンセンヌの森。輝ける都市の雁行型を、住宅技術のモデル（技術、組織、社会学、都市工学のモデル）となる現場モデルをそこに造る。1927年のマレシャル・リヨテーの着想を採用し、パリの東をセバストポール大通りに連絡させる。実は、これは完全に1922年から1925年にかけてわれわれが着想していたことなのだ。つまり都市全体を東西に貫通するパリの脊椎、そんな通路を開いて通すという考え。この脊椎に沿って、輝ける都市型都市への再開発を行なう。パリの中心部に到達し、そこを解放し、ビジネスを定着させる（1925年の「ヴォワザン」計画）。シャンゼリゼ大通りとその延伸部分（有名な「凱旋道路（ルート・トリオンファル）」）と並行して西に大横断道路を延ばす。この凱旋街道は妥協、曖昧さ、不合理から脱する。コンコルド広場という袋小路に入り込む交通をすべて吸収し、東西の地方への道路に接続する。

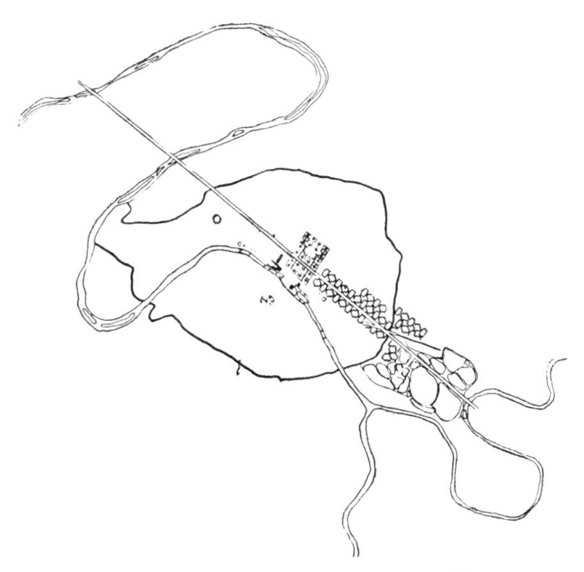

第4段階——生物学的に根本的に生き返り、歴史的なパリは救われる。

パリそのものが「輝ける都市」となって収縮した。地表の88%には草木が植えられ、地表の100%が歩行者のためにある。郊外もパリに吸収され、通勤問題は解決だ。ここで、黒く塗られた面の中に、パリは500万もの人口を内包できるようになる（決して望ましいことではないが）。それに付随して、「凱旋街道」(!) も救われる。M–N間の大横断道路は、HやMやEなどの大きな国道と接続する。Aでは、以後不要のものとなった展示場が住宅地となっている。

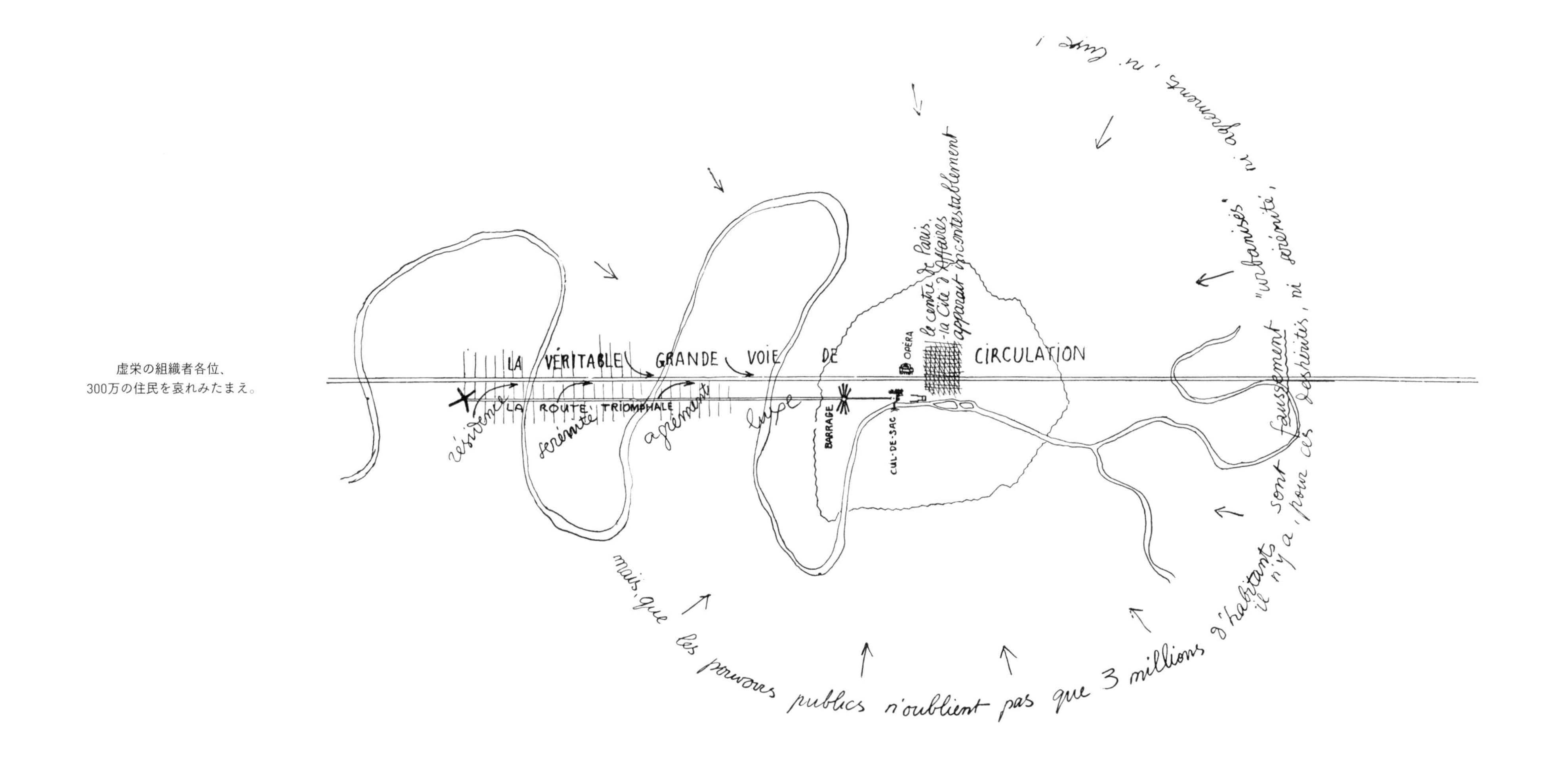

虚栄の組織者各位、
300万の住民を哀れみたまえ。

中央は、フォッシュのモニュメント、
静寂の島。
敷石の上に横たわる、死せる元帥。
この慌ただしい生活の場における印
象的なコントラスト。

歩行者用の広大なデッキ、
本物の公共広場（フォーラム）。

高速道路。

1930 - AMÉNAGEMENT DE LA PORTE MAILLOT

1930年――ポルト・マイヨ［地区］の改造

この問題はレオナール・ロザンタール氏によって、10人の建築家に提起された。彼にはルナ・パークの用地取得の可能性に際し、ある私企業の経済効果と、パリでもっとも混雑した場所のひとつにおける交通分離という急務とを調整する必要があったのだ。その場所とは、都市の西の玄関、ポルト・マイヨのことである。

ロザンタール氏は、交通に必要な表面積を失わずに残しておくことを可能とするような、自動車販売会社のための高層ビルを建設するよう求めてきた。

結局、当然のことながら、この地域の整備にともない、記念碑的な建造物をつくるという案が出された。フォッシュ元帥によるモニュメントは、この計画の要素のひとつであった。

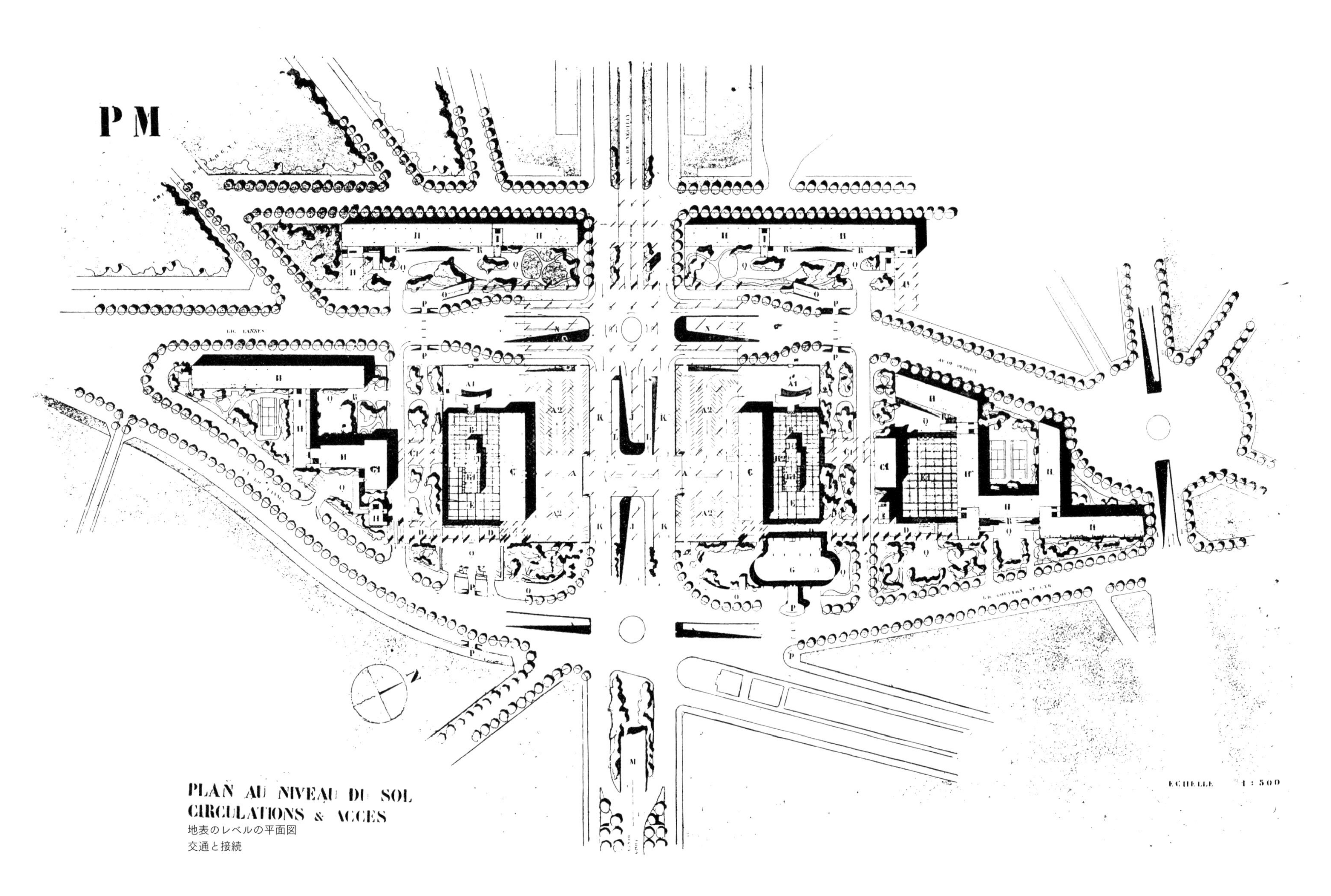

地表のレベルの平面図
交通と接続

これは、繊細な機知を要する事案に厳密な理論を適用してみるための、絶好の機会だった。明快な見解を持っていれば、すべてが容易となる。問題となるのは以下の三つ。

1º　自動車の往来が過密な場所。

2º　個別の交通(自動車、駐車場、歩行者)を備えた二つの商業「ビルディング」。

3º　住宅、「緑の都市」が始まる起点の住宅街。

そのユートピアが現実のものとなりうること、また、パリが歳月を通じてくまなく変貌し、その活気に必要不可欠な設備を備えうるということは、証明された。

変形（バリアント）

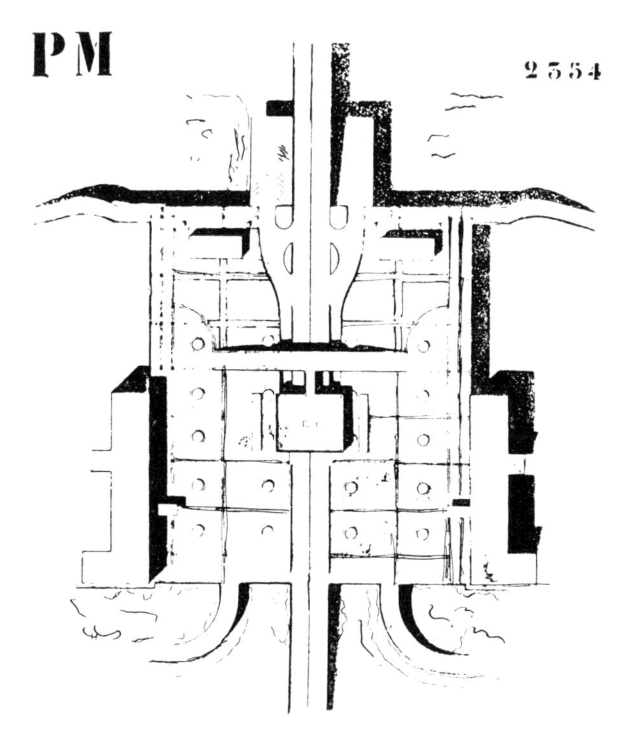

速度の違いによる自動車の分離も、歩行者の分離も、階層を分けることで初めて可能となる。
するとすべては驚くほど簡素になる。

パリの西部、「緑の都市」の始まり。家々は歩道の緑からも、自動車道からも離れたところに建てられる。大きなものも小さなものも、もはや中庭は存在しない。

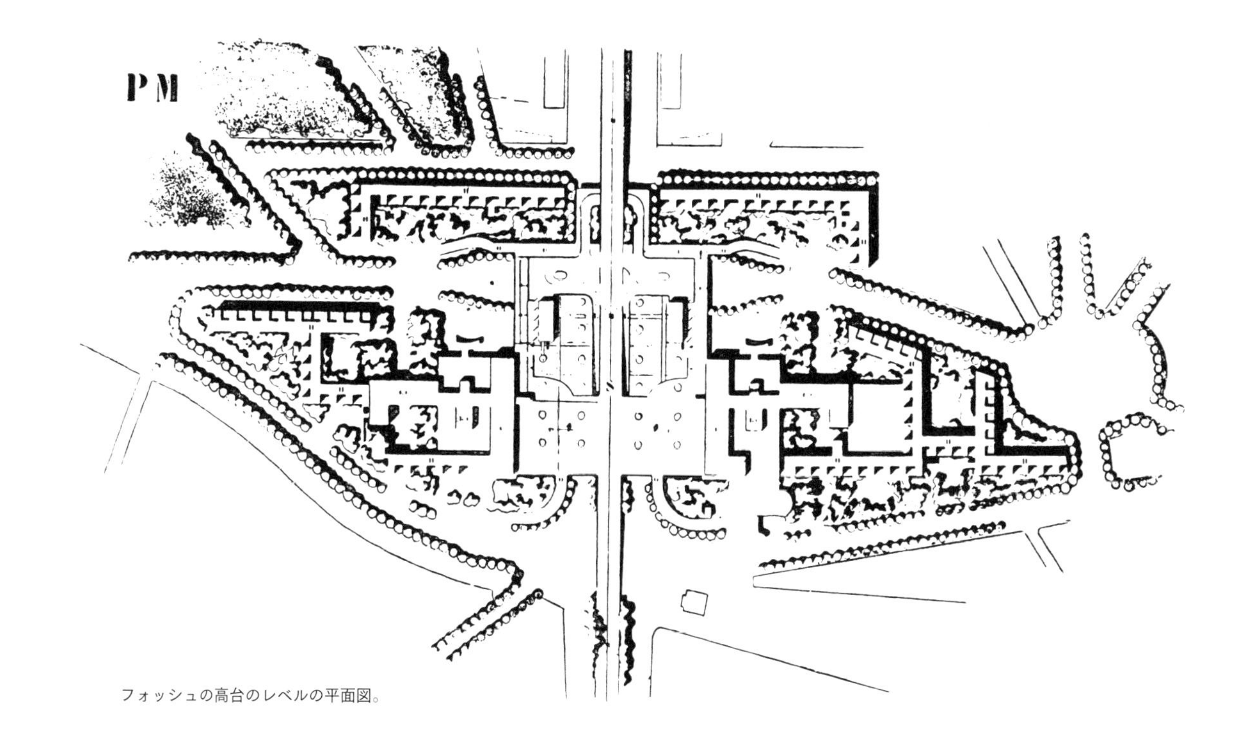

フォッシュの高台のレベルの平面図。

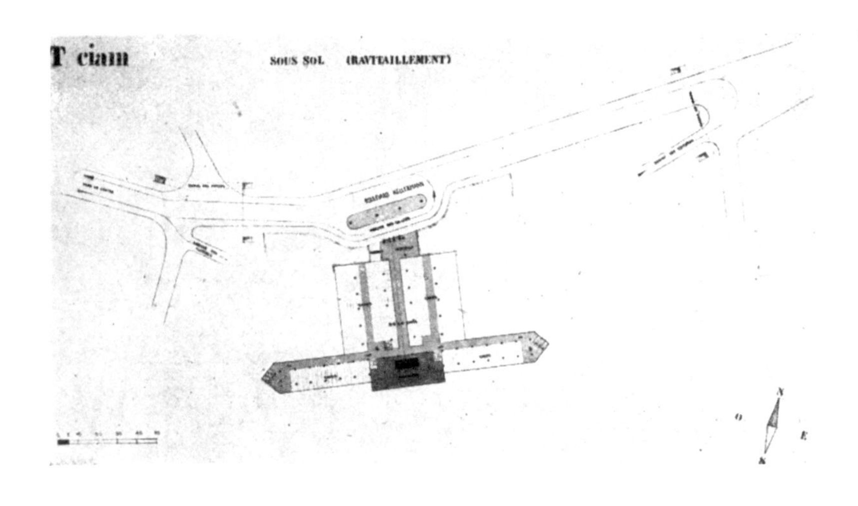

ケレルマン大通りの階層：トラックの荷降ろし（物資供給）。

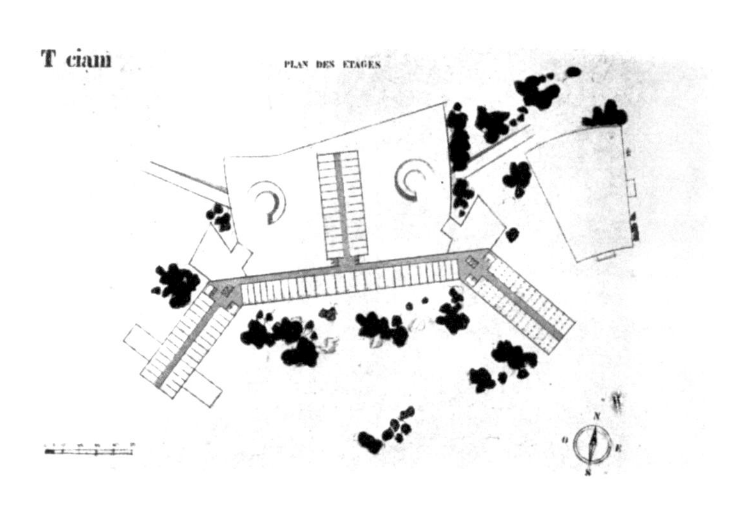

連なる上方階：輝ける都市の原則に基づくアパルトマンのさまざまなまとまり（ピロティの上は物資供給と公共サービス。屋根の下は学校群。屋上では日光療養）。

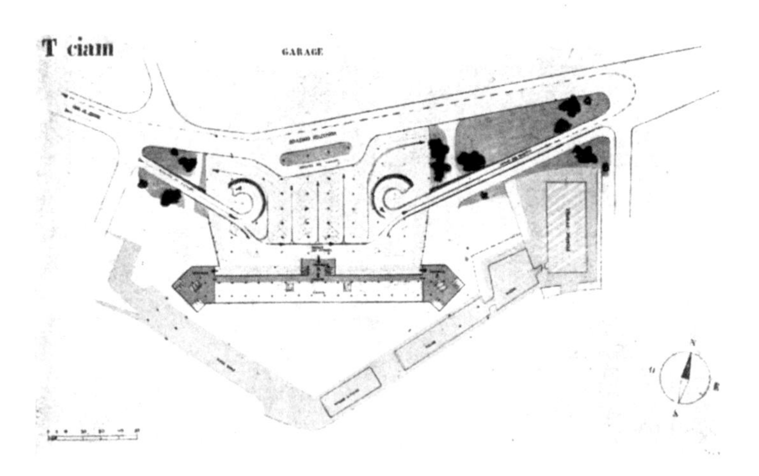

下部構造の中層：自動車用通路。

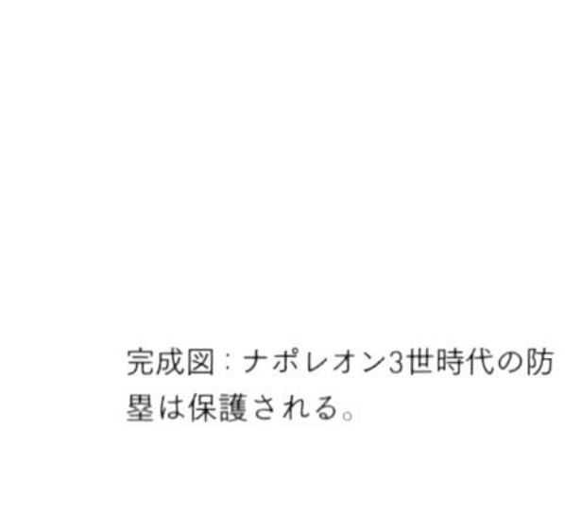

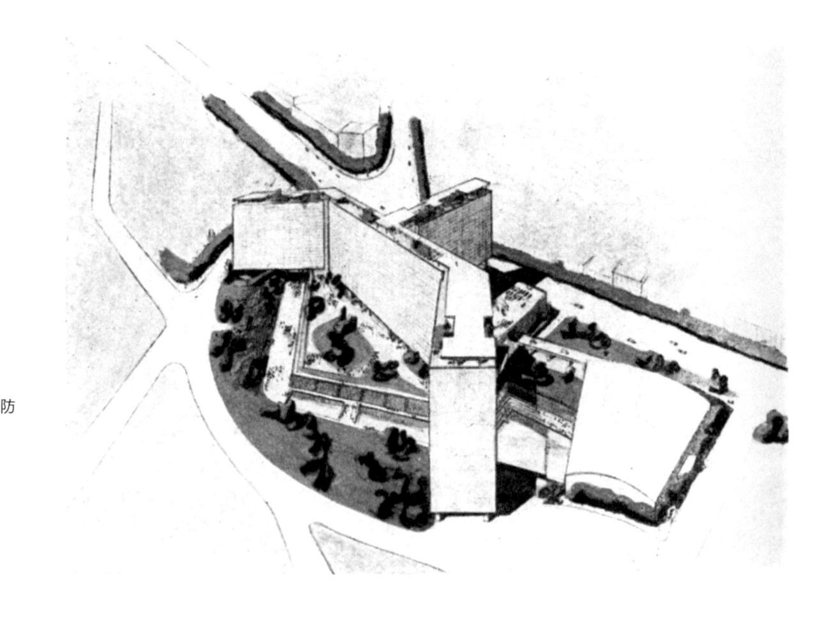

完成図：ナポレオン3世時代の防塁は保護される。

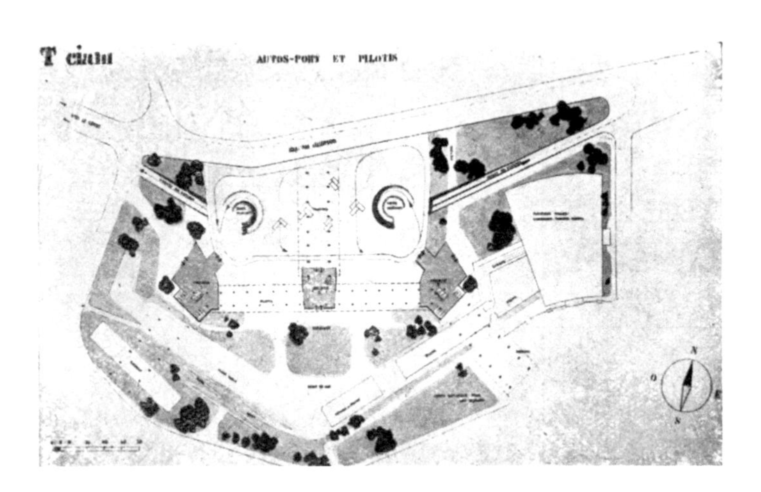

防塁の頂の階層：ピロティの下の巨大な遊歩道。地平線と保護された緑地の広大な眺め。屋外および屋内のプールや砂浜といったスポーツ施設。

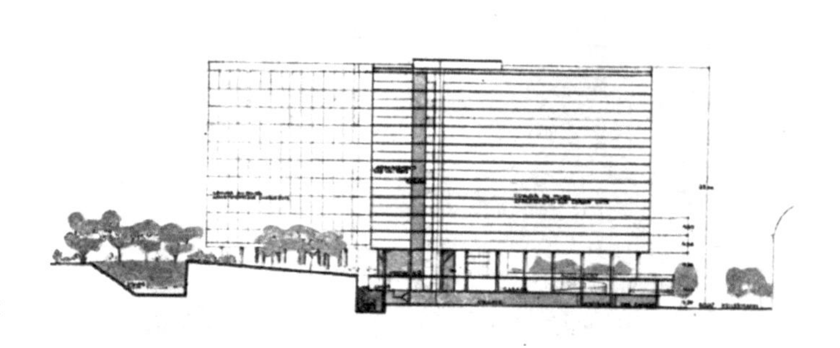

断面図：建物を建てるのが難しいとされる土地に対する純粋な理論の適用。

1937
EXPOSITION INTERNAT. ART ET TECHNIQUE

1937年
芸術と技術の博覧会
(ケレルマン大通りの別館)

住宅部門
「現代的な建築現場」

そして再度、1934年にこの構想が取り上げられて、当局の判断に委ねられ、通産大臣や美術学校の校長やセーヌ県知事らによって認可され、次いで、パリ市議会と高等法院により認可される。それが1934年のことだ。

しかし(1935年)……風向きが変わったらしい。これからどうなってしまうのだろうか?

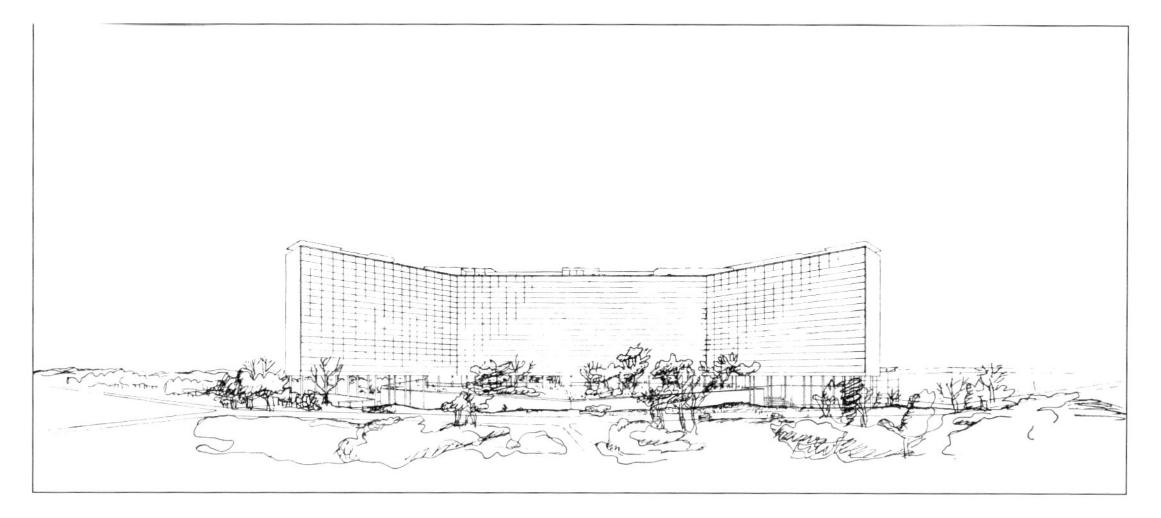

何が起きるかはっきりしている。正しい土地は示されている。それは、今日では30kmにわたって削られ、埋められ、消滅してしまったナポレオン3世の城壁に設けられ、最後に残されていた防塁のうちのひとつである。張り出たこの防塁はまだ破壊されていなかったのだ。われわれは敬意をもって、これを保存しよう。すなわち、それは手つかずのまま、美しい城壁と堀とを保ちつづけることになる。過去をないがしろにしていると非難されるわれわれが、それを救うのだ! われわれの計画(パリ、ストックホルム、バルセロナ、アルジェ、モスクワ等々)において、価値ある建築物は常に保護されてきた。われわれはさらに、それらを活用するための方法をも示してきたのだ。

この国際的なイベントは、われわれにとって、現代的な建築現場の展示会となるだろう。

すべてが完了した暁には、それは「輝ける都市」の条件にもとづいて、パリの真ん中に作られる「一[単位の]住宅(ユニテ・ダビタシオン)」となるだろう。

われわれは「個性を失ってしまった。われわれは近代建築国際会議(CIAM)に、この大いなる冒険で支援する。

この展示会の別館、それは住居であり、「CIAMの塔」と呼ばれるだろう。

1934年4月20日

計画は以下の13のグループから成る。

グループI　——コンクリートの構造。
II　——金属の構造。
III　——正面(ファサード) - 不透明から透明まで、あらゆる性質の外装。
IV　——恒温性。
V　——遮音。
VI　——家事設備。
VII　——垂直および水平の交通:人間 - 貨物 - 電話 - 郵便
VIII　——公共サービス:家事サービス - 家事労働 - 洗濯・清掃 - 食堂
　　家庭での炊事　- 食料品協同組合
IX　——保育:託児所 - 幼稚園
X　——衛生:体育 - 医療施設 - 屋外および屋内プール
XI　——余暇:スポーツ:体育館
　　図書館 - クラブ - 人気アーティストの演芸場 - 人形芝居
XII　——教育 - 学習。
XIII　——歴史的に重要なCIAM展覧会:フランクフルト - ブリュッセル - アテネ(建築と都市計画)。

予定された建物は、発表を決定的にするよう、上掲の催しを順番に、つまりひとつひとつ並べて展示することが重要である。

要旨——1937年の展覧会への参加をこのように準備することで、CIAMは、家庭生活、すなわち家庭環境——住居、健康、知的活動への参加、等々——のすべてのものに関する完全に調和した解決を、機械文明の人々の生活にもたらそうとしているのだと主張することができる。

この計画は世界中の技術者の幅広い協力を必要としている。1937年の展示会は創造的な力を結集するのに、まさにうってつけの場だ。パリがこのように多様な研究の機会を提供する世界初の都市になることは、大いに意義のあることと思われる。それらの研究から導き出される結論は、必ずや、大きな社会的関心を呼ぶことだろう。

結論を言うと、協力を要請されるのは工業こそがこの共同作業に参加すべきである。工業はCIAMの部門で、製造業の新しい手がかりを見出すことになるだろう。大いなる計画、すなわち住居を。

住居はあらゆるところで、あらゆる国で不足している消費財である。したがって1937年の展覧会では、CIAMの部門を通じ、工業と建築技術との素晴らしい協力が見出されるに違いない。

3. AMÉRIQUE DU SUD

南米

**南アメリカの衝撃(1929年)。
刺激的な都市計画の導入。
気候、地域、地形は、人間の定めた規則の統一性に対する多様性の誘因である。**

そこについて何も知らないある大陸の、ある国の、ある都市の中に突然入ったとき、また、船や飛行機を降り、建築と都市計画にさらされた環境に投げ込まれたとき、アカデミーの秩序に抗うように、そして、構築を自然と求めるよう鍛えられた精神の持ち主は、感じ取った体系に激しい衝撃を覚える。無駄話や、多かれ少なかれ混乱した説明を通じて、人は直ちに問題の本質的根底へともぐり込んでゆくのである。するとわれわれは正しく感じ、はっきり見えるようになる。

生きる理由が数えきれないほど積み重なったところだと感じる——地理的な場所の宿命。

2週間かけて大西洋を横断すると、水平線の果てに新大陸が、パンパの大地が、その光り輝く先端部、つまりブエノスアイレスの商業地区とともに、姿を見せることだろう。

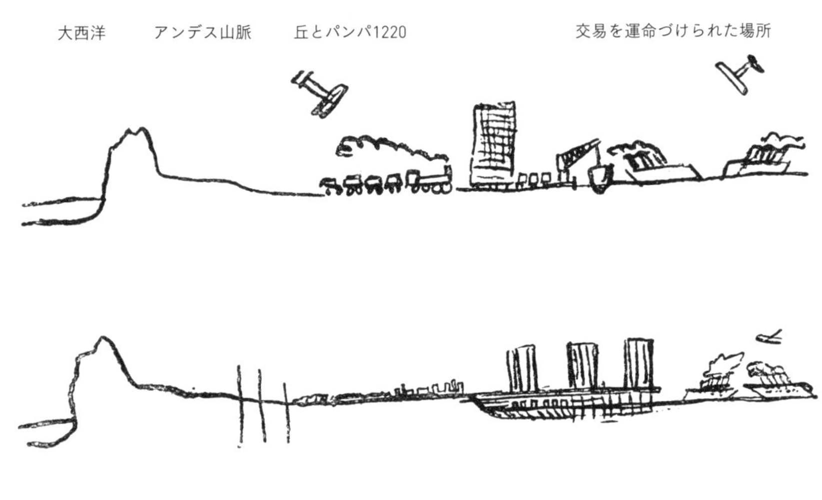

もっとも、ここ、ブエノスアイレスの陸上に余地はない。

しかしながら、海底の岩の上に建設されたリオ・デ・ラ・プラタの水上なら、商業地区をつくることが可能である(『詳細』(パリ、クレ・エ・シー社、新精神叢書、1929年)を参照のこと)。

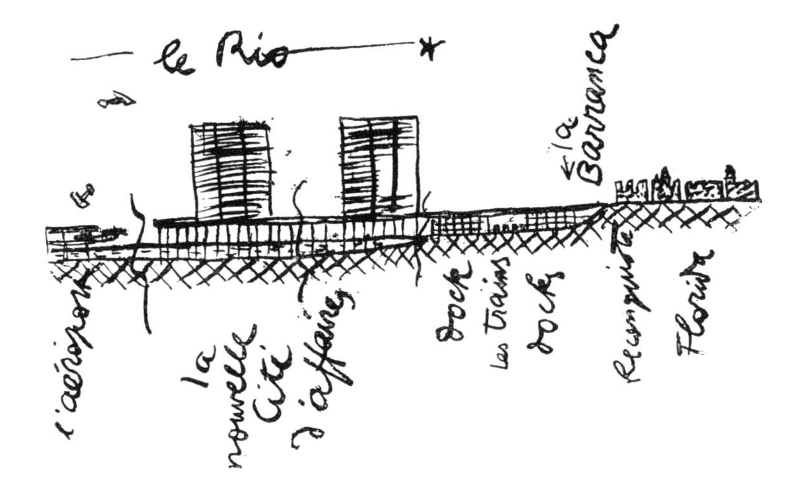

ブエノスアイレスでの講演会におけるスケッチ。いくつもの「着想」は図形で表現できる。

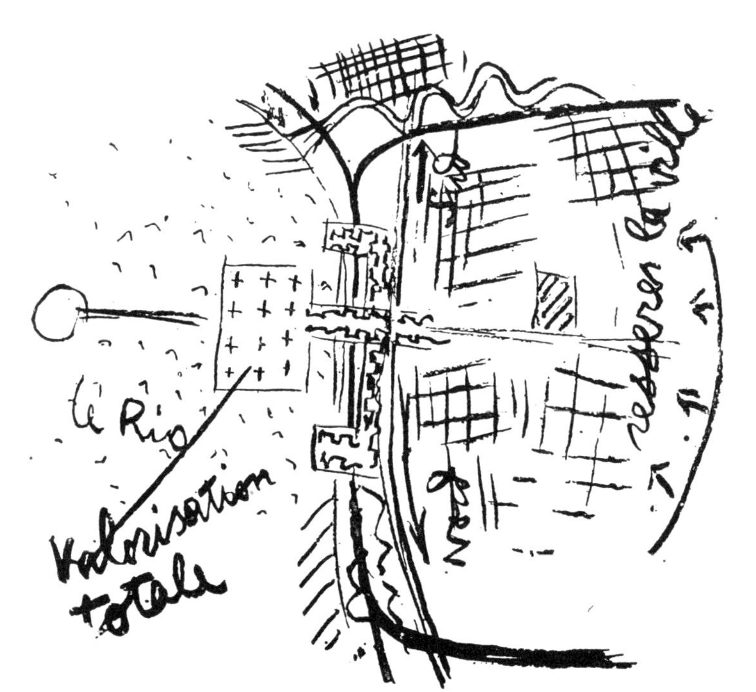

ブエノスアイレス、ここ20年で急激に発達したこの巨大な原形質は、緊急に都市化を進めて、生命維持にかかわる導管を受け入れなければならない。水路や鉄道の整備、その細胞状態の改善をはからねばならないのだ。
都市化の行動指針。

巨人と神の戦い（ギガントマキアー）か?
いや！ 木々と公園による奇跡が、人間的尺度を回復させるのだ。

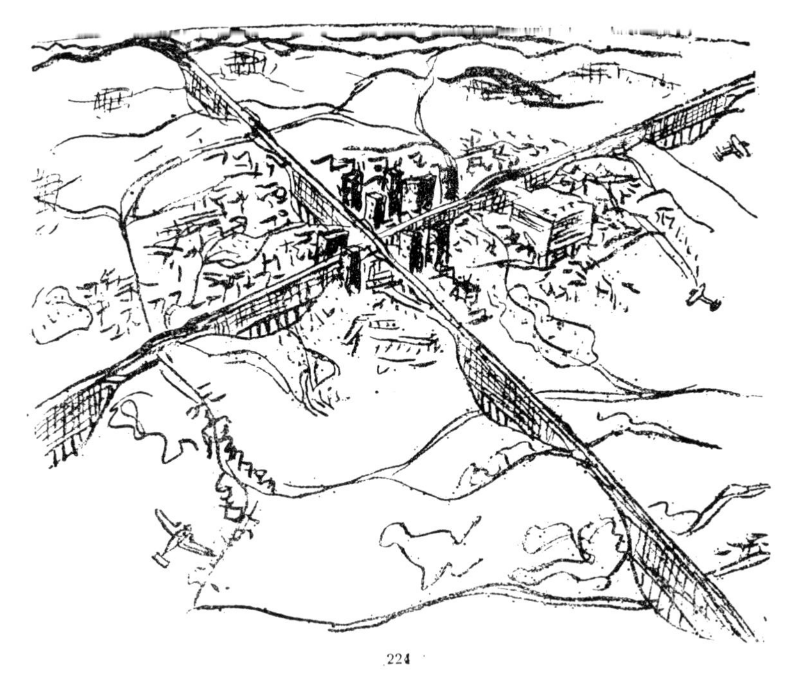

224

サンパウロの知事は私に言ったのだった。「われわれは途方に暮れています。都市の混乱にどんなふうに対処すればよいのか、もうわからないのです」と。
答え。このように整理すること。

港や都市を巡るこの南米旅行で、ゆったりと船に揺られて心は休まったが、それは驚くような刺激をもたらした。「論争を通して」、日常空間にいるとき以上に、明快で切れ味の良いアイデアがつぎつぎと湧いてきた。それは、建築と都市計画に関してすでに長いこと行なわれてきた熟考を肥やしに培われた、力強い構想である。

ブエノスアイレス：「街が窒息しているだと？　後背地や地方の中、遠く奥深くに発する、生命維持に必要な要路を造ってやりたまえ。［都市は］集中せざるをえない場所だから、空いた土地がないだと？　海へと出て、水上に建てたまえ。何ということはない。簡単なことだ。」

モンテビデオ：地形が手ごわいだと？　古い町が港に向かって垂直に落ち込んでいる？　場所がないだと？　しかしそれなら人工の土地を造りたまえ。そして、そのてっぺんに水平な大通りを引くことで、自動車にとって悪条件な通りと、危険で迷路のような坂道を取り除きたまえ。

サンパウロ：谷と丘の中で完全に身動きできなくなっているだと？　街を横切ることも、交通を集中させることももはやできないだと？　しかしそれなら高いところに、上のほうに、街の上空にそれ［通り］を造りたまえ。そこならふさがっていない！

モンテビデオ。
とても簡単ですよ！
価値を上げるのも、
効率を良くするのも、
素晴らしい建築だって。

リオデジャネイロと、その夢のように美しい港。ただし、家々からそれを眺めることはできない。もう何かを建てる場所はない。交通手段をひねり出すか？　道を切り開くか？　どこに？　閉ざされたものや孤立したものなど、およそ10もの湾があるのだ。迷路のような通りを歩き回る？　たちまち、町全体の様子がわからなくなる。飛行機に乗って、見てみるといい。そして理解し、決心したまえ。

飛行機で描かれたスケッチ……構想の誕生。

ここでは、古典的な都市計画が、中庭や回廊通路などを再び設計してしまった……

これが私の構想だ。人工の土地、新たに建てられた無数の住居、そして交通のために……　思い切った手段で難問を解決する。

建築？　自然？
「大型客船」が港にやって来る。水平に広がるこの新しい都市は景観の壮大さを際立たせる。夜、幅広い光の帯が一面に広がる様を想像してみたまえ。

リオデジャネイロ：建設用地がもうない？　湾の狭い縁に沿ってそびえる山々を手とすれば、都市の交通は、手の指のように海へと落ち込むいくつもの崖にさえぎられている。

人工の土地を造り、それを大量に積み重ねたまえ。都市の上空に身を置きたまえ。都市の上空を飛びたまえ。コンクリートの柱、「ピロティ」があなたがたと大地を繋ぐ。するとたちまち、それによって都市は一気に発展し、市にとっての莫大な収益となり、湾から湾へ、つまりの手指のあいだの交通連絡の問題も解消する。ルートを遮断していた指の上に、都市が築かれるからだ。地上 100m、そこなら人は自由だ。

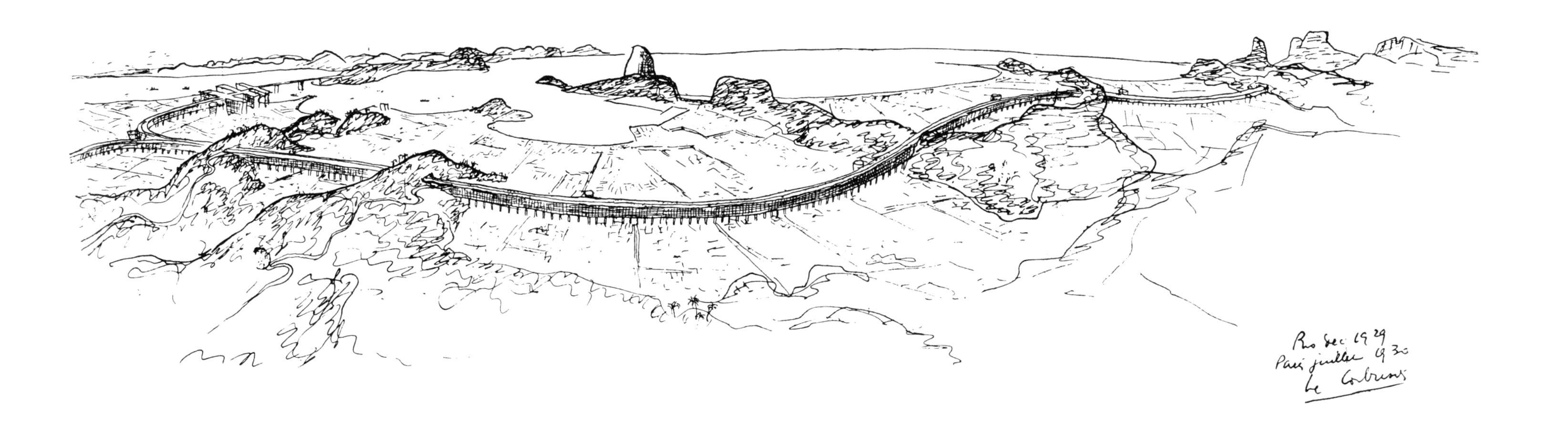

丘から丘へと、都市上空に渡された、海抜100mの高架の高速道路。

設計図に書き込まれたテクスト。

「海抜100mに全長6kmの高速道路――建設される都市の上方、40mのピロティの上に渡された高速道路――を建設すれば、高さ60mの下部構造は住宅として利用できる。

6km × 15階 = 90kmのアパルトマン

20mの奥行きで90km = 180万m²のアパルトマン

住民1人あたり20m²の表面積を割り当てると180万/20m²となり、想像しうる限りもっとも好ましい条件で9万もの人を住まわせることができる。

居住面積1m²あたり130フラン（例えば、パリだとして）で貸し出せば、年間の家賃収入は2億3400万フランになり、10%で23億3400万フラン、5%で46億8000万フランが資本化される。

それで工事費用を支払い、そして……事業を起こすのである！

こうすれば、都市化を行なうことにより、金を稼ぎ、**余計な金を出す必要はないのである**」。

プロジェクト**A**（弾丸計画）

1931年

フセイン・デイ
（市外区）

海抜100mの高速道路
（18万人の住民を収容）

海沿いの、海抜10mの高速道路に
至るスロープ。

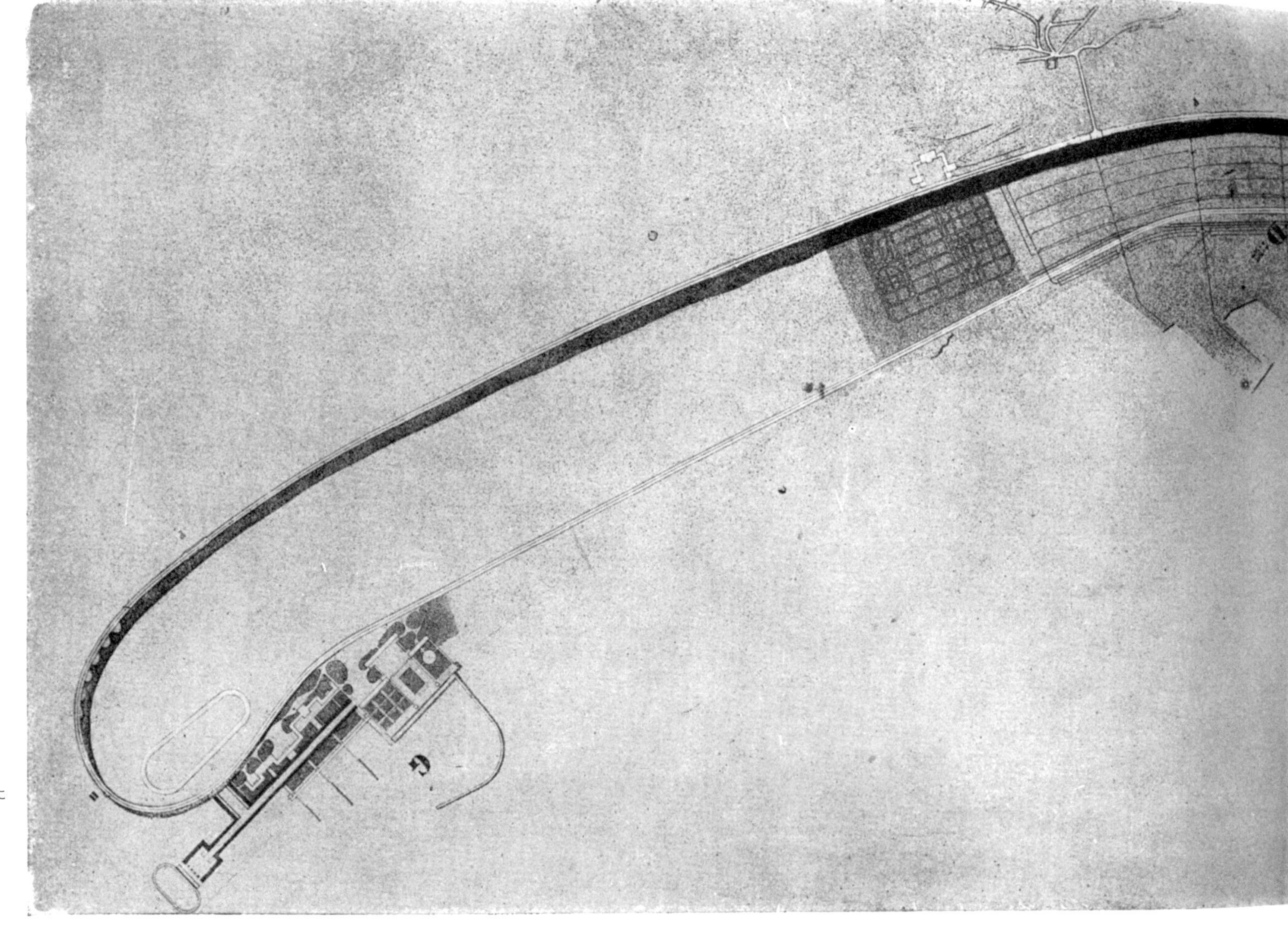

新しい運動公園と、海水浴場。

4. 1931-1934. ALGER

1931-1934年　北アフリカの首府アルジェ

商業港の体系的な整備

高速道路（海抜150m）
フォール・ランプルールの雁行型（22万人の住民を収容）

サン＝トゥージェーヌ（市外区）。海抜100mの高速道路と、海に面した海抜10mの高速道路とを繋ぐスロープ。

保存されるイギリス人埠頭。ゴンドラ。商業地区。
長距離バスの新しいターミナル。

CAPITALE DE L'AFRIQUE DU NORD

LETTRE À UN MAIRE :

市長への手紙

アルジェ市長、ブリュネル殿に

「1933年12月、パリにて

賞賛と羨望に価するたゆまぬ意志と広い視野をもって、あなたは大いなる将来を課せられた都市の行政に当たっておられます。

混乱した世界経済において、独断的で忌まわしい集団が跳梁跋扈しております。新たに統合された国々、再統合された国々、偉大な新しい連合体が、危険ではないグループを作るため、立ち上がるに違いありません。身近なグループのひとつが、地中海を中心に形成されたグループです。さまざまな人種やさまざまな言語、しかし、1000年にわたるひとつの文化――ひとつの実体がまさしくそこにはあります。「プレリュード」という機関紙を通じて活動しているわれわれの研究グループは、今年すでに新しい連合体のうちの一つの主張を提示しました。以下、十字型に配置した4つの文字が、それを簡単に表しています。

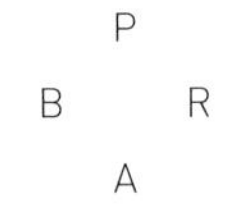

これはパリ、ローマ、バルセロナ、アルジェです。この連合体は、ドーヴァー海峡から赤道アフリカまですべての気候を股にかけ、子午線に準じて南北に広がって、あらゆる需要と供給を集めています。

アルジェは植民都市であることをやめ、アフリカを先導する存在です。アフリカの首府になろうとしています。これはアルジェの前に横たわった大いなる使命であり、素晴らしき未来でもあるのです。だからこそ、都市化の始まりを告げる鐘の音がアルジェに響き渡っていなければならなかったのです。

市長殿、あなたの支援の下、さまざまな問題が少しずつ明らかにされてきました。愛国心にあふれた市民たちのグループ――弁護士会会長のレイ氏の主宰する「アルジェの友」――は、新しく、めったに理解されず、本来の意味ではめったに言明されなかった真の重大さを理解して示されるまれな問題について大規模な調査を行ないました。

1931年、私は「現代技術によって達成された建築の革命」と「大都市の都市化の問題に解決をもたらす建築の革命」について、アルジェの公衆に説明してほしいと、この委員会から名誉にも頼まれました。

講演はカジノの新しいホールで行なわれました。私にとって名誉なことに、あなたは司会を務めてくださり、また当時はアルジェ内閣官房長官で現在はチュニジア総督であるペイルトン氏には、もうひとつの講演で司会を務めていただきました。

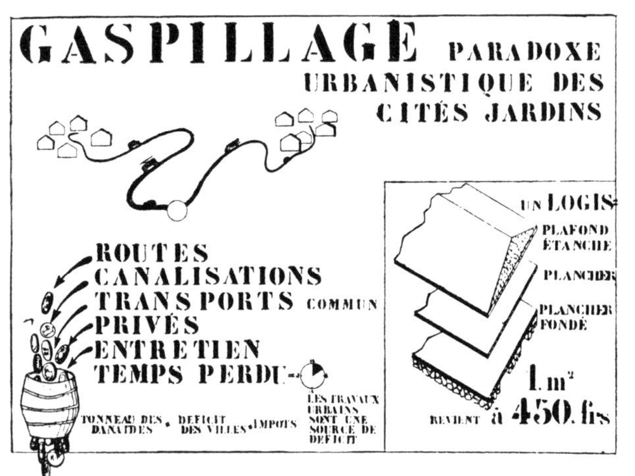

浪費
田園都市の都市計画上の矛盾

道路／配管／公共交通／私生活／生活費／空費した時間

ダナイデスの樽［浪費］・都市の赤字・税金
都市の工事は赤字の原因である。

住居／防水の天井／床／基礎となる床／1㎡あたり450フランになる。

私が船から降りると、弁護士会会長のレイ氏は以下のような重要な忠告をしてくれました。「とくに、45分以上は話さないで下さい。アルジェリアの聴衆は講演者の話をそれ以上聞きつづけることに慣れてませんから」と。しかし、私は聴衆に埋め尽くされた部屋で4時間にもわたって話しつづけました。そして3日後、私は同じ部屋でまたもや4時間話しました。もっとも、廊下にまで立ち聞きの人があふれかえっていたという違いはありましたが。つまり、都市化の始まりを告げる鐘の音がアルジェに響き渡ったとき、人々は決して無関心ではなかったのです。

かくしてあなたの街やその住民の方々との繋がりを持ち（気持ちの面での繋がりが大部分ではありますが）、近いうちに大きく発展するという感触を得たので、私は組織的な計画を――もちろん無償で――提供することを、要するに構想を提供することを、「アルジェの友」に約束しました。

私はこの構想を1年以上にわたって練り上げました。研究を掘り下げ、実を申しますと、出来合いのプランを今現在の環境に適合させようとするのではなく、どのような輪郭によって、どのような概算によって、どのような対策を取ることで、あなたの街は発展しうるか、発展すべきか、ということを探求しておりました。

このような作業は突撃行動のようなものです。前に向かって、何ものかを探し求めて突き進みます。探しているのは、発射の方向、正しい方向です。発射の調整はその次に行なうでしょう。

1933年、私は自らの計画を説明するため再びアルジェにやってきました。

錯覚してはなりません！　市長殿、私の発表に毎回聴衆の最前列で出席なさるほど、この上ない敬意を示してくださったあなた、そのあなたご自身が、私に「それには100年かかる!」と仰られたとは。

公的な仕事であれば、私は疑う余地のない真実を明快な設計図にして示すでしょう。しかし、そこで聴衆たちは首を横に振って拒絶の態度を示し、「もしがそれが本当で、そんなことが可能なら、もうそうなっていたはずではありませんか!」と言って部屋を出て行ってしまいました。

私の計画（プロジェクト）（広範な問題に取りかかる第一の段階）は、弾丸計画とでも言うべきものでした。その目的はただ発射の方向を定めることだけだったのです。

市長殿、どうか私のこの計画（プロジェクト）をご認可ください。というのも、私が初めてアルジェに参りました際、市当局は素晴らしいことをしてくださいました。臨海地区の全面的解体の決定のことです。おかげで、過密都市の真ん中にまっさらな土地が、現代のあらゆる要請に応えられる土地が、この世に存在することになったのです。しかし行政（公共機関）は、ある計画を立てていました。その計画は、現在のあばら家の場所にそれまで通り賃貸家屋の区画をいくつも造成することでした。アルジェが都市化の鍵を見出せるまさにその場所で、行政（と銀行）は、ただ住居を取り替えるだけで充分だと考えていたのです。それとは別のものが必要であるということを、そこがアルジェにとって一等地であるということを、私は何とか示そうと努めてきました。「ここに商業地区を、アルジェの「シティ」を設置し、アルジェの生命軸となる高速道路（海沿いのものと垂直方向のもの）を造らなければならない」と申し上げてきました。

そうこうしているあいだに、あなたの市議会は、私の有能な建築家であるプロスト氏に、街の拡張計画の立案を担当させてくださいました。議会はまた彼に、技術者であるロティヴァル氏の支援を与えることになりました。ロティヴァル氏は――これは彼自身が親切にも言ってくれたことなのですが――私の都市計画理論に完全に賛同しており、このときとばかりにそれを適用しようとしています。

したがって、私の計画（プラン）は賛同をいただけたというわけです。

以来、さまざまな新しい提案がアルジェにあふれております。この夏、あなたがパリを訪問された折には、長距離バスの発着所とチャーター機の発着所を伴った「シティ」について、内容を一新した検討案をお渡しさせていただきました。

最近、私のパリでの同僚であるカサン氏は、海岸線沿いの大通りに客船ターミナルと長距離バス発着所を組み合わせる計画をアルジェの審査に委ねました。プロスト氏とロティヴァル氏は、政府の新しい庁舎を街の交通と結び付けるための大胆な解決策に取り組んでおります。

いくつもの取り組みが連なり、補完し合っています。というのも、アルジェは人を引き付ける中心となりつつあるからなのです。提案の段階も変わりました。われわれは古い都市計画から現代のものへと移行しております。私の1932年の弾丸計画も、もうすっかり遠い昔のものとなってしまいました。そして辛抱と勇気と信頼でもって私の提案の基本的な考えに従い、本日あなたに、かくも重要で欠くことのできないこの「シティ」を、近いうちに、いや今すぐにでも必要となるこのプランを、再び提案させていただきます。

では、以下のとおり述べてまいります。

臨海地区はアルジェの顔の軸線そのものの上に位置しています。そのような現状からいって、その街区はこれまで栓のようなものとして、街を二つに——サン=トゥージェーヌ側とフセイン・デイ側に——断ち切ってきました。街は二つに分断されているのです。この栓を取り除くこと（臨海地区の解体）が決められていますが、それを再び建てようという主張があります（行政の計画）。これこそが悪い兆し、不穏な過ちです。そしてこれこそ、私が自らの提案にこだわりつづける理由なのです。

申し上げます。この場所に商業地区を造るのです。実行にあたっての財政的な収益は疑いようがないと思われます（私は目下、厳密な計算を行なっております）。しかしシティ構想は「複合的な」構想です。ですから望みさえすれば、それはフォール=ランプルールの土地開発に必然的に着手できるのです。

市長殿、この主張が私の深い確信に基づいているということを、あなたはご存じのはずです。私はここに、街の未来さえ見ております。

アルジェの人口が10万ないし20万人増えたとして、彼らはどこに住めば良いのでしょう？　すでに苦しめられているアルジェの側面部に、空いている土地などありません！　そこで「田園都市」の登場です。しかし貪欲な距離、エネルギーを食いつぶす距離、太陽の運行に基づいた24時間という宿命的な枠組みから逸脱した非人間的な距離を、どうするのでしょう？

しかしここに、アルジェ港から、すなわち未来の港湾駅（大型船舶、飛行機、バス、鉄道）から400mのところに、20万の住民を受け入れられるフォール=ランプルールの軍用地があります。この土地は海抜150〜200mです。大気は心地良く、この上なく澄み切って健康的です（低地——海抜20〜30m——の空気は健康に良くありません）。フォール=ランプルールからの眺めは驚くべきものです。アトラス山脈、地中海、カビリーの山々などは、世界でもっとも素晴らしい光景のひとつです。すべての住居がこの計り知れない恩恵を受けられるように、建設することができます。「都市計画」とは「人間的」ということです。私はそれらの要素を「本質的な喜び」と形容しました。そしてそこから、日々や季節、歳月や人生のあらゆるときに感じられる、空気や光や空間や自然の美は、実のところ、あらゆるものに優先し、あらゆるものに勝る恩恵であるのだと示したくなったのです。

ところで、断崖の頂にあるこのフォール=ランプルールの土地は、全面的に新しい都市計画の方法を用いなければ開発できません。新しいけれどもいたって常識的で、経済的に容易な、理に適ったものです。

表にはシティを。

裏手には20万の住民のための用地を。

以上が、アルジェの将来に好ましいと私が考え続けている提案です。

そして重要な必然的帰結があります。この雑然とした新しい居住地区に代わって、アルジェのビジネス街（シティ）は使用可能な表面積の50分の1を占めるのみで、残りの98%が空いたままの土地ということになるのです！　沖合から来る船舶が到着する軸線そのものであるこの場所、舳先のような岬、アルジェが顔だとしたらその鼻にあたるこの場所で、98%も自由になる土地があるのです！

かつて海軍最高司令部が専有していたアルジェの歴史的な場所にあるその素晴らしい土地。そしてカスバ（あの素晴らしいカスバを整備することは可能ですが、決して壊してはなりません）に隣接する小さな港。「イギリス人のアーケード」が通っているこの土地なら、これからできる公園の緑地の真ん中に、市民のための施設を建てることができます。アルジェ市はそこに、裁判所、財政委員会、労働取引所、市民ホール等を設置することになります。

3つの要素は以下のようなものです。

市民のための施設——シティ——フォール=ランプルールの住宅街。

市長殿、この構想が実現するのには100年もかかりません。これは今日、今すぐにでも始められるのです。そしてそうすれば、これはアフリカの首府たるアルジェ——パリ・ローマ・バルセロナ・アルジェからなる四辺形の南端にあたるアルジェ——が、遅かれ早かれ行き着く将来の問題の解決に繋がりうるのです。

話を聞いていただけるという希望は失っておりません。私は、確固たる確信をもって取り組み続けます。

敬具」

ル・コルビュジエ

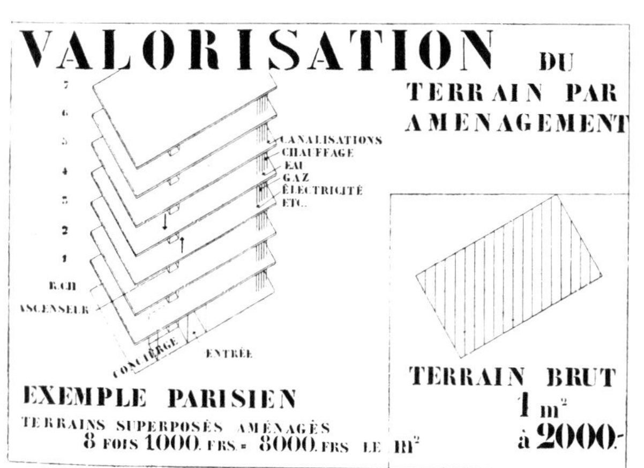

整備による土地の価格上昇

配管　暖房、水、ガス等々／エレベーター／門衛／入口

パリの例
積み重ねられた土地　1㎡あたり1000フランの8倍・整備された土地　1㎡あたり8000フラン

整備前の土地　1㎡あたり2000フランになる。

垂直に伸びる田園都市において整備された土地の、創造

高速道路／駐車場／エレベーター、垂直交通／歩行者／公共サービス／獲得した時間

市の会計力　現代の技術・防音、適切な空気　都市の工事は利益を生む巨大な企てである。

住居／防水の天井／床／基礎となる床／1㎡あたり320フランになる。高速道路が有償だとしても。

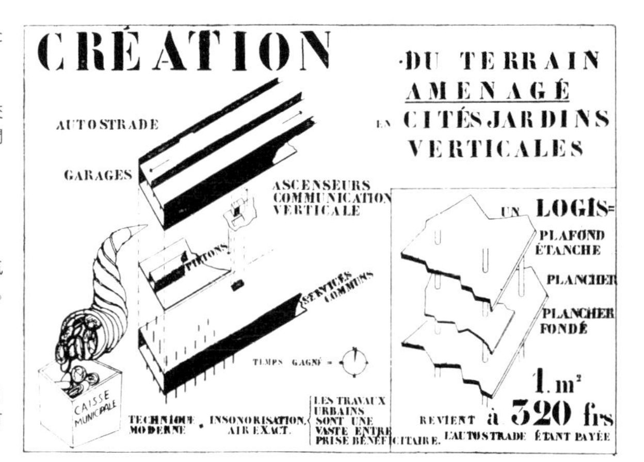

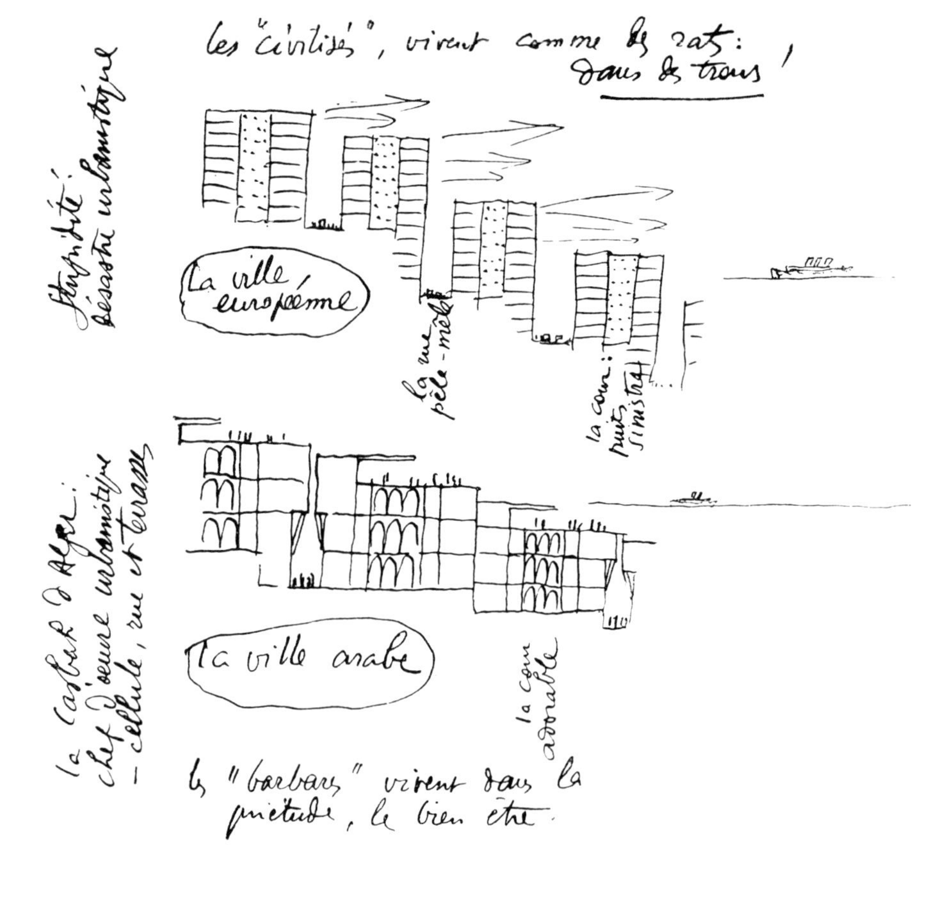

文明化された家々に、排水溝や騒々しい井戸が、カスバの壁にぴったりくっついている。それは問題があべこべだ。つまり、道を作ったが、住居を作ることを忘れてしまったのだ!

カスバの純粋で有益な層状住宅街。都市の屋根となっているこれらのテラスは、1cmたりとも無駄にはしていない。

証人

「異邦人」がわれわれに語りかける

おお、示唆的な資料だ!
アラブ人よ、日没の麗しき時刻に、この日々の瞑想をいまだ行なうのは、あなたたちしかいないのではないか? 空、海、そして山。至福の空間。永きにわたる眺望と瞑想。

ご覧なさい。ヨーロッパの都市では、あの「文明人」たちが、喧騒と狭い石壁の中にネズミのようにうずくまっているのだ!

おお、示唆的な資料だ!
アラブ人よ、清冽な空気、静穏、魅力に富んだ人間的な建築の中で暮らしているのは、あなたたちしかいないのではないか?

鍵 ＝ 個室（細胞）
＝ 人間
＝ 幸福

通りの往来が激しくても、あなたたちの家はそれとは無縁だ。家は通りに面した壁に囲まれている。生活が花開くのは家の中だ。

おお、示唆的な資料だ!
アラブ人よ、あなたたちは、歓待を忘れず、心地よい、とても清潔で、とても節度ある、とても豊かで、とてもくつろげる家の中で、家族と暮らす。

通りとは、過ぎ去る者たちの奔流の河床にほかならない。

証人

砂漠の声

これらの都市は、太陽に焼かれ、突き固められた大地の乾いた表皮であると考えられていた(というのも、家々の扉がわれわれには閉ざされているためである)。

飛行機から見ると、人々の鋭敏さと、賢明で有益な生産計画がよくわかる。内部では、生きた貝のように、庭の味わい深い草木が芽吹いている。アーケードの優美な意匠は、渇いた国のただ中で、真の文明というものを明らかにしている。

岩、砂利、干からびて乾燥した練り土。

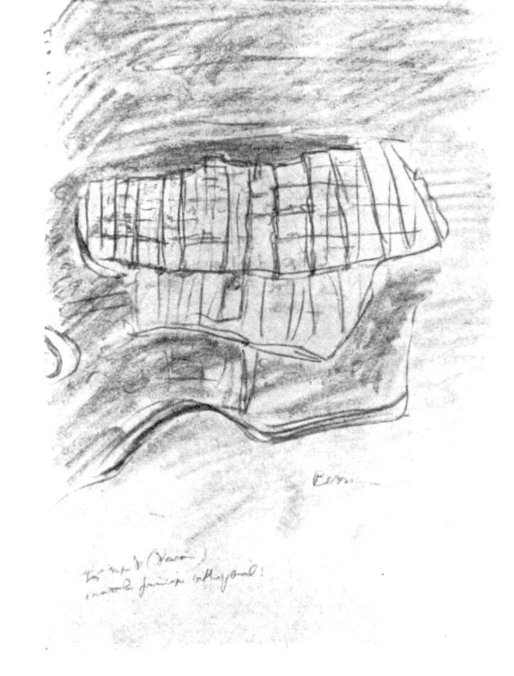

飛行機は、健全な生物学、輝かしい解剖学を明かしてくれる。これはベリアンというムザブの都市であり、そこはヤシ園で囲まれ、地上の楽園のあらゆる木々でいっぱいになっている。

狭い通り、名も知れぬ通路、沈黙する壁。まさに静寂! あのざらざらした壁の後ろで、なにか良いこと、美しいことが起きているのだろうか。

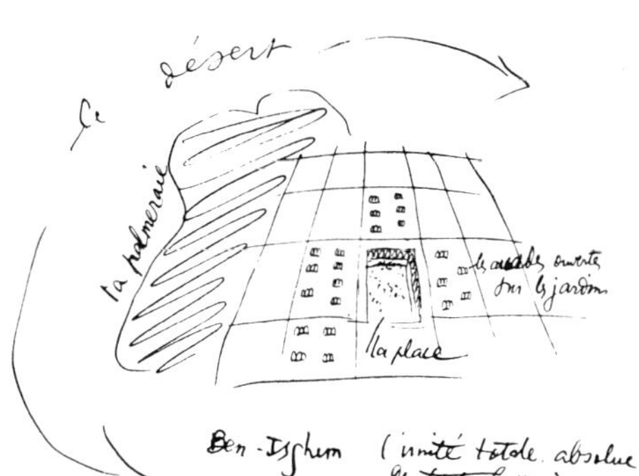

ムザブの別の都市、ベニ・イスグェンだ。なんという秩序、なんという選択、人間の役に立つなんという高性能の道具。

鍵	=	個室(細胞)
	=	人間
	=	幸福

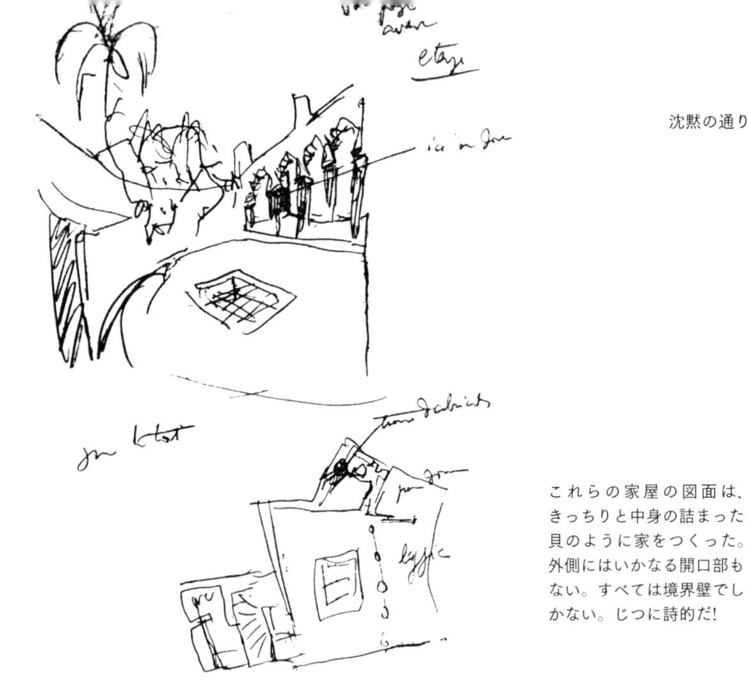

沈黙の通り

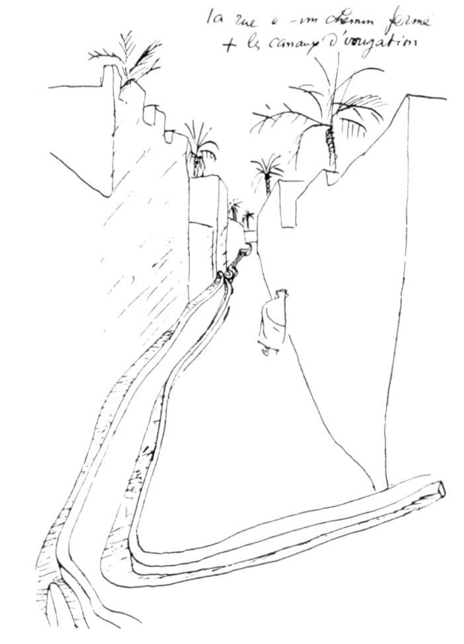

これらの家屋の図面は、きっちりと中身の詰まった貝のように家をつくった。外側にはいかなる開口部もない。すべては境界壁でしかない。じつに詩的だ!

各家の設備は標準のものだ。すべてそこに用意されている。春になると、アラブ人は冬の街を出て、3kmないし6kmのところで、離れた彼らの夏の家であるヤシ園へと入る。アラブ人は絨毯と台所用具しか持ち運ばない。なんという傑作だ!

証人

オアシスの旋律

ガルダイア(ムザブにおける夏の居住地)のヤシ園

ある家の屋根

家には完全に設備が整っている。冬になると、家は打ち捨てられる。すべての扉は開いたままになっている。私は入り、スケッチした。ほかの家に移る。支配するのは同じ掟だ。別の家にも行ってみた。そこもすべて、同じつくりだった。しかし、なんと多様なことか。というのも、想像力の頑固な支えとなるのは、型通りのものなのだ。

砂漠、砂利道、太陽の地獄の灼熱には、人間にとって無駄に見えるが、じつに溌剌とした旋律が鳴り響いている。それは、建築と楽園の草木、流れる水、清冽な空気、花々と果実、ヤシの木、オレンジの木、杏の木、ざくろの木、木陰。シュロの葉とナツメヤシの合い間から見える星々の素敵な夜。

鍵 = 個室(細胞)
= 人間
= 幸福

ある家の庭

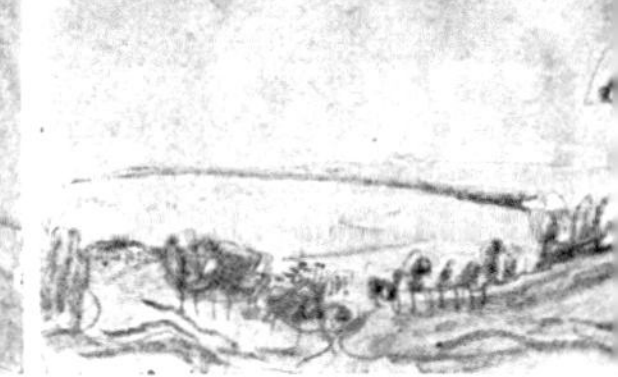

樹木、丘、峡谷の中央に、カビリーの海と山々が現れる。そこを開発しようとする者の手の届くところに、うっとりするような、素晴らしい自然がある。都市の中心から400mのところに!

ブルティのデッサン

アラブ人は、各々の家のために、海の眺望を獲得した。カスバは、巨大な階段、数多の自然の崇拝者に夜ごと埋め尽くされる階段席となる。

フォール=ランプルールの眺望

1832年から、大砲を引っ張り上げることを強いられた兵隊たちが、勾配が一定の現代的な道路をつくった。この曲がりくねった二本の道路は、勾配がきつかったことを物語っている。今日、自動車を家の軒下に持ってこようとして、この蛇行がどんどん増えてしまった。狂気の沙汰! それが行なわれ、行なわれるがままになっている! アルジェは身動きがとれなくなっているのだ。

フォール=ランプルールの眺望

証人

フォール=ランプルールの開発

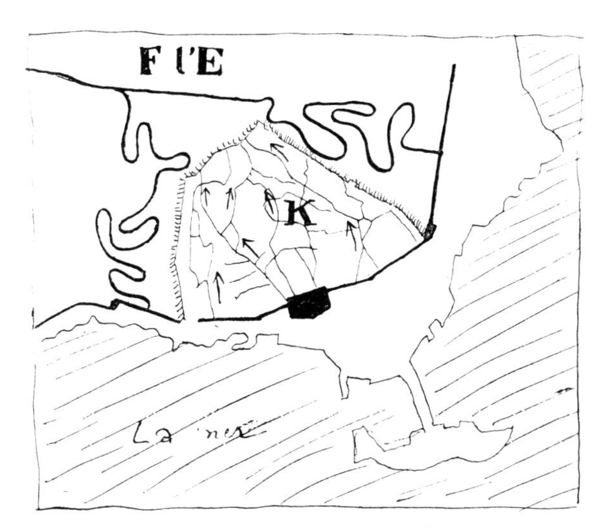

F l'E:フォール=ランプルールの空き地
K:カスバ。そこには階段、運搬人、雌ラバとロバしかいない。車輪の付いたものはひとつもない!

征服戦争(1831)のときの軍人たちは、都市の立派な図面(プラン)を引いていた。彼らは、都市化することを知っていた。アルジェリア(都市と村落)は、軍の設計図によって価値を高めた。ここ50年間で行なわれたこと(あるいは行なわれるがままになったこと)は、哀れな惨状、都市化の否定でしかない。

下のスケッチは最終的なものだ。それはフォール=ランプルールの土地の開発を示している。コロンブスの卵? そうだ! 商業地区の高さは150mで、同じ高さ(150m)の高架道路は雁行型の水平な大通りに達している。商業地区近くには自動車のためのエレベーター。雁行型の大通りは、エレベーターで起伏に富んだ自然の地面に繋げられている。そして、歩行者用のジグザグ道に接続する。

そしてこの図は、フォール=ランプルールの雁行型に積み重ねられた人工の土地が、テラス、空中庭園、高さによって獲得された夢のような風景を臨む大開口部を示す。まだ疑うのか? 市当局よ、フォール=ランプルールの人工の土地を善き神の空気の中(高いところ)につくれば、それは利益を生み出す驚くべき源泉となるだろう。そしてそれは自分でつくりだした金(かね)、すなわち健全なマネーとなるだろう。

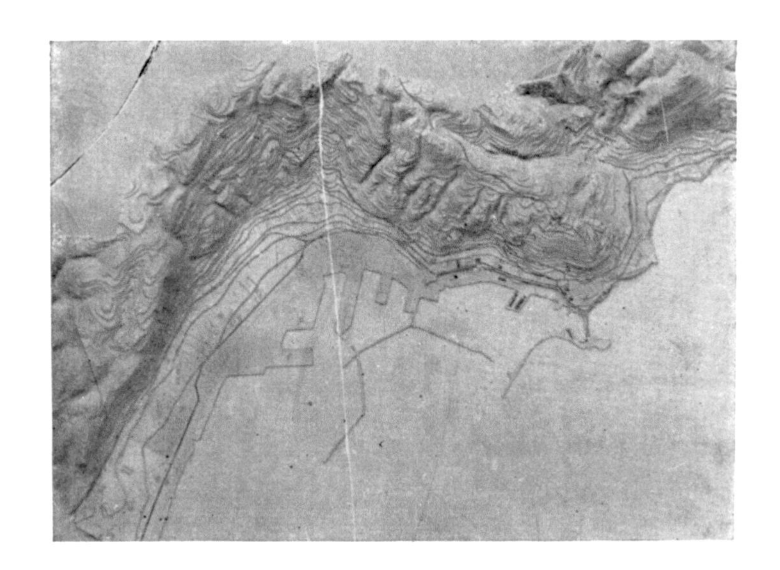

アルジェの断崖。──われわれは、初めて、アルジェの地のこの立体地図を作成した。言っておくが、この立体地図を見たある役人は、今後、パリのことも、ベルリンのことも、ロンドンのことも、もはや模倣できないと認めざるをえなかった。もっとも、20世紀に都市を築く以上、彼らは現代の技術を取り入れなければ、彼の都市に本当の運命を与えることはできないだろう、と言っておこう。
このような立体地図は、都市の開発に携わる各役所の中に置かれることになっている。紙面上の、平面上の、等高線の形で調査研究するのは、限界がある……

フォール=ランプルールの空いた、しかしアクセスしづらい土地は、港と駅から400m離れている。

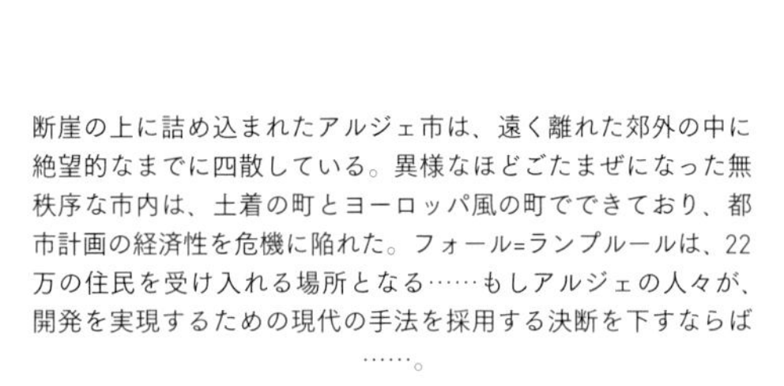

断崖の上に詰め込まれたアルジェ市は、遠く離れた郊外の中に絶望的なまでに四散している。異様なほどごたまぜになった無秩序な市内は、土着の町とヨーロッパ風の町でできており、都市計画の経済性を危機に陥れた。フォール=ランプルールは、22万の住民を受け入れる場所となる……もしアルジェの人々が、開発を実現するための現代の手法を採用する決断を下すならば……。

計画の経済性を示す、アルジェにおける講演で描かれたスケッチ

フォール=ランプルールの地の宝

都市のまさしく中心部にある、フォール=ランプルールの土地

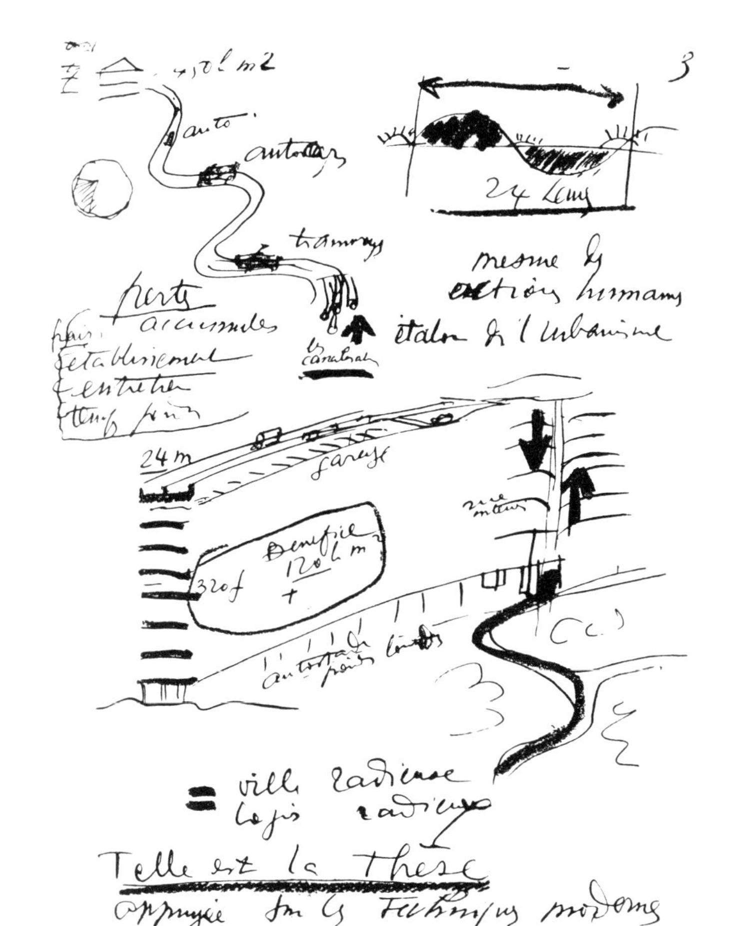

プロジェクトAの海抜100mのところにある大高速道路は、サン=トゥージェーヌとフセイン・デイという二つの郊外を結ぶ。土地は解放され、断崖の束縛は消えた。18万人の住民が、交通手段が同じ場所にあるという最良の環境下に居住するのである。

もし現在の都市計画を採用すれば、それは破滅的な事態だ。非常識な交通条件のもとで、2万人の住民を住まわせられないだろう!!!

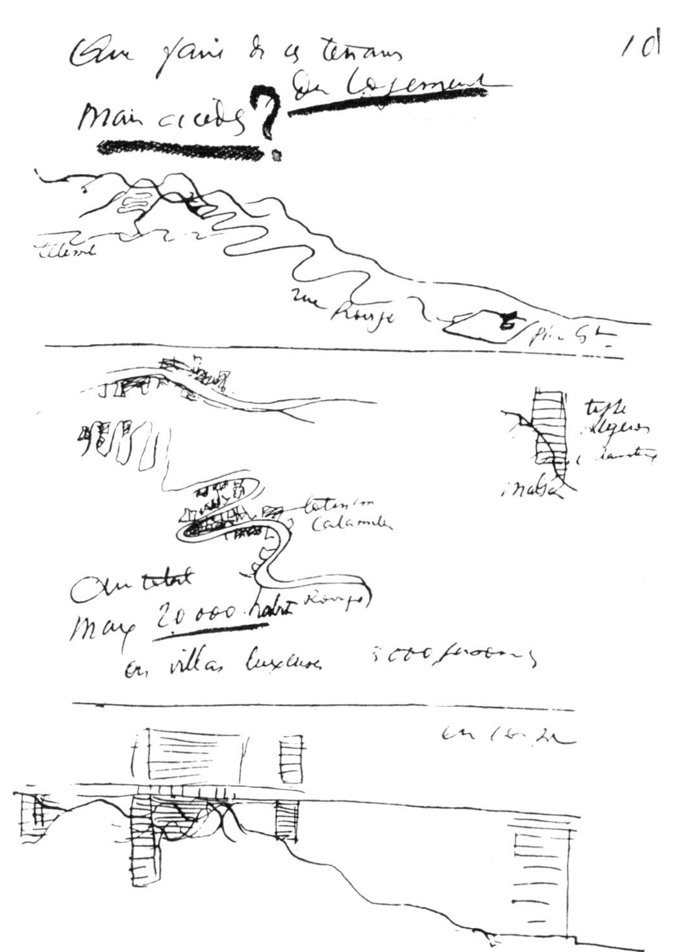

フォール=ランプルールの土地開発。
第1段階：港湾部の商業地区。
第2段階：海抜150mにある高架道路。
第3段階：居住用の雁行型の建設。20万人の住民のための人工の土地。

LE PROJET «A» 1931-1932

プロジェクトA　1931-1932　役所が見積もりをするための数字

1932年3月に検討された草案は次の要素を含む。

1º　幅26m、長さ1万3000m、地上10mの簡素な高速道路の実現。

2º　長さ1万5000mの土地に、幅26m、14階建てで、上層部に高速道路を伴った建物の実現。

3º　31階建てで、床面積2万2000㎡を占める行政機関の庁舎の実現。

4º　(平均)23階建て、床面積約16万5000㎡を占める他の建物の実現。

この草案に則って取り直された見積もり原案は、鉄筋コンクリート構造の施工と土台の掘削にも及んでいる。土台は1㎠あたり5〜6 kgの強度を持つ地面を足場としている。見積もり原案は、同様に、テラスや、高速道路の車道の実現をも考慮している。
階と階のあいだの平均の高さは4.5mである。

1º　作業現場で用いられる資材の価格

a) 建設現場での超速固セメント、1トンあたり……360フラン

b) 粗砂、細砂、舗装用の小砂利、小石、作業現場での1㎥あたり……52フラン

c) 配筋用丸鋼、建設現場での100 kgあたり……125フラン

d) 型枠と足場の木材、1㎥あたり……500フラン

e) 高さ12〜13cmの床下地用穴あきスラブ、建設現場での1000 rendusあたり……1300フラン

なぜ雁行型住宅の形はカーブしているのか?
1° 広い水平線をあらゆる方向に求めるため。
2° 建物の容積を増やすべく、土地の起伏に従って最下層の土台を設置するため。
3° 可遡性ある秩序を備えた創造的事象たる、風景の誘いに応じるため。すなわち、水平線に応えることは、より遠くへと向かい、風や太陽に応えることは、より真実である。叙情的な事象だ、実際、それは気分を高揚させる。何にも増して大切なことであり、これで合理的なやり方は有終の美を飾るのである。

(雁行型住宅の敷地は、1200m×800mで、自然の空間(風景)になる)。

現代の都市!
建築の機能と栄光

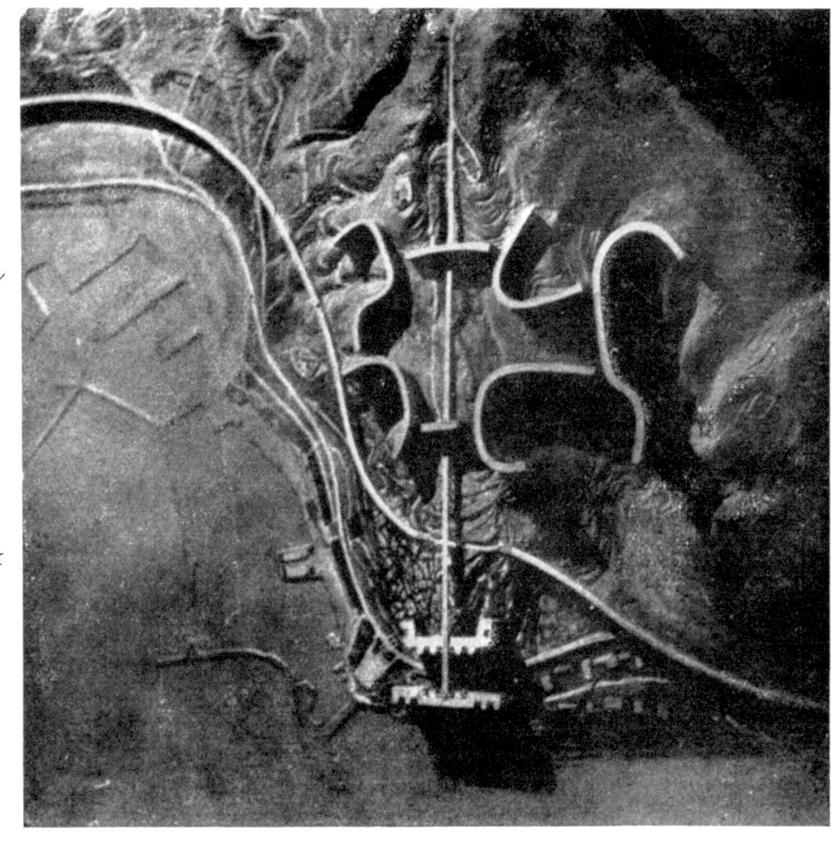

海抜100mの高速道路

海岸沿いの高速道路

フォール=ランプルールの雁行型住宅

港湾駅(大切に守られてきたカスバが見える)

商業地区

2° 経費を差し引く前の価格

a) 鉄筋コンクリート

セメント	0.350 × 360 …………	126 フラン
砂、砂利	1250 × 52 …………	65 フラン
		191 フラン
	人工?…………	55 フラン
	道具保険料…………	6 フラン
		252 フラン

つまり、1㎡あたり平均250フラン。

b) 円柱型鉄鋼 B.A.

100 kg あたり…………	125 フラン
損失…………	7 フラン
人工…………	65 フラン
道具保険料…………	7 フラン
100 kg あたり…………	204 フラン

c) 型枠

返却する木材…………	10 フラン
人工…………	17 フラン
道具保険料…………	2 フラン
1㎡あたり…………	29 フラン

d) 軽量壁

レンガ 12 × 1.30…………	15.60
人工…………	26
道具保険料…………	2.40
	44

	繰越…………	44
調達品	コンクリート:0.075 × 2.52	
	鉄鋼:8.5 × 1.32………	31.50
	型枠:0.6 × 10………	
	1㎡あたり……………	75.50

これらすべての基本価格は、施工期間の大幅な短縮、設備、一般経費、税金等のやむをえない事情を考慮し、およそ2の加算係数で計算した。
こうして、たとえば30階建てのビルに対し、床面積1㎡あたり、次の量を得られる。

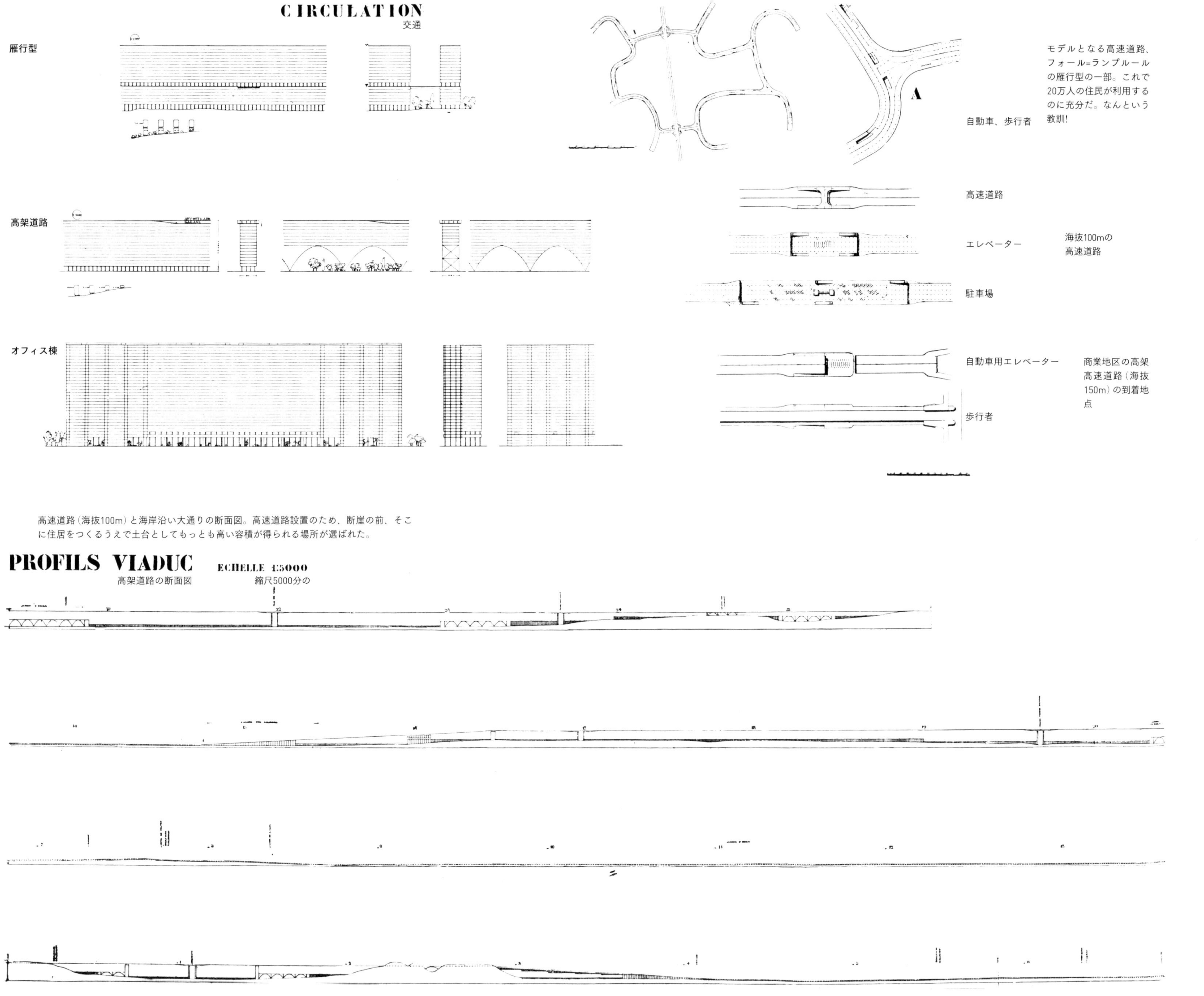
CIRCULATION
交通
雁行型
高架道路
オフィス棟
A
自動車、歩行者
モデルとなる高速道路、フォール=ランプルールの雁行型の一部。これで20万人の住民が利用するのに充分だ。なんという教訓!
高速道路
エレベーター
海抜100mの高速道路
駐車場
自動車用エレベーター
商業地区の高架高速道路（海抜150m）の到着地点
歩行者
高速道路（海抜100m）と海岸沿い大通りの断面図。高速道路設置のため、断崖の前、そこに住居をつくるうえで土台としてもっとも高い容積が得られる場所が選ばれた。
PROFILS VIADUC
高架道路の断面図
ECHELLE 1:5000
縮尺5000分の

この研究は、プロジェクトCにも採用されている。そして、それらのさまざまな要素は、厳密な比例に基づき配置されている。

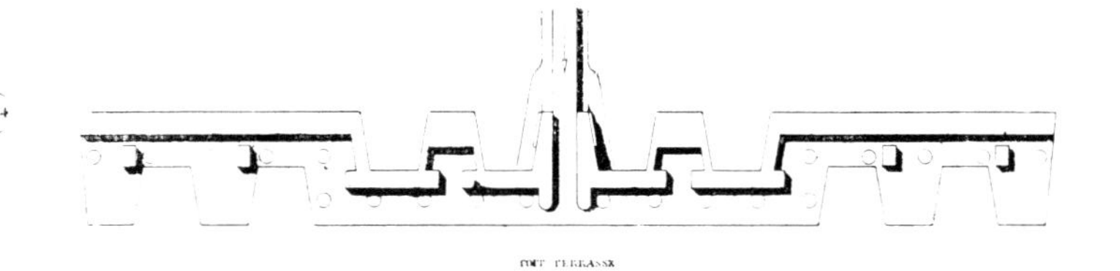

海抜164mの頂上には、カフェと庭園がある。あの高さで、なんという驚異的な眺めになるだろうか!

海抜160mに、自動車の分布が見られる。
中央:大型レストラン。
ウイング部分:オフィス。

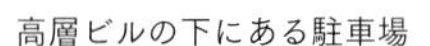

高層ビルの下にある駐車場

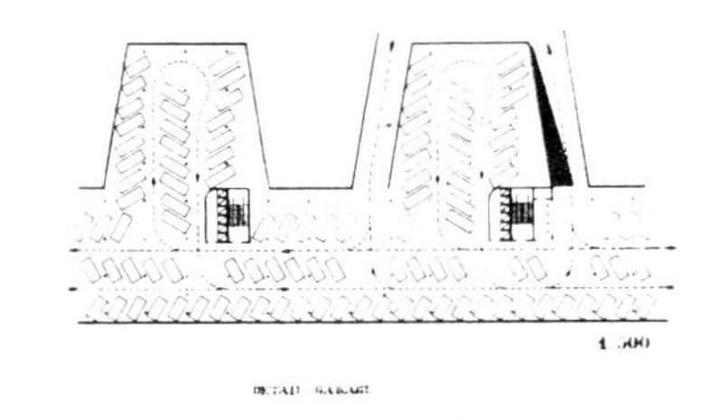

海抜156m:400台収容の駐車場。

オフィスの区分けの例。大規模行政庁舎や個人オフィスなどが選べる。

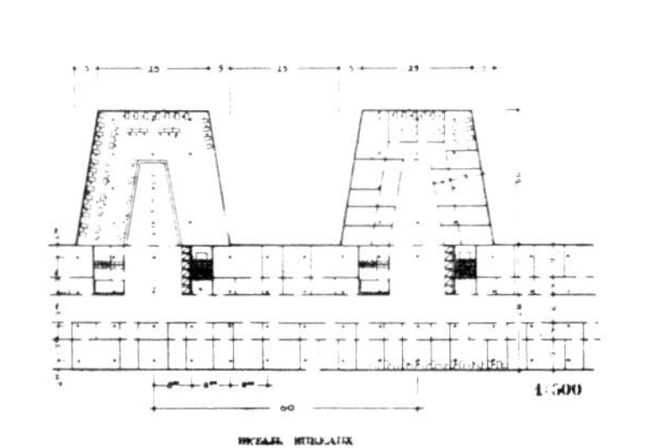

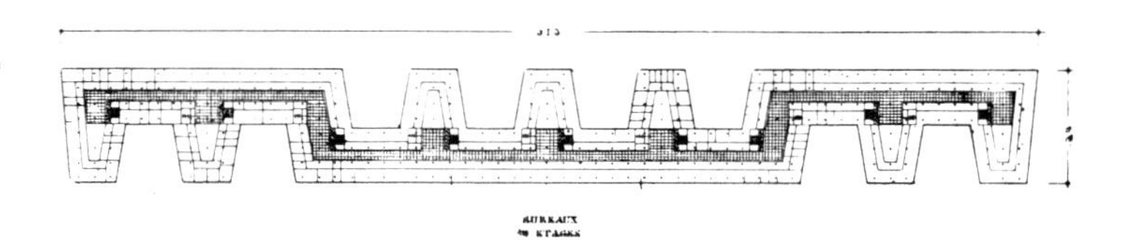

海抜38〜152m:モデルとなるオフィス(あらゆる大きさが選べる)。

プロジェクトA
商業地区は、ここでは大きく考案されていた。

穴あきスラブ:1㎡
柱、土台、梁のための1㎡あたり平均コンクリート0.170㎡
　鉄鋼…… 22.65 kg
　型枠…… 0.678㎡
　掘削:1㎡あたり0.135㎡
こうして床面積1㎡あたりの単価が得られる。
つまり、

全調達品における1㎡の穴あきスラブ …	75.50
コンクリート　0.170×250……	42.50
鋼材　22.65×2.04 ……	46.20
型枠　0.678×29 ……	19.90
掘削　0.135㎡×12 ……	1.60
	185.70
	×1㎡あたり2370フラン

14階分と23階分の床を作る他の要素は、似たような方法で算出され、同様の結果となる。

明らかに、加算係数は非常にさまざまな値となる。容認されうる値は、最大限となるべきであると思われる。場合によっては、1.40まで下げることも可能である。

反対のページに、対応する要点を付けておこう。

要点

1° 長さ1万3000m、幅26m、地上から10mの簡素な高速道路　1㎡あたりの平均価格=1000フラン
　表面積:1万3000×26=33万8000㎡
　およその総額
　33万8000×1000=3億3800万フラン

2° 上層部に高速道路を伴う、長さ1万5000mで14階建ての建物の実現
床1㎡あたりの平均価格:330フラン
屋根の表面積:1万5000×26=39万㎡
屋根1㎡あたりの価格:

330フランを14階分 ……	4620
塗膜と防水……	50
整地……	30
1㎡あたり ……	4700

およその総額
3万9000×4700=18億3300万フラン
(18万人の住民を住まわせるため、すべての道路をこの価格に含めると、地下鉄1本分、3億フランが節約できる)

3° 行政庁舎
　表面積:2万2000㎡　階層:31階
　床1㎡あたりの価格:370フラン
　およその総額:
　370×31×22000=2億5300万フラン
(プロジェクトAにおいて、商業地区は大きく設計しすぎたため、プロジェクトCでそれは1億に縮小される。このプロジェクトCはさらに、市民のための施設に入る建物の用地として更地にした土地から2億の利益が出る)

4° 雁行型。建物。
屋根付きの総床面積:5万5000×30m=16万5000㎡
階層数:平均23
床面積1㎡あたりの平均価格:340フラン
およその総額:
　340×23×16万5000=12億9000万フラン

5° 雑費:3600万フラン

(22万人の住民を住まわせるために、すべての道路がこの価格に含まれる)

したがって、まとめると以下のとおり。
　1° 3億3800万フラン
　2° 13億3300万フラン
　3° 2億5300万フラン
　4° 12億9000万フラン
　5° 3600万フラン
　計:37億5000万フラン
(これが数年間に分けて配分される予算だ。都市はこの価格で40万人の住民を居住させることができ、あらゆる可能性が考えられる。住居と交通の問題はこの申し分のない条件で解決する)
註——これらの工事をアメリカの工法に従って施工するなら、つまり、鉄鋼の特殊な断面を持ち、コンクリートの上塗りでコーティングをされた、金属性の骨組みを用いれば、床面積1㎡あたりの単価はおよそ25%下がるだろう。
　E.G.T.H(大水道工事会社、パリ)によって行なわれた、技術的・財政的研究、1932年12月

EXEMPLE DE VALORISATION DU SOL

土地活用例

われわれは現在流行している田園都市を水平に広げてゆくかわりに、「垂直の田園都市」を建設することを選んだ。われわれは持つにいたった。水平の田園都市は、社会にとって財政的な重荷になる。「垂直の田園都市」は、市民にとっても市当局にとっても莫大な収益となる（もし、工事を発令するのに同意すれば）。

アルジェ：ほぼアクセス不可能で、建物がなく、自由に使え、都市の中心に位置する土地がある。フォール＝ランプルールの丘（海抜約150〜220m）のことだ。この地には通常の5〜10%の勾配の道では到達できず、また、道のジグザグによって生み出されたいくつもの区画上に建てられる賃貸ビルの扉にまっすぐたどり着くのは不可能である。現代の技術のおかげで、われわれはこの地に非常に簡単に到達できる。海抜150mの水平に伸びた高速道路（アウトストラーダ）という手段でその地にたどり着けるのだ。そのためこの地は、住民22万人分の容積を確保するために、きわめて快適な環境下で整備できるだろう（図参照）。そのための第一条件は、海抜150mの水平に伸びた高架道路を作る予備費用を確保しておくことだ。

以下が最終予算である。水平の田園都市のためには、例えば、1世帯6人（平均）に300㎡、つまり2万2500フランが必要である。22万人分だと、

$$\frac{22万}{6} = 3万6000世帯になる。$$

3万6000世帯に2万2500フランの土地＝8億1000万フラン

結論：フォール＝ランプルールの今のところ不毛な土地は、もし実用的な交通の便（アルジェが夢見ることのできるもっとも驚異的なアクセス方法）が確保できて、活用されるなら、**価値ゼロから8億1000万に変貌する**。それを前提として、アクセス用の高架道路の支払い、シンプルかつ安全に利益の上がる事業を当局に売却するのである。**そのような事業ならばぜひやりたいと、当局も望むだろう**。

＊　＊　＊

土地活用の他の例：**水平の田園都市**。居住のために欠かせない要素は、土台となる地上階の床、中間の床、防水天井である。これら三つの要素に、1㎡あたり平均450フランかかる。

垂直の田園都市。――アルジェ計画における、海抜100mの、サント・ユージェーヌとフセイン・デイをつなぐ大高速道路を考えてみよう。そこでは、高架道路のピロティの下の地上で、車の通れる道が設けられる。また、その頂上（海抜100m）には幅**24mのモデル高速道路**が、その下には駐車場の階層がある。高架道路の残りは、すべて4m50cm間隔で積み重ねられた床が作られ、それらは実のところ垂直の**田園都市の重なり合った地面**と同じものである。これらの床は、われわれが先のケースで挙げたもの、つまり土台となる床と防水天井に、中間の床を任意に配置したものだ。

こうした垂直の田園都市型の**建造物**の原価はいくらだろうか？　計算すると、次のようになる。ピロティの下の道路は**通行料を取り、上層部の高速道路もまた同様に通行料を取るので**、床1㎡は320フランとなる。 それは、積み重ねられた田園都市の家屋の床だ。した

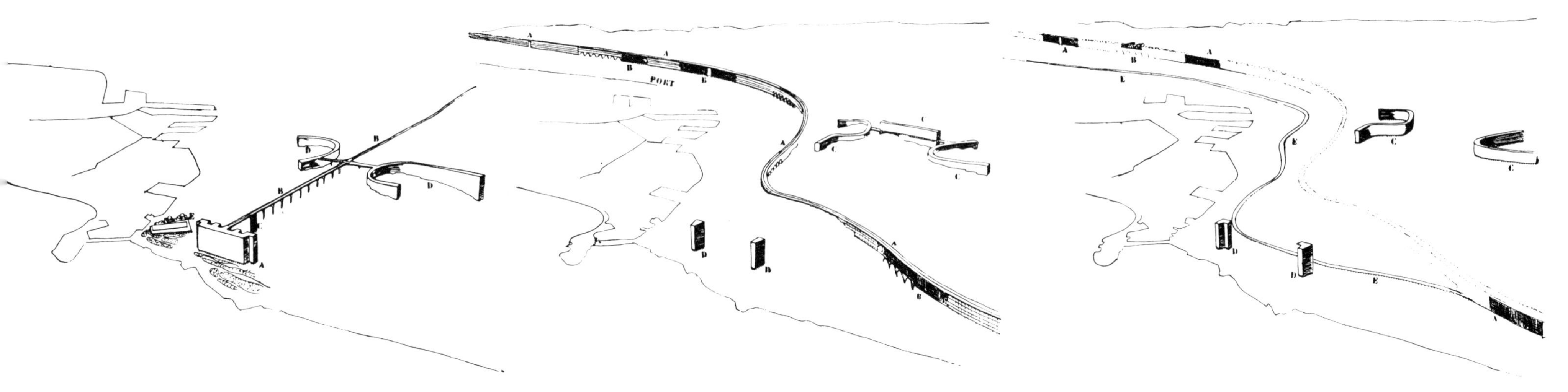

アルジェの都市化の4つの要素を建築するにあたって、数年にわたる漸進的な段階。

1º　商業地区（A）。港湾部での最初の事業。次いで歩道橋（B）の着工。さらに雁行型の2つの部分から成る下部構造。エル・ビアルに向かう頂上の道路の継続。

2º　海抜100mの高架道路の工事。海抜100mに橋板が建設される。下部構造はむき出しで、中は空洞である。ところどころ、下部構造（B、2つ目のデッサン）は住居に整備される。フォール=ランプルール上では、モデル高速道路の下に住居のブロック（C）が築かれる、等。

3º　年々、海抜100 mの高架道路の下部構造を住居に整備していく。フォール=ランプルールの雁行型の建設は続けられる。等。

歩道橋の実現に際して適用されたのが、「テンション構造(tensistruttura)」(ローマ)という、私の友人のフィオリーニが考案した方式だ。

アルジェの住民よ! われわれはここでほら、海抜100 mの高速道路を全速力で車を走らせ、絶景を見下ろしている(というのも、**その景色を見て、征服し、築き上げたのだから**)。私は幻想で自分をごまかしているわけではない。そうではなく私は言おう。アルジェの住民よ、アルジェの市民は、世の眼前に、近代のこの都市を作り上げ、あなたたちは、市民が世界に向かってこの現代都市を建設したなら、きっと誇りを持ち、幸福になるのだ!

アルジェの先例:「イギリス人のアーケード」(234ページの写真参照)は建設(1850年頃)以来、そこには漁民たちが住みついている。彼らの頭の上で、車がさかんに通行している。アルジェのもっとも大きい通りは、彼らの頭上にあるのだ。さて、ところがここでは家族を住まわせるためにとくに役立つものは何ひとつ考案されていなかった。一方で、海抜100 mの高架道路が最適条件のモデル住居となっている。

1934年7月、トリノのフィアット社の工場に招かれ、私は地上40mの作業場の上に、私がアルジェのために自発的に考案したような高速道路が作られているのを見つけた。1920～1921年に、私はすでに「新精神(エスプリ・ヌーヴォー)」誌の中で、上院議員アニエッリ氏がトリノに作った彼の工場の最先端の構想を称えたことがあった。それからそのことは忘れてしまっていた。1934年に、私はフィアット社の屋上で全速力で車を走らせ、そしてわかったのだ。見て理解するすべを知る人々にとっては、ここに証拠があったのだ、と。

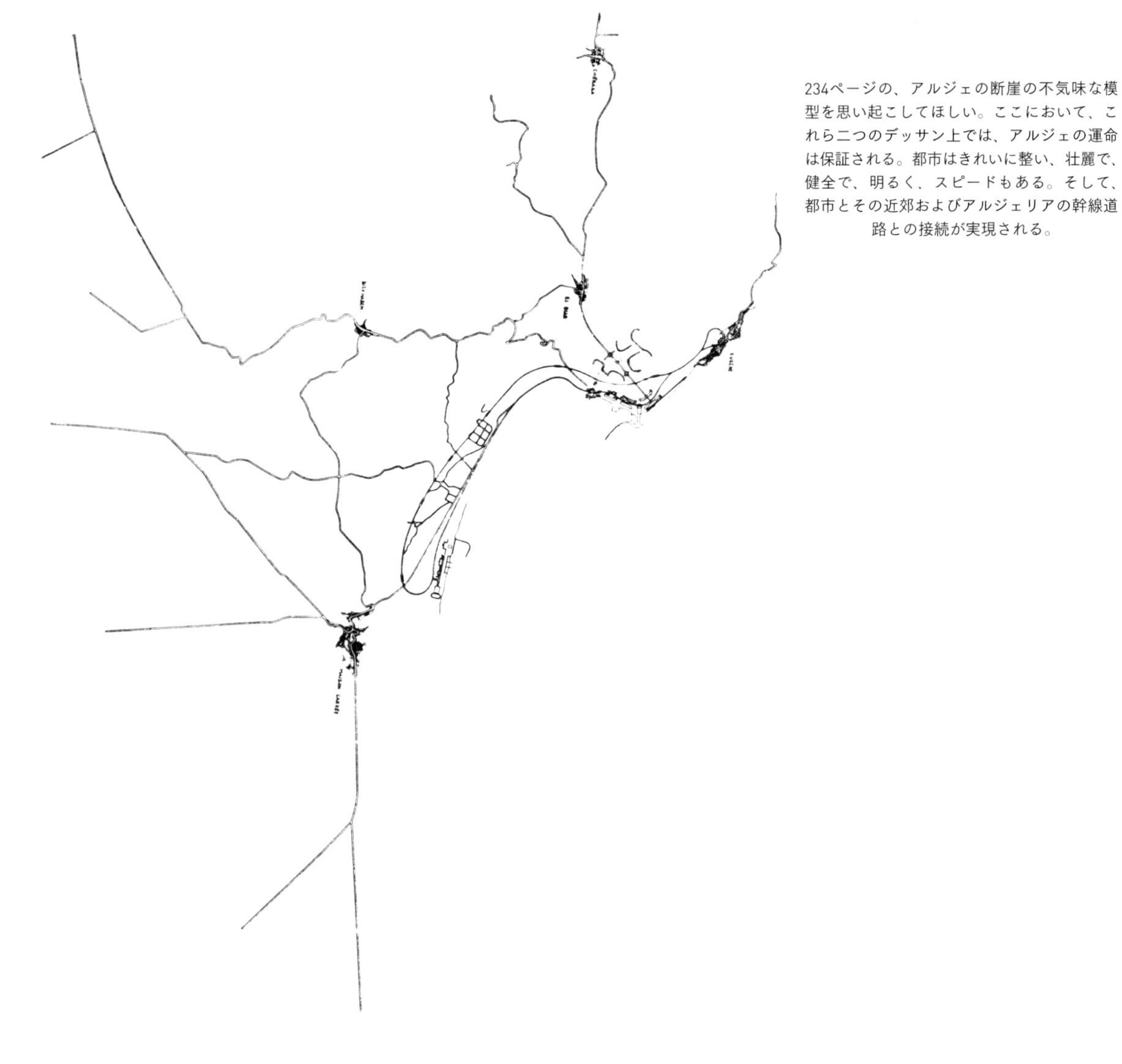

234ページの、アルジェの断崖の不気味な模型を思い起こしてほしい。ここにおいて、これら二つのデッサン上では、アルジェの運命は保証される。都市はきれいに整い、壮麗で、健全で、明るく、スピードもある。そして、都市とその近郊およびアルジェリアの幹線道路との接続が実現される。

幹線道路への接続

がって、積み重ねられた田園都市の家屋1㎡あたりの費用は、水平の田園都市の家屋1㎡に比べ、130フランの節約になる。

高架道路にずっと沿って積み重ねられた土地は、450万㎡になり（全区画分がつくられたとき）、450万×120フラン／㎡、5億4000万の収益となる。これが、水平の田園都市の原理ではなく、**垂直の田園都市の原理に基づいた都市開発がもたらす経済性**である。

この収益に、高速道路が地下鉄に取って代わり、地下鉄が廃止されることで浮く金（3億）を加えねばならない。

さらに、高速道路の下に位置する駐車場の、まるまる1階分の賃料収益がある。

以上が、18万人を受け入れることのできる高架道路の収益である。

あとは、節約として、その結果の（現在のシステムの）収益として、**一般道路とアクセス道路**（水道、ガス、電気を敷設する用地整備工事を伴う）**の全体が**そうだ。ちなみに、**水平の田園都市が18万の住民を引き受けるとなると、そのための道路をつくらなければならないだろう。**

指摘しておかねばならないのは、高架道路の中に作られた住居（細目にわたる研究が厳密に行なわれる）は**アルジェ市**にとって、つまり高架道路の住民全員にとって、**最良の条件を満たす**、ということだ。**その条件とは、海あるいは丘に面した素晴らしい眺め、上層の高速道路**（海抜100m）**とピロティの下にある下層の高速道路が即座に往来できることで、高架道路の住居が最も速い交通と同じ場所になっている、ということである。**

ここでひとつ疑問が出てくる。高速道路（海抜100m）は一気に建てられねばならないが、垂直の田園都市の中間の床はもっと後でつくられ、とりわけ、年々必要に応じて住宅が整備されるとすると、市や政府との契約の保障だけで、高架道路の建設に必要な資金を前もって融資してもらえるのか。

これらの展望は、将来20年で、フォール＝ランプルールの土地に、労働者人口のうち18万人を最良の居住条件で、22万の住人を超快適な条件で、住まわせねばならないことを見越して、融資が行なわれるのである。

これが新しいアルジェだ。かつて湾やサエルの丘を汚したみすぼらしい家々の代わりに、このように建築物が立ち並んでいる。……建築は、巧妙で、規則に適った、素晴らしいゲームで、光を受けてくっきりと浮かび上がる。

価値観を同じくする多くの議論によって、現代の技術の合理的な活用に基づく、現代的な都市開発の必要性が説かれてきた。

例えばこうである。

「ファサードのガラス面」の、

「内部の自由な平面」の、

「正しい呼吸（サン＝ゴバン研究所の結論参照）」の、時宜を得た活用。

これらの新技術を適用すれば、建物の二つの面に日光を当てることで、**アパルトマンの通常の奥行きを3倍にできる**（光の進入路は「内部通路」によって確保されている）。壁は3分の1に削減される。

結果、通りは3分の1の長さになり、都市は3分の1の大きさになるだろう。

節約により時間も稼ぐことができ、交通手段は3分の2に、車道の建築とメンテナンス費用も3分の2に節約され……

等々。

そしてフォール=ランプルールには、われわれが乱すことのない景観がある。すなわち、眺望、カビリーの山々、峡谷と丘の荒々しい動き、レース状になった松、軍用壁の気高さ……

われわれの巨大な雁行型はそこにつくられるだろう。地上に降り立つ飛行機のように。そして、地上階にあるもっとも質素なアパルトマン（私はその場所でこれらのスケッチを描いた）から、50m、100mないし125mの高さに積み重ねられた邸宅まで、征服された空中の本質的な喜びはここで壮麗さの表現を見いだす。

通りと中庭の面積の52%の削減!
建設費用(下水、配管、水道、ガス、電気、電話、そして粗石、アスファルトあるいは敷石、歩道)の52%の削減。
日々のメンテナンスの52%の削減。
無駄な、使えない土地の面積の52%の削減。
埃まみれで、不毛で、恐ろしい灼熱の面積の52%の削減。
交通事故の危険、歩行者にとっての脅威の52%の削減。
交通が入り乱れた混乱状態——路面電車、バス、トラック、自動車、馬、歩行者、子供、老人、乳母車——の52%の削減。
緑の0%の削減。
遊びの0%の削減。
スポーツの0%の削減。
福祉の0%の削減。
以上が、公式的な使用量と教訓のバランスシートだ!

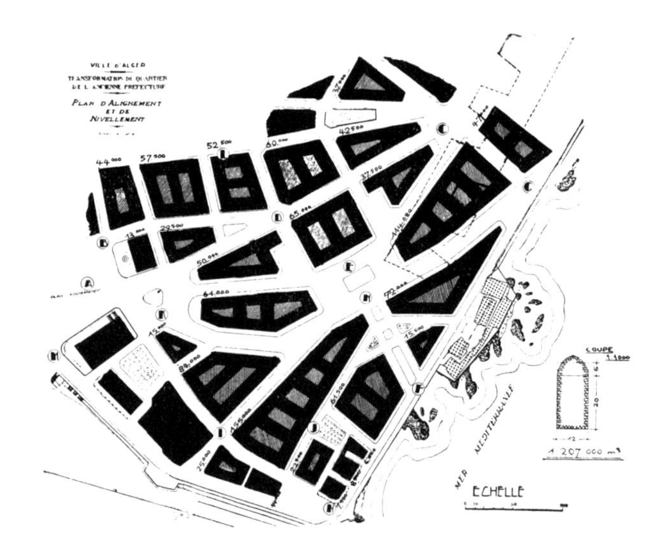

行政計画:
臨海地区の解体と再建。この地区はアルジェ市を二つに分断する栓のようなものだった。住居は解体されるのだが、住居は再建される! 再び栓がされる。回廊通路や、不恰好な建物で。災害、それは下手なやり方の典型である。

3つの事実:
1° 麗しいアルジェで保護される価値あるもの——海軍の前線基地、無傷だが掃き清められたカスバ、イギリス人アーケード(建築の考え方を示す唯一の証拠——征服によって)。
2° 徐々に解消されるはずの、ここ50年における混乱。次の秩序にしたがって。
3° 現代都市を建設すること。

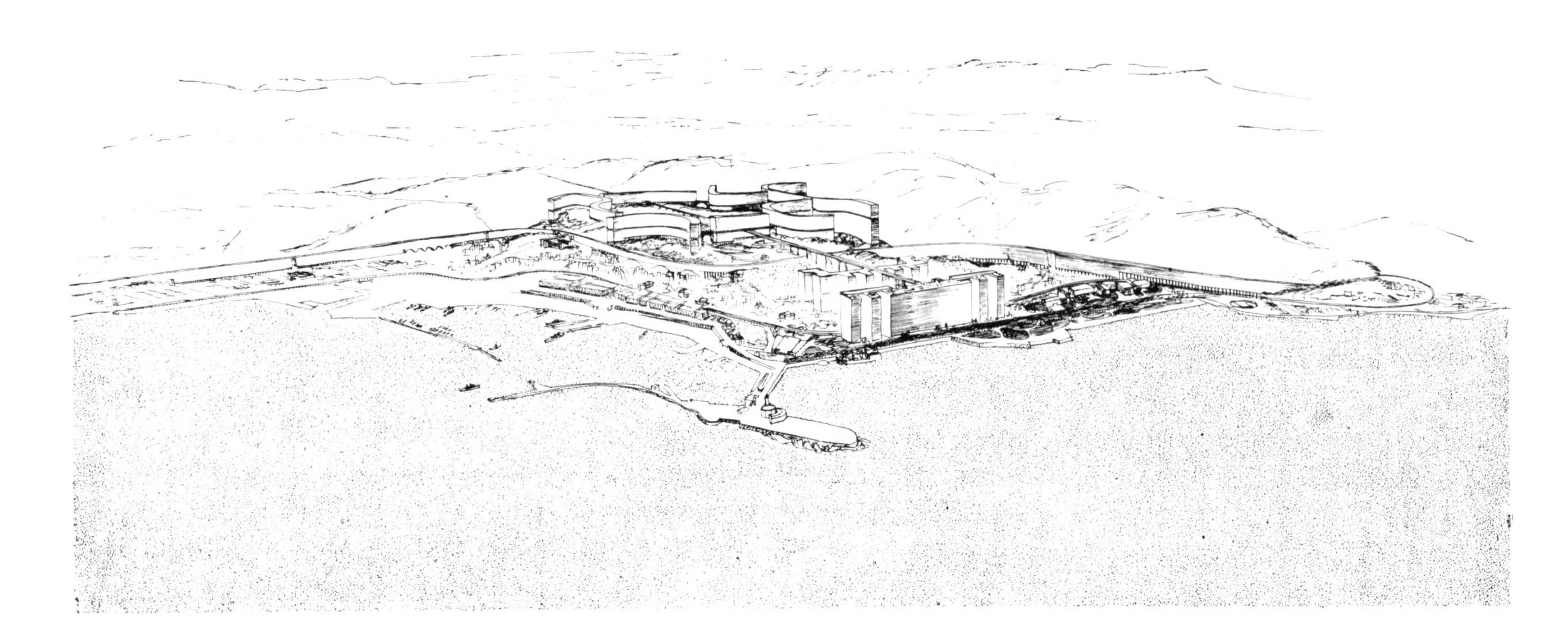

このデッサンはひとつの教訓だ。それは都市の生物学である。すなわち、このデッサンは、50〜60万人都市を目のくらむような効率で循環させるのに必要かつ充分な交通網を表している。また、このデッサンは、フォール=ランプルールの土地開発のため、橋や歩道の工事に金を費やさねばならないことを示している。これで20万人の住民には充分だ！　明らかではない？　ならば、人々を納得させるには何をすべきか？　いったいどうやったら、理性的に考えてもらえるのか？　答えはしばしば次のようになる。「それでは街が醜くなってしまう！」(241ページのデッサン参照)

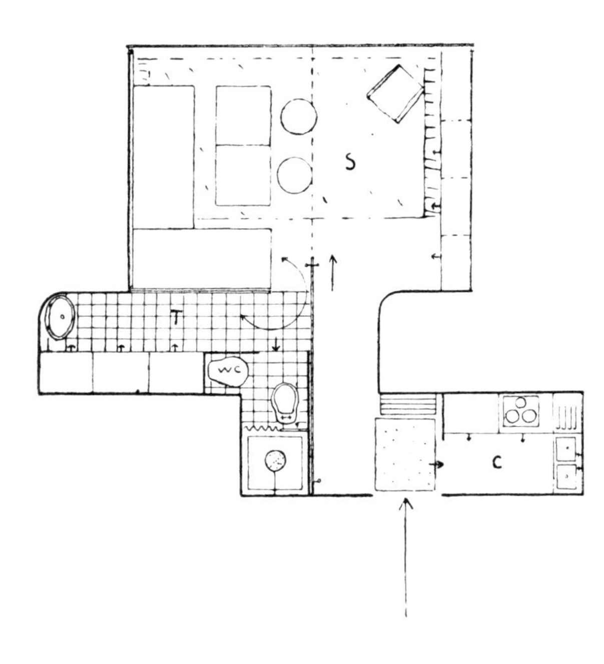

住民1人あたり14㎡の個室（cellule）を与えるという研究（143ページ参照）は部分的に継続され、それは海抜100mの大高架道路（144、145ページなど参照）によって構築される住居に適用されて、徐々に18万人の住民を住まわせるようになる。他にもいくつもの研究が、似たような主題でここ数年来行なわれ、さまざまな雑誌で発表された。それらの研究の結果、住居の新しい効率的な高さとして、4m 50cmに至った。

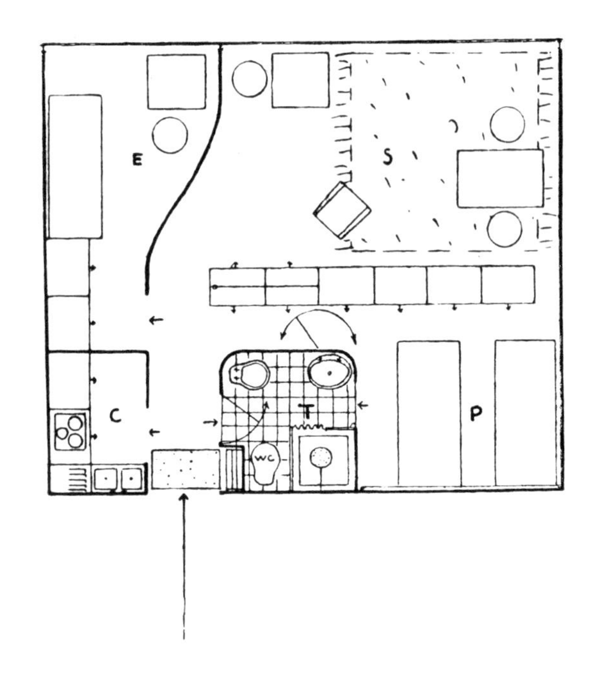

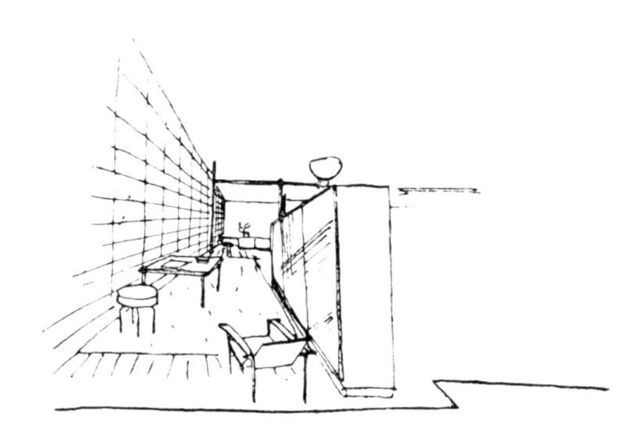

ガラス面の恩恵

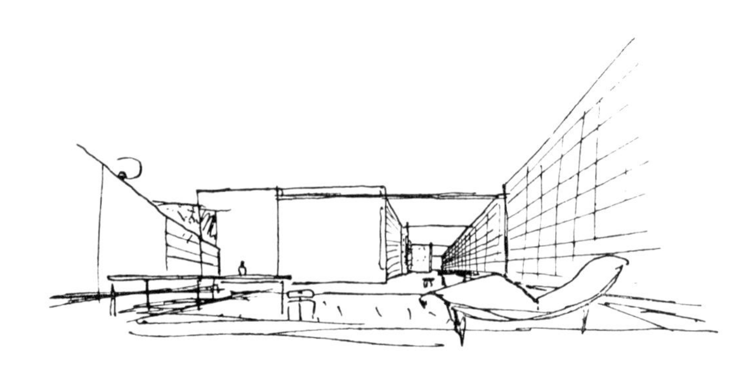

独立した骨組み、
自由な平面、
自由なファサード、など
現代の技術が有用な結果に達する。

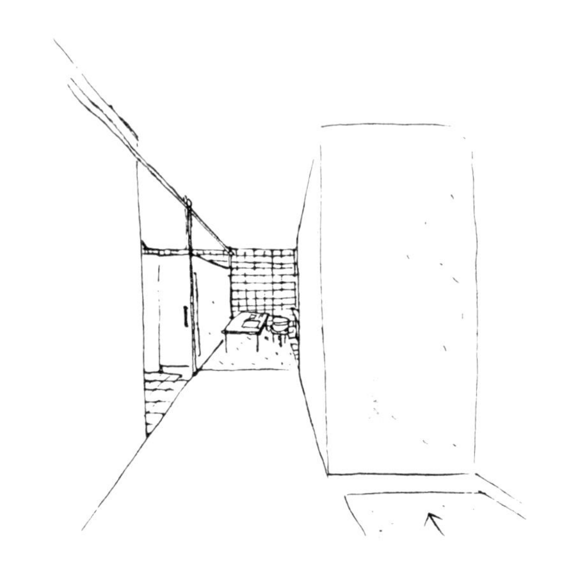

雁行型住宅は曲線状である。なぜならそのことで、起伏に富んだ土地において、もっとも低い基礎部分を探し出し、その結果、建物のもっとも高い容積に達することが可能となるためだ。曲線であることで、雁行型は遠い水平線まで視線が届きやすい。曲線であることで、雁行型は雄弁さと、よくできた建築の力強さをもたらし、ゆとりとしなやかさで風景を包み込む。

AL 3059

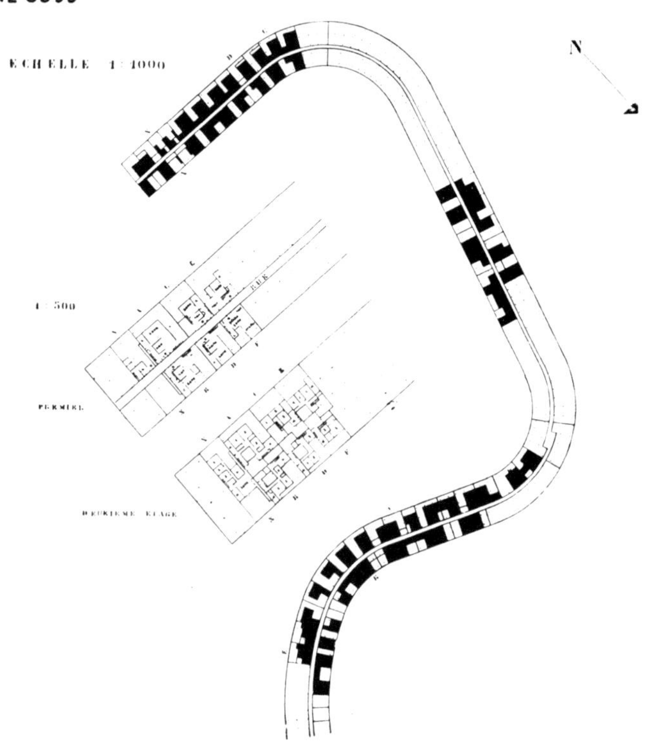

フォール=ランプルールタイプの「曲線雁行型」の断片。鉄筋コンクリートを使えば、カーブした建築線上にしっかり柱を立てるのも、まったく難しくない。階層は正確に重ねられる。
逆に、販売用の「人工の土地」は直交する。直線で、家——邸宅——は直角に配置され、斜めになることはない。

土地が売りに出される。各階ごと、ファサードの10m、15m、20m、30mの、庭付きあるいは庭なしの土地が。

こうして、22万人の住人を、必要に応じて、「王のようにゆったりと」住まわせることのできるフォール=ランプルールでは、建築家ひとりひとりが、自分の想像どおりにその邸宅をつくるだろう。

これが「人工の土地」であり、垂直の田園都市だ。すべてはそこに集められる。眺望、空間、太陽、垂直方向と水平方向の即座のコミュニケーション、水やガスなどの節約、下水、ごみバケツ等々のごみ収集も完璧で容易。建築面で驚くべきことは、これが登場したとき、人々の心をしっかりつかんだことだ! 統一性の中のもっとも完全な多様性。望めば、建築家は各々、自分の邸宅を作るだろう。ムーア様式がルイ14世あるいはイタリア・ルネサンス様式と隣り合っても、まとまりはどうでもよい。起伏の多い地表につなぎ合わせれば、費用もかからないし、簡単にできる。歩行者用の遊歩道は土地の荒々しい起伏にずっと沿っている。自動車は、ただ1本の完璧な高速道路の上を走る。高速道路の下には多くの駐車場がある。

まず人工的な土地を、高速道路+その下方の下部構造の床というかたちで造る。そして、庭付きの眺めの良い別荘として売りに出す。それから、上部構造の断面を連続させながら、次々と作られる。

AL 3342

CITÉ JARDIN EN HAUTEUR

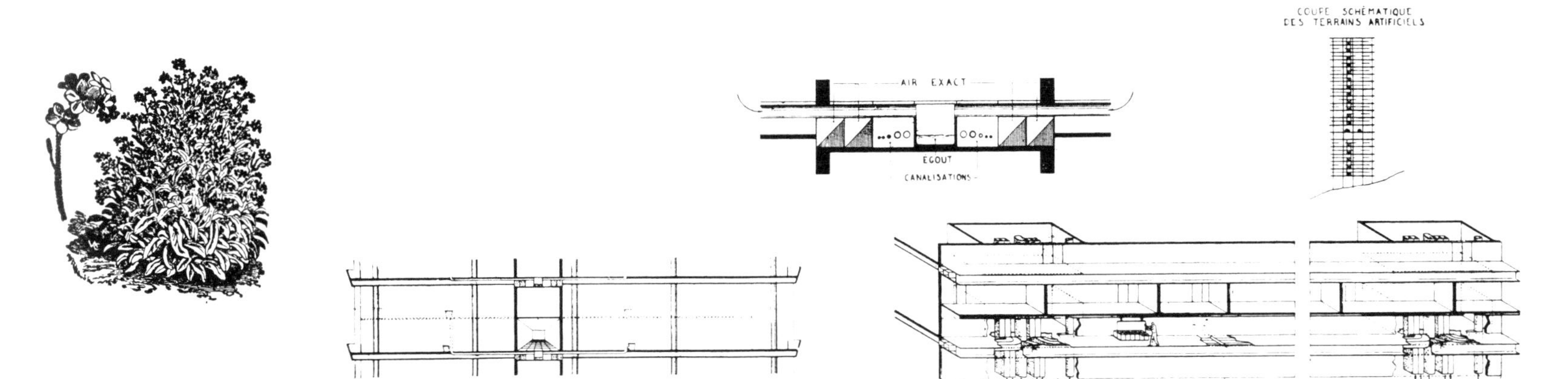

世界の都市に、これと同じくらい完璧な道路が存在するだろうか? 同じくらい経済的で、訪れたくなるような道路が? すべての配管にはアクセス可能で、きれいな空気が完璧に供給される。ごみバケツも空にされる。

田園都市の無分別な浪費に対する、なんという経済性、なんという改革だ。鉄筋コンクリートと鉄鋼こそが奇跡を実現したのだ。

邸宅の平面図:パティオと庭付きの1階。2階はパティオの上が吹き抜けになっている。

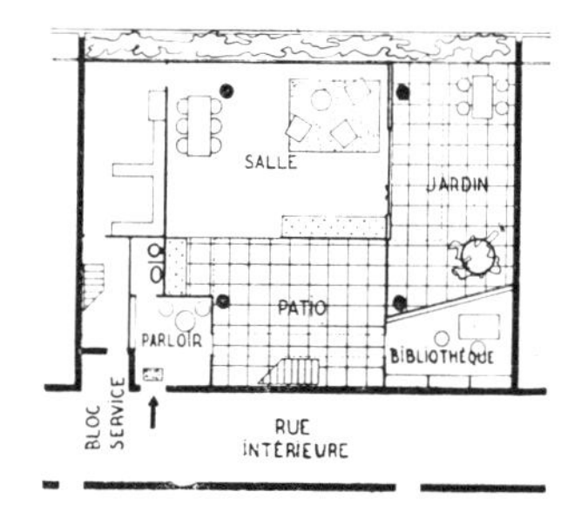

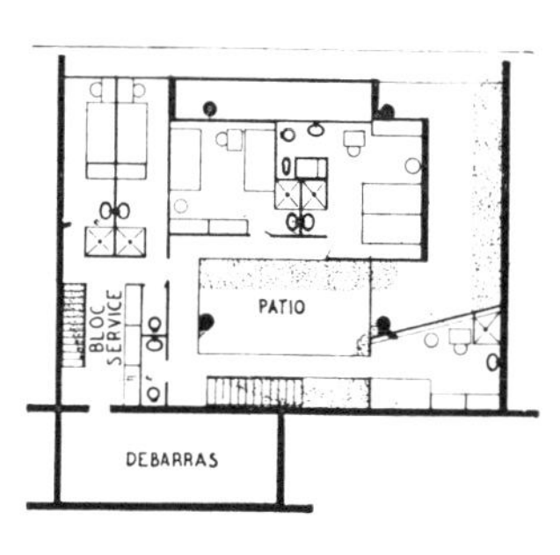

アルジェの住民たちよ、あなたたちのところには、これら本質的な喜びを与えてくれるアパルトマンが一軒でもあるだろうか?

一例:小邸宅は全体で15×12＝180㎡を占める。実のところ、これは大型客船上の超豪華船室と同等だ。しかし、ここにはもっと気の利いたものがある。フォール=ランプルールの交通の便がなかった土地に、この図面では、ムーア様式住宅——さまざまな高さのコントラスト、高い壁に囲まれた庭に面したパティオ、そして海に面した眺め——の計画の基本原理が導入されている。それこそは良き地方主義である!

パリ、1932年12月10日

ブリュネル氏、アルジェ市長へ

アルジェ

親愛なる市長殿、

「……アルジェの都市計画を総合的にどのような日程で執り行なうかを決めるため、私が練り上げた図面を、あなたがご覧になりに私のアトリエにお越しいただいたとき、私は大変はっきりとした考えを申し上げました。そして、あなたも私にご自分の意見を隠しませんでした。あなたが判断するに、これらの考えは、もっとよい時期、つまり未来、つまり100年はかかりそうな遠い未来に取り組むべきだと言われました。

市長殿、あえて申し上げますが、あなたのお考えは現状に合っておりませんし、現在社会に不可欠な均衡をもたらすはずの出来事は、100年も待ってくれず、今すぐに行なうべきです。均衡が現在、はびこる機械主義と、新しい生活環境に人間がまったく適応できないという欠陥とのあいだで完全に断ち切られてしまった以上は。

このテーマを発展させることは無意味です。この問題を長々と論じる必要はありませんが、私がひとつだけあなたにここで申し上げたいことは、私の心の奥底からのものであり、技術者としての責任から来るもっとも厳密な考えにも拠っています。それは、私がアルジェのために考案したいくつもの図面は、今日のための図面であり、未来のためのものではない、ということです。それらは活用するための図面であり、地方自治体にとって膨大な財政的収益をもたらします。一方で、それとはまったく異なる構想、現代における伝統主義的な都市計画構想では、利益のない破滅的な支出がかさむばかりであり、そもそも、充分な解決策をもたらさないのです。

私のアルジェ計画は、基本的な計画でしかありません。もし後ろ向きではなく、前向きに考えるならば、日頃の危機感をもってこの計画を検討し、（技術的かつ財政的に）地域の正確な条件に関する、有益で実りあるかたちで研究し始められます。そして、同じ目標に達したなら、不完全ではありますが、大事業の時代の引き金となり、アルジェの真の計画に着手できるような解決策を見いだせるのです。それは、総合的な事業でなくとも、第1段階、次いで第2、第3、第4と続いてゆくような段階を踏むものとなっています。

親愛なるブルネル氏、包み隠さず言わせてください。あなたが私の家に立ち寄ってから私がずっと続けてきたアルジェ研究は、日々現実のものとなりつつあります。この「ユートピア」を、肩をすくめて拒絶なさらないでください。この「ユートピア」は実際、当局の決断ひとつで「現実」となるのですから。

都市計画に関する私の研究は、さまざまな首都に関して行なわれ、それによって私はいつもこの主題、つまり、勇気、熱意、行動を提起しました。というのは私が感じるに、世界とりわけ国家は今日、もっとも深刻な無気力期、もっとも危険な停滞期にあるからです。この時代、困難な事柄が先々に生じるでしょう。しかし**建設することで**、あなたは状況を解決の方向へ導き、一定期間、喜びをもたらすことができるのです。

このように勝手な意見を述べたことをご寛恕ください。私はあなたがどれだけアルジェを愛しているか知っています。そしてそうだからこそ思うのです。あなたが万難を排し、第一印象に立ち戻れば、とりわけ利害を離れて行動するならば、有効に用いられるエネルギーを使うことが必要なのだと、お分かりいただけると思います。

私はアルジェに対して完全に私心を捨てております。私の計画をアルジェ市のために差し上げます。」

●

パリ、1932年12月10日

元帥**リヨテ**氏

ボナパルト通り5番

パリ（6区）

元帥殿、

「……現代の技術や、時代精神の把握、現代社会の環境への知識によって私は、自然かつ決定的に、いくつかの解決策を見いだすに至りました。それらの解決策が実行されるかどうかは、立法権を持つ現代の一部の国家、ときには千年も続く国家にかかっていること、ときに数百年前からあるいくつかの規則を通じてであることを、私は承知しています。

その計画そのものは独裁者となります。計画こそが正しく、議論の余地のない現実を突きつけます。

人はなぜ狼狽するのですか？　なぜ実行しようとしないのですか？

なぜなら根深い慣習があるからであり、とりわけ怖れと怠惰があるからです。

慣習ならば、法によって変えられます。怖れと怠惰なら、権力がそれらを追い払い、この素晴らしいこと、つまり、**熱意を掻き立てる**でしょう。あらゆる国で熱意を掻き立て、われわれのためらいに終止符を打つのです。ついには、われわれの勇気に、実りある最終目的を与えるのです。

われわれは勇気に満ちています。われわれは仕事熱心ですが、国の幸福を保証する役目を担う当局は、いかなる過去の埃をも払いのけずに、幸福を保証するのが良いと信じています。いずれ時期が来れば、この平穏は悲劇的なものとなります。そしてアルジェやパリに向き合い、袋小路が立ち現れるのが見えるのに、何かしようと望むことはおかしなことでしょうか？　それとも健全なことでしょうか？」

●

パリ、1932年12月10日

政府官房長官（現チュニジア総督）、
ペイルトン氏

アルジェ

親愛なる政府官房長官殿

「……知事と市長に手紙を書いたものの、私は狂人だと思われるでしょう。私は、自分がもっとも過酷な現実の中、もっとも正しい真実の中にいると確信しています。私は現代について表現していますが、それは罪なのでしょうか？　人々は、私にそれを信じさせようとしていますが、私は決して納得しません。

まさに権力ある座にいるあなたに、ご助力を願いたいのです！　アルジェには、私とともに、自分たちの都市が活きるのを見たいと願う若者たちのグループがいます。

要は、私たちが最初から負けることを受け入れろということなのですか？　何ひとつしようとしなかった者の敗北！　それとも、巨大な一歩を踏み出すという確信、やっとわれわれの時代の言葉を話すのだという確信をもって、何らかを征服しに踏み出すことを認めるのでしょうか。

私はあなたに50枚だって書くことができますが、ここはお願いするにとどめておきます、われわれを助けてください！と。」

●

パリ、1932年12月14日

厚生省大臣、**ジュスタン・ゴダール氏**

パリ

大臣殿、

「……私はアルジェに関する以下の問題を提起します。

現代の技術に基づく構想による次のことはどうでもよいことなのでしょうか？

a） 20万人の住民が衛生、眺望、日照、そして交通の面において最良の環境に居住すること、

b） 5万人の被雇用者が最良の労働環境にあり、静寂、採光、日照と眺望の恩恵に浴しながら働くこと、

c） 約18万人の港湾労働者が、新たな通知が届くまでとはいえ、最良の環境にあること、さらに詳しく言うと、快適、衛生、もっとも速い交通に直接つながるなどの環境にあること。

そして、アルジェ市の近い将来の発展を示すこれら三つの活動は、従来のあらゆる都市開発工事が引き起こすような赤字や損失とはならないこと。逆に、きわめてバランスの取れた収益を上げる活動となって、すべての開発費用、土地収用費用、集団改良費用、各種事業費用などが全体の収益そのもので賄われる、収支の取れるものであること。

われわれはみな、あなたがどれほどの情熱で、衛生と都市の人々の幸福の問題に取り組んだかを存じております。その寛大さこそが、非常に困難なこの闘いへあなたを邁進させている力となるのです。私は非常に固く信じていますが、アルジェには着手すべきひとつの仕事があります。この仕事は、20万人近い住民の最良の住居に関する問題を現実のものとすることでしょう。しかし、これこそがとくに重要ですが、大事業の時代がついに始まり、アルジェは欠かすことのできない変化の出発点となりうることでしょう。その変化とは、現代技術によって、現代のあらゆる大都市と、機械文明の陥った不幸から都市を救うのです。」

●

パリ、1932年12月14日
アルジェリア総督、**カルド氏**

アルジェ

総督殿、

「……当局の怠惰により、全体的に実現不能に見舞われています。

ルイ14世とナポレオンは先を見越し、命令を下しましたが、今日、パリは窒息し、八方ふさがりになって、その場で腐りおちています。当局は怠惰で、現代の都市計画について無知で、現代の技術という驚くべき資源に無理解です。人々は、あえてすでに消え去った均衡の形にしがみついています。埃や生気のない遺物を残しておくより、私は行動することを提案します。

行動するとなれば、私は技術者としての計画（プラン）を提供いたします。これらの計画は大都市部の人口をいま安定させる解決策をもたらします。この解決策は、何もしないでいようと決めた人たちからは即座に非現実的と見なされました。この解決策やこの計画が、状況に「決断を迫る」のは本当です。何世紀も続いてきた規則は、通用しなくなるのに気づきました。千年も前からあった考え方が、調和のとれた自然な変化を遂げることに気づきました。なにより人々が、想像し、物事に着手し、行動し、考案し、変革することを恐れているのに気づきました。たくさんの資料の中から当局が選ぶのは、技術的なことに対する無知により、できるだけリスクを冒さないよう、その場にとどまるほうであるのを知りました。そして、このような民主主義の惰性こそが国を支配し、このナンセンスが、不安、騒乱、反発や悲しみを引き起こすのです。

都市計画研究により、私は、機械文明の技術を経て、社会学と経済学を経て、財政問題を経て、ついには決定を下す悲壮な尖兵となって、すなわち当局と対決するに至りました。

今日では、ひとりの男のことしか考えられません。それはコルベールのことです。

行動し、着手し、実現せねばなりません。

総督殿、私の手紙には、あなたに以下のように申し上げるという簡単な目的しかありません。すなわち、なんなりと私にお申し付けください、お役に立てれば幸いです、と。

これはまったく単純で、ほかの言葉は要りません。なぜなら、偉大な時代であり己の生きる時代を私は愛しており、また、この偉大な時代は、われわれを押しつぶし、いたるところで今日、われわれの息を詰まらせ息の根を止めようとしている拒否の姿勢とは違った形で、表現されるべきものだからです。」

●

臨海地区の解体と再建の認可を得た銀行は次のように回答した。

「私は
ル・コルビュジエ
氏を存じています。彼が行なうことを評価し賞賛します。しかし彼を受け入れたいとは思いません。会いたくもありません。もし会ったら説得されてしまうかもしれないからです。それに私は説得される権利はないのです！」

まんまとしてやられた！

TACITE — " HISTOIRES "

LXXVI. Alors que ces craintes le faisaient balancer, les autres légats et ses amis affermissaient sa volonté : enfin Mucien, après beaucoup d'entretiens secrets, se décida à lui parler publiquement en ces termes : « Tous ceux qui prennent sur eux de décider de grandes affaires doivent examiner si l'entreprise est utile à l'Etat, glorieuse pour eux-mêmes, facile à réaliser ou tout au moins pas trop difficile ; en même temps il faut considérer si celui qui donne le conseil est prêt à en partager les dangers ; enfin, au cas où la fortune favoriserait l'entreprise, à qui reviendra l'honneur suprême. Eh bien ! moi, je t'appelle à l'empire, Vespasien ; est-ce pour le salut de l'Etat ? est-ce dans l'intérêt de ta gloire ? cela dépend de toi, après les dieux. Et ne crains pas que j'aie pris le masque de la flatterie : c'est un affront plutôt qu'un honneur d'être choisi après un Vitellius. Ce n'est pas contre l'esprit si aiguisé d'Auguste, ni contre la cauteleuse vieillesse de Tibère, ni contre la solidité que donnait à la maison de Gaius, de Claude ou de Néron une longue possession de l'empire que nous nous levons pour combattre. Tu t'es effacé même devant les aïeux de Galba. Mais rester plus longtemps dans la torpeur et abandonner la république à ceux qui veulent la souiller et la perdre, ce serait, aux yeux de tous, apathie et lâcheté, quand bien même la servitude ne serait pas pour toi aussi peu sûre qu'elle est déshonorante.

タキトゥス『歴史』

76. そのような不安から、彼の心は揺れ動いたが、他の軍団長や友人たちに促されて、その意志を固めた。とうとうムキアヌスは、秘密の話し合いを重ねた末、人々の前で、次のような言葉で彼に話す決心をした。「大事業をなそうと決めた者たちが、検討しなくてはならないのは、国家にとって有益か、自分たち自身にとって栄誉あるものか、容易に実現できるか、あるいは少なくとも難しすぎないかどうか、だ。同時に、助言を与える者が危険を分かち合う覚悟があるか見極めねばならない。最後に、財産を費やせば事が容易になるか、誰に最上の名誉が帰するのか、も。ああ、私は、お前を帝国に呼び寄せよう、ウェスパシアヌスよ！ それは国家を救うためか？ お前の栄誉という利益のためか？ それはお前次第だ、神々に次ぐ者よ。私がへつらいの仮面をかぶったのではないか、などと心配するな。ウィテリウスの後継として選ばれることは栄誉というより恥辱なのだから。それはアウグストゥスの研ぎ澄まされた精神に反しないし、ティベリウスの奸智に長けた老獪さにも反せず、われわれが立ち上がり戦っている帝国を長く掌握することで、ガイウス、クラウディウス、ネロの家にもたらされた揺るぎのなさにも、反しない。お前はガルバの先祖らの前でさえ、取るに足りない存在だ。しかし、これ以上長いこと、麻痺状態に留まり、共和政を汚し堕落させようとする者たちに共和国を委ねることは、皆の目から見ても、無気力とも卑怯とも映るだろう。絶対服従もお前にとって同じく危険なものでも、不名誉ともならないだろう。

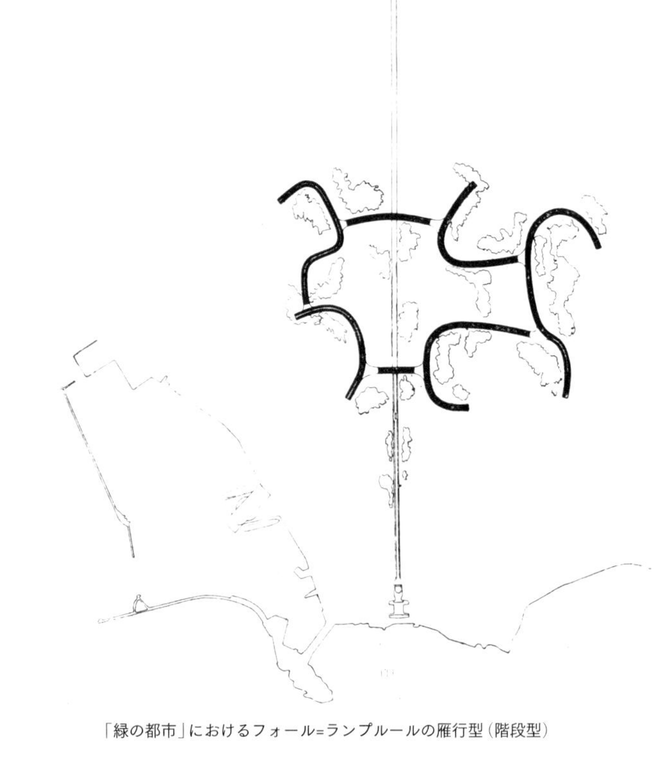

「緑の都市」におけるフォール=ランプルールの雁行型（階段型）

LE PROJET « B »

プロジェクトB

プロジェクトB（1933年）は、臨海地区における商業地区に関する新しい解決策を含んでいた。長距離バスの停車所はこの地の空いた部分を占めていた。エル・ビアルへ向かう歩道橋は、フォール＝ランプルールの雁行型（階段型）を通り、フィオリーニの「テンション構造」方式に基づいて構想されていた。港湾駅の隣、港の中には、飛行機着陸用の、曲がりくねったデッキがあった（メゾン・カレ空港の前の最後の段階）。

フォール=ランプルール地区

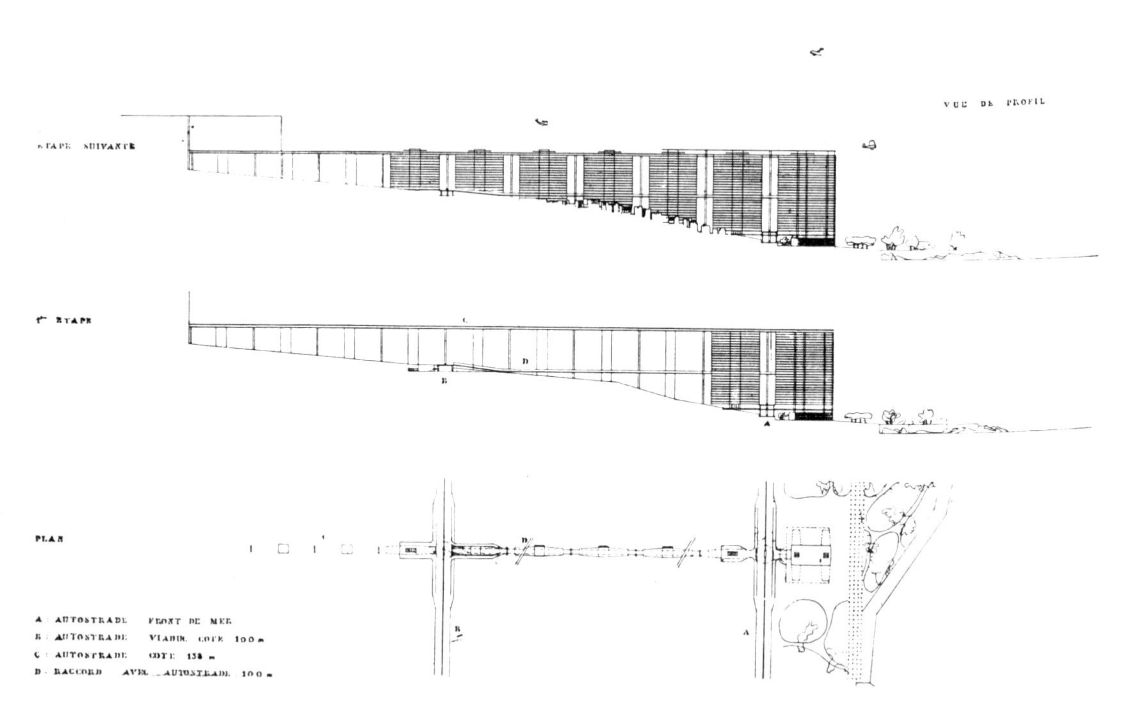

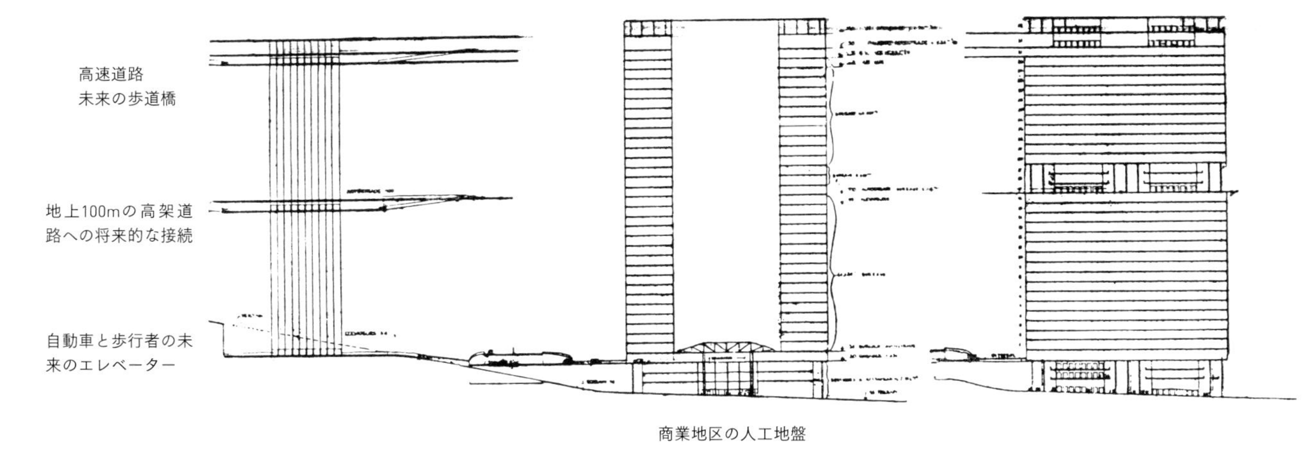

LE PROJET «C»

プロジェクトC

プロジェクトC（1934年）は、1934年3月20日付けのアルジェ市議会に提出された正式な提案である。私はこう言われた。「あなたはアルジェで何もかも目茶苦茶にしようとしている」と。それにはこう答えた。「プロジェクトCは、臨海地区の解体と再建をするという現在の方針にしっかり従っています。1㎠もはみ出していません。計画はアルジェに市民生活のための基本的で本質的な要素を与えました。つまり市民のための施設を。こうして私は土地を空け、いくつかの機関を創設し、金をつくるのです。これは処方箋であって、大口をあけて金を食う穴ではありません。将来？ 備えは万全！ 何年経とうが！」

ホール、商業地区の公共広場。……そして港からサエル地区まで見渡せる素晴らしい遊歩道。私はそれで、アルジェの住民たちの冷静な判断に訴えかける。

LETTRE D'ENVOI AU CONSEIL MUNICIPAL

市議会宛に送る手紙

パリ、1934年3月20日

市議会議員の方々、および市長殿
アルジェ市評議会の皆様、市長閣下、市庁舎、
アルジェ

皆様、

アルジェ臨海地区の都市計画のため作成した「プロジェクトC」を審査していただき、大変名誉に存じます。

私はこのプロジェクトを検討するよう委任されてはいませんでした。しかし思い起こしていただきたいのですが、私は1931年、**アルジェの友**から建築と現代の技術についての考えを公的な判断に委ねるよう依頼されており、市営カジノで行なわれた市長**ブルネル氏**と、当時政府官房長官だった**ペイルトン氏**ご列席の講演の好評に続いて、都市開発の総合計画を立てることにしました。

この計画は個別の事例に直接に適用されるためのものではなく、むしろ都市開発が、きわめて複雑で特殊な地形に基づき、どのように着手できるのかを調べるためのものでした。この最初の計画は1933年の都市計画展覧会に際して、アルジェリアやフランス、外国の多くの雑誌で発表され、アルジェの判断に委ねられました。

この最初の「プロジェクトA」と、そのすぐ後に続く「プロジェクトB」は、大規模な総合的事業を考える必要性を示し、さらに都市計画構想において新しい尺度を採用する必要性をも示しました。

このような進め方がアルジェに受け入れられたのだと、私は断言できると思います。というのも、ごく最近でもそうした新たな要請に応えるかのように、複合駅舎の計画が評議会に提出されたからです。

光栄にも皆様のご判断に委ねることとなった「プロジェクトC」は、それ自体で完結するものでした。しかしそれは、必ず訪れる都市化の新たな段階につながるのです。

1º 「プロジェクトC」は臨海地区に関するもので、現在の要素しか考慮していません。

a) はっきりと境界を画定された土地。

b) 将来の複合駅舎への接続。

c) 市が土地公団との過去の契約で採用した財政の仕組みへの完全な適合。

したがって、計画は技術面での更新以外なにも新しいことはありません。

2º 「プロジェクトC」は今まで考えられてきた解決策とは比べ物にならないほど資金調達が容易です。現代の技術を用いることで、臨海地区にある土地以上のものを獲得できます。この新しい措置がかなりの財源を生み出すでしょう。

3º 「プロジェクトC」は都市を緊急に組み立てる上で、この町の本質に関わる**商業地区**の創設という緊急の要請に応えています。実際、北アフリカと赤道アフリカ諸国のリーダーとなるべきアルジェの未来のためにはあらゆる取引を一手に引き受ける設備が整った場所を整備しないことには不可能です。そうした取引こそが、アルジェの存在理由ともなるのです。都市の現在の中心部や住宅地の真ん中、オフィスや商業ビルを分散させておくのは、大きな過ちとなります。なぜなら、臨海地区の解体という異例の事態の後ではあらゆる設備や組織の技術的資源とともに、これらの用地を一か所にまとめることができるからです。つまり、**商業地区**ができるのです。

しかしその反面、臨海地区は充分に広大で、他の建物も受け入れることができます。そうした建物の建設や建て替えは、遅かれ早かれ、市民のための施設をつくろうとしている市にとっては不可欠となるでしょう。その建物を参考までに示すと、商業裁判所、労働組合会館、財務委員会、商工会議所などです。

この市民のための施設が今から、都市のもっとも好都合な場所に必要な土地を準備できると確保できるとしたら、思いがけない幸福ではありませんか?

もし、商業地区が占める土地に隣接する臨海地区の土地に、市民のための施設を建てることが認められれば、アルジェの土地がもっとも有効な形で使われることを否定する人はいないでしょう。なぜなら、アルジェの活力そのものを体現する建物が、あらゆるものが出会うまさにその場所に位置することになるからです。そこは同時に、眺望がもっとも美しい場所でもあります。

終わりに言っておきましょう、「プロジェクトC」として示された、臨海地区におけるこうした土地利用によって、アフリカにやって来るすべての旅行者が沖から臨むことができ、比類なき建築的情景がアルジェに建つことになるのです。

4º **「プロジェクトC」の説明**:ここに提出された4つの資料があります。AL 3228、AL 3229、AL 3230、AL 3233、AL 3244です。

図面AL 3228は、アルジェ港、港湾駅からバブ・エル・ウエドまでを示しています。商業地区は臨海地区の北西の境に位置します。図面には海岸沿いに、長さ300m、奥行き80mの広い遊歩道があります。

商業地区は1ヘクタールを占めます。空き地はおよそ7ヘクタールが、将来の市民のための施設を構成する建物に分けるために残されています。

図面AL 3233は予備の分割を示しています。裁判所(約3000㎡の建て面積、約9000㎡の区画分譲)、財務委員会(建て面積1700㎡、3300㎡の区画分譲)、公民館(建て面積4700㎡、1万5500㎡の区画分譲)、商業裁判所(建て面積1900㎡、4500㎡の区画分譲)の建設が可能です。これらの建物は一方では、特色ある現状のままの政府広場に出られ、他方では政府広場と海岸沿いの大遊歩道を連結する大通りにも出られるようになっています。この大通りは裁判所に通じ、現存する二つのモスクに挟まれたアルジェ港の正面を臨むことになります。

二つのモスクは、それらをほとんど隠してしまっている現在の擁壁から解放されます。モスクは元の環境を回復して、カスバの下の海岸で第一級の歴史的建造物となるでしょう。

「プロジェクトC」の将来の複合駅舎は、桟橋のアーケードの半分の高さにある高速道路によって、商業地区に接続されます。この高速道路は二つのモスクのあいだを通り、次いで未来の裁判所の下をくぐり、やがて将来の商業地区の中2階の高さに達します。そして再び下降し、次にバブ・エル・ウエドの現存する通りへと結ばれるのです。もちろん、この高速道路はもっと大きくすることになっており、将来それはアルジェの北と南に延伸し、この都市が必要とする海岸沿いの大通りになるのです。

この高速道路は、それ1本で車の流れを吸収し、オペラ座向かいのアリスティド・ブリアン公園で、コンスタンティーヌ通り、ドゥルヴィル通り、イズリー通りに接続することになりますが、それによって現在のレピュブリック大通りとカルノ大通りは、車の流れから解放されます。アーケードの前には、広大な歩道が整備されるでしょう。これらの歩道や手すりの合間には、花々で縁取られた花壇に木々が植えられ、アルジェの昔のアーケードはこうして新しい活力を取り戻すこととなるのです。

計画の必然的な帰結として、シャルトル通りが拡張され、商業地区にリール通りがつながることで、ついにカスバの下町の整備ができるようになります。高い位置にあるシャルトル通りと、臨海地区の高さにあって変貌したバブ・アズン通りのあいだは、現地の教育機関向けの開発が行なわれることになります。

5º **計画の財政状態**:付属の覚書にあるのは、「アルジェでの臨海地区の都市開発に関する「プロジェクトC」に付随する財務明細書」というもの、すなわち臨海地区の再建の際に必要となる資金の計算の大筋です。

素直に言って、これは大きな問題です。私がいつも考えていたのは、アルジェの運命に関して、トルアルジェ岬(臨海地区の土地)に賃貸住宅建設を計画すれば、アルジェの将来に禍根を残すということでした。正しく構想された都市化は、正しく位置づけられた土地の価値を必ず高めます。「プロジェクトC」は、将来必ず利益をもたらします。その点については、当局も注目するはずです。

財務明細書は、市民のための施設の建設用地7ヘクタールの土地を売却した場合に得られる超過利潤だけです(財務明細書3ページ)。

アルジェ当局はこの利益の推定額を評価する立場にいます。使用可能な7ヘクタールは、1㎡あたり2500、3000、ないし4000フランにさえなりえます。

6º **結論**:アルジェの事例についての3年間の絶え間ない研究によって、私は確信に至りました。そこで私は謹んで、技術的、建築的計画の精髄を表現したいくつもの図面を、市の当局者の判断に委ねることにいたしました。

これらの資料には、計画中の複合駅舎と、そこから生じる技術と建築の完全な融合が果たすべき臨海地区を平行して作る整備が含まれており、こうしてアルジェは将来、大都市の構成要素がそろうことになります。つまり、大都市の管理とその仕事とに必要な建物です。

残るのはもはや、非常に細心の注意を払ってアルジェの住宅問題について調査することだけです。この問題に対する解決策は、いかなる場合にも、現在の「プロジェクトC」で損なわれることはありません。逆に、「プロジェクトC」はアルジェ市の都市開発の次に来るものを準備しているのです。

私はいつでも、アルジェ当局と技術評議会に対し、あらゆる必要な説明をする用意があります。

市議会議員の方々、ならびに市長殿、私の強い献身の気持ちを表したく存じます。

ル・コルビュジエ

●

PROJET « C »

ENQUÊTE À ALGER

プロジェクトC　アルジェでの調査

アルジェで、不動産取引の専門家に対する質問。

a）　予想される施設の賃貸料はいくらか？
b）　オフィス街の需要はどれほどか？

回答

「臨海地区」についての見積もり

商業地区を含む			
地上階	小売店	2628㎡	
地上 166m	カフェテラス	3490㎡	6188㎡
ホール中 2 階	小売店		
	レストラン	5256㎡	
地上 160m	レストラン	4522.50	9778.50
中 2 階	店舗		2436㎡
中 2 階	駐車場	4800㎡	
地上 100m	駐車場	3166㎡	
地上 156m	駐車場	5272.50	13188.50
1～16、20～30 階	オフィス	10 万 3140㎡	
18～19 階	オフィス	7600㎡	11 万 740㎡
			14 万 2261.50

地上階の小売店とカフェテラスはひとまとめにする。実際、それらの価値は同じに見える。見積もりは難しいが、毎年1㎡あたりで250フランとしよう。商業地区の開業時ではこのような価格は説明が難しいかもしれない。それなら次第に上昇することを見込んで、もっと低い価格で貸すこともできる。地区の部屋が埋まれば実際、賃料はこの数字より上がるだろう。

ホール中2階の小売店とレストラン、地上160mのレストランは、毎年1㎡あたり同額、150フランとする。後者のレストランは、後に大きく値上げを見込めるはずだ。しかし低層の必要不可欠なレストランよりも高くなるのは難しいだろう。そこでも賃貸借価格は修正される。

店舗は、毎年1㎡あたり100フランと見積もれるだろう。

地上100m（高速道路の到着点）の断面図で、オフィスが記されているのは、間違いと思われる。「駐車場」という文字のところが、これらオフィスの面である。駐車場の面積総計は1万3000㎡以上だ。1000台の車の駐車場を月100フラン、年1200フランとしよう。そこから見積もりが穏当なものだと判断できる。高速道路の建築まで、地上100mと地上150mの駐車場は使用されないとしても、見積もりは変わらないか、変わるとしてもごくわずかだ。オフィスの賃貸地は同等の数字を計上する。

オフィスには、1㎡あたり年100フランの値段を適用しよう。オフィスを分割する場合でも、1㎡あたり約100フランとなる。この総額に対し10%を利益とするので、1㎡あたりの賃料を年10フラン増額する。オフィスが分割されても総額110フランとなる。この価格はアルジェに現在ある商業用高層ビルとの関係で、意識的に低く抑えてある。ボーダン大通り（ギオシェン・ペレ）の農業会館は、1㎡あたり130～140フランで賃貸している。それでもすべての部屋が埋まっている。ボーダン通りのベルナベ・ビルは1㎡あたり150フラン。満室だ。ガルシア・ビル（コンスタンタン通りとジョワンヴィル通りの角）はもっと高い値段だが、満室である。

しかし3つの要因を考慮せねばならない。

1°　意識的に価格を抑えることで賃借人を充分に早く集める必要がある。
2°　現在の商業中心街は、政府広場よりボーダン大通りに明らかに近い。そのため公証人事務所はみな、かつて政府広場周辺にあったが、中央郵便局のほうへ移った。
3°　すべてのオフィス用や店舗用の区画のうち、場所が悪かったりアクセスが難しかったりするものは、一度に賃貸されるわけではない。その分、使われないスペースがかなり広く残ることになる。

こうして、次の数値へと至る。

小売店、カフェテラス	：6118㎡を 250 フランで	152 万 9500
レストラン、小売店	：9778㎡を 150 フランで	146 万 6775
店舗	：2436㎡を 100 フランで	2 万 4300
駐車場	：1000 台を 1200 フランで	120 万 0000
オフィス	：11 万 740㎡を 100 フランで	1107 万 4000
	計	1551 万 3875

つまり、年間のおおよその諸経費を差し引けば　**1500 万フラン**

われわれが考えるに、あなたから送られてきた要旨によれば、臨海地区の都市開発計画に関わる 12 ヘクタールのうち 7 ヘクタールは、土地公団が考えるものとほとんど同じやり方で使用されます（収益率は同じですが、魅力はかなり上です）。つまり、5 ヘクタールの土地に高層ビルが建つというわけです。その原価にこの 5 ヘクタールを加えねばなりません。きわめて不正確な未確認情報によると、臨海地区の土地の原価は、最大でも 1㎡あたり 1600 フランだろうということです。つまり、8000 万フランの金を出さなければならないのです。高層ビルの価格が 1 億フランなら、建物全体の原価は 1 億 8000 万フランです。

1億8000万で1500万の利益を上げると、つまりは率にして8.3%です。私どもの評価が控えめで、利益率がかなり高いことから、この事業は成功の見込みがあるということになります。たとえば、私たちに5000万フランの欠損があり、さらに6.4%の利益率があると仮定しましょう。6.4%は市の公債の利率を上回っています。

われわれは自ら、この評価を下しました。というのも、あなたの二つ目の質問に正確に答えるのは、まったくもって無理だからです。公共施設用の土地を行政がどれだけの金額で評価するか、われわれにはまったくわかりません。土地の種類によって、毎回異なるようにも見えます。臨海地区についての評価額は、土地、つまりつくられる道路を除いた土地の原価（1㎡あたり2500～3000フラン）と、専門家が開発化される土地につけると思われる価格（4000フラン?）のあいだで変動することでしょう。

あなたの最後の質問に関しては、比較基準として、アルジェ市が1929年から1934年にかけ、オフィスの新規建設のために金をつぎ込んだものを挙げておきましょう。

総合庁舎	1万8000㎡
シェル（SHELL）	5000㎡
標準（上部）	2000㎡
ジェルマン・ビル	2000㎡
ルボン社	5000㎡
ベルナベ・ビル	2000㎡

商業地区

プロジェクトC

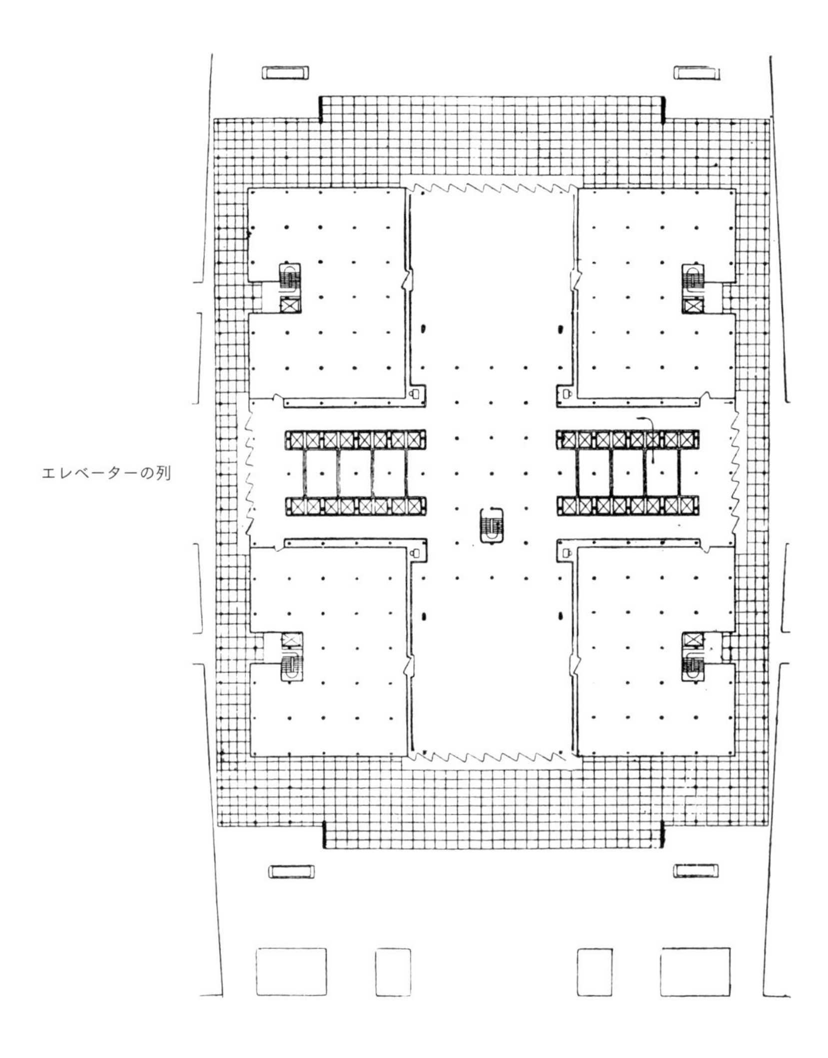

地上のレベルの平面図

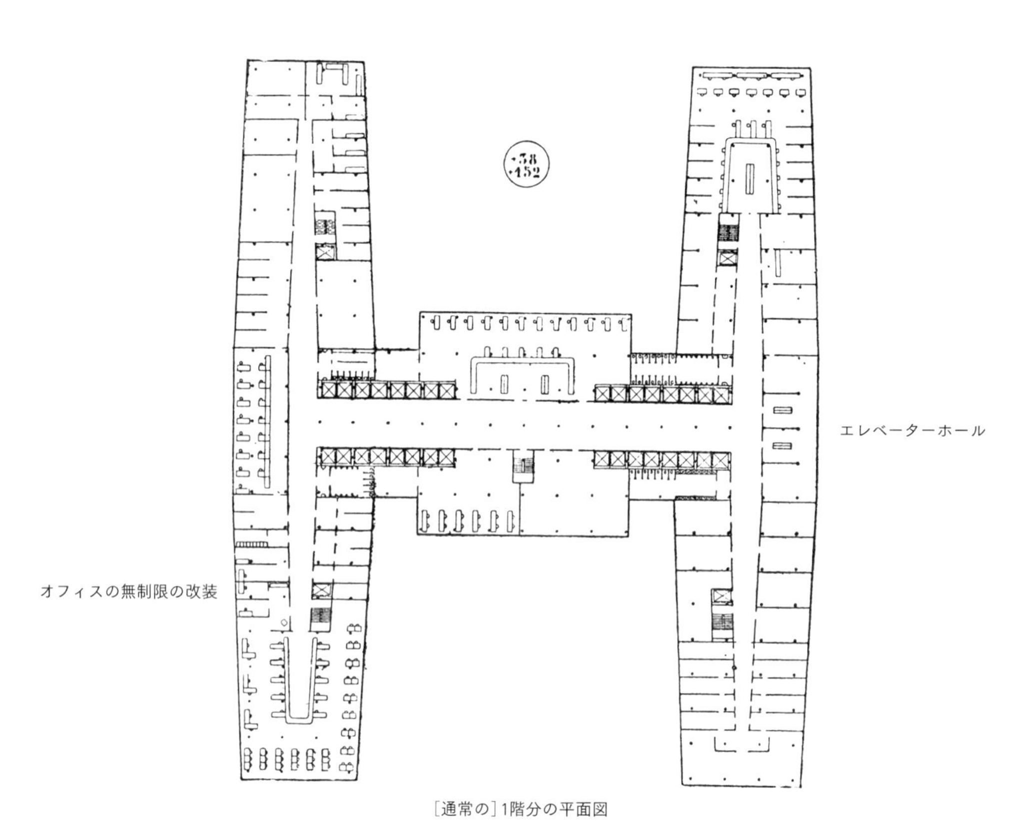

［通常の］1階分の平面図

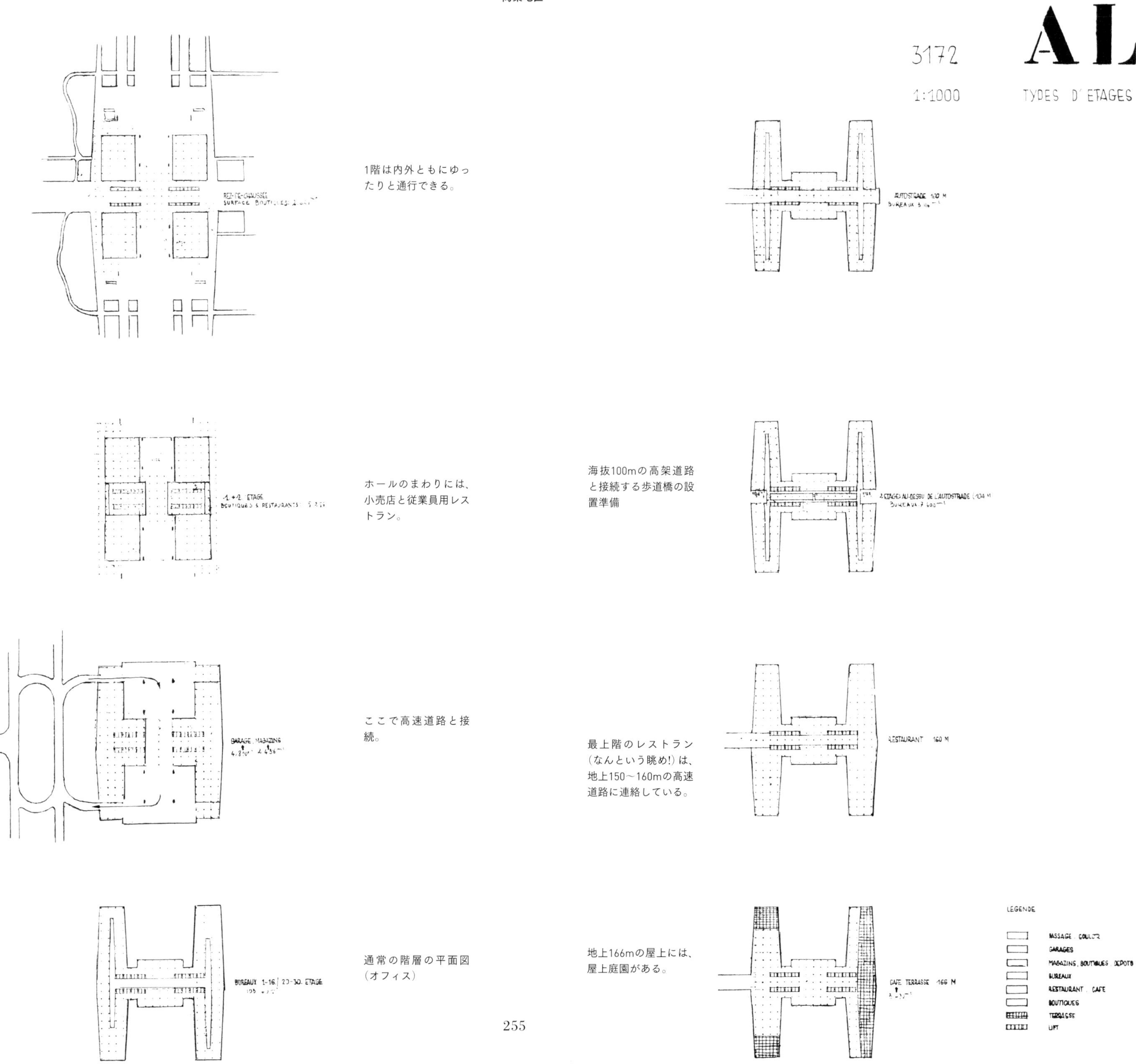

1階は内外ともにゆったりと通行できる。

ホールのまわりには、小売店と従業員用レストラン。

ここで高速道路と接続。

通常の階層の平面図（オフィス）

海抜100mの高架道路と接続する歩道橋の設置準備

最上階のレストラン（なんという眺め!）は、地上150～160mの高速道路に連絡している。

地上166mの屋上には、屋上庭園がある。

農業会館	3000㎡
ブラシェット・センター	1000㎡
ガルシア・センター	3000㎡
その他のビル	3000㎡
計	4万4000㎡

(これらの数字は広さに基づいています。これらの不動産の住居部分や、オフィスに貸し出している部分だけを評価することはきわめて難しいのです。)

つまり4万～5万㎡が使用されているオフィスということになります。この数字からは、場所が悪くて空いたままの部屋を差し引かなければなりません。これらのオフィス、とりわけ総合庁舎ができたことによって、多くの空室が生まれました。

あなたの計画では、5年ごとに2回、高層ビルを作らなければならなくなるでしょう。半分の高さで建てるなら話は簡単かもしれません。最初から壮大な構想を示すほうが、宣伝効果はあるでしょうが。あるいは、高さ100mで建てるなら、その場合、開発費用を削減できます。

われわれが思うに、これらの段階を考慮する余地はないでしょう。すべてを作るべきです。今すぐに。この国の人口増加(従来の経済学では解けない謎です)を考えれば、大いに希望が持てます。

1934年2月
J・P・フォーレとラフォン

アルジェの臨海地区の都市開発に関するプロジェクトC付属の財政財務明細書、アルジェ市議会に送付

1° 商業地区の建設
2° 海岸沿いの遊歩道
3° アルジェ市の緊急的需要に応える公共建造物の将来における設置

1° **商業地区**
2° **遊歩道**

商業地区は次の区画を含む

オフィス	11万700㎡
駐車場、車1000台用	
店舗	2436㎡
レストラン、小売店	9778㎡
小売店、カフェテラス	6118㎡

商業地区の建て面積は、地上階は8000㎡、各階は5272㎡である。

ビルの建設価格は、岩上での基礎工事を含み、8000万フランとなる。許容される額として1億フランとしておこう。

この価格は、骨組み、ファサード、タイル張りないし寄木張りの床、暖房、そしてすべての公共サービス――水道、照明、電話、電信、エレベーター、換気設備など――を含む。屋内の間仕切りは賃借人の自由に任される(どのようなやり方でも、賃借人の好きなように作ることができる。建物は完全に支柱で支えられている)。

建物の価格に、土地の価格と建物の周囲に配される遊歩道の価格を付け加えねばならない。つまり、建物に隣接する通路は約1万5000㎡、遊歩道は3万5000㎡になる。遊歩道は、臨海地区の土地の原価である1㎡あたり1600フランに基づき、……8000万フラン

商業地区の総原価……1億8000万フラン

この事業によって、およそ7ヘクタールの土地をさまざまな建造物に使えるようになる。

事業の利潤――基本価格はこの計算に含まれており、低価格は最小限のもので、アルジェの平均を下回る。

計算の結果は以下の通り。

オフィス	1㎡あたり年間賃料100フラン
駐車場	1台あたり年間1200フラン
店舗	1㎡あたり年間100フラン
レストラン、小売店	1㎡あたり年間150フラン

小売店、カフェテラスは1㎡あたり年間250フラン。この条件で予想される賃貸料は、

オフィス	1107万4000フラン
駐車場	120万0000フラン
店舗	146万6775フラン
レストラン、小売店	152万9500フラン
小売店、カフェテラス	1,529,500フラン
計	1551万3275フラン

この収入は支出の8.3%になる。建物に対する予備費として5000万の超過を認めれば、利益率は6.4%になる。これは市公債の通常利率より高くなる。

3° **市民のための施設、公共建造物の用地**

図面AL 3233は、(参考までに)**可能性として**以下の形で配分されることを予想した。

	建築面積	配分
1° 財務委員会	1649㎡	3300㎡
2° 商業裁判所	1902㎡	4580㎡
3° 裁判所	3273㎡	8728㎡
4° 公民館		
労働組合会館、商工会議所、商品取引所など	4706㎡	15510㎡
駐車スペース付きテラス、倉庫	9681㎡	
5° 展示場付き、北アフリカ商業事務所	5674㎡	

この最後の建物は、商業地区の右手に位置し、臨海地区の地所の外にある(将来を見越して)。

所轄官庁へのこれらの土地売却は、超過利潤となる。それは、プロジェクトCで示された、臨海地区の都市開発の構想と同じである。

ここで考えられる行政当局が、彼らの未来の建物のための土地をいくらで買ってくれるか、正確に見

積もるのは難しい。臨海地区についての評価額は、上地、つまり道路部分を除いた土地の原価（1㎡あたり2500から3000フランのあいだ）と、専門家が都市化された土地に与える評価額（1㎡あたり4000フラン）のあいだで変動するだろう。

註

アルジェで11万㎡のオフィスを建設するのは妥当か?

現地での調査は、1929年から1934年までに建設された新しいオフィスビルに関し、現地調査によって以下の情報が得られた。

総合庁舎	1万8000㎡
標準（上部）	2000㎡
ジェルマン・ビル	2000㎡
ルボン社	5000㎡
ベルナベ・ビル	2000㎡
農業会館	3000㎡
ブラシェット・センター	1000㎡
ガルシア・センター	3000㎡
その他のビル	3000㎡
計	39,000㎡

これは、将来着手されるべき計画（プログラム）のほぼ半分を示している。
したがって、これから商業地区を作ることは可能であると考えられる（2段階に分けて実現することも可能だ）。この国の人口増加を考えれば、大いに希望が持てる。

必然的帰結

現在のプロジェクトCは、なお2つの重要な必然的帰結を含む。

a）カスバと、現在のバブ・アズン、バブ・ウエド両通りに挟まれた近隣地区の整備。

b）現在のアリスティド・ブリアン広場と、港湾駅に通じる将来の高速道路との接続。

c）港湾駅を出て、商業地区を通り、オラン方面の沿岸部へ接続する高速道路の創設。

a）現在のシャルトル通りは、海のほうへ拡張することになる。土地の高低差を利用し、上に庭や公園を整備した、雁行型集合住宅を作れる。この高層ビルの雁行型は臨海地区とその出入口の全体的な構成の一部である。
これら雁行型の巨大ビルは、アラブ人の施設——店舗、オフィス、集会所など——に充てられることになる。政府広場の高さにある庭園では、アラブカフェがアーケードや列柱廊などの形状で整備されることになる。
また、大聖堂は、司教区に敬意を示す庭園として整えられた部分で、直に政府広場に接することだろう。
アラブ都市に関わる最後の整備は、港に面した2つのモスクの出入り口である。今日モスクを完全に隠してしまっている大擁壁を失くすことで、モスクを取り巻くかつての断崖をほぼ元の状態に戻すことができるだろう。
臨海地区とその近辺はこのように整備され、総合的な市の中心地になる。そこでは、ヨーロッパ人の市街とアラブ人の市街が、有益で微妙な違いを保って結びつくだろう。

b）オペラ座からスロープによって一方向へ接続することで、一方ではバブ・エル・ウエドの低い地区から来る車と、また他方ではイズリー通りとデュモン・ドゥルヴィル通りから来る、あらゆるアルジェの人や車の流れがもたらされるだろう。そして、将来臨海地区から出る高速道路へと完璧に導かれる。このように車の流れを調整することで、レピュブリック大通りとカルノ大通りを素晴らしい庭園スポットとして残せるだろう。これらの大通りが整備すれば海岸沿いのすばらしい遊歩道となり、通りを彩る見事なアーケードがアルジェに到着した人々に非常に美しい眺めを提供してくれるだろう。

c）M・カッサン氏が設計した、適切な規模と思われる新しい港湾駅は、半分の高さの高速道路の創設によって、オラン方面へと抜けられる恰好の客船ターミナルになる。高速道路は、二つのモスクのあいだを過ぎ、低地からゆるやかに商業地区の右手にある上層の高台へと上り、そこから、オラン方面の出口に向かって再下降する。この高速道路は新しい形で、プロジェクトAとBの構想を踏襲している。これらの計画は、いずれの場合も常に、サント・ユージェーヌからフセイン・デイにかけて欠かせないフロン・ド・メルヴァラン大通りを作ることが前提になっている。オペラ広場から高速道路へのスロープの出口正面には、チャーター機が発着するための回転式プラットフォームが設置される。この施設は、海軍の空母と同じ方法でつくられる。現在客船が使っている場所は、将来はクルーズ船が停泊することになるだろう。こうして、市の建物が建つことになっている新しい土地からバブ・エル・ウエドにかけて、アルジェの沿岸地帯はまさに都市計画の構成部分となり、切迫する需要に応え、議論の余地ない建築的規模に到達するのである。

過剰利益

（この明細書の数字は、アルジェのラフォン氏とフォーレ氏から提供されたものだ。もちろん、この方々はその数字を概算と考えているが、きわめて控えめな数字である。）
見積もりは、さる大手企業が立てたもので、8000万フランの利鞘が予想されている。数字は1億である。
同様に、商業地区の原価に、アルジェをもっとも美しく彩る海沿いの広大な遊歩道を割り当てた。追加分は8000万フラン分の土地代に対するものである。
そうなると、総額5000万というこちらの見積もりは誤りということになる。
そしてこのときにこそ、6.4%の事業収益率になるのである。
プロジェクトCの策定者たちはきわめて悲観的な状況にあったと認められる。
資金源の点では、認められた基礎収入はきわめて脆弱で、**策定者たちは、商業地区と広場の周辺に残った土地を売却すれば過剰利益が見込めると指摘するにとどめている。それは一続きの土地で、つまり7ヘクタールになる。**
この7ヘクタールは1㎡あたり2500から4000フランで、当局や、将来その土地を必要とする組織に売ることができる。こうして総計は、1億7500万から2億フランとなる。
行政側の計画を一瞥すれば、通りと中庭だけで土地の52%を占めることがわかる。その52%は絶対的に無駄、いやそれ以上である。街路として整備するには金がかかりすぎるし、道路の維持にも金がかかる。
したがって以上が財政面で優れていることを雄弁に物語っているを財政面で説得するものであり、この計画は現代には新しい方法と新しい需要があることをすっかり忘れている古い手法による都市開発計画に対立するのである。

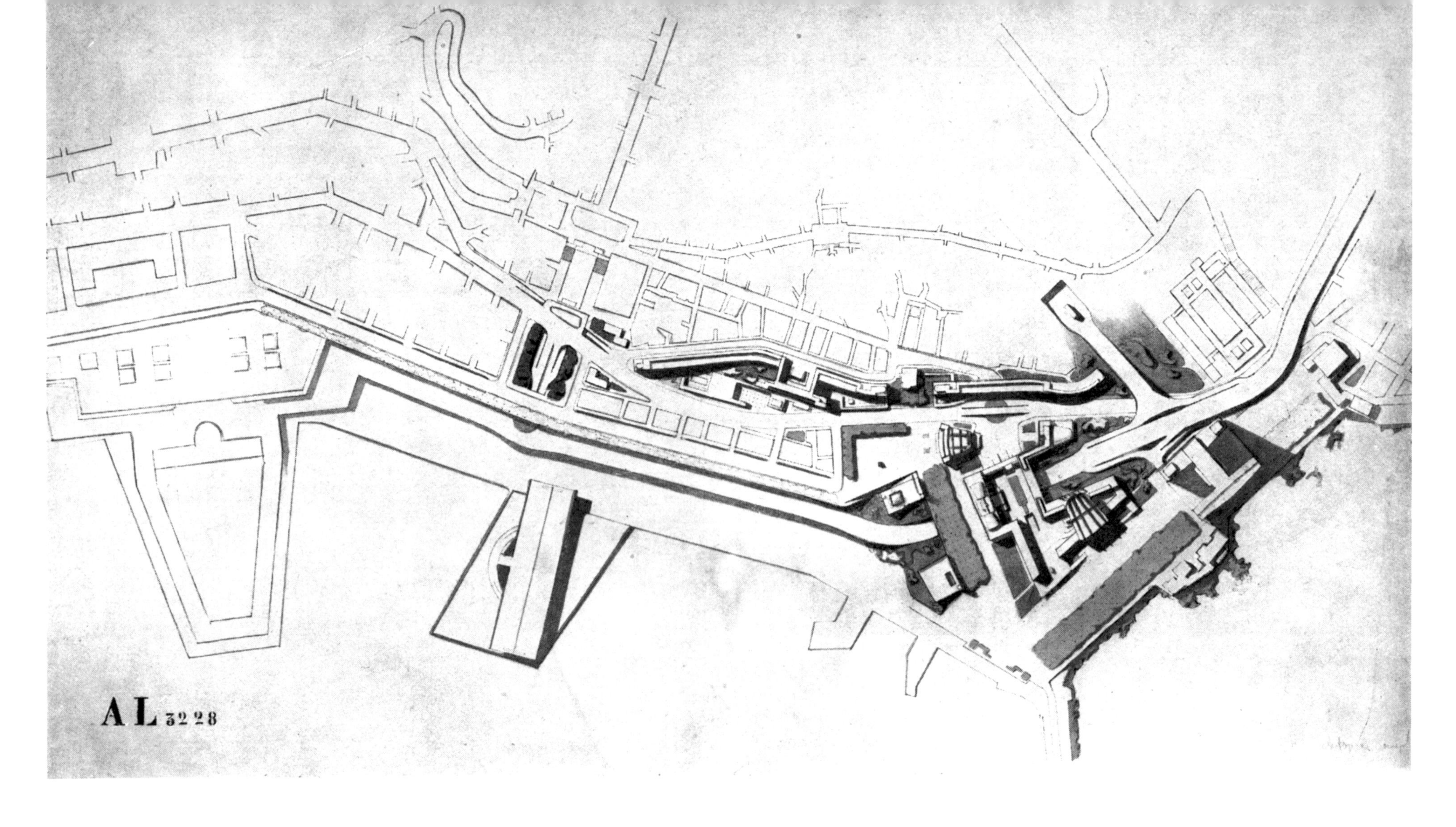

技術者のルノー氏と建築家のカッサン氏による、新しい複合駅舎の計画は、1934年、上に挙げるわれわれの図面に示された。ちなみに、下に示したのはその模型である。計画は、行政の都市計画に対する幸福なる反発——ついに!——である。これが正当な規模なのだ!

プロジェクトC

これが臨海地区である。アルジェの前面にあり——都市の顔の軸線であり——都市にすべてがそろう市民のための施設がつくられることになっている。各部分を分類することで、秩序が支配し、空間は豊かになる。この市民のための施設の中では、歩行者は大地の支配者だ。大遊歩道、小遊歩道、大通り。全速力で走る車はそれぞれの目的地へ向かう。アルジェの断崖は現代にふさわしい規模となる。建築の交響楽、自然のスペクタクル。

二つのモスクは、今日では隠れてしまっているが、元の姿を取り戻す。

アラブの古い宮殿は、商業地区のつくる整った角柱形と、好対照である。

臨海地区におけるこのプロジェクトCに対して、強い関心が世論を捉えた。周期的に研究がアルジェリアの出版界において掲載された(コットローの連載、J・P・フォールの連載など)。

海岸沿いの高速道路は商業地区へ人を運び、また、アルジェ岬の両側を繋いでいる。

商業地区の地上部分は内外ともに公共広場になる。

商業地区によって空間にゆとりが生まれ、見晴らしが良くなった。

プロジェクトC

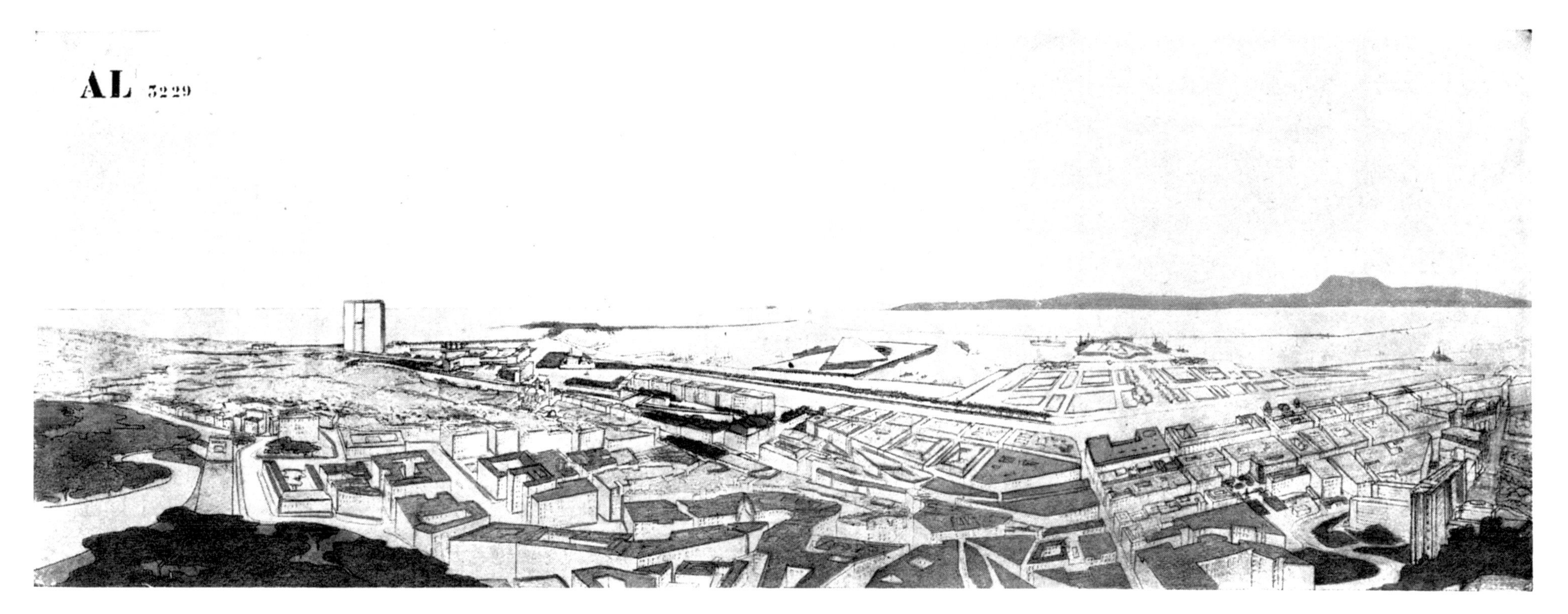

上は1934年に行なったわれわれの最新の提案だ。アルジェの港は現代のスケールに合った姿になる。

アルジェの頭上の冠(ティアラ)」

1924年、フィレンツェ共和国は、アルノルフォ・ディ・カンピオに対し、サンタ・レパラータ聖堂——後に大司教座聖堂(ドゥオーモ)、サンタ・マリア・デル・フィオーレとなる——の再建のための模型と図面を実行に移すよう政令を出した。
「人知の及ばぬ高さと荘厳さを持ち、都市のために作られるどの作品にもまして気高く美しいと思われるものを、唯一の同じ意志のもとに集う市民たちの偉大さをもって、生み出さなければならない。」

アルジェへの別れ……

1934年7月22日、日曜日

「ド・グラース号」は沖に出た。アルジェ——しなやかな腰となめらかな胸を持つ見事な体が、皮膚病の吐き気を催させるかさぶたに覆われている——は沈もうとしている。身体はその壮麗さの中に、的確な形の戯れで、自然の地形と人間の幾何学が織りなす大胆なる比率の数学で、その体は栄光の絶頂へとのぼるはずだった。
しかし、私は追い払われるのだ。
扉は閉ざされた。
私は去り、心の底からこんなことを感じている。
すなわち、私は正しい、私は正しい、私は正しい……、と。
自らの都市のために働く人々が、芸術の微笑みと偉大なる態度を都市が持つことを頑なに禁じるのを見るのは、耐えがたい苦しみだ。
「おお、役人たちよ、あなたたちの掌中に都市の幸福と不幸はあるのだ!」

祖国を守護するものとは?
——祖国を造る者たちだ!
(アルジェにおける講演会でのスケッチ)

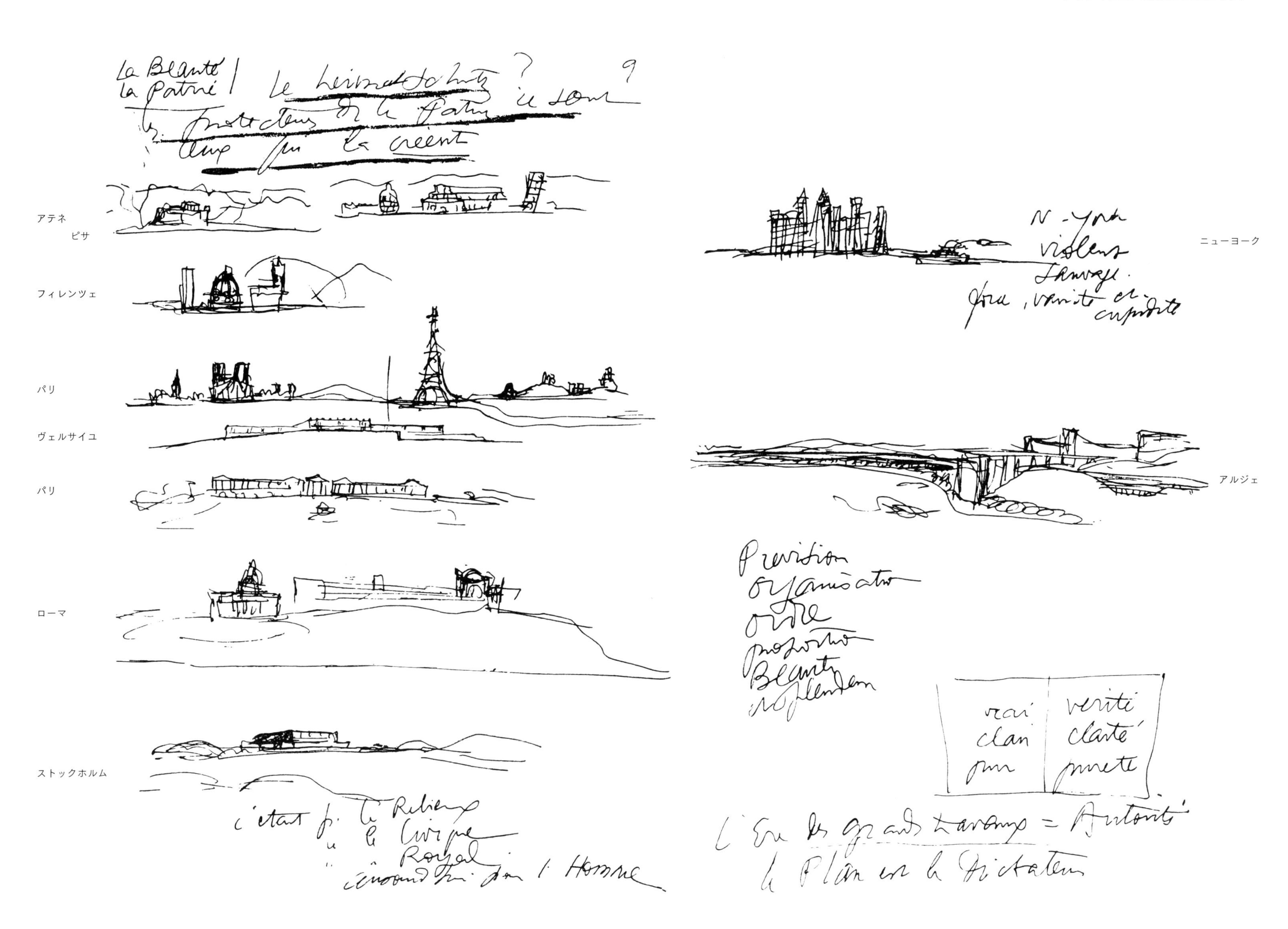

1927年　国際連盟本部　ジュネーヴ
数世紀来初めて、伸びやかに広がる建築物が景観に馴染み、その中にとてつもない恵みを汲み上げ、お返しに人間幾何学の交響楽的要素をもたらした。

「誕生したての」建物とは自然の完全体である。われわれを景観の魂へと導く。人間の創造力によって自然そのものになる。

1927年　国際連盟本部
（湖のほとりに位置した、1番目の建設地。）

GENÈVE 1927 1928 1929 1932

NATURE ARCHITECTURE ET URBANISME

ジュネーヴ
自然、建築、都市計画

敷地内は何も損なわれることはない、丘も、芝生の緩やかな勾配も、囲い地も、草原も。

1927年に審査委員会はこの設計案の実施を決定したが、審判員のひとり——パリのラマレスキ氏——は、われわれの図面が……墨ではなく印刷所のインクで描かれていたことを発見した。

これを理由に、彼はわれわれを失格にすべきだと要求した。そして策略が張り巡らされ、われわれは追い払われたのだ！

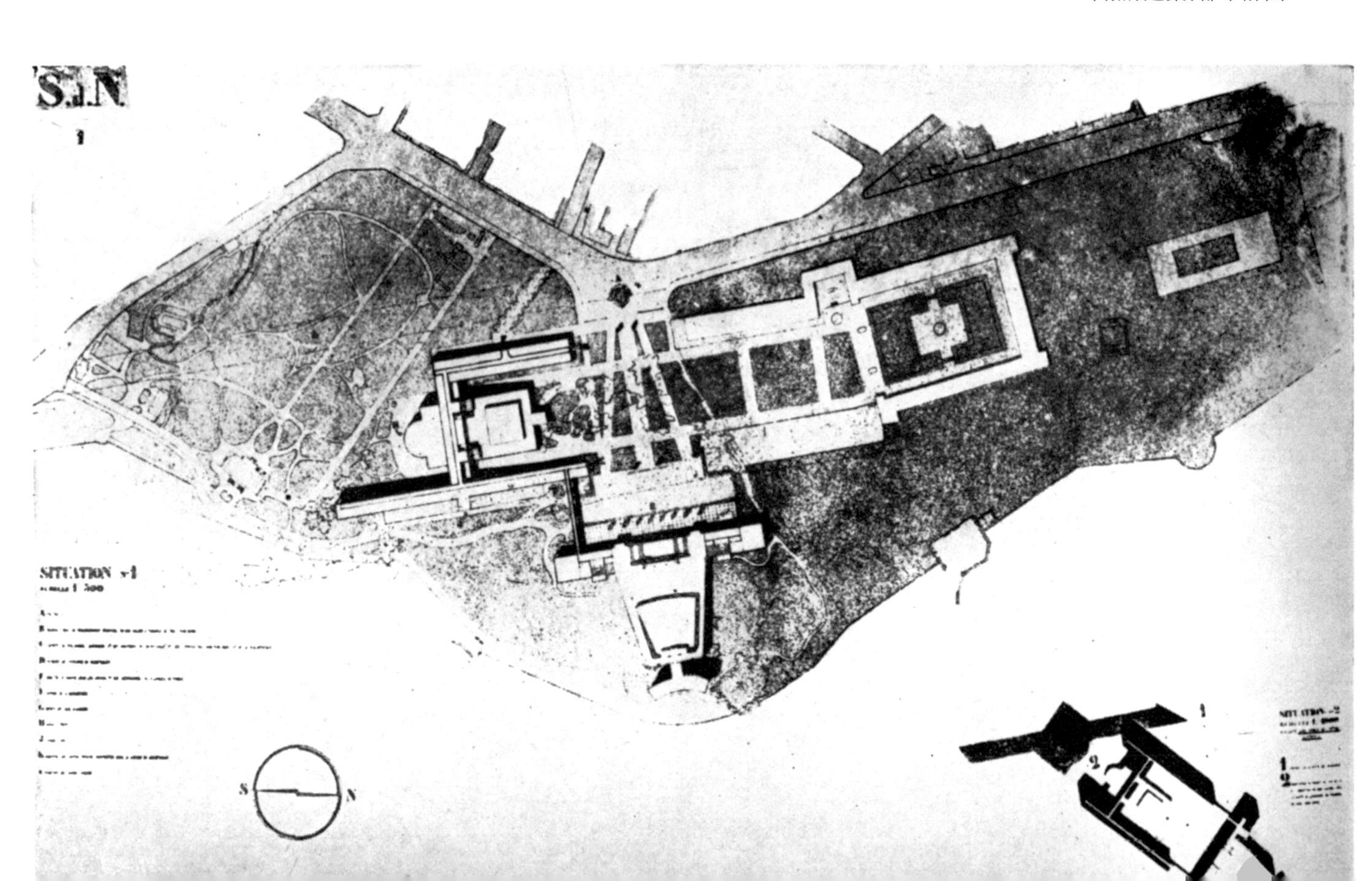

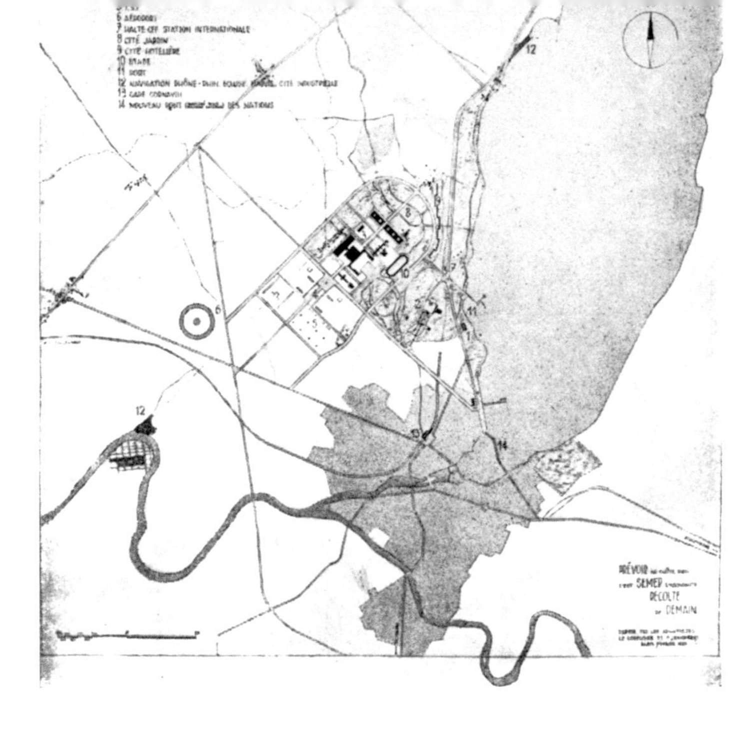

国際連盟に提出したこの図面には、以下のような記載を付した。「予定することに何も金はかからない。それは、明日の豊穣の種を蒔くことである。」

1929年。ポール・オトレ（ブリュッセル）の企画にもとづいて作成された世界都市の図面。もうひとつの世界都市を認識するための試み——国際連盟の枠外だが、その同意のもとに——

この世界都市は、さまよえるユダヤ人のように、安住の地を探している。1933年、それは、アントワープにおけるスヘルデ川左岸の都市開発計画の中に組み込まれた（271ページ）。

理論：あらゆる建築物はひとつの生物学的な存在である。その生は内側から外側へと成長する。外側は内側を表現する。それは、まるで生命体であるかのように、あらゆる出来事の調和的な組織なのである。土地は？　それはまた別の話だ！　人間ないし動物は、自分が平らな地面の上か、あるいはひどく起伏の多い地面の上にいるかに応じて、異なる姿勢や異なる行動をとる。同じように、日に当たることもあれば、日陰にいることもあるし、前を見ようとすることもあれば、まわりを見ようとすることもある。そうしたことと同様に、建築物はその必要に応じて土地を占有するのだ。そして、建築物はその建設地に適応し、その土地に建てられる。それゆえ、**それは決してばらばらに損なわれることはない**。すなわち、全体としてそこに建てられる。

これが、建物と土地の相互独立関係についての理論である（ここで、289ページのソヴィエト・パレスと290ページのツェントロソユーズ庁舎を参照のこと。また、この本の提案全体——建築と都市計画——も参照）。

そしてこれは、二次元において都市計画が建築に強いた不幸な慣例とは対極をなすものなのである。

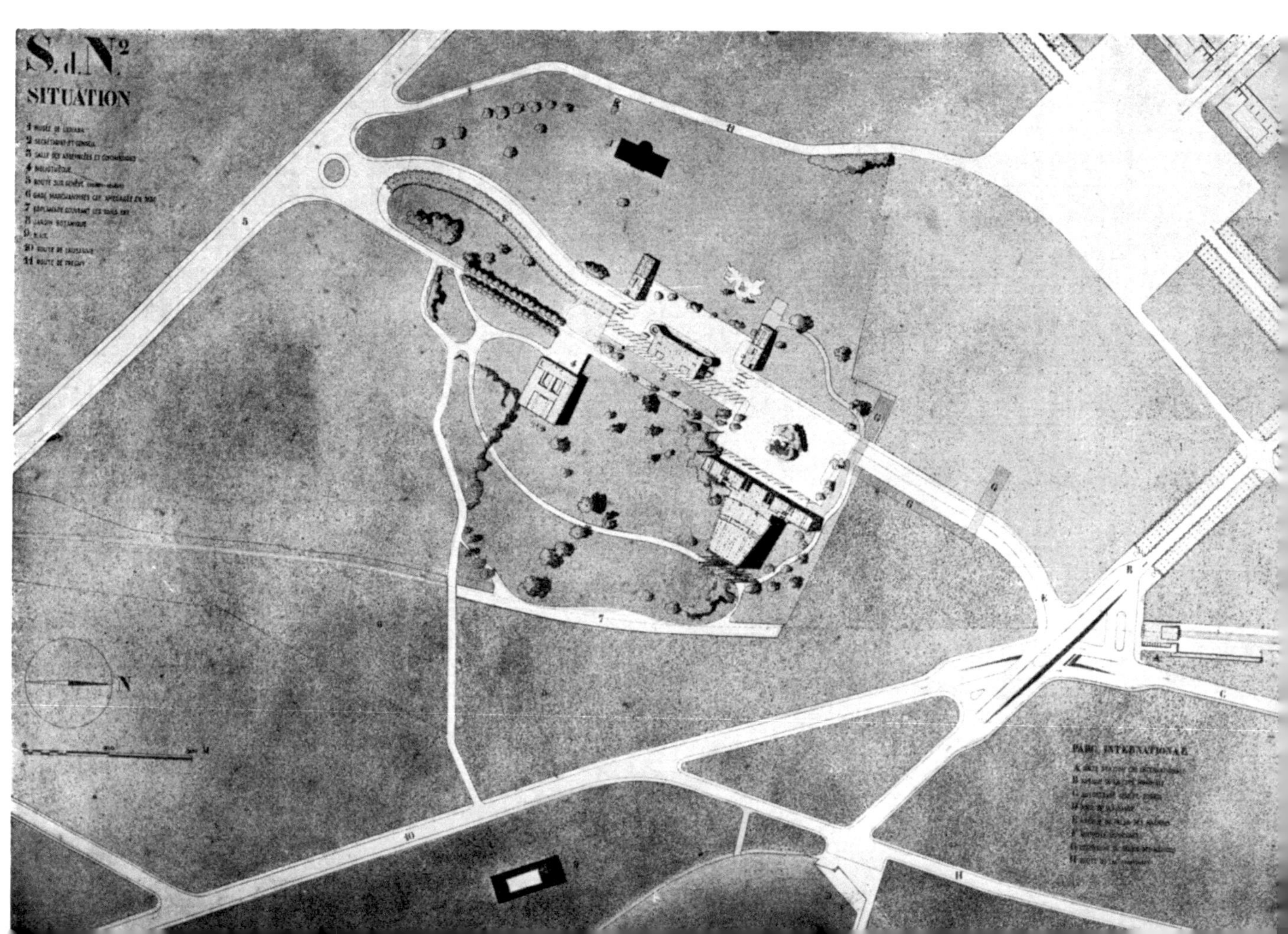

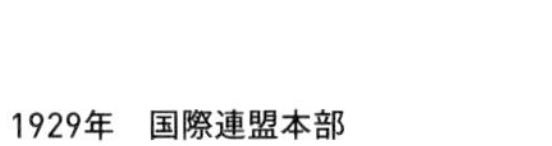

1929年　国際連盟本部
（丘の斜面、アリアナに位置する第2の建設地）

ここには、建築と都市計画の関係についての、ひとつの明白な主張が表れている。

1927年の国際連盟本部の第一次計画（262ページ）は、いくつもの適切な役割に応える、ある生物学的統一体を構成していた。これは土地に備わる慣れ親しんだ環境資源に感応し、自由に、そして優雅に、景色の中に定着していた。

1928年、建設地が変更になる！　いかなる理由も、本部建物の生物学的特性を変更する理由はない。よって、同じ建物が新たな土地を占めたのである。

理論：（右上を参照）

1929年　世界都市
ジュネーヴ
国際連盟本部
国際労働機関事務局
近郊
外部との接続

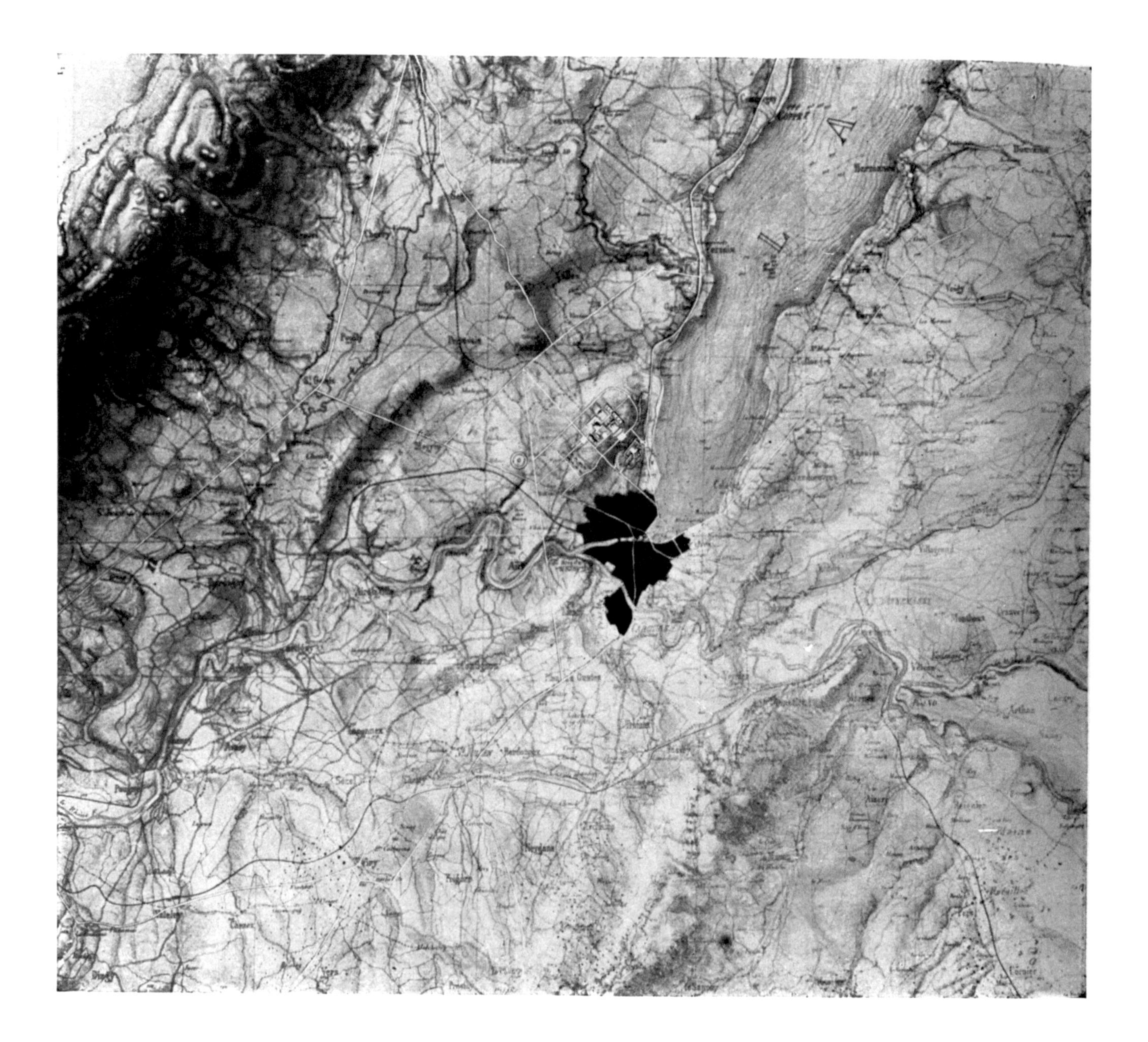

ジュネーヴは、世界地図上に突如浮かび上がった。閑静な都市、研究と観光の中心地から、そこは世界政治の中心地となったのだ。予定することは罪であるとは限らない！　予定すること、それはつまり、場所を決め、予約し、確保することである。議論と決定と修正はあとですればいい。

われわれは世界都市の予定地を、すなわち世界の情報の中心地となるべき場所を探した。ある丘がそこ、グラン・サコネックスにある。そこは何もない素晴らしいところで、機械文明のアクロポリスには打ってつけの場所である。地形が訴えかけてくる。なんと素晴らしい景観、なんと見事な眺望！

すでに国際連盟本部が丘の斜面に建てられている。われわれはその丘の頂上を都市化するのだ。

われわれは未来の道路、ルイ 14 世がつくらせたような、まっすぐで堂々たる道路を引く。それらを世界的な高速道路網――パリに向かうフォーシュ峠の道、リヨンに向かうベルグラードを通る道、ローザンヌに向かうリヨンを通る道、そしてそこから、ベルン、バーゼル、ベルリン、シンプロン峠、そしてミラノに至る道――に接続させる。

われわれは、そこをライン－ローヌ間運河が通ることになるトンネルの入口を準備する。それをジュネーヴに繋げるのだ。それどころか、湖の上を通して、右岸から左岸へと、ほかならぬジュネーヴ市街にそれを繋げ、さらにはアヌマスとエヴィアンにも繋げるのである。

われわれは区別した。つまり、ジュネーヴ自治市の運命を、国際機関の運命に混ぜ合わせはしなかったのだ。

ところで、われわれの提案を退けた――それも激しく――のは、ジュネーヴ市民と当局である。われわれのデザインは興味を惹かなかった、だが、それをジュネーヴと国際連盟に献呈した。

（いくつかの講演がポール・オトレと私によって開かれた。図面はわれわれの費用で建てられた仮設小屋の中で展示された。80㎡のジオラマが構想の全貌を明確に示した。）

ジュネーヴ、ペルル・デュ・ラック公園内の仮設小屋において展示された80㎡のジオラマの一部。

これらすべての建物は、もっとも純粋な技術性において、非の打ち所のない機能を示すのはもとより、モデュール基準線の順に並び、山や湖とともに感動的な交響楽——自然と建築が奏でる——を形成する。

「「誕生したての」建物とは自然の完全体である。われわれを景観の魂へと導く。人間の創造力によって自然そのものになる……」

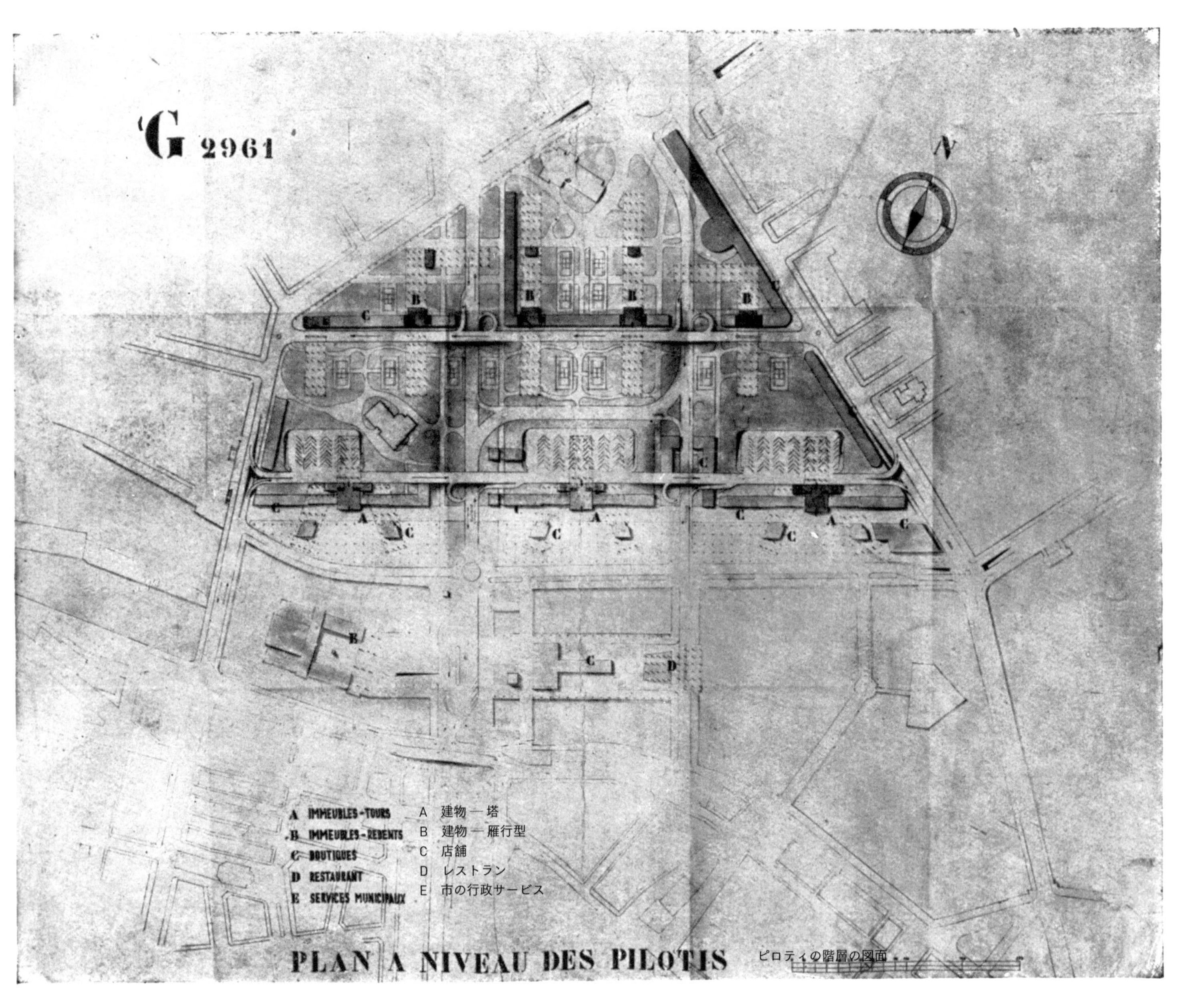

地上の階層において

GENÈVE. RIVE DROITE 1932

サン・ジェルヴェ地区は取り壊され、真新しい街区に取って代わられるだろう。いくつかの重要な交通は保証されるべきだ。ローヌ川を睥睨する大聖堂の丘、そしてその背景には、あまりに美しいサレーヴ山がそびえ立つ。感興に富む自然の情景に取り巻かれたすべての都市と同じように、住民たちはそこから、回廊通路の上に垂直に建った自分たちの住居から、何も見ることができない。

作業の採算が取れるよう、一定の住居数を確保する必要がある。

輝ける都市の理論が適用されると、遊歩道と高速道路がそれぞれ整備され、緑の美しい起伏や空き地もできる。

問題は緊急性を帯びている。すなわち、あらゆる場所で、現在の都市に共通する現実が、四方八方から重くのしかかるのだ。しかし解決策は明らかだ。

下の図：
サン・ジェルヴェ地区の整備に関して、市民団体によって示された対案
（ジュネーヴで配布され、表紙に「われわれの街の未来に関心を持つすべての人々に」と題された小冊子からの抜粋）

主張の結論：

「10. 今こそ、ひとりひとりが比較し、判断する労を厭ってはならない。
……危機に瀕している地区の住人と商人はもとより、ジュネーヴの全市民が、この件に関して自分たちには発言権があるのだと、よく理解しなければならない。また、馬鹿げた計画を市当局に断念させるべく、全市民が中心となって運動しなければならない。
有権者の危惧とは、しばしば思慮分別の第一歩ではないのか。」

以上が「有権者」によって要請された計画である……
人々が異議を唱えたのは、われわれの計画に対してではなく、それに着想を得た（多くはないが!!!）市当局の計画に対してなのだ。

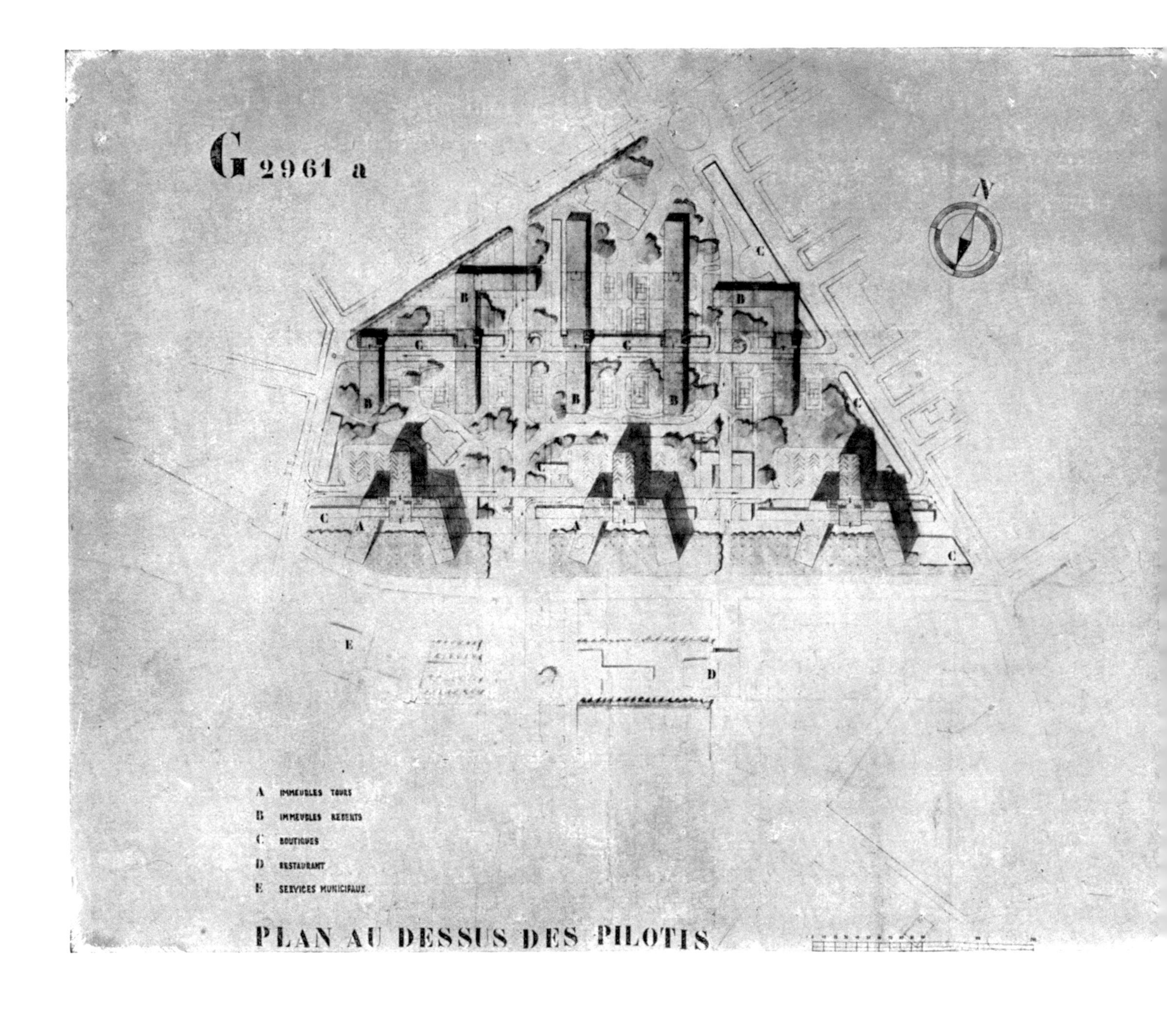

それぞれの物はそれぞれの場所に収まる。保存が必要な二つの教会は、それぞれの環境とアクセスが保証される。店舗は、ローヌ河岸とモン・ブラン通り沿いに、必要な場所を確保する。島が整備され、コラトリー－コルナヴァン間を繋ぐ歩行者用の大きな横断路は、緊急の必要に応えている。住居は？　ついに最適条件にかなうのである！

これらすべては、まったくもって確かなのである！　ある種の熱狂が、ある日、この計画をめぐって起こる。われわれの勝利が叫ばれる。

しかし、ジュネーヴがわれわれを拒絶する。われわれの名前だけで、この提案は判断されるのだった。

1927 年　国際連盟本部
1928 年　ムンダネウム
1929 年　世界都市
1932 年　サン・ジェルヴェ地区（右岸）……

JE PRENDS VENISE A TÉMOIN

(PRÉAMBLE AU PLAN D'ANVERS)

ヴェネチアを証人に立てよう

（アントワープ計画の序文より）

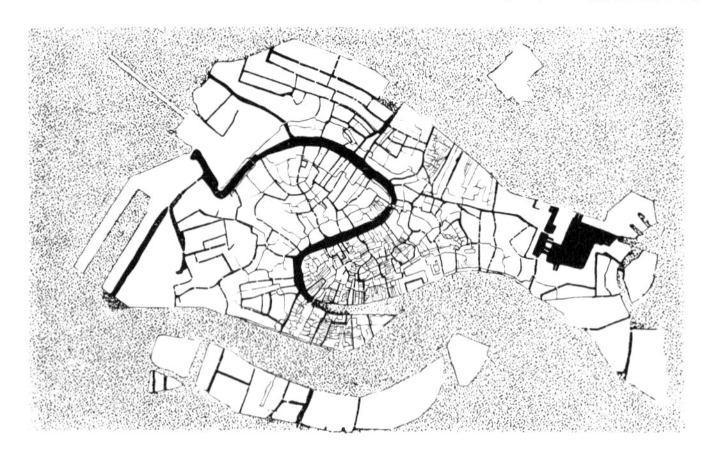

2種類の交通手段。すなわち、地上を歩行する、あるいは海上をゴンドラで移動する。ここに掲げるのは、水路網である。

ヴェネチアは、水路によって「形作られ」ている。
海抜0が、すべての計測基準である。あらゆる計測基準は、いかに大雑把であれ議論の余地のないものだ。あらゆる無秩序は、秩序立てられる。したがって、海原は——陸上なら平野というべきだが——不都合なものだと非難されようもないだろう。それは建築物のもっとも有用な土台のひとつなのだ。

ここに見られるのは、強力なスピード制動装置であり、陸路の終点、巨大な車庫でもある。ヴェネチアの中に道路はない。

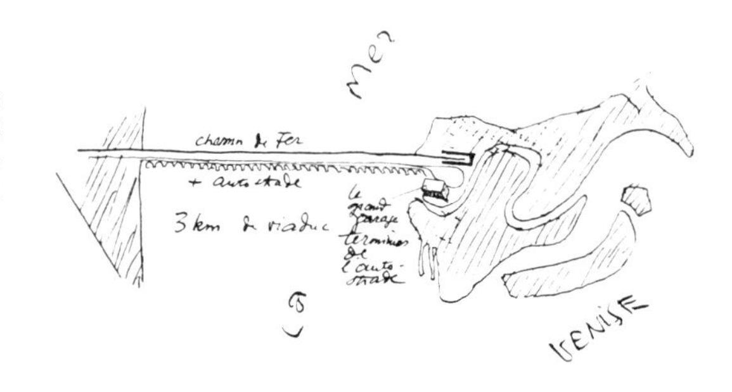

どん詰まりの駐車場

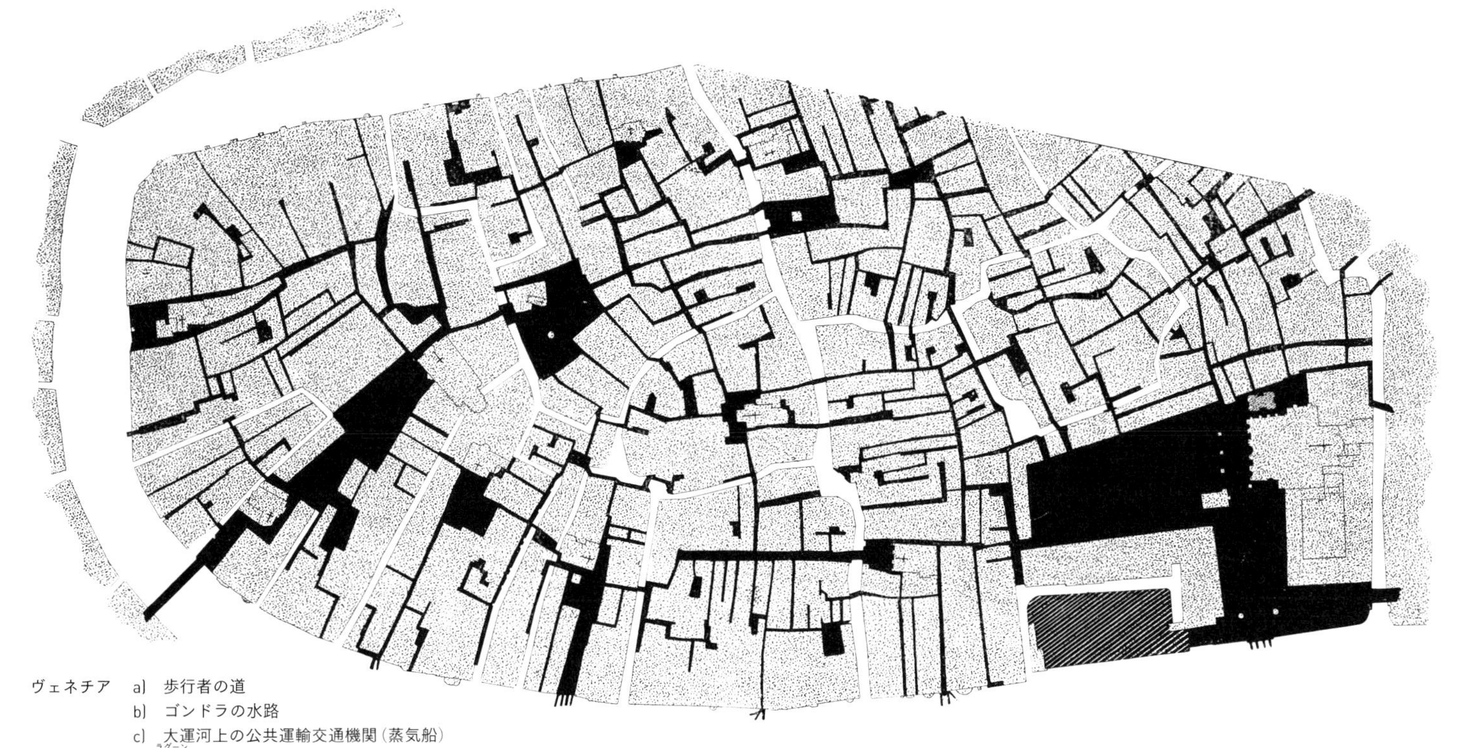

ヴェネチア　a）歩行者の道
b）ゴンドラの水路
c）大運河上の公共運輸交通機関（蒸気船）
d）潟（ラグーン）上の国際運輸交通機関（戦艦、大型客船、貨物船）
この図面は啓示的だ。それは正確で、土地台帳図にもとづいて作成されているが、生物学的には完璧とは言えない——生き物のための心臓療法？　歩行者は王であり、その尊厳を失うことはない。ヴェネチアは、機械文明の諸都市に関してわれわれが進めている構造調査を、輝かしく励ましてくれる。（1934年7月）

ヴェネチアにおいて重要なこと、それは自然の交通と人工の交通——歩行者とゴンドラ——の区別である。自然の力によって余儀なくされたこの二つのおかげで、都市の整備開発においては節約を、また、住人たちには静けさと喜びという計り知れない宝物をもたらした。

2種類の交通をきっぱりと区別することで、曖昧さも二重性もなく、両者が同一線上に交わらない——こちらでは運河、あちらでは歩行者道というように——交通網が可能となる。

歩行者道は、効率的でありながら、奇跡的なまでに無駄がない。優れたお手本だ！　あまりに優れているため、土地台帳図を入手したとき、私の目には、そこに描かれた家々のパズルから歩行者の道路網が立ち上がってきたほどである。それは完璧で、非の打ちどころのない血液の循環システムだ。もはや何ひとつ狭くはない。しかしだからこそ、それがどんな寸法なのか測定しよう。通りの幅は、1m 20cm、2m、そして3mといったところである。幅6mの通りもあって、これは広い！　交通に充てられる土地の割合は最小限で済む。広場は重要な水甕（みずがめ）、市民のための湖である。

ヴェネチア市民は陽気で誇り高いと、あなたがたは気づいたか？　陽気なのは、彼らが自らの足で立ち、自由に行動でき、決して脅かされることなく、決して急き立てられることなく、決して惑わされることがない、すなわち、閑静で平穏な都市において生活することに満足しているからである。ヴェネチアとは別の場所、歩行者と乗り物が共存しているよその街ではどうだろうか？　私が今話しているこの幸福の概念を持ってさえいない。

「水路図」は、すべてにおいて人間の尺度を要求する。というのも、ゴンドラを離れるため、あるいは乗るためには、ちょうど良い寸法でできており、巧みに配置されたステップを踏まねばならないのだ。豪華絢爛も、アカデミズムも、こうした繊細な機能が果たされる場では横槍は許されない。

歩行者道と水路の交差は、ゴンドラの船頭に必要な高さと、歩行者にとっての最小限の邪魔とのあいだで生まれる、厳密な釣り合いによって決定される。

以下のことが証明されうることだろう。実際、ヴェネチアは非の打ちどころのない装置であり、巧緻で正確な知的設備であり、人間の真の寸法にもとづいた産物である。機能都市ヴェネチア、それは素晴らしく機能的で、今日の都市計画家にとってのモデル、都市という現象が要求する厳格さの証人なのである（私は、パレ・デュカルで1934年7月に行なわれた第4回芸術会談でそれを声明した）。

ヴェネチア、それは機能的厳密さの証人。

ヴェネチア、それは日々、そして何世紀も前から、その市民に誇りを与えている。その誕生と何世紀も続くその発展において、誤りはないのだから。ヴェネチアは役人らによって大切に管理された。水路図が指揮を執っていた。すべての人——建設と船に関わるすべての職人たち——が集団参加するなかでは、ひとつひとつが、大事にされてきた道具のように、清潔で、磨き上げられ、正確で、効果的であった。ヴェネチアが人類の壮麗な創造物となるのに、何らの宮殿（大ルネサンス）も必要としなかった。

その本質によって立つヴェネチアは、アントワープのスヘルデ川左岸新都市開発計画に、打ってつけの事例なのである。

1933
URBANISATION DE LA RIVE GAUCHE DE L'ESCAUT A ANVERS

1933年　アントワープのスヘルデ川左岸 都市化計画

ホイプ・ホスト、ロケ（アントワープ）およびポール・オトレ（ブリュッセル）との共同計画

この緻密な研究では、人口50万の新しい都市での生活が、あらゆる細部に至るまで留意されて扱われている。
解決案はことごとく新しいものであった。詳細な図面は40mにも及んだ。審査員は肩をすくめながらその前を通り過ぎて行った。

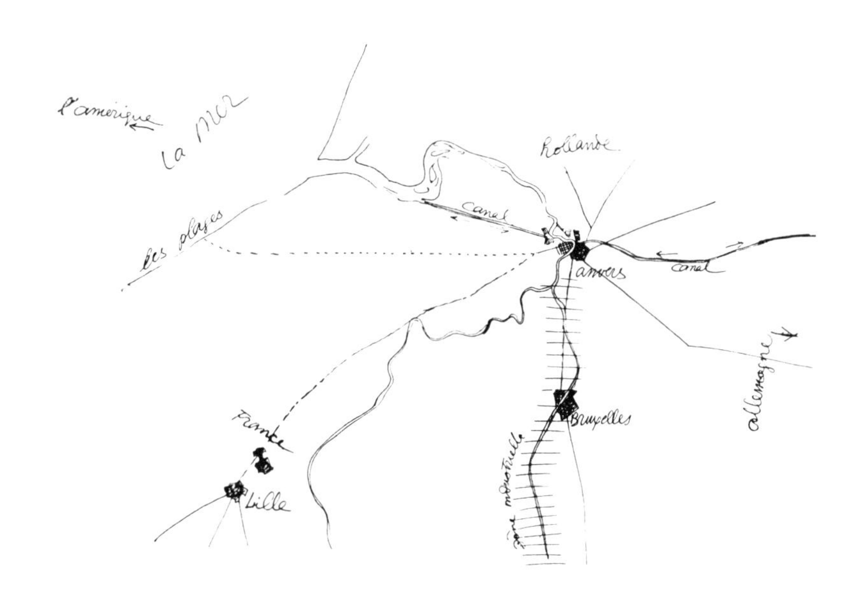

序論

この計画は、共同作業によって完成した。問題に対する総合的な解決策をもたらそうとするものだ。あらかじめ、いかなる合理的解決策をも排除しないよう、主催者側がコンペのありきたりの条件を示したことは満足すべきだが、このことによりコンペの参加者たちは、関連するさまざまな要因についての検討を行なうことになった。そこで本計画案の制作者らはその検討から始めることとし、まず初めに下記の3つの情報源をもとに調査を行なった。

1°　Imalso社（「スヘルデ川左岸コミューン組合」）の計画と報告

2°　アントワープとその港および都市化についてすでに発表されている多くの研究

3°　大アントワープ委員会の25周年記念展示会につい最近集められた貴重な資料

この調査は統計ほか、あらゆる資料において充実していたが、個人的な研究によって補われた。それは、計画全体に含まれる個別の発明に結実することとなる仮説に息を吹き込むと同時に、仮説を微調整するためにもなった。

つねに、すべてが検証可能である現在の現実から出発し、そこから未来の現実へと昇っていくのだが、それ自体もまた最大限の確率をもって制御される。この都市計画事業は基本的な4つの側面で構成される。すなわち、1° 経済・社会との関わり、2° 技術面、3° 理論と一般性、4° 審美的観点、である。

ここでは本案が依拠する目的と原理を示すにとどめた。

1°　**課題**——スヘルデ川左岸区域は、すでに右岸と2本のトンネルでつながっている、公共団体に属する広大な更地があると考えると、この土地を誰のためにどう用いるべきか。さらに、経済的に生産性の高い事業で、かつアントワープの発展に有機的に貢献しうる、という条件に応えなければならない。

2°　**解決策**——上のような問いに対する答えは次の条件が求められる。すなわち、アントワープは20世紀には大陸で最大の港に成長するとともに、西側では人と利益の大規模な集積地になるためのすべての条件を備えているということである。この論拠は、独立以来継続的にアントワープが発展してきたことと、この都市の地理的条件である。したがって、本計画の基本的枠組は、都市の発展を可能にする提案の集大成であり、それらは地域の事情と同時に今日の都市計画（ユルバニスム）が要求するものを考慮した上でなされる。

a）現在、そして将来のために、アントワープの港湾施設の発展を最大限に確保し、とりわけ現在欠けている施設を計画すること。

b）左岸の土地に居住と生活のための一大中心街を造ること。

c）そこに、モデル都市として組織された居住地区に合わせて、世界都市を構築すること。

d）新たに創造されたものを現在の都市部と緊密に結びつけ、バランスのとれた一体化を図ること。

e）さらに、一体化された集合体で調和しつつ拡大する機能に応えるべく、現アントワープの交通網と近隣地域およびベルギー全土、さらには近隣諸国との道路網に改善と補正を施すこと。

われわれはこれらに関し次のことに留意した。

a）現在在整備されつつあるベルギーの電化事業と、オランダの送電網との結合がもたらす影響。

b）高速道路の開発。

c）ブリュッセル - シャルルロワ間の水路の重要性。

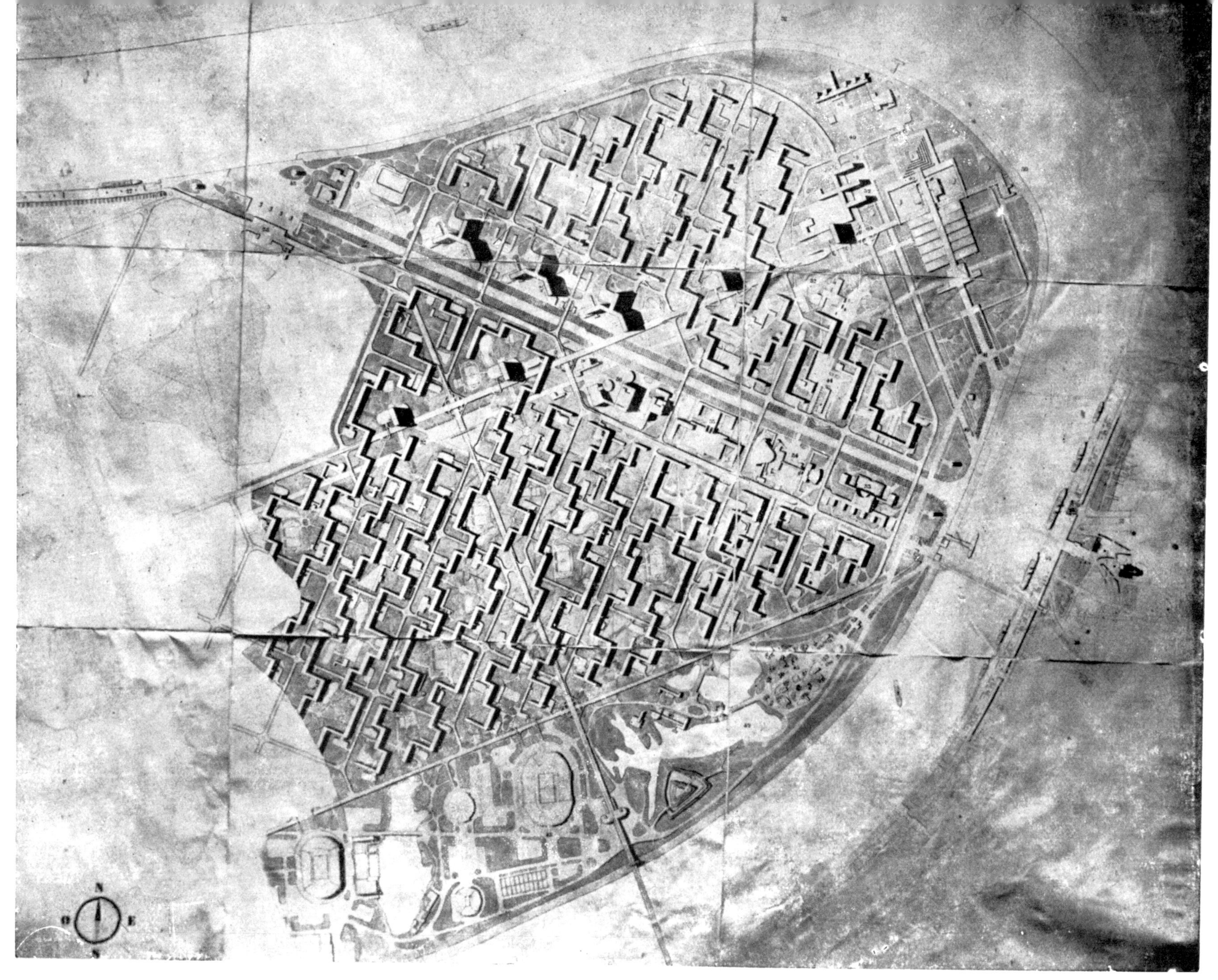

3108　新市街の詳細図面

d）アルベール運河と諸水路に期待される成果。アントワープを、どのようなかたちであれ、ヴェルサイユ条約で定めたライン川国際化の一大拠点港に資する。

3°　**本計画の特色**――a）住環境と交通。土地と事業全体が許す限り考えられる好条件により多くの可能性が期待できる。

b）交通。1°　海上輸送。自由港、旅客航路輸送、生鮮品などの航路輸送。

2°　陸上輸送。アムステルダム、パリ、ベルリン、リール、オステンド、ロンドンにつながる高速道路の中心、その交差点をなす。

3°　鉄道輸送。旅客ターミナル、接続。

4°　航空輸送。アントワープ空港。

5°　地下鉄。

c） スヘルデ川の岸全体を一望できるようにすること。
d） 現在窮屈な場所の施設と、スヘルデ川沿いに今はない遊歩道開発のための広大な空間。
4º **計画の利点**――本計画は当然、世界都市の構想が採用されなかった場合でも全面的に有効である。解決策と本計画の仕様から自ずと分かる特色に加え、下記の諸点も加えたい。
a） 港湾施設を北部に集中させることにより、広範囲の施設分散という不便を解消できること。
b） 鉄道網の要衝を都市部から移動することにより、現在鉄道用の土地の大部分を自由に売却できるようにすること（1000ヘクタールで150万フラン相当）。
あらゆる都市計画同様、本計画も実現のための時間を要し、いくつもの段階を踏むことが求められる。だが、本計画のように25年から50年後の事業計画を決定していれば、努力を積み重ねることで合理的に動くことができる。アントワープにとって、一体化と**達成**である。

都市計画報告

本計画は下記の点を考慮して練られている。
1º 歴史的考察。
2º この新たな都市の住民ひとりひとりに「真の喜び」を約束する必要性。
3º 日あたり（北向きの住居はひとつもない）。
4º 交通手段の速さに応じた分類とその分離。地上は全面的に歩行者のものになる。
5º 垂直方向の公共交通手段としてのエレベーターの導入。住宅の高さは50mまでに制限。
6º 「分散」ではなく「集中」の原則（田園都市は嘆かわしい失敗であり、浪費につながり、都市の土地を危険なまでに広げ、市民の活力を深刻に弱らせることになる）。
7º 旧来の街路を撤廃し、「雁行型」の居住区を建設すること。その結果、建築面積は都市全体の12%を覆うにすぎず、残りの88%はスポーツや憩いのために使われる公園となる。
8º 家のドアから、バス乗り場まで直接つながっているエレベーターまで移動するのに、住民は100m以上を歩かなくてよい、また公園内から路面電車や地下鉄駅や、駐車場まで徒歩100m以内という原則に従う。
9º 都市とは、もはや街路の深い溝によって浸食された無味乾燥な固い土地ではない。それは広大な公園、「**緑の都市**」である。それは「**輝ける都市**」のモデル上に建設される。つまり、都市は「余暇」の受け皿になっているが、それは現代の機械化の進化によるもっとも最近の現象であり、都市計画（ユルバニスム）はそ

れに対して、なんとしても解決策を講じなければならない。
実際、機械文明の生活では、近いうちに労働時間が短くなり、24時間のうち自由時間が増えるようになる。その時間は膨大であるから、肉体や神経の疲れの回復に使われる時間を充実させるため、それが可能な土地や場所を用意するのが当局の務めとなる（庭先でのスポーツ、サンルームや屋上や砂浜など）。育児施設（健康な育児、新生児の特別なケア）。学習、集会、集団生活のための場所。そして騒音が遮断され、日当たりがよく、従来の街路ではなく、空と公園に向かって開けた住居によって、個人の自由が確保されること。

第Ⅰ章
歴史的考察

われわれは現在のアントワープの街の歴史的意義を考慮に入れた。それは大聖堂と古い港に向かって放射状に配置された大きな街路の描く道筋が雄弁に語っている。われわれの左岸開発計画はさまざまな合理的条件によって決定されているが、それでもなお**大きな並木道を通じて精神的にアントワープの魂に結びつくことができる**。そこからはノートルダム大聖堂が遠望できる。
この並木道沿いには公共的・集団的活動のための施設が建つ予定だ。また反対側の端には大型客船用の新たな旅客ターミナルがつながっている。片方でこの並木道は古い歴史的なアントワープ港と大聖堂につながり、もう片方で海に流れるスヘルデ川につながる。
左岸地区で計画するような新しい市街地には**存在理由がある**はずだ。ヨーロッパ中央部のさまざまな河口のうちでも筆頭のアントワープが、アメリカ、中・東ヨーロッパとの宿命的な交易地になるよう運命づけられてきた。小アジアやペルシャ湾にまでその影響を及ぼしながら、アントワープは大きな対角線を描く最短距離上の玄関口に位置している。
したがって**国際商業都市**の開発は妥当なものになる。そのためにわれわれは高さ150～200mの高層ビルを計画した（Nº 10）。ビルは、**左岸客船ターミナル駅**を起点に「**大聖堂大通り**」に沿って立ち並ぶ。
一方、ベルギーとパリで長いあいだ検討を積み重ねてきた結果、ついに1928年と1929年に、「**世界都市**」の建設について正式な提案がなされた。この「**世界都市**」は、哲学、生物学、統計学、法学などに関する国際情報センターを形成するであろう。
したがってわれわれは、効果が期待される場所に**世界都市**を建設する可能性を認めた（Nº 11）。
最後に、新都市南部の沼地のまわりの利用可能な土地に、国際オリンピックセンターを誘致することができる（Nº 12）。

第II章

「輝ける都市」左岸地区への原理適用

現代の技術(鉄骨、鉄筋コンクリートなど)を通じて、**都市の住民に「真の喜び」と呼べるものの提供できる大きな自由が獲得された。**

実効力のある防音技術によって、今後は各アパルトマンにこの上なく完全な静寂をもたらすことができる(本計画の設計者たちはこうした課題を完璧な仕方で実地に経験している)。

現代の技術のおかげでアパルトマン内の正面の広い空間に**開かれたガラス面**を造ることができる。本計画において、**これらのガラス面の向きはすべて太陽熱軸によって示される精確な情報に基づいており、**その方向は図面Nº 3115で決められている。こうして左岸地区の新都市に応用されたこの研究によって、**北向きのアパルトマンはひとつもなく、**すべて東(日の出から正午まで日が当たる)か、朝9時から午後5時まで日が当たる南か、西(正午から日の入り)を向いている。

旧来の「回廊通路」を徹底的に排除し、居住区の建造物に**雁行型**を適用する結果、**すべての中庭は最終的に撤廃され、**今後存在しなくなる街路の騒音から各アパルトマンを隔離することができる。それぞれの雁行型には200mないし250m、75mないし300mのさまざまな間隔が置かれ、さらには数kmにおよぶ見通しも確保される。都市面積の88%にあたるこれらの空間には公園が造営される(芝生、葉叢)。**公園内には運動場ができる**(サッカー、バスケット、テニスなど)。

さらに、これら雁行型には、長さ100m以上の大きな屋外プールがある。**こうして庭先でスポーツが楽しめる。**このことにより近代的な時間が獲得され、必要不可欠と認識されていた機能が住民に提供される。加えて、雁行型住居は**ピロティ上に**建設されるので、建物の下には自由な空間、5mの高さの天井付きの自由な空間ができる(図面Nº 3110とNº 3111を参照)。この屋根つきの庭で、子供たちは日光や雨にさらされず遊ぶことができる。

さらに他の点を挙げれば、すべての雁行型建築において地上50mの部分が屋上庭園となり、途切れることのない帯のようになる。現代の技術で、そこに水治療法や日光浴や散歩などのための砂浜を造営することができる。これらは幅24mまたは12mの本物の砂を敷き詰めたものであり、素晴らしい景色と太陽の恵みを享受できる。

したがって、このような集合住宅のコンセプトを旧市街の都市化に適用することで、住民たちに**「真の喜び」**と呼べるものをもたらすと確認できる。その喜びは日常的なものであり、一日のうちいつでも享受できる。それは個人の幸せの基礎をなす。肉体的機能と精神的機能に充足がもたらされよう。

のちに見るように、このような都市においては**自動車の交通は歩行者の生活とは完全に切り離されている。**自動車は地面5m上に建設された高速道路網に局限される。歩行者は決して自動車とすれちがうことはない。子供たちはあらゆる危険から守られることになる。**地面は再びわれわれ歩行者のものとなり、**改めて自らの足を使うことができるようになる。

公園内には**子供の養育**と**教育**に必要な施設が住宅群に接して設けられる。次の3種類の施設が住宅群ごとにまとめられる。a) 乳児のための託児所、b) 幼稚園(2〜6歳児)、c) 小学校。これら子供たちのための施設は従来のように住宅から遠く離れた大きな建造物ではなく、6000人前後の住民グループに対応する規模で設計された、地域の構成要素となる。のちに見るように住民6000人とは、各種輸送機関が要請する居住単位二つから三つ分にあたる。

図版Nº 3116「**輝ける都市7**」が示しているのは、防音化された住居の発明によって旧来の賃貸物件の概念にもたらされた変化である。一つの階につきアパルトマンが2軒しかないためにドアを開けた先が階段の通る階井になっているということにはもはやならない。ドアは各階にある「**内部街路**」に面することになり、そこには200m間隔で、公共交通機関として職員によって操作されるエレベーターが通る縦抗がしつらえられることになる。各エレベーターは本物の地上につながり、地上には歩行者用の大小の道が縦横に通っている。一方、地上5mのところに乗降場付きの「**車両ポート**」があるのだが、ここに地面から高いところにある高速道路が接続し、自動車の駐車場のためのみに使われる広場がある。こうした地取りの原則は以下のとおりである。**「内部街路」を通って垂直方向への公共輸送機関まで行くのに、すべての住民は100m以上を歩く必要はない。これを基本とすると、建物に充てられる高さが50mであることから、計算によれば、垂直移動施設はそれぞれおよそ2700人をさばくことになる**(住民1人にあてがわれた居住空間が14㎡であることから)。

交通に関する新たな配分により、自動車交通に対して旧来とはまったく異なるネットワークが与えられることになる。旧来の道は幅10mから20mの建物に挟まれているため、自動車はそれぞれの建物の出入口の前に着けるために家屋のすぐ軒先を車道が通らざるをえなかった。家屋は**道に面し、交通による騒音と危険に囲まれていた。**新しい構想は**住宅とは完全に独立して、**400×400mのグリッドで地上5mの高架高速道路による自動車交通網が可能になる。この格子状の道路には適宜、分岐路があり、その先の車両ポートにはエレベーター網がある。こうして、いわば「20倍速」(時速100 km)と「1倍速」(歩行者は時速4 km)の分離が達成される。これが、人類の文明における**まったく新たな現象に対して、**すなわち今日まで市街地での悲劇の原因となってきた通常の20倍速によってもたらされる現象に対して、われわれが提案する解決策である(図面3104、3107、3108参照)。

「**輝ける都市**」の住宅街については図面3110、3111、3116「輝ける都市7」を参照。

第III章

交通
アントワープ市街との連絡手段の確立
左岸地区の新たな交通網。国際線の接続

A. **鉄道**——アントワープ市街は鉄道が出現してからその最前線にあったため、鉄道がまさに街にとっての制約、足かせとなるほどその膨張を許してきた。今日では、鉄道輸送コストはトラックよりも高くつく。アントワープの鉄道網の見直しは避けられない。

したがってわれわれは、図面Nº 3102において、現存する鉄道のいくつかの撤廃を提案した。身動きできないほど鉄道網に締め付けられていた街は解放されるだろう。

では今日の大アントワープの交通における問題とは何か? 何よりもまず国際線の接続を確保することである。**パリ-ブリュッセル-オランダ**路線、**ベルリン-アントワープ-オランダ**路線、**パリ**または**ベルリン**から**アントワープ**経由で**オステンド**へ向かう路線(図版Nº 3102参照)。

旅客輸送——鉄道網はスヘルデ川の右岸に沿って敷かれるべきであり、そうすることで大きな路線を現行のホームへ接続し、直接オランダまで走るようにする。南側のアントワープの街の入口にある分岐は、スヘルデ川の下を通るトンネルに向かい、その先に大型客船を受け入れられる**新ターミナル駅**がある(左岸地区の、新市街の北側)。この鉄道は左岸中央駅(Nº 13)からの小駅を通り、オステンド方面へ続く。スヘルデ川のトンネル出口にある左岸の各路線は**開けた切り通し**を走る。新市街から南にある右岸地区の分岐路には、Nº 14に示された3本の支線が通る駅の建設を計画している(南駅)。ブリュッセル-アントワープ-アムステルダムの路線には二つ目の北駅の建設が計画されている(Nº 15の地点)。このように鉄道交通網の問題はすべて一挙に解決する。ここで「**駅**」という語には、**単なる通過駅**というほどの意味しかないことを断っておく。車両は都市部の外で連結され、駅で列車は通過するだけである(ターミナル駅とは逆)。図面3102/c には、いまや無用の長物と化し、街を混乱させるだけの鉄道網を撤廃することによって得られる大きな利点が示されている。

左岸中央駅(Nº 13)、**右岸南駅**(Nº 14)、そして**右岸北駅**(Nº 15)がそれぞれ将来的に、新しい都市の交通の整備とアントワープとの連絡のために敷設される地下鉄、市電、高速度の主要交通網と即座に接続できる場所に位置していることがわかるだろう。図面Nº 3101は便利な地点での接続を明快に示している。

貨物輸送——図面3102/b では、貨物用の線路がどのようにしてそれら便利な地点に引かれていくかが示されている。右岸で、現在の埠頭駅の貨物をすべて運び出すことができる。効果的な伐採によってスヘルデ川の河岸の整備を行なえば充分である(図面Nº 3107とNº 3108、およびこの設備の断面図を参照)。

新ターミナル駅(Nº 17)、および左岸の新市街地北部に建設が予定されている新しい自由港(Nº 18)の貨物輸送網は、北部の右岸にある**大操車場駅**(Nº 19)で結ばれ、そこからオランダ、ドイツ、ブリュッセル、フランスに向かう。さらに自由港(Nº 18)からも、Nº 19の航路を通って、南のブリュッセルやゲントなどの方面に貨物が発送される。

新都市地区の北側における「**自由港**」と**新ターミナル駅**の構想は、ここでは指示の段階にとどめられている。そこには、ブリュッセルとシャルルロワ盆地へ物資を供給する南北航路と直接つながる運河の建

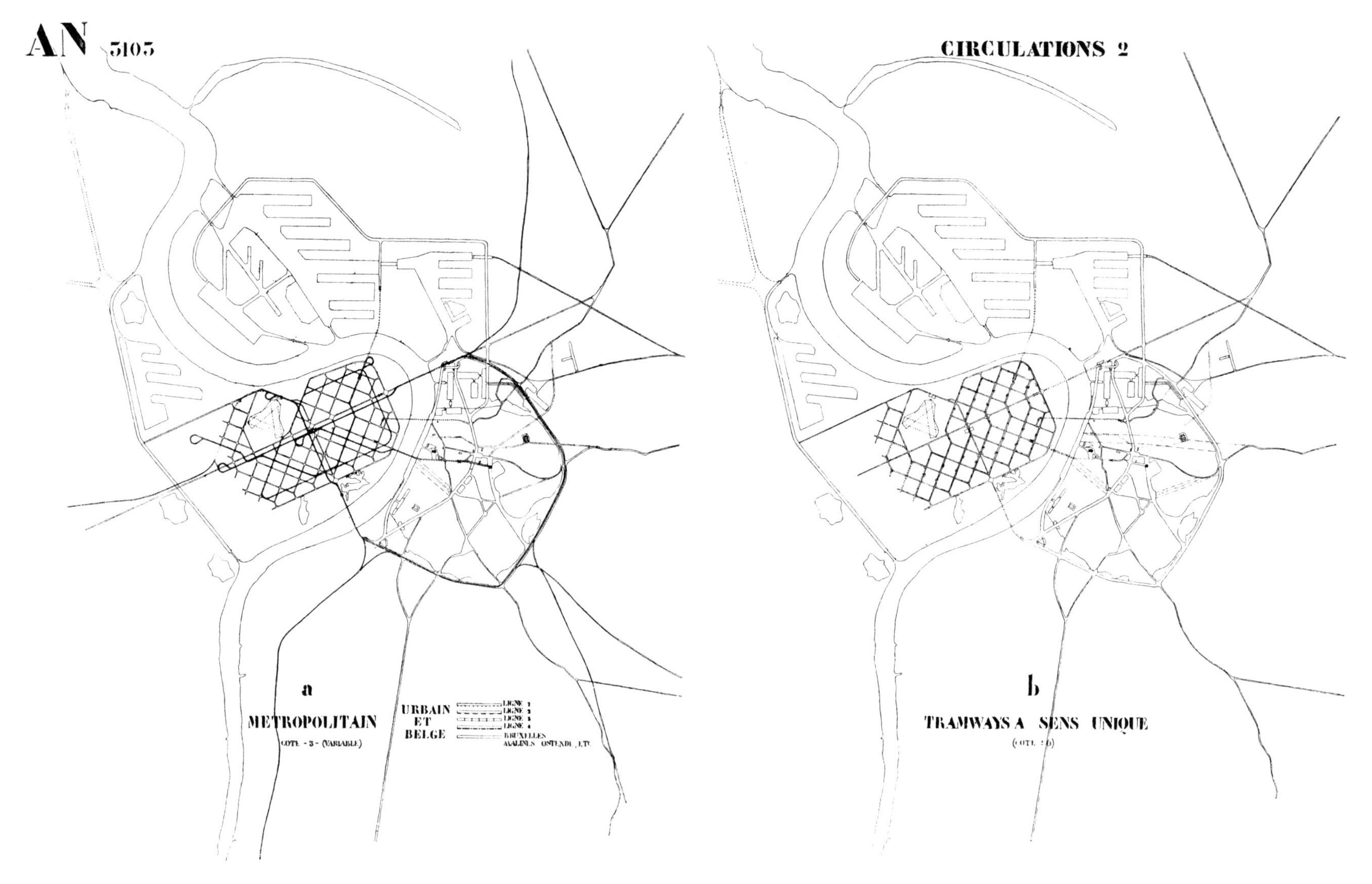

設も含まれる。この運河で二つの市街地(アントワープと左岸地区)のあいだにあるスヘルデ川の湾曲部から荷揚げする。

住民の移動：地下鉄、路面電車、高速道路

問題が2点ある。

1º　ベルギー地下鉄との連絡(図面3103/a)。

2º　**都市の**内部、すなわちアントワープと左岸の新都市地区とのあいだの連絡。

1º　**ベルギー国鉄**は、路線の電気化による鉄道網の整備と、今後「**主要都市線**」と名付けられる各線によるブリュッセル - メッヘレン、アントワープ、シャルルロワ、ゲントなどへの接続回数を増やす可能性を探っている。

このベルギーの鉄道網は一方でアントワープに引き込むべきであり、他方、左岸の新都市にも引き込むべきである。

スヘルデ川右岸のベルギーの鉄道網はすべて、昔の城塞地帯上に整備された環状帯リングを経由して、**アントワープ近郊全体**(都市部内と郊外)に人や物が運ばれることになる。

左岸の新都市は、リングが一周した地点から**ベルギー地下鉄**に結ばれるようになる。その地点からスヘルデ川の下のトンネルを通って南(Nº 21)と北(Nº 22)を過ぎると**中央駅**で左岸新都市の中心部と接続する。そもそもこれらは**新客船ターミナル駅**では地下鉄および国際鉄道で使われる線路と同じものである。

一方で路線の終点である**中央駅**(Nº 13)から、**新客船ターミナル駅**(Nº 17)と新都市の最西端までの行程をたどる路線(Nº 23)は2号線と呼ばれる。

左岸新都市は、地下鉄4号線と3号線を通じて、さまざまな区域に至るまで活性化される。

最後に、新都市の中心部は1号線によって**中心部、現在の中央駅まで**(Nº 24)結ばれる。

この地下鉄網によって、今後、路面電車網と以下のような接続が可能になる。

周回路面電車(図面3103/b)。アントワープと左岸新都市の各地区を網羅する路面電車である。

路面電車は、都市における地取りに関して非常に制約されている。すなわちそれは高架式高速道路の下の地面に敷かれる。囲いによって居住地区の公園と仕切られ、**停車場は歩道と交わる地点にしかない**。場合によっては、利便性が高く地下鉄との交差点にもなっているところでは、それぞれの停車場は一体化し、**歩道、路面電車、地下鉄が互いに直接結ばれることになる**。

そこでは、歩道が地下通路となって、路面電車の線路の下をなだらかに下降していく。ここで**園芸的な整備**が関わってくる。つまり、地下坑道の陰鬱な側面を取り除くように、傾斜に沿って芝が敷かれ、木を植えた土手が小さな谷間へ下降していく。

これらの停車場の交点とそれぞれの異なる高さの機能について示すため、特別な詳細図を作成した(図

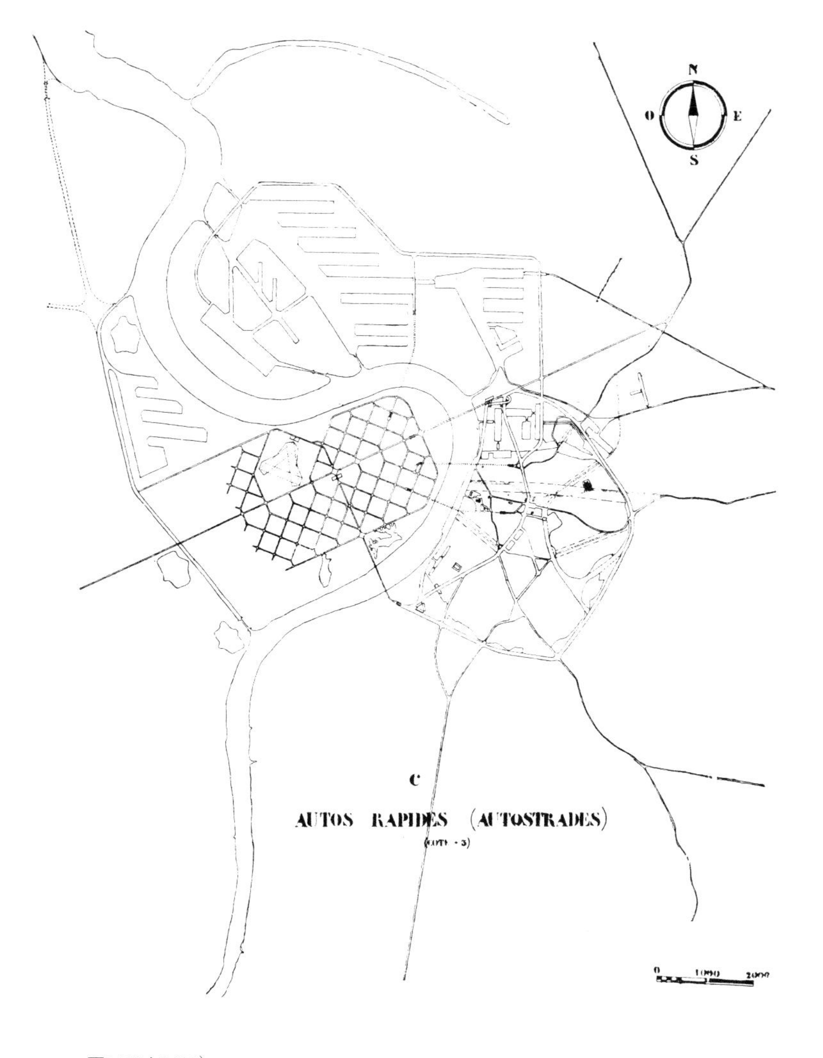

面3113と3114)。

路面電車網は、3103/b に示されているように、隣接する周回路線で構成し、それぞれが一方向に周回する。

合理的な秩序に基づく都市設計では、路面電車はもっとも経済的で効果のある交通手段となる。バスは実のところ、現代都市の錯綜する街路を見事に解決する手段ではあるが、それ以上のものではない。

高速道路。図面3103/c。**ここで、全体として歩行者のために残してきた土地を高速自動車から完全に隔離するという原則に留意しなければならない。**

高速自動車が通る道は、地上5mの高速道路と呼ばれる高架式交通網の上に建設される。高速道路は鉄筋コンクリート製である。都市面積、とりわけ現在市街地を走る車道と比較して、道路の全長はきわめてコンパクトになっている。その建設は、維持費と合わせても、現在使われているあらゆる乗り物(バス、トラック、低速自動車、高速自動車)に加え歩行者が気ままに通行する街路に対して、はるかに経済的になる。

これら高速道路にはひとつの目的しかない。**車が戸口から戸口へ移動することを可能にすること**である。すでに見た通り、建物の出入り口は新しい発想に基づいている。それらは各々2700人の住民を受け入れるからだ。そのため出入り口は互いにとても離れていて、高速道路は、すでに説明したように、車両ポートに続く分岐路によってそれらを結んでいる。

図面Nº 3104はその全体の仕組みと詳細を示している。また図面Nº 3113とNº 3114は交差点の断面図と解決案を提示する。

この高速道路には3つのタイプがある。

1º　標準車線、幅12m

2º　中間車線、幅19m

3º　大循環道車線、幅25m

これらの自動車道は、全長にわたって(車輪除けのある)特殊なガードレールによって仕切られた平行な2車線であり、車線変更は不可能で、逆方向の一方通行となっている。交差は合理的な設計によって自動的に行なわれるようになっている。監視はまったく必要ない。これはつねに流れを止めることない交通である。これこそ自動車の要求に応じることのできる、都市型の自動車交通網である。

こうして実現する歩行者のための領域と自動車のための領域という区分の真の価値を評価する必要がある。しかしながら、いくつかの状況においては、自動車は高速の移動手段であることをやめ、散策のための手段となりうることも認めなければならない。

どんな都市にも、散策の目的に適した場所というものがある。本計画においては、こうした場所はとりわけ大聖堂大通り(Nº 25)に沿って見られる。この並木道は、幅については後に述べるが、両側にとりわけ美しい建築物が並び、すべてが公衆のための建物になっている。

散策に適したもうひとつの場所は「世界都市」(Nº 26)であり、それについては特別な報告書を用意する。

アントワープに面した新都市の南に確保される大きな二つの公園も、散策の場所として素晴らしい。大聖堂大通りへは世界都市に向かう並木道を通るが、ここもまた散歩道となっている。

トラックと重量車[大型トラック]。トラックと重量物輸送車のために用意された特別な交通網も必要である。この交通網は自動車道の下の路面電車網と平行に組み合わされるが、互いに完全に独立しており、交差することもない。

アントワープへの到着

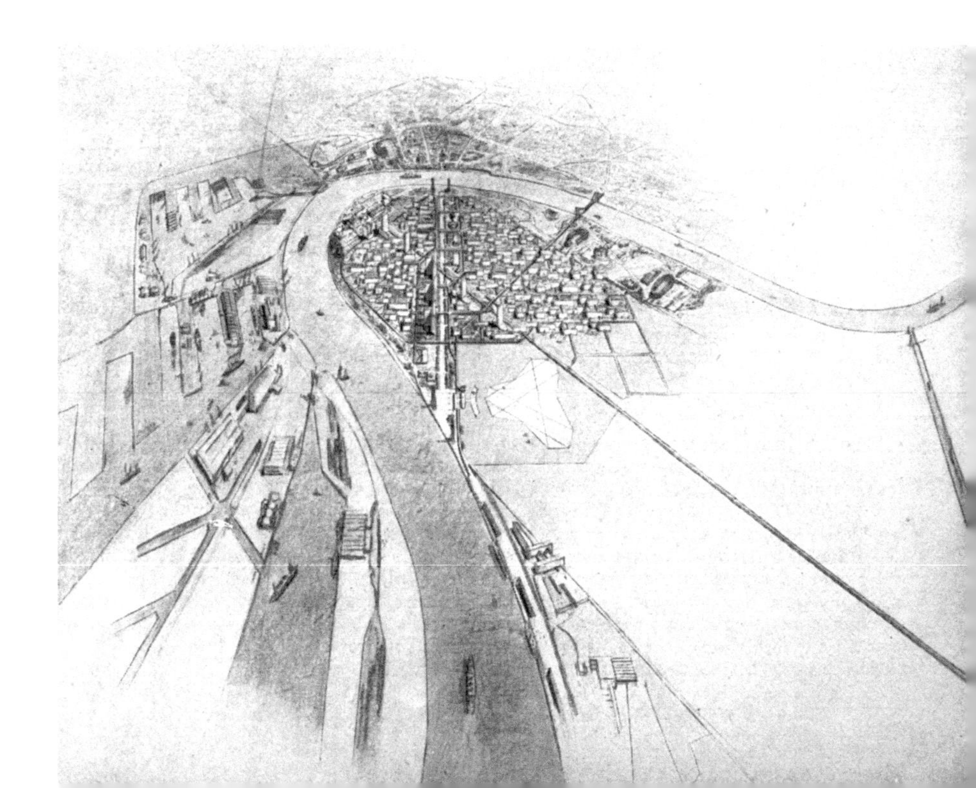

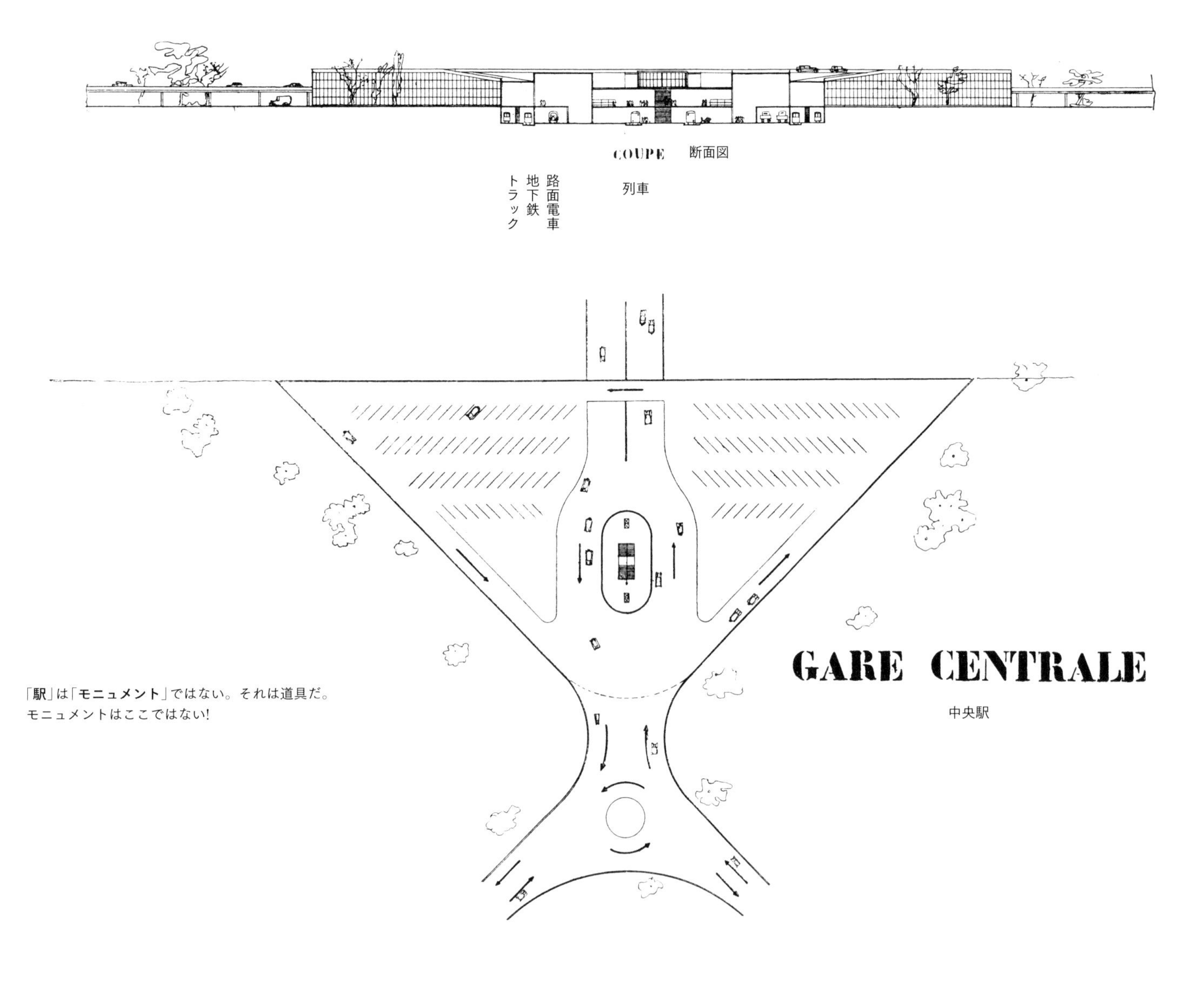

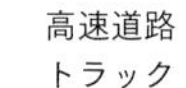

「駅」は「**モニュメント**」ではない。それは道具だ。
モニュメントはここではない!

都市におけるトラックの役割とは何だろうか？　生きるのに必要なあらゆる種類のものを住宅に供給することである。そのとき、各住宅地に供給物を配送する合理的な体制を組織することは難しいことではない（図面3105参照）。

一方通行の道を走るトラックは分岐路で分かれ、**商品の積み上げと積み下ろしを行なうための受け渡しホール**へと向かう。この受け渡しホールは各住宅地区に規則的に分散している。それらは住宅を支えるピロティのあいだの地上1階に造られている。それらはまた**中2階の公共サービス**部分ともつながっている。この公共サービスは、将来的には生活支援組織に発展することが期待されている。一方で各アパルトマンのメンテナンスや掃除といった家事をこなし、場合によって料理やリフォームを行ない、冷蔵庫で食品を保存する食糧品備蓄も行なう。

第Ⅳ章
左岸新都市を構成する諸要素

1º　住居　　　2º　レクリエーション

1º　**住居**――「**輝ける都市**」の一部については、すでにこの報告書の冒頭部分で述べられているし、住居の条件は最大限保証されていることも見た。

本計画では、住宅地はすべて均一に都市の土地の上に割り当てられている。配置によって**富裕層の地**

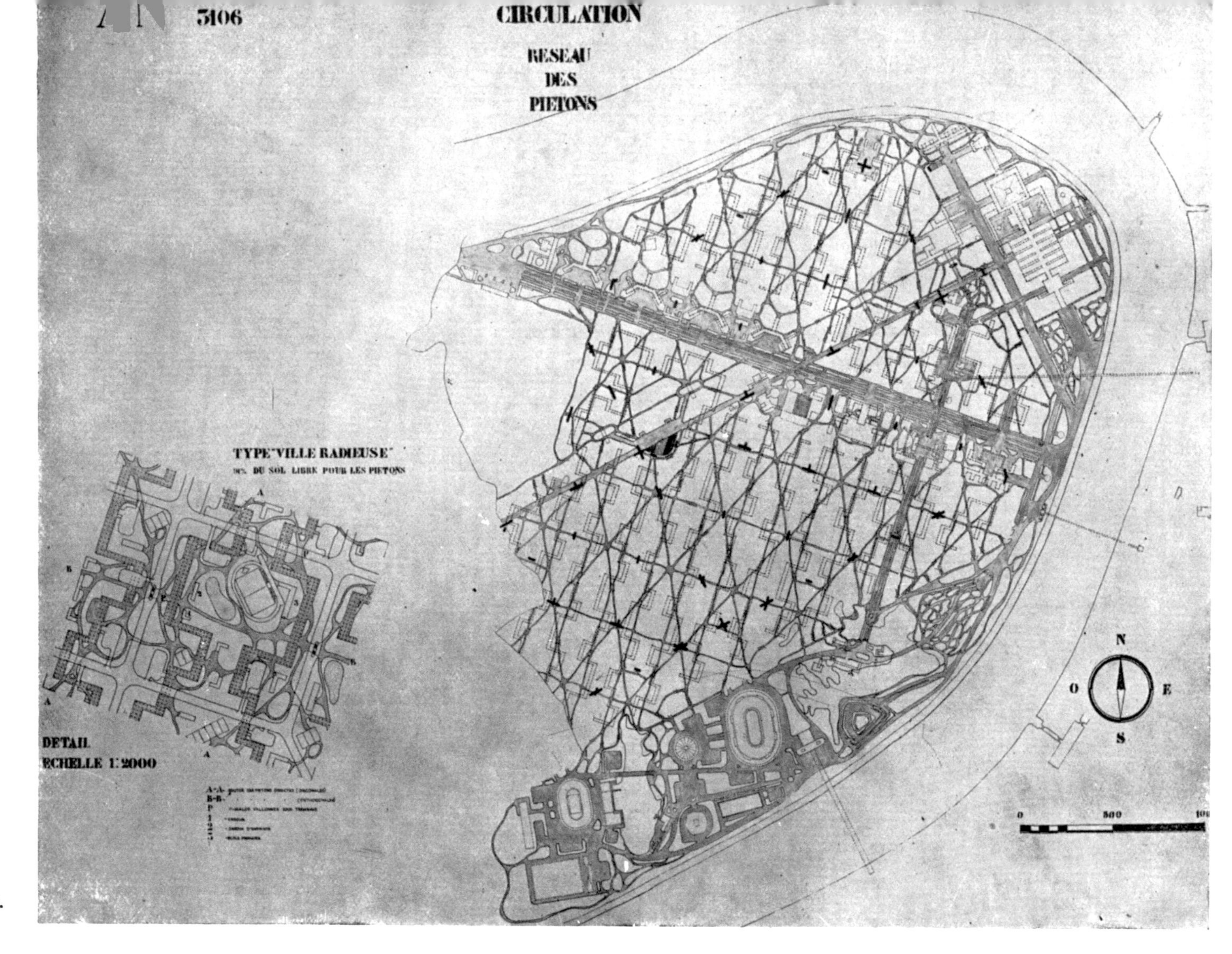

3106 n° 5.

区や貧困層の地区の差は存在しない。そのような階層の差は現実によって生まれるかもしれない。だがそもそもの原則は、最高度に完成された移動手段によって、**住宅をその地域内のさまざまな職場へ結びつけること**である。

2° **職場**——新都市の居住者は、特に客船ターミナル駅から中央駅に向かう大聖堂大通りに沿って伸びるビジネス街で働く。建築物は150～200mの高さで、中庭がなく、風通しがよく、日あたりが良好で、とても静かで、外部および内部ともにもっとも優れた交通手段が備えられた（高速道路、車両ポート、地下鉄など）巨大なビルという形で設計される。

ビジネス街は新客船ターミナル駅の先端にある。**それは空港の正面にある**。

空港は中心街からあまり離れておらず、**街中にあるものとして計画された**。空港の設計は、最新の技術データに基づいて、周辺のビルに対し安全な高度で離着陸できる制限円錐表面を算出したうえで引かれた。**商業飛行の推進から、市街地の外に空港をつくるのは大きな失敗であり、その結果、航空輸送の可能性を摘みとる場合があることがわかっている**。

他の職場は、知的職業のための「**世界都市**」であり、将来的には関連機関がここに集うことになる。

他方、大聖堂大通りに沿って計画されている巨大な公共施設は、市民サービスを直接行ないながら、これから建設される街の中心部の景観美化に寄与する。

別の職場は**新客船ターミナル**とそれに隣接する**自由港**である。住宅街とこれらの職場の接続は直接、路面電車と地下鉄でつながれる（高速道路、大型トラック用道路）。

さらに、新都市の住民は、新都市の北部かアントワープの現在のあるいは未来の港の大きな施設で働くことができるようになる。通勤手段については図面3103と3101で計画されている。

まず**ブラッスール運河**（N° 27）の完成したトンネルである。われわれの計画ではこのトンネルの出口を、新都市の、排水口のような特定の場所に持ってきて、大聖堂に向かう並木のある大きな遊歩道の後に開通させる。ブラッスールのトンネルの出口から伸びる分支線は、このトンネルと新都市の高架式高速道路網に結びつける。 一方、サン=ジャン河岸（N° 28）に造られたもうひとつのトンネルがあり、これは**歩行者用トンネル**だ。このトンネルの両端は、一方が新都市のスヘルデ河岸の遊歩道の正面、かつ高速道

路、路面電車、地下鉄といった交通の大動脈と至近距離にある。アントワープの市街地のほうでは、トンネルは河岸の新しい広場に出るが、この広場は風紀の悪い界隈を通って大通り（メッヘレン行きの道路）まで向かう貫通路の起点になっている。トンネルからのエレベーターは現在の客船ターミナル駅改修後に計画されている臨海広場駅に出ることができるようになる。客船ターミナル駅の倉庫に沿った遊歩道から見事な景色を眺めつつ、市庁舎と大聖堂に出る道に行くことができる。これは今ある2本のトンネルだ。

われわれはしかし、不可欠のものとして、車両のための新しいトンネルの開発を提案する。それは現行のサン=ジャン河岸（N° 29）の歩行者用トンネルに並行して造られる。この新トンネルはアントワープの大聖堂と中央駅のあいだに出ることになる。

われわれの計画にしたがえば人口が10万から50万、60万にまで上昇するかもしれない左岸の新都市の広大な土地の需要をまかなうのに、この交通網だけでは不充分なのは明らかだ。われわれはそこで、N° 30の東西方向のトンネルも計画した（「**世界都市**」と未来の北駅のあいだ）。このトンネル内は地下鉄と自動車と大型トラックが通る。そして直接、北東方向のオランダ行き国際道路（N° 31）、南西のゲントやオステンド行き高速道路につながる。

われわれは、スヘルデ川の湾曲部から望むアントワープ全景の眺望の邪魔にならないように、ここにトンネルを通すのがもっともだと考えたのであった。しかしもちろん、アントワープの現在の波止場にある客船ターミナル駅が、いつか左岸の新客船ターミナル駅にその役割を移すときには、トンネルの代わりに架橋を建設するのも可能であろう。

左岸新都市とアントワープの交易港を結ぶ中間的交通のトンネルもまたN° 32において計画できる。

結局、アントワープの上流からの、すなわち南駅近くからのスヘルデ川を超えるには、左岸のアントワープ客船ターミナル駅からの国際路線とベルギーの地下鉄を通すトンネルの建設案が認められた。だが自動車道、路面電車、大型トラック、歩道による接続に関しては、下の橋板がスヘルデ川の水面から22mになるつり橋の建設が想定されている。この橋には二重の橋板がある。大型船はそこを通ることはできない。

さてこうして、新都市の住民と職場との接続が確保された。

第V章
レクリエーション

新都市の図面には、「輝ける都市」型の住居それぞれの軒先から見渡せる大きな公園の広がりや、この交通網の完全な整備。歩行者、路面電車、市営もしくは国営の地下鉄（一時的に通過するのはトラックと高速自動車）。
これら合流点は歩行者が自由に通れるようになっている。それは規則的に都市公園の地上に配置されている（p. 277、図面3106のnº 5の黒い短線や×印を参照）。

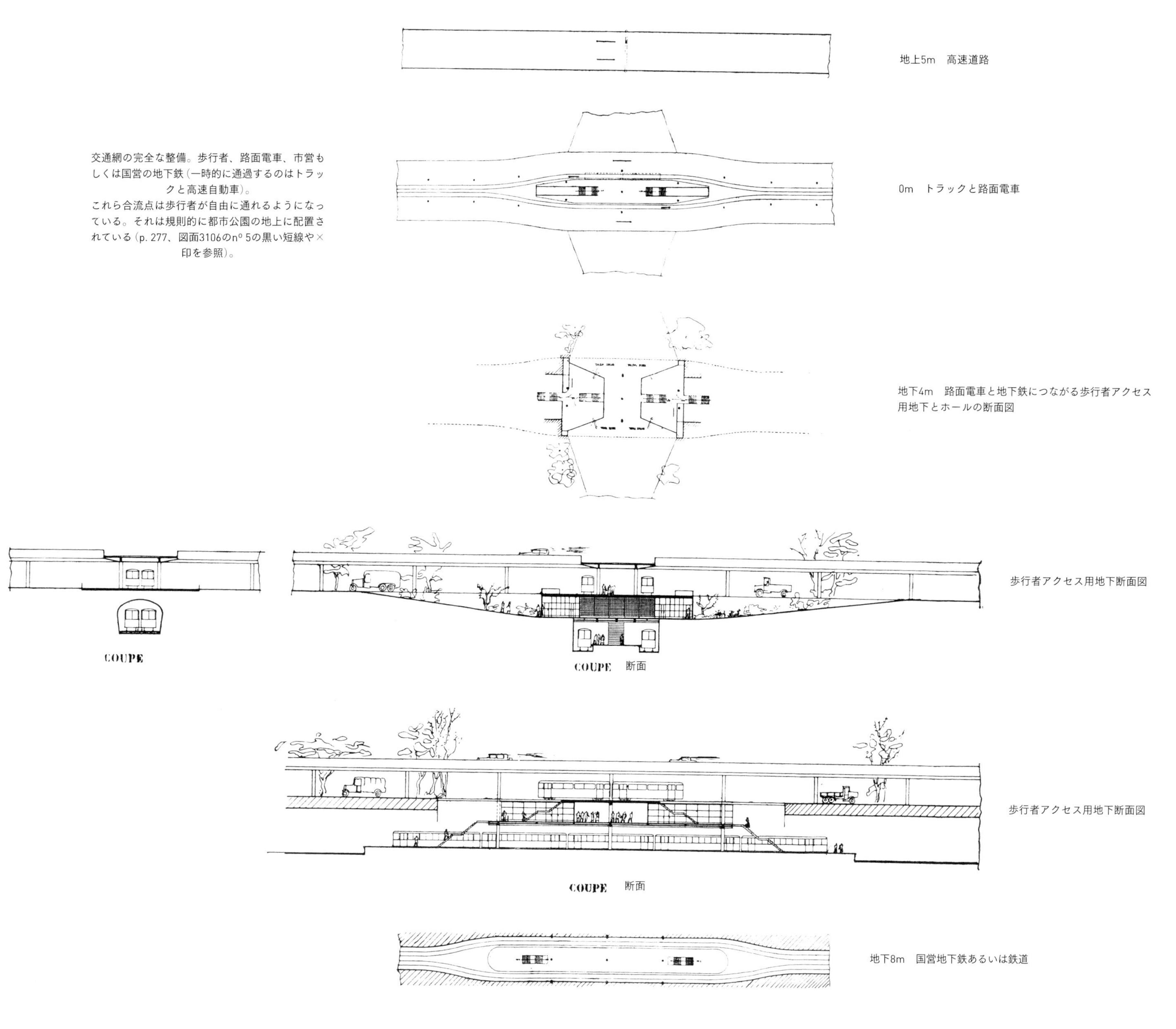

報告書の初めに述べた日光浴の砂浜が描かれる（図面N° 3107、N° 3108）。

「**緑の都市**」と呼ぶことができるものを構成するこれらの要素は、居住地区の本質でさえある。それらは住宅の機能であり、それらによって都市の住民たちには、この報告書の冒頭2件目の方針として述べた「**真の喜び**」が約束される。

図面3116番には居住地区のメカニズムが完璧に描かれている。この図面では、地形そのほかの条件から生じるあらゆるバリエーションを前提とした**標準プラン**が説明されている。「**輝ける都市**」と呼ばれる環境において、住民たちに約束される住宅近くのレクリエーションの方法を繰り返すのはやめて、以下に要点をまとめる。

住居の庭先でのスポーツ。

公園内の散歩道と休憩所。

建物を支えるピロティの下での子供たちの遊び場。

屋上庭園に設置された水治療法、日光浴など。

市全体として見れば、この街が市民の憩いの一端を担う充分な施設を用意している。

まず、大聖堂大通りに沿って、徒歩または自動車に乗って利用できる幅120mの大きな散歩道がある。この道には巨大な公共施設が立ち並ぶが、以下に代表的なものを列挙する。アントワープに面して、市庁舎および、催し物などを開催する場所を含めた市の公共機関などがあり、ついで市民集会所（N° 34）、あらゆるグループのための施設、多様な用途のためのホール、さらに新しいコンセプトに沿った一群の美術館（N° 35）がある。

その先にはデパートが固まって建っていて（N° 36）、それらは大聖堂大通りと交差する中央駅大通り（N° 37）に面している。大聖堂大通りの先にはレストランを備えた空港（N° 38）があり、大通りを挟んで向かい側には、スヘルデ川の岸に建つ庭園つきカジノ（N° 39）がある。

他に公共の憩の場としては、「**世界都市**」からオステンドの方向、東から西を通る中央駅大通りが代表的で、この並木道は上を高速道路が通っておらず、住宅地を抜け、中央駅（N° 13）の前まで向かう。

「**世界都市**」は、それぞれの建物の用途自体とは別に、優れた建築を擁しており、スヘルデ川、新都市、アントワープを望む素晴らしい景色とともに、特別な安らぎを与えてくれる。思い描いていただきたいが、世界美術館（N° 41）のピラミッドには高さ100mのらせん状の遊歩道があり、そこを登ると360°の視界が展開し、頂上では素晴らしいパノラマが現れるのだ。この美術館のピラミッドの軸線に世界美術館大通り（N° 41）が通っており、世界都市と南部の公園や池（N° 42）およびオリンピックスポーツセンター（N° 43）を結ん

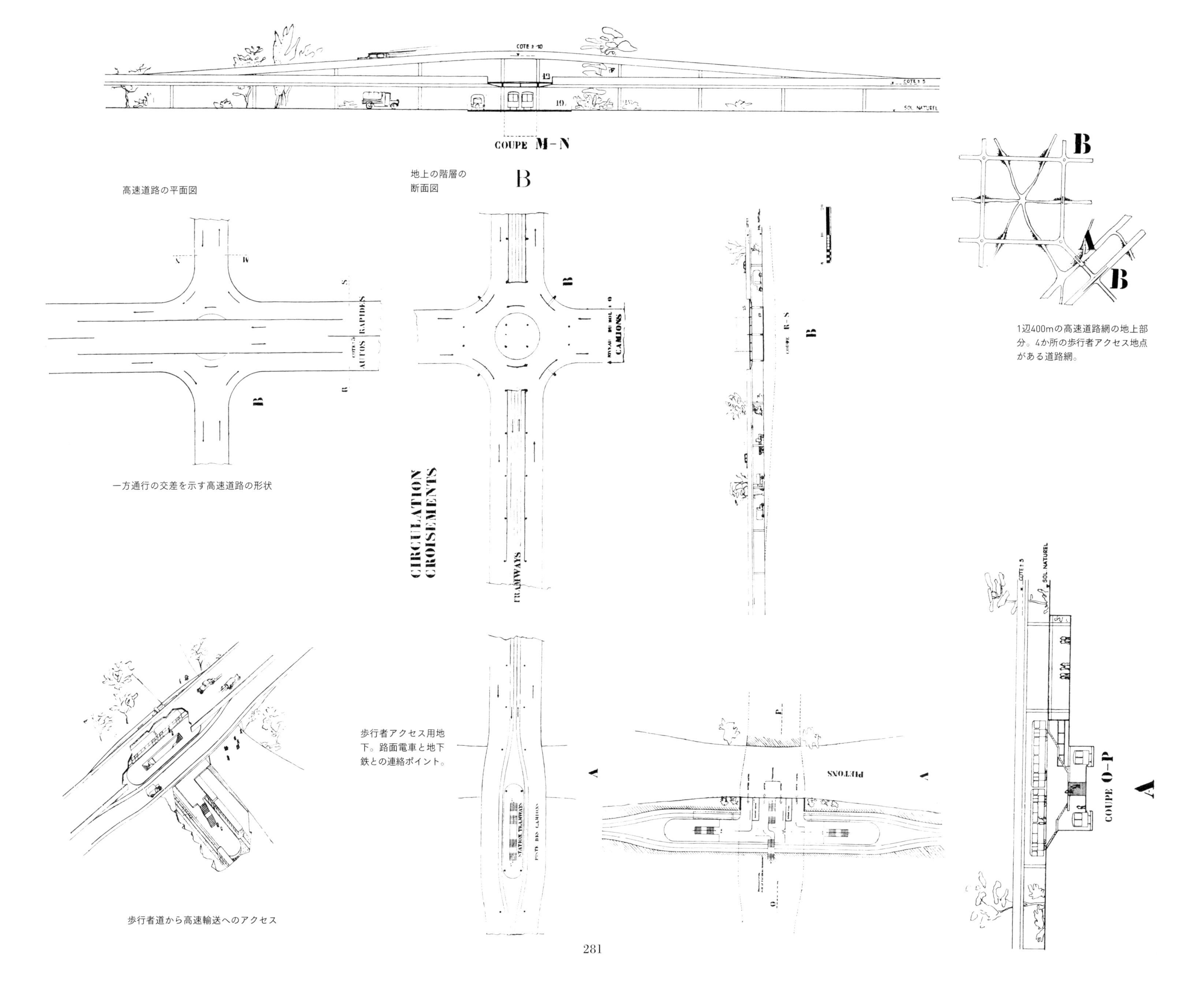

高速道路の平面図

地上の階層の断面図

一方通行の交差を示す高速道路の形状

1辺400mの高速道路網の地上部分。4か所の歩行者アクセス地点がある道路網。

歩行者アクセス用地下。路面電車と地下鉄との連絡ポイント。

歩行者道から高速輸送へのアクセス

地上の階層の平面図

高速道路の平面図

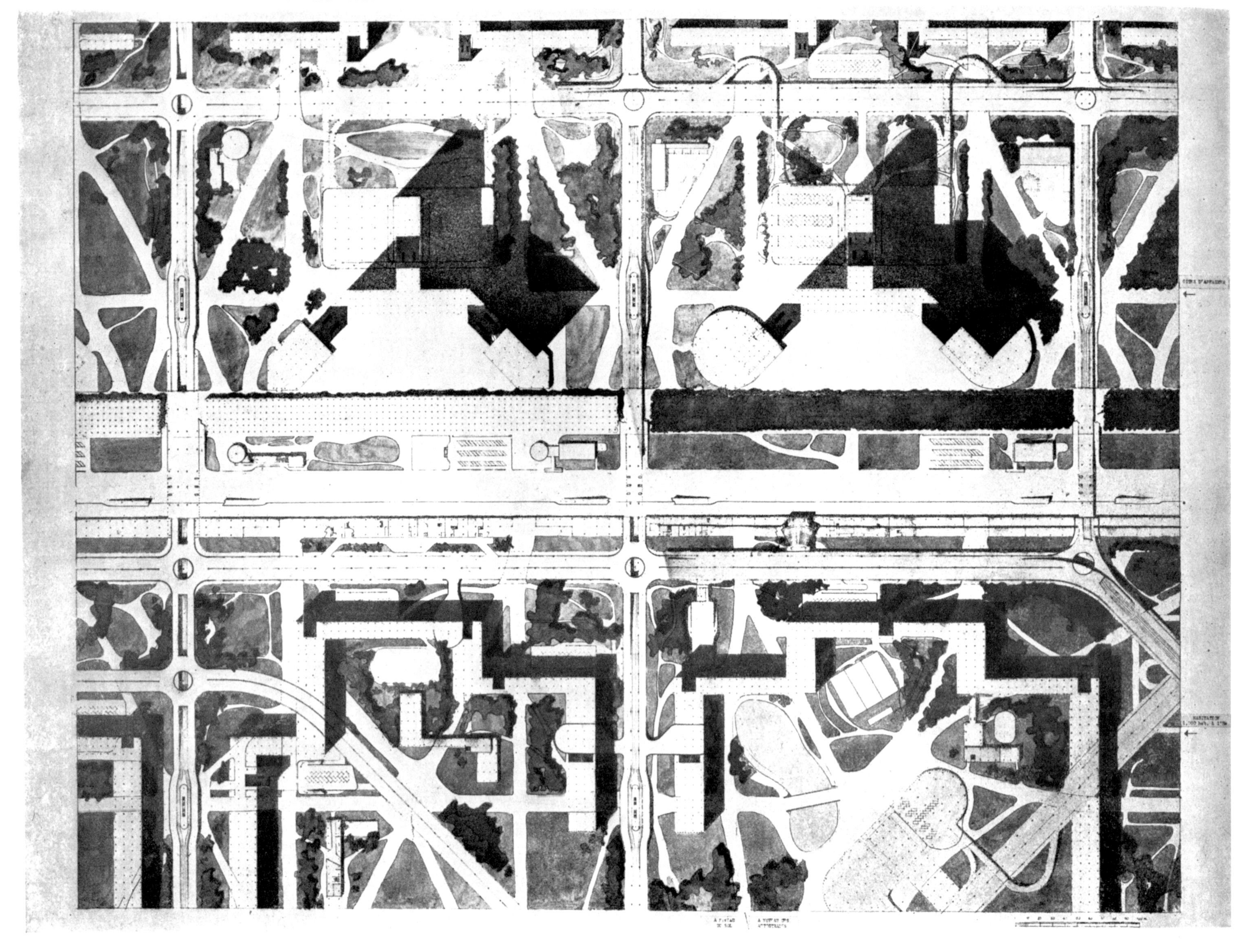

大聖堂大通りの一区間。幅120m。この設計には数か月の作業を要した。これは、都市計画の体系的な理論にしたがって処理された無数のケースに対する全解決法の厳密な表象化である。これはいたるところで「機能している」!

多くの建造物は全般的な機能を満たすばかりか、人間——都市の住人——も考慮に入れる。この図面のあらゆる場所で人間を散策させてみたまえ。人はそこで快適に過ごし、こみあげる喜びを、好奇心の快感を、市民の誇りを感じるのだ。

前頁の図面の全景図。ここが遊歩道の大動脈「目抜き通り」となっている。新客船ターミナル駅から旧客船ターミナル駅まで、大聖堂に向かって伸びている。

でいる。この世界都市大通りはブラッスールのトンネルの出口の役割を果たしている。大聖堂大通りを横切り、ついで南公園に入るが、そこは植物園(N° 45)の出口、および湖畔にレストラン(N° 46)のある広場になっている。これらレストランのわきを通って、大通りは一方で、湖を一周し大聖堂大通りと再び交わり、他方でそこから枝分かれした道がオリンピックスポーツセンターに続いている。

大聖堂大通りの先、アントワープの旧港の正面には、サン=ジャン河岸(N° 47)からのトンネルが抜け出る大広場がある。広場の両脇には航空障害灯をつけた2本の鉄塔が立っていて、夜間は飛行機の航行を導く役割を担う。大聖堂大通り(N° 48)の反対側の向かい側にもそっくりな2本の鉄塔がある。

アントワープに面した広場は、世界都市(N° 49)に向かう、低速度に限った自動車と歩行者が通行可能な主要な大通りにつながる。この大通りは、都市の国際都市博覧会(N° 51)の内庭大回廊(N° 50)を横切る。そこから世界都市(N° 52)のオフィスの建物の前を通って世界科学大学(N° 53)に至る。

この大通りと平行して、世界美術館(N° 54)の坂道が伸び、スヘルデ川の川岸から、博覧会場(N° 51)の屋根を通って、だんだん世界美術館のピラミッドの半分の高さまで上がっていく。この屋根組にはレストランなどを備えた屋上庭園が整備されることになる。

これらすべての遊歩道に沿って、とりわけ大聖堂大通りと世界都市大通りに沿って、歩道に接するように、一階建てや引っ込んだ二階建ての中にカフェや店舗が並ぶ。下の階の屋根の上にある二階は、素晴らしい階上遊歩道を展開し、そこに高級品店や小売店を開くこともできる。

こうして、新都市のそれぞれの大通りは、まさしく濃密な市民生活の恩恵を受けてきたすべての街の、何世紀にもわたる伝統が集まる公共空間なのである。

図面上では、これら大通りに沿って、クラブ、夜間大学、映画館、会議場、劇場などのために人々が集まる施設が建ち並ぶのをいつでも見ることができるだろう。

さらに指摘しておくべきなのは、この計画の中には旅行者向けの大ホテル、あらゆる種類の会議場を備えた大きな建築があることだ。これらのホテルは、オランダ-オステンド沿いに、中央駅大通りと平行に、大聖堂大通りの両側に、決まった間隔で配置されている。それぞれ高さは150mほどで、互いに500m間隔だ。これらのホテルは世界都市から中央駅、空港にいたるまで、重要な地区をカバーする。

第VI章
本計画における建築物の配置

ここで、本計画作成の過程を方向付けた原則をもう一度述べておく必要がある。

まず、太陽の向きであるが、これをすぐれて建築的な中心軸と合わせて考量した。大聖堂大通りがその中心軸である。ついで、高架式高速道路網であり、これは街の面積全体にいきわたる各辺375mのグリッドを形成し、地下鉄、路面電車、トラック網それぞれと結びつけられている。

それから、歩行者道路の自在なメッシュ(対角線によってできる網目と直行による網目)が都市の領域内のあらゆる地点にいきわたるようになっている。

こうして街は動脈と毛細血管の循環系を完備し、そこに主要な大動脈路が結びつけられる。

中央駅大通り、世界都市大通り、大聖堂大通りである。

それから、街を取り囲むようにして循環高速道路網が建設される。

街全体が最大限、陽光を享受できる(太陽光熱軸に沿う)。

街は緑にあふれている。まさに「輝ける都市」だ。

歩行者は他のすべての乗り物とは独立して急いで歩くこともゆっくり歩くこともできる。

路面電車とトラックは、決して交差や障害物などに邪魔されずに運行できる。

低速自動車は大通りを徐行してもよく、高速自動車は市内のどの地点でも最高速度で走ってもよい。

アントワープ、ベルギーの地方、国境を越えた国々など外部との連絡は、直接道路で確保され、それによって市内は整理され、きわめて明確で多様性に富んだ地形が形成される。

この街を支配する、全体にわたる最高度の多様性を可能とするのは、街を構成する単純な要素の無限の組み合わせである、という点を力説しておかなければならない。

もうあの息苦しく気力をなえさせる「回廊通路」を目のあたりにすることもない。反対に、交響的増殖によって共鳴し合う壮大な建築学的総体が取って代わる。

以上のことから、新都市のシルエットは、必然性がなく調和が欠けたものである代わりに、前代未聞の壮麗さ、文明の新時代を真に表現するものであることが容易に理解できる。

不統一な規格品を用いるためにでこぼこになった屋根組の代わりに、**集合住宅の建物はすべて、水平面の高さを統一し、50mに保つ**。

この水平面は驚異的な効果をもたらす。公園の自然の豊かさによってこの上なく完全な多様性が与えられることと、木々の枝に挟まれながら50mの高さを保って水平方向に伸びていくコーニスの太い線は建築的に見て心なごませる品位を醸し出すであろう。

それゆえ、この50mの水平部には、規則的なリズムを刻むように、オランダ-オステンド間の高速道路に沿って500mごとに5棟の大きなホテルが建てられることになる。

住宅街はどこでもこのような光景が広がる。

この垂直の角柱がなす直線に対し斜めになるように、ビジネス街を構成する3棟の摩天楼が建てられる。それぞれ高さ150〜200mで、ゆったりとした線のファサードを見せ、相互の位置関係から律動が生まれる。

ついで、4つの航空障害灯で大聖堂大通りの位置を定めてみたい。

すると、大聖堂大通りに並ぶ公共の建造物の多様性に満ちたシルエットが見えてくる。もっとも美しい建築学の交響楽、多様性のオーケストラ。一言で表せば、建築的な強度のある配置。

やや奥まったところにあり、スヘルデ川の波に洗われている世界都市は、大聖堂のそびえるアントワープの旧市街の密度が高い中心部に向かうように配置されている。

これら建築の巨大なうねりの支えとなるのが、南部の大公園とその脇を流れるスヘルデ川だ。

スヘルデ川の北、川が曲線を描くところにある新客船ターミナル駅に船舶が到着するとき、視界は一挙に街の大通りを横切って靄の中から姿を現すアントワープの旧大聖堂に向けられる。こうして、現代と過去の精神的なつながりが実現する。

しかし、古い河岸周辺の整備の効果により、アントワープ自体もこれら全体の建築的恩恵に浴することができるだろう。

確かにいまこそ、締めくくりとして、アントワープの街の整備について語るときだ。

第VII章
アントワープの整備

スヘルデ川の対岸に出現する新都市建設の進捗に合わせて、これからの日々アントワープ市に必要となる整備について詳細を述べることは不可能である。しかしながら、現時点で、いくつかの指針を示すことはできる。

まず、ナポレオン港とサン=ジャン河岸の歩行者用トンネルとのあいだにあるいくつかの下町の一部を整理しなければならない。

岸のほとりに建つ古い建物を壊し、代わりに緑地帯を敷くことを考えている。

反対に、市庁舎とその広場、および大聖堂とその広場など、歴史的環境は保存されることになる。これら歴史的記念物の規模や崇高さを損ねてまで、その周辺に貫通路を設けようと考えるのは危険であろう。

逆に、アントワープの現在の客船ターミナル駅の整備については、ドックを埋め立て、左岸新都市の大聖堂大通りと対面する臨海広場を建設することで可能なのではないか。この「臨海広場」(Nº 55)は、埠頭から10mの高さにできるだろう。この周辺を囲むように、奥まったところにカフェが立ち並び、前面には屋上庭園やキオスクなどを造ることにする。この遊歩道は歩行者用の傾斜した大きな床板によって街とつながっていて、この床板は大聖堂前の広場に向かって降りていく。またこの遊歩道はサン=ジャンのトンネルのエレベーターとも結ばれている。最後に、いくつかの階段がドックの背後、運送用の岸に下りている。

この遊歩道はアントワープの人々にとって魅力的な遊歩道となりうる。

大聖堂の左右に、およそ250mと150m離れたところに、風紀の悪い地区を横切る貫通路を二本通すことは確認した。

一本は国立銀行と裁判所(Nº 56)のほうへ向かう。

もう一本はイタリー大通りと郊外のドゥーネル(Nº 57)のほうへ向かう。

二番目の貫通路は、トゥルンハウトのカルノー=ショッセ通りの問題、つまりそこにできていた店舗を高額で接収したにもかかわらず、いぜん存在しつづけていた問題に対する、完璧で実践的な解決策を与える。

大聖堂そばのスフーンマルクトは低速の交通のために取っておかれているが、これを現在のアントワープ中央駅から伸びるレイス通りの延長線として拡幅することもできよう。

アントワープの古い地区の整理はかつてのドックの整備によって遂行される。ドックを水泳用プールに残し、サッカー場、テニスコート、スタジアム、クラブハウス、レストランなどを造ることで、そこには一般向けの一大運動施設が整備されることになる(図面N° 3107とN° 3108を参照)。

これら2枚の図面を見れば、北駅の建設が予定されている場所で、ファン・ダイクとヨルダーンス両運搬桟橋と左岸新都市の西-東の大トンネルの出口が接続することがわかるだろう。したがって、この街の北端は、交通の観点から最重要の要となる。つまりそこにはアントワープ内の大通り、リング、スヘルデ川河岸、オランダ街道などが集中するのだ。

282ページの図面を別の視点から。

第VIII章

その他——きわめて地域事情に左右されやすく、計画の中でも特別な見通しは必要なかった行政やある種の公共機関ついて、これまでの検討では立地場所を正確に示していない。とりわけ問題となるのは、病院である。とはいえ、ある新しい考え方を適用してみることができるだろう。つまり、各居住集団(雁行型ひとつ分)には(教育施設群や託児所と同様)、**保険グループ**を指定して、そこで軽い外科治療や、投薬による処置が行なわれるようにするのだ。真の意味での病院は、いくつかの新たな思想が生まれつつあるが、市内または市外の医学系大学の近くに設置されることになるだろう。

教会とあらゆる宗教の集会場は「**緑の都市**」における広大な空き地の中に確保する。

劇場、コンサートホールなども同様である。

ここで墓地を定めることは無益である。

この計画の中で、南駅よりも南のほう、スヘルデ川と鉄道に挟まれた土地に、工業地帯を予定している。これはシャルルロワ、ブリュッセル、アントワープの形成する大工業地帯の到達点である。

この場所にもともとある石油の陸揚げ港は撤去し、新都市より北の右岸地区に移転することが計画されている。スヘルデ川を挟んだ対岸では、この石油の陸揚げ港のために、コンペの資料でも示されているように、スヘルデ川の蛇行を修正することによって海盆へと姿を変える。このことはまた、左岸の新客船ターミナル駅の位置決定に役立った。

大アントワープ港の技術面での決定的な整備は、今回のコンペで指定された課題をはみ出すものだ。われわれは若干の改善策、もしくは将来の展望を示唆するにとどめた。

ル・コルビュジエ、およびP・ジャヌレ、ホイプ・ホスト、ロケ

世界都市

本計画は、すでにベルギー政府に対して提案した世界都市のコンセプトを、スヘルデ川左岸区域の土地に適用しようとするものだ。ここではアントワープの衛星都市の建設を提案する。

本計画の設計者らがこのような解決策を採るに至ったのは、地域、国内、および国際的条件について、掘り下げた研究を行なった結果である。ここでわれわれは、「**世界都市委員会**」が刊行した報告書を参照しつつ、要点を簡単に記述するだけにしよう。

I. 世界都市の定義(当該建白書による)

「恒例の万国博覧会の会場、大見本市、市場、あらゆる種類の巨大な取引所、情報と教育の中心施設、真の国際大学として機能すること。したがって、**世界都市**が帯びた使命とは、1° あらゆる分野で、**国際的な共同作業を実行するための道具**となること。ちょうど、国家レベルでのこうした共同作業について、各国の首都が助成するように。2° あらゆる力を結集し、**モデル都市**を建設する機会を提供すること。なぜなら**モデル都市**とは、一式の図面を用いて一度に建設されるものであり、それゆえ、形を変えることが難しい旧来型の都市ように、時が経過するあいだに起こるさまざまな偶発事に左右されることがないからだ。3° 政治、経済、社会、科学、宗教などの体制すべてとも異なる、人類の一体性の記号、恒久的な象徴を形成すること。」

II. 世界都市の特長

a) **世界都市にとってのアントワープの利点**

上記のような都市を実現するのに、最適な立地であるように見える。3辺がスヘルデ川の流れに接しているために、世界都市はそこに周囲から隔てられた環境を見いだすことができる。また、有用性が明らかな運河を建設すれば、それが4番目の辺となって容易に境界画定がなされる(世界都市アイランド)。

他方、この世界都市は以下の外界との連絡手段も確保される。

1° 繁栄する大都市アントワープとは多くのものを備え、トンネル、スヘルデ川のフェリー、橋、地下鉄によってつながる。

2° 周辺のベルギー国内地域とは、数多くの鉄道、道路、高速道路、すでに開発されているか、今後開発が容易な運河によってつながる。

3° 海外の国々とは、最大クラスの大西洋横断定期船が直接スヘルデ川に接岸することによってつながる。

4° 空港施設によって他の国や地域すべてとつながる。これらの施設の建設は土地の表面が平らであ

飛行機から
見下ろした新市街

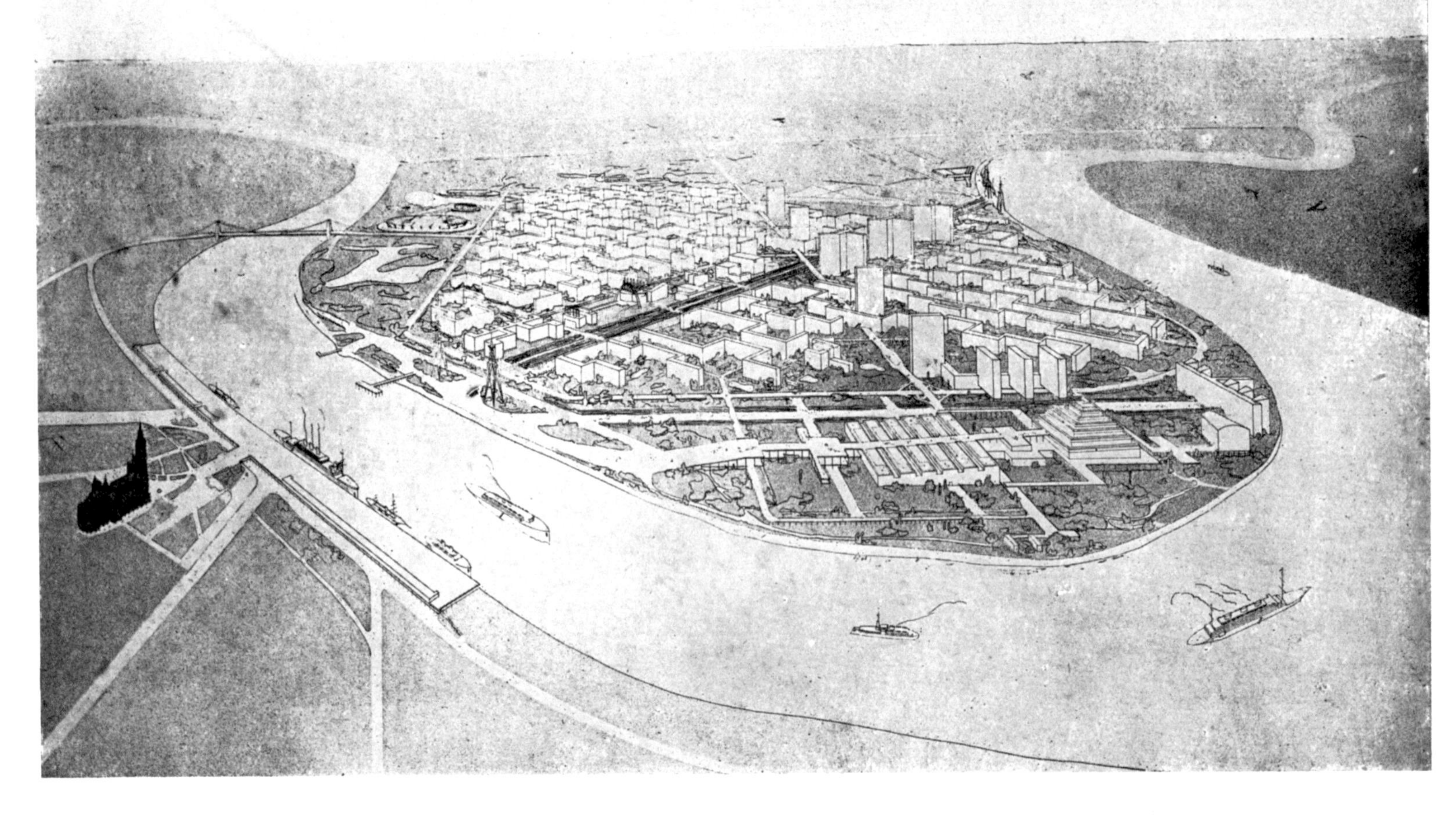

新しい横断運河

新しい旅客ターミナル駅

現在の旅客ターミナル駅のドック前の広場

世界都市

るという最良の条件のもとで実現される。地理的な位置に関しても、アントワープはまさしく世界都市にとって最良の敷地を提供することになる。委員会の報告でも述べられているように、「ベルギーは国際的な大きなうねりの中枢にある。この国は、パリ、ロンドン、アムステルダム、ケルンを結ぶ四辺形の中央、すなわち世界でもっとも人口が多くもっとも活動的な圏域の中央に位置し、そこにはどこからでも容易にアクセスすることができる」。

分裂し、優柔不断に陥っているこの世界が、大局を見据えた仕事に取りかかるためのサインを待望しているとき、会議と実務を行なうための国際的な場所があれば、スタートは容易になり、前進に向けた事業の継続が保証されるだろう。16世紀のアントワープは、貴重な商業取引所があって、あらゆる国々の代表たちが集まった。20世紀において、アントワープは再びそのような場所となりうるのである。

b）**アントワープにとっての世界都市の利点**

1°　いつの時代も、人口が都市に豊かさを生みだす。このことはもはや、アントワープにあふれる住民たちをただ見ていることではない。アントワープの人口の一部は新たな経済的利益に誘われて住民たちの移動が起こるだろうが、それとは別に、外部からも、世界都市のもたらす数々の恩恵、安全、便利なもの、快適さ、美しさに心ひかれてくる人々もいるだろう。

2°　都市や地方や政府に対しても、過重な財政負担がのしかかるわけではないだろう。というのも、万国博覧会のように、そうした出費は国や参加団体によって支援されるからだ。土地を所有することになる機関は、取得条件である税制上の独立性を保証され、計画の実現に必要な資金は高い価値をもつ土地を担保に、借り入れによってまかなうことになるだろう。融資の原資は、「住民」から徴収する普通税であるが、「住民」には、都市の恩恵に浴することになる政府系機関や国際的な商業者団体も当然含まれることになる。

3°　最後に、アントワープが世界都市のために財政負担を強いられるとしても、そこには貴重な繁栄の要素を見出すであろう。世界都市を通じて、アントワープはベルギーの利益とともに、何世紀にもわたって変転してきた商業の大きな流れが決定的に定着するのを目のあたりにするだろう。そしてアントワープ港がその能力を全開にするのを見出すだろう。こうしてまさにアントワープは4つの力を手にすることになる。すなわち、港、市場、工業都市、そして世界都市である。

III．全体図の画定

設計におけるレイアウトは、3種類の要請によって決定された。

1°　**都市の要請事項**

AN 5112

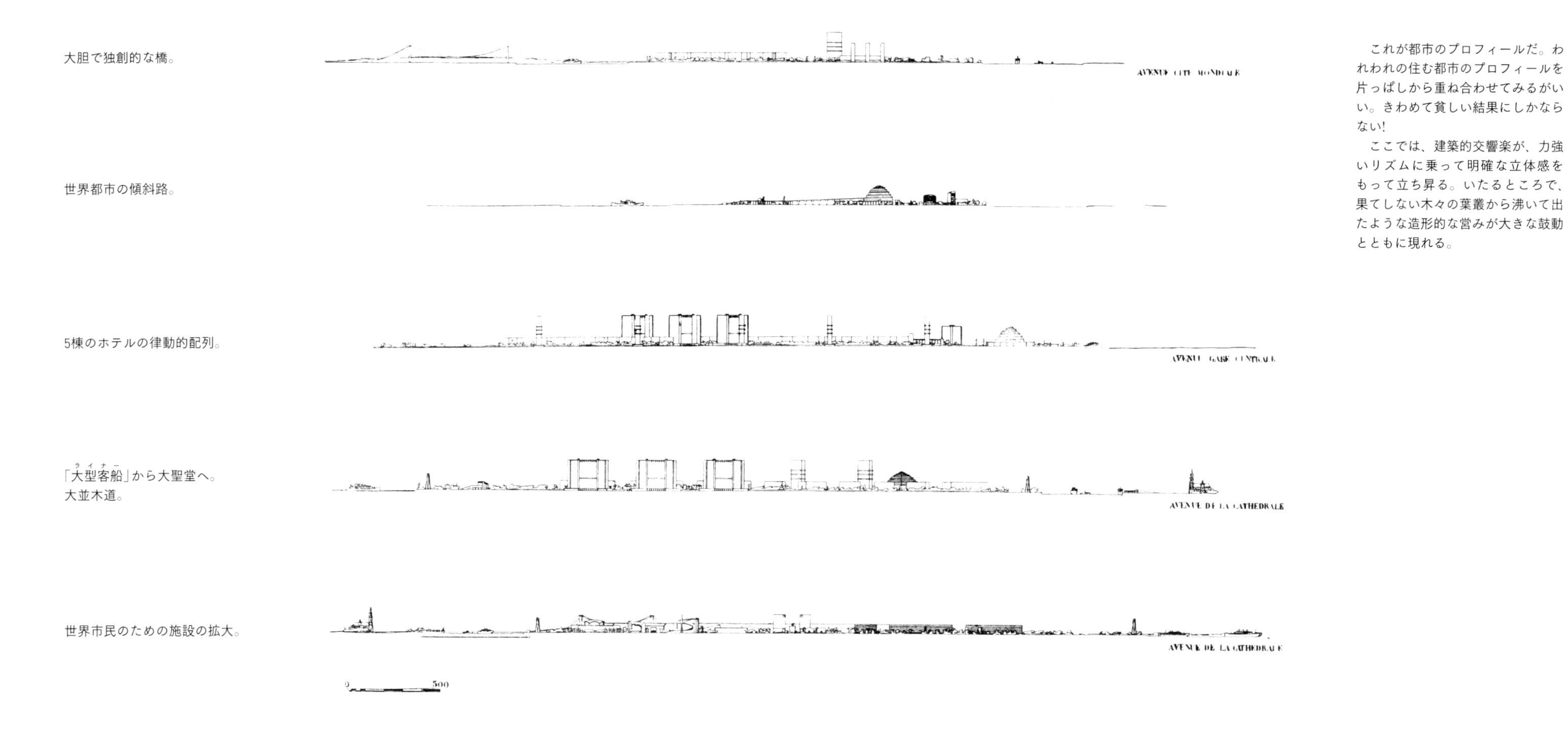

大胆で独創的な橋。

世界都市の傾斜路。

5棟のホテルの律動的配列。

「大型客船（ライナー）」から大聖堂へ。
大並木道。

世界市民のための施設の拡大。

これが都市のプロフィールだ。われわれの住む都市のプロフィールを片っぱしから重ね合わせてみるがいい。きわめて貧しい結果にしかならない!

ここでは、建築的交響楽が、力強いリズムに乗って明確な立体感をもって立ち昇る。いたるところで、果てしない木々の葉叢から沸いて出たような造形的な営みが大きな鼓動とともに現れる。

a) 建物に共通するコンセプトについては、世界都市委員会の報告書の記載事項を踏襲した。

b) 建物の配列については、機能と分類の関係を明示する基本図式に沿うよう努めた。

この報告書で示された設計思想によれば、世界都市の設計図面には基本的な2つの軸を組み込まなければならない。一方は国の機関の建物が配列される軸であり、他方は国際機関が並ぶ軸である。この2本の軸は直角に交わり、その交点で両者が参加する包括的機能を担う建物が建ち並ぶ。つまり純粋な世界的機関であり、経済的、社会的、知的活動の総合研究機関である。これに対して世界都市の心臓部（世界市民のための施設）は、周囲に大きな居住地区と関連する公共サービスの建物、さらにはわれわれが望んだように植物と水を配した自然区画で構成する。

2° **近隣と地勢から派生する要請事項**

これらによって決定されたのは、

a) 全体の見取り図の方向。

b) アントワープの街自体との交通路による接続。

c) アントワープという歴史的古都と対比的な近代都市として、世界都市を形作る全体の建築的特性。

d) 現市街地では窮屈な場所に押し込められているが、より大きな組織の核のようなものとなり、国際化し、そのためにも他国との競争を進んで受け入れることのできる産業や施設を世界都市の敷地内へ移転すること。こうしたケースには動物園、植物園、スポーツ施設に固有の施設や機構があてはまる。

3° **モデル都市に固有の要請事項**

これらは、最先端の技術と経済の可能性に想を得た、さまざまな組み合わせに由来する装置や建造物を決定した。

＊　＊　＊

これら三つのカテゴリーの要請事項は、分割して独立的にではなく、結合され総合的に取り扱われた。第一に心がけたのは、事業全体の統一性である。そのことから、部分は全体に従うことになった。この条件は、建築と都市計画の根本要求を満たすためだけに措定されたのではなく、われわれが最高の水準で充実させようと模索してきた、世界都市の観念論的計画そのものによって提示されたのである。

「訪問者、住民、労働者、すべての人々が、世界都市の建物と設備の統一性、および協調性を一目見ただけで、世界そのものの諸活動が連携する可能性を結論付けたくなるようにすること。また、意味および記号として、それによって意味されている外部の現実のほうへ精神を自然に導くようにすること。」

ポール・オトレ（ブリュッセル、世界パレス館長）

ソヴィエト・パレス

大ホールは1万5000人収容。野外デッキは、正確に調整された音響条件下で、5万人収容。小ホールは6500人収容。パレス前広場を大観衆がゆったりと往来する。
自動車は切り通し（トレンチ）を通り、駐車場はホールの下にある。

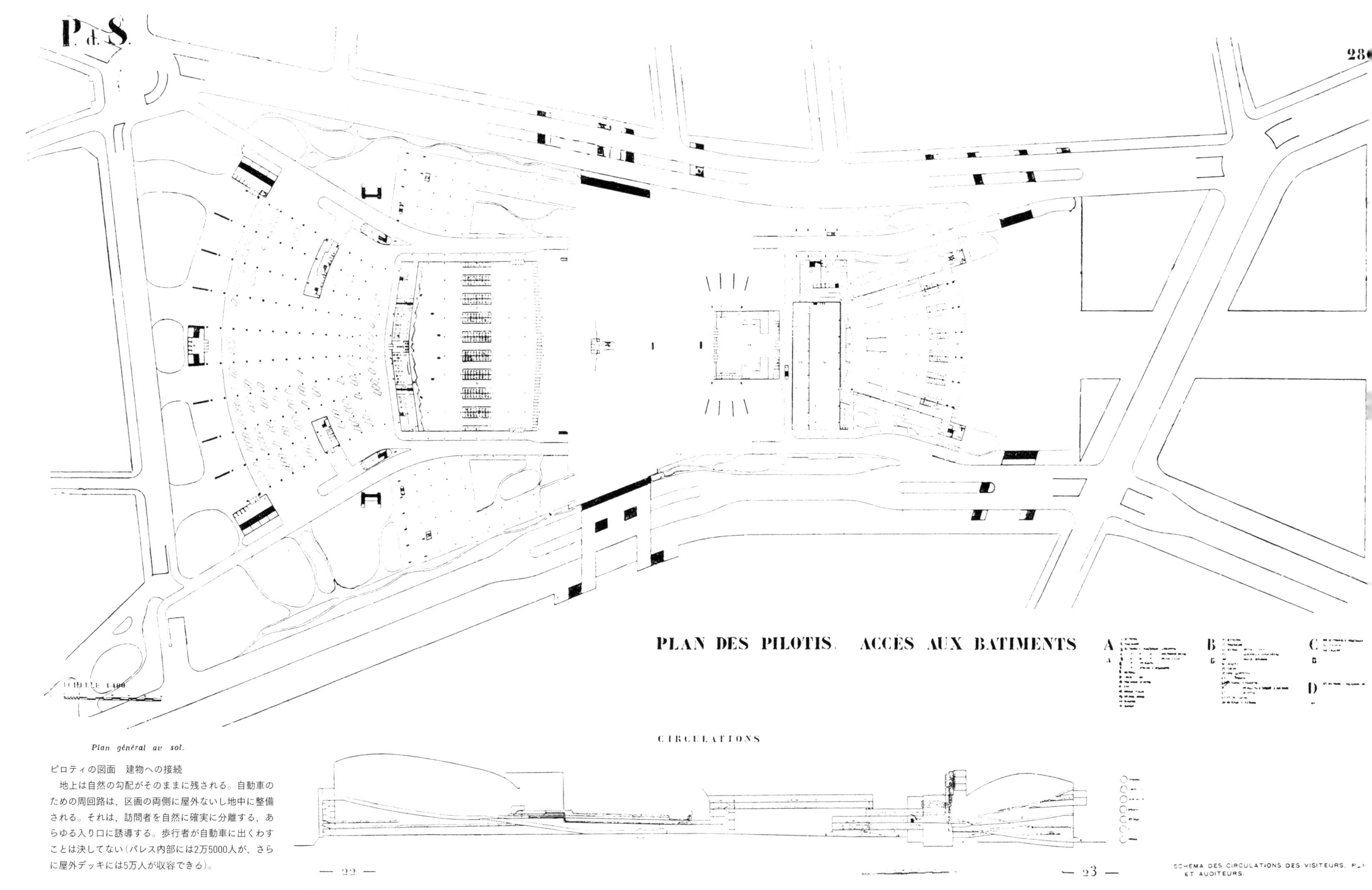

ピロティの図面　建物への接続
地上は自然の勾配がそのままに残される。自動車のための周回路は、区画の両側に屋外ないし地中に整備される。それは、訪問者を自然に確実に分離する、あらゆる入り口に誘導する。歩行者が自動車に出くわすことは決してない（パレス内部には2万5000人が、さらに屋外デッキには5万人が収容できる）。

1932. PROJET DU PALAIS DES SOVIETS, À MOSCOU.

MOSCOU. 1928-1931 CLASSEMENT DE CIRCULATIONS

1932年、ソヴィエト・パレス計画、モスクワ。

モスクワ　1928-1931年　　交通の分離

地上は移動用——歩行者と自動車。

それより上方にあるもの（建物）は、安らかな生活のために充てられる。

二つのあいだには、いかなる共通点もない。地上は建物の下で解放され、自動車の規則正しい流れと歩行者の広場が形成される。自動車の流れは一定の入り口までたどり着き、歩行者は散らばっていく。これは新しい経済的な計画である。

自動車の流れは切り通し（トレンチ）か、あるいは一段高く設えられた高速道路を通る。地上5m以上で、建物ははっきりとした形を見せる。交通は下、つまり地上で割り振られる。

ここは静的機能、すなわちオフィス(事務所、会議室、ホール)。
1928年、モスクワ軽工業館(元はツェントロソユーズ)。現在建築中。

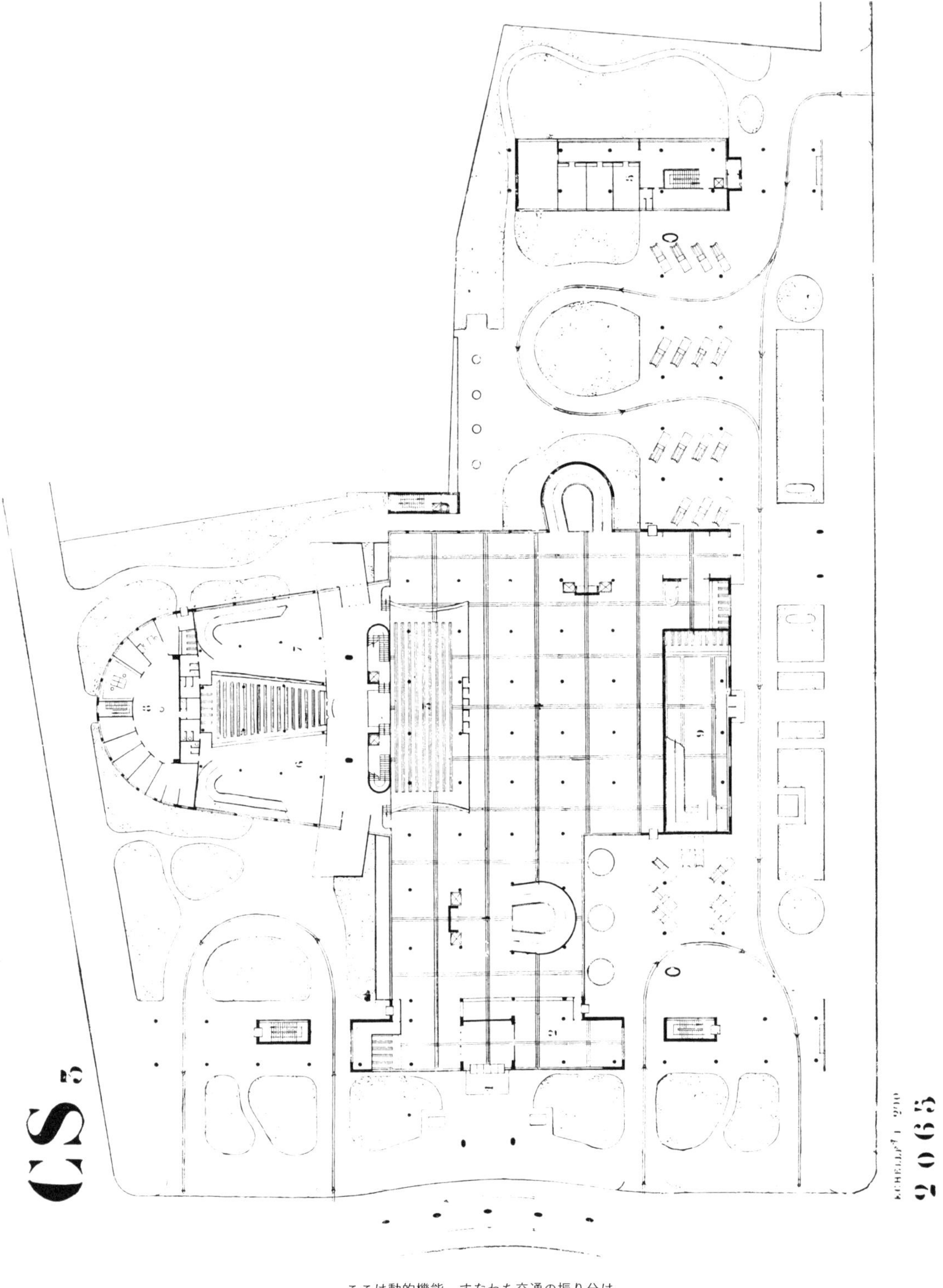

ここは動的機能、すなわち交通の振り分け。
(地上階層のピロティ)

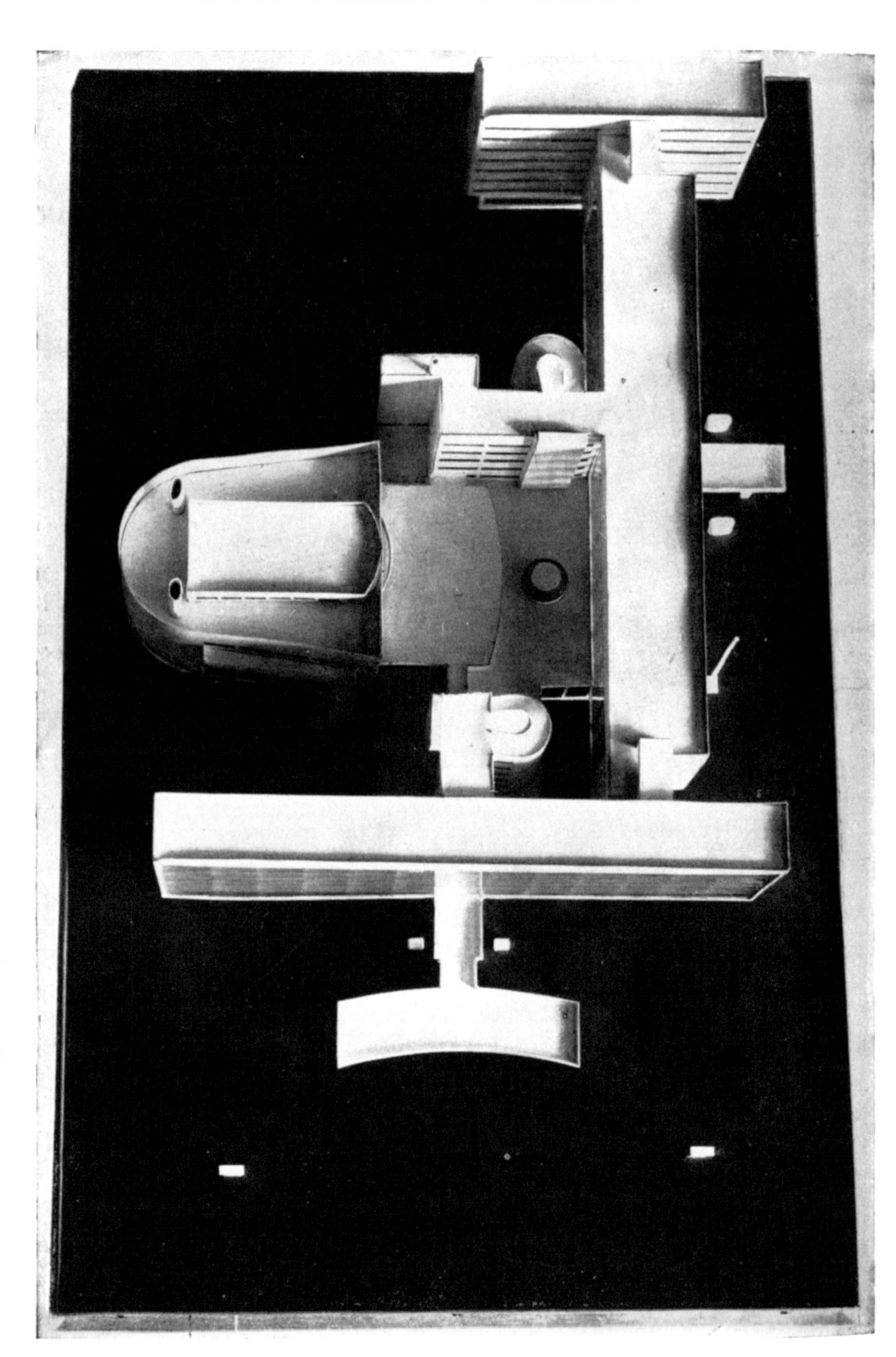

モスクワ市のための都市開発基本計画。

1931年、都市の改造に関して見事にまとめられた質問状が、モスクワの当局から私に送付されてきた。どんな都市でもこうした質問状を送ってくるなら、彼らの運命はもっと良くなるだろうと思わせるほどだった。

「輝ける都市」の理論的図版、すなわち現代の都市開発論が作成したのは、これに答えるためだった。

私の『モスクワへの回答』は思いもかけない運命をたどることになった。すなわち、へつらうような言葉でその技術上の価値が認める一方で、この仕事の基本に個人の自由を置いたことで私に反発の声も上がった。そうして彼らの主義主張に火がつき、あらゆる真剣な議論は混乱に陥ったのだ。資本主義、ブルジョワ主義、労働者階級(プロレタリアート)? それに対し私は、自らの行動指針を示す言葉によってのみ答え、自分自身の中にある革命的な姿勢、すなわち**人間的な**姿勢で返すしかなかった。それが私の、建築の専門家としての、都市計画の専門家としての、すなわち**人間としての**義務である。

寛大な同業者たち、「アカ[共産主義者]」とは程遠いフランス人は、それを聞いたり読んだりしたがった人々に向けて、このように宣言し、そして記した。ル・コルビュジエはモスクワを解体したかったのだ。だが、手助けを頼むと、彼らは……

反対側のページの図版(「輝ける都市」の連作の最後の1枚)は、モスクワの解体計画などではなく、建築計画を提示している。それは区割り制(ゾーニング)を、また、それによって少しずつ都市が、自在性、柔軟性、容易な伸張性などのうちにその構造をつくっていく交通の軸を示す。それは生物学的都市の図面なのだ。

今日にいたるまで、都市がその地域と効果的に連携できるような生命線を探る使命を会員たちに課したのは、目下のところ近代建築会議(18ページ参照)しかない(来るべき第5回会議のために課されたテーマである)。

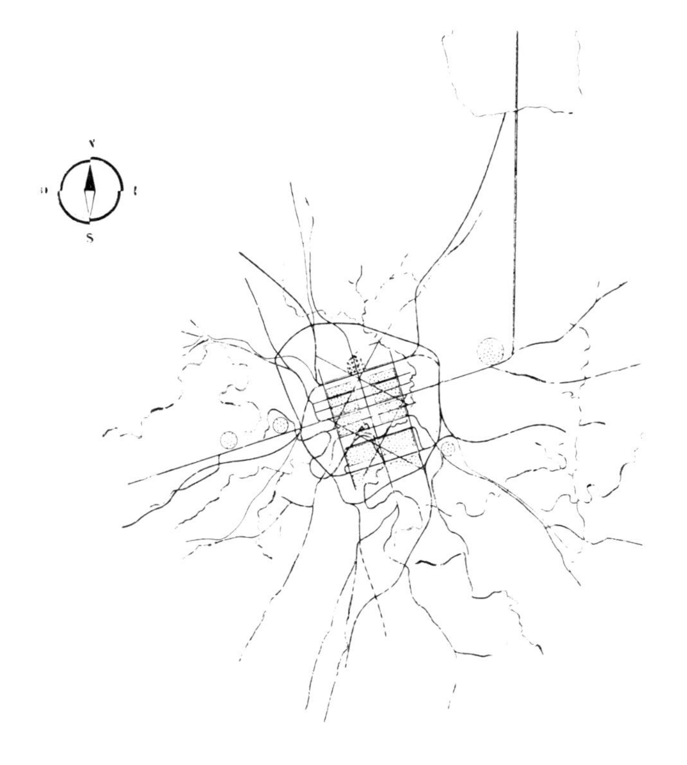

APPLICATION À MOSCOU

ソヴィエト・パレス、モスクワ(288、289ページ参照)。

行政機関の建物(向かって左)は地面とは無関係である。地面はふさがっていない。それどころか、この建物の下に広がる大きな空隙は、高度に建築的な枠組みを背景となる風景に与えている。

右のほうでは、いくつかの堂々たるスロープが、屋外の5万人の聴衆の群れにデッキへの道を開いている。

対して、大ホールへのアプローチには、同じ階層、つまり地表の高さにおいて、切れ目のないスロープを通り、次いで座席までは凹面を通るということが、1万5000人の聴衆に示される。階段状のステップというのは、公共建造物の中において一段たりとも許容されるべきではない。ましてや、階段……それも巨大なものなど!

これが、アルジェのサヘルにある108ヘクタールの土地分譲の出発点である。空は、海は、アトラス山脈は？　あなたがたが2000戸の小さな家を建築したら、こうした自然の宝はもはや何ひとつ残らないだろう。そう、何ひとつとして。空も海もアトラス山脈も、このスケッチは、未来の住人たちによる正真正銘の完全な要求なのである。それは夢だろうか？　いいや、それは問題のテーマである。それは同時に、地方主義的建築、真の建築なのである！　景観、地形、天候。こうしたものが建築を指揮するのだ。

1932
LOTISSEMENT DU DOMAINE DE BADJARA (OUED OUCHAIA)

1932年
バジャラ（ワジ・ウカイア）の土地の区画分譲

アルジェの一私人デュラン氏には、このように言う勇気があった。「私はいいことをしたい。この素晴らしい土地を金の亡者どもの犠牲にしたくはない。」

土地は108ヘクタール。丘や谷を含み、アルジェからは20分。これはつまり田園都市なのか？　いや、過渡的状況下における、現代の都市計画に対するひとつの回答である。

最善の方向に建てられた、各々約300世帯が暮らす4棟。重なり合う300の邸宅と同じだ。各邸宅には、高さ4m50cmのガラス窓を通して採光される居間があり、また、空中に吊られた庭園があって、手の届く範囲に花々や木々が植えられる。

4棟の大きな建物は景観を損なわない。1本の高速道路がアルジェに向かう道路に接続する。

DAL 3015

返事はこうだった。少数の特権的な億万長者のためではなく、自分のために小さな家を建てる余裕すらない人たちのためのものである。現代の技術と組織のおかげで、夢は現実となる。

しかし、夢は膨らむ。それが公共サービスの整備である（協同組合による食糧供給と家事サービスの提供は、家事からの解放という計り知れない贅沢を、当初の夢に付け加えることになる）。

DAL 3023

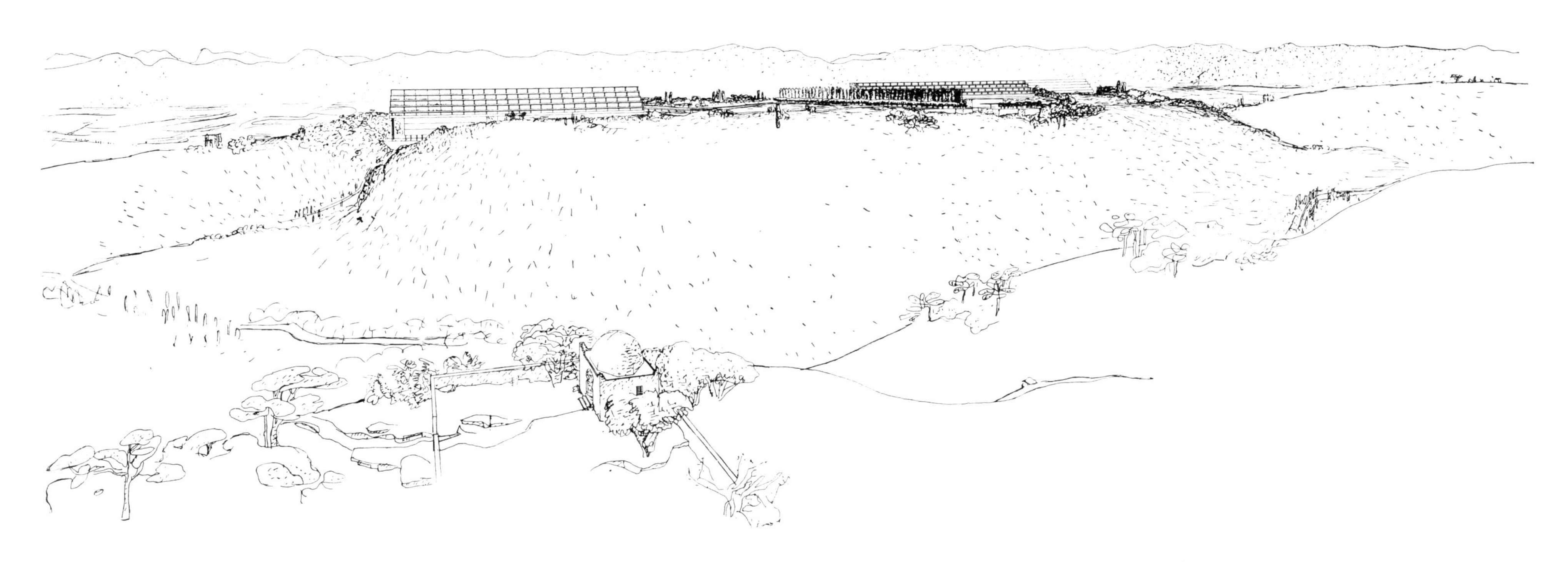

高速道路の真ん中で、ホテルのサービスと食料供給施設が利用できる。建物の長辺に沿って、2つの垂直移動設備が2本の内部通路に通じている。それで充分だろうか？　そのようにして上に行くほど広く地平を見渡せる独立した300の世帯がつくられる。

土地の地表全体はふさがれないままである。運動公園が整備され、遊歩道はありのままの自然の中に設置される。小作地は谷底に残され、ブドウ畑の一部も同様に残される。

予想される需要に（商業的に）応じるため、特徴的なやり方で引かれた、つまり丘の斜面に沿って蛇行する等高線に合わせて引かれた大通り沿いに、500区画の小さな家が整備された。丘の斜面に沿って曲がりくねるように、水平な通りの上と下に邸宅がつくられる。

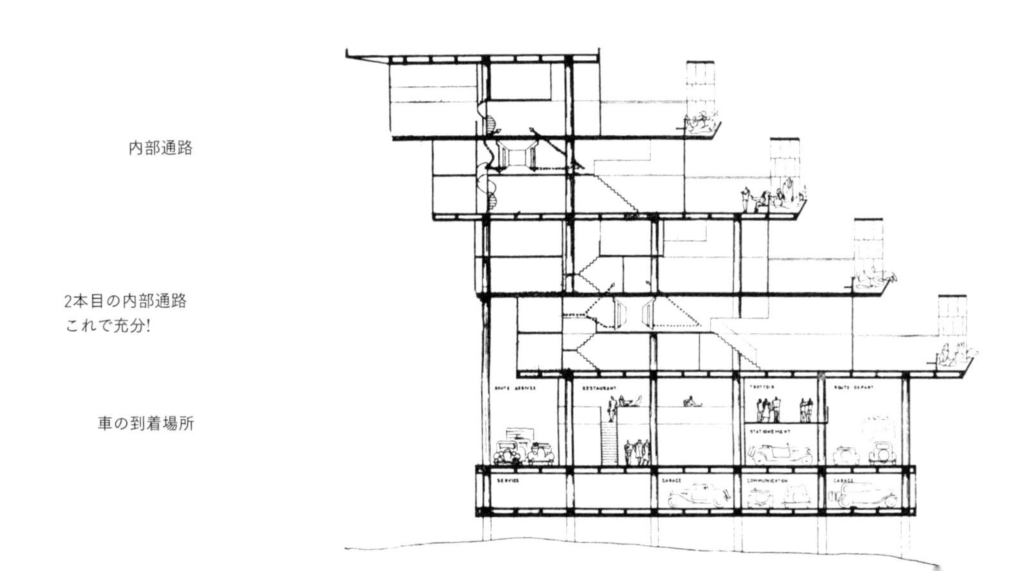

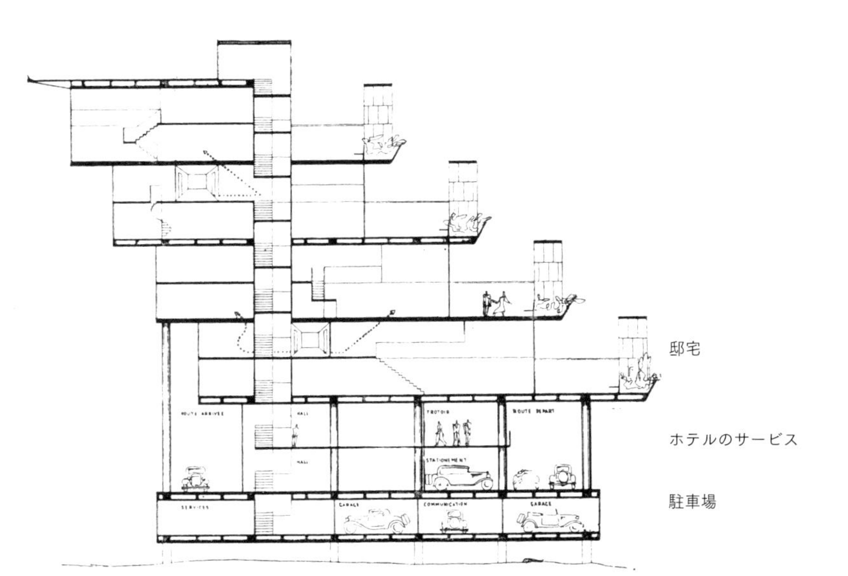

南面（パラソル状）

DAL 3051

北面

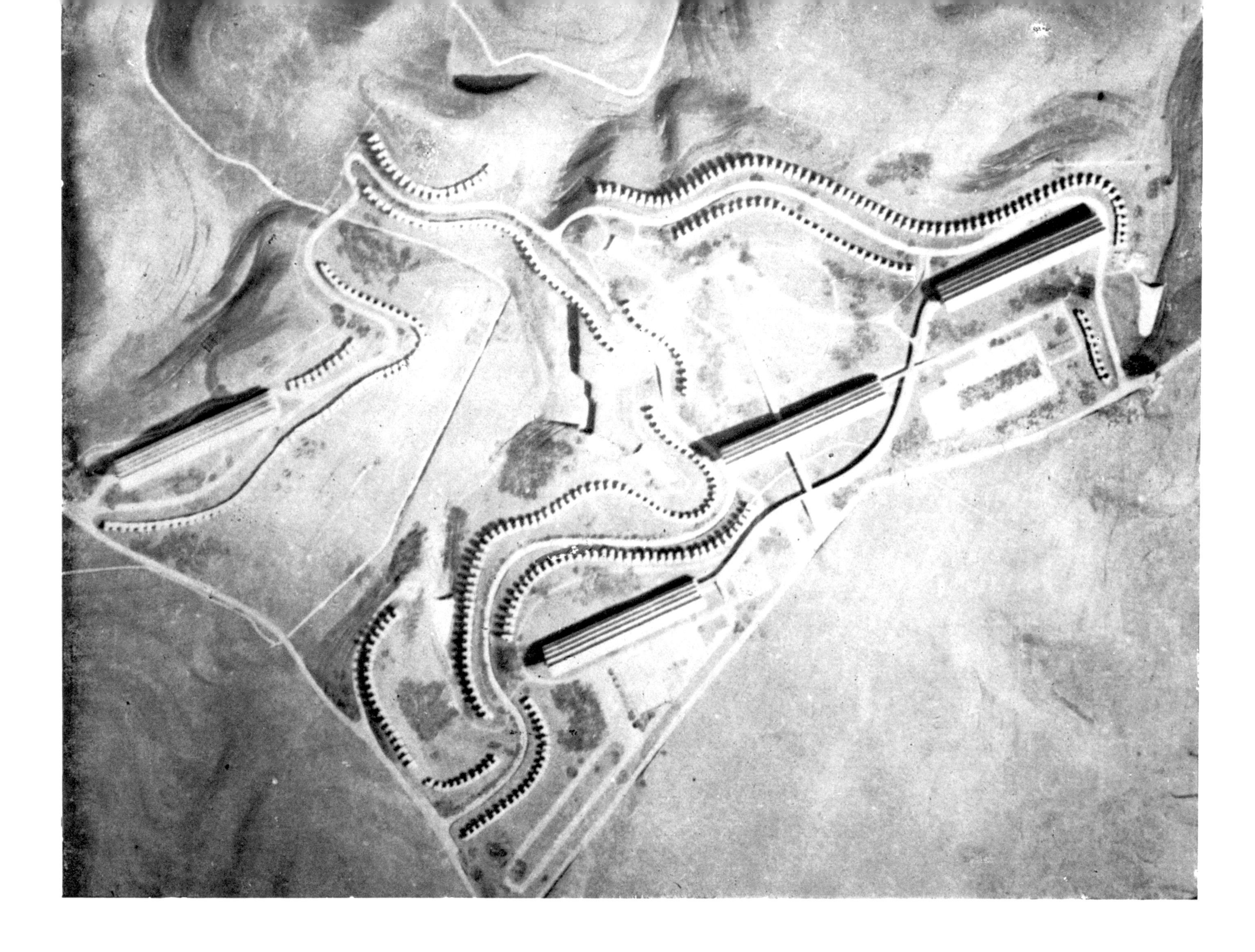

こんな小さな家々に住んで、より自由でより快適でいるのだと信じている人々に同情する！ 彼らは地面すれすれのところにいるだろう。それにひきかえ、壮大な建物に暮らす隣人たちは、上から見下ろし、遥かかなたの地平線を望み、公共サービスを享受するだろう。

垂直と水平の移動設備を分類したおかげで、大きな建物は4分の1ずつ区切って建設できる。したがって、4棟の建物の建築計画は16の工程となる。

建物が建っている起伏には、プールを設けた3つのダムが建造される。

雁行型住宅。

記号Mのところで、職人向けの標準的アトリエが都市の中心部にまで入り込んでいる。

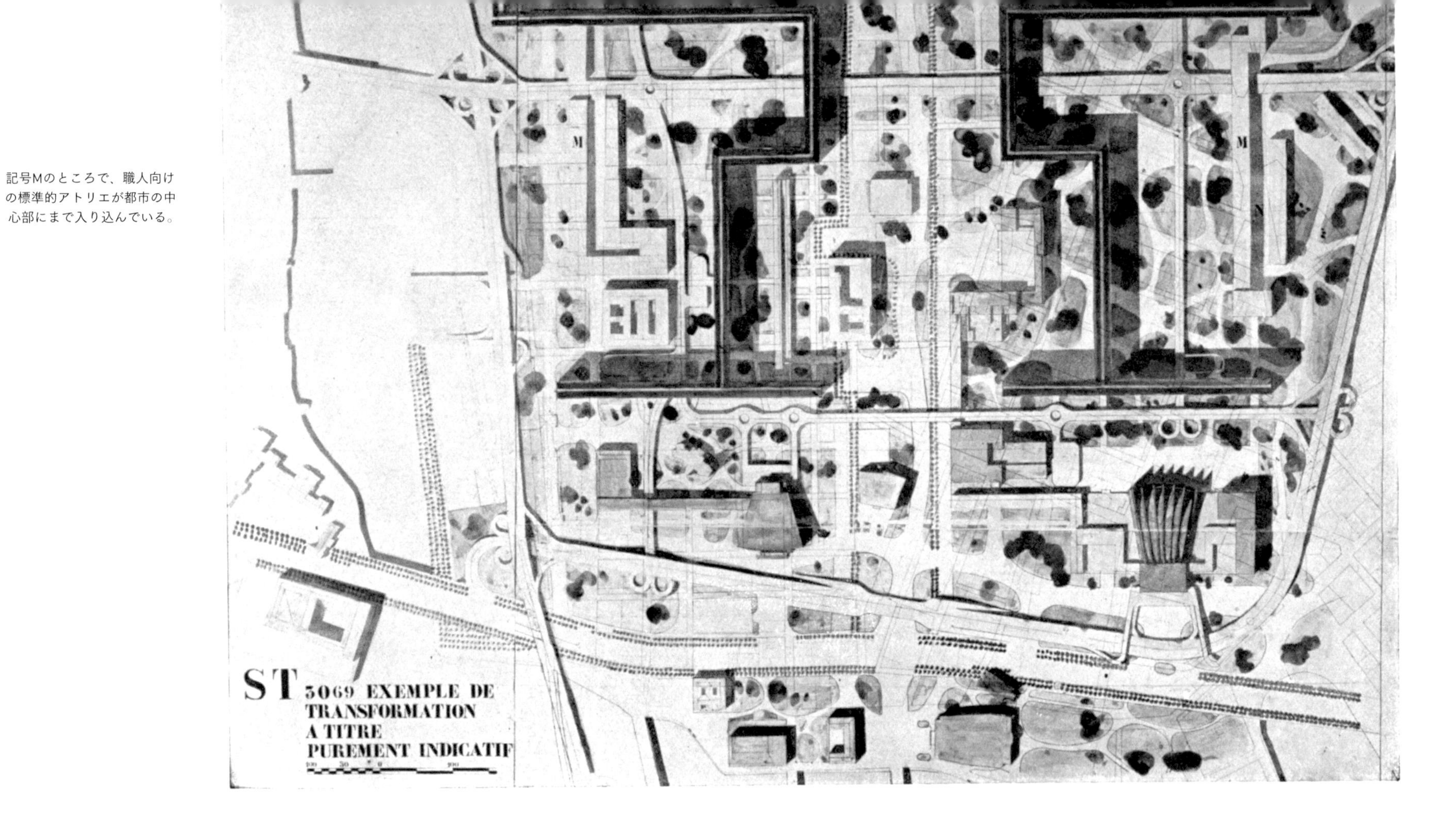

都市を縦断する幹線道路は渋滞が解消され、素晴らしい遊歩道になる。

公園の中心に公共建築物が建てられるべきである。

1933年12月23日付、『スヴェンスカ・ダグブラデット』紙の**社説の結論部**。
「この計画は、他のすべての参加作品の中で、結果的にもっとも豊かなものである。ただ、原則として興味深いものの、現在の実体から乖離している。そういうわけでその計画が採用されなかったのは納得できる。しかしながら、ル・コルビュジエによるストックホルムの夢は市当局によって保存されることが望ましい。というのも、それは歴史的価値を保持しているのだから。もしミケランジェロやパラディオのストックホルム計画図があったとしたら、そんな胸躍ることがあるだろうか?」未来のストックホルム人は、こうした意見をいつか分かち合うだろうと確信できる。」
ゴッタルト・ヨアンソン

これは、ストックホルムのコンクールにおける受賞作のひとつである。通りと回廊通路。自動車の20世紀において、回廊通路や中庭や北向きの住居などを建設するために、すべてが解体されてしまうとは……(そうではないか?)(さらに80ページのテクストを参照)

旅行日記　1933年1月

「両側は交通量が多く、丘の頂上は空いており、カーブした雁行型がある。
　海上に遊歩道やスポーツ、レストランなどのための人工地盤を造成する。市民のための建物、空港も。
　海の入り江を埋め立てるために、丘の頂上を崩して海に投げ入れようとした。
　海面は堅固で深さは10 mだ。
　20世紀の都市が1700年の王宮にも似た精神の昂揚に輝く。重大な決定の時だ。
　原則：斜面と樹木を整理し、丘の上から下までスポーツ用施設で埋める。丘の頂はカーブした雁行型で覆う。いたるところにピロティを。シルエットは、高層建築を避け、替わりに明瞭な輪郭の鐘楼を。」

ノッルマルム

セーデルマルム

灰色部分は、いたるところにありながら市内からは決して見えない海を表している。

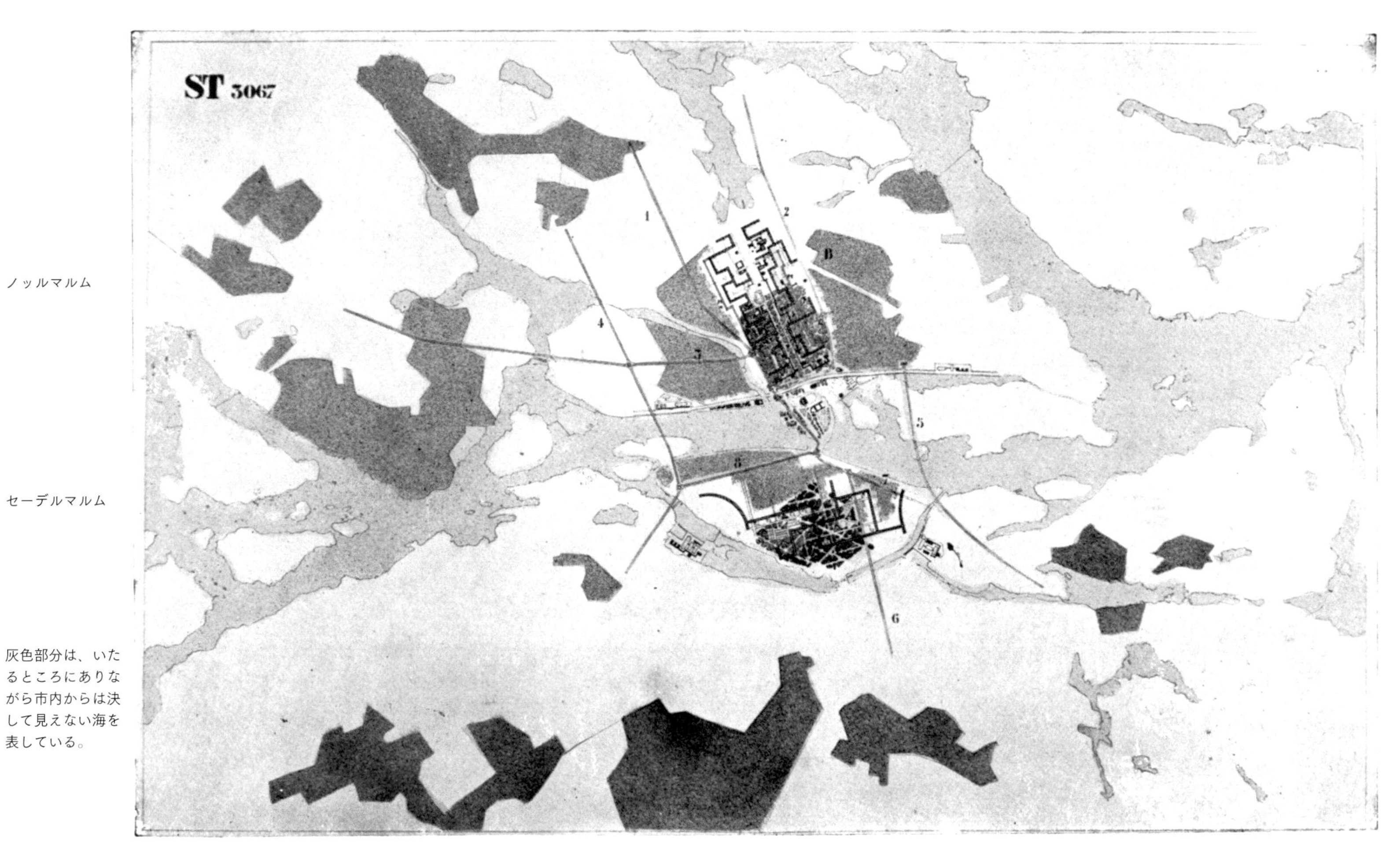

ノッルマルムの幹線道路が広々とした遊歩道を形成しているのが見てとれる。
自動車の通行が左右に、つまり外側に配置されている。

1933. STOCKHOLM. URBANISATION DES QUARTIERS DE NORRMALM ET DE SODERMALM

1933年、ストックホルム、ノッルマルム街とセーデルマルム街の都市化

計画に添付された覚書

1º　提案者は都市の状態、現状を知るべくストックホルムへ赴いた後、その未来を見極めようと努めた。提案者には、コンクールの対象（ネーデルノッルマルム）があまりに絞られすぎていて、都市の生命線である幹線道路上に危険な硬直化を招く恐れがあるように思われた。

1等賞を予想された案。新たな袋小路が交通を遮断、回廊道路、中庭、北向きの住居。そもそもすべてを壊さなければならない。

ああ、二次元の薄っぺらな科学。残念ながら、公的な世界では都市計画は二次元の科学に留まっている。

景観の喜び、いたるところにある海の喜びは？日曜日に地方に出かけて見ろというのか！

これら集合住宅のそれぞれの窓から、自然がその全容を現わし、砂浜全体に広がっている。機械文明の新たな喜びと慰め。自然と都市が感動的な一致のうちに融合する。

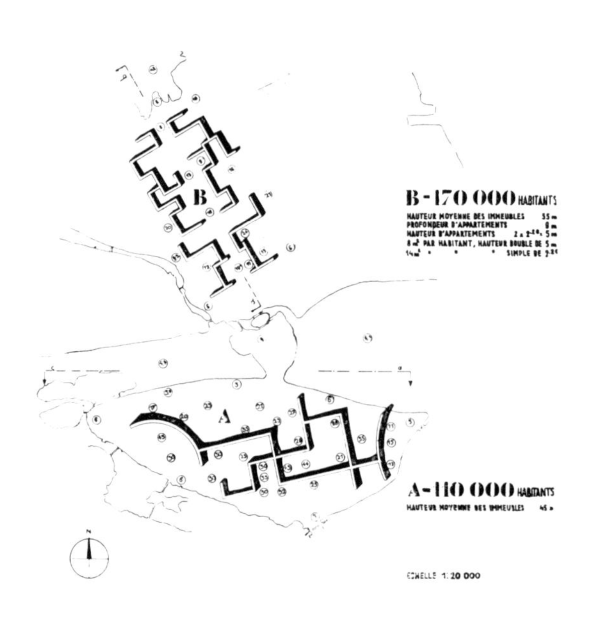

この雁行型のまわりに空間と光がぱっと広がる。
公園がいたるところで丘から入り江に向かって降りてゆく。

都市計画に関する研究は、現代の技術のおかげもあって都市の素材の新たな処理、すなわち住宅用のキューブ状建造物となった。このときまでは都市計画は二次元に留まっており、地面は平原だろうと山だろうと、**かさぶたのように**家に覆われていた（皮膚病的な景観）。

今日では地面の動き、その激しさこそが、完全で切れ目のない稜線の創造によって、恵み深い静けさへと導いてくれる。

突然、すべてが歌い、整列され、姿を現す。驚異的な、壮麗な、崇高でさえある都市計画の彫刻術の出番だ。

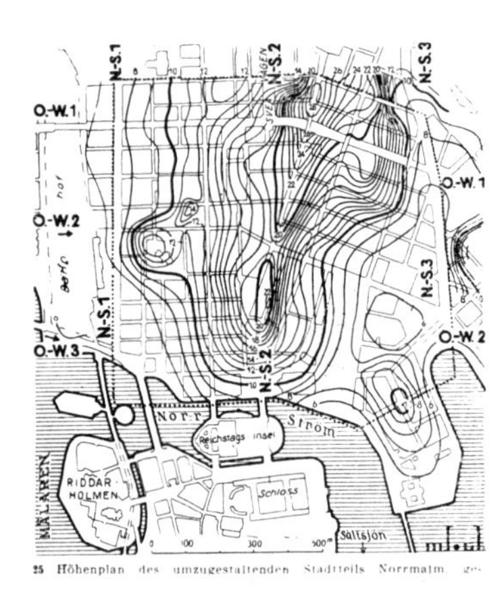

こうして進歩への歩み（「大企業が建物を支配する」）から逃れることなく、私は景色の歌を喚起し、地面そのものの意味を呼び起こし、場所がますます主張するのを促した。

現代の都市計画は景色を「彫る」のであり、景観のすべての輪郭と起伏が見えるようにする。そのシルエットは絶えず多様化し、説得力を増す。
彫刻の「立体感」が都市を捕える。
こうした出来事の典型例は縮小した形だが存在する。突き詰めればそれはローマのヴァチカン（特にサンタンジェロ城からの展望）である。

実際、この街の南北の幹線道路は、高速交通（20倍速、自動車、トラック）を受け入れる場所ではないと思われる。

2° 反対に、中央の幹線道路は、もはや高速交通の機能であるべきではない。この機能は左右に振り分けられる（4、1、2、5、図面S.T.3067）。1号線と2号線の2本の高速道路は現在建設中の交差点（スルッセン）に交わる。

3° 東西に横断する高速道路の3、8、7号線がこの大交通網を補完する。

4° 提案者は都市計画の理論（発案者がヨーロッパとアメリカの大都市の大半を訪ね、研究した成果）によって、**コンクールには都市計画の一般概念と基本的な計画を提出する決心をした**。

この計画はもちろん、指標にしかなりえない。すなわち、ここで展開される論は、ストックホルムにおいて、この都市および行政面、行政的条件を完全に把握したスウェーデン人の専門家によって行なわれるものとする。

5° 計画は全体図（S.T.3067）の形で提出される。何枚もの段階的なトレース（S.T.3067a、S.T.3067b、S.T.3067cといった具合）を添えることで、工程順に企画作業の進捗をコントロールする。これらはコンクールの資料として出された2万分の1の該当地域の地図と自動的に照合できるよう作成している。

6° 主張——都市の現状中で根本的なものと二次的なものを混同してはならない。

交通という要因はあらゆる都市で現在深刻な病となっているが、実行すべき都市改造の本質的要素ではない。

都市の根本的な要素とは住居である。

まずは生活である！ この機能の前では、交通は2番目の機能にすぎない。

7° 生きる！ 居住する！

完璧な住居、最適な居住条件、これこそがまさに、**行政の監督の下**、あるいは**行政の主導による建築の組織化計画である**。

提案者は住居という機能を、都市住民の幸福を左右するものと考えており、達成すべき作業の本質を次のように表明した。

8° **都市計画の素材**とは、

空

樹木

鋼鉄

セメントである。

提案者は、この矛盾した配列によって、壮大な自由空間を創出する必要性を強調したいのである。そのために、現代都市の新たな概念へと至るのだ。それが、以下だ。

「緑の都市」

9° 「緑の都市」は、高さ平均50mで、住居の雁行型を形成し、**まったく中庭がない**建物の建設によって実現される。その代わり、雁行型の正面の両側には広大な公園を作る。

新たな居住区域の人口密度は1ヘクタールあたり1000人になるだろう。

この1ヘクタールあたり1000人という**超過密**は、4m50cmの高さながら、部分的に高さ2m20cmに上下分割した住居（労働者住宅から高級住宅まで）に基づくものになる。

10° こうした住宅の建設は屋内通路や、協同組合の形をした協同組合方式サービス、あるいはその他（食料供給、家事サービス、クリーニングなど）も整備させることになる。

11° この建物は平均して敷地面積の12%を占めている。その結果、残りの88%は安らぎのスペースである公園や運動施設に充てられる。

スポーツは庭先で楽しむことができる。

12° ストックホルムであれば、地理的条件から、簡便な交通手段さえ整えば家の庭先でのスポーツには水上スポーツも含まれる。それは岸壁の補修工事と海岸線の大通り敷設の際に整備可能だろう。

13° 住居用建物をピロティの上に建てることにより歩行者は好きな所に行くことができる。歩行者の複雑なネットワークのために土地は100%解消される。

とりわけストックホルムに関しては、この点では、土木工事、土砂の移動のかなりの費用を節約する効果がある。地面は起伏した自然の状態のままでよく、海抜0mから海抜19mと35mまでの起伏をそのまま利用することができるのである。

14° この方法であれば自然の地形は**市内でも再現され**、都市のすべての住民に喜ばれる。この要因はもっとも重要な必要要素と考えられる。

15° 住居は快適さ、衛生、満足感といった最適な条件で保証されているので、あとは託児所や、幼稚園、小学校（居住と密接に関わる3要素）を適切な場所へ集めることで住居の要素そのものを補完すればよい。

16° 「生活」「居住」が確保されたあとは、交通が早急に実現すべき第2の機能となる。

17° 交通は厳密に分類しなくてはならない。以下の通りだ。

a） 20倍速

b） 普通の速度、歩行者

c） 抑制速度、公共建築や住宅へのアクセス

18° 20倍速は**ピロティ上の高架高速道路**のみを走行し、抑制速度の自動車とはきわめて稀にしかすれ違うことはない。

この道路網「A」は現在スルッセンで実現されているものと同じ性質の合理的な交差点を設ける。

図面ST3067で見るなら、この交通網で真っ先に建設が急がれるのは1号線と2号線という、解体に伴う苦労がもっとも少なく、効果がもっとも緊急に求められている場所で建設されるべきだろう。

明白な困難がひとつある。宮殿の島に高速2号線を通すには、どうしても景観美の大半を破壊してしまうのだ。

そのため、2号線は東西方向の支線によって高速1号線に接続される。

幹線道路は王宮の島からの車の流れを、以上の大量の交通のうち同じ北西方向に向かう車は高速道路6号線に導かれ、東または西方向へ向かう車は高速7号線と8号線とに振り分けられる。将来的には、高速道路4号線とおそらく追加されるはずの北部方面5号線の建設により、郊外との連絡確保の努力も連動して実を結ぶことになるだろう。縦断する高速3号線は当面、高速2号線にぶつかるところで止まる。そこから交通網は抑制速度の道路網となって、単に東に建設された新しい街区の通りや街路を使うことになる。

空港との接続は、同じ東地区にあるスタジアムへと同様、将来容易に成し遂げられるだろう。

19° **普通の速度**。**歩行者道路網**。

決して歩行者は高速自動車と出くわしてはならないし、抑制速度の自動車にもなるべく関わらないほうがいい。この理想的な状態はもちろん都市のひとつの街区をまるまる整備しなくては達成されないが、もう今から厳密な指針を定めることはぜひ必要だ。集合住宅をピロティの上に建て、雁行型に配置することにより、歩行者の通行は、公園の内を縦横斜めに通れる柔軟な網目を構成することができる。

20° **抑制速度**。

高速道路から自動車の一部は住宅の建物へ、別の一部は公共建造物へと着くことができなくてはならない。

住居へと続く入り口は**200m**おきにしか**設けられていない**。このやり方であれば、高速道路網は著しく単純化され、もはや家々までの道をたどらなくてもよい。道路網は完全に独立しており、ただ必要な場所、つまり居住区の入り口に向けて支線を伸ばし、その先端に設けられた「**車両ポート**」で駐車できるようにすればいい。たどり着くのはそこであって、**他のどこでもない**。

ノッルマルム地区の現状

公共建造物に関しては、道路網は個々のケースに応じた柔軟な対応を迫られる。

新しいすべての公共建造物の建設では、今からでも自動車の通行は**歩行者のものとは違う高さ**、地上約5mの高さに設けるよう要求すべきだろう。**このような規則はすぐにも成果をもたらすだろう**。あとは歩行者と自動車が危険なくすれ違うことができる散策用の大通りを設けるだけだ。

低速交通の大通りは、店舗やカフェ、クラブなどが並ぶ街には欠かせない幹線である。

21° 郊外との連絡は交通量の多い高速道路の終点で整備する。

22° 以上、前置きを述べたが（生活と交通）、多様な機能を果たす都市部の区域について考察することができる。提案者は「緑の都市」の豊かなアイデアがいつか**田園都市の矛盾も同時に解決できなければならない**と認めている。

23° ストックホルムでは、実に容易くアクセスできる自然の中で、田園都市が調和的に発展することが強く支持されている。しかし20〜30万人にのぼる都市の住人が、**この地域の自然の美しさをすべて奪われ**、交通にはあまりに狭くなった（市当局自身も改善を検討）道と、絶望的な中庭の中で、モグラのような生活を続けるのを受け入れるなど**言語道断**と言うべきだろう。

このような居住条件は非人間的であり、根本的な改善は市当局の最優先課題だろう。提案者はしたがって地方に脱出し、新たな田園都市をそこに建設するのではなく、**都市にとどまり**、もはや許しがたいほどになっている地区を少しずつ綿密な計画に基づいて解体していくべきだと考える。

そもそも**都市の存続そのものが絶え間ない解体と再建からなっていること**に気づくべきである。

この解体と再建は、市当局の無力な監視下で**計画**（プログラム）**もなく**行きあたりばったりで実行されている。これは本物の犯罪である。というのも、速度と衛生という都市生活の新たな要素に今日応えるためには、新たな方法と断固とした計画（プログラム）を必要とするからだ。

24° 解体するならば、**その価値を高めなければならない**。現代の技術ならば、すでに述べてきた諸条件を満たしながら人口密度を著しく高める建設を可能にしてくれる。

25° こうして**人口密度が高くなれば、街は収縮し、距離は縮まる**。これで解決だ。

26° もし人口密度が高くなれば、それに直接比例して土地は**不動産価値を増し**、**計画**（プラン）の実施を契機に当局の刺激策と監督下で生じた利益は、そう仕向けた者たちの元へ戻らなければならない。したがって、当局に。

27° 提案者は、ストックホルムに関する解決をこの都市のまさに中心地で探した。そして、必要な交通網の実現と新たな2つの地区の建設に有効な解体対象として**ネーデルノッルマルム**という地区に関してはBゾーンを、**セーデルマルム**という地区に関してはAゾーンを選んだ。それぞれの新しい地区に想定する人口は一方のBゾーンでは17万人、他方のAゾーンでは11万人を見込んだ。

人口の計算の根拠は図面ST3068に記されている。

ストックホルムのこの都市化計画は新時代を告げるものだった。ページがめくられたのだ。新しい都市のページ。私はストックホルムに呼ばれ、当局の責任者たちから、ノッルマルム街区の都市計画の国際コンクールで「提案」を行なうよう熱心な懇請を受けた。

図面の他に、私は13枚のカラーデッサンを含む報告書を添付した。提示した新しい概念を説明するきわめて明確でいきいきとした図式資料である。これらの説明資料なしでは、私のプロジェクトは理解できなかっただろう。

数kmもの計画図面の審査を数時間でぞんざいに片付けたアントワープの審査委員会とは反対に、ストックホルムは決定を下すのに10か月かけた。

しかし添付した13枚の資料は私の「筆跡」がわかってしまうようなものだったため、そのほとんどすべてを白のブリストル紙でくるんで提出した。資料はそのままの状態で返却されてきた。私はこの戻ってきたレポートにこう書き込んだ。「**正直者は馬鹿を見る**」。

したがって審査委員会は理解しようと努めることさえできなかったのだった。

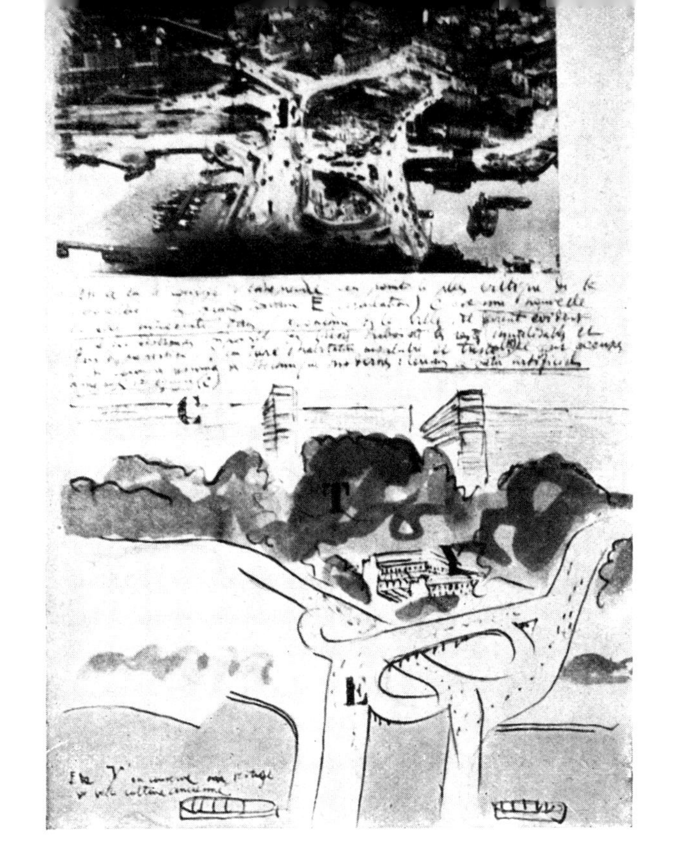

交通のもっとも多い地点で道路工事E（交通）を
計画する勇気を持った。**これは都市の経済に導入される
新たな段階である。**

問題の本質を忘れてはならない。それは**住むこと**であり、往来する交通ではない。交通は住むことのひとつの結果でしかない。

住むとは、a）**室内に日光を採り入れること**。室内からの眺め（空、木々）＝喜びと尊厳。b）**呼吸すること**。暖房と換気の不充分な観念に取って代わる、正しい空気の組成。c）**室内設備**。住居の厳密な整備によって、住居空間をかなり節約することができる。d）**個人の自由**。住宅の防音。e）**集団参画**。スポーツ。

ストックホルムに関して、庭先でのスポーツには水上スポーツが含まれるため、直接的なアクセスを整備し、航路の修正を行なう。

これは都市の発展の歴史において予期せぬ段階であるが、それはまさに**現代の欲求とそれを生み出した新しい環境要素に対応したものにすぎないのではないだろうか**。

今後、都市計画は様相を変えていくことになるだろう。不幸にも二次元にとどまってきた潮流の科学から、三次元の科学になる。都市計画は空間（広がりと高さ）を占めるようになるのだ。

建築の新たな潮流がこのとき出現する。静かで力強い建築が、今後は現代の都市のひどい不協和音や痛ましい単調さに取って代わるだろう。人は自宅で幸せを感じ、道では誇りと歓喜を味わう。

街は美しく、素晴らしくなるだろう。

ストックホルムの場合、予定する建物で必ずしも35mの平均的高さを必要としないものは、海岸線から引っ込んだ場所にある**丘の頂上**に建てることもできる。あたりを見下ろすこの状況で、**景観は全方位に広がる**だろう。国民の精神的な至宝であり、国の歴史そのものを内包するこの街は、その規模を変えることはないだろう。少しずつ清掃、浄化されるだけだ。

王宮の島は真の歴史的価値の遺産が残る場所である。

自動車の通行する道と歩行者用の通行網の外では、次のような一貫した整備計画を施すこともできよう。ネーデルノッルマルムの北部地区から王宮の島を越えてスルッセン地区まで下る一種のフォーラム（公共空間）である。このフォーラムは樹木が植えられた遊歩道と広場で形成される。この広場と遊歩道は段状になった1階または2階の建物が囲み、抑制的な建築景観をつくると同時に、カフェやレストラン、会議室、クラブハウスなどの有益な場所などを収容する。

この都市の市民生活はこの壮麗な幹線道路沿いに展開する。ここは緑と公園に囲まれて、その価値を認められた古い建物が建ち並ぶだろう。

南ではこのフォーラムは城の正面で広がり、東と西の二枝に分岐し、**海岸線沿いの遊歩道**となり、整備すべき水上スポーツの公園の前を通り過ぎ、田園まで続いていく。

ソーデルマルムという名の島では、住宅街が別の形態をとる。まず、現在（特に南で）空いている土地を取得し、素早く街を建設するのだ。この街に関しては、平均45mの高さが認められた。

ネーデルノッルマルムとソーデルマルムというふたつの街では、高速道路を住宅群の戸口まで接続することが計画された。これは現行の道を暫定的に用いるが、少しずつ、5mの高速道の高さに持ち上げていけばいいだろう。

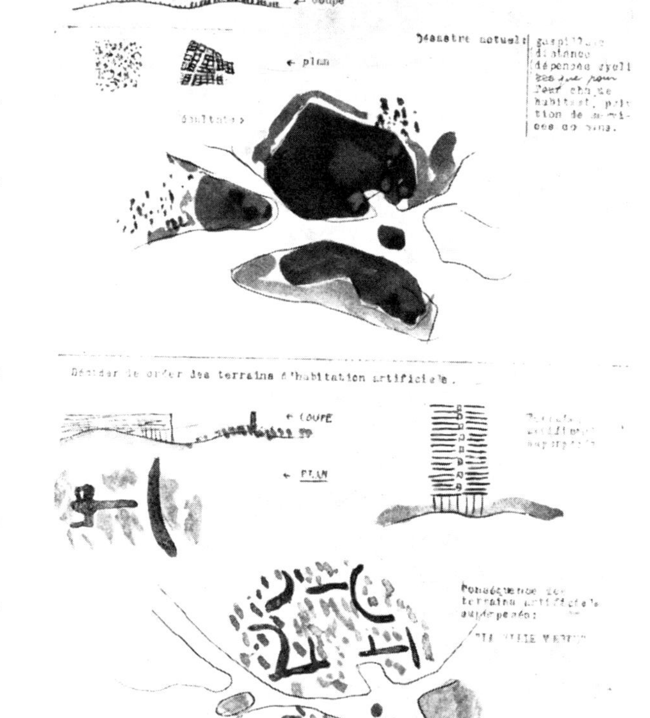

居住する。**必要かつ充分な機能**。新たな時代の表出。
現在の悪夢からの脱出。

当局の真の目的。とるべきイニシアティブのすべて、試みるべき断片的な
仕事のすべてはこの目的にかなうよう、この目的の力でなされなくてはならない。
これこそが当局の真の務めだ。

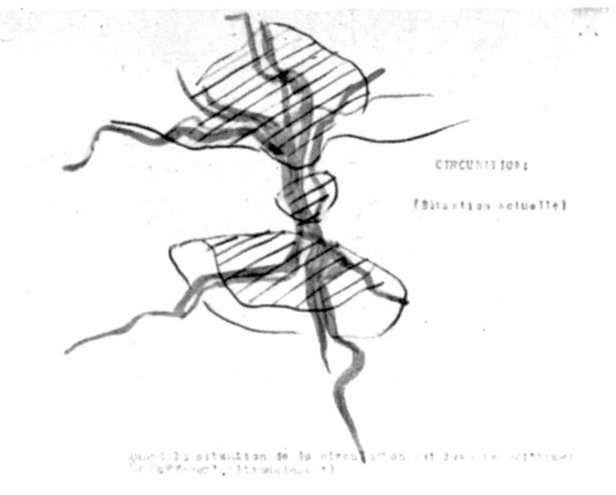

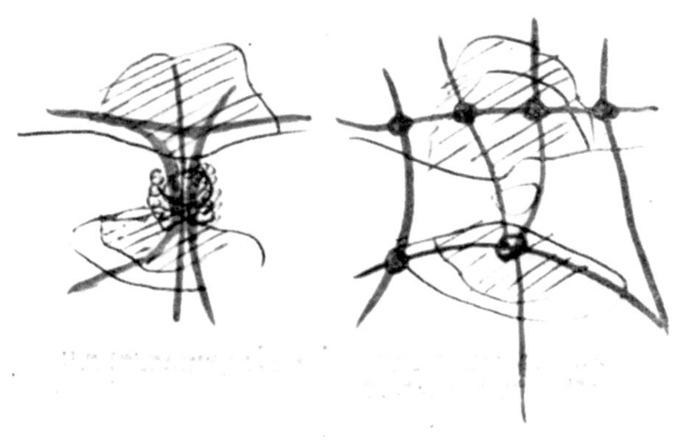

決定的な分類が必要である。

a）**高速交通網**。

高速道路　　大型車用：バス、トラック
　　　　　　路面電車用
　　　　　　自動車用

b）**歩行者道路網**（散歩者用）。

＊＊＊

現存または今後建設される公共建造物が配置されるのは歩行者道網上である。

したがって、

c）高速道路から建造物に**抑制速度で**アクセスする**中間**道路網を建設する。

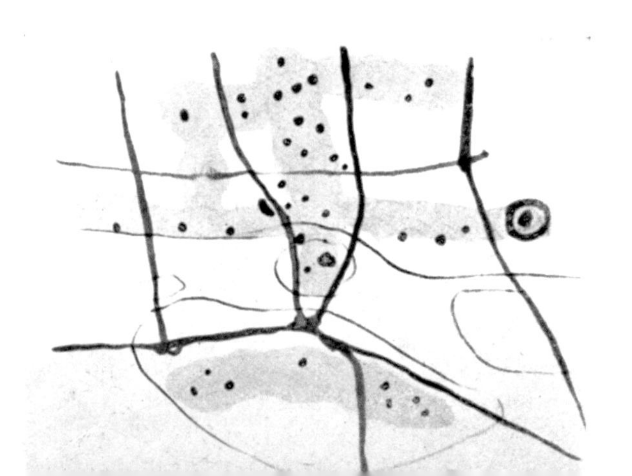

結論

ここに提出する計画と添付した説明資料は、今日、先見の明と揺るぎない意志をもつ政府であれば、創意ある行動により機械と産業の進歩からもたらされる恩恵をすべて提供する『輝ける都市』の建設によって、住民の個々の幸福を保証できることを示している。

他方、都市の過去の歴史は完璧に保護するだけでなく、その価値を高め、強調することさえできる。

そして市民生活は新たな誇りある糧を見出すことができる。この言葉は、宮殿を無傷で維持し、有名な市庁舎を建設して世論を得るのに成功したストックホルムのような都市ではより際立っている。

どうやって優れた自然の豊かさを見事に利用できるか。建築的創造と自然の美の協働作業は、表現しようのない輝きを都市の上に注ぐことができる交響曲へと導く。今までの経験と、長い時間をかけた研究とに基づく、これら基本的な研究の上に、この計画の提案者はネーデルノッルマルム地区の限定的解決案の要求には直接的な回答を示さず、コンクール参加者に許された基本的概念の提示による方法を選んだ。

都市の市当局は、建築分野に真の革命をもたらした**現代の技術だけが、まさにそれ自身が住民の社会的、物質的、精神的生活に引き起こした巨大な混乱に対して、解決をもたらすことができるのだということを認識してほしい**。そしてわれわれの時代は、総括的な計画と健全な理論に基づいて大きな決定を下し、**何の迷いもなく大工事の時代の幕を開ける**のに充分な方法があるということを知っていただきたい。

高速道路の道筋は1では中心（宮殿の島）地周辺で海面の高さにまで下がる。

高速道路はEでは、埠頭や宮殿の島といった都市の景観に全く入り込まないように、極端に高くした高架上にある。

都市の多様な機能を分ける分類は、水平面と垂直面の双方で明確になされなければならない。

二次元の都市計画に価値はない。

三次元で都市化されなくてはならない。

街路の死。街路沿いにはもはや家がない。もはや街路はない。しかし、

a）地上に歩行者用道路を四通発達させる。

b）地上5mに高速道路網を設け、住宅に連絡させる。

c）単純で大容量の交通網。

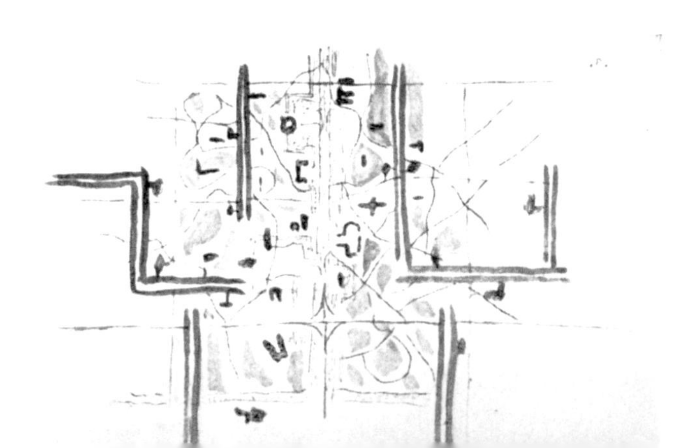

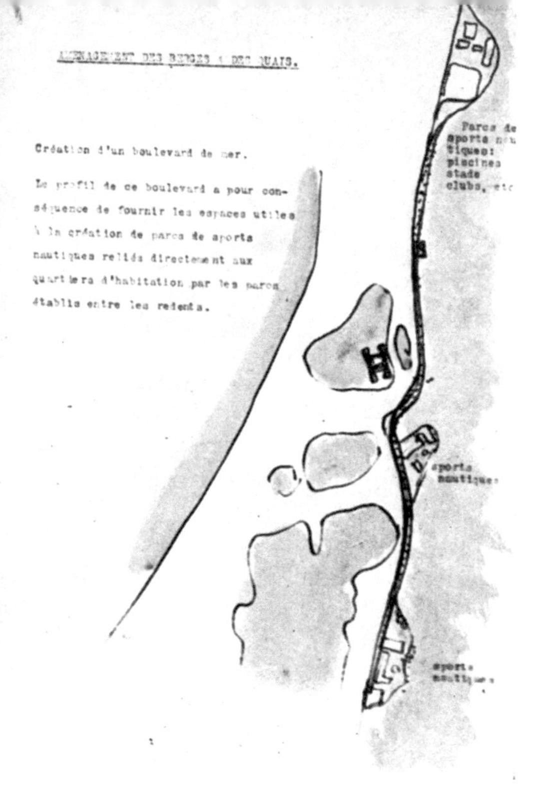

堤防と岸壁の整備(水上スポーツ)。

巨大な駅は幻想だ。駅とは通過する場所だ。

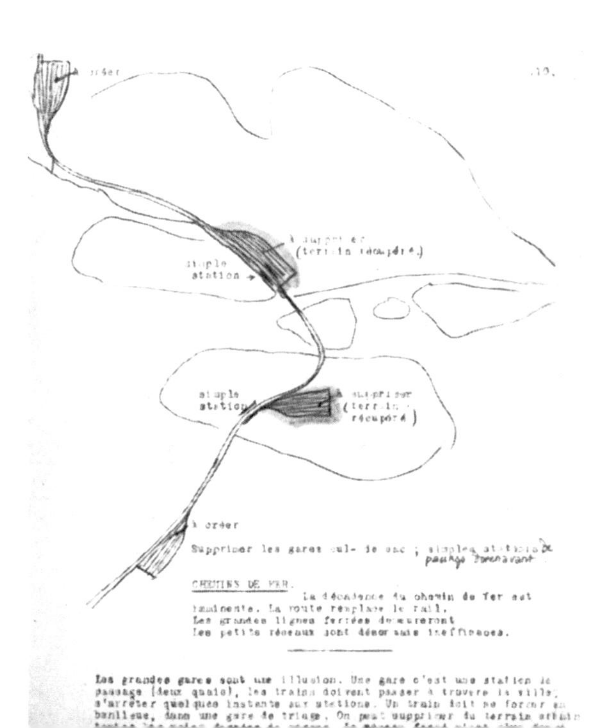

付録

現在も続く都市化のもっとも繊細な問題のひとつは、大企業を前にしても決して消えることのない職人たちの住居である。仕立て、服飾、装飾、製本、敷物、壁掛けなどに加えて国内零細企業の職人技である。

こうした職業は都市生活に根ざしたものでなくてはならないし、結果、**都市に浸透しなくてはならない**。「輝ける都市」はしたがって、ささやかな職業のために非常に特徴的な施設を備えている。

ノッルマルム地区の改造に少しずつ取り組む。
ノッルマルムの南北の幹線道路は徐々に、カフェや店舗、クラブ、公共建造物等が並ぶ街の大きな遊歩道に変わる。

標準規格で大量に建設されるアトリエ(製作所)である。すなわち最大限明るくした床、等間隔に並んだ支柱、標準的な動力伝達装置、自由に使用できる電力だ。

移転、拡張等は、ロスなく、廃棄物も出さずに自動的に行われる。

図面 ST3067 と ST3069 に、倉庫 N とともに平屋あるいは 2 階建ての建物群 M が描き込まれた。電力使用だけで稼働するこのアトリエは、清潔であり、巨大住居用建物と同等の建築的価値を持っている。このアトリエは店舗と歩行者の行き交う場の近くに置かれる。

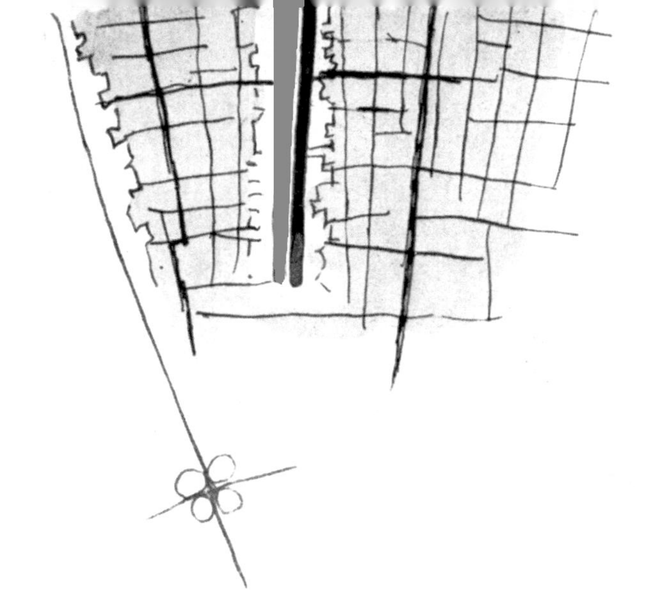

都市は死ぬ。50年ごと、いやもっと早い周期で都市は死んでいく。
解体し、再建する。

新たな地区は王宮の精神的伝統を引き継いでいく。
緑が再び水辺に戻る。

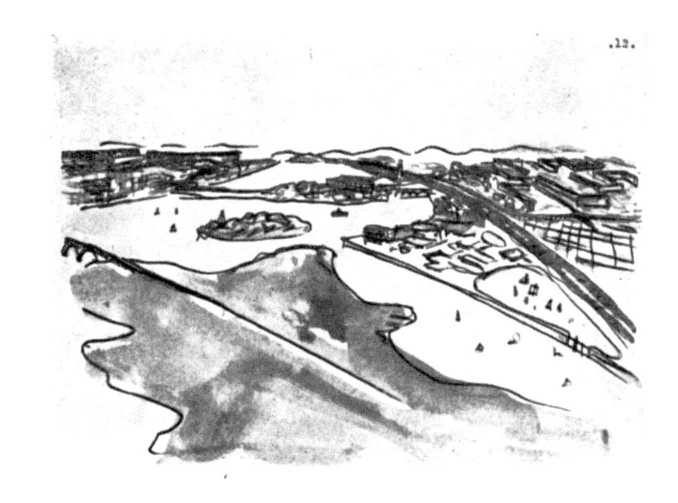

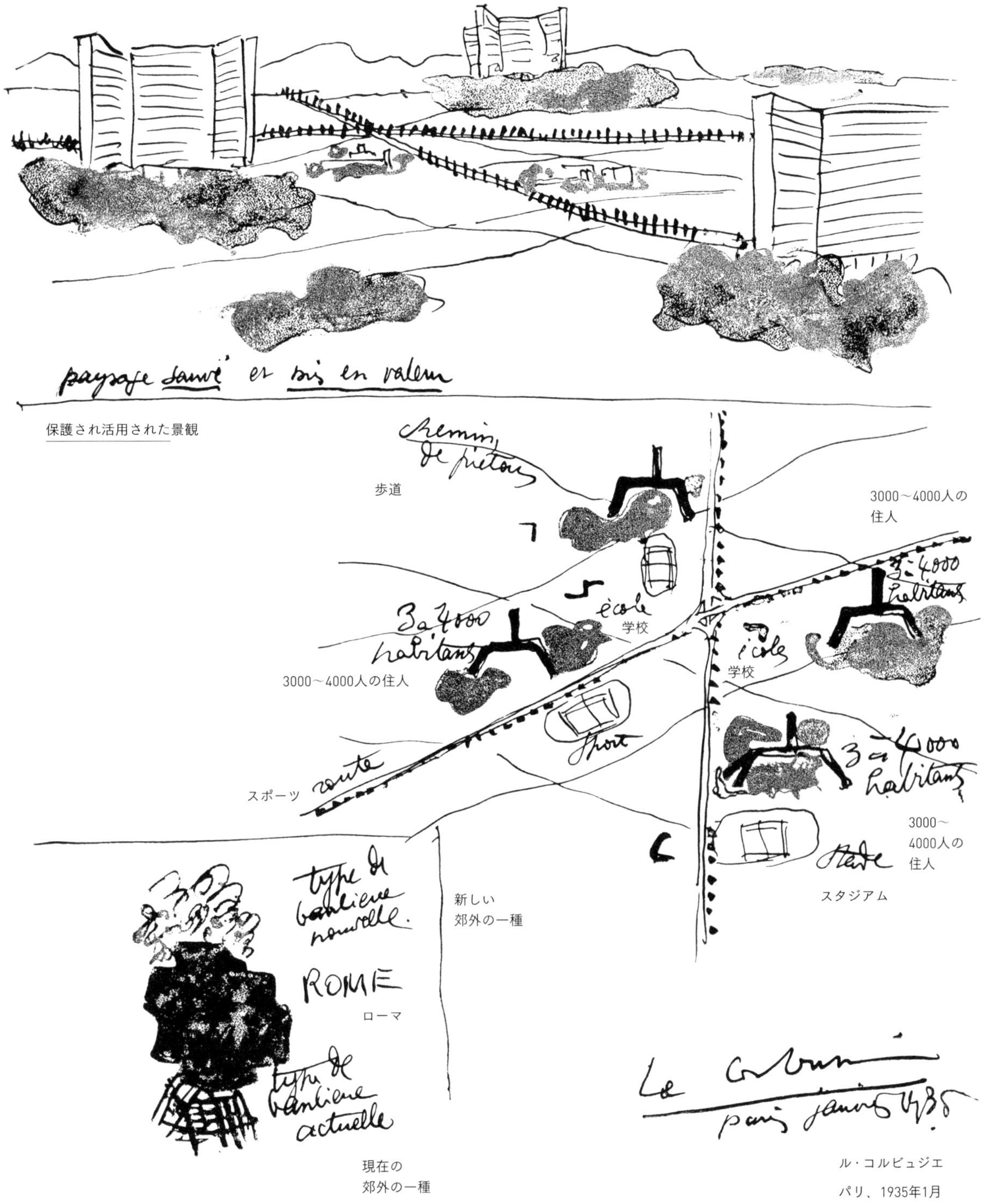

保護され活用された景観

歩道

3000～4000人の住人

学校

学校

3000～4000人の住人

スポーツ

3000～4000人の住人

スタジアム

新しい
郊外の一種

ローマ

現在の
郊外の一種

ル・コルビュジエ
パリ、1935年1月

1934
BANLIEUE DE ROME
1934年　ローマ郊外

手紙

ローマ市長、**ボッタイ閣下**
ローマ

. . . .

この書簡を次の考察から始めることをお許し下さい。ローマが、その極めて美しく、極めて名高く、また極めて感動的な風景に織りなされた素晴らしい郊外をいかに侵食しながら発展しているのかを見て、私は仰天しました。そこでは家が一軒建てられれば、風景は殺されます。そのようにしてローマは少しずつ、その気高い景観の恩恵を失っているのです。

さて私は、異なった方法によって、この景観を救うことが可能であると確信しています。しかし、それ以上に、日常的に恩恵をもたらすこの景観をローマの住民たちに与えることが可能なのです。

私は旅行日記の中に、いくつかのスケッチを描きとめました。私はこれらを添付してあなたに委ねます。これによって私の考えの根本を容易に理解してもらえるでしょう。

一言で言えば、純粋かつ単純に、これは、高層建築を可能ならしめる近代技術を活用する、ということです。これらの建物は、極めて経済的な工業的方法に基づいて建設されます。これらの高層建築は、その住民にとって、生活を遥かに快適なものにし、かつ出費の少ないものとするような公共サービスを備えています。最後に、これらの建物は、同じ土地占有率を保ち、充分な広い間隔をおいて配置されています。こうすれば、田園地帯のかなりの土地を保護することができます。そして住居が高層階になればなるほど、より見事な眺望が広がるということになります。

重要な結果として、水道管や下水管の敷設とその維持を含めた街路や道路工事の、およそ80%を削減することができるでしょう。これはひとつの構想に関わっているわけですが、その経済効果は間違いなくあなたを驚かせることでしょう。

なぜこのような案が受け入れられないのでしょうか？　それは単純に、学校やアカデミーや伝統的な教育による嘆かわしい影響のゆえです。でも私は、今現在、イタリアがひとつの転換点にあり、現代の健全な構想が受け入れられるし、いや受け入れるべき時に来ていると強く感じています。

親愛なる閣下よ、どうぞ私の赤心をご確証ください。

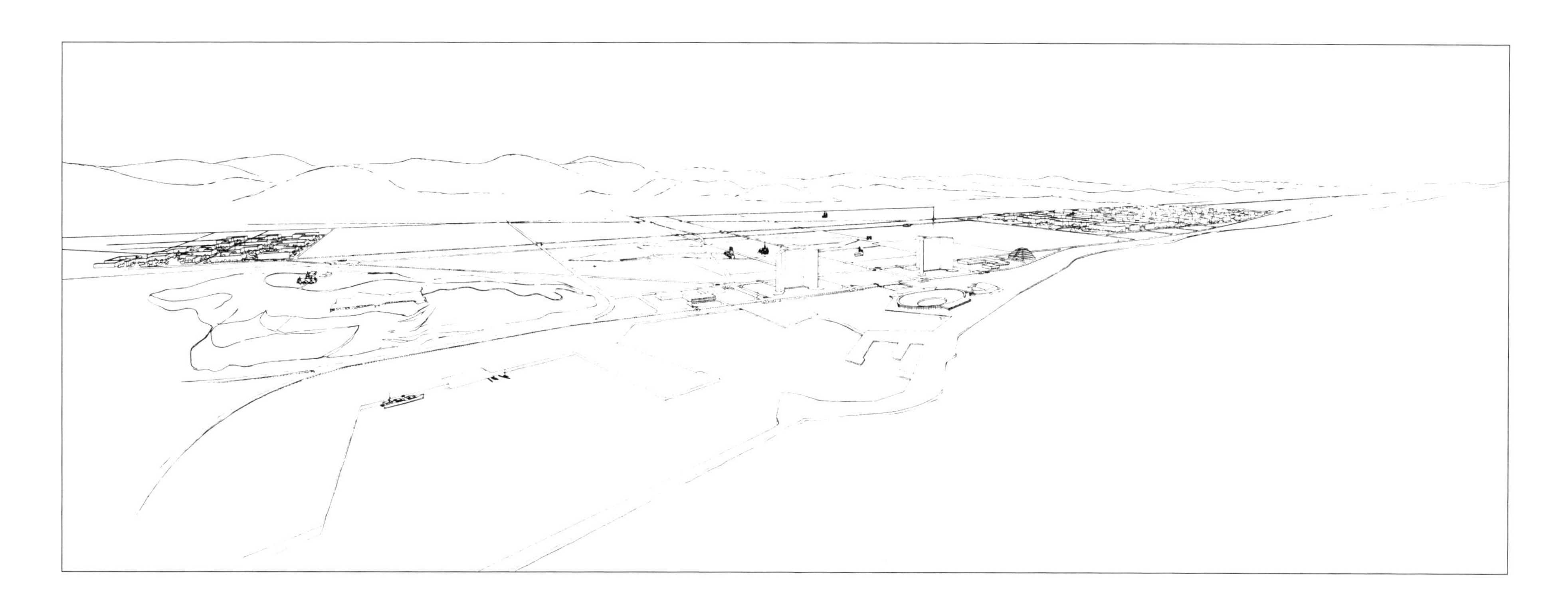

港と商業地区、大交通網の新しい整備。左と右に、
400m四方の網目上に配された二つの都市が見える。

1932. LE PLAN "MACIA" DE BARCELONE

1932年、バルセロナの「マシア」計画

1932年春、GATEPAC（近代建築国際会議のカタルーニャグループ）チームの命運をかくも明確に導いてきたルイ・セルトが、バルセロナにて、私をマシア大統領と接見させてくれた。

カタルーニャ共和国の将来と都市計画とは、大統領および彼の側近たちのかくも明晰な危機意識の中では、それはひとつのものでしかなかった。

私は自分の主張を述べ、バルセロナの街——首都となるべく定められた地理的運命——とそれと結び付いた自然の見事さへの賛美を表明した。この都市の力強さと指導者たちの精神の若々しさは、すべての希望を約束していた。要するに、地上のこの生き生きとした場所で、現代はその棲家を見つけたかのようだった。

大統領は私の主張を理解してくれた。

金銭的な一切の問題を度外視して、われわれはカタルーニャ政府の役に立ちたいと申し入れた。マシア大統領はこれを受け入れ、われわれは直ちに仕事に取りかかった。

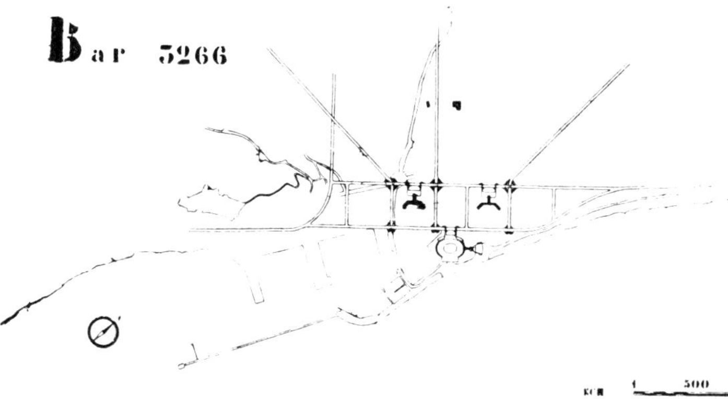

まず初めに彼が私にさせたのは、政府と市、商工会議所とさまざまな組合を前にした講演会で私の考えを述べることだった。

この講演会は、自治政府宮殿の中心にあるサラ・デ・シエンタで行なわれた。このホールは、荘重なゴシックで、絨毯が敷き詰められ、公共の儀式が行なわれる場所だった。

われわれはバルセロナの整備計画（プラン）を策定した。これは市の発展を導き、ひとつの計画で効率的な結果を保証できるものである。この仕事は、GATEPACグループの全面的な協力を得て行なわれた。

....

大統領が亡くなった。彼はカタルーニャの祖国の父であった。われわれは、策定したこの計画をバルセロナの「マシア」計画と呼ぶよう求めた。

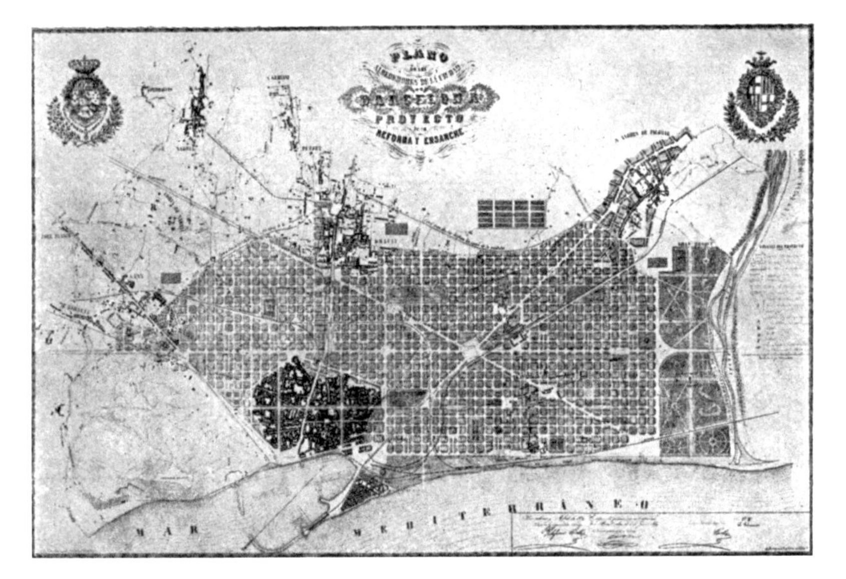

19世紀、王国がいまだ眠れるバルセロナの上に鉄腕を振りかざしていたとき、かの有名な「スペイン風正方形」に基づいた注目すべき計画が作られ、新市街が出現した。この偉大な発想は、当時の思想環境からすれば驚嘆に値する作品である。自動車は存在しなかったし、今日の社会的な関心事もまだ存在しなかった。

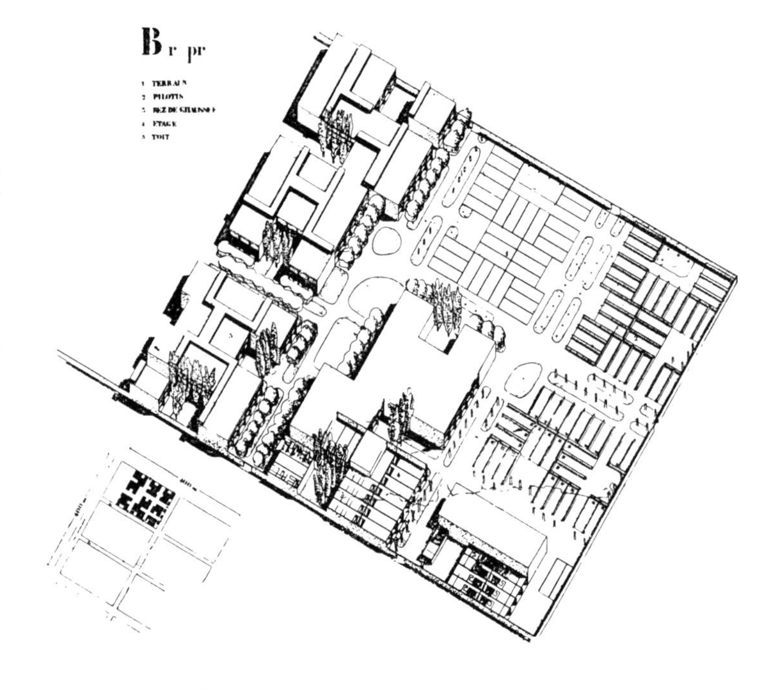

分譲地：「一つの窓、一本の木」。
農村からやってくる補助的な労働者用の暫定的な分譲地。この分譲地は、道路網の400×400mの網の目を考慮に入れている。かさ上げされて二分された地上階を持った建物しか予定していないものの、人口密度は1ヘクタール当たり900人になる。
各住居は地方のものと同様の居住条件を再現している。

PLAN RÉGULATEUR DE BARCELONE. NOTES EXPLICATIVES

バルセロナ整備計画　説明のための注記

バルセロナ、1933 年 2 月 20 日

図版の列挙
整備計画
1. ゾーニング
   商業地区
   公共施設
   現在の住居
   将来の住居
   交易港
   観光港
   自由港（工業）
   工業
2. 土地の細分化。広さの新しい単位（400m の規格）
3. 港
   商業地区
   観光港
   交易港
   自由港（工業）
   手工業地区
   大工場地区
4. 運輸　a）　鉄道
   旅客
   貨物
5. 運輸　b）　高速道路（アウトストラーダ）
   軽量車
   重量車
6. 運輸　c）　航空
   空港
   ターミナル
7. 海水浴地区
   散策地区

---

1. 旧市街（中華街）の整備
   第 1 段階
2. 旧市街（中華街）の整備
   第 2 段階

計画（プロジェクト）の描写
整備計画実施のための政令の計画（プロジェクト）

図版1
第I章
ゾーニング

A） **商業地区**

部分的に港と倉庫に面した奥行400m、幅800mのゾーンが、**商業地区**に割り当てられる。それは二つのオフィス用建物（平均して敷地の5%）に分けられる。高さは150〜200mで、自動車交通の完璧な道路網を備えている（5mかさ上げされた高速道路）。地上はすべて歩行者用となる。

連絡――ラ・ランブラ。ラ・ランブラ・デ・カタルーニャの延長上にある軸になる幹線道路。一つの対角線はパラレロの上、もう一つの対角線はビア・メリディアーナから延びる道筋の上にある。高速道路（5）が設置されて、バダローニャ行きの現在の沿岸鉄道に代わる。反対側では、同じ高速道路が交易港と自由港に通じている。

B） **公共施設**

a）第5区の貧民街と陋屋を取り壊した跡地の区域に、a）現在のシウタデリャの公園に位置する。

連絡――ラ・ランブラ・デ・カタルーニャ、パラレロ、ビア・メリディアーナ。

C） **旧市街**

段階的な刷新：歴史的建造物の保存。これは公共施設（クラブなど）用に役立つ。ホテル、店舗、カフェ、劇場等々。国産手工業の小工場の網。工場は標準的なアトリエの形（都市全体の生き生きとした表現）。

D） **沿岸の113mの「スペイン風正方形」**

これは19世紀に線を引かれた現況を表している。

改築が必要。9個の正方形（各辺3つ）ずつにまとめることで、400×400mという現代の新交通単位が得られる。Dゾーンのすべての新しい建築は、この新規格に準ずる。

E） **自由港の新しい居住地区**

この地区はタラゴーニャ通りとコルテス通りにかかっている。400×400mの規格に従って線を引かれ、将来は住宅から公共建物にすることができる。暫定的には低い家々（地上階、2階）を建て、低所得の移民労働者たちに当てることも可能だろう。区画化は400×400の大通り。200mおきに中規模の中央通り。それと交差する方向に、133mごとに小さな通り。結果として133×200mの6つの区画ができる。

南西に向かって拡大することになるこの地区は限界がない。将来、「スペイン風正方形」の現在の区画に代わるものとして、北に向かって拡大するのが望ましい。

連絡――緑地の分離帯を通じて、交易港と自由港にじかに接する。北東では、コルテス大通りを経て、百人委員会へ。

F） **ベソスの新住宅街**

この地区は、ルシャナ通りを経て海岸と街に接している。他と同様、400mの正方形で線引きされている。この地区は将来的に、公共建物を収容するのに当てられる。しかし上と同様に、おそらく400×400mの正方形の上に引かれた133×200mの6つの区域に分割されることになる。

連絡――コルテス通りと百人委員会に面した緑地の分離帯を経て、サン=アンドリューの工業地帯に直接接する。

G） **サン=アンドリューの工業地帯**

このゾーンは、メリディアーナ通りとコルテス通りを越えて拡大してはならない。

H） **自由港と工業地帯**

コルテス-百人委員会のあいだの緑地の分離帯を経て労働者地区とじかに結ばれる。また、海に面した高速道路によって商業地区とつながる。

K） **交易港**

同様の条件で結ばれる。

L） **観光港**

商業施設を取り払った現在の港の一部からなる。

連絡――ラ・ランブラ、パラレロ、ランブラ・デ・カターニャとメリディアーナによって商業地区に直結し、海岸道によって公共センター、旧市街、居住地区と内陸部と、マドリッドとフランス方面に、結ばれる。さらに、大学都市とは、バダローニャの高速道路によって結ばれる。

M） **クルージング用の港**

現在の港の内部の端に作られる。

連絡――上記と同様。

N） **組合会館**

あらゆる種類の民衆的な大きな催事のためにある。バルセロナのまさに入り口に置かれ、市民生活の力強さの合流点であり、都市の軸の先端にあり海に面している。

O） **大学都市**

郊外地域の最も美しい場所のひとつに置かれる。海の傍であり、海岸の高速道路の前で、公共施設と組合会館にすぐに連携できるようになっている。

ローマ時代の城壁　　ルネサンス時代の城壁

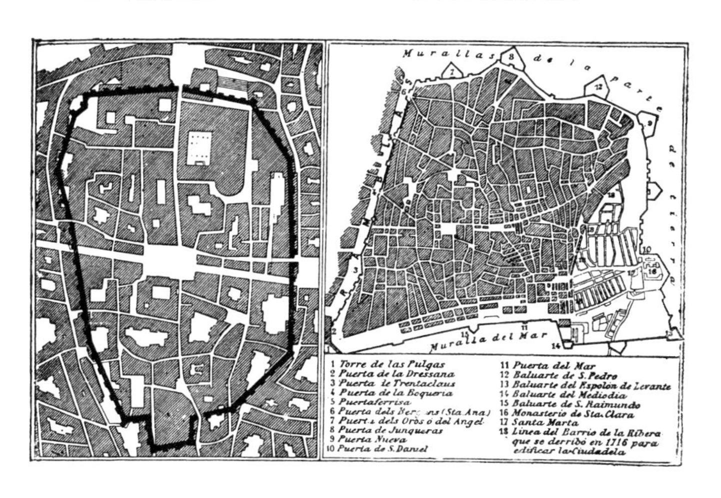

旧市街の整備と芸術的・公共的遺産の活用。

整備についての提案：a）中華街は取り壊し、公共センターのための土地とする。

その他の場所で、特徴的な街路は、自動車の交通を排除した歩行者用の道として、保存される。その他の区画の内部は、陋屋を破壊し、職人的な工場を整備し、公園を配置する。

こうして旧市街の相貌は、興味深い特徴を備えながら保持される。

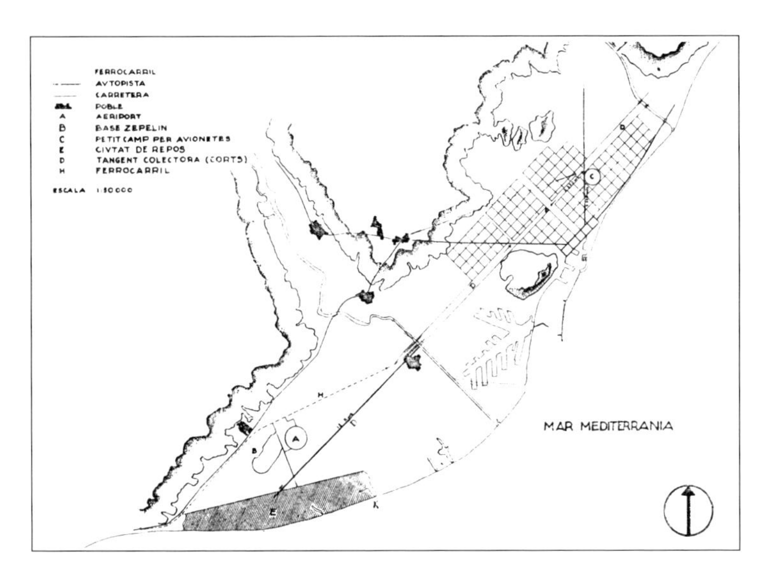

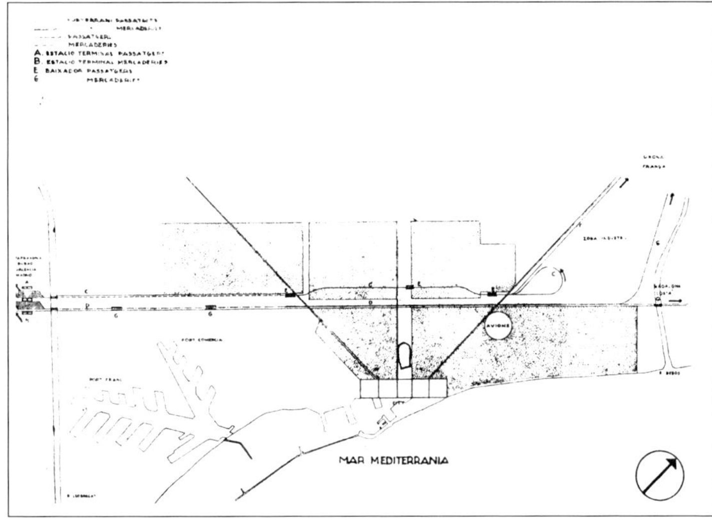

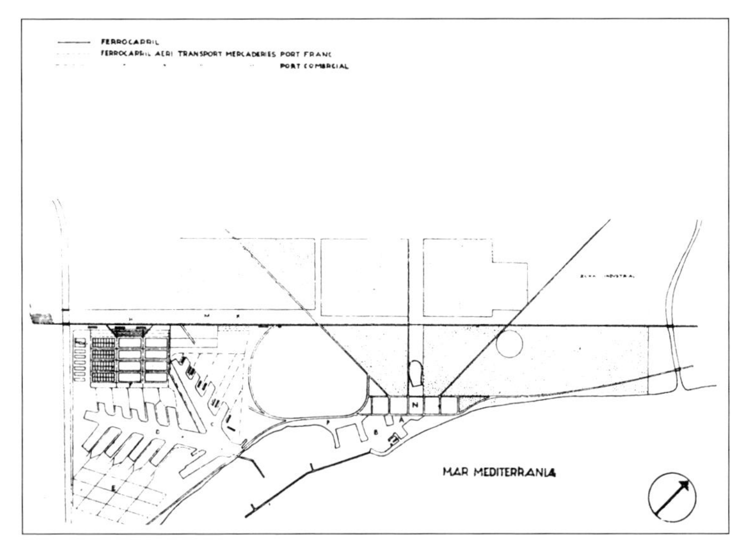

図版2

第II章

区画化:

新しい大きさの単位を設定。400×400mの正方形。

A）**「アシャンプラ」**

「アシャンプラ」は19世紀、自動車の登場より前、113mの正方形上に作られた。馬と歩行者のためならこの大きさは普通だった。だが自動車は、その20倍もの速度を導入した。113mごとに交差点があるのは危険になり、少なくとも交通に絶え間ない障害をもたらすことになる。

その結果、暫定的にはこの道筋を残しつつ400mの正方形によって置き換える必要が生まれた。

以降、このゾーンの新しい区画化は、新しい尺度と新しい理解を考慮に入れることになる。

B）**自由港の住宅街**

自由港の新しい住宅街は、400m四方の正方形を基礎として建設される。この正方形の境界を定める街路は、19世紀の体制を改変するために、段階的にその中に導入される。

C）**ブゾスの住宅街**

自由港の新しい住宅街は、400m四方の正方形を基礎として建設される。この正方形の境界を定める街路は、19世紀の体制を改変するために、段階的にその中に導入される。

D）**商業地区**

同様に400mの規格によって線引きされる。出発点となるのは、自由港とブゾスの二つの新しい住宅街、パセオ・デ・グラシア通りの軸におけるそれらの自然な連結である。

E）**旧市街**

旧市街内部の整備は、区域（AとD）の体制によって整備された400mの新しい尺度に従って実現されることになる。

G）**南北の大きな通行路**

113mの正方形の一辺を削除することで、多くの交通の軸となるゾーンが構成される。

その幅は183mである。113mの正方形の幅に、現在あるコルテス通りの幅（50m）、そして20m（ディプタシオ通りの幅）を加える。エスパーニャ広場とディアゴナル-コルテス-メリディアーナ交差点のあいだに含まれる部分である。

この同じ通行路は、自由港とブゾスの居住地区を工業地区と分けるゾーンでは、より大きな全体の幅をもつ。緑地の分離帯を設けることが必要だからである。全体の幅は316m。

H）**東西の通行路**

ランブラ・デ・カタルーニャとクラリスのあいだ、113mの「正方形」の二つの線を抹消することによって実現される。これはローマ旧市街まで延びる。

図版3

第III章

運輸――港

C）**交易港**

すでに計画済みの自由港の横に交易港をつくることを提案。交易港は現代の開発の諸条件を実現するものとなる。

連絡――貨物について。内陸および外国に向けては鉄道によって。サン=アンドリューの工業地区やその他主要都市に向けては高速道路によって。

連絡――旅客について。海岸に面した高速道路（P）によって、商業地区へと。

D）**自由港**

現在の計画は、用地として変更される。それは、大工場（E）と中小工場（F）との合理的な配置を可能にする。

連絡――商品。（E）において船舶のケーブル輸送によって、（H）においてトラックか鉄道に積み替えられる。

連絡――旅客について。海岸に面した高速道路（P）によって、商業地区へと。

G）リョブレガード平原には、自由港の大工場設置用地を洪水から守るために運河を作る。

B）**観光港**

現在の港の一部分は、この目的のために整備される。

A）**クルージング用の港**

商業地区のすぐ下、もっとも古い停泊区。

1932年、GATEPACのメンバーたちの協力の下、バルセロナでつくられた、全体のスケッチ

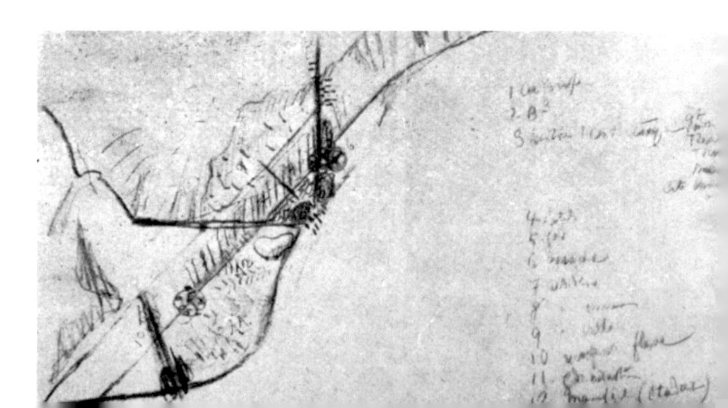

図版4
第Ⅳ章
運輸──鉄道

行き止まりの駅を廃止するという基本的原則を認めなければならない(MSA［マドリッド-サラゴサ・アリカンテ鉄道］と北駅)。自動車交通の一般化は、不可避的に、旅客および貨物用の鉄道路線の多くの廃止をもたらす。結果として、現在の鉄道路線を縮減し、それを明確に階層化することが望ましい。a）主要路線における集中的な旅客の移動(フランス、マドリッド、バレンシア)、b）同様の条件における集中的な貨物の移動。商品は鉄道によってバルセロナを通って、内陸の地方都市(タラゴナ、リェイダ、バレンシア、ビルバオ、など)から港へと運ばれる。あるいは交易港から鉄道に積み替えられて、遠隔の目的地へと運ばれる(サラゴサ、リェイダ、ビルバオ、バレンシア、フランスなど)。c）さまざまな出発地から自由港やサン=アンドリューの工業地区に運ばれる製品が、鉄道で運ばれる場合の目的地も、同じ地域だけである(サラゴサ、リェイダ、ビルバオ、フランスなど)。

C）　**製品**

近隣の目的地に送られるすべての一次産品と手工業品(市内、郊外の大都市と地域は、自動車交通網を利用する)。つまり、バダーロニャの沿岸鉄道路線は廃止されるのが自然である。この橋床は、重量車の走る高速道路に替えられるだろう。ボルデタから内陸へと向かう路線についても同様である。

以降、鉄道網は、一つの旅客用路線(c)に縮減される。リョブレガート川のそばに(A)の操車場があり、市のおもな場所に向かうためだけの3つの駅がある：エスパーニャ広場(E)、パサオ・デ・グラシア(E)、ディアゴナル-コルテス(E)。この路線は一方通行で、(ディアゴナル-コルテスのあとは)戻るために一回りしてマドリッド-バレンシア方面に向かう。それはアラゴ通りと百人委員会を通る。

商品用の路線は、同じようにリョブレガート川の脇、(B)に操車場を持つ。自由港と交易港と直角に、サン・アンドリューの工業地区の中にいくつかの支線がある。

図版5
第Ⅴ章
運輸──自動車

重量車。

郊外と地方に向けた重量車による商品の貨物輸送は、高速交通として独立した高速道路網が担う。

A）交易港と自由港に連絡するために、コルテス通りに沿った道路が、一方の端はタラゴーナ(海岸)とリェイダ(内陸)へ、他方の端はバダローニャを経てフランスへと結ばれる。バダローニャより先は現在は港から出発し、また第Ⅳ章で鉄道の廃止について指摘した海岸鉄道路線の橋床が見られる。

D）主要な幹線A）は、エスパーニャ広場でリェイダ方面に分岐するが、現在のサンスの高速道をなぞっている。

E）ディアゴナル－コルテスで第2の分岐。サン=アンドリューの工業地区とジローナ地方への供給のためである。

G）リェイダ－タラゴナとジローナの高速道とのあいだには、バイパスが設けられる。

H－L－K－M－N－P－R－S

高速自動車。

高速自動車のために、かさ上げされた高速道路が作られる。

R）　**大きな通行路**

市内の循環は、コルテス通り－百人委員会からバレンシア方面への道とフランスへの海岸道の二つの主要な幹線。

L）一つの対角線が商業地区をマドリッド方面に連絡し、エスパーニャ広場の通行路と接続する(現在のサンス道路)。

K）同様の対角線──商業地区──が、リバス道路、ディアゴナル－コルテスの大通行路と接続している。

H）一本の道路──商業地区とコルテス通りを結ぶ。

N）商業地区で一方通行の交通を確保できる道路網。

P）海に面した高速道路、商業地区－交易港－自由港。

M）海岸鉄道のかつての橋床の上には、商業地区－断崖－ジローナ－フランスを結ぶ高速道路。

図版6
第Ⅵ章
交通──航空

A）　**空港**

空港は、近年指定された場所、カタルーニャ広場から15 kmで、大交通路の高速道路に直結する場所にある。空港は、航空交通の中心センターと機体の収容場からなる(駐機と修理)。

B）　**飛行船の空港**

空港の隣。

C）　**ターミナル**

将来は、開発に必要不可欠なターミナルが、街にできることになるだろう。

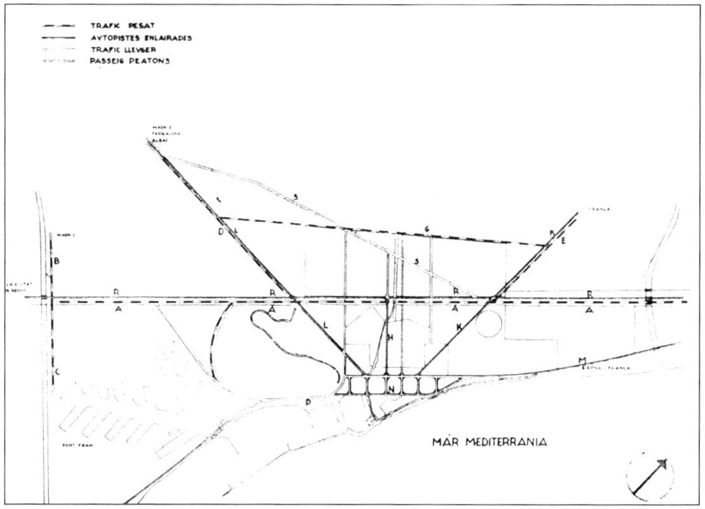

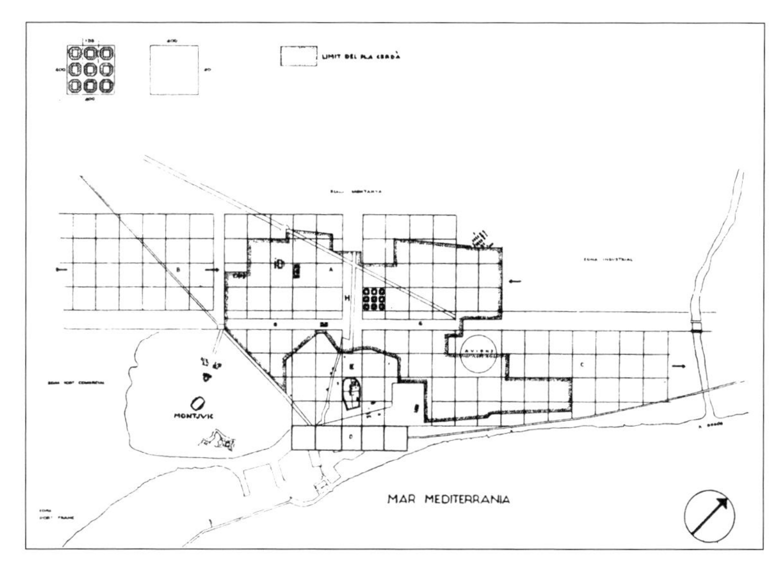

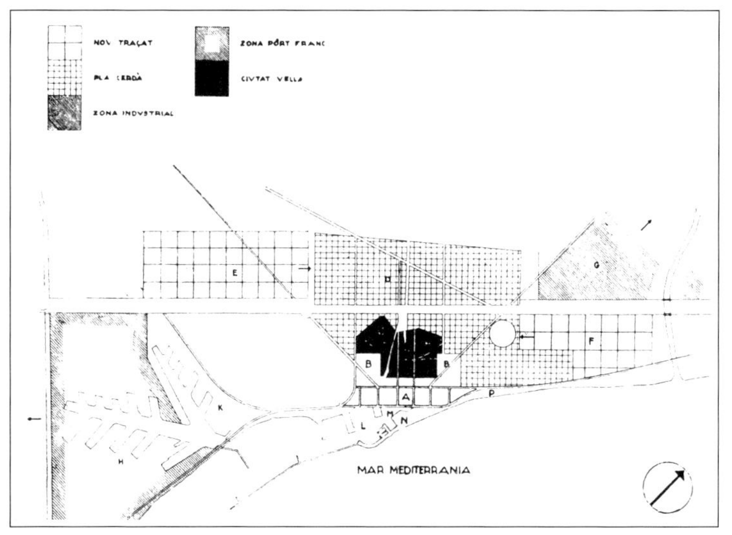

ヌムール、1934年7月。市長ラブラドール氏と2人の補佐官、ピツィーニ、ベッソン両氏。住人3000人の街。岩の多い岬に守られ清潔な街で、1850年ごろ、征服時の軍隊によってきれいに線引きされている（征服時の大部分のアルジェリアの町と同様に。規律と秩序）。

フェズ（モロッコ）の鉄道が国を横切り、ヌムールに到着する。現代的な港（左を参照）が粉砕機とコンクリート車の騒音の中、日夜建設されている。鉱山が後背地に穿たれている。南方領土［フランス領アルジェリア南部の行政区分］は、自然の起伏の結果としてヌムールに至ることになる。ケープタウンを出発する鉄道は、すでに計画上は赤道アフリカを通るように引かれている。これもまた、ヌムールに至ることになるだろう。

この小さな街の3人の市幹部は責務の重大さを理解している。フランスの大都市がその場しのぎの悲惨な結果として身動きが取れなくなっているのに対し、彼らは未来について考え、行動する。

要するに、計画は完成した。計画は受け入れられたのだ。

そして、機械文明の設備の生きた現代的な計画が受け入れられ、当局に承認されたことで、今まさに現代社会の決定的な姿が、判決のように宣告され、現れるのだ……。

「計画」は現代社会に決断を迫ることになる（318ページを参照）。

1934. URBANISATION DE NEMOURS

(AFRIQUE DU NORD)

1934年　ヌムールの都市化　（アフリカ北部）

（アルジェの技術者ブルイヨ氏の協力を得て）

創造的なもの
建設的なもの
人間的なもの
叙情的なもの
を法律の中に！

「生まれたばかりの」建築とは自然の完全体である。それはそれぞれの景観を称揚する。それはわれわれを景観の真髄の中に置く。それは受肉した。それは人間の創造的な力の結実によって、自然そのものである。イル・ド・フランスの農園、ブルターニュの家屋、プロヴァンスの農家、アルジェのカスバ、イスバ［ロシア伝統の木組みの家］、ノルウェーの農民の家、スイスのシャレー。

だが、今日、自然は建築によって荒廃させられている。金銭の法則とその結果。虚栄。もう充分だ。

（1934 年、旅の日記）

URBANISATION DE LA VILLE DE NEMOURS
MÉMOIRE ANNEXE AU PROJET

ヌムール市の都市化プロジェクトに付属する覚書

1934 年 9 月 20 日付のこのプロジェクトは、以下の地図（プラン）と模型を伴う。
目録：

N° 3.270　第 1 段階の地図
N° 3.271　第 2 段階の地図
N° 3.272　第 3 段階の地図
N° 3.273　ゾーニングの地図
N° 3.274　鉄道の修正に関する地図
N° 3.275　一般的な拡張に関する地図
N° 3.277　凡例の地図

最終段階の街の様子を再現した縮尺 5000 分の 1 の模型。
これらの地図はすべて 5000 分の 1 の縮尺。

第 I 章
交通の分類

検討事項
1°　貨物輸送の交通
2°　港の交通
3°　都市の交通

1°　**貨物輸送の交通**――地図 N° 3.275 を参照。第一の道路はオランから来て、ヌムールに供給を果たした後、ウジダ方面とトレムセン方面の道路に合流できるようでなければならない。

オランの道路：この道は東から現在のヌムールの街に進入する。それはウエド川を横断したあと、ウジダ方面の道路と合流するように場所を移される。鉄道局の予測通り、一つの分岐がトレムセン方面に、ウエド川左岸に沿って延びる。

最初の段階、地図 N° 3.270 において、道筋はなお鉄道局の予測のままである。ウジダの道路の道筋は今日のままである。

第 2 段階、地図 N° 3.271 以降は、ウジダへ向かう道の一区間において、カーブを直線に直すことになる。オランから来る道もまた、東のほう、現在のヌムールの街への入り口において、直線に直される。その橋床はまだ地上で支えられたままである。

第 3 段階、地図 N° 3.272 では、オランから来る道は、東の丘陵から下ってくることになり、港の地面の上、高さ 12m のところに建設される。以降、それは港と工業地区の上を通ることになり、この二つの要素のあいだにある地上では交通の障害はなくなる。このように 12m 嵩上げされたこの道路は高速道路の一区間となり、将来できる操車場を見下ろす丘陵に接し、ゆっくりと 25m の高さまで上り、そこで再び地面に接することになる。これはウジダ方面とトレムセン方面との分岐の少し手前である。

この第 3 段階は、工業地区が形成され、港が完全に開発されたときに始められることになる。この 12m の高さの高速道路の下部構造は、東地区の市場（スーク）と西地区の倉庫群を構成することになる。

かくして、貨物輸送の完全に独立した交通網が実現することになる。これは港と工業地区との交通が上に張り出すことを可能にし、都市生活のための交通の完全に外側に位置する。この三つの貨物輸送の交通――オラン、トレムセンとウジダ――は、無制限の速度を許容される。

2°　**港の交通**――港はドックと防波堤、鉄道、ウエド河口に位置する工業地区を含む。したがって、そこには水上交通、鉄道、道路と歩道がある。

a）　**水上交通**――地図は、新しいドックと防波堤の建設についての指示を、純粋な指示として書いている。いくつかの解決法が記されているが、われわれの研究はこの問題について正確な意見を与えるべきではなかった。これは行政の配慮に委ねられているのだ。

ウエド川はここで、まっすぐな水路に変えられることになった。ウエド川の水を河口の出口から、東のトウエンの台地の彼方か、西の灯台の岩の彼方に送るといういくつかの提案が存在する。だが、これに関する不確実さは、現在の都市化計画をいささかも損なうものではない。

b)　**鉄道交通**——行政は、ここで完全な形でわれわれの計画を適用させる案をすでに策定している。ただ一点、地図 Nº 3.274 に記された、些細な細部の変更が必要である（点線の道筋が行政の作ったものである。われわれの提案は実線で記されている）。

行政による策定を出発点として、プロジェクトは工業地区への供給のための斜めに平行する道路網を提案している。斜め平行方向の分割は、工業地区のもっとも低い場所ともっとも高い場所との高低差を考慮に入れなければならない。

c)　**自動車交通**——これは工業地区用の土地を効果的に連結する環状道路に要約される。地図 Nº 3.275 を参照。

同じ地図 Nº 3.275 は、操車場を見下ろす湾曲部に予定されている、高速道路からの分岐を示している。この分岐は小さな丘の斜面を南西に、イワシ加工工場の新用地へと下っている。

d)　**歩行者の交通**——港と工業地区のすべてのゾーンは、あらゆる場所で、歩行者が通行で

飛行機からの眺めのみが、将来の港の正しい姿を教えてくれるを与える。310 ページ。

ゾーニング：これ以降、何が起こってもこの街は大丈夫だ。その健康は保証された。まずは3万8000人の人口、ついでさらに3万8000人、さらに4万人。大きな貨物輸送は、街を混乱させせることはないだろう。
（アルジェリア-モロッコ）。

交通の完全な予測。

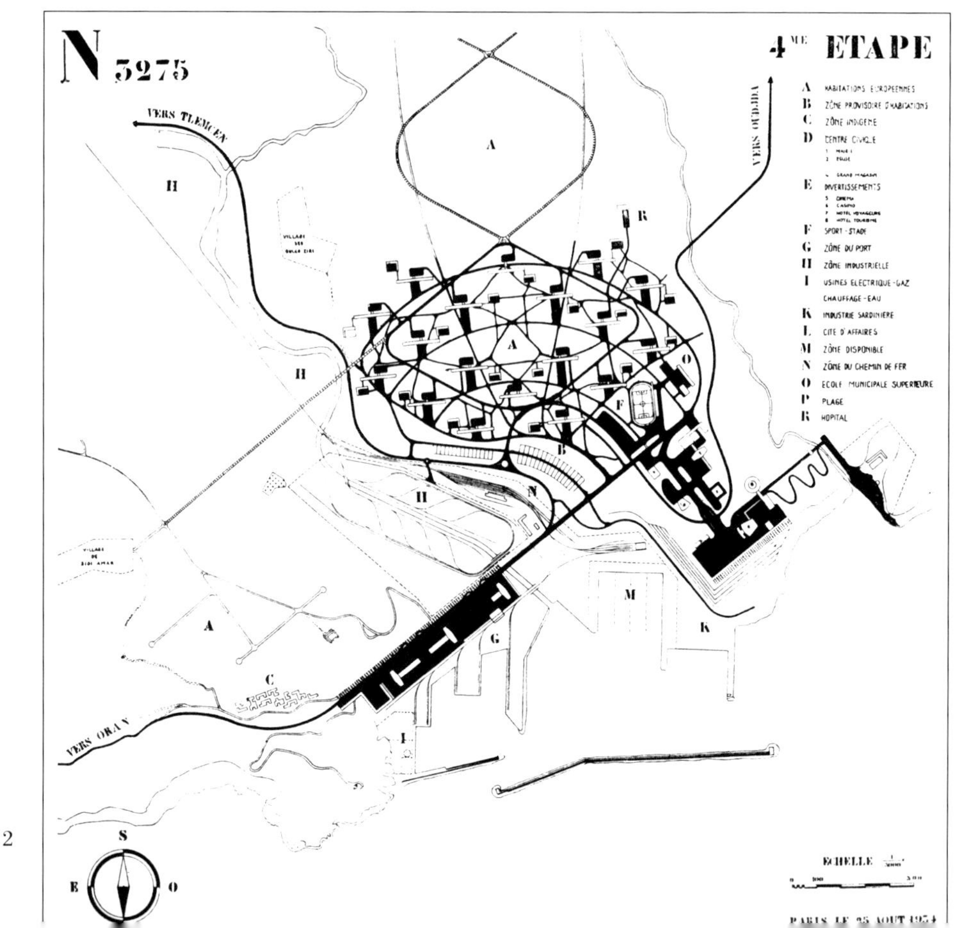

きるようになっている。工業地区と港のあいだは前述のオラン、ウジダ、テルムセンの高架道路によってつながる。

3º　都市交通——住居の建物、公共施設、商業地区、余暇とスポーツも供給される。これは都市に固有の交通網である。すでに述べたとおり、われわれはこれを完全に高速の貨物輸送交通として、オラン、トレムセン、ウジダから離れたところに置いた。

この都市交通は、3つの異なる性質からなる。

a)　歩行者

b)　自動車

c)　混合（自動車と歩行者）

地図 Nº 3.275 は、黄色で歩行者に割り当てられた交通網を示す。自動車に割り当てられた交通網は赤で、徐行する自動車と歩行者との混合した交通は茶色で示す。

a)　**歩道の交通網**——この交通網は住宅街のために特別に配置されたいくつもの枝分かれを持っている。放射状の道、平行する環状道、六角形や菱形の交差地点をもつ対角線の道路。これらの行き着く先は、海岸の大通りに結びついている。この通りは、灯台の丘からウエド・エル・ビールの谷まで、港に沿って延びている。

この大通りは完全に歩行者のためのものとなっており、スポーツ施設と市民のための施設から港のほうに向けて下っている。通りは工業地区と港のあいだ、連結部分において 6m の高さの高架道路の上を通っている。そこから傾斜路によって旧市街の地上に降りていく。そこは将来商業地区となるのに必要な整備をすることになる。この歩行者交通の末端は、東では整備が予定されている旧市街のエル・ビルの谷へと通じている。

注目すべきこととして、この大通りは、ウジダの道路を、その交差する点において、上方から見下ろしている。

b)　**都市の自動車交通**——菱形をした高速道路による道路網が予定されている。これは住宅地区の各建物を連結するためのものである。複数の支線があり、それぞれは各建物の軒先にある車両ポートで終わる。このポートは、駐車のための場所である。

最終的な段階では、この菱形をした自動車のための交通網は地上から 5m、ピロティの上に嵩上げされることになる。歩行者が完全に自由に通行できるようにし、また歩行者が自動車と遭遇しないようにする（Nº 3.275）。しかし第二段階においては（Nº 3.271）、この交通網は、将来の嵩上げされた高速道路の建設を考慮に入れながらも地上にじかに敷設される。

貨物輸送の道路——オラン、テレムセン、ウジダ——との接続において、合理的な接続が確立される。これは、貨物輸送の交通を妨害しないようにするためである。

この自動車専用の交通網の道筋は、歩行者に割り当てられた交通網とは区別されている。これによって、歩道を完全に自動車交通の脅威から切り離すという都市化の最終的な問題に応えることが可能になった。

c)　**歩行者と自動車の混合した交通**——都市の特定の場所では、歩行者と自動車の二つの交通が混ざり合う可能性があるということが予想された。車が何らかの公共の建物にアクセスする場所である。そこでは歩行の速度で徐行し、まとめて駐車ができる。スタジアム、公共施設、市庁舎、クラブ、教会、デパート、劇場、映画館、ホテルやカジノ（旅客用ホテル、大きな観光ホテル）の入り口である。

自動車がこれらの都市の3つの中心へと接続することを可能にするような、特別な措置が採用された。

4º　駅——海の駅、鉄道、船

b)　バスターミナル

c)　空港

a)　行政による策定を尊重して、計画は、鉄道の旅客駅の用地が、一方は港に、他方は商業地区の広場に面して開かれるよう計画されている。

b)　バスターミナル。旅客ターミナルとして高速道路と同じ高さのプラットフォームに建てられる。したがってあらゆる交通の最重要の点に位置する。

c)　空港。ヌムール空港に関する問題はいまだ決着がついていないが、おそらく、飛行機と水上飛行機のためのこの空港は、ヌムールから 12 km 程度の内陸に作られる。

●

第II章
ゾーニング

検討事項
1º 港と工業地区
2º イワシ加工工場
3º 住居地区（ヨーロッパ人と現地人）
4º 商業地区
5º 公共センター
6º 娯楽施設
7º 拡張
ゾーニングは、地図 Nº 3.273 上にある。

1º **港と工業地区**――道路と鉄路によるアクセスが市街の拡張を妨げることなく港が拡張できるように、スケッチされた。つまりこの策定は純粋に指示的なものである（いくつかの解決法）。

港については、現在建設中の交易港の隣に自由港と海軍基地を建造し、イワシ漁港を改修する可能性を認めている。

工業地区は、ウエド川の河口を形成する比較的平坦な土地に、厳密に限定されなければならない。このゾーンは（地図上では灰色で示されている）、いかなる場合にも、新しい居住用の建物を入り込ませてはならない。

港の東端にある用地Iは、電気とガスの工場のためのものである。

イワシ工場は、将来的には灯台の岩の真下に建設できる。港の付属施設が建てられ、岩が削られて港に必要な掘削が行なわれ、イワシ工場に必要な平坦な土地が使えるのが前提だ。

2º **居住地区**――居住地区は、港と現在の演習場の南に面した広大な階段状の土地に予定されている。これは海抜約 25m から 100m である。

この土地は、居住の必要性を満たすよう指示されている。すなわち、適切な方角（北－南）（**われわれはアフリカにいる**）、素晴らしい眺望、将来の都市の重要な要素と接続する交通を容易に確立できること。

居住が予定されている第 1 地区は、110 ヘクタールの面積がある。この地区は主にヨーロッパ人の住居に当てられる。

都市化計画の提案が市の最終的な規定によって法的に確立されるまでは、B（Nº 3.273）に暫定的な居住地区となる、2.7 ヘクタールと 7 ヘクタールの二つの土地の区画が予定されている。この二つの区画は、必要に応じて細分化できるだろうし、小さな建築物なら許容できる。ただし、高さと近隣に関するいくつかの規則に従ってのことであるが。

この暫定的な地区はいわば調整弁のようなものであり、最終的な法律によって計画が固定されるときを待つのみである。

現在のヌムールの街の最東端では、面積 6.6 ヘクタールの完全に旧市民用の街を構成するべき土地が予定されている。

ヨーロッパ人の居住地区あるいは旧市民の居住地区に関しては、ヌムールの街に進歩がもたらすあらゆる利益を保証するような、建築と都市化の最新の成果を示す措置が取られる。

3º **商業地区**――ヌムールの市街が現在占めている上にこれ以上拡張することはできない、ということが認められた。なぜなら、港の建設のために、水平方向のすべての利用可能な土地が必要となるからである。それゆえ、この現在の市街はなお長いあいだ存続することになるが、状況が許すなら、少しずつ、商業地区が置き換わるだろうと予測できる。

この商業地区は、第 2 段階（Nº 3.271）に、必要に応じて階を建て増しできるようなオフィスの建物の形で示されている。この商業地区には、商取引に必要となるあらゆる場所がひとつにまとめられている（事務所、商工会議所、銀行、等々）。この周辺には将来、他の事務所、とりわけ銀行を収容する柱廊に囲まれた大広場が発展可能だ（第 3 段階、Nº 3.272）。

バスターミナルと港湾ターミナル駅は、この商業地区にきわめて近く接続される。

将来そこから公共地区と居住地区を結んで灯台の丘に至ることになる歩行者用の大通りが辿りつくのもまた、この商業地区である。

地図 Nº 3.275 は、商業地区が発展する完全な姿を示している。

4º **公共施設**のための土地は、灯台の丘の上、ウジダの道路の湾曲部の中に予定されている。港、工業地区、居住地区と直結できるようにするためである。ここは市庁舎や公共の諸施設、教会、劇場－映画館－公会堂、そしてデパートのある、軸となる場所である。ここは特別で、公共施設の建物を建てるために非常に良好な場所に位置している。

5º **娯楽**――海に突き出した灯台の丘の最北端に、旅客用ホテルを建てるための場所が予定されている。このホテルはすぐに建設できるし、今すぐにでもオランートレムセンーウジダの道路にじかに接続できるようになっている。将来は巨大な観光ホテルと、最終的にはカジノも建設できる。

スタジアムは住宅街と公共施設のあいだに作られることになる。

灯台の西に位置する小さな谷の中に、ビーチを整備できる措置が取られる。

6º **街の拡大**は住宅街にしか関わらない。通常、第一の住宅街に接続する交通網と同じような交通網が、すでに予定されている住宅街の南方へと伸張できる。

いかなることも偶然の手に委ねないために、東方のシディ・アマルの台地にも拡張できるように予定されている。この東の町は工業地区の上に張り出した高架道路によって住宅街と結びつけられている。この高架道路の建設は現代的手順を踏めば建築物（住居）から経済的な利益を得ることもできるだろう。

7º **公有の保護区域**――上記のゾーニングが厳密な制限の下に承認されれば、現時点から法律によっていかなる建物も建設してはならない区域を設定することが有効となる。嘆かわしい企画によって市の景観が台なしにされるのを避けるためである。地図 Nº 3.273 は CO という文字でこうしたゾーンの存在を示している。これらのゾーンは、「公有のもの」として布告されるだろう。

階段状になった居住地区。各戸は、最良の居住と眺を享受できる。これはアルジェの新しいカスバである。鉄とセメントでできた、近代のカスバ（230ページと233ページを参照）。

現在のヌムール市。安全な場所にある。街は軍によってよく線引きされている（1850）。中央、河口の中、ウエド川の左右に、近代の無秩序がある。誰もが好き勝手に建物を建てているのだ。自由は集団にとっての束縛をもたらし、そこから個人にとっての隷属をもたらす。

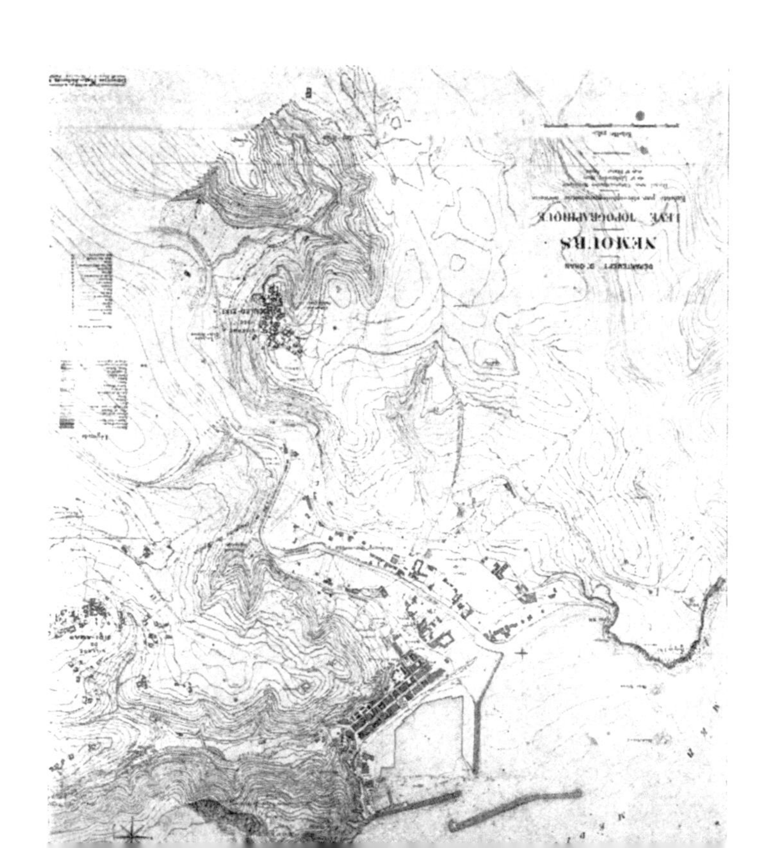

●

第III章
諸段階

これらの計画は、物事や人々をせきたてることなしに、すでに現在ある状況を尊重しながら少しずつ実現の段階に入っていくことができるようなやり方で立てられた。だが、こうして立てられた計画は、ヌムール市が最良の状態で街の未来を保障できるよう、土地の保護と分配に関して必要となる政令を現時点から発令できるようにしている。

新しい都市の土地(円形劇場のような地形は住宅街に、尾根は公共と観光の中心地に)。

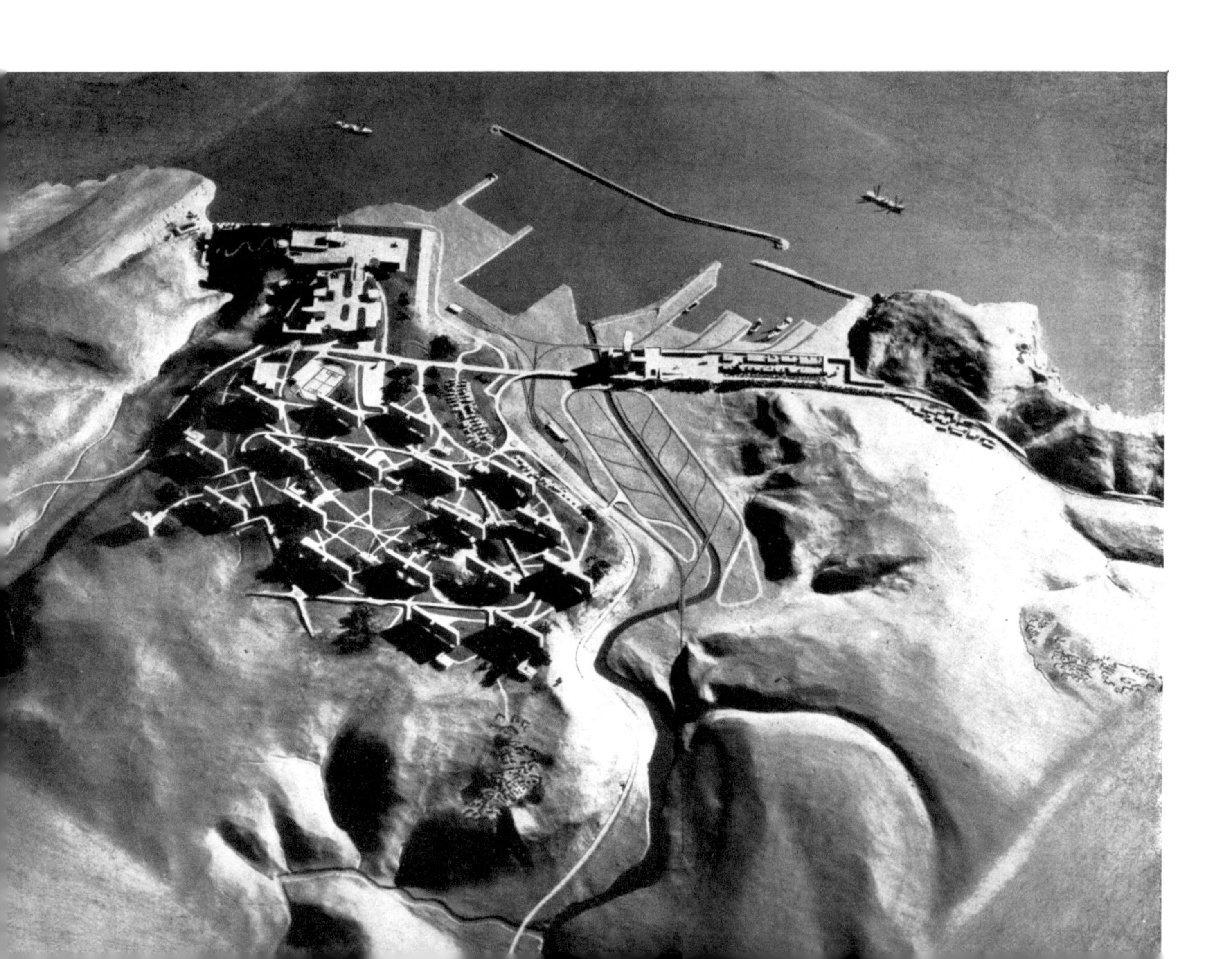

観光施設		ガス、電気	
公共のための施設	オフィス街	現在の都市	旧市街
住宅街	工業都市		

工業都市の予定地
ワジ・エル・ビルの河口。

最後に第4段階は、A1において約3800人のヨーロッパ系住民によって完全に構成され、A2において倍増し、そしてA3においてさらに拡大できる、ひとつの都市を示している。ヌムール市当局は計画の展開に力を得て、今後、自分たちの都市の調和のとれた未来を確かなものとするために、また、概観なく発展する諸都市の大多数を困惑させる重大な誤りを回避するために、必要な措置をとることができる。

以上のようにして、諸計画は作成された。その結果として、「機能都市における都市計画」というテーマにもとづいて、1933年7月にアテネで開催された第4回近代建築国際会議の決議に、あらゆる点で応えている。

●

（後に）陸橋の形をとる、オラン–ワジャ–トレムセン間を結ぶ高速道路。

310ページの港の改修を参照。

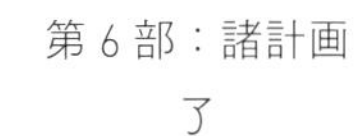

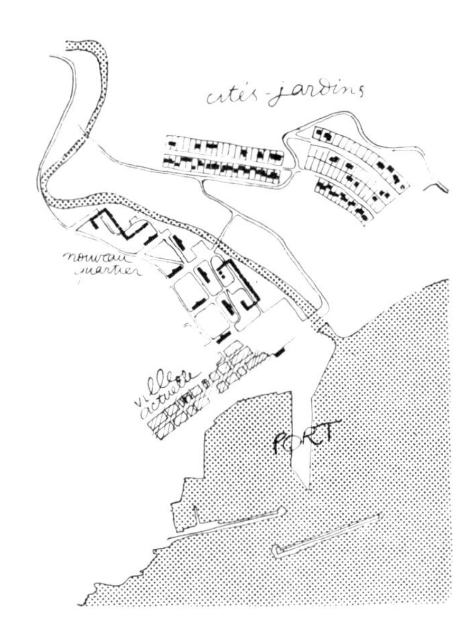

ヌムール。1935 年 2 月の最終案。これこそが、今日の市当局によって**実行**することができるものだ。

読者よ、少し立ち止まってほしい。この小さなスケッチがこの本の重要な点である。市はヌムールに関する基本計画（前ページ）に賛同している。市は熱狂し、切望し、欲しがっている……

市にできることとは？ そう、それは現代社会にできることである。最大限見積もって、この時代遅れの小さな田園都市の区画分譲——それぞれ孤立し、散らばって、アナーキーにさえ見える 100 人の所有者らに対し、800㎡を 100 区画に分ける——を準備することはできる。

ヌムールの市はこの**計画**を実行できない！

なぜなら、現行の社会法規は公益に反するからである。

飛行機によって人間が征服し、次いで所有者によって獲得された土地は、ばらばらの断片に分割される。新しい機械——素晴らしい協働者——は利用できないか、あるいは利用されていない。労働は人の腕には重いままである。一方で機械革命が成し遂げられ、もう一方ではこの革命の果実を消費することができないでいるのだ。

しかし、そうこうするうちに、新たな構造が打ち立てられた。製品と機械は統一性の中で発展する。人間は外見上、押しつぶされ、飢えに苦しめられ、絶望したままである。

新しい現象は何ひとつとして、**人間の上に**は認められなかったのだ。

アルジェ。ミティージャ平原の中、アトラス山脈のふもと、植民地の道程は最初からこうだった。というのも、自由な空間がいたるところにあり、それぞれが新しい道筋となったからである。

第7部　農村部の再編成

1. わが村
2.「輝ける農場」
3. 農民たちへの回答

1. MON VILLAGE
わが村

「売られる村」
言うことはない……

幹線道路上に位置する私の村をご存じですか？　それは二つの耕作された台地のあいだ、くぼ地の奥にあり、サルテ川を含む三つの河川に潤され、古びたふうを好む人々にとっては魅力的なところです。古い教会に、古い家々。家？　いいや、それはル・マン方言で言うところの「スー（soue）」です。「スー」とは、豚小屋のことです。ひとつ例外があるとすれば、いやそれも怪しいのですが、それは学校群でしょう。

昨冬は洪水で危うく大惨事になるところでした。村落は水浸しになり、村の中心部の半分が、冬のあいだ水に浸かっていました。村を再建しなければなりません。

でもどうやって？　カーンからボルドーへの幹線道路を移設すべきですか？　早急に解決策が必要です。家々は朽ちていますし、道路は人々にとって危険なのです。村落を移動させ、水から引き上げましょう。それから、アスファルトで舗装された高架道路をつくり、くぼ地をなくしましょう。もし市長にこう言えば、彼は気違い沙汰だと私を止めさせるでしょう。しかしながら、今こそ絶好の潮時なのです。先日、ここから数kmのところにある農場で、夕食中、虫に喰われていた梁が折れました。結果、三人の死者と一人の重傷者が出たのです。古いスタイルで再建させておいていいのでしょうか？「スー」をつくり直すだけでいいのでしょうか？　そんなことはありません。

われわれには、新しい村落が必要です。「安手の」ボール紙でできた箱の山は必要ありません。では、われわれの村落を建設してくださる建築家はいったい誰なのでしょう。創建者が求められているのです。

以下が私の構想です。

まず、公共建築物です。教会は今あるところに残しましょう。その1000年を経た古い鐘楼は、あまりにも昔から正午の鐘を鳴らしているので、それを失くすことはできないのです。大十字路に集うのは、**学校**、公民館、**協同組合店舗**、そして整備工、車大工、蹄鉄工。酒場は失くすべきでしょうか？　いいえ、今のままワインを販売させましょう。ワインは決して誰にも害を与えません。しかし蒸留酒は完全に禁止すべきです。繰り返します。完全に、です。

個人の家屋とは何なのでしょう？　それらは家族のもの、ないし、二、三世帯のものでしかありえません。だからこそ、便利で心地よいのです。澄んだ水に、大きな庭。電気はすでに通っています。お願いですから、ル・マンの周辺でつくられているような醜悪な小屋をつくらないでください。

公共建築物に話を戻します。それは、議会場、郵便局、電信局、集会所、映画館、図書館を含むでしょう。

難しいことではありません。ただ、必要不可欠なことです。村道の縁の農場を再生しなければなりません。そうです、正しい**農場**です。では、誰がわれわれのために**農場**を作ってくれるでしょう？　それこそが、田舎住まいの労働者たちのための建造物なのです。私は最初の現代的農場がつくられるのを見たいのです。

今後、われわれには計画（プラン）と見積もりと概要説明が必要です。われわれはそれらを待ち望んでいます。われわれのために未来の暮らしのモデルを作ってください。あなたは「輝ける都市」を建設されました。今度は村落を、農場を計画してください。

ノルベール・ベザール
農業労働者

●

2. LA FERME RADIEUSE LE VILLAGE RADIEUX 1933-1934

輝ける農場、輝ける村落 1933-1934

サルテの農業労働者、ノルベール・ベザールは、いらいらして足を踏み鳴らし、私に何度も以下のような手紙を書いてよこした。「ル・コルビュジエよ、都市にだけとどまっていてはいけない！ あなたの「輝ける都市」に関する記述を、われわれが無関心な目で読んでいるとでも、あなたは思っているのですか？ 少しはわれわれのことにも関心を持ってください。われわれの農村を、農場を、農地を、村落を見ていただきたいのです……私の村では、ある晩の夕食時に、ある家の屋根組の大梁が折れ、その家族が圧死しました。脅威は各家屋の上に忍びよっています。結核はわれわれのいる農村部で蔓延しています。われわれの心は意気消沈し、農村は停滞しています。フランスの農村は衰え、息絶えるばかりです。コルビュジエよ、われわれに「輝ける農場」を、「輝ける村落」を与えるべきです」

ここ数年にわたる研究のあいだ、私は思っていた。都市は廃物と人々の群れ——その場所に自分の運試しにやってきたはいいが、幸運を見いだせずに終わり、積み重なった市周辺に埋もれて腐っている人々——で膨れ上がっている、と。そして、いつかそうした人々にこんなふうに言わねばならないとも考えていた。すなわち、あなた方に都市ですべきことはもはや何もなく、あなた方が都市でいるべき場所はもうないのだから、もといた場所に、田舎に戻りたまえ、と。こうして都市は掃き清められるだろう、と私は思ったのである。

さらには、こんなことも考えていた。道路文明（自動車、トラック）は新世紀を開く。都市と農村は鉄道によって分断され、鉄道によってかつての調和のとれた関係が打ち砕かれているが、道路によって新しく正常な結びつきを再び見いだすことだろう。地方の土地は再び利用され、そして丹念に有効に開発されるだろう。自動車は、鉄道が孤立させてしまったものに活気を取り戻させるだろう。柔軟で生き生きとした新たな関係が、都市と農村のあいだに、都会で生きる人間と田舎に生きる人間のあいだに生じるだろう。すなわちそれが精神の統一なのである、と。

ノルベール・ベザールは手紙でいつも私にこんなふうに言ってくる。「われわれは都市に住む人々の自由を持ちたいのです。われわれの今までの状態——火であぶられた顔、住居の湿気で凍りついた背中の農場の煤で汚れた暖炉——から、われわれを引き離してください。われわれはラジエーターが欲しいのです。そしてわれわれは、田園風景愛好家を追い払うでしょう。彼らときたら、無自覚にやかましく騒ぎ立て、われわれの「美しき暖炉と、その前で過ごす麗しき夕べの団欒」を美化するのです！ われわれは「ピロティ上の」住居を望んでいます。そうなのです！ というのも、われわれは堆肥の中や泥の中に立っているのも、われわれをリウマチで苦しめる、踏み固められた土地の湿気にも、うんざりしているのです。窓を、大きな窓、農場の中に陽光をもたらす窓を、われわれのために開けてください。われわれの食卓の前から汚らしいものを取り除いてください。われわれに、都会の人々のような清潔で健康的でいられるための方法を与えてください。われわれは自らを洗い清めたいのです！」など。

地方を横断する小旅行のあいだ、私は絶えず冷静に観察していた。農場と村落は、老い朽ちてぼろ

鉱山の労働や農場の労働……
欠陥だらけの住居、自然の深遠な掟に反する生活……

ぼろとなっている。それらは崩壊している。死にかけている。農民は自分の農場で不満足な生活をしている。農民は都市の住人と比べて恵まれていない。以上のようなことを私は見て取っていた。農場と村落は、2世紀前に、あるいはもっとずっと前につくられた。それらは崩壊しているのだ。

飛行機から、私は、無限に細分化され雑然としている土地を見た。現代的設備が発展すればするほど、土地はよりいっそう細かく再分割され、機械のもたらす奇跡のような恩恵から遠ざかる。それは浪費であり、徐々に軽減されるべき労力である。

土地は空っぽとなり、農村は失われる。

そこにあるのは、急を要する課題である。すなわち、農民のことを考え、そして、理をもってその援助をし、愛をもってその兄弟——敵や疎まれる存在などではなく——となること。

トゥールーズ地方の農場は、地域環境に即して集められた典型的要素によってつくられている。それは厳密な道具である。そこでは一切が厳格で純粋である。それは**実際の**事実である。並外れた建築はそこから解放されるのだ。

農村の再編成！

土地の分配を再編すること。

農民の世帯の社会的地位を定めること。

農場、すなわち、仕事のための道具であり、また、清潔で健康的で規律正しい生活のための家庭をつくり上げること。他方、村落を、農場の必需品を供給する役割、また、農場の生産物を配分する役割において、組織すること。この起伏の多いフランスの大地の上に、複雑な下層土に、非常に多彩な水の環況に、変化に富む地形によって多様化する日照条件に、地域ごとに吹く特色ある風の条件に、以下のことを知ること。すなわち、土地の手入れというのは、多岐にわたり、さまざまで、風土に合い、工夫に富んだものであるということを、また、それにはつねに主体的な、想像力や注意力や知恵が必要だということ。そして、農村部のこうした事例において、いくつかの例外を別とすれば、あらゆる種類のこれほど多様かつ特異な状況において、ありとあらゆる種類の産物を、そのまま理論的公式にしたがって販売することや工業化するのではなく、むしろそうした産物をこんなにも多様で豊かなこの地から、つくり出すようにせねばならないことを知ること。それから、個人の主体性は成功の鍵であるということに、また、ステップないしパンパないしブレッド［北アフリカの奥地］が大規模な単作経営に適しているとするなら、フランスの農村はむしろ「園芸」向きであることに気がつかなくてはならない。

問題を検討した結果、非常に特徴的な二つの言葉から成る現代の等式が現れる。ひとつが、均整のとれた分譲地の１区画の中で家族単位で経営する農場、もうひとつが、農民共同体の真髄たる協同組合村落である。

ただし、この件に関しては、私以外の人々によって議論されるべきである。

私は、家族経営農場の計画（プラン）と、協同組合村落の計画（プラン）を作成した。農村共同体、それは農地編成の鍵となる基本単位である。

農場は建築上の幻想ではない。それは、**自然**現象にも似た何か、土地の人格化された顔のような何か、すなわち、木や丘と同じくらい風景に結びつき、家具や機械と同じくらい人間存在の表われとなる、一種の幾何学的植物なのである。

農場であるということ自体が非常に深くその大地と関連しており、それだけで風景を表現し、それを形容してしまう。
それゆえ、それがノルマンディー地方であろうと、トゥールーズ地方であろうと、ジュラ山脈であろうと、イル・ド・フランスであろうと、農場はまるで自然の存在のようなのだ。われわれの感性はそこに執着するのである。
どんな不思議な道を通ってくると、われわれの感情は揺り動かされるのだろうか？　真実の道を通ってだ。何ひとつとして作為的ではない。というのも、すべてが一連の事実の必然的な結果なのだ。つまり、自然と人間である。
そして、そのことが非常に純粋であるため、過去の事実のあらゆる模倣は、まるで汚い嘘のように歪むのだ。たとえ、**今日失われたかつての**事物の形ばかりか機能さえ模倣するだけで、謙虚なつもりであったとしても。偽装、渋面、茶番などは、農村の空の下で、農村の現在の実情によって、また、**今日**という時間の審判によって告発される。
新たな真実は、現代の技術的かつ精神的構造からしか生じないはずである。
技術的とは、農家と農作業の現代的用具とが協力し、農業生産の問題を解決するという意味である。それこそは、建物と骨組と空間と経済の進歩と、適切な規模の決定と、合理的で有効な関係性の、親密なる交響楽だ。農民の行動——農業作業と安定した生活——を支えるのは、大空に飛び出してゆくパイロットを取り巻く飛行機の揚力と推力を確保するすべての方法と同じくらい、非の打ちどころのない、機械化された建築的な設備なのである。
一方、精神的とは、農作業に課せられた目的によるものである。農作業とは、育成し、最善を尽くし、達成し、発芽と実りの奇跡を助け、成果を誇り、農家に現代社会の中で思考する存在となるようにするものだ。そして、農民が思考するとき、それは、人間としての特別でかけがえのない素質でもってそうするのであり、また、自然と——すなわち、その要素、つまり太陽、空、季節と、また、その植物相(フロラ)や動物相(ファウヌス)と、さらには、その摂理と——絶えず触れ合う中でそうするのである。

技術的かつ精神的な組み合わせは、家族という社会的位置づけから、集団という社会的位置づけに、また、田園の中の農場から、道路、鉄道、あるいは運河に面した村落に及ぶ。
これが現代の新たな構造である。
農民はもはや自らの農地において孤独に打ち沈む「百姓」ではない。彼は新聞を読み、ラジオで情報を集め、(程度の差こそあれ) 教養を身につけている。路線バス、列車、本によって、彼は都市と世界とに密に触れ合うこととなる。農民は堂々たる参政権をもつ。地方、祖国、世界という概念は、彼にとって明確なものである。彼は世界の生に参加しているのだ。
農民は農作業で、他者との協力を必要とする。というのも、機能的だが手の届かない価格の機械が、彼の生活をより楽なものとするのである。こうした機械は、公共団体が所有することになり、必要なとき農場に持ち込まれ、必要な働きをしてくれるだろう。村落に備えておかれ、皆の所有物として全員の自由に使うことができる機械もある。こうして、農民の利益を保護し、その労働の産物を合理的に利用するのに必要不可欠なしくみがつくられるべきなのだ。そのしくみは、農民の労働の産物を現実の不協和音から守り、収穫物の保管の、また流通の安全な手段としての、投機や高利貸しや悪どい取り引きとは無縁の、安定したやり方としての、協同組合工場、協同組合店舗 (現在の定期市の現在形)、協同組合サイロというかたちで現れる。
精神的なものとしての、農場と協同組合村落の組み合わせは、農民の思考を共同体の思考へと向かわせる。彼は集団、共同体、地方、国家、世界という現象に参加することになるだろう。という

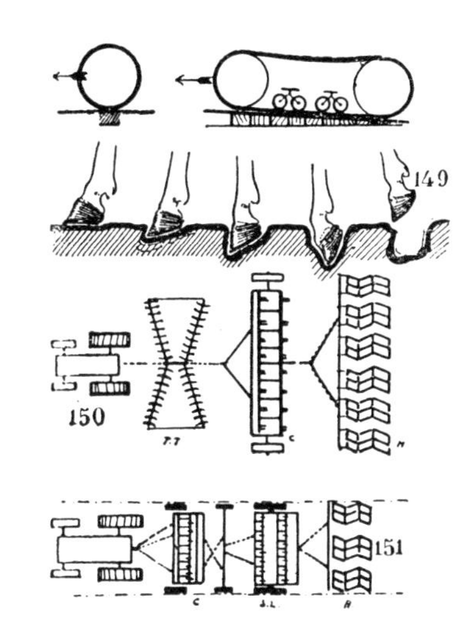

機械仕掛けのキャタピラは戦場から小麦畑に移った。

のも、村落には「**クラブ**」が建てられるのだ。それは、友好的な集いのために、討論のために、闘争のために、整備された場であり、また、専門化され一般化された情報を得るために整備された場——講演、上映、映画、図書館などに供される場——である。またそれは、同じ村を生まれ故郷にもつ同じ郷土愛に突き動かされた人々同士が互いに出会うための場でもある。鐘楼はクラブの上に据えられるだろう。村は生き生きとした二つの中心を持つのだ。腹と頭、すなわち、サイロとクラブである。

＊　＊　＊

ベザールの変わらぬ協力を得て、6か月のあいだ、私は少しずつ、農村生活の内奥に、すなわち、農場と、協同組合村落からなる行政単位としての村というものの中に、入り込んでいった。それは、時間をかけた、辛抱強い、丹念な融合であった。

人は（われわれもまさしく！）一年を通じた農作業の複雑な経過よりも、都市の産業の問題をより容易に取り上げるものだ。しかしながら、慎み深さと粘り強さをもって、必要な務めが秩序立ち、鮮明な形を取って、少しずつ製図板の上に整列していった。

すべてが分類され、凝縮され、整理され、寸法を定められ、まとめ上げられた。さまざまな平面図（プラン）や、さまざまな断面図が描かれた。もちろん「ファサード」はない！　ある日、この非常に整然とした解剖学的構造に基づいて、われわれはレリーフ状の立体模型をつくり上げた。

さあ、そこには農場が誕生していた。現代の農場。今日の農場の典型。ひとつの生物学、ひとつの有機体、ひとつの存在。

建物のまわり、われわれの思い描く自由な田園の中に、農村——果樹園、野原、小道、道路——は広がっている。あるところでは農場は谷の中にあり、またあるところでは農場は丘の上にある。

農場は、大地を、地域を、自然を、人間の労働を統合する。それは生気に溢れている！

協同組合村落は、いくつもの道と接することで均衡と有用性と存在意義と、節度と調和の恩恵を得て、広がっている。

＊　＊　＊

こうして、農業労働者ノルベール・ベザールよ、あなたのおかげで**モデル**の創造という、研究の第一段階が終了した。それは重大な一段階である。そこには間違いがあるかもしれないが、それは正されるだろう。現代の生がそこに現れた。

農民は「輝ける都市」を訪れる住人の、血のつながったいとこになるのだ。「輝ける農場」？　きっとそうだ！

以下に述べるのが「輝ける農場」と「輝ける村落」に関する、いくつかの詳細である。

1°「**輝ける農場**」——農地再編において、農場は出発点、すなわち家族の入れ物となる。フラン

農村における生活
VIE A LA CAMPAGNE

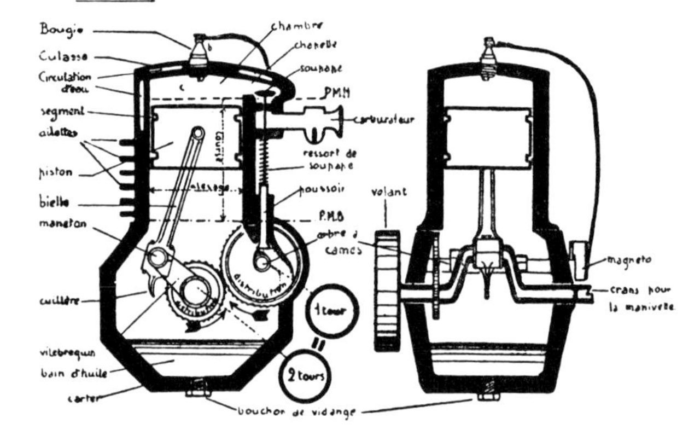

農民よ、機械整備工になりたまえ!
新しいことを知らねばならぬ。

スの大地は、家族という集団の熱心な活動によってしか育たない。この集団は、特定の土地に定着し、また、その見方は非常に多様化した、そして、地形と方角ととても複雑な風の状況によって引き起こされた、あらゆるケースに応用されるのである。

家族と言えば、住居が付き物である。したがって、問題なのは住居である。それもありふれたものなどではなく、家族の喜びや主体性や希望を守ることのできるすべて、ひと言でいうなら、1日中1時間ごとに、その家族にとっての充分なくつろぎを与えることのできる「最大限」の住居が問題なのである。

住居を伴う現行の農場はそれらに適しておらず、現代的な生活とのいかなる接触をも欠いており、刺激的で新しいものから完全に切り離されている。それは、過ぎ去った数世紀の残滓なのだ。

したがって、輝ける農場の住居は衛生的なものになるだろう。それは、明るく、光に満ちあふれ、現代人が車やトラクターを手入れしたがるように、人が手入れしたがる道具となろう。

サルテの農民たちが第一条件として提示したのは、**住居はピロティの上にあること**だった。というのは、現在の住居の主屋にまとわりつき、それを浸食する湿気を、彼らはもはや望んでいないからである。

住居は、農場の片隅に設置されたあばら屋ではなくなるだろう。住居は農場の外にあり、それは独立した、ただし、道路の起点となるように、また、農場を俯瞰できるように位置を決められた、住宅としての家屋なのである。その住居は、交通のきわめて大事な要所にある。それは開発の軸を定め、地区の中心となる。住居からは、そのピロティの高いところに行けば、一方には農場の中庭が、もう一方には果樹園が、また別の方には花咲く庭と菜園と家畜小屋が、さらに別の方には、村落に至る道路が見下ろせる。

ピロティの下では、気候の良い時期、春と夏と秋のあいだ、家庭生活の一部が外に広がるだろう。すなわち、人々は、ピロティの下で食事をし、ピロティの下で一杯やり、また、ピロティの下で休み、新聞を読み、夜がとっぷりと暮れるのを待つだろう。日中は、女性たちがそこで洗濯をするだろう。

それは活動の場、生気にあふれ、外界と接触する場なのだ。

冬には、屋内の部屋、居間が農場の活気ある中心となる。この部屋は、伝統的なものである（台所と居間を兼ね備えている）。母親たちや娘たちは、日中は台所にいたり居間にいたりする。男たちがそこにいるのは休憩時間のときである。住居は危険な暖炉によってではなく、現代的なやり方で暖められる。それは、集まった家族全員を入れてしまう唯一の容器なのだ。光は、大きなガラス張りの開口部を通して、また、夜になれば電気照明によって、そこに満ちあふれる。

ラジオ、蓄音機、新聞、雑誌、絵入り雑誌、図書館など。大地の人［＝農民］は現代世界の声を聞く。居間から、東西南北の全方位を見渡すことができる船長のようなものだ。このことは、心理的に重要なことである。

寝室からは居間に直接通じるドアがある。ひとつは父と母の寝室へ、ひとつは女の子たちの寝室へ、そしてもうひとつは男の子たちの寝室へ。

二つの洗面所は、女性用にひとつ、男性用にひとつで、それぞれがシャワー室付き。「身体を洗う」ことが当然の習慣に、それどころか喜びになることがどうしても必要だ。それは苦役ではなく、日々の充足なのだ。年老いた農民たちはほほ笑み、首を横に振って、肩をすくめるだろう。新しい世代はそのことを充分に考慮するだろう。

この農家の全体構想は、審美的、倫理的要因によって決まる。——明るさ、清潔さ、至れり尽くせりの家事設備——現代的で清潔な道具をよく携える農民は、それを好むようになり、彼がその豚

獣医いらずの脚のない馬。

や馬の世話をするのと同じくらいよく、その道具を手入れするようになるだろう。その住居を維持管理することによって、彼は自分自身を維持管理するだろう。そして、そこに生活の本質的な喜びが始まるのである。

要旨：現在の農場の住居は、もっとも小さな喜びでさえ引き起こすには不向きな、朽ちた古道具であるということを理解しなければならない。人は、単に生活を維持するという状態から、活動的な存在になりたいと願う状態へと移るだろう。住居とは、このようなものなのだ。

＊　＊　＊

以下に述べるのは、農場それ自体についてである。

［ピロティ上の］住居から降りると、農場の中庭のドア口に出る。中庭に入ると、その地面はコンクリート打ちで、よく排水されており、湿気と澱んだ汚水から完璧に守られている。ここには決して汚物も汚水も堆肥もない。中庭の左側面には、用具置き場があり、軽トラクター、車輪犂、除草具、施肥機、播種機、転(ころ)、草刈機、コンバイン、テッダー式レーキ、アンデス式レーキ、塊茎苗差し、掘取機などが保管されている。その向こうには、ダンプトラック、荷車、秣運搬車などの農地で用いる車両が置かれ、またその向こうには、自動車や軽トラックなどの一般道路で用いる車両が置かれる。その先の中庭の外れには、これらの機械装置をメンテナンスするための作業場がある。

用具置き場の向こう正面、中庭のもう一方の端には、いくつかの家畜小屋がある。それらには、それぞれ中庭に入るための独立したドアがあり、人間は使えるが家畜は使えない。家畜はその反対側のドアで、それぞれの種に合わせて整備された囲いに出るだろう。馬だけは、農場の中庭に入れる。

馬小屋の隣に羊小屋があり、その向こうに豚――「高貴な者たち」(!)――のための水場付きの小屋がある。馬小屋の手前には、雌牛・子牛・雄牛の小屋があり、そうした牛小屋の隣には、ウシ科動物の小屋がある。

家畜小屋の外れ、納屋の方に飼料加工部屋がある。この作業は、一定の環境で丁寧に行なわれるべきである。そこでは、家畜が病気になったとき寝ずの番ができるよう、一隅をしつらえている。

ここから、われわれは管理、すなわち商品の定期的な運搬の問題を解決しなければならない。手動のみでは不充分だ。機械仕掛けの合理的な管理システムが必要とされるものをつくる。それはすなわち、天井に取り付けられたレールとローラー上を回るいくつもの鉤(フック)なのだ。ミニチュアの鉄道模型の線路網に似たような構造である。そのシステムは正確なカーブと交差を伴う精密なものだ。運搬されてきた商品はつり下げられ、地面に邪魔なものはなくなり、空いたままになる。身体的な労働はゼロにまで減少することになる。

都市において、ひとつの農場を運営することで生じる膨大な仕事について、人々はほとんど考えもしていない。この仕事は規則正しく、24時間ごと、太陽が昇る1日1日、毎日繰り返されるものである。加えて、例えば収穫時など、ある季節特有の大仕事というのが生じる。そこで、合理的な管理、つまり、運搬と保管とが、かつてないほど問題となるのだ。

家畜小屋はすべて、規格どおりの骨組部分に基づいて考案されたということを明らかにしておこう。各小屋は、カーブした屋根をもち、中庭の壁に垂直に作り付けられている。この屋根の長さは、そこに収容すべき家畜の数に応じて決まる。道具置き場もまた、同じ骨組からなるさらにもうひとつの小屋である。4つの隣接するカーブした屋根からできている納屋は、同じ骨組でできているが、幾本ものとても高い柱に支えられている。一切は、工場における量産の実施、それに続く現場での組立てを念頭に考案される。

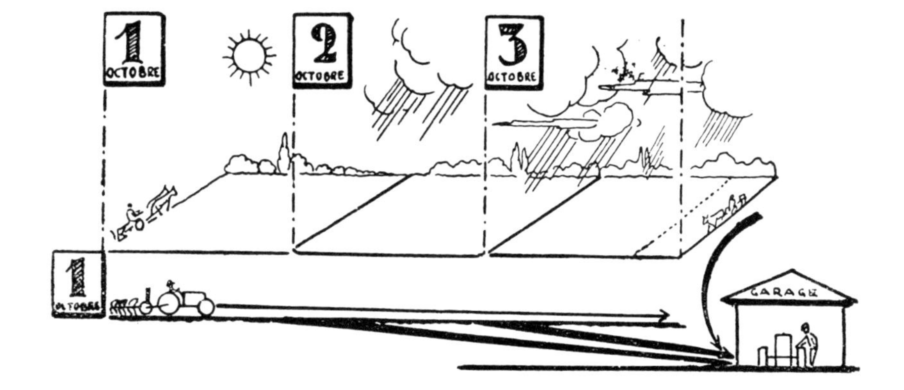

納屋は農場のモニュメントである。その寸法は、交互にやってくる穏やかな空模様の時、あるいは嵐の時、そこに貯蔵しなければならない収穫物の容積に見合った規模となる。収穫物は安全な場所におかれ、農民は一息つくのである。

少し経つと——正確に何日かは知らないが——、「**機械**」が協同組合村落からやってきて、脱穀をしたり、袋詰めをしたり、藁を束ねたりするだろう。納屋は、小麦わら 115 トン、大麦わら 100 トンを収蔵できるよう計算されている。秣は特別なサイロに貯蔵され、そこで、理想的な浸漬の作用を受ける（80 トン）。秣用サイロの隣には、サトウダイコン用サイロと根菜用サイロがある。生産物の一部は農場にとどめられ、そこで消費され、余剰分は明くる日、村落の協同組合がもつ巨大サイロに移され、そこで有効に売却されるのを待つだろう。以上の手短な説明は、農村の開発が**交通**や**保管**や**管理**の問題とは別物ではないということを示している。労力はそこで最小限に行なわれるべきなのだ。

したがって、誰かが望むように農場のモデルとなる計画（プラン）を作ることは、都市住居の計画（プラン）を作ることと同じくらい困難なことである。とはいえ、都市の住居の計画（プラン）は、農場のモデル計画（プラン）よりも、はるかにより恣意的だ。その点、農場は絶対的に精密な道具なのである。

機械は農村経済に支え——と同様に混乱——をもたらすことになった。現代の農場の設立は、現前するすべての要素がそこで相互の関係において分類される、そんな合理的な出来事であるべきだ。農場は、集団で所有する機械を通して、また、生産物の保管を通して、協同組合村落と定期的に連絡を取っている。

＊　＊　＊

農場という複合施設において、その方位は重要な役割を果たす。家畜のためにも、人間のためにも、太陽は必須である。太陽が家畜小屋の中に、住居に、たっぷりと差し込むように！　ゆえに、農場の軸は北－南に方向付けられるだろう。というのも、そうすれば、昇る日も沈む日も同様に、家畜小屋と住居とに入り込むのだから。

＊　＊　＊

2°**「輝ける村落」あるいは協同組合村落**——協同組合村落とは、夜明けから太陽に照らし出される丘の中腹に、そこからの眺めが国中に及ぶような果樹園の真ん中に、果たして位置すべきだろうか？　いやはや！　そんなことは我が友ノルベール・ベザールの詩的な願望だ。

そうではない。協同組合村落もまた、基本的に、そして必然的に流通と管理と保管の機能をもっているのである。

大型車両による流通システムを丘の中腹につくり出す必要は、たった一瞬でも認められない。また、水平でないような地面で重い荷を積載したトラックを操縦するなど一分も考えられない。良い運搬の基本条件は平坦な土地なのだ。それゆえ、協同組合村落を設立するために、ピアセに水平な場所を探した。そのような場所は、川沿いに、丘の踏み面に所在している。村落の第一の建造物である**共用サイロ**に直接達する枝道は、国道に繋げられた。このサイロは、トラックから荷を降ろし、またそれに荷を積むために考案された、貯蔵と流通のための機械装置なのである。

村落には、流通の新たな要素が付け加わる。すなわち、**蹄鉄場、駐車場、修理工場、共有機械の**

馬の終焉！　それは今後、ツルボランの野の中、
オルフェウスとエウリュディケの影とともに、草を食むだろう。

新時代

保管庫であり、さらには**ガソリンの配給所**である。

（ガソリンの配給所に関する、刺激的な所見は以下のとおり。最初の動きは、国道から遠い村落の中ではなく、むしろ国道や協同組合村落の枝道の分岐点にガソリンスタンドを設置するというものであろう。利潤が経済を左右するというという現状のもと、ガソリン配給の卸業者はこのように言うだろう。「私は国道上に店を構えています。村落の顧客と、通り抜ける通行車が顧客となるでしょう」と。結果として起こるのは、国道の渋滞、家族［一世帯］を村落の不完全な生産性の低い場所で仕事に就かせなければならないという義務、すなわち、村落という集団的現象の衰微である。ガソリンの配給という任を負わされた人間は、別の役目も負うことになる。その場所で、彼は蹄鉄工、あるいは、修理工場の機械工でなくてはならないのだ。したがってその任務とは、国道上を通る人々を待って時間を無駄にすることではなく、村落の人々を、ひいては村落のまわりに集められた 50 戸の農場の機械を世話することでもあるのだ。国道上に設置されると、ガソリンの配給所は寄生的な働きをすることになるが、村落の中に移されれば、それは正当な役目を果たす。これこそ、その他多くの機会のあいだにあって、過去の経済ないし未来の経済のどちらかを選び取らねばならない、まさしくその瞬間なのである）

したがって、ガソリンスタンドは**村落の中**ということになるだろう。

その先、右手には、購買協同組合の建物が続く。その建物は、魚屋、肉屋、冷凍室、乳製品屋、パン屋、食料品屋、金物屋、小間物屋、靴屋、等々を含む。ここでは、公共団体としての村落によって買い付けられ、陳列台に隣接した倉庫の中に貯蔵された商品が、小売りされている。建物の裏は軽トラックの高さで、荷物の積み降ろし用プラットフォームに面している。購買協同組合の店舗が、日々の売り上げ高において、週に 1 回ないし 2 週間に 1 回催される、時代遅れで品数も少ない、村の定期市に取って代わる。

より離れたところには、**郵便局**の小さな建物がある。

その向こうには、**学校**がある。

その先、右手に大きな建物がそびえ立っているが、これは**公共サービス用ビル**に集められた 40 戸の住居である。このビルは、新しい村落の住人に、現代の技術のあらゆる進歩がもたらす恩恵を与え、その結果、家庭経済は刷新され、再び活気を取り戻すのだ。

なぜ、これまで古い村落において 40 軒の家屋として散らばっていた 40 世帯を、たった 1 棟の建物に集めるのか？　われわれにそう問うたのは農民たちである。非常に居心地が悪く、何の進歩も享受できないような小さな家屋は、彼らのうちの半数にしか好まれていない。彼らは、組織化されることでより居心地の良いものが得られたという話を聞いたのだ。また彼らは、都市では、人々がより居心地の良いものを得ているということを知っているのだ。われわれ自身、都市の人間であるわけだが、そのわれわれこそが、村落の小さな家屋の幸福というのを信じることに固執しているのである。それは、1 年 365 日を、そして、一生の長い年月を通じて、霧散してしまう幻想だ。

結局のところ、新たな形式のもと、村落の住宅サービス部門は、たったひとつの建造物の中に設置されることになる。

奥の方、大幹線道路沿いには村長の邸宅があり、またその共益委員の本拠地でもある、村役場が存在している。それは、村落共同社会の現実の一目瞭然たる象徴である。

最後、左手に、新しい施設が見える。それが**クラブ**――図書館、講演会場、劇場、演説会場等を含む建物である。劇場では、農民たち自らが演じることもおおいにありえよう――コメディー・フランセーズからの派遣団員ではなく！　**クラブ**は運動場にも通じている。そこは村落を誇る場であり、市民活動の本拠地である。もし定期市の商取引が協同組合により吸収されるなら、伝統的な定期市における長談義は**クラブ**によって活気を取り戻すであろう。新しい取引を、より良い取引に！ 村落は密になり、活動的になる。共同体はまさに覚醒しようとしている。農村の人間は再び、国の活動的な力のひとつとなった。その意識の関わりは、国の全体的な覚醒に欠かせない。クラブは、新たな共同体の市民意識の場なのである。

　こうして、あくまでも合理的な形態のもと、明らかな叙情性まで伴って、新しい協同組合村落が出現する。建築上の佇まいは、以前よりもなんと堂々たるものか！　その構成要素は、野原や、木々に囲まれた小道で、また、川のほとりで、協同組合村落が、すぐ隣の老朽化してぼろぼろになった村落に、誇らしげに取って代わるはずのものである。

　建造物は的確であり、機能もまた的確である。それらの建造物は、必要かつ充分、すなわち、それ以上つくることは無用で、それよりつくらないことは危険であるというものだ。それらは多彩で、個性に富んでいる。これが現代なのである！

　ここで、協同組合村落と、現代の村落について、農村共同体の新エネルギーの再構築について話すことによって、ここ数年、ローマから遠くないマレ・ポンタンにおいて得られた、非常に価値ある経験の重要性を認めるのは興味深いことである。そこでは、マラリアが猛威を振るった死の土地が、素晴らしく豊かな土地に変えられたのだ。排水工事と交通手段、そして地区を埋めたいくつもの農場とは別に、これまでに二つの新しい村落が建設された。この経験は、人が何かしたがっているということを示しているのであって、人が何かをできなかったことを示しているのではない。

　ひとつ目の村落はリットリアといい、混乱や無秩序、深遠な任務を前にした専門家らの無能、そして現代建築の荒廃を、もっともよく示す証拠である。リットリアは、あらゆるスタイルの田園都市を模した、さながら建築学校から出たゴミのような、貧しく小さな街でしかない。

　ふたつ目の村落はサボティアといって、他とはまるで違った。ここでは、まず景観の選択に気が遣われた。村落を受け入れる価値のある場所が示されたのだ。つまり、そこからの眺めがつねに快適で素晴らしいと思われる場所である。その点については、非常に良いスタートだった。次いで、さまざまなことをごちゃまぜに急いでやったり、矛盾したものをそのまま進めたりするのではなく、若き建築家らのグループが村落丸ごとをつくることを請け負った。こうして、一篇の甘美な詩、いささかロマンチックで、非常に趣味の良い、愛に満ちた明白な証拠が完成した。それはリットリアに比べてなんと違った雰囲気だろう！

　ところが、こんなにもたくさんの申し分のない労力にもかかわらず、現代の村落はつくられなかった。というのも、ひとつの夢が、マリー・アントワネットがプチ・トリアノンの羊小屋を夢想したような、そんな羊小屋の夢ができあがったからだ。

　しかしマレ・ポンタンの話はまだ終わっていない。三つ目の村落、正真正銘現代の表現となる村落も建設する道が残されている。それはポンティニアという。

　この村落がどのようなものかを説明するために、先ごろ発表した私のプロジェクトの基本的な建築要素について強調しなければならない。すなわちそれは、輝ける農場と輝ける村落において、計画された建築物におけるすべての建築的要素は、工業化のために準備された規格に従っているので、「輝ける農場」と「輝ける村落」は、地方の労働力の脆弱さや不安定性では無理だということである。私たちはパリのようなチームワークを好むのであって、村落ののんびりした安楽を故意に放棄

新技術。農民よ、君にとってもまた、
馬の「歩み」が時間と空間の尺度であることをやめた。

した。「輝ける農場」と「輝ける村落」は、国家的産業が専念するべきもっとも現実的な創造物のひとつを表している。すべてが農村部において再建されるべきなのだ！　ゆえに、それは巨大産業計画（プログラム）なのである。それを実現するためには工業化しなければならない。工業化するためには規格化しなければならない。そして、うまく規格化するためには、建築上の強い意味を、均衡への強い愛を、物質への強い敬意を、人間の尺度に関する強い感覚をもって、行なわなければならないのだ。その強さゆえに、工場で製造された製品であっても、ある景観の中で組立てられるうち、まったくもって人間味を帯びた顔つきを獲得できるのである。すなわち、美しさと有効性はひとつのものしかつくり出さないのである。「輝ける農場」と「輝ける村落」の研究は、工業化を大々的に提案するために企画されている。工業地帯の工場で製造された農場と村落は、切り離されたばらばらの部品ごとに農地へと発送され、組立て工によって、農民らが意のままに使えるよう組立てられる。農地と重工業とが協調するのだ。

　今や、このような農場を建設しなければならない。それが田園の中で、明け方に、正午に、黄昏に、春夏秋冬、佇むのを見なければならない。

　同様に、ノルベール・ベザールよ、農村生活の清潔で喜ばしい中心「**協同組合村落**」を建設しなければならないのだ。

　農村は目覚めるだろう。

　われわれ都市計画家は、都市の中でよどんで腐っているたくさんの人々を田園に帰すよう、当局に要求することができるだろう。

　彼らが向かう先は死ではない。生きる喜びにこそ向かうだろう。

喜びが戻ってくるだろう。

3. RÉPONSE AUX PAYSANS

農民たちへの回答

友よ、

都市だけが都市計画家をとらえていられるわけではない。農村も彼を呼ぶ。

農村は、明日のもうひとつの都市なのである。

われわれの都市はそこに寄生する人々でふさがれている。われわれの都市は浄化されるだろう。

われわれは、農村が整備されない限り、これら落ちぶれた人々を野を田園に送り出すことはできないだろう。

道路はわれわれの救済の手段である。道路によって、土地が、すべての土地が征服される。また、道路によって、土地は互いに結び合わされる。

フランスの農村の生活は無気力に押しつぶされている。その生活には、都市の魅力をつくり出した社会性という要因を与える必要がある。農村は、都市と同等に喜ばしいものとして「つくられ」るべきである。

時代精神は国中を支配するだろう。怠惰から、あるいは、不注意から、なぜ農民の社会的地位の格下げが続くのか？　農村の人間と工場の人間は、財産でも、心でも、天空と精神の同じ太陽をいただくだろう。

●

黄昏

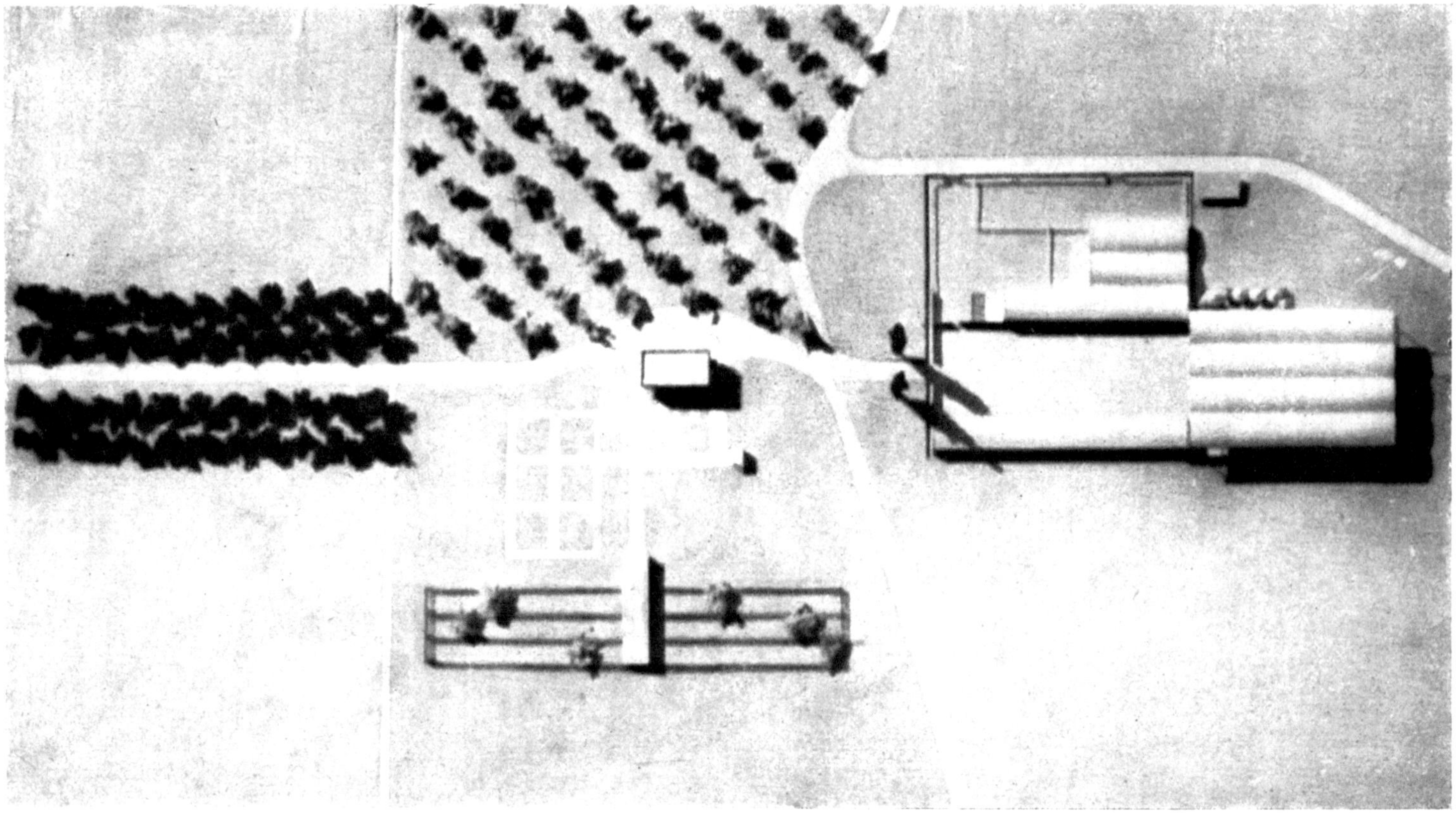

果樹園

家畜の牧養場

家畜小屋

サイロ・堆肥置場

進入路

農場のコンクリート打ちの
中庭に面した納屋

野菜畑

鶏小屋

花咲く庭のある住居

道具置場

「**輝ける農場**」(計画の全容)

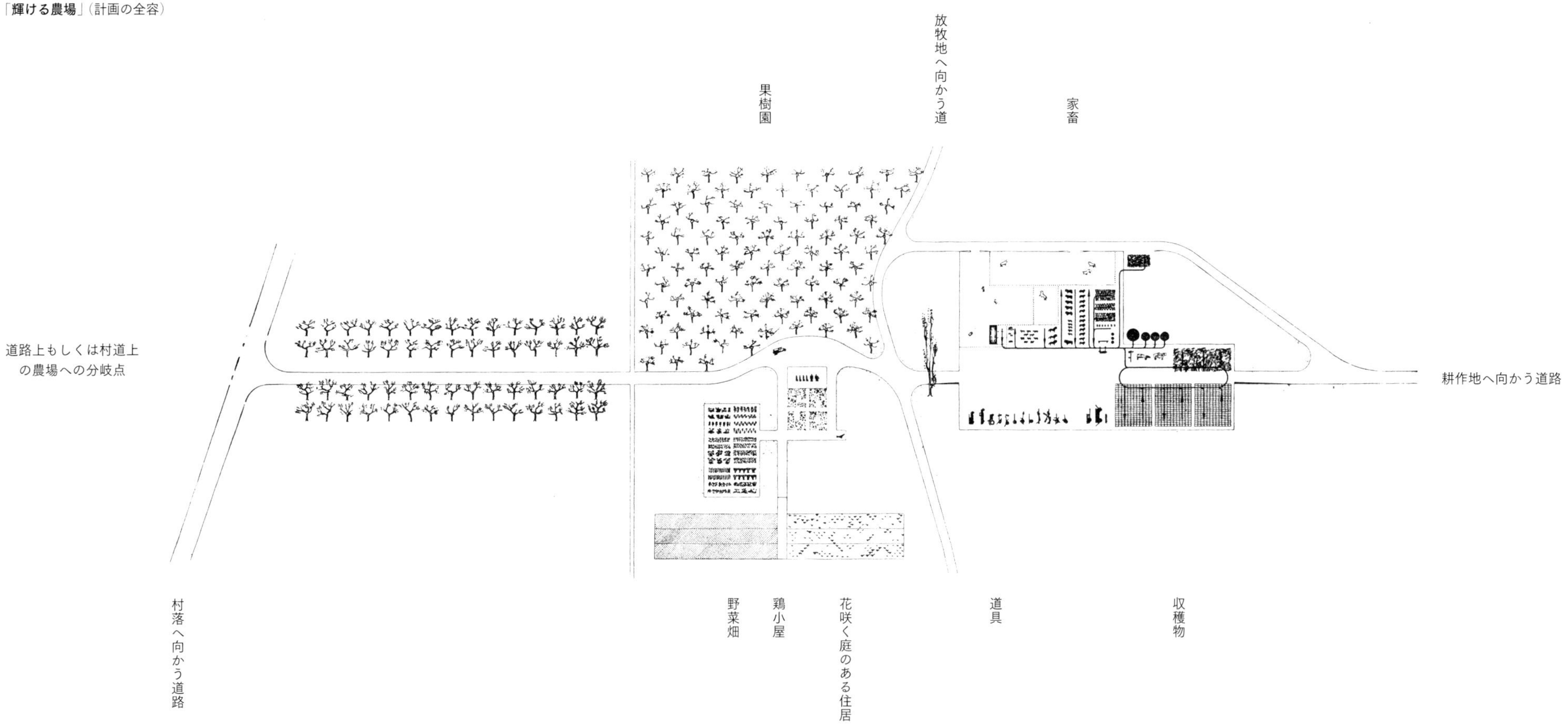

果樹園
放牧地へ向かう道
家畜
道路上もしくは村道上
の農場への分岐点
耕作地へ向かう道路
村落へ向かう道路
野菜畑
鶏小屋
花咲く庭のある住居
道具
収穫物
独立した、明るく、 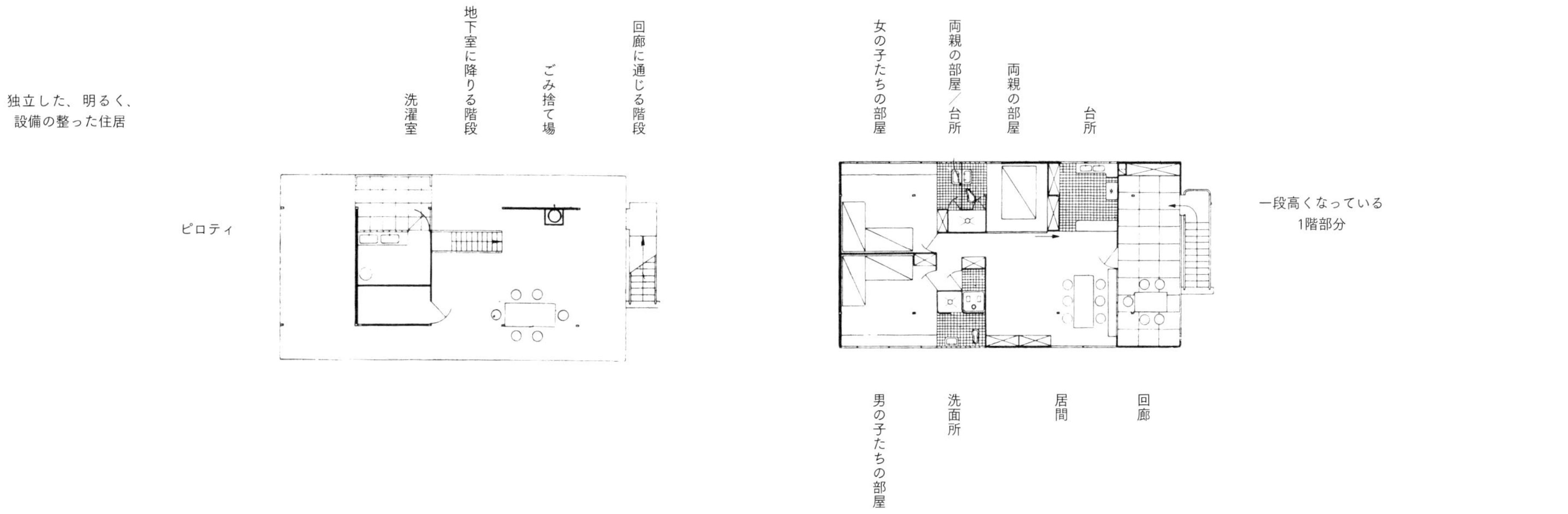
設備の整った住居
洗濯室
地下室に降りる階段
ごみ捨て場
回廊に通じる階段
ピロティ
女の子たちの部屋
両親の部屋/台所
両親の部屋
台所
一段高くなっている
1階部分
男の子たちの部屋
洗面所
居間
回廊

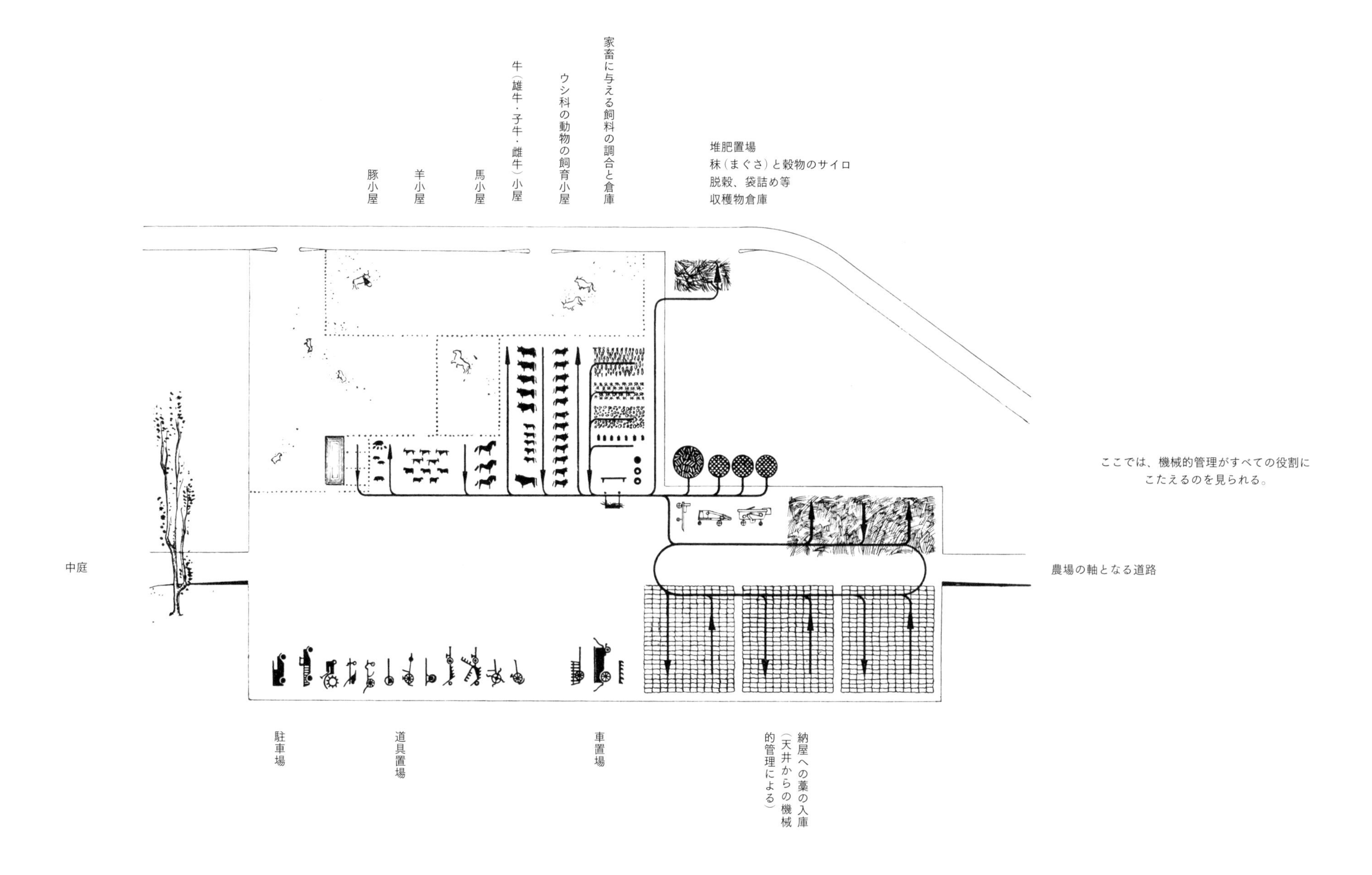
家畜に与える飼料の調合と倉庫
ウシ科の動物の飼育小屋
牛（雄牛・子牛・雌牛）小屋
馬小屋
羊小屋
豚小屋
堆肥置場
秣（まぐさ）と穀物のサイロ
脱穀、袋詰め等
収穫物倉庫
ここでは、機械的管理がすべての役割に
こたえるのを見られる。
中庭
農場の軸となる道路
駐車場
道具置場
車置場
納屋への藁の入庫（天井からの機械的管理による）

農場の中庭——標準的な金属製の骨格。左手に家畜小屋。右手に物置。奥に納屋とサイロ。中庭の地面はコンクリート打ちで、水を素早く排水する機能を備えている。家畜小屋は拡張性があり、ひとつひとつが独立した部屋になっている。

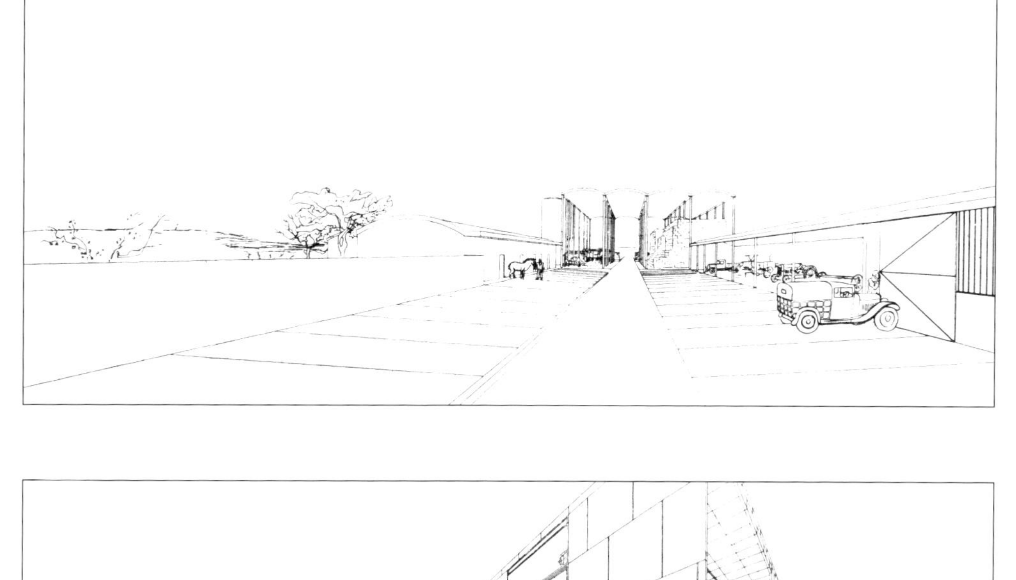

住居の佇まいは現代人に相応しいものである。心の中に思い描いてみたまえ。このようにして、農民一家の生活に建築がもたらす深遠なる変革を。

農場の住居——さまざまな組み合わせに適している、工場生産され標準化された構造［プレファブ構造］。ピロティの下には、地下室への下り勾配、洗濯室、台所のダストシュートがある。回廊は農場の中庭の延長線上に位置する。その前には花の咲く庭があり、そこは野菜畑と鶏小屋への道の途中である。

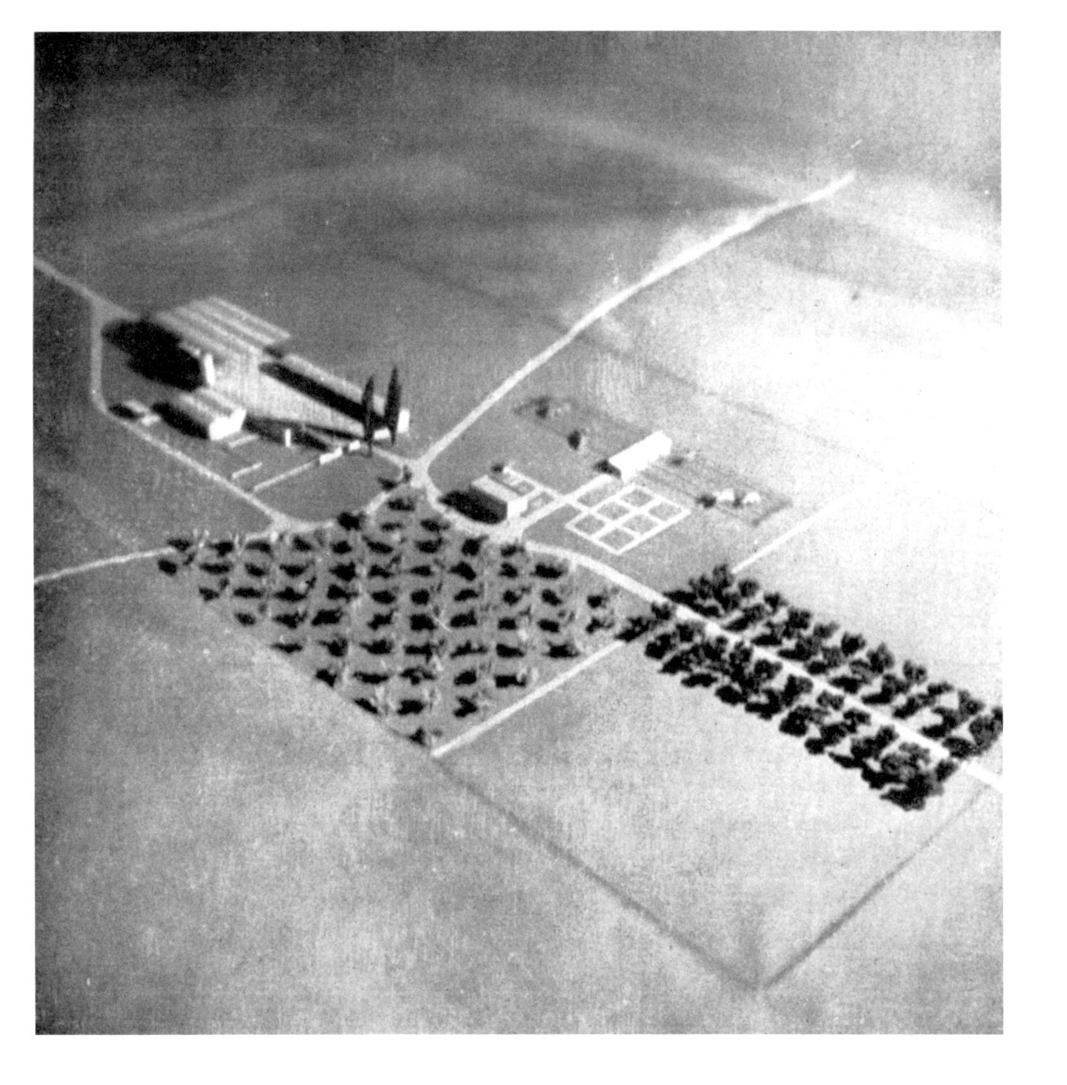

これは、**自然の**出来事に似た何か、土地の人格化された顔のような何かである。幾何学的な植物などが、樹木や丘と同じように景観に結びつけられ、また、家具とも機械とも同じくらい雄弁に人間の存在を示す……。

この地図は、新しいサボディア村のものである。この村は、ローマ近郊のマレ・ポンタン（アグロ・ポンティーノ）の「改良」の中心として建設される。この村の図面は高精度で、気の利いた心配りに満ちている。しかし、ピアセにサボディア（反対側ページ）を対比させて私がここで証明したいこと、それは、サボディアはどこにでもある「美しい村」の芸術的な模倣であり、対するピアセは方法であり、厳密で、純粋で、有効で、必要で、満足のゆく創造、すなわち、厳密で役に立つ機能であるということだ。現代こそが、そうした設備を受け入れるのである。

「輝ける村落」は、ゆとりある交通網を整備し、これほど多様で、こんなにも特徴的なシルエットを持った、風通しの良い建物をもって田園地方に建設され、活発な農民のグループが大勢いる。この村は、感動的な佇まいをその場所に与えられる、建築上の大事件なのである。

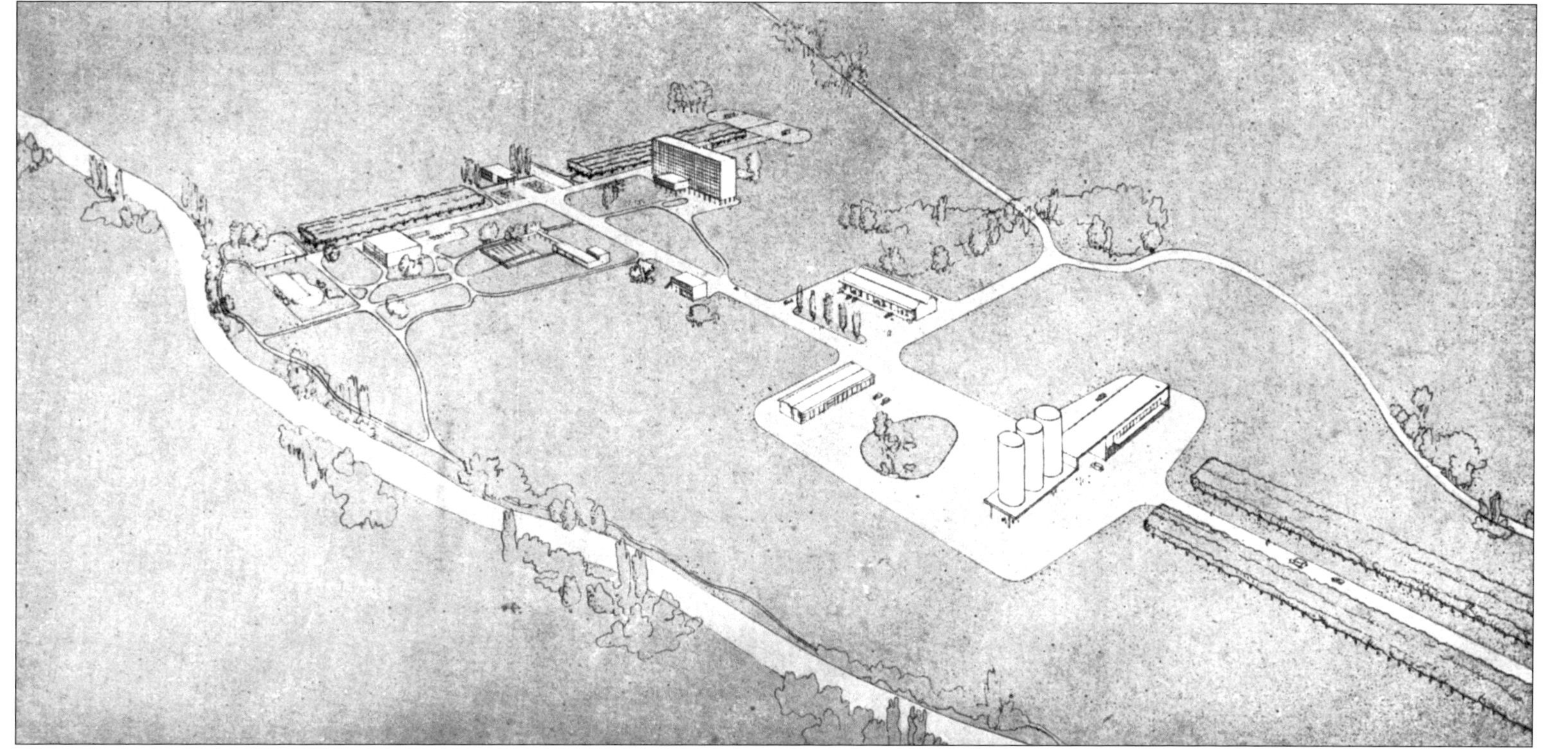

廃れた村に取って代わることになる新しい村

ピアセ村（サルト県）への適用例

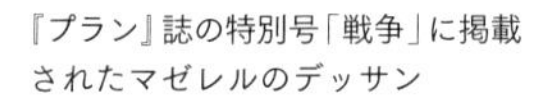
『プラン』誌の特別号「戦争」に掲載
されたマゼレルのデッサン

選択

雄弁

大大大大仕事……

季節の果物

第8部　完全なる都市計画

1. URBANISME TOTAL

完全なる都市計画

世界は少しずつその運命に向かって進んでいる。モスクワで、ローマで、ベルリンで、アメリカ合衆国で、大群衆がこの力強い計画案のまわりに集う

——「現代社会は家(メゾン)を、公園を、道路を必要としている」

——言い直させてほしい。こんなふうに。「現代社会は住居を、公園を、道路を必要としている」

私は数年前からフレシネに会っていなかった。そのあいだに彼が完全に閉じこもりながらつくった限定的で精緻な研究の手順について、私に説明した。それは、セメントや現在の鋼鉄の5、6倍の強度を持ち、現存する他のいかなるものとも比較にならない資材を発見することだった。「私は目標を達成した。そして今や、自らの発見から私が何をつくり出すことになるのか見極めるために周囲を眺め、そして言おう。現代社会は住居を、公園を、道路を必要としている、と」

この科学者、正確かつ桁外れな計算をした人の、なんと見事な予言！　仕草ひとつで——三語で——彼は、現代という時代の具体的方針を定めている。詩情、叙情、連帯、人の心にとどまる配慮、それらがこの短い言葉の中に秘められている。

たちどころに、私は多くの思索の年月が私を導いた結論と、まさに瓜二つのものを見出していた。

金(かね)、金、金の文明、残忍な文明の時代よ、終われ！

1830 年から 1930 年までの 100 年間、機械化の最初の世紀。

今日より、機械化の第二の世紀、調和の世紀。

人間と自然。

読者よ、あなたは私が危険な思考に取り憑かれていると思うだろうか？飛行機に乗ってみたまえ。そして、19世紀の都市の上空を飛んでみたまえ。心のない家々の抜け殻で覆われ、魂のない通りが縦横に刻まれた、果てしない広がりの上空。眺めよ、そして判断せよ。それらは都市における人間の活動の悲劇的な変質のしるしであると、私は言っているのだ。それこそは、人間が機械の途方もない増殖に人間が支配されたうえ、金によって助長された罠に屈したという証拠なのである。この100年の建築家たちは人間のために建築しなかった。彼らは金のために建築したのだ。

もうひとつのしるしとは？　建築家組合は2世代前から変わった。今まで良い取引しか求めなかった商売人の世界に、今では真の精神がいたるところに出現した。そして、来たるべき世代は、その身に信念と希望がみなぎるのを感じており、幸福をもたらす生産的なこの素材、すなわち、建築と都市計画を練り上げている。この二つの学問の緊密な絆は新しい時代を告げる。個人的創造と集団的行動の時代を。

金が道路をふさいでいる。むごたらしく、そして飽くことを知らぬ金が。

貪欲で無慈悲な金を消滅させるのだ。そして、公明正大な金、ごく普通でごく自然な……今日においては現実離れとも見える、ある機能を実現するための道具としての金をつくり出すのだ。すなわち、**消費するために製造する**のである。

何を消費するのか？　必要不可欠な製品、つまり、

パン

衣服

住居

そして、精神的果実。

われわれにとって、それはそう、住居——住居に至る道路や、住居の前に広がる景観も含めて——だ。「住居を、公園を、道路を！」

われわれの懸念はかき立てられ、一気に国中を包む。おお都市よ、おお田園地帯よ、おお港よ！

われわれの懸念はあなた方にわき上がる。こうした明白な意向とともに。すなわち、

己の悪夢からその身を引き離すこと。

自らを浸す恐怖を排除すること。

本質的な喜びをもたらすこと。

農場、村落、都市——これがわれわれの戦争の目的、われわれの接収の対象だ。

農場、村落、都市は、老朽化しており、今にも崩れそうで、古びている。あまりに古いので、それらをじっと見ると、人は衝撃を受けるのである。

罠があなた方を打ちのめした。

機械が出現する以前、村落は自分の目的、また反対側の村落と同じような目的のために、道路をまたいでいた。

農場はそこに食料を供給し、勤労的な環境の中心に座していた。

都市は良かったのか、悪かったのか？　私が何を知っているというのか！　少なくともそうなってから1世紀以経ってはいなかった。

結局、機械化以前の幸運あるいは不運は、われわれに何をもたらすのだろう？　私は次のような確信を持っている。すなわち、19世紀の途方もない労役と、20世紀の劇的な躍進は、調和と喜びの世紀の先触れである。未明を過ぎ、東の空の夜明けの光が、太陽の出現にいかなる疑問も与えないのと同様に、千の兆候と千の実際の出来事が、新しい時代のそう遠くない誕生をはっきりと示して

ヴォーティエ連隊長の手紙から（空中戦に対する防衛について）
「将校たちはまだ信じている。ごく小さな地位におとなしく収まることで、空軍はわれわれの生活に導入されることになったのだ、と。それがすべてを、つまり、われわれの習慣や権利や経済を打ち砕いているというのに」

世界の新しい高速道路

いる。
私は、これほど詳細な本書の最後に、誇張なしに、しかし喜んで、新時代の曙を宣言することができる。

現代的な住居はないと私は言う。にもかかわらず、その見本、たくさんの場所に突然現れたその証拠、そうしたものは充分にある。何が現代的な住居か客観的に分かるほど、また、その中でわれわれは幸福だと分かるほどに。
それらが**作られる**だろうということをわれわれは知っている。それらは近代的な大工場のとてつもない計画を構成しているのだ、と。そして、この計画が周知されたら（とはいえ、何という頑迷さがあちこちにあるのか！）、労働者と工場は忙しくなるだろう、労働者たちは自分自身のために、すなわち、都市の、村落の、農場の住居のために働くだろう、と。冶金業、作業所、作業員、発明家、それらはすべて、こうした大きな仕事、つまり、旺盛な消費の産物の中に吸収されるだろう。
労働者も責任者も、自分たちは自らの幸福のために働いていると知るだろう。家族は素晴らしい環境——都市、村落、農場——に導かれるだろう！　彼らにとって目の前に存在する階級差、ばらばらな集団、富裕層に有利な生産——おまけに、その消費もままならない——今現在の生活と、各々が自身を生産者であり消費者であると感じることのできる、目前に迫る生活との相違を見極めよう。
あなた方は、階級差の征服を目指す生活が新しい序列に変わり、崇高なピラミッドがそびえ立つのを見るだろう。計画は自ら告げている。失業者も奴隷もいないだろう、と。
完全なる都市計画。行政当局のトップの中で、誰がそのことを理解しているだろうか？　腐敗まみれの権力、あるいは、交代を繰り返す権力。この本は行政当局に献じられている。公明正大に私は断言する。「計画」の上にこそ、権力は確立されるだろう、と。
浪費、それは上機嫌で飲んだくれの君主であり、われわれの労苦やわれわれの汗を要求する。浪費はわれわれを抱き締め、われわれを魅惑し、われわれを罠にはめ、われわれをしゃぶり、われわれをすっからかんにする。すでに、われわれはそのためだけに毎年６か月以上働いているのだ！　気の触れた者どもは言っている。「良き浪費よ、お前が世界を生かしている」。権力よ、はっきり見ること、この気違い沙汰を否定すること、この狂った流れをきっぱり止めること、それがあなた方の役目だ。
「計画」は浪費を消滅させる。
もはや、浪費はないだろう。生活は再び尊厳を保ち、健やかなものに戻る。われわれは、感動に満ち、緊張感を持ちつづけるのに充分な、心のドラマを経験することだろう。だが、心のドラマに付け加えられた生存のドラマ、そこにこそ、われわれは至っている。そして、それゆえに、いたるところで革命が勃発しそうになったり、実際勃発したりするのである。
「計画」は革命的である。計画を承認し、計画を実現しよう。都市で、村落で、そして農場で。
完全なる都市計画。完全な仕草によって、全体的な企てによって、あるいは後戻りのない跳躍によって、われわれは新時代を実現し、本質的な喜びを獲得するだろう。
考えられる唯一の道が熱狂である。良心の覚醒、現代の良心を導く暗黙の前提。連帯、勇気、そして秩序。現代の倫理。今や、われわれは新たな冒険の中に投げ出された。時は告げられなかったのか？　いったいどんな破壊、どんな倒壊、どんな破裂がわれわれの耳に聞こえるのか？　全世界のざわめきが、恐怖にかられた臆病者たちを、そして、喜びいさんだ勇者たちを満たしている。
消滅しかかった社会的地位がその中にわれわれを押し込めている腐敗に、新しい倫理は対立する。

バルセロナ

ニューヨーク

ブエノスアイレス

現実ばなれした資産も、馴染みのない組織も必要ない。すべては世界に存在している。人間も、献身も、道具も。金（かね）を打ちのめすような、そして、機械と精神と心の手業であらゆる扉を開く、愛の息吹で充分なのだ。

このようなことがわれわれのあいだに浸透するということ、それが、すべての人の幸福と尊厳のための完全なる都市計画なのである。

そして、怠惰で、享楽的で、嘘つきで、しかるべき地位にあり、保守主義者で、略奪者たる、あなた方すべてに私は告げる。明日には、必要な仕事に人材を供給できるだろう、と。

われわれは、粘り強さと愛情をもって、**計画の作成**を続けることだろう。

●

毎年、フランスは軍備に120億［フラン］を費している

2. MIEUX VAUT CONSTRUIRE

建設、より良い選択

建築と都市計画の現代的で偉大な目的にすっかり共鳴したとき、精神と心を通じて人は**平和**を生きる。それは、争いによる、戦闘による、無謀による、無私による、熱狂による、信仰による——これらは無知と怠惰を打ち破るに違いない——平和だ。**平和**、それは**建設**である。生活の中で幸福についての真に知りうるために必要なもの。

戦争、それは、常軌を逸した群衆、行き当たりばったりで投げやりな個人からなる群衆の煽動である。彼らは呼び止められ、彼らに向かって演説される。誰の目にも明らかな彼らの絶望には、解毒剤、すなわち行動が、戦利品、すなわち征服が勧められる。彼らに希望を与えるために必要なもの（そしてまた、軍隊と兵隊をつくるのに必要なもの）。

戦争が布告されるやいなや、それは——おお、不吉な皮肉だ！　全世界が、再びまな板の上にパンがあることに突然気がつくのだ。資金、手間、原材料、輸送、規則、すべてがあり余るほどである。生産量は莫大で、途方もない。超人的な奮起。５年間、努力はたゆみなく続く。それは増大し、巨大である。これは奇跡だ。これは神々に相応しいほど素晴らしい。

いや、そうではない。愚かにも、悪魔的な狂人のごとく踊るのは**黄金**なのだ！　これは**破壊**

である……。
ある人は充分に幸せというわけではない。彼はほとんど退屈しているだろう。別の人も同じく、それ以上に退屈しているだろう。また別の人も、そしてまた別の人も……、数百万の人々がそんなふうなのである。これはおかしなことだ。彼らは皆、仕事がないためか、その製品がうまく流通しないために、腹を少し、時にはとても空かせている。戦争！　すべてがうまくいくようになるだろう。仕事も流通も。
経済学者らは、どこで、どのように、なぜ、あちこちうまくいかないのか知っている。
社会学者らは、雷鳴をつくり出す、こうした電圧の違いを、膨大な数の大衆の中に見出す。変圧変電所を造り、電圧を整えねばならないだろう。
行政当局……、ううむ。
行政当局は、ディオゲネスのこうした知恵——彼は、**ある人間の幸福はどこにあるか見てとるすべを知っていた**——をうまく理解できないのだ。
あるひとりの人間……
数百万の人々……
幸福？
黄金の中にも、映画館のスクリーンで見る娯楽の中にも、それはない。
そうではなく、安定した良心の状態の中に、それはある。
行動と回収の中で均衡のとれた状態。
行動！

こうして、建築家と都市計画家である私には分かる。生活の実体に即した別の良心によって、現代の新たな良心によって、数かぎりない渇望の泉が惜しまれることなく干上がり、数かぎりない生産的な計画の泉がわき起こるかもしれないということを。
行動する？　いや、この競走馬とこの馬車馬を比較してみよう。2頭は同じ早さで走るのか？以下のような人々について想像してみよう。「それがどういう意味か」わからなかったし、この先も決してわからないために、「うんざりしている」人々。また、膨大で、驚異的で、かつて見たことも想像したこともない何か、彼らに——彼らひとりひとりに——希望と、現実にある測定可能で知覚できる効果的なもの、そのおかげで彼らが妻を人並みに養い、健やかな子供たちを育てられるようなものをもたらす何か、彼らの得になる、人間そのものに関係するもの。また、戦争で兵士をあんなにも整然と統率できるような、数百万もの個人ひとりひとりに関係する、この何かをつくること、それはすなわち、彼らの力にぴったり合った仕事を、適した部屋を、活動的で力強く、静かで人間的な都市をつくるということだ。読解し、分類し、決定し、行動すること。現代世界を組織するために新たな冒険にのり出すこと。その決断を下すこと。
そうだ、行政当局よ。それは、戦争の決定と同じくらい重大な結果をはらんだ決定だ。組織計画上の大騒動。行動と征服。手始めに熱狂、人間的な工場での電圧の可動化。続いて、熱狂によって認められた他のあらゆる可動化。土地と人の可動化、すなわち、計画を実現するための生産の可動化。行動し、動き出すこと。計画が策定されたら、一度は始めること。
幸福は、生産的な行動へと向かう、この感知できないほどわずかな振り子の傾きの中にある。

道具、要するに、命令、軍隊、機械、交通、規則だと？　それは**戦争をするための道具とまさしくちょうど同じものだ**！

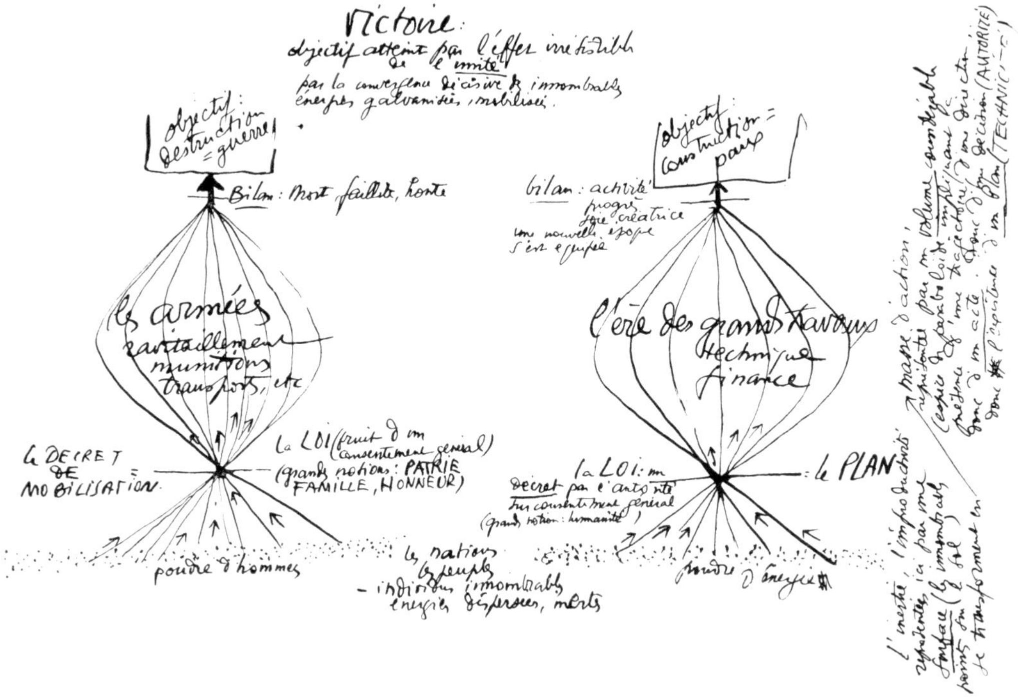

人はおののきながら思う。「それがそんなに簡単だというのは本当なのか」、すなわち、それが単なる精神の決断であり、良き側への、つまり、**悪**の側に代わる**善**の側への、単なる振り子の傾きだというのは本当なのか、と。

破壊を受け入れるのではなく、**建築**を決定すること。

1935年3月、脱稿

本書が読者の心を動かすことを祈って！

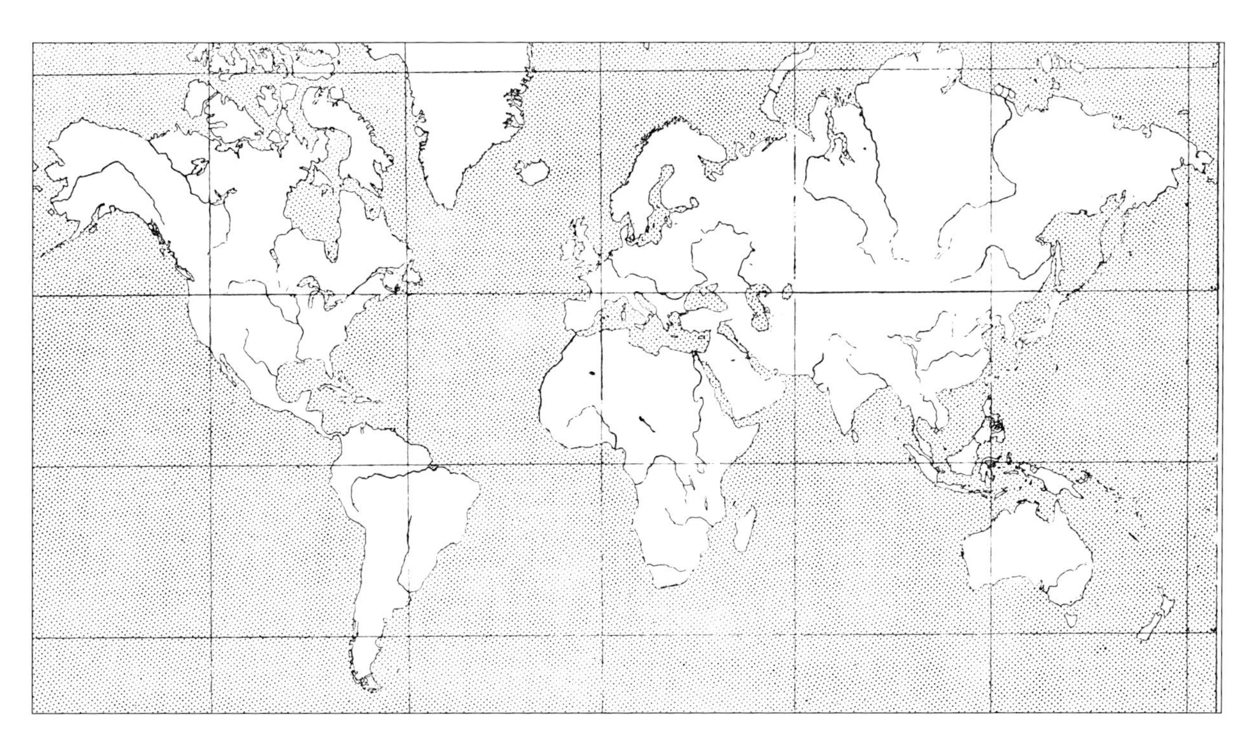

［あとがき］
このような作品の出版は、重大な危機の時期において、あるいくつかの無私の表明がなければ、実現しなかっただろう。『今日の建築』誌と本書の編者であるアンドレ・ブロック氏はあらゆる対価を放棄した。一流の職人である印刷工のジュールド氏と写真家のオグゼナアール氏とペルスヴォー氏は、その本書の編集に当たって大いに尽力してくれたにもかかわらず、慎ましい報酬で我慢してくれた。10年来、そのうち6冊のアルバムがル・コルビュジエとピエール・ジャンヌレの作品に充てられている『生ける建築』誌の編者モランセ氏は、いくつかのネガを貸してくれた。『プラン』紙の主任記者であるフィリップ・ラムールも、同様のことをしてくれた。作者であるル・コルビュジエはあらゆる著作権を放棄した。都市計画を論証するこれほど精緻な挿絵の数々は、機械文明の樹立に貢献したいと強く願った若者たちの、15年にわたる熱心な協同作業の賜物だった。だから本書はまた、新時代の兆しになるだろう、こうした協同作業の生きた証拠として、発表できるのだ。

「輝ける都市」を読んで

槇文彦

「輝ける都市」はル・コルビュジエにとって彼がこの著作を通してそれまで抱いていた都市計画、即ちアーバニズムへの世界観を、それも単なる思想だけでなく、その具体的な三次元の空間論までも含めた一つの壮大な結晶体として受け取るべきであろう。

周知のように20世紀初頭にそれまでの萌芽がようやく様々なかたちで鮮明になりつつあった建築、意匠のモダニズムは、特にその領域においてのみ語られることが多かったが、巨視的にみれば、それは産業革命に端を発するより広大な生活革命とみなすべきであろう。今それを詳述することは避けたいが、ル・コルビュジエは当時の建築家、都市計画家が誰一人として試みることがなった都市における万人の生活革命のあり方についてこの「輝ける都市」において初めて彼のアイディアを余すところなく明らかにしたのである。彼のいう機械文明を通して、高層、高密度の住宅群と、高速道路（アウトストラーダ）による地表面を歩行者のために解放された公園緑地にしようという提案はこの本の中心的思想の展開でもあるパリのヴォワザン計画に鮮明にみられるが、それは単にパリの改革を示唆しているだけでなく、彼の第6部の南米、あるいはアルジェの計画にもみられるように、それまで凝塊化した多くの中世都市から、より自由な緑と新鮮な空気に包まれた空間をもった都市への解放を目指した汎世界的な提言であるといってよい。

ル・コルビュジエはまた、蒼生の頃（1911年）の東方への旅、そしてモスクワのプロジェクトによる共産圏国家の接触、マンハッタンでの摩天楼群との出会い……というように、その頃遠地への旅行が今日ほど容易でなかった時代に、既により具体的にある一つの世界像から世界観を抱くことのできた稀有の作家であったといえよう。だからこそ彼の多くの提案において、例えばパリジャンではなく、「人間」と躊躇なく言い切る自信をもっていたといえるのではないだろうか。

しかし、同時にこの著作が完了した1935年頃という時代を私は重くみたい。なぜならば、その数年後、ヒットラー、ナチス政権によるポーランド侵攻に端を発する第二次世界大戦の予兆が誰にでも感じられる時代でもあったからだ。彼がこの著作の最後の章において言及しているように、戦争という「悪」に費やされる資金、組織、目的達成意識等が、なぜ「平和」という善を目的とする都市計画にとって替えられないかという切実な訴えに、その時代の歴史的重みが集約されているのではないかと私は考える。

＊　＊　＊

今、ここで私が更にこの本の内容を紹介する必要はないだろう。重要なことは我々日本人にとって、この本が訳者白石哲雄氏の不断の努力と情熱によって初めて接し得ることになった意義であり、そのことについて少し述べてみたい。

一言でいうならばこの本は読むだけでなく、見る、そして何かを考えさせる本であるということである。各部に無数に散りばめられた引用、比較の写真（それ等に対する白石氏の懇切な訳注）あるいはスケッチに彼の批判、皮肉あるいはウイット等を限りなく見出せるのだ。そしてその圧巻は第6部のヴォワザン計画の有名な全体イメージ図のすぐ次の2ページにわたって、その結果次々と移設されなければならないであろうパリの数の名跡がコミカルに紹介されているのだ。今世界を席巻しつつある日本のマンガチックな手法が既に100年近く前にこの本で試みられているのだ！

私にとって特に興味深かったのはまず第一に丹下健三の「東京都市計画1960」との比較である。ここで丹下の提案する高速道路網に直接接続する住居を中心にした巨大なメガストラクチャーは「輝ける都市」の緑地群を東京湾の海原に置き換えたものなのだ。そして両者とも戦前、戦後という時代の差はあったとしても、同じ既存の都市に対する新しい生活空間提示というスピリットでは全く同じなのではないだろうか。その海上都市の一端が菊竹清訓の沖縄海洋博で実現しているのだ。また、黒川紀章の中銀カプセル・タワーと取替えの理論を考えると、この2点の作品にル・コルビュジエが提唱してきた機械文明の一つの結晶が日本において初めて実現しているといってよい。現在最早これ等について更に議論すべき当事者は皆鬼籍に入り、きくすべもないのだが……

私個人の経験でいえば、最近ある計画で自分でもちょっと気に入ったオフィスの集合体案を提案している。ところが何とこの本の第4部にそれとそっくり似た提案がル・コルビュジエの手によって既になされていたのを発見した。もちろん一緒に仕事をした事務所の仲間もそんなことは全く知らなかったのだが……。また、私自身がル・コルビュジエには1959年酷暑のインドのチャンディーガルを訪れた時に会ったのが最初で最後であった。その後、一度も彼の夢をみたことはなかったが、今回「輝ける都市」の本に親しく接して、何とこの2週間の間に二度も彼が登場する夢をみたのだ！

いうなれば、この本も含めてル・コルビュジエの著作、作品集は私のジェネレーションの建築家達にとって自分を写し出す鏡のようなものであったのではなかろうか。前川國男、坂倉準三、丹下健三等、先に触れた日本の建築家達を含めて、私が彼等の生前に親しくル・コルビュジエについて語り合えたホセ・ルイ・セルト、ジークフリート・ギーディオン、そしてTEAM Xのメンバーもほとんどこの世にはいない。寂しい限りである。しかし一人まだ健在だ。それはインドのアーメダバードのB.V. Doshi（1927年生まれ）である。彼は吉阪隆正と同じ頃、コルビュジエのパリのアトリエに学び、帰国後、彼のアーメダバードのプロジェクトを手伝っている。

私も次の数年の間、インドを訪れる機会があるので、是非Doshiに会った時、彼の「輝ける都市」についての回想等もきいてみたいと考えている。そうした楽しみが一つ増えたのも、この本を日本語で初めて接し得たお陰であると感謝している。

（まき・ふみひこ＝建築家）

失われた精神の輝きが蘇る

伊東豊雄

輝ける都市——その時、都市の未来、建築の未来は輝いて見えた。この輝きは近代主義思想の光そのものだ。技術の進化に万全の信頼を託した、明快で合理的な都市のヴィジョン……。パリを皮切りに、コルビュジエの夢はブエノスアイレス、アントワープ、モスクワ、アルジェ、バルセロナへと切り込んでいく。

切り込む……。そのヴィジョンは初期の白いキュービックな住宅が、古い街並みを鋭利なナイフで切り裂き、その狭間に入れ込んだ時と同じように、厳しい闘いを覚悟して切り込むことでしか勝ちとることはできなかったに違いない。

ここではコルビュジエの建築や都市のヴィジョンが、自身の生々しい言葉によって語られる。まるでその息遣いが聞こえてくるようだ。生きることは、即呼吸することだ、と……。時には喜びに満ち、時には抑えきれない怒りを込めて。そして時には論理的に、時には実に具体的に。

だがどんな語り口であろうと、変わらないのは人間への愛情に満ちた目線だ。古い慣習からの解放と新しい自由の獲得。高層化によって都市空間に太陽と緑を、と主張するコルビュジエのヴィジョンが描かれてからまもなく100年、世界の現代都市はこの提案を継承して再開発を続けている。しかし失われたのはコルビュジエの理性と知性を求めてやまない精神である。経済万能の世界に変わっても、この書はすべての建築家の中に失われた精神の輝きを蘇らせてくれる。

（いとう・とよお＝建築家）

監訳者あとがき

1980年、ミラノ工科大学遊学中に、赤い表紙に金文字で「ATGET」という名の入ったタイトルの写真集に出会った。それは、1930年刊行の「ATGET PHOTOGRAPHE DE PARIS」であったが、当時私はウジェーヌ・アジェを知らなかった。

しかしこの写真集は私を魅了し、1912年撮影の「ブロカ通り41番地」はさまざまな想像をかきたてた。

やがてそれは、ノートル・ダム・デュ・オー礼拝堂、通称ロンシャンの教会の南側壁面の開口部を連想させることとなった。

2009年、パリのル・コルビュジエ財団の資料室で、1935年刊行のLA VILLE RADIEUSE『輝ける都市』に掲載の、撮影者が明記されていない2点の写真が、ウジェーヌ・アジェのものであることを指摘することができた。その写真の中の1点が、本書第4部第3章MENACE SUR PARIS「パリの危機」（100ページ左下の「ブロカ通り41番地」）であった。

ル・コルビュジエ著のこの『輝ける都市』は、日本ではまだ翻訳されていなかった。

当初、池原義郎氏に相談したところたいへん喜ばれ、翻訳書の出版を強く勧められたが、刊行までかなりの年月が過ぎた。

また、谷口吉生氏にはニューヨークMoMAに同行紹介していただき、ウジェーヌ・アジェの顧客リストを閲覧し、ル・コルビュジエとウジェーヌ・アジェの関係を調査した。また、パリのル・コルビュジエ財団研究資料室室長のアルノー・デルセル氏には年に一、二度、図版や写真などを見せていただき、今回も本書『輝ける都市』の校正チェックをお願いした。館長ミシェル・リシャール氏にも、お会いするたびにル・コルビュジエに関する資料をいただいている。

本書刊行にあたり、槇文彦氏と伊東豊雄氏に推薦文をお願いしたところ、心よく引き受けていただいた。

上杉恭子氏、早稲田大学ル・コルビュジエ実測調査研究会の藤井由理氏、吉川由氏、河出書房新社編集担当の吉住唯氏、揖木敏男氏、その他ご協力いただいたすべての皆様に厚く御礼と感謝を申し上げます。

白石哲雄

監訳者
白石哲雄　しらいし・てつゆう
早稲田大学理工学術院創造理工学研究科博士後期課程満期退学。
早稲田大学理工学術院総合研究所招聘研究員。
早稲田大学ル・コルビュジエ実測調査研究会顧問。

輝ける都市

2016年7月20日　初版印刷
2016年7月30日　初版発行

著者　ル・コルビュジエ
監訳者　白石哲雄
翻訳・編集協力　上杉恭子　下田泰也　中西忍　中原毅志
藤井由理　保都珠子　吉川由　吉田春美

装丁・組版　松田行正＋杉本聖士
発行者　小野寺優
発行所　株式会社河出書房新社
〒151-0051
東京都渋谷区千駄ヶ谷2-32-2
電話　03-3404-1201（営業）
03-3404-8611（編集）
http://www.kawade.co.jp/
印刷　凸版印刷株式会社
製本　大口製本印刷株式会社

Printed in Japan
ISBN978-4-309-27621-2